王吉贵　刘维全———— 主编

动物生物化学
考研考点解析及模拟测试

（附真题）

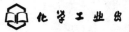
化学工业出版社
·北京·

图书在版编目（CIP）数据

动物生物化学考研考点解析及模拟测试：附真题/王吉贵，刘维全主编. —北京：化学工业出版社，2019.6
ISBN 978-7-122-34079-5

Ⅰ.①动…　Ⅱ.①王…②刘…　Ⅲ.①动物学-生物化学-研究生-入学考试-自学参考资料　Ⅳ.①Q5

中国版本图书馆 CIP 数据核字（2019）第 049588 号

责任编辑：邵桂林　　　　　　　　装帧设计：史利平
责任校对：边　涛

出版发行：化学工业出版社（北京市东城区青年湖南街 13 号　邮政编码 100011）
印　　刷：三河市航远印刷有限公司
装　　订：三河市宇新装订厂
710mm×1000mm　1/16　印张 30　字数 627 千字　　2019 年 6 月北京第 1 版第 1 次印刷

购书咨询：010-64518888　　售后服务：010-64518899
网　　址：http://www.cip.com.cn
凡购买本书，如有缺损质量问题，本社销售中心负责调换。

定　　价：88.00 元

编写人员名单

主　　编：王吉贵　刘维全
副 主 编：位治国　王光华
编写人员（以姓名笔画为序）

于永乐　中国农业大学
于福先　浙江省农科院畜牧兽医研究所
王吉贵　中国农业大学
王光华　青岛西海岸新区人民医院
毛亚萍　沈阳医学院
伊　宝　中国农业科学院北京畜牧兽医研究所
刘　莹　中国农业大学
刘维全　中国农业大学
孙佳增　中国医学科学院基础研究所
孙绍光　河北医科大学
杨双双　中国农业大学
李沛然　中国农业大学
位治国　河南科技大学
侯　蔷　河北省唐山市食品药品综合检验检测中心
袁道莉　北京致谱医学检验实验室有限公司

前言
FOREWORD

　　动物生物化学是高等农业院校动物科学、动物医学、动物营养、水产等专业的专业基础课之一，也是这些专业研究生入学考试的必考课程。为满足广大考生学好、考好动物生物化学的需求，我们在 2006 年编写并出版的《动物生物化学　精要·题解·测试》基础上，编写了本书。

　　本书的章节次序、基本内容等均是以全国高等农业院校统编教材《动物生物化学（第五版）》（邹思湘主编，中国农业出版社，2013 年）为基础编写而成的。但考虑到近年来考研试题的难度和深度不断提高，且在今后一段时间内这种难度和深度还会进一步加大的实际情况，书中在某些方面做了适当的扩展和加深。

　　全书共分 23 章，前 21 章的每章首先介绍该章的目的要求，简明扼要地介绍了教材中该章的基本内容，并指出其中的重点和难点内容，以便同学们在学习过程中给予足够的重视。随后针对该章的难点问题、易混淆的问题及可能最易出的题型，分别给出 3~5 个例题并进行解析，培养读者的解题思路，教授解题方法。章后附上大量典型的练习题和参考答案，方便考生能够加以掌握和巩固。第 22 章为 10 套综合练习题，分别从不同的方面对全书的重点难点问题和考生答题能力进行全面考察。第 23 章为近年来全国统考动物生物化学研究生入学考试真题和中国农大动物生物化学研究生入学考试真题。对全部练习题中的填空题、选择题、判断题等，均给出参考答案，而对简答题和论述题，则提供答案要点或思路。

　　在编写过程中我们既参考了国内部分参考书目，又引用了部分国外原版教材的练习题。某些选择题的选项达到了 5 个，增加了题目的难度。综合练习题的目的是让大家了解考试的题型和题量等，供考生模拟训练。

　　应当注意，本书主旨之一虽为考研辅导，但目的并不是猜题、押题，而是帮助大家全面、完整、准确地理解和掌握有关动物生物化学的基本概念、基本理论和技术，希望同学们特别是参加研究生入学考试的同学，应在充分掌握教材内容的基础上合理利用本书，才会获得更大的提高，并取得优异的成绩。

　　中国农业大学生物学院刘芃芃副教授对本书进行了仔细审阅，兄弟院校的同行和本校部分学生都提出了宝贵意见，在此一并表示感谢！

　　由于编者水平所限，虽然力求严谨准确，但书中不足仍属难免，敬请读者批评指正。

目录
CONTENTS

第1章

—» 绪 论

【目的要求】

【内容提要】

【重点难点】

【例题解析】

【练习题】

【参考答案】

目的要求

1. 掌握动物生物化学的含义、主要研究内容和发展历史。
2. 了解动物生物化学与动物科学中的其他学科的关系。

内容提要

生物化学是生命的化学。它是一门以物理、化学及生物学的理论和方法在细胞与分子水平上研究生物体的化学组成与结构、生命活动过程中的化学变化规律，以及这些化学变化与生理功能的关系的科学。以动物为研究对象的生物化学称为动物生物化学。

生命物质的结构包括构成生命的元素、生物小分子、生物大分子、亚细胞、细胞、组织、器官、生命有机体8个层次。

生物化学的主要研究内容包括3个方面：第一，生命的化学组成，生物分子特别是生物大分子的结构、相互关系及其功能。以生命物质结构层次中的前3个层次作为主要研究对象，特别是生物大分子结构和功能的研究，将永远是生物化学的核心课题。第二，细胞中的物质代谢和能量代谢，又称中间代谢（intermediary metabolism），也就是细胞中进行的化学反应过程。它们是由许多代谢途径（metabolic pathway）构成的网络。代谢途径指的是由酶（enzyme）催化的一系列定向的化学反应，包括合成代谢和分解代谢。细胞中几乎所有的反应都是由酶催化的。化学反应过程中出现了能量的产生和利用。第三，组织和器官机能的生物化学。生命有机体是一个统一协调的整体。在分子水平、细胞和组织水平，以及整体水平上全面、系统地认识动物组织器官生理机能，它们之间的联系、动物与环境互作的机制，同样也是生物化学的研究内容之一。

生物化学的发展经历了经验观察、静态、动态和分子水平4个不同的研究阶段，其他学科如化学、微生物学、遗传学、细胞学及其他相关技术科学的进步也极大地促进了生物化学学科的发展。进入20世纪末，以生物大分子为中心的结构生物学、基因组学、转录组学、蛋白质组学、表观遗传学、生物信息学等研究显示出无比广阔的前景，现代生物化学正从各个方面融入生命科学发展的主流当中，同时也为动物饲养和疾病防治提供了必不可少的基本理论和研究技术。

重点难点

1. 动物生物化学的概念及主要研究内容。
2. 动物生物化学的发展简史。

例题解析

例1. 什么是生物化学的核心课题？

解析：因为细胞的组织结构、生物催化、物质运输、信号传递、代谢调节以及遗传信息的贮存、传递与表达等无不都是通过生物大分子（蛋白质、核酸、碳水化合物、脂类）及其相互作用来实现的。而生物大分子巨大的分子量、复杂的空间结构又使它们具备了执行各种各样的生物学功能的本领。所以，生物大分子的结构与功能的研究永远是生物化学的核心课题。

例 2. 目前已经发现的第二信使有哪些？已揭示的细胞内信号传递通路都有哪些？

解析：（1）环腺苷酸（cAMP）、环鸟苷酸（cGMP）、肌醇三磷脂（IP_3）、甘油二酯（DG）、Ca^{2+} 和 NO 等。

（2）G 蛋白偶联的受体信号系统，包括蛋白激酶 A 系统（PKA）、蛋白激酶 G 系统（PKG）、蛋白激酶 C 系统和 IP_3-Ca^{2+}/钙调蛋白激酶系统、受体酪氨酸蛋白激酶（TPK）信号转导系统。

 练习题

一、名词解释

1. 代谢途径（metabolic pathway）
2. 合成代谢（synthetic metabolism）
3. 分解代谢（analytic metabolism）
4. 蛋白质组学（proteomics）
5. 基因工程（genetic engineering）
6. 转录组学（transcriptomics）
7. 表观遗传学（epigenetics）

二、简答题

1. 什么是动物生物化学？
2. 动物生物化学的主要研究内容有哪些？
3. 生命物质的结构层次有哪些？
4. 生物化学经历了哪几个发展阶段？各个时期研究的主要内容是什么？试举各时期 1～2 例。
5. 动物生物化学与畜牧兽医学科其他课程的关系？

 参考答案

一、名词解释

1. 细胞内由酶催化的一系列定向的、彼此相关联的化学反应，共同组成一个代谢途径，负责某种物质的化学合成或分解，完成特定的生理功能。

2. 将小分子的前体经过特定的代谢途径，构建为较大的分子并且消耗能量的化学反应。

3. 是指将较大的分子经过特定的代谢途径，分解成小的分子并且释放能量的化学反应。

4. 以细胞内的全部蛋白质为研究对象，通过对其分离、纯化，分别研究其结构、功能及相互关系。这样一门学科就称之为蛋白质组学。它是后基因组时代的主要研究内容之一。

5. 根据人们的意愿，利用工程设计的方法，在体外将克隆获得的目的基因与适当的载体进行切割和连接，构建成正确的重组表达载体，再应用物理的、化学的或生物学的方法将该表达载体导入到细菌、动植物体细胞或受精卵中，使目的基因在细胞或宿主体内以瞬时方式或稳定方式进行表达，借此研究目的基因的结构与功能，或获得该基因的表达产物。这一过程就是基因工程。也称作遗传工程。广义上，转基因动物、克隆、基因打靶、基因组计划等均属于基因工程的范畴。

6. 转录组即一个活细胞所能转录出来的所有 RNA 的总和，转录组学是从 RNA 水平研究基因的转录及调控规律的学科。是研究细胞表型和功能的一个重要手段。

7. 表观遗传学是研究基因的核苷酸序列不发生改变的情况下，基因表达的可遗传的变化的一门遗传学分支学科。表观遗传的现象很多，已知的有 DNA 甲基化、基因组印记、母体效应、基因沉默、核仁显性、休眠转座子激活和 RNA 编辑等。

二、简答题

1.【答】生物化学是生命的化学。它是一门以物理、化学及生物学的理论和方法在细胞与分子水平上研究生物体的化学组成与结构、生命活动过程中的化学变化规律，以及这些化学变化与生理功能的关系的科学。

2.【答】研究内容包括三部分：生命有机体的化学组成、生物分子，特别是生物大分子的结构、相互关系及其功能；细胞中的物质代谢与能量代谢，或称中间代谢，也就是细胞中进行的化学过程；组织和器官机能的生物化学。

3.【答】生命物质的结构包括构成生命的元素、生物小分子、生物大分子、亚细胞结构、细胞、组织、器官和生命有机体 8 个层次。

4.【答】根据研究的内容和研究水平，结合大致的发展时期，可将动物生物化学的发展历史划分为以下 4 个不同的阶段。

(1) 经验观察阶段（19 世纪之前） 这一阶段主要是人们对生产或生活中的一些生化现象进行观察、总结，并将其中的某些经验成功地应用到生产或生活实践中。例如，公元前 22 世纪，已有酿酒技术，公元前 14 世纪盛行饮酒；公元前 12 世纪，能发酵制酱；公元前 6 世纪，发现地方性甲状腺肿——瘿病，到公元 4 世纪，人们已能靠食用海带来治疗。

(2) 静态生物化学阶段（19 世纪～20 世纪初） 这一阶段生物化学作为一门独立的学科已经诞生，人们开始利用简单的物理或化学方法有目的地进行生物化学研究，如，1828 年，首先要纪念的是 F. Wohler 的开创性工作。他在实验室里，用无机物氰酸铵合成出了脲。1897 年，德国科学家 Eduard 和 Hans Buchner 兄弟利用破碎了的（死了的）酵母细胞的抽提液实现了把糖转变为酒精的发酵过程。1926 年，J. Sumner 从刀豆中分离到了能催化脲分解的脲酶，并证明它是蛋白质。

这一阶段的主要特点：以分析生物体的化学组成为主要研究内容。具体包括：组成生物体的化学元素，生物分子，特别是生物大分子的结构、相互关系及其功能等。

（3）动态生物化学阶段（19 世纪末～20 世纪中叶）　这一阶段以物质和能量代谢为主要研究。借助于离体器官、组织匀浆、切片或精制酶等方法研究生物组成物质的代谢变化，生物活性物质在代谢中的作用，以及代谢过程中的能量变化。代表性的事例有：19 世纪末，李比希首次提出了"新陈代谢"的概念；1887 年，霍佩赛勒首次提出了"生物化学"的概念；1937 年，克雷伯斯提出了三羧酸循环、鸟氨酸循环；1940 年，恩伯顿、迈耶霍夫发现了无氧酵解过程。

（4）分子水平研究阶段（20 世纪中叶～现在）　20 世纪中叶，以沃森（James Watson）和克里克（Francis Crick）提出的 DNA 双螺旋结构模型为标志，生命科学的研究进入了分子生物学时代。特别是生物大分子的研究，取得了突飞猛进的发展，例如：在蛋白质方面，1955 年，Sanger 完成了牛胰岛素的氨基酸序列分析（51 个氨基酸）；1965 年，我国首次人工合成有生物学活性的牛胰岛素；在核酸方面：1953 年，沃森和克里克提出了 DNA 双螺旋结构模型；1990 年，人类基因组计划开始实施，并于 2001 年宣布完成；从 2000 年开始，生命科学的发展进入了后基因组时代，具体研究内容包括功能基因组学、蛋白质组学、比较基因组学等。

5. 【答】动物生物化学是畜牧兽医专业的专业基础课程，是其他专业基础课（生理学、药理学、微生物学、病理学、免疫学、遗传学）及专业课程（兽医专业课临床诊断学、内科学、外科学、产科学、寄生虫学、传染病学、中兽医学等，畜牧专业课动物营养学、繁殖学、育种学、养猪学、养牛学、养禽学、养羊学等）的基础。

第2章

生命的化学特征

目的要求

1. 掌握生命的元素组成、生物大分子的种类和主要功能；
2. 掌握维系生物大分子的化学键的种类及作用；
3. 掌握生物化学反应的能量来源；
4. 了解水在生命活动过程中的作用。

内容提要

构成生命物质的化学元素约有30种。根据含量，主要有氢、氧、碳和氮，约占细胞物质总量的99%；其次是硫和磷，还有微量的钠、钾、氯、钙、镁、铁、铜等，都是生命活动所必需的。这些元素之间主要以稳定的共价键相互联系，形成多种形态结构的分子。除了共价键以外，氢键、离子键、范德华力和疏水作用力等可逆的非共价相互作用也发挥了重要的功能。

蛋白质、核酸、多糖都是生物大分子。组成生物蛋白质的基本单位是氨基酸，共有20种；核酸的基本组成单位是核苷酸，包括两大类，即脱氧核糖核酸（DNA）和核糖核酸（RNA）。葡萄糖可以作为单体聚合成多糖（动物体内为糖原，植物体内为纤维素或淀粉）。这些生物大分子是生命活动的物质基础。脂类的相对分子量均小于10000，所以不是严格意义上的生物大分子，但对于生命活动也是不可或缺的。

生物体的各种生理活动需要能量。动物从环境摄取代谢物质，使其氧化分解，并通过电子流动实现能量的转换，转移到ATP等高能磷酸化合物分子中，利用高能磷酸键水解时或转移时释放的自由能推动偶联的代谢反应。细胞中的绝大多数化学反应都由酶催化。

水分子的极性结构，自身高度的亲和性和优良的溶剂性能使其成为几乎所有生物化学过程的介质。没有水，就没有生命。

重点难点

1. 生物大分子与化学键；
2. 生命有机体中的化学反应特点；
3. 生物能量学。

例题解析

例1. 判断题。

（1）氢键可以存在于带电荷的和不带电荷的分子之间。（   ）

（2）带有相反电荷的基团之间的距离越小，产生的离子键作用力就越大。

（   ）

（3）质量大的分子，如脂肪，也是"生物大分子"。（　　）

解析：本题的关键是熟悉存在于生物分子中的共价键与非共价键的性质及生物大分子的含义。

（1）对。在一个氢键中有两个其他的原子分享一个氢原子，这两个原子可以带电也可以不带电。

（2）错。两个基团间产生最适静电引力有个最适距离，并不是距离越小作用力越大。

（3）错。生物大分子是指由许"单体"构成的"多聚体"，它们均以"C"构成基本骨架，如淀粉、纤维素、糖原。它们均是由葡萄糖这种单体构成的多聚体；蛋白质是由氨基酸构成的多聚体，DNA 是由脱氧核苷酸构成的多聚体，RNA 是由核糖核苷酸构成的多聚体，它们均属"生物大分子"。脂肪是由甘油和 3 分子脂肪酸构成的，其分子量虽然很大，但不属生物大分子。

例 2. 与生物大分子结构有关的下列说法中，错误的是（　　）

A. 共价键是有方向的，平均长度是固定的

B. 氢键是有方向的，平均长度固定

C. 离子键或是相互吸引的，或是相互排斥的

D. 疏水力是有方向的，也有固定的平均长度

解析：D 是错误的。疏水力作用是排斥水，而不是提供一种专门的"键"。

例 3. 什么是能量偶联反应？它有什么意义？

解析：能量偶联反应，是指在生命有机体中，一个放能的反应与一个耗能的反应偶联以推动原本不能进行的反应。这符合能量守恒定律，将放能反应与耗能反应相偶联是生命系统能量交换的核心。

 练习题

一、名词解释

1. 生物大分子（biological macromolecules）

2. 自由能（free energy）

3. 生物能量学（bioenergetics）

4. 氢供体（hydrogen donor）

5. 高能磷酸化合物（high-energy phosphate compound）

二、填空题

1. 构成蛋白质、核酸、糖类和脂类的主要元素有 _____、_____、_____ 和 _____。

2. 从根本上说，有机分子是由 _____ 连在一起的。生物分子间的非共价相

互作用是执行其功能的关键，这些相互作用包括_____、_____、_____和_____。

3. 生物体内常见的高能磷酸化合物包括_____、_____、_____、_____。

4. 生物体内水的存在方式有_____、_____。

三、单项选择题

1. 原核生物细胞的 DNA 存在于（   ）
A. 细胞膜   B. 核糖体   C. 细胞核   D. 拟核区

2. 原核生物向真核生物进化的过程中的主要改变是（   ）的形成
A. DNA   B. 光合成能力   C. 细胞核   D. 核糖体

3. 大肠杆菌利用简单的无机分子获得能量并生长，所以它是（   ）
A. 化能自养生物   B. 化能异养生物   C. 光能自养生物   D. 光能异养生物

4. 下列排序从小到大合理的是（   ）
A. 氨基酸＜蛋白质＜线粒体＜核糖体
B. 氨基酸＜蛋白质＜核糖体＜线粒体
C. 蛋白质＜氨基酸＜线粒体＜核糖体
D. 蛋白质＜核糖体＜线粒体＜氨基酸

5. 生物大分子的三级结构靠非共价键维持，以下属于非共价键的是（   ）
A. C—C 单键   B. 氢键   C. 离子键
D. 范德华力   E. 疏水相互作用

6. 以下不属于生物体内最多的四种元素的是（   ）
A. C   B. N   C. H   D. O   E. P

7. 以下生物大分子具有储存和传递遗传信息的是（   ）
A. 碳水化合物   B. 核酸   C. 蛋白质
D. 脂类   E. 生物膜

8. 人类体内的血红蛋白分子的合成速度和降解速度相等，这是一个（   ）的例子
A. 动力学上的稳态   B. 平衡状态   C. 能量浪费
D. 自由能变化   E. 放能变化

9. 所有细胞中的化学能的载体是（   ）
A. 乙酰三磷酸   B. ADP   C. ATP
D. UDP   E. 胞苷四磷酸

10. 疏水相互作用可利于（   ）
A. 激素与受体蛋白的结合   B. 酶与底物相互作用
C. 膜结构   D. 多肽链的 3D 结构折叠
E. 以上都对

11. 渗透压是（　　）的运动。

A. 带电可溶分子（离子）穿膜　　　　　B. 气体分子穿膜

C. 非极性分子穿膜　　　　　　　　　　D. 极性分子穿膜

E. 水分子穿膜

12. 某血样的 pH 为 7.4，而胃液的 pH 为 1.4，则血样的［H^+］（　　）

A. 是胃液的 0.189 倍　　　　　　　　　B. 比胃液低 5.29 倍

C. 比胃液低 6 倍　　　　　　　　　　　D. 比胃液低 6000 倍

E. 比胃液低 10^6 倍

13. 磷酸是三元酸，pK_a 分别是 2.14、6.86 和 12.4，若溶液的 pH 为 3.2，主要的离子是（　　）

A. H_3PO_4　　　　　　B. $H_2PO_4^-$　　　　　C. HPO_4^{2-}

D. PO_4^{3-}　　　　　　E. 以上均不对

14. 以下关于缓冲溶液的说法正确的是（　　）

A. 由 $pK_a=5$ 的弱酸组成的缓冲溶液的缓冲能力在 pH4 时大于在 pH6 时

B. 在 pH 低于 pK_a 时，盐浓度高于酸的浓度

C. 不管加入多少酸或碱，缓冲溶液的 pH 不变

D. 缓冲能力最强的缓冲溶液由强酸强碱组成

E. 当 $pH=pK_a$ 时，缓冲溶液中的盐浓度和酸浓度相等

15. 某乙酸溶液的 $pH=pK_a=4.76$，向其中加入 NaOH 时（　　）

A. pH 不变

B. pH 比等量的 NaOH 加入到 pH6.76 的乙酸缓冲溶液中的 pH 升高得多

C. pH 比等量的 NaOH 加入到 pH4.76 的非缓冲溶液中的 pH 升高得多

D. 缓冲溶液中的乙酸和乙酸钠的比例下降

E. 由于乙酸钠溶解度小于乙酸而形成沉淀

四、简答题

1. 生物界与非生物界间及各种生物彼此之间的关系。

2. 生物分子中的化学键主要有哪些？它们各起什么样的作用？

3. 生物体内的能量主要以什么方式存在？

4. 生物化学反应的特点有哪些？

5. 为什么说没有水就没有生命？

参考答案

一、名词解释

1. 由于生命活动极其复杂，要求参与其过程的许多分子也非常大。如 DNA，

即便是小小的大肠杆菌，它的 DNA 分子量也有 2.2×10^9。一个典型的蛋白质分子的分子量也有 50000 左右，有些蛋白质的分子量达到几十万、几百万。生物机体中这些巨大的分子称为生物大分子（biological macromolecules），包括蛋白质、核酸、多糖和脂类。

2. 自发过程中能用于做功的能量称为自由能（free energy）。

3. 生物能量学即 bioenergetics，就是研究生命有机体传递和消耗能量的过程，阐明能量的转换和交流的基本规律的一门科学。

4. 氢键中与氢原子联系较为密切的原子称为氢供体。

5. ATP 等含有高能磷酸键的化合物称为高能磷酸化合物。

二、填空题

1. 氢，氧，碳，氮。

2. 共价键，氢键，离子键，范德华力，疏水作用力。

3. ATP，GTP，CTP，UTP。

4. 自由水，结合水

三、单项选择题

1. D 2. C 3. B 4. B 5. A 6. E 7. B 8. A 9. C 10. E 11. E 12. E 13. B 14. E 15. D

四、简答题

1.【答】组成生物界、非生物界及各种生物的化学元素"种类"具有统一性，即没有一种元素为细胞所"特有"；但从元素"含量"来看却具有差异性（源于细胞"主动"吸收）。

2.【答】生物分子中的化学键主要有氢键、离子键、范德华力和疏水作用力。氢键可以存在于带电荷的和不带电荷的分子之间。离子键是生物分子中带有相反电荷的基团之间通过静电引力的相互作用。范德华力通常发生在两个原子之间距离为 $0.3 \sim 0.4 nm$ 的范围内，虽然它比离子键和氢键要弱得多，但并不因此而变得无足轻重。从本质上讲，范德华力也是静电引力所致。疏水力在蛋白质多肽链的空间折叠、生物膜的形成、生物大分子之间的相互作用以及酶对底物分子的催化过程中常常起着关键作用。

3.【答】主要以高能磷酸化合物的方式存在，这些化合物包括 ATP、GTP、CTP、UTP。

4.【答】能量偶联，效率高，在水介质中进行。

5.【答】水是动物体内含量最多的物质，一般占体重的 $60\% \sim 70\%$。动物体内的水以两种形式存在，即自由水和结合水。自由水流动性大，可进出于血液、组织、细胞内外。结合水是指与蛋白质、多糖和磷脂等紧密结合的水，因而其流动性低，溶解能力也降低。

　　所有生命物质均以不同方式溶入水中或与之结合，这是水的最重要的生物功能。其次是运输功能，参与物质、能量及信息的交流。另外，水对于维持体温恒定也很重要。水分子是极性分子，极易形成氢键，直接参与许多代谢反应。总之，由于水分子的极性结构、自身高度的亲和性和优良的溶剂性使其成为几乎所有生物化学过程的介质。

第**3**章

──≫ 蛋白质

目的要求

1. 掌握蛋白质的化学组成、基本结构单位和结构层次。
2. 掌握蛋白质的各结构层次与生物学功能之间的关系。
3. 掌握氨基酸和蛋白质的重要理化性质。
4. 熟悉蛋白质在生命活动中的重要作用。
5. 了解蛋白质的分类现状、命名规则。

 内容提要

蛋白质是生物体内最重要的生物大分子之一，其种类繁多，结构复杂，功能多样，几乎参与生命活动的每个过程，是生命特征的体现者。

L-α-氨基酸是构成生物蛋白质的基本结构单位，共有 20 种。氨基酸之间通过肽键连接成多肽链。由 1 条或几条多肽链进一步盘曲、折叠和缠绕，就形成了蛋白质。

蛋白质的结构层次包括一级、二级、超二级、结构域、三级和四级结构，其中二级结构至四级结构统称为立体结构，又称为构象。一级结构是蛋白质结构层次体系的基础，它是决定更高层次结构的主要因素，也就是一级结构决定高级结构，一级结构相似的蛋白质，其构象也往往相似。这是蛋白质结构组织的基本原理。

蛋白质的一级结构是指肽链中的氨基酸种类、数量和排列顺序，它是由编码它的基因决定的。不同蛋白质具有不同的一级结构。其内容包括：（1）多肽链的数目；（2）每一条多肽链中末端氨基酸的种类；（3）链内和链间二硫键的位置和数目；（4）多肽链中氨基酸的数目、种类和排列顺序。蛋白质的一级结构可通过 Edman 降解法进行测定。

二级结构是指主链局部有规则的空间排布，通常由氢键维持。右手 α-螺旋和平行或反平行的 β-折叠是最主要的二级结构。

相邻二级结构常组合成特定的超二级结构，并进一步形成相对独立的、更大的球状结构单位，称为结构域。不同结构域之间以共价键相连。

三级结构是指整个多肽链折叠成的紧密的球形结构，表面通常是亲水的，内部是疏水的。三级结构涉及分子中所有的原子和基团的空间排布，是蛋白质发挥功能所必需的。

四级结构是指由两个或两个以上多肽链组装的寡聚蛋白中亚基的排布。亚基间通过离子键、疏水作用力等非共价键相互作用。

多肽、蛋白质的结构与其功能有密切的关系。对于一些小的多肽，尽管其分子中也包含一定的立体结构，对其生物学功能有一定的影响，但小肽的立体结构通常不稳定。所以，多肽的一级结构是决定其生物学功能的关键。但大分子蛋白质的生物学功能是由构象决定的。同功蛋白通常具有类似的构象。总结为一句话"低级结构决定高级结构，结构决定功能"。

高温、强酸、强碱等理化因素能破坏蛋白质的天然构象，并导致生物活性丧失，称为变性。变性蛋白在一定条件下恢复天然构象的过程称为复性。另外，寡聚蛋白能够通过变构，改变其生物学功能，称为变构效应。变性和变构效应说明蛋白质的构象对其生物学功能至关重要。

L-α-氨基酸和由其组成的蛋白质均为两性电解分子，二者在理化学性质上，既有相似之处，又有各自的特点。根据蛋白质的理化学性质，可以将其从生物材料中分离提取出来，获得一定纯度的纯品。

重点难点

1. 蛋白质的分子组成。

(1) 蛋白质的基本组成单位——氨基酸：结构、分类和理化性质。

(2) 肽键、肽平面和肽链。

2. 蛋白质的结构层次及相互关系。

(1) 蛋白质的一级结构：多肽链的基本结构。

(2) 蛋白质的空间结构：二级、超二级、结构域、三级、四级结构。

3. 蛋白质结构与功能的关系。

4. 蛋白质的理化性质及提取纯化的一般步骤。

例题解析

例 1. 将一个氨基酸结晶加入到 pH7.0 的纯水中，得到了 pH6.0 的溶液，问此氨基酸的等电点是大于 6.0、小于 6.0？还是等于 6.0？

解析： 本题主要考查氨基酸等电点的定义。氨基酸处于净电荷为 0 时溶液的 pH 值，称为该氨基酸的等电点，用 pI 表示。

由于氨基酸的加入使水的 pH 值由 7.0 下降到 6.0，溶液中 H^+ 浓度增加了，而这些增加 H^+ 的唯一来源是由氨基酸解离下来的，由于氨基酸的解离释放了 H^+，所以此时氨基酸必带上了负电荷。要使此氨基酸所带的净电荷为 0，则必须向溶液中加入 H^+。加入 H^+ 后溶液的 pH 一定小于 pH6.0。

例 2. 计算天冬氨酸（$pK_1 = 2.09$、$pK_2 = 3.86$、$pK_3 = 9.82$）的 pI 值。

解析： 根据等电点的定义，计算氨基酸的等电点，只需要找出净电荷为零的解离状态，然后，取其两边的 pK 值的平均值即可。

天冬氨酸解离如下：

$$
\begin{array}{c}
\text{COOH} \\
| \\
\text{HC—N}^+\text{H}_3 \\
| \\
\text{CH}_2 \\
| \\
\text{COOH} \\
\text{R}^+
\end{array}
\xrightarrow{K_1}
\begin{array}{c}
\text{COO}^- \\
| \\
\text{HC—N}^+\text{H}_3 \\
| \\
\text{CH}_2 + \text{H}^+ \\
| \\
\text{COOH} \\
\text{R}^{+-}
\end{array}
\xrightarrow{K_2}
\begin{array}{c}
\text{COO}^- \\
| \\
\text{HC—N}^+\text{H}_3 \\
| \\
\text{CH}_2 + 2\text{H}^+ \\
| \\
\text{COOH} \\
\text{R}^{+-}
\end{array}
\xrightarrow{K_3}
\begin{array}{c}
\text{COO}^- \\
| \\
\text{HC—N}^+\text{H}_3 \\
| \\
\text{CH}_2 + 3\text{H}^+ \\
| \\
\text{COOH} \\
\text{R}^-
\end{array}
$$

天冬氨酸净电荷为 0 的分子形态为 R^{+-}，取其两边的 pK 值进行计算：

$$pI = (pK_1 + pK_2)/2$$
$$= (2.09 + 3.86)/2 = 2.98$$

例 3. 尿素和 SDS 是常见的两种蛋白质变性剂，它们各自引起蛋白质变性的原理是什么？

解析：本题主要考查蛋白质变性、复性有关的内容。引起蛋白质变性的因素（变性剂）不同，导致蛋白质空间结构破坏的机理不一样。

尿素能与多肽主链竞争氢键，更重要的原因是能增加非极性侧链在水中的溶解度，因而降低了维持蛋白质三级结构的疏水相互作用。而 SDS 则是破坏蛋白质分子内的疏水相互作用，使非极性基团暴露于介质水中。

例 4. 蛋白质分子的结构域与亚基有什么不同？

解析：本题主要考查在蛋白质结构层次中，各结构层次的特点及其相互关系。结构域与亚基并不是同义词，要注意它们的区别。

结构域是指在较大的球状蛋白质分子中，多肽链局部往往形成几个紧密的球状构象，彼此以松散的肽链相连，此球状构象就是结构域。而亚基是指构成蛋白质四级结构的每一条多肽链所形成的特定空间排布，它是蛋白质四级结构的组成单位。亚基间靠非共价键联系在一起。

例 5. 何谓蛋白质的两性解离和蛋白质等电点？等电点的大小和什么有关？

解析：本题主要考查蛋白质解离和等电点的基本概念。蛋白质由氨基酸组成，其分子两端有自由的氨基和羧基；蛋白质分子中氨基酸残基侧链也含有可解离的基团，在一定 pH 条件下的溶液中可以解离成带正电荷或负电荷的基团，这就是蛋白质两性解离的基础。蛋白质是两性电解质，溶液中蛋白质的带电情况，与它所处环境的 pH 有关。在某一 pH 条件下的溶液中，蛋白质解离成正、负离子的趋势相等，即成兼性离子，净电荷为零，此时溶液的 pH 称为蛋白质的等电点（pI）。调节溶液的 pH，可以使一个蛋白质带正电或带负电或不带电。蛋白质的等电点主要取决于该蛋白质的氨基酸组成。含碱性氨基酸多的蛋白质的等电点高于含酸性氨基酸多的蛋白质。

例 6. 盐析、电泳和离心技术用于蛋白质分离纯化的作用原理是什么？

解析：盐析技术是利用蛋白质沉淀的原理，在蛋白质溶液中加入中性盐，中和表面电荷，破坏水化层，使蛋白质沉淀分离。电泳是根据蛋白质的两性解离性质，由于异性电荷互相吸引，带电荷蛋白质粒子在电场中可以发生泳动，影响因素包括电荷种类及数量、分子大小及形状、溶液离子强度及 pH 等。离心技术是利用蛋白质的高分子性质，在离心场中，质量或密度不同的分子以不同的速度沉降到试管底部，利用沉降分离蛋白质大分子，影响因素包括分子大小及形状、溶液特性等。

例 7. 简述蛋白质的抽提原理和方法。

解析：抽提是指利用某种溶剂使目的蛋白质和其他杂质尽可能分开的一种分离方法。其原理是不同蛋白质在某种溶剂中的溶解度不同，所以可以通过选择溶剂使得目的蛋白质溶解度大，而其他杂蛋白质溶解度小，然后经过离心，可以去除大多数杂蛋白质。方法：溶剂的选择是抽提的关键，由于大多数蛋白质可溶于水、稀盐、稀碱或稀酸，所以可以选择水、稀盐、稀碱或稀酸为抽提溶剂；对于和脂类结合比较牢固或分子中非极性侧链较多的蛋白质分子可以选用有机溶剂进行抽提。

例8. 概述 SDS-PAGE 法测蛋白质分子量的原理。

解析： 聚丙烯酰胺凝胶是一种凝胶介质，蛋白质在其中的电泳速度决定于蛋白质分子的大小、形状及所带电荷数量。十二烷基硫酸钠（SDS）可与蛋白质大量结合，结合带来两个后果：①由于 SDS 是阴离子，故使不同的亚基或单体蛋白质都带上大量的负电荷，掩盖了它们自身所带电荷的差异；②使它们的形状都变成纺锤形。这样，它们的电泳速度只决定于其分子量的大小。蛋白质分子在 SDS-PAGE 凝胶中的移动距离与指示剂移动距离的比值称为相对迁移率，相对迁移率与蛋白质分子量的对数呈线性关系。因此，将含有几种已知分子量的标准蛋白质混合溶液以及待测蛋白溶液分别点在不同的点样孔中，进行 SDS-PAGE；然后以标准蛋白质分子量的对数为纵坐标，以相对应的相对迁移率为横坐标，绘制标准曲线；再根据待测蛋白的相对迁移率，即可计算出待测蛋白的分子量。

 练习题

一、名词解释

1. 氨基酸（amino acid）

2. 分子伴侣（chaperone）

3. 分子病（molecular disease）

4. 两性电解质（ampholyte）

5. 等电点（pI，isoelectric point）

6. 茚三酮反应（ninhydrin reaction）

7. 简单蛋白质（simple proteins）

8. 结合蛋白质（complex proteins）

9. 构型（configuration）

10. 蛋白质的一级结构（primary structure of protein）

11. 模体（motif）

12. 蛋白质组学（proteomics）

13. 构象（conformation）

14. α-螺旋（α-helix）

15. 蛋白质的超二级结构（super secondary structure of protein）

16. 结构域（domain）

17. 蛋白质的三级结构（tertiary structure of protein）

18. 肽单位（peptide unit）

19. 蛋白质的四级结构（quaternary structure of protein）

20. 肽平面（peptide plane）

21. 范德华力（vander Waals force）

22. 盐溶（salting in）

23. 盐析（salting out）

24. 透析法（dialysis）

25. 天然构象（natural conformation）

26. 别构效应（allosteric effect）

27. 协同效应（synergism or synergistic effect）

28. 亚基（subunit）

29. 蛋白质变性（denaturation of protein）与复性（renaturation）

30. Lowry 法

31. 凝胶电泳（gel electrophoresis）

32. 凝胶层析（gel chromatography）

33. 寡聚蛋白（oligomeric protein）

34. 沉降系数（sedimentation coefficient）

35. 亲和层析（affinity chromatography）

36. 离子交换层析（ion-exchange chromatography）

二、填空题

1. 蛋白质多肽链中的肽键是通过一个氨基酸的_____基和另一氨基酸的_____基连接而形成的。

2. 大多数蛋白质中氮的含量较恒定，平均为_____%，如测得 1 克样品含氮量为 10mg，则蛋白质含量为_____%。

3. 蛋白质中的_____、_____和_____ 3 种氨基酸具有紫外吸收特性，因而使蛋白质在 280nm 处有最大吸收值。

4. 精氨酸的 pI 值为 10.76，将其溶于 pH7 的缓冲液中，并置于电场中，则精氨酸应向电场的_____方向移动。

5. 组成蛋白质的 20 种氨基酸中，含有咪唑环的氨基酸是_____，含硫的氨基酸有_____和_____。

6. 蛋白质的二级结构最基本的有两种类型，它们是_____和_____。

7. α-螺旋结构是由同一肽链的_____和_____间的_____键来维持的，螺距为_____ nm，每圈螺旋含_____个氨基酸残基，每个氨基酸残基沿轴上升高度为_____ nm。天然蛋白质分子中的 α-螺旋大多属于_____手螺旋（旋光性）。

8. 在蛋白质的 α-螺旋结构中，在环状氨基酸_____存在处局部螺旋结构中断。

9. 球状蛋白质中有_____侧链的氨基酸残基常位于分子表面并与水结合，而有_____侧链的氨基酸位于分子的内部。

10. 氨基酸与茚三酮发生氧化脱羧脱氨反应生成_____色化合物，而脯氨酸与茚三酮反应生成_____化合物。

11. 维持蛋白质一级结构的化学键有_____和_____；维持二级结构靠_____键；维持三级结构和四级结构靠_____键，其中包括_____、_____、_____和_____。

12. 稳定蛋白质胶体的因素是_____和_____。

13. GSH 的中文名称是_____，它的活性基团是_____，后者的生化功能是_____。

14. 加入低浓度的中性盐可使蛋白质溶解度_____，这种现象称为_____，而加入高浓度的中性盐，当达到一定的盐饱和度时，可使蛋白质的溶解度_____并_____，这种现象称为_____，蛋白质的这种性质常用于_____。

15. 电泳法分离蛋白质的原理，是在一定的 pH 条件下，不同蛋白质的_____和_____不同，因而在电场中移动的_____和_____不同，从而使蛋白质得到分离。

16. 当氨基酸处于等电状态时，主要是以_____形式存在，此时它的溶解度_____。

17. 鉴定蛋白质多肽链氨基末端常用的方法有_____和_____。

18. 测定蛋白质分子量的方法有_____、_____和_____。

19. 今有甲、乙、丙三种蛋白质，它们的等电点分别为 8.0、4.5 和 10.0，当在 pH8.0 缓冲液中，它们在电场中电泳的情况为：甲_____，乙_____，丙_____。

20. 当氨基酸溶液的 $pH = pI$ 时，氨基酸以_____离子形式存在，当 $pH > pI$ 时，氨基酸以_____离子形式存在。

21. 蛋白质之所以出现各种各样的构象，是因为多肽主链的_____键和_____键能进行转动。

22. 天然蛋白质中的 α-螺旋结构，其主链上所有的羰基氧与亚氨基氢都参与了链内_____键的形成，因此构象相当稳定。

23. 肌红蛋白的含铁量为 0.34%，其最小分子量是_____。血红蛋白的含铁量也是 0.34%，但每分子含有 4 个铁原子，血红蛋白的分子量是_____。

24. 某含有 180 个氨基酸残基的 α-螺旋片段，共有_____圈螺旋，该 α-螺旋片段的轴长为_____。

25. 变性蛋白质的主要特征是_____改变，其次是_____性质改变和_____降低。

26. 丝心蛋白的构象形式是_____结构，它的分子中含有大量 R-基团小的氨基酸如_____，因而很难形成_____结构。

27. 生活在海洋中的哺乳动物能长时间潜水，是由于它们的肌肉中含有大量的_____以储存氧气。

28. 细胞色素 c 的蛋白与血红素辅基以_____键结合。

29. 肌球蛋白共由_____条多肽链组成，其中_____条重链，_____条轻链。

30. 胰岛素原由_____条肽链组成。

31. 蛋白质主要构象的结构单元包括_____，_____，_____，_____。

32. 按照蛋白质组成分类，分子组成中仅含氨基酸的称_____，分子组成中除了蛋白质外，还有其他成分的称_____，其中非蛋白质部分称_____。

三、单项选择题

1. 在寡聚蛋白质中，亚基间的立体排布、相互作用以及接触部位间的空间结构称之为（　　）

    A. 三级结构　　　　B. 缔合现象　　　C. 四级结构　　　D. 变构现象

2. 形成稳定的肽链空间结构，非常重要的一点是肽键中的四个原子以及和它相邻的两个 α-碳原子处于（　　）

    A. 不断绕动状态　　　　　　　　B. 可以相对自由旋转

    C. 同一平面　　　　　　　　　　D. 随不同外界环境而变化的状态

3. 肽链中的肽键是（　　）

    A. 顺式结构　　　　　　　　　　B. 顺式和反式共存

    C. 反式结构　　　　　　　　　　D. 都不对

4. 维持蛋白质二级结构稳定的主要因素是（　　）

    A. 静电作用力　　　B. 氢键　　　　C. 疏水键　　　D. 范德华作用力

5. 蛋白质变性是由于（　　）

    A. 一级结构改变　　B. 空间构象破坏　　C. 辅基脱落　　D. 蛋白质水解

6. 在下列所有氨基酸溶液中，不引起偏振光旋转的氨基酸是（　　）

    A. 丙氨酸　　　　　B. 亮氨酸　　　　C. 甘氨酸　　　D. 丝氨酸

7. 天然蛋白质中含有的 20 种氨基酸的结构（　　）

    A. 全部是 L-型　　　　　　　　　B. 全部是 D-型

    C. 部分是 L-型，部分是 D-型　　　D. 除甘氨酸外都是 L-型

8. 谷氨酸的 pK_1（—COOH）为 2.19，pK_2（—N^+H_3）为 9.67，pK_3（—COOH）为 4.25，其 pI 是（　　）

    A. 4.25　　　　　　B. 3.22　　　　　C. 6.96　　　　D. 5.93

9. 天然蛋白质中不存在的氨基酸是（　　）

A. 半胱氨酸　　　　　B. 瓜氨酸　　　　　C. 丝氨酸　　　　　D. 蛋氨酸

10. 破坏 α-螺旋结构的氨基酸残基之一是（　　　）

A. 亮氨酸　　　　　B. 丙氨酸　　　　　C. 脯氨酸　　　　　D. 谷氨酸

11. 下列关于蛋白质中肽键的叙述不正确的是（　　　）

A. 比一般 C—N 单键短　　　　　　　　B. 比一般 C＝N 双键长

C. 具有部分双键性质　　　　　　　　　D. 肽键可自由旋转

12. 下列氨基酸中，不属于疏水性氨基酸的是（　　　）

A. 缬氨酸　　　　　B. 精氨酸　　　　　C. 亮氨酸　　　　　D. 脯氨酸

13. 当溶液的 pH 与某种氨基酸的 pH 一致时，氨基酸在此溶液中的存在形式是（　　　）

A. 兼性离子　　　　B. 非兼性离子　　　C. 单价正电荷　　　D. 单价负电荷

14. 在生理 pH 条件下，下列带正电荷的氨基酸是（　　　）

A. 丙氨酸　　　　　B. 酪氨酸　　　　　C. 赖氨酸　　　　　D. 色氨酸

15. 下列在动物体内不能合成，必须靠食物供给的氨基酸是（　　　）

A. 缬氨酸　　　　　B. 精氨酸　　　　　C. 半胱氨酸　　　　D. 组氨酸

16. 天然蛋白质分子量由多少种氨基酸组成？（　　　）

A. 16 种　　　　　B. 20 种　　　　　C. 22 种　　　　　D. 32 种

17. 含有两个羧基的氨基酸是（　　　）

A. 谷氨酸　　　　　B. 苏氨酸　　　　　C. 丙氨酸　　　　　D. 甘氨酸

18. 下列哪种氨基酸在肽链中形成拐角？（　　　）

A. 缬氨酸　　　　　B. 酪氨酸　　　　　C. 脯氨酸　　　　　D. 苏氨酸

19. 在生理 pH 情况下，下列氨基酸中带净负电荷的是（　　　）

A. Pro　　　　　　B. Lys　　　　　　C. His　　　　　　D. Glu

20. 关于蛋白质分子中的肽键，下列哪项描述是错误的？（　　　）

A. 肽键具有部分双键的性质

B. 肽键及其相关的 6 个原子位于一个刚性平面

C. 肽键是连接氨基酸的主键

D. 肽键可以自由旋转

21. 当蛋白质处于等电点时，可使蛋白质分子的（　　　）

A. 稳定性增加　　　　　　　　　　　　B. 表面净电荷不变

C. 表面净电荷增加　　　　　　　　　　D. 溶解度最小

22. 蛋白质分子中—S—S—断裂的方法是（　　　）

A. 加尿素　　　　B. 透析法　　　C. 加过甲酸　　　D. 加重金属盐

23. 蛋白质的组成成分中，在 280nm 处有最大吸收值的最主要成分是（　　　）

A. 酪氨酸的酚环　　　　　　　　　　　B. 半胱氨酸的硫原子

C. 肽键　　　　　　　　　　　　　　　D. 苯丙氨酸

24. 下列 4 种氨基酸中有碱性侧链的是（　　　）

A. 脯氨酸　　　　　B. 苯丙氨酸　　　　C. 异亮氨酸　　　　D. 赖氨酸

25. 下列氨基酸属于亚氨基酸的是（　　）

A. 丝氨酸　　　　　B. 脯氨酸　　　　　C. 亮氨酸　　　　　D. 组氨酸

26. 下列哪一项不是蛋白质 α-螺旋结构的特点？（　　）

A. 天然蛋白质多为右手螺旋

B. 肽链平面充分伸展

C. 每隔 3.6 个氨基酸螺旋上升一圈

D. 每个氨基酸残基上升高度为 0.15nm

27. 下列哪一项不是蛋白质的性质之一？（　　）

A. 处于等电状态时溶解度最小　　　　B. 加入少量中性盐溶解度增加

C. 变性蛋白质的溶解度增加　　　　　D. 有紫外吸收特性

28. 在下列检测蛋白质的方法中，哪一种取决于完整的肽链？（　　）

A. 凯氏定氮法　　　B. 双缩脲反应　　　C. 紫外吸收法　　　D. 茚三酮法

29. 下列哪种酶作用于由碱性氨基酸的羧基形成的肽键？（　　）

A. 糜蛋白酶　　　　B. 羧肽酶　　　　　C. 氨肽酶　　　　　D. 胰蛋白酶

30. 下列关于蛋白质结构的叙述，哪一项是错误的？（　　）

A. 氨基酸的疏水侧链很少埋在分子的中心部位

B. 带电荷的氨基酸侧链常在分子的外侧，面向水相

C. 蛋白质的一级结构在决定高级结构方面是重要因素之一

D. 蛋白质的空间结构主要靠次级键维持

31. 蛋白质的一级结构是指（　　）

A. 蛋白质氨基酸的种类和数目　　　　B. 蛋白质中氨基酸的排列顺序

C. 蛋白质分子中多肽链的折叠和盘绕　　D. 包括 A、B 和 C

32. 下列关于谷胱甘肽结构与性质的叙述，哪一种是错误的（　　）

A. 含有两个肽键

B. "胱" 代表半胱氨酸

C. 含有一个巯基

D. 变成氧化型谷胱甘肽时脱去的两个氢原子是由同一个还原型谷胱甘肽分子
所提供的

33. 对于 β-折叠片的叙述，下列哪项是错误的？（　　）

A. β-折叠片的肽链处于曲折的伸展状态

B. β-折叠片的结构是借助于链内氢键稳定的

C. β-折叠片结构都是通过几段不同的肽链平行排列而形成的

D. 氨基酸之间的轴距为 0.32～0.34nm

34. 维持蛋白质二级结构稳定的主要作用力是（　　）

A. 盐键　　　　　　B. 疏水键　　　　　C. 氢键　　　　　　D. 二硫键

35. 维持蛋白质三级结构稳定的因素是（　　）

A. 肽键　　　　　　　B. 二硫键　　　　　C. 离子键
D. 氢键　　　　　　　E. 次级键

36. 凝胶过滤法分离蛋白质时，从层析柱上先被洗脱下来的是（　　　）
A. 分子量大的　　　　B. 分子量小的　　　C. 电荷多的　　　D. 带电荷少的

37. 下列哪项与蛋白质的变性无关？（　　　）
A. 肽键断裂　　　　　B. 氢键被破坏　　　C. 离子键被破坏　　D. 疏水键被破坏

38. 蛋白质空间构象的特征主要取决于下列哪一项？（　　　）
A. 多肽链中氨基酸的排列顺序　　　　　　B. 次级键
C. 链内及链间的二硫键　　　　　　　　　D. 温度及 pH

39. 下列哪个性质是氨基酸和蛋白质所共有的？（　　　）
A. 胶体性质　　　　　B. 两性性质　　　　C. 沉淀反应
D. 变性性质　　　　　E. 双缩脲反应

40. 用纸层析法分离丙氨酸、亮氨酸和赖氨酸的混合物，则它们之间 R_f 的关系是：（　　　）
A. Ala＞Leu＞Lys　　　　　　　　　　　B. Lys＞Ala＞Leu
C. Leu＞Ala＞Lys　　　　　　　　　　　D. Lys＞Leu＞Ala

41. 20 种蛋白质氨基酸中，只有（　　　）没有旋光性，原因是它的侧链是（　　　）
A. 丙氨酸，甲基　　　　　　　　　　　　B. 甘氨酸，氢原子
C. 甘氨酸，没有侧链　　　　　　　　　　D. 赖氨酸，只含有氮原子
E. 脯氨酸，与氨基形成共价键

42. 在 pH13 的碱性溶液中，甘氨酸的主要形式是（　　　）
A. $NH_2—CH_2—COOH$　　　　　　　　B. $NH_2—CH_2—COO^-$
C. $NH_2—CH_3^+—COO^-$　　　　　　　　D. $NH_3^+—CH_2—COOH$
E. $NH_3^+—CH_2—COO^-$

43. 对于具有中性 R 基团的氨基酸，在低于 pI 的 pH 溶液中，氨基酸将（　　　）
A. 带净负电荷　　　B. 带净正电荷　　　C. 没有带电基团
D. 没有净电荷　　　E. 正负电荷相等

44. pH7.0 时，将某蛋白质的谷氨酸转变成 γ-羧基谷氨酸，则蛋白质的带电情况是（　　　）
A. 负电性增加　　　B. 正电性增加　　　C. 不变
D. 无法判断　　　　E. 取决于盐的浓度

45. pH7.0 时，将某蛋白质的脯氨酸转变成羟脯氨酸，则蛋白质的带电情况是（　　　）
A. 负电性增加　　　B. 正电性增加　　　C. 不变
D. 无法判断　　　　E. 取决于盐的浓度

46. pH9.5 时，谷氨酸和 α-酮戊二酸所带电荷的大概区别是（　　）

A. 0　　　　　　　　B. 1/2　　　　　　　C. 1

D. 3/2　　　　　　　E. 2

47. 关于蛋白质的氨基酸组成，正确的是（　　）

A. 大蛋白比小蛋白中的氨基酸分布更均匀

B. 20 种蛋白质氨基酸的每一种至少有 1 个存在于蛋白质中

C. 不同功能的蛋白质的氨基酸组成往往差异很大

D. 相对分子量相同的蛋白质具有相同的氨基酸组成

E. 蛋白质中氨基酸的平均分子量随着蛋白质的大小而增加

48. 20 种标准氨基酸的平均分子量为 138，但在已知蛋白质的分子量估算氨基酸残基个数时却用 110，为什么？（　　）

A. 分子量为 110000 的蛋白质含有 1000 个氨基酸

B. 考虑了低分子量氨基酸含量和肽键生产时失去的水

C. 反映了典型的小分子蛋白中的氨基酸数量，只有小分子蛋白质能用这个方法

D. 考虑了非蛋白质氨基酸的大小

E. 138 代表了结合氨基酸的分子量

49. 结合蛋白中的辅基是（　　）

A. 球蛋白的纤维状区域

B. 蛋白质中与多个相同亚基不同的一个亚基

C. 蛋白质中非氨基酸部分

D. 寡聚蛋白的一个亚基

E. 启动子

50. 要详细分析某蛋白质，首先要做的是（　　）

A. 将其结合到一个已知分子上　　　　B. 确定其氨基酸组成

C. 确定其氨基酸序列　　　　　　　　D. 确定其分子量

E. 纯化该蛋白

51. 以下 5 种蛋白质经过凝胶层析分离时，第二个被洗脱下来的是（　　）

A. 细胞色素 c　$M_r=13000$　　　　B. IgG　$M_r=145000$

C. RNaseA　$M_r=13700$　　　　D. RNA 聚合酶 $M_r=450000$

E. 血清白蛋白 $M_r=68500$

52. 电泳分离蛋白质时加入 SDS，可能的原因是（　　）

A. 确定其等电点　　　　　　　　　　B. 确定酶的特异性

C. 确定蛋白质的氨基酸组成　　　　　D. 保持蛋白质的结构和生物学活性

E. 根据分子量大小将蛋白质分开

53. 从大肠杆菌中得到两种酶，它们的空间结构和生物学功能都不同，原因在于（　　）不同。

A. 与 ATP 的结合力   B. 氨基酸序列

C. 在 DNA 代谢中的作用   D. 在大肠杆菌的代谢中的作用

E. 二级结构

54. 已获得一个蛋白基因并且已知其核苷酸序列，若要继续研究该蛋白，还应该确定（   ）

A. 该蛋白的分子量   B. N 端的氨基酸

C. 二硫键的位置   D. 蛋白质中氨基酸的数量

E. 是否含有甲硫氨酸

55. "蛋白质组"是指（   ）

A. 蛋白质的结构域

B. 蛋白质机构的规则性

C. 一个生物的 DNA 所编码的所有蛋白质

D. 蛋白质合成过程中核糖体的结构

E. 蛋白质的三级结构

56. 以下为 4 条不同肽链的氨基酸序列，以下说法正确的是（   ）

	A	B	C
1	DVEKGKKIDIMKCS	HTVEKGGKHKTGPNLH	GLFGRKTGQAPGYSYT
2	DVQRALKIDNNLGQ	HTVEKGAKHKTAPNVH	GLADRIAYQAKATNEE
3	LVTRPLYIFPNEGQ	HTLEKAAKHKTGPNLH	ALKSSKDLMFTVINDD
4	FFMNEDALVARSSN	HQFAASSIHKNAPQFH	NLKDSKTYLKPVISET

A. 从 B 列看，4 号的进化与其他三者的差异性最大

B. 从 A 列看，1 号和 2 号进化过程中的差异性最大

C. 1 号和 4 号具有最大的同源性

D. 2 号和 3 号之间的进化距离大于 1 号和 4 号之间

E. 蛋白质中氨基酸的比例说明这些蛋白之间完全不相关

57. 在 α-螺旋中，氨基酸残基的 R 基团（   ）。

A. 在螺旋的内外交替出现   B. 在螺旋的外侧出现

C. 只能形成右手螺旋   D. 产生氢键以形成螺旋

E. 存在于螺旋内部

58. Thr 和/或 Leu 残基在蛋白中靠得近的话，易破坏 α-螺旋，因为（   ）。

A. Thr 等是高度疏水的   B. Thr 侧链之间发生共价相互作用

C. Thr 侧链之间发生静电排斥作用   D. Thr 侧链之间有空间的阻碍作用

E. Thr 的 R 基侧链能形成氢键

59. 以下最有可能破坏 α-螺旋的是（   ）

A. 跨度为 α-螺旋的几个肽键的电偶极子

B. 相邻的 Asp 和 Arg 之间的相互作用

C. 紧邻的疏水氨基酸 Val 侧链的相互作用

D. 靠近羧基端的 Arg 残基的存在

E. 靠近氨基端的两个 Lys 残基的存在

60. β-转角中间处的氨基酸往往是（　　　）

A. Ala 和 Gly
B. 疏水氨基酸

C. Pro 和 Gly
D. R 基团带电荷的氨基酸

E. 两个 Cys

61. 一蛋白质的部分氨基酸序列为-Ser-Gly-Pro-Gly-，这种序列最有可能是（　　　）的一部分。

A. 反向平行的 β-折叠
B. 平行的 β-折叠

C. α-螺旋
D. α-折叠

E. β-转角

62. 以下错误的说法是（　　　）

A. 胶原蛋白中主要以 α-螺旋的构象为主

B. 二硫键对角蛋白非常重要

C. 胶原蛋白质中甘氨酸很丰富

D. 丝心蛋白主要以 β-折叠、β-转角构象为主

E. α-角蛋白中主要以 α-螺旋的构象为主

63. 以下关于蛋白质的结构域，正确的是（　　　）

A. 是蛋白质二级结构的一种

B. 是蛋白质结构基序的例子

C. 有分开的多肽链（亚基）构成

D. 只在原核生物蛋白质中出现

E. 当与蛋白质其他部分分开后，它们可能继续保持正确的形状

64. 蛋白质被分成家族或超家族，是基于它们的共同点是（　　　）

A. 进化起始点
B. 理化学性质
C. 结构和/或功能

D. 亚细胞定位
E. 亚基结构

65. 以下关于多亚基蛋白错误的是（　　　）

A. 其中的一个亚基可与其他亚基相似

B. 所有亚基必须都相同

C. 许多蛋白都含有调节功能

D. 一些寡聚蛋白可继续形成大的纤维状蛋白

E. 一些寡聚蛋白可能含有辅基

66. 以下不能使蛋白质变性的是（　　　）

A. 去污剂（如 SDS）
B. 加热至 90℃

C. 碘乙酸
D. pH10

E. 尿素

67. 以下最不可能引起蛋白质变性的是（　　　）

A. 通过改变 pH 来改变其所带的负电荷

B. 改变盐浓度

C. 通过煮沸打破次级键

D. 去污剂处理

E. 与有机溶剂（如丙酮）混合

68. 以下没有参与到蛋白质的助折叠过程的是（　　）

A. 分子伴侣　　　　　　　　　B. 二硫键的互换

C. 热休克蛋白　　　　　　　　D. 肽键的水解

E. 肽键的异构化

69. 蛋白和配体的相互作用（　　）

A. 相对来说不是特异地　　　　B. 在生命系统中相对很少

C. 通常是不可逆的　　　　　　D. 通常是短暂的

E. 通常引起蛋白质的失活

70. 辅基是蛋白质的非蛋白部分，它是（　　）

A. 蛋白的配体　　　　　　　　B. 蛋白质二级结构的一部分

C. 蛋白质的底物　　　　　　　D. 持续地与蛋白结合

E. 暂时与蛋白质结合

71. 肌红蛋白和血红蛋白的亚基具有（　　）

A. 没有明显的结构上关系　　　B. 一级结构和三级结构都不相同

C. 一级结构和三级结构相同　　D. 一级结构相似，但三级结构不同

E. 三级结构相似，但一级结构不同

72. CO 对人有毒性是因为（　　）

A. 它结合肌红蛋白并引起其变性

B. 它迅速转变成 CO_2

C. 它与血红蛋白的球状部分结合并阻止其与 O_2 的结合

D. 它与血红蛋白的 Fe 结合并阻止其与 O_2 的结合

E. 它与血红蛋白的血红素部分结合并使其与血红蛋白分离

73. 人类的镰刀形贫血病的根本原因是（　　）

A. 血液　　　　B. 毛细血管　　　　C. 血红蛋白

D. 红细胞　　　E. 心脏

74. IgG 分子的哪些部分没有参与抗原的结合？（　　）

A. Fab　　　　　B. Fc　　　　　C. 重链

D. 轻链　　　　　E. 可变区

75. 在水溶液中蛋白质的构象由两方面决定：能够形成氢键的数量和（　　）

A. 形成的疏水作用力

B. 离子键的数量

C. 蛋白质外层形成水膜以减小熵变

D. 蛋白质内部疏水氨基酸残基的位置

E. 蛋白质外部极性氨基酸残基的位置

76. 以下哪个代表了两个肽键的骨架（　　　）

A. C_α—N—C_α—C—C_α—N—C_α—C

B. C_α—N—C—C—N—C_α

C. C—N—C_α—C_α—C—N

D. C_α—C—N—C_α—C—N

E. C_α—C_α—C—N—C_α—C—C_α

四、多项选择题

1. 蛋白质在 280nm 波长处有最大光吸收，是由下列哪些结构引起的（　　　）

A. 组氨酸的咪唑基　　　　　　　　B. 酪氨酸的酚基

C. 苯丙氨酸的苯环　　　　　　　　D. 色氨酸的吲哚环

2. 下列关于 β 片层结构的论述哪些是正确的（　　　）

A. 是一种伸展的肽链结构

B. 肽键平面折叠称锯齿状

C. 也可由两条以上的多肽链顺向或逆向平行排列而成

D. 两链间形成离子键来使结构稳定

3. 下列哪种方法可用于蛋白质分子量测定（　　　）

A. 质谱　　　　　B. 凝胶过滤　　　　C. SDS-PAGE　　　　D. 亲和层析

4. 变性蛋白质的特性有（　　　）

A. 溶解度显著下降　　　　　　　　B. 生物学活性丧失

C. 易被蛋白酶水解　　　　　　　　D. 溶解度升高

5. 可用于蛋白质多肽链 N 端氨基酸分析的方法有（　　　）

A. 2,4-二硝基氟苯法　　　　　　　B. 丹磺酰氯法

C. 肼解法　　　　　　　　　　　　D. 茚三酮法

6. 维持蛋白质三级结构的主要键是（　　　）

A. 二硫键　　　　B. 疏水键　　　　C. 离子键　　　　D. 范德华引力

7. 使蛋白质沉淀但不变性的方法有（　　　）

A. 中性盐沉淀蛋白　　　　　　　　B. 单宁盐沉淀蛋白

C. 低温乙醇沉淀蛋白　　　　　　　D. 重金属盐沉淀蛋白

五、判断题（在题后括号内标明对或错）

1. 含有一个氨基和一个羧基的氨基酸的 pI 为中性，因为—COOH 和—NH_2 的解离度相同。（　　　）

2. 构型的改变必须有旧的共价键破坏和新的共价键形成，而构象的改变则不发生此变化。（　　　）

3. 生物体内只有蛋白质才含有氨基酸。（　　　）

4. 所有的蛋白质都具有一、二、三、四级结构。（　　　）

5. 用羧肽酶 A 水解一个肽，发现释放最快的是 Leu，其次是 Gly，据此可断定，此肽的 C 端序列是 Gly-Leu。（　　）

6. 蛋白质分子中个别氨基酸的取代未必会引起蛋白质活性的改变。（　　）

7. 镰刀型红细胞贫血病是一种先天性遗传病，其病因是由于血红蛋白的代谢发生障碍。（　　）

8. 在蛋白质和多肽中，只有一种连接氨基酸残基的共价键，即肽键。（　　）

9. 从热力学上讲蛋白质分子最稳定的构象是自由能最低时的构象。（　　）

10. 天然氨基酸都有一个不对称 α-碳原子。（　　）

11. 变性后的蛋白质其分子量也发生改变。（　　）

12. 蛋白质在等电点时净电荷为零，溶解度最小。（　　）

13. 非必需氨基酸是指对动物来说基本不需要的氨基酸。（　　）

14. 氨基酸与茚三酮反应都产生蓝紫色化合物。（　　）

15. 因为羧基碳和亚氨基氮之间的部分双键性质，所以肽键不能自由旋转。（　　）

16. 所有的蛋白质都有酶活性。（　　）

17. α-碳和羧基碳之间的键不能自由旋转。（　　）

18. 多数氨基酸有 D-型和 L-型两种不同构型，而构型的改变涉及共价键的破裂。（　　）

19. 所有氨基酸都具有旋光性。（　　）

20. 构成蛋白质的 20 种氨基酸都是必需氨基酸。（　　）

21. 蛋白质多肽链中氨基酸的排列顺序在很大程度上决定了它的构象。（　　）

22. 某一氨基酸晶体溶于 pH7.0 的水中，所得溶液的 pH 为 8.0，则此氨基酸的 pI 点必大于 8.0。（　　）

23. 蛋白质的变性是蛋白质立体结构的破坏，因此涉及肽键的断裂。（　　）

24. 蛋白质是生物大分子，但并不都具有四级结构。（　　）

25. 血红蛋白和肌红蛋白都是氧的载体，前者是一个典型的变构蛋白，在与氧结合过程中表现变构效应，而后者却不是。（　　）

26. 甘氨酸的解离常数分别是 $pK_1 = 2.34$、$pK_2 = 9.60$，它的等电点（pI）是 5.97。（　　）

27. 多肽链主链骨架是由许许多多肽单位（肽平面）通过 α-碳原子连接而成的。（　　）

28. FDNB 法和 Edman 降解法测定蛋白质多肽链 N-端氨基酸的原理是相同的。（　　）

29. 并非所有构成蛋白质的 20 种氨基酸的 α-碳原子上都有一个自由羧基和一个自由氨基。（　　）

30. 蛋白质是两性电解质，它的酸碱性质主要取决于肽链上可解离的 R 基团。（　　）

31. 在具有四级结构的蛋白质分子中，每个具有三级结构的多肽链是一个亚基。（　　）

32. 所有的肽和蛋白质都能和硫酸铜的碱性溶液发生双缩脲反应。（　　）

33. 一个蛋白质分子中有两个半胱氨酸存在时，它们之间可以形成两个二硫键。（　　）

34. 盐析法可使蛋白质沉淀，但不引起变性，所以盐析法常用于蛋白质的分离制备。（　　）

35. 蛋白质的空间结构就是它的三级结构。（　　）

36. 维持蛋白质三级结构最重要的作用力是氢键。（　　）

37. 具有四级结构的蛋白质，它的每个亚基单独存在时仍能保存蛋白质原有的生物活性。（　　）

38. 变性蛋白质的溶解度降低，是由于其分子表面的电荷及水膜被破坏引起的。（　　）

39. 蛋白质二级结构的稳定性是靠链内氢键维持的，肽链上每个肽键都参与氢键的形成。（　　）

40. 蛋白质变性时，天然蛋白质分子的空间结构与一级结构均被破坏。（　　）

41. 在分子筛层析时，分子质量较小的蛋白质首先被洗脱出来。（　　）

42. 肌红蛋白是具有典型四级结构的蛋白质分子，其分子中的 Fe^{2+} 可与 1 个氧分子结合。（　　）

43. 双缩脲反应可被用于蛋白质的定性鉴定和定量测定。（　　）

六、简答题

1. 蛋白质的一级结构内容有哪些？为什么说蛋白质的一级结构决定其空间结构？

2. 什么是蛋白质的空间结构？蛋白质的空间结构与其生物功能有何关系？

3. 蛋白质的 α-螺旋结构有何特点？

4. 蛋白质的 β-折叠结构有何特点？

5. 什么是蛋白质的变性作用和复性作用？蛋白质变性后哪些性质会发生改变？

6. 简述蛋白质沉淀与变性的关系。

7. 多肽链片段是在疏水环境中还是在亲水环境中更有利于 α-螺旋的形成，为什么？

8. 简述蛋白质变性作用的机制。

9. 聚赖氨酸（poly Lys）在 pH7 时呈无规则线团，在 pH10 时则呈 α-螺旋；聚谷氨酸（poly Glu）在 pH7 时呈无规则线团，在 pH4 时则呈 α-螺旋，为什么？

10. 下列试剂和酶常用于蛋白质化学的研究中：CNBr、异硫氰酸苯酯、丹黄酰氯、脲、6mol/L HCl、β-巯基乙醇、水合茚三酮、过甲酸、胰蛋白酶、胰凝乳蛋白酶。其中哪一个最适合完成以下各项任务？

（1）测定小肽的氨基酸序列。

（2）鉴定肽的氨基末端残基。

（3）不含二硫键的蛋白质的可逆变性，如有二硫键存在时还需加什么试剂？

（4）在芳香族氨基酸残基羧基侧水解肽键。

（5）在蛋氨酸残基羧基侧水解肽键。

（6）在赖氨酸和精氨酸残基羧基侧水解肽键。

11. 根据蛋白质一级氨基酸序列可以预测蛋白质的空间结构。假设有下列氨基酸序列（如图）：

```
1          5            10                  15
Ile-Ala-His-Thr-Tyr-Gly-Pro-Glu-Ala-Ala-Met-Cys-Lys-Try-Glu-Ala-Gln-
        20          25          27
Pro-Asp-Gly-Met-Glu-Cys-Ala-Phe-His-Arg
```

（1）预测在该序列的哪一部位可能会出现拐弯或 β-转角。

（2）何处可能形成链内二硫键？

（3）假设该序列只是大的球蛋白的一部分，下面氨基酸残基中哪些可能分布在蛋白的外表面，哪些分布在内部？

天冬氨酸；异亮氨酸；苏氨酸；缬氨酸；谷氨酰胺；赖氨酸

12. 谷胱甘肽分子在结构上有何特点？有何生理功能？

13. 概述蛋白质一级结构测定的一般程序。

14. 比较肌红蛋白和血红蛋白的氧合曲线，并加以简单说明？

15. 使蛋白质沉淀有哪些方法？各有何用途？

16. 在一抽提液中含有三种蛋白质，其特性如下：

蛋白质	分子量	等电点
A	20000	8.5
B	21000	5.9
C	5000	6.0

设计一个方案来分离纯化这三种蛋白质。

17. 概述凝胶过滤法测蛋白质分子量的原理。

七、论述题

1. 简述蛋白质具有哪些重要功能？

2. 简述蛋白质的结构层次及其相互关系。

3. 为什么说蛋白质是生命活动所依赖的重要物质基础？

4. 试以血红蛋白为例，论述蛋白质的结构和功能的关系。

5. 根据蛋白质的理化性质，详细阐述蛋白质分离提纯的一般步骤和主要方法。

6. 还原性谷胱甘肽分子中的肽键有何特点？还原性与氧化性谷胱甘肽的结构有何不同？

7. 用什么试剂可以将胰岛素链间的二硫键打开与还原？蛋白质变性时为了防止生成的-SH 基重新被氧化，可加入什么试剂来保护？

8. 简要说明为什么大多数球状蛋白质在溶液中具有如下性质？

（1）在低 pH 时沉淀。

（2）当离子强度从零增至高值时，先是溶解度增加，然后溶解度降低，最后沉淀。

（3）在给定离子强度的溶液中，等电点 pH 值时溶解度呈现最小。

（4）加热时沉淀。

（5）当介质的介电常数因加入与水混溶的非极性溶剂而下降时，溶解度降低。

（6）如果介电常数大幅度下降以至介质以非极性溶剂为主，则产生变性。

9. 凝胶过滤和 SDS-PAGE 均是利用凝胶，按照分子大小分离蛋白质的，为什么凝胶过滤时，蛋白质分子越小，洗脱速度越慢，而在 SDS-PAGE 中，蛋白质分子越小，迁移速度越快？

10. 蛋白质的变性作用有哪些实际应用？

11. 试比较肌红蛋白和血红蛋白在结构、功能上的异同点。

 参考答案

一、名词解释

1. 分子中同时含有氨基和羧基的有机化合物（或分子中含有氨基的羧酸），叫氨基酸。包括脂肪族氨基酸和芳香族氨基酸。在脂肪族氨基酸中，根据氨基的位置，可分为 α、β、γ-氨基酸。其中 α-氨基酸是构成蛋白质的基本单位，共有 20 种。除 α-氨基酸外，细胞内还含有其他种类的氨基酸。

2. 又叫伴娘蛋白，与一种新合成的多肽链形成复合物并协助它正确折叠成具有生物功能构象的蛋白质。但其自身不是成熟蛋白的组成成分。

3. 基因突变导致蛋白质的一级结构发生改变，如果这种改变导致蛋白质生物功能的下降或丧失，就会产生疾病，这种病称为分子病。

4. 氨基酸分子既含有酸性的—COOH，又含有碱性的—NH_2。前者能提供质子变成—COO^-，后者能接受质子变成—NH_3^+。因此，被称为两性电解质。

5. 使分子处于兼性分子状态，在电场中不迁移（分子的净电荷为零）的 pH 值，称为该分子的等电点。

6. 在加热条件下，氨基酸或肽与茚三酮反应生成蓝紫色（与脯氨酸反应生成黄色）化合物的反应。

7. 只含有氨基酸成分而不含有氨基酸以外成分的蛋白质。

8. 除了含有氨基酸以外，还要有其他成分（辅助因子）的存在才能保证正常生物活性的蛋白质。

9. 一个有机分子中各个原子特定的空间排布。这种排布不经过共价键的断裂和重新形成是不会改变的。

10. 蛋白质的一级结构是指肽链中的氨基酸种类、数量和排列顺序，它是由编码它的基因决定的。不同蛋白质具有不同的一级结构。其内容包括：（1）多肽链的数目；（2）每一条多肽链中末端氨基酸的种类；（3）链内和链间二硫键的位置和数目；（4）多肽链中氨基酸的数目、种类和排列顺序。

11. 在许多蛋白质分子中，可发现 2 个或 3 个具有二级结构的肽段，在空间上相互接近，形成一个特殊的空间构象，称为模体。模体具有特征性的氨基酸排列顺序，并且同特定的功能相联系，例如锌指结构。

12. 是在整体水平上研究细胞内所有蛋白质的组成及其动态变化规律的新兴学科。它以蛋白质组（即基因组表达的全部蛋白质）为研究对象，从更为深入的一个层次来认识生命活动的规律。

13. 指一个分子中，不改变共价键结构，仅单键周围的原子或基团旋转所产生的原子或基团的空间排布。一种构象改变为另一种构象时，不要求共价键的断裂和重新形成。构象改变不会改变分子的光学活性。

14. α-螺旋是蛋白质二级结构的一种方式，最早由 Linus Pauling 和 Robert Corey 根据氨基酸和小肽的 X-射线晶体衍射图谱提出，指的是多肽链主链骨架围绕同一中心轴呈螺旋式上升，形成棒状的螺旋结构。

15. 指二级结构的组合，已知的超二级结构有三种基本形式：αα，βαβ，βββ。二级结构是通过骨架上的羰基和酰胺基团之间形成的氢键维持的。

16. 在蛋白质三级结构内的独立折叠单元。结构域通常都是几个超二级结构单元的组合。

17. 蛋白质分子处于它的天然折叠状态的三维构象。三级结构是在二级结构的基础上进一步盘绕、折叠形成的。三级结构主要是靠氨基酸侧链之间的疏水相互作用、氢键、范德华力和盐键（静电作用力）维持的。

18. 是肽链主链上的重复结构。是由参与肽键形成的氮原子和碳原子以及它们的 4 个取代成分：羰基氧原子、酰胺氢原子和两个相邻的 α-碳原子组成的一个平面单位。

19. 多亚基蛋白质的三维结构，是蛋白质分子中亚基的种类、数量和空间排布及其相互作用，不涉及亚基本身的结构。实际上是具有三级结构的多肽链（亚基）以适当方式聚合所呈现出的三维结构。

20. 肽链主链的肽键 C—N 具有双键的性质，因而不能旋转，使连接在肽键上的六个原子共处于一个平面上，此平面称为肽平面。

21. 中性原子之间通过瞬间静电相互作用产生的一种弱的分子之间的力。当两个原子之间的距离为它们的范德华半径之和时，范德华引力最强。强的范德华排斥作用可以防止原子相互靠近。

22. 在蛋白质水溶液中，加入少量的中性盐，如硫酸铵、硫酸钠、氯化钠等，会增加蛋白质分子表面的电荷，增强蛋白质分子与水分子的作用，从而使蛋白质在水溶液中的溶解度增大。这种现象称为盐溶。

23. 在高浓度的盐溶液中，无机盐离子从蛋白质分子的水膜中夺取水分子，破坏水膜，使蛋白质分子相互结合而发生沉淀。这种现象称为盐析。

24. 利用小分子经过半透膜可以扩散到水（或缓冲液）中而大分子不能通过半透膜的原理将小分子与生物大分子分开的一种分离纯化技术。

25. 蛋白质可以形成各种各样的立体结构，即构象。在生理条件下，蛋白质表现出能量最低的稳定形态，是其发挥生物功能所必需的，称为天然构象。

26. 又叫做变构效应，是指配基与寡聚蛋白质结合后改变了蛋白质的构象，从而导致蛋白质生物活性改变的现象。

27. 别构效应的一种特殊类型，是亚基之间的一种相互作用。指寡聚蛋白的某一个亚基与配基结合时可以改变其他亚基构象，进而改变蛋白质生物活性的现象。协同效应有两种：正协同效应和负协同效应。

28. 蛋白质最小的共价单位，又称为亚单位。它由一条肽链组成，也可以通过二硫键把几条肽链连接在一起组成。

29. 在某些理化因素作用下，蛋白质的一级结构保持不变，空间结构发生改变，即由天然状态（折叠态）变成了变性状态（伸展态），从而引起生物功能的丧失以及物理、化学性质的改变，这种现象被称为蛋白质的变性。变性后的蛋白质在适当条件下可以恢复折叠状态，并恢复原有的生物活性，这种现象称为蛋白质的复性。

30. 蛋白质与酚试剂反应生成蓝色物质，可用于蛋白质定量。该法称福林-酚法，又称 Lowry 法，是蛋白质定量的经典方法。

31. 以凝胶为介质，在电场作用下分离蛋白质或核酸等分子的分离纯化技术。

32. 按照在移动相（可以是气体或液体）和固定相（可以是液体或固体）之间的分配比例将混合成分分开的技术。

33. 有些较大的球蛋白分子，往往由几个称作亚基（subunit）的亚单位组成，亚基本身都具有球状三级结构。亚基一般只包含一条多肽链，也有的由两条或两条以上二硫键连接的肽链组成。由几个亚基组成的蛋白称为寡聚蛋白（oligomeric protein）。

34. 一种蛋白质分子在单位离心力场里的沉降速度为恒定值，被称为沉降常数（沉降系数），常用 S 表示。1S 单位等于 $1 \times 10^{-13}S$。常用测得的 S 值可粗略表示质量未知的细胞器、亚细胞器、生物大分子的分子量大小。

35. 利用共价连接有特异配体的层析介质分离蛋白质混合物中能特异结合配体的目的蛋白或其他分子的层析技术。

36. 使用带有固定的带电基团的聚合树脂或凝胶层析分离离子化合物的层析方法。

二、填空题

1. 氨基，羧基

2. 16，6.25

3. 苯丙氨酸，酪氨酸，色氨酸

4. 负极

5. 组氨酸，半胱氨酸，蛋氨酸

6. α-螺旋结构，β-折叠结构

7. C＝O，N＝H，氢，0.54nm，3.6，0.15nm，右

8. 脯氨酸

9. 极性，疏水性

10. 蓝紫色，黄色

11. 肽键，二硫键，氢键，次级键，氢键，离子键，疏水键，范德华力

12. 球状大分子表面的水化膜，球状大分子带有同性电荷

13. 还原型谷胱甘肽，巯基，维持半胱氨酸残基处于还原状态

14. 增加，盐溶，减小，沉淀析出，盐析，蛋白质分离

15. 带电荷量，分子大小，分子形状，方向，速率

16. 两性离子，最小

17. FDNB 法（2,4-二硝基氟苯法），Edman 降解法（苯异硫氢酸酯法）

18. 沉降速度法，凝胶过滤法，SDS-聚丙烯酰胺凝胶电泳法（SDS-PAGE 法）

19. 不动，向正极移动，向负极移动

20. 两性离子，负

21. C_α—C，C_α—N

22. 氢键

23. 16471，65884

24. 50 圈，27nm

25. 生物活性，物理化学，溶解度

26. β-折叠，Gly，α-螺旋

27. 肌红蛋白

28. 共价键

29. 六，二，四

30. 1

31. α-螺旋，β-折叠，β-转角，无规卷曲

32. 单纯蛋白质，结合蛋白质，辅基

三、单项选择题

1. C　2. C　3. B　4. B　5. B　6. C　7. D　8. B　9. B　10. C　11. D

12. B　13. A　14. C　15. A　16. B　17. A　18. C　19. D　20. D　21. D
22. C　23. A　24. D　25. B　26. B　27. C　28. B　29. D　30. A　31. B
32. D　33. C　34. C　35. E　36. A　37. A　38. A　39. B　40. C　41. B
42. C　43. B　44. A　45. C　46. B　47. C　48. D　49. C　50. E　51. E
52. E　53. B　54. C　55. C　56. A　57. B　58. D　59. E　60. C　61. E
62. A　63. E　64. C　65. B　66. C　67. D　68. D　69. D　70. D　71. E
72. D　73. C　74. B　75. D　76. D

四、多项选择题

1. BCD　2. ABC　3. ABC　4. ABC　5. AB　6. ABCD　7. AC

五、判断题

1. 错。一氨基一羧基氨基酸为中性氨基酸，其等电点为中性或接近中性，但氨基和羧基的解离度，即 pK 值不同。

2. 对

3. 错。生物体内的氨基酸大部分是不参与蛋白质组成的，这些氨基酸称为非蛋白质氨基酸；还有一些氨基酸是以游离形式存在的，如瓜氨酸、鸟氨酸、β-丙氨酸。

4. 错。只有多条肽链组成的蛋白才可能有四级结构。

5. 对

6. 对

7. 错。镰刀型红细胞贫血病是一种先天遗传性的分子病，其病因是由于正常血红蛋白分子中的一个谷氨酸残基被缬氨酸残基所置换。从而引起蛋白分子构型变化，功能随之改变。

8. 错。除了肽键之外，连接氨基酸残基的共价键还有二硫键。

9. 对

10. 错。甘氨酸除外。

11. 错。蛋白质变性后相对分子量不发生变化。

12. 对

13. 错。非必需氨基酸是指可由动物体自行合成的氨基酸。这里所说的"必需"还是"非必需"是指其是否必须由饲料供给，并非指其对动物来说需要与否。

14. 错。脯氨酸与茚三酮反应产生黄色化合物，其他氨基酸与茚三酮反应产生蓝色化合物。

15. 对。在肽平面中，羧基碳和亚氨基氮之间的键长为 0.132nm，介于 C—N 单键和 C＝N 双键之间，具有部分双键的性质，不能自由旋转。

16. 错。蛋白质具有重要的生物功能，有些蛋白质是酶，可催化特定的生化反应，有些蛋白质则具有其他生物功能而不具有催化活性，所以不是所有的蛋白质都具有酶的活性。

17. 错。α-碳和羧基碳之间的键是 C—C 单键，可以自由旋转。

18. 对。在 20 种氨基酸中，除甘氨酸外都具有不对称碳原子，故存在 L-型和 D-型 2 种不同构型，这两种不同构型的转变涉及共价键的断裂和重新形成。

19. 错。由于甘氨酸的 α-碳上连接有 2 个氢原子，所以不是不对称碳原子，没有 2 种不同的立体异构体，所以不具有旋光性。其他常见的氨基酸都具有不对称碳原子，因此具有旋光性。

20. 错。必需氨基酸是指人（或哺乳动物）自身不能合成机体又必需的氨基酸，包括 8 种氨基酸。其他氨基酸人体自身可以合成，称为非必需氨基酸。

21. 对。蛋白质的一级结构是蛋白质多肽链中氨基酸的排列顺序，不同氨基酸的结构和化学性质不同，因而决定了多肽链形成二级结构的类型以及不同类型之间的比例以及在此基础上形成的更高层次的空间结构。如在脯氨酸存在的地方 α-螺旋中断，R 侧链具有大的支链的氨基酸聚集的地方妨碍螺旋结构的形成，所以一级结构在很大程度上决定了蛋白质的空间构象。

22. 对

23. 错。蛋白质的变性是蛋白质空间结构的破坏，这是由于维持蛋白质构象稳定的作用力次级键被破坏所造成的，但变性不引起多肽链的降解，即肽链不断裂。

24. 对。有些蛋白质是由一条多肽链构成的，只具有三级结构，不具有四级结构，如肌红蛋白。

25. 对。血红蛋白是由 4 个亚基组成的具有四级结构的蛋白质，当其一个亚基与氧结合后可加速其他亚基与氧的结合，所以具有变构效应。肌红蛋白是仅有一条多肽链的蛋白质，具有三级结构，不具有四级结构，所以在与氧的结合过程中不表现出变构效应。

26. 对。中性氨基酸：$pI = (pK_1 + pK_2)/2$，酸性氨基酸：$pI = (pK_1 + pK_{R\text{-}COO^-})/2$，碱性氨基酸：$pI = (pK_{R\text{-}NH_2} + pK_2)/2$。甘氨酸为中性，$pI = (pK_1 + pK_2)/2 = (2.34 + 9.60)/2 = 5.97$。

27. 对

28. 错。Edman 降解法是多肽链 N 端氨基酸残基被苯异硫氰酸酯修饰，然后从多肽链上切下修饰的残基，经层析鉴定可知 N 端氨基酸的种类，而余下的少一个氨基酸的多肽链被回收后可继续进行下一轮 Edman 反应，测定 N 末端第二个氨基酸。反应重复多次就可连续测出多肽链的氨基酸顺序。FDNB 法（Sanger 反应）是多肽链 N 末端氨基酸与 FDNB（2,4-二硝基氟苯）反应生成二硝基苯衍生物（DNP-蛋白），然后将其进行酸水解，打断所有肽键，N 末端氨基酸与二硝基苯基结合牢固，不易被酸水解，形成黄色的产物，即 N 端 DNP-氨基酸，其他水解产物为游离氨基酸。将 DNP-氨基酸抽提出来并进行鉴定可知 N 端氨基酸的种类，但不能测出其后氨基酸的序列。

29. 对。大多数氨基酸的 α-碳原子上都有一个自由氨基和一个自由羧基，但脯

氨酸和羟脯氨酸的 α-碳原子上连接的氨基氮与侧链的末端碳共价结合形成环式结构，所以不是自由氨基。

30. 对

31. 对

32. 错。具有两个或两个以上肽键的物质才具有类似于双缩脲的结构，具有双缩脲反应，而二肽只有一个肽键，所以不具有双缩脲反应。

33. 错。二硫键是由两个半胱氨酸的巯基脱氢氧化而形成的，所以两个半胱氨酸只能形成一个二硫键。

34. 对

35. 错。蛋白质的空间结构包括二级结构、三级结构和四级结构三个层次，三级结构只是其中一个层次。

36. 错。维持蛋白质三级结构的作用力有氢键、离子键、疏水键、范德华力以及二硫键，其中最重要的是疏水键。

37. 错。具有四级结构的蛋白质，只有所有亚基以特定的适当方式组装在一起时才具有生物活性，缺少一个亚基或单独一个亚基存在时都不具有生物活性。

38. 错。蛋白质变性是由于维持蛋白质构象稳定的作用力（次级键和二硫键）被破坏从而使蛋白质空间结构被破坏并丧失生物活性的现象。次级键被破坏以后，蛋白质结构松散，原来聚集在分子内部的疏水性氨基酸侧链伸向外部，减弱了蛋白质分子与水分子的相互作用，因而使溶解度降低。

39. 错。蛋白质二级结构的稳定性是由链内氢键维持的，如 α-螺旋结构和 β-折叠结构中的氢键均起到稳定结构的作用。但并非肽链中所有的肽键都参与氢键的形成，如脯氨酸与相邻氨基酸形成的肽键，以及自由回转中的有些肽键不能形成链内氢键。

40. 错。蛋白质变性时，天然蛋白质分子的空间结构被破坏，而蛋白质的一级结构仍保持不变。

41. 错。在分子筛层析时，分子质量较大的蛋白质首先被洗脱出来。

42. 错。肌红蛋白只含有 1 条多肽链，是具有典型三级结构的蛋白质分子，不具有四级结构。

43. 对。双缩脲是由两分子尿素缩合而成的化合物，在碱性溶液中能与蛋白质中的肽键反应，形成红紫色络合物。此反应可用于定性鉴定，也可在 540nm 比色，定量测定蛋白质含量。

六、简答题

1.【答】蛋白质一级结构指蛋白质多肽链中氨基酸残基的排列顺序。因为蛋白质分子肽链的排列顺序包含了自动形成复杂的三维结构（即正确的空间构象）所需要的全部信息，所以一级结构决定其高级结构。

2.【答】蛋白质的空间结构是指蛋白质分子中原子和基团在三维空间上的排

列、分布及肽链走向。蛋白质的空间结构决定蛋白质的功能。空间结构与蛋白质各自的功能是相适应的。

3.【答】(1) 多肽链主链绕中心轴旋转，形成棒状螺旋结构，每个螺旋含有 3.6 个氨基酸残基，共有 13 个原子。螺距为 0.54nm，氨基酸之间的轴心距为 0.15nm。

(2) α-螺旋结构的稳定主要靠链内氢键，每个氨基酸的 N—H 与前面第四个氨基酸的 C=O 形成氢键。

(3) 天然蛋白质的 α-螺旋结构大多为右手螺旋。

4.【答】β-折叠结构又称为 β-片层结构，它是肽链主链或某一肽段的一种相当伸展的结构，多肽链呈扇面状折叠。

(1) 两条或多条几乎完全伸展的多肽链（或肽段）侧向聚集在一起，通过相邻肽链主链上的氨基和羰基之间形成的氢键连接成片层结构并维持结构的稳定。

(2) 氨基酸之间的轴心距为 0.35nm（反平行式）和 0.325nm（平行式）。

(3) β-折叠结构有平行排列和反平行排列两种。

5.【答】蛋白质变性作用是指在某些因素的影响下，蛋白质分子的空间构象被破坏，并导致其性质和生物活性改变的现象。蛋白质变性后会发生以下几方面的变化。

(1) 生物活性丧失，变性后的蛋白质将失去其生物活性。如酶丧失催化活性；激素蛋白丧失生理调节作用；抗体失去与抗原专一结合的能力。另外，蛋白质的抗原性也发生改变。

(2) 物理性质发生改变，包括：溶解度降低，因为疏水侧链基团暴露；结晶能力丧失；分子形状改变，由球状分子变成松散结构，分子不对称性加大；黏度增加；光学性质发生改变，如旋光性、紫外吸收光谱等均有所改变。

(3) 化学性质发生改变，分子结构伸展松散，易被蛋白酶分解。

6.【答】蛋白质沉淀和变性的概念是不同的。沉淀是指在某些因素的影响下，蛋白质从溶液中析出的现象；而变性是指在变性因素的作用下蛋白质的空间结构被破坏，生物活性丧失，理化性质发生改变。变性的蛋白质溶解度明显降低，易结絮、凝固而沉淀；但是沉淀的蛋白质却不一定变性，如加热引起的蛋白质沉淀是由于蛋白质热变性所致，而硫酸铵盐析所得蛋白质沉淀一般不会变性。

7.【答】多肽链片段在疏水环境中更有利于 α-螺旋的形成。由于稳定 α-螺旋的力是氢键，所以在疏水环境中很少有极性基团干扰氢键的形成，而在亲水环境中则存在较多的极性基团或极性分子，它们能够干扰 α-螺旋中的氢键使之变得不稳定。

8.【答】维持蛋白质空间构象稳定的作用力是次级键，此外，二硫键也起一定的作用。当某些因素破坏了这些作用力时，使蛋白质分子从原来紧密有序的折叠构象（天然态）变成了松散无序的伸展构象（变性态），即蛋白质的空间构象遭到破坏，引起变性。

9. 【答】聚赖氨酸的赖氨酸侧链是氨基，在 pH7.0 时带有正电荷，所以由于静电的斥力作用使聚赖氨酸不能形成 α-螺旋结构。当在 pH10 时赖氨酸侧链的氨基基本不解离，排除了静电斥力，所以能形成 α-螺旋结构。而谷氨酸在 pH7.0 时带有负电荷，所以它的情况与聚赖氨酸相反。

10. 【答】（1）异硫氢酸苯酯；（2）丹黄酰氯；（3）脲、β-巯基乙醇；（4）胰凝乳蛋白酶；（5）CNBr；（6）胰蛋白酶。

11. 【答】（1）可能在 7 位和 19 位打弯，因为脯氨酸常出现在打弯处。

（2）13 位和 24 位的半胱氨酸可形成二硫键。

（3）分布在外表面的为极性和带电荷的残基：Asp、Gln 和 Lys。分布在内部的是非极性的氨基酸残基：Thr、Ile 和 Val。Thr 尽管有极性，但疏水性也很强，因此，它出现在外表面和内部的可能性都有。

12. 【答】谷胱甘肽（GSH）是由谷氨酸、半胱氨酸和甘氨酸组成的三肽。GSH 的第一个肽键与一般肽键不同，是由谷氨酸以 γ-羧基而不是 α-羧基与半胱氨酸的 α-氨基形成肽键。GSH 分子中半胱氨酸的巯基是该化合物的主要功能基团。GSH 的巯基具有还原性，可作为体内重要的还原剂保护体内蛋白质或酶分子中巯基免遭氧化，使蛋白质或酶处在活性状态。此外，GSH 的巯基还有嗜核特性，能与外源的嗜电子毒物如致癌剂或药物等结合，从而阻断这些化合物与机体 DNA、RNA 或蛋白质结合，以保护机体免遭毒物损害。

13. 【答】蛋白质一级结构测定的一般程序为：（1）测定蛋白质（要求纯度必须达到 97% 以上）的分子量和它的氨基酸组成，推测所含氨基酸的大致数目。（2）测定多肽链 N-末端和 C-末端的氨基酸，从而确定蛋白质分子中多肽链的数目。然后通过对二硫键的测定，查明蛋白质分子中二硫键的有无及数目。如果蛋白质分子中多肽链之间含有二硫键，则必须拆开二硫键，并对不同的多肽链进行分离提纯。（3）用裂解点不同的两种裂解方法（如胰蛋白酶裂解法和溴化氰裂解法）分别将很长的多肽链裂解成两套较短的肽段。（4）分离提纯所产生的肽段，用蛋白质序列仪分别测定它们的氨基酸序列。（5）应用肽段序列重叠法确定各种肽段在多肽链中的排列次序，即确定多肽链中氨基酸的排列顺序。（6）如果有二硫键，需要确定其在多肽链中的位置。

14. 【答】血红蛋白和肌红蛋白与氧结合时表现出不同的结合模式。血红蛋白的氧结合曲线是 S 形曲线，而肌红蛋白的氧结合曲线是双曲线。S 曲线说明在血红蛋白分子与氧结合的过程中，其亚基之间存在相互作用。血红蛋白四聚体在开始与氧结合时，其氧亲和力很低，即与氧结合的能力很小。一旦其中一个亚基与氧结合，亚基的三级结构发生变化，并逐步引起其余亚基三级结构的改变，从而提高其余亚基与氧的亲和力；同样道理，当一个氧与血红蛋白亚基分离后，能降低其余亚基与氧的亲和力，有助于氧的释放。而肌红蛋白则没有这方面的作用。

15. 【答】使蛋白质沉淀的方法有：

（1）盐析　高浓度的中性盐类可以脱去蛋白质分子表面的水膜，并中和蛋白质分子的电荷，从而使蛋白质由于盐析作用从溶液中沉淀下来。常用这种方法来分离纯化蛋白质。

（2）有机溶剂沉淀　高浓度的乙醇、丙酮等有机剂能够脱去蛋白质分子的水膜，同时降低溶液的介电常数，使蛋白质从溶液中沉淀。不同蛋白质沉淀所需要的有机溶剂浓度一般是不同的。可用于蛋白质的分离。

（3）重金属盐沉淀　在碱性溶液中，蛋白质分子中的负离子基团（如—COO^-）可以与重金属盐（如醋酸铅、氯化高汞、硫酸铜等）的正离子结合成难溶的蛋白质重金属盐，从溶液中沉淀下来。临床上可利用这种特性抢救重金属盐中毒的病人和动物。

（4）生物碱试剂沉淀　生物碱试剂（如苦味酸、单宁酸、三氯醋酸、钨酸等）在 pH 值小于蛋白质等电点时，其酸根负离子能与蛋白质分子上的正离子相结合，成为溶解度很小的蛋白盐，从溶液中沉淀下来。临床化验时，常用上述生物碱试剂除去血浆中的蛋白质，以减少干扰。

16.【答】由于这三种蛋白质的分子量相差较大，可用凝胶过滤的方法将这三种蛋白质分开并纯化。又由于蛋白质 A 与 B 的等电点不同，可用离子交换柱层析将蛋白质 A 与 B 分开并纯化。

17.【答】层析过程中，混合样品经过凝胶层析柱时，各个组分是按分子量从大到小的顺序依次被洗脱出来的，并且蛋白质分子量的对数和洗脱体积之间呈线性关系。因此，将几种已知分子量（应小于所用葡聚糖凝胶的排阻极限）的标准蛋白质混合溶液上柱洗脱，记录各种标准蛋白质的洗脱体积；然后，以每种蛋白质分子量的对数为纵坐标，以相对应的洗脱体积为横坐标，绘制标准曲线；再将待测蛋白质溶液在上述相同的层析条件下上柱洗脱，记录其洗脱体积，通过查标准曲线就可求得待测蛋白质的分子量。

七、论述题

1.【答】蛋白质的重要作用主要有以下几方面。

（1）生物催化作用　酶是蛋白质，具有催化能力，新陈代谢的所有化学反应几乎都是在酶的催化下进行的。

（2）贮存与运输功能　如动物肌肉和心肌细胞中的肌红蛋白能结合氧分子；血浆中的转铁蛋白能结合铁；红细胞中的血红蛋白能结合氧并运输到组织中。

（3）调节作用　有些蛋白质作为激素调节某些特定细胞或组织的生长、发育或代谢。如生长激素可促进肌肉生长；胰岛素能调节人和高等动物细胞内的葡萄糖代谢。

（4）运动功能　有些蛋白能使细胞和生物体产生运动。如收缩蛋白（肌动蛋白和肌球蛋白）与肌肉收缩和细胞运动密切相关。

（5）防御功能　脊椎动物中的免疫球蛋白能与细菌和病毒结合，发挥免疫保护作用；鸡蛋清、人乳、眼泪中的溶菌酶能破坏某些细菌。

（6）营养功能　有些蛋白可作为人和动物的营养物，为胚胎发育和婴幼儿生长提供营养，如卵白中的卵清蛋白、乳中的酪蛋白。

（7）结构成分　有些蛋白质的功能是参与细胞和组织的建成。如皮肤、软骨和肌腱中的胶原蛋白；羊毛、头发、羽毛、甲、蹄中的角蛋白；昆虫外壳中的硬蛋白；韧带中的弹性蛋白。

（8）膜的组成成分　蛋白质是生物膜的主要成分之一。

（9）参与遗传活动　遗传信息的传递、基因表达的调控都需要多种蛋白质参与。

另外，蛋白质还起着接受和传递信息，控制生长与分化等作用。

2.【答】蛋白质的结构可以划分为几个层次，包括一级结构和空间结构，后者又可分为二级结构、超二级结构、结构域、三级结构和四级结构。一级结构指多肽链中的氨基酸排列顺序；二级结构指多肽链主链骨架的局部空间结构；超二级结构指二级结构的组合；结构域指多肽链上致密的、相对独立的球状区域；三级结构指多肽链上所有原子和基团的空间排布；四级结构则由几条肽链构成。

蛋白质的生物学功能从根本上来说取决于它的一级结构，但是空间结构是由一级结构决定的。蛋白质只有形成一定的空间结构，才能发挥其生物功能。一级结构相同的蛋白质，其功能也相同，一级结构和空间结构之间具有统一性和相适应性。

3.【答】论述蛋白质的催化、代谢调节、物质运输、信息传递、运动、防御与进攻、营养与贮存、保护与支持等生物学功能。蛋白质几乎参与生命活动的每个过程，在错综复杂的生命活动过程中发挥着极其重要的作用，是生命活动所依赖的重要物质基础。没有蛋白质，就没有生命。

4.【答】蛋白质的任何功能都是通过其肽链上各种氨基酸残基的不同功能基团来实现的，所以蛋白质的一级结构一旦确定，蛋白质的可能功能也就确定了。血红蛋白的 β-链中的 N 末端第六位上的谷氨酸被缬氨酸取代，就会产生镰刀型红细胞贫血症，使血红蛋白不能正常携带氧。蛋白质的三级结构比一级结构与功能的关系更大。血红蛋白的亚基本身具有与氧结合的高亲和力，而当四个亚基组成血红蛋白后，其结合氧的能力就会随着氧分压及其他因素的改变而改变，这种是由于血红蛋白分子的构象可以发生一定程度的变化，从而影响了血红蛋白与氧的亲和力。这同时也是具有变构作用蛋白质的共同机制。

5.【答】不同的蛋白质具有不同的理化性质及生物学功能，据此可以将不同的蛋白质分子彼此分离并纯化。主要方法有沉淀、离心、超滤、电泳及各种层析技术等。但是在具体操作中，可以根据实验目的、要求及客观条件，对不同的蛋白质分子，采取与之相对应的方法将蛋白质混合物分离。一般步骤和方法如下。

（1）选材　制备生物大分子，首先要选择适当的生物材料，含量丰富，易于处理和提取。

（2）生物材料的破碎和预处理　常用的方法有组织匀浆法、研磨、反复冻融、溶菌酶溶解、高压破碎。

（3）粗分离　将绝大多数杂质去掉的过程。方法多为离心、盐析、有机溶剂沉淀、胶体吸附等。

（4）纯化：将粗提物中的杂质进一步去除的过程。方法为各种层析技术，特别是亲和层析技术。基因工程表达产物如包涵体在纯化之前，需要变性、复性处理。

（5）产物的浓缩、干燥和保存

（6）鉴定　生物大分子制备物的均一性（即纯度）的鉴定，要求达到一维电泳一条带，二维电泳一个点，或 HPLC 和毛细管电泳都是一个峰。还有理化性质与生物活性鉴定。应注意，在分离纯化目蛋白的过程中，还应对产率、纯度及比活等内容进行鉴定。

6.【答】典型的肽键是一个氨基酸的 α-羧基和另一个氨基酸的 α-氨基脱水形成的。而还原性谷胱甘肽分子中的肽键为 γ-肽键，即谷氨酸的 γ-羧基和半胱氨酸的 α-氨基脱水所形成的肽键。还原性与氧化性谷胱甘肽的结构区别主要有两点：（1）还原性谷胱甘肽含有自由硫基（—SH），氧化性谷胱甘肽含有二硫键。（2）还原性谷胱甘肽由 3 个氨基酸残基组成：谷氨酸、半胱氨酸、甘氨酸各 1 个；氧化性谷胱甘肽由 6 个氨基酸残基组成，谷氨酸、半胱氨酸、甘氨酸各 2 个。

7.【答】将二硫键打开有两种方法。（1）氧化法，加入过甲酸，将二硫键氧化为磺酸基。（2）还原法，是最常用的方法，使用硫基试剂，如硫基乙醇，可使参与二硫键的 2 个半胱氨酸还原为带有游离硫基的半胱氨酸，为了使反应能顺利进行，通常加入一些变性剂，如高浓度的尿素等。加入过量的还原剂可以防止还原所得的硫基被重新氧化。

8.【答】（1）在低 pH 时氨基被质子化，使蛋白质带有大量的正电荷。这样造成分子内的电荷排斥引起了很多蛋白质的变性，并由于疏水内部暴露于水环境而变得不溶解。

（2）增加盐浓度，开始时能稳定带电基团，但是当盐浓度进一步增加时，盐离子便与蛋白质分子竞争水分子，因此，降低了蛋白质的溶剂化，这样又促进蛋白质分子间的极性作用和疏水相互作用，从而导致沉淀。

（3）蛋白质在等电点时分子间的静电排斥力最小。

（4）由于加热使蛋白质变性，因此暴露出疏水内部，溶解度降低。

（5）非极性溶剂能降低表面极性基团的溶剂化作用，因此，促进蛋白质之间的氢键形成以代替蛋白质与水之间形成的氢键。

（6）低介电溶液环境，能够使暴露于溶剂中的非极性基团更加稳定，因此，促进蛋白质的伸展，从而引起变性。

9.【答】凝胶过滤时，凝胶颗粒排阻 M_r 较大的蛋白质，仅允许 M_r 较小的蛋白质进入颗粒内部，所以 M_r 较大的蛋白质只能在凝胶颗粒之间的空隙中通过，可以用较小体积的洗脱液从层析液中洗脱出来。而 M_r 小的蛋白质必须用较大体积的洗脱液才能从层析柱中洗脱出来。SDS-PAGE 分离蛋白时，所有的蛋白质均要从凝胶的网孔中穿过，蛋白质的分子量越小，受到的阻力也越小，移动速度就越快。

10.【答】蛋白质变性有许多实际应用。如在医疗上，利用高温高压消毒手术器械，用紫外线照射手术室，用 $70\%\sim75\%$ 酒精消毒手术部位的皮肤。这些变性因素都可使细菌、病毒的蛋白质发生变性，从而使其失去致病作用，防止病人伤口感染。另外，在蛋白质、酶的分离纯化过程中，为了防止蛋白质变性，必须保持低温，防止强酸、强碱、重金属盐、剧烈震荡等变性因素的影响。

11.【答】主要异同点如下表。

分析点	肌红蛋白	血红蛋白
亚基组成	单亚基	异四聚体，为变构蛋白
最高结构层次	三级结构	四级结构
亚基主要二级结构	α-螺旋	α-螺旋
辅基	血红素	血红素
O_2 结合位点	有，为选择性可逆结合	有，为选择性可逆结合
O_2 结合曲线	双曲线	S形曲线
生物功能	在肌肉中储存、供应氧	在血液中运输氧、CO、CO_2

第4章

─≫ 核酸化学

1. 掌握核酸的化学组成，DNA 的分子结构及其生物学功能。
2. 掌握 RNA 的种类、结构特点。
3. 熟悉核酸的理化学性质及其应用。
4. 了解体内某些重要核苷酸的结构特点和生理功能。

核酸（nucleic acid）是一种极为重要的生物大分子，分子质量一般在 10^6—10^{10}。它是生命有机体的基本组成物质之一。所有的生物都含有核酸。

核酸可分为脱氧核糖核酸（deoxyribonucleic acid，DNA）和核糖核酸（ribonucleic acid，RNA）两大类。DNA 绝大多数情况下以双链线状或环状形式存在，少量呈单链线状或环状。RNA 多数以单链形式存在，但在分子内部可以形成局部双链。在 RNA 病毒中，也有双链 RNA 的形式。所有的原核细胞和真核细胞都同时含有这两类核酸，并且一般都和蛋白质结合在一起，以核蛋白的形式存在。在原核细胞中，DNA 呈双链环状，与少量蛋白质分子结合，位于类核区。在真核细胞中，DNA 呈双链线状，主要存在于细胞核内的染色体上，与组蛋白结合，形成核小体结构，串珠状的核小体进一步缠绕、折叠，并与核基质结合在一起，形成了染色质；另有少量的 DNA 存在于线粒体中。RNA 主要存在于细胞质中，微粒体含量最多，线粒体含少量。在细胞核中也含有少量的 RNA，集中于核仁。对于真病毒来说，只含 DNA 和 RNA 中的一种，因而可分为 DNA 病毒和 RNA 病毒。

单核苷酸是核酸的基本结构单位，由碱基、核糖和磷酸组成。但组成 DNA 和 RNA 的碱基与核糖存在不同之处。除此以外，核苷酸在体内还具有重要的生理功能：参与能量代谢；作为许多酶的辅助因子成分；参与细胞的信息传递；调节基因的表达等。

DNA 的一级结构是由数量不等的 4 种单脱氧核糖核苷酸（dNTP，N 代表 A、T、C 和 G，亦可直接用 A、T、C 和 G 表示）以 $3',5'$-磷酸二酯键聚合而成的多核苷酸长链。

由两条方向相反（即以 $5'\to3'$ 和 $3'\to5'$ 方向）的多核苷酸链彼此靠碱基之间的氢键结合在一起，形成了 DNA 的二级结构——双螺旋结构。双链 DNA 的碱基组成具有以下特点：（1）种的特异性。来自不同种生物的 DNA 碱基组成不同，而且亲缘关系愈接近的生物，其碱基组成也愈接近；（2）无器官和组织特异性。在同一生物体内的各种不同器官和组织的 DNA 碱基组成基本相似；（3）在同一种 DNA 中，腺嘌呤与胸腺嘧啶的摩尔数相等，即 A＝T；鸟嘌呤与胞嘧啶（包括 5-甲基胞嘧啶）的摩尔数相等，即 G＝C＋m^5C。因此，嘌呤碱基的总摩尔数等于嘧啶碱基的总摩尔数，即 A＋G＝T＋C＋m^5C。这个碱基摩尔比例规律称为 DNA 的碱基当量定律（Chargaff 定律）；（4）年龄、营养状况、环境的改变不影响 DNA 的碱基组成。

DNA 分子是右手双螺旋结构，其特征如下：（1）在 DNA 双螺旋结构中，两条多核苷酸链反向平行，围绕着同一个（想象的）中心轴，以右手旋转方式构成一个双螺旋结构。（2）由亲水的磷酸基和脱氧核糖以磷酸二酯键相连形成的骨架位于螺旋的外侧，疏水的嘌呤和嘧啶碱基位于内侧；（3）两条链之间总是以 A 对 T、G 对 C 的方式，分别以两个（用 A=T 表示）和三个（用 G≡C 表示）氢键稳定地维系在一起；（4）碱基对呈平面状，层叠于螺旋的内侧，且与中心轴相垂直，脱氧核糖的平面与碱基对平面几乎成直角。相邻碱基对平面在螺旋轴之间的距离为0.34nm，旋转夹角为 36°，因此每 10 对脱氧核苷酸绕中心轴旋转一圈，螺距为3.4nm；（5）双螺旋的直径为 2nm；沿螺旋的中心轴形成的大沟和小沟交替出现。这是 B-DNA 的结构特点。生物体中还存在 A-DNA 和 Z-DNA。

双螺旋 DNA 可进一步缠绕在一起形成超螺旋结构，即 DNA 的三级结构。除双螺旋外，还发现有三链辫状 DNA。

RNA 主要是由 4 种核糖核苷酸（NTP，N 代表 A、U、C 和 G）组成的。核糖核苷酸之间同样以 $3',5'$-磷酸二酯键相连。在 RNA 分子中（双链 RNA 分子除外），其碱基的组成并不遵从碱基当量定律。不同来源的 RNA，其碱基组成变化很大。

RNA 存在各种生物的细胞中，依据不同的功能和性质，主要包括三类：信使RNA（messenger RNA，mRNA）、核糖体 RNA（ribosome RNA，rRNA）和转移 RNA（transfer RNA，tRNA）。它们都参与蛋白质的生物合成。mRNA 是合成蛋白质的模板，传递 DNA 的遗传信息，决定着每一种蛋白质肽链中氨基酸的排列顺序；rRNA 是细胞中含量最多的一类 RNA，占细胞中 RNA 总量的 80% 左右，是细胞中核糖体的组成部分；tRNA 约占 RNA 总量的 15%，通常以游离的状态存在于细胞质中，它的功能主要是携带活化了的氨基酸，并将其转运到与核糖体结合的 mRNA 上用以合成蛋白质。

在 DNA 和 RNA 分子中，还存在一些稀有碱基，如 5-甲基胞嘧啶（m^5C）、5-羟甲基胞嘧啶（hm^5C）、5,6-二氢尿嘧啶、假尿嘧啶（ψ）、7-甲基鸟嘌呤、N^6-甲基腺嘌呤等，都是由 dNMP 或 NMP 修饰形成的。

核酸具有许多理化性质，其中最重要的是变性与复性。DNA 在热变性过程中，其 A_{260} 的增加与解链的程度成正比，其解链温度（T_m）与碱基组成有关。不同来源的核酸之间可以通过同源的或部分同源的碱基之间互补配对进行分子间的杂交。

核酸是生物遗传信息的携带者。DNA 是主要的遗传物质，所有的原核细胞、真核细胞及 DNA 病毒均以 DNA 为遗传信息的携带者，仅有 RNA 病毒以 RNA 为遗传信息的携带者。除 RNA 病毒外，生物的遗传信息储存于 DNA 的核苷酸序列中，即基因中。生物体通过 DNA 的复制、转录和翻译，将储存在 DNA 上的遗传信息经 RNA 传递到蛋白质结构上，由蛋白质表现出生命的特征。由此可见，生物体内的各种各样的蛋白质，其结构都是由 DNA 分子中所蕴藏的遗传信息控制的。这是核酸的最重要的生物学功能。

重点难点

1. 核酸的分子组成：戊糖、碱基、核苷和核苷酸。
2. 核酸的分子结构：一级、二级、三级结构。
（1）DNA 的分子结构，重点是双螺旋结构的特点。
（2）RNA 的种类和分子结构。
3. DNA 的重要性质。

例题解析

例 1. 在 DNA 和 RNA 中，G、C 各代表什么？

解析： 本题主要考查脱氧核糖核酸与核糖核酸中核糖的区别，需掌握核酸的基本机构。

在 DNA 中，G 代表鸟嘌呤脱氧核苷酸，C 代表胞嘧啶脱氧核苷酸。而在 RNA 中，G 代表鸟嘌呤核苷酸，C 代表胞嘧啶核苷酸。

例 2. 影响 DNA 的 T_m 值的因素有哪些？

解析： 本题主要考查 T_m 值的定义及其影响因素。通常把 DNA 的双螺旋结构热变性过程中紫外吸收值达到最大值的 1/2 时的温度称为解链温度或熔解温度（melting temperature，T_m）

（1）DNA 的均一性，均质 DNA 的熔解过程在一个较小的温度范围，异质 DNA 熔解过程发生在一个较宽的温度范围。

（2）G-C 之含量，在一定浓度的介质中，T_m 值与 G-C 含量有正比关系。

（3）介质中的离子强度，一般说离子强度较低的介质中 T_m 值低，且熔解温度范围宽。

例 3. DNA 的主要理化学性质及其应用。

解析： 本题考查的是 DNA 基本的理化性质，要能在理解的基础上灵活应用，尤其在核酸实验技术方面。

（1）溶解性 DNA 能溶于水，不溶于有机溶剂，所以可用无水乙醇将其沉淀下来。

（2）黏性和刚性 DNA 分子很长，溶液呈黏。但是其双螺旋结构具有一定的刚性，易受剪切力的影响，故提取纯化时应小心操作。

（3）水解 DNA 的糖苷键和磷酸二酯键可被酸、碱和酶水解，产生碱基、核苷、核苷酸和寡核苷酸。酸水解时，糖苷键比磷酸酯键易于水解；嘌呤碱的糖苷键比嘧啶碱的糖苷键易于水解；嘌呤碱与脱氧核糖的糖苷键最不稳定。DNA 对碱比较稳定。细胞内有各种脱氧核糖核酸酶可以分解核酸，其中限制性内切酶是基因工程的重要工具酶。

（4）酸碱性质　DNA 的碱基和磷酸基均能解离，因此核酸具有酸碱性。碱基杂环中的氮具有结合和释放质子的能力。核苷和核苷酸的碱基与游离碱基的解离性质相近，它们是兼性离子。

（5）紫外吸收　DNA 的碱基具有共轭双键，因而有紫外吸收的性质。各种碱基、核苷和核苷酸的吸收光谱略有区别。核酸的紫外吸收峰在 260nm 附近，可用于测定核酸。根据 260nm 与 280nm 的吸收光度（A_{260}）可判断核酸纯度。

（6）变性、复性与杂交　变性作用是核酸双螺旋结构被破坏，碱基对之间的氢键断裂，双链解开，但共价键并未断裂成为两条单链的 DNA 分子。引起变性的因素很多，升高温度、过酸、过碱、纯水以及加入变性剂等都能造成核酸变性。核酸变性时，物理化学性质将发生改变，表现出增色效应。热变性一半时的温度为 T_m 值，DNA 的 G+C 含量影响 T_m 值。根据经验公式 $X_{G+C}=(T_m-69.3)\times2.44$ 可以由 DNA 的 T_m 值计算 G+C 含量，或由 G+C 含量计算 T_m 值。

变性 DNA 在适当条件下可以复性，物化性质得到恢复，具有减色效应。用不同来源的 DNA 进行退火，可得到杂交分子。也可以由 DNA 链与互补 RNA 链得到杂交分子。杂交的程度依赖于序列同源性。分子杂交是用于研究和分离特殊基因和 RNA 的重要分子生物学技术。

例 4. 与 DNA 变性、复性这一性质有关的分子生物学技术有哪些？

解析：该题考查的是实验基本理论方面的内容，要对常用的核酸技术有一定的了解。这些技术包括：聚合酶链式反应（PCR）、核酸杂交技术（Southern blot，Northern blot 及 Dot blot）和 DNA 测序技术等。

 练习题

一、名词解释

1. 核苷酸（nucleotide）

2. DNA 双螺旋结构（DNA double helical structure）

3. 磷酸二酯键（phosphate diester bond）

4. 稀有碱基（rare base）

5. DNA 的变性和复性（denaturation，renaturation of DNA）

6. 分子杂交（molecular hybridization）

7. mucleic acid 核酸探针（probe）

8. 增色效应和减色效应（hyperchromic effect，hypochromic effect）

9. 回文序列（palindrome）

10. T_m 值（melting temperature）

11. Chargaff 定律（Chargaff's rule）

12. 退火和淬火（annealing, quenching）

13. 环化核苷酸（cyclic nucleotide）

二、填空题

1. DNA 双螺旋结构模型是是由_____于_____年提出的。

2. 脱氧核糖核酸在糖环_____位置不带羟基。

3. B 型 DNA 双螺旋的螺距为_____，每匝螺旋有_____对碱基，每对碱基的转角是_____。

4. _____分子指导蛋白质合成，_____分子用作蛋白质合成中活化氨基酸的载体。

5. 真核细胞的 mRNA 帽子由_____组成，其尾部由_____组成，他们的功能分别是_____，_____。

6. tRNA 的二级结构呈_____形，三级结构呈倒_____形，其 3′末端有一共同碱基序列_____，其功能是_____。

7. 真核细胞的 mRNA5′-端有_____结构，3′-端有_____结构。

8. 两类核酸在细胞中的分布不同，DNA 主要位于_____中，RNA 主要位于_____中。

9. 核酸分子中的糖苷键均为_____型糖苷键。糖环与碱基之间的连键为_____键。核苷与核苷之间通过_____键连接成多聚体。

10. 核酸的特征元素是_____。

11. 碱基与戊糖间是 C-C 连接的是_____核苷。

12. DNA 中的_____嘧啶碱与 RNA 中的_____嘧啶碱的氢键结合性质是相似的。

13. DNA 在水溶解中热变性之后，如果将溶液迅速冷却，则 DNA 保持_____状态；若使溶液缓慢冷却，则 DNA 重新形成_____。

14. DNA 双螺旋的两股链的顺序是_____关系。

15. 给动物食用^{3}H 标记的_____，可使 DNA 带有放射性，而 RNA 不带放射性。

16. 在 DNA 分子中，一般来说 G-C 含量高时，比重_____，T_m（熔解温度）则_____，分子比较稳定。

17. 在_____条件下，互补的单股核苷酸序列将缔结成双链分子。

18. 常见的环化核苷酸有____和____。其作用是____，它们核糖上的____位与____位磷酸-OH 环化。

19. DNA 分子的沉降系数决定于_____、_____。

20. DNA 变性后，紫外吸收_____、黏度_____、浮力密度_____、生物活性将_____。

21. 因为核酸分子具有_____、_____，所以在_____nm 处有吸收峰，可用紫外分光光度计测定。

22. 双链 DNA 热变性后，或在 pH2 以下，或在 pH12 以上时，其 OD_{260}_____，同样条件下，单链 DNA 的 OD_{260}_____。

23. DNA 样品的均一性愈高，其熔解过程的温度范围愈_____。

24. DNA 所在介质的离子强度越低，其熔解过程的温度范围愈_____，熔解温度愈_____，所以 DNA 应保存在较_____浓度的盐溶液中，通常为_____mol/L 的 NaCl 溶液。

25. mRNA 在细胞内的种类_____，但只占 RNA 总量的_____，它是以_____为模板合成的，又是_____合成的模板。

26. 变性 DNA 的复性与许多因素有关，包括_____、_____、_____、_____等。

27. 维持 DNA 双螺旋结构稳定的主要因素是_____，其次，大量存在于 DNA 分子中的弱作用力如_____、_____和_____也起一定作用。

三、单项选择题

1. Watson-Crick 提出的 DNA 右手螺旋结构属于哪一型？（　　　）

A. A 　　　　　B. B　　　　　　C. C　　　　　　D. Z

2. 下述关于 DNA 碱基的描述哪项是错误的？（　　　）

A. 不同物种 DNA 碱基组成的比例不同

B. 同一生物不同组织 DNA 碱基组成相同

C. 在所有物种 DNA 中，[A]＝[T]，[G]＝[C]

D. 生命体 DNA 碱基非常稳定，碱基结构不会随代谢发生变化

3. 与 DNA 呈特异性结合的蛋白质更喜欢在大沟里与 DNA 结合，这是因为（　　　）

A. 小沟太窄，蛋白质结合不上去

B. 大沟能提供独特的疏水作用和范德华力，而小沟不能

C. 大沟能提供具有较高特异性的氢键受体和供体

D. 小沟具有太多的静电斥力

4. 热变性的 DNA 分子在适当条件下可以复性，条件之一是（　　　）

A. 骤然冷却　　　　　　　　　B. 缓慢冷却

C. 浓缩　　　　　　　　　　　D. 加入浓的无机盐

5. 在适宜条件下，核酸分子两条链通过杂交作用可自行形成双螺旋，取决于（　　　）

A. DNA 的 T_m 值　　　　　　B. 序列的重复程度

C. 核酸链的长短　　　　　　　D. 碱基序列的互补

6. 核酸中核苷酸之间的连接方式是（　　　）

A. $2',5'$-磷酸二酯键　　　　　B. 氢键

C. 3′,5′-磷酸二酯键　　　　　　　　D. 糖苷键

7. 关于 RNA 的叙述，不正确的是（　　　）

A. 主要有 mRNA、tRNA 和 rRNA　　　B. 原核生物没有 hnRNA 和 SnRNA

C. tRNA 是最小的一种 RNA　　　　　D. 胞质中只有 mRNA 一种

8. tRNA 的分子结构特征是（　　　）

A. 有反密码环和 3′-端有-CCA 序列　　B. 有密码环

C. 有反密码环和 5′-端有-CCA 序列　　D. 5′-端有-CCA 序列

9. 下列关于 DNA 分子中的碱基组成的定量关系哪个是不正确的？（　　　）

A. C+A=G+T　　B. C=G　　　　　　C. A=T　　　　　　D. C+G=A+T

10. 下面关于 Watson-CrickDNA 双螺旋结构模型的叙述中哪一项是正确的？
（　　　）

A. 两条单链的走向是反平行的　　　　B. 碱基 A 和 G 配对

C. 碱基之间共价结合　　　　　　　　D. 磷酸戊糖主链位于双螺旋内侧

11. 具 5′-CpGpGpTpAp-3′顺序的单链 DNA 能与下列哪种 RNA 杂交？（　　　）

A. 5′-GpCpCpApGp-3′　　　　　　　B. 5′-GpCpCpApUp-3′

C. 5′-UpApCpCpGp-3′　　　　　　　D. 5′-KpApCpCpGp-3′

12. RNA 和 DNA 彻底水解后的产物（　　　）

A. 核糖相同，部分碱基不同　　　　　B. 碱基相同，核糖不同

C. 碱基不同，核糖不同　　　　　　　D. 碱基不同，核糖相同

13. 下列关于 mRNA 描述哪项是错误的？（　　　）

A. 原核细胞的 mRNA 在翻译开始前需加 "polyA" 尾

B. 真核细胞 mRNA 在 3′-端有特殊的 "尾" 结构

C. 真核细胞 mRNA 在 5′-端有特殊的 "帽子" 结构

D. 原核细胞 mRNA 在转录后无需任何加工

14. 大部分真核细胞 mRNA 的 3′-末端都具有的结构是（　　　）

A. 多聚 A　　　　　B. 多聚 U　　　　　C. 多聚 C　　　　　D. 多聚 G

15. tRNA 的三级结构是（　　　）

A. 三叶草形结构　　B. 倒 L 形结构　　C. 双螺旋结构　　D. 发夹结构

16. 维系 DNA 双螺旋稳定的最主要的力是（　　　）

A. 氢键　　　　　　B. 离子键　　　　　C. 碱基堆积力　　D. 范德华力

17. DNA 变性时，被断开的化学键是（　　　）

A. 磷酸二酯键　　　B. 氢键　　　　　　C. 糖苷键　　　　D. 疏水键

18. 当双链 DNA 在中性被加热，以下不会发生的是（　　　）

A. 260nm 光吸收增加

B. 碱基和戊糖间的共价 N-糖苷键断裂

C. 双螺旋解旋

D. A 和 T 之间的氢键断裂

E. 溶液的黏性降低

19. 稀有核苷酸碱基主要见于（   ）

A. DNA　　　　　　B. mRNA　　　　　C. tRNA　　　　　D. rRNA

20. 双链 DNA 解链温度的增加，提示其中含量高的是（   ）

A. A 和 G　　　　　B. C 和 T　　　　　C. A 和 T　　　　　D. C 和 G

21. 核酸变性后，可发生哪种效应？（   ）

A. 减色效应　　　　　　　　　　　　B. 增色效应

C. 失去对紫外线的吸收能力　　　　　D. 最大吸收峰波长发生转移

22. 使 DNA 溶液有最大吸光度的波长是（   ）

A. 240nm　　　　　B. 260nm　　　　　C. 280nm　　　　　D. 360nm

23. 核酸紫外线吸收的特征来自（   ）

A. 5-磷酸核糖　　　　　　　　　　　B. 5-磷酸脱氧核糖

C. 磷酸二酯键　　　　　　　　　　　D. 嘌呤和嘧啶碱基

24. 核酸分子的最大吸收峰在 260nm 处的原因是（   ）

A. 嘌呤和嘧啶中含有共轭双键　　　　B. 嘌呤和嘧啶连接了磷酸基团

C. 嘌呤和嘧啶中含有氨基　　　　　　D. 嘌呤和嘧啶连接了核糖

25. 某双链 DNA 纯样品含 15% 的 A，该样品中 G 的含量为（   ）

A. 35%　　　　　　B. 15%　　　　　　C. 30%　　　　　　D. 20%

26. 下面关于 OD_{260}/OD_{280} 比值的应用阐述哪一条是正确的？（   ）

A. DNA 样品的 OD_{260}/OD_{280} 值大于 1.8 时，说明样品纯度高

B. DNA 样品的 OD_{260}/OD_{280} 值大于 1.8 时，说明样品不纯，有蛋白质污染

C. RNA 样品的 OD_{260}/OD_{280} 值大于 1.8 时，说明样品纯度高

D. RNA 样品的 OD_{260}/OD_{280} 值大于 1.8 时，说明样品不纯，有蛋白质污染

27. 决定 tRNA 携带氨基酸特异性的关键部位是（   ）

A. -XCCA3′末端　　B. TψC 环；　　　　C. DHU 环　　　　　D. 反密码子环

28. ATP 分子中各组分的连接方式是（   ）

A. R-A-P-P-P　　　B. A-R-P-P-P　　　C. P-A-R-P-P　　　D. P-R-A-P-P

29. hnRNA 是下列哪种 RNA 的前体？（   ）

A. tRNA　　　　　　B. rRNA　　　　　C. mRNA　　　　　D. SnRNA

30. 根据 Watson-Crick 模型，求得每 1 微米 DNA 双螺旋含核苷酸对的平均数为（   ）

A. 25400　　　　　　B. 2540　　　　　C. 29411　　　　　D. 2941

31. 构成多核苷酸链骨架的关键是（   ）

A. 2′,3′-磷酸二酯键　　　　　　　　B. 2′,4′-磷酸二酯键

C. 2′,5′-磷酸二酯键　　　　　　　　D. 3′,5′-磷酸二酯键

32. 与片段 TAGAp 互补的片段为（   ）

A. AGATp　　　　　B. ATCTp　　　　　C. TCTAp　　　　　D. UAUAp

33. 真核细胞 mRNA 帽子结构最多见的是（　　　）

A. $m^7A_{PPP}N_mPN_mP$　　　　　　　　B. $m^7G_{PPP}N_mPN_mP$

C. $m^7U_{PPP}N_mPN_mP$　　　　　　　　D. $m^7C_{PPP}N_mPN_mP$

E. $m^7T_{PPP}N_mPN_mP$

34. DNA 变性后理化性质有下述改变（　　　）

A. 对 260nm 紫外吸收减少　　　　　　B. 溶液黏度下降

C. 磷酸二酯键断裂　　　　　　　　　　D. 核苷酸断裂

35. 反密码子 GψA，所识别的密码子是（　　　）

A. CAU　　　　　　B. UGC　　　　　　C. CGU

D. UAC　　　　　　E. 都不对

36. 真核生物 mRNA 的帽子结构中，m^7G 与多核苷酸链通过三个磷酸基连接，连接方式是（　　　）

A. 2′-5′　　　　　　B. 3′-5′　　　　　　C. 3′-3′

D. 5′-5′　　　　　　E. 5′-3′

37. 在 pH3.5 的缓冲液中带正电荷最多的是（　　　）

A. AMP　　　　　　B. GMP　　　　　　C. CMP　　　　　　D. UMP

38. 下列对于环核苷酸的叙述，哪一项是错误的？（　　　）

A. cAMP 与 cGMP 的生物学作用相反

B. 重要的环核苷酸有 cAMP 与 cGMP

C. cAMP 是一种第二信使

D. cAMP 分子内有环化的磷酸二酯键

39. 真核生物 DNA 缠绕在组蛋白上构成核小体，核小体含有的蛋白质是（　　　）

A. H_1、H_2、H_3、H_4 各两分子　　　B. H_{1A}、H_{1B}、H_{2B}、H_{2A} 各两分子

C. H_{2A}、H_{2B}、H_{3A}、H_{3B} 各两分子　　D. H_{2A}、H_{2B}、H_3、H_4 各两分子

E. H_{2A}、H_{2B}、H_{4A}、H_{4B} 各两分子

40. RNA 碱性条件下的水解产物不能是（　　　）

A. 2′-AMP　　　　　B. 2′,3′-cGMP　　　　C. 2′-CMP

D. 3′,5′-cAMP　　　　E. 3′-UMP

41. 某 DNA 序列 pATCGAC（　　　）

A. 有 7 个磷酸基团　　　　　　　　　B. 3′端有 1 个-OH

C. 3′端有 1 个磷酸基团　　　　　　　D. 3′端有个 A

E. 违反了 Chargaff 规则

42. 某 RNA 序列 pACGUAC（　　　）

A. 3′端羟基结合了 1 个磷酸　　　　　B. 3′端是嘌呤

C. 5′端羟基　　　　　　　　　　　　D. 5′端羟基结合了 1 个磷酸

E. 5′端是嘧啶

43. RNA 的双链区 （   ）

A. 不如 DNA 的双链区稳定

B. 可在实验室观察到，但没有生物学意义

C. 可在单链 RNA 分子的两个互补区域形成

D. 不存在

E. 与 DNA 不同（反向平行的），两条链是平行的

44. 目前估计人类的基因数目是（   ）

A. 3000　　　　　　B. 10000　　　　　　C. 30000

D. 100000　　　　　E. 300000

45. 人类的基因组大概有（   ）翻译成了蛋白质。

A. 小于 0.5%　　　　B. 1.5%　　　　　　C. 10%

D. 25%　　　　　　E. 大于 50%

46. 以下基因组从小到大排列正确的是（   ）

A. 人类、果蝇、大肠杆菌、青蛙　　　B. 大肠杆菌、人类、果蝇、青蛙

C. 大肠杆菌、果蝇、人类、青蛙　　　D. 大肠杆菌、果蝇、青蛙、人类

E. 果蝇、青蛙、人类、大肠杆菌

47. 基因是一段遗传物质（   ）

A. 编码一条多肽链　　　　　　　　　B. 编码一条多肽链或 RNA

C. 决定一个表型　　　　　　　　　　D. 决定一个性状

E. 编码一个蛋白

48. 细菌 DNA 可描述为（   ）

A. 一个环状双螺旋分子　　　　　　　B. 一个线状双螺旋分子

C. 一个线状单链分子　　　　　　　　D. 多个线状双螺旋分子

E. 多个线状单链分子

49. 细菌质粒（   ）

A. 经常与细菌染色体 DNA 共价结合　　B. 是 RNA 的聚集体

C. 不是环状的　　　　　　　　　　　D. 不能在细胞分裂时复制

E. 可编码细菌生长非必需的蛋白

50. 以下关于核酸的描述错误的是（   ）

A. 线粒体中含有 DNA

B. 质粒是编码哺乳动物血浆蛋白的基因

C. 大肠杆菌的染色体是闭合环状双螺旋 DNA

D. 病毒 DNA 往往比病毒粒子还要长

E. 很多植物病毒的基因组是 RNA

51. 真核生物的 DNA 是（   ）

A. 一个环状双螺旋分子　　　　　　　B. 一个线状双螺旋分子

C. 一个线状单链分子　　　　　　　　D. 多个线状双螺旋分子

E. 多个线状单链分子

52. 内含子（   ）

A. 常见于原核生物基因而在真核生物的基因中很少

B. 转录前即已被切除

C. 不能被转录但能被翻译

D. 在一个基因中可出现多次

E. 编码蛋白质中的稀有氨基酸

53. 双链环状 DNA 分子的连接数能被（   ）而改变。

A. 切断单链再连接

B. 切断单链解螺旋或重新形成螺旋后再连接

C. 打破 DNA 分子中所有的氢键

D. 不打开任何磷酸二酯键直接超螺旋

E. 不打开任何磷酸二酯键直接解螺旋

54. 10000bp 的环状双链 DNA 分子处于松散状态，则它的连接数（L_k）是（   ）。

A. 10000　　　　B. 950　　　　C. 100

D. 9.5　　　　E. 2

55. 拓扑异构酶能够（   ）

A. 能够改变 DNA 分子的连接数　　B. 改变 DNA 分子的碱基数

C. 改变 DNA 分子的核苷酸数　　D. 将 DNA 转变成 RNA

E. 将 D 型异构体转变成 L 型

56. 组蛋白是（   ），常与（   ）结合在一起。

A. 酸性蛋白，DNA　　　　B. 酸性蛋白，RNA

C. 碱性蛋白，DNA　　　　D. 碱性蛋白，RNA

E. 来源于组氨酸的辅酶，酶

57. 核小体（   ）

A. 是真核生物和细菌染色体的重要特征

B. 富含酸性氨基酸，如谷氨酸和天冬氨酸

C. 由蛋白质和 RNA 构成

D. 结合 DNA 并改变其超螺旋

E. 发生在不规则间期，与 DNA 分子一起的染色质中

四、判断题（在题后括号内标明对或错）

1. 病毒分子中，只含有一种核酸。（   ）

2. 脱氧核糖核苷中的糖环 3'-位没有羟基。（   ）

3. 如果一种核酸分子里含有 T，那么它一定是 DNA。（   ）

4. 具有对底物分子切割功能的都是蛋白质。（   ）

5. 毫无例外，从结构基因中的 DNA 序列可以推出相应的蛋白质序列。（　　）

6. DNA 序列特异性结合蛋白一般在小沟里识别和结合 DNA。（　　）

7. 杂交双链是指 DNA 双链分开后两股单链的重新结合。（　　）

8. tRNA 的二级结构是倒 L 形。（　　）

9. DNA 分子中的 G 和 C 的含量愈高，其熔点（T_m）值愈大。（　　）

10. 如果 DNA 一条链的碱基顺序是 CTGGAC，则互补链的碱基序列为 GAC-CTG。（　　）

11. 在 tRNA 分子中，除四种基本碱基（A、G、C、U）外，还含有稀有碱基。（　　）

12. 一种生物所有体细胞 DNA 的碱基组成均是相同的，可作为该种生物的特征。（　　）

13. 不同来源的同一类 RNA 的碱基组成相同。（　　）

14. DNA 热变性后浮力密度增加，黏度下降。（　　）

15. 核酸不溶于一般有机溶剂，常用乙醇沉淀的方法来获取核酸。（　　）

16. 核酸探针是指带有标记的一段核酸单链。（　　）

17. DNA 是遗传物质，而 RNA 则不是。（　　）

18. 作为遗传物质的 DNA 都是双链的。（　　）

19. 进化程度越高的生物其细胞中 DNA 含量越大。（　　）

20. DNA 适宜于保存在极稀的电解质溶液中。（　　）

21. 对于提纯的 DNA 样品，测得 $OD_{260}/OD_{280} < 1.8$，则说明样品中含有 RNA。（　　）

22. 原核生物和真核生物的染色体均为 DNA 与组蛋白的复合体。（　　）

23. 核酸的紫外吸收与溶液的 pH 无关。（　　）

24. 生物体内，天然存在的 DNA 分子多为负超螺旋。（　　）

25. 在所有病毒中，迄今为止还没有发现既含有 RNA 又含有 DNA 的病毒。（　　）

26. 生物体的不同组织中的 DNA，其碱基组成也不同。（　　）

27. 核酸中的修饰成分（也叫稀有成分）大部分是在 tRNA 中发现的。（　　）

28. DNA 的 T_m 值和 AT 含量有关，AT 含量高则 T_m 高。（　　）

29. 真核生物 mRNA 的 5′端有一个多聚 A 的结构。（　　）

30. DNA 的 T_m 值随（A+T）/（G+C）值的增加而减少。（　　）

31. B-DNA 代表细胞内 DNA 的基本构象，在某些情况下，还会呈现 A 型、Z 型和三股螺旋的局部构象。（　　）

32. DNA 复性（退火）一般在低于其 T_m 值约 20℃的温度下进行的。（　　）

33. 用碱水解核酸时，可以得到 2′-和 3′-核苷酸的混合物。（　　）

34. mRNA 是细胞内种类最多、含量最丰富的 RNA。（　　）

35. tRNA 的二级结构中的额外环是 tRNA 分类的重要指标。（　　　）

36. 基因表达的最终产物都是蛋白质。（　　　）

37. 两个核酸样品 A 和 B，如果 A 的 OD_{260}/OD_{280} 大于 B 的 OD_{260}/OD_{280}，那么 A 的纯度大于 B 的纯度。（　　　）

38. 真核生物成熟 mRNA 的两端均带有游离的 $3'$-OH。（　　　）

五、简答题

1. 指出核苷酸分子中的结构组成和连键性质，并讨论核苷酸的生物功能。

2. DNA 和 RNA 在化学组成、分子结构、细胞内分布和生理功能上的主要区别是什么？

3. DNA 双螺旋结构的基本特点有哪些？这些特点能解释哪些最重要的生命现象？

4. 比较 tRNA、rRNA 和 mRNA 的结构和功能。

5. 从两种不同细菌提取的 DNA 样品，其腺嘌呤核苷酸分别占其碱基总数的 32% 和 17%，计算这两种不同来源 DNA 四种核苷酸的相对百分组成。两种细菌中哪一种是从温泉（64℃）中分离出来的？为什么？

6. 将核酸完全水解后可得到哪些组分？DNA 和 RNA 的水解产物有何不同？

7. 计算下列各题：

（1）T_7 噬菌体 DNA，其双螺旋链的分子量为 2.5×10^7。计算 DNA 链的长度（设核苷酸的平均分子量为 650）。

（2）分子量为 130×10^6 的病毒 DNA 分子，每微米的相对质量是多少？

（3）编码 88 个核苷酸的 tRNA 的基因有多长？

（4）编码细胞色素 C（104 个氨基酸）的基因有多长（不考虑起始和终止序列）？

（5）编码分子量为 9.6 万的蛋白质的 mRNA，分子量为多少（设每个氨基酸的平均相对分子量为 120）？

8. 对一双链 DNA 而言，若一条链中 $(A+G)/(T+C)=0.7$，则：

（1）互补链中 $(A+G)/(T+C)=$？

（2）在整个 DNA 分子中 $(A+G)/(T+C)=$？

（3）若一条链中 $(A+T)/(G+C)=0.7$，则互补链中 $(A+T)/(G+C)=$？

（4）在整个 DNA 分子中 $(A+T)/(G+C)=$？

9. DNA 热变性有何特点？T_m 值表示什么？

10. 在 pH7.0、0.165mol/L NaCl 条件下，测得某一 DNA 样品的 T_m 为 89.3℃。求出四种碱基百分组成。

11. 简述下列因素如何影响 DNA 的复性过程：

（1）阳离子的存在；（2）低于 T_m 的温度；（3）高浓度的 DNA 链。

12. 核酸分子中是通过什么键连接起来的？

13. 指出在 pH2.5、pH3.5、pH6、pH8、pH11.4 时，四种核苷酸所带的电荷数（或所带电荷数多少的比较），并回答下列问题：

（1）电泳分离四种核苷酸时，缓冲液应取哪个 pH 值比较合适？此时它们是向哪一极移动？移动的快慢顺序如何？

（2）当要把上述四种核苷酸吸附于阴离子交换树脂柱上时，应调到什么 pH 值？

（3）如果用洗脱液对阴离子交换树脂上的四种核苷酸进行洗脱分离时，洗脱液应调到什么 pH 值？这四种核苷酸上的洗脱顺序如何？为什么？

14. 在稳定的 DNA 双螺旋中，哪两种力在维系分子立体结构方面起主要作用？

15. 简述 tRNA 二级结构的组成特点及其每一部分的功能。

16. 用 1mol/L 的 KOH 溶液水解核酸，两类核酸（DNA 及 RNA）的水解有何不同？

17. 如何将分子量相同的单链 DNA 与单链 RNA 分开？

18. 计算下列各核酸水溶液在 pH7.0，通过 1.0cm 光径杯时的 260nm 处的 A 值（消光度）。已知：AMP 的摩尔消光系数 $A_{260} = 15400$

GMP 的摩尔消光系数 $A_{260} = 11700$

CMP 的摩尔消光系数 $A_{260} = 7500$

UMP 的摩尔消光系数 $A_{260} = 9900$

dTMP 的摩尔消光系数 $A_{260} = 9200$

求：（1）$32\mu mol/L$ AMP，（2）$47.5\mu mol/L$ CMP，（3）$6.0\mu mol/L$ UMP 的消光度，（4）$48\mu mol/L$ AMP 和 $32\mu mol/L$ UMP 混合物的 A_{260} 消光度。（5）$A_{260} = 0.325$ 的 GMP 溶液的摩尔浓度（以摩尔/升表示，溶液 pH7.0）。（6）$A_{260} = 0.090$ 的 dTMP 溶液的摩尔浓度（以摩尔/升表示，溶液 pH7.0）。

19. 如果人体有 10^{14} 个细胞，每个体细胞的 DNA 量为 6.4×10^9 个碱基对。试计算人体 DNA 的总长度是多少？是太阳-地球之间距离（2.2×10^9 千米）的多少倍？

六、论述题

谈谈你所知道的核酸研究进展情况及其对生命科学发展的影响。

 参考答案

一、名词解释

1. 核苷酸是由核苷中戊糖的 5′-OH 与磷酸缩合而成的磷酸酯，它们是构成核酸的基本单位。

2. 大多数生物的 DNA 分子都是双链的，而且在空间形成双螺旋结构。在

DNA 双螺旋结构中，两条多核苷酸链反向平行，围绕着同一个（想像的）中心轴，以右手旋转方式构成一个双螺旋结构。由亲水的磷酸基和脱氧核糖以磷酸二酯键相连形成的骨架位于螺旋的外侧，疏水的嘌呤和嘧啶碱基位于内侧；两条链之间总是以 A 对 T、G 对 C 的方式，分别以两个（用 A＝T 表示）和三个（用 G≡C 表示）氢键稳定地维系在一起。

3. 核苷酸连接成为多核苷酸链时具有严格的方向性，前一核苷酸的 3′-OH 与下一位核苷酸的 5′-位磷酸基脱水形成 3′,5′-磷酸酯键，该键称为磷酸二酯键，它是形成核酸一级结构的主要化学键。

4. 除了常规碱基外，核酸中还有一些含量甚少的碱基，称为稀有碱基（或修饰碱基）。常见的稀有嘧啶碱基有 5-甲基胞嘧啶、5,6-二氢尿嘧啶等；常见的稀有嘌呤碱基有 7-甲基鸟嘌呤、N^6-甲基腺嘌呤等。

5. DNA 变性是指碱基对之间的氢键断裂，DNA 的双螺旋结构分开，成为两条单链的 DNA 分子，即改变了 DNA 的二级结构，但并不破坏一级结构。而 DNA 复性是变性 DNA 在适当条件下，两条彼此分开的单链重新按照碱基互补配对原则形成双链结构的过程。

6. 分子杂交指不同的 DNA 片段之间，DNA 片段与 RNA 片段之间，如果彼此间的核苷酸排列顺序互补也可以复性，形成新的双螺旋结构。这种按照互补碱基配对而使不完全互补的两条多核苷酸相互结合的过程称为分子杂交。

7. 将一段已知核苷酸序列的 DNA 或 RNA 用放射性同位素或其他方法进行标记，就获得了分子生物学技术中常用的核酸探针（probe），以探测目的基因。

8. 当双螺旋 DNA 熔解（解链）时，260nm 处紫外吸收增加的现象。减色效应：随着核酸复性，紫外吸收降低的现象。

9. 就是指双链 DNA 的反向重复序列。

10. 通常把 DNA 的双螺旋结构热变性过程中紫外吸收值达到最大值的 1/2 时的温度称为解链温度或熔点温度（T_m）。不同序列的 DNA，T_m 值不同。DNA 中 G—C 含量越高，T_m 值越高，成正比关系。

11. 所有 DNA 中腺嘌呤与胸腺嘧啶的摩尔含量相等（A＝T），鸟嘌呤和胞嘧啶的摩尔含量相等（G＝C），即嘌呤的总含量与嘧啶的总含量相等（A＋G＝T＋C）。DNA 的碱基组成具有种的特异性，但没有组织和器官的特异性。另外生长发育阶段、营养状态和环境的改变都不影响 DNA 的碱基组成。

12. DNA 分子加热变性后，双螺旋的两条链分开；如果将 DNA 溶液缓慢冷却至适当的温度，则两条链可发生特异性的重新组合而恢复成原来的双螺旋结构，这种缓慢降温的过程叫退火。

淬火：DNA 分子加热变性后，双螺旋的两条链分开；如果将 DNA 溶液迅速冷却，则两条链继续保持分开状态，这种迅速降温的过程叫淬火。

13. 单核苷酸中的磷酸基分别与戊糖的 3′-OH 及 5′-OH 形成酯键，这种磷酸内酯的结构称为环化核苷酸。

二、填空题

1. Watson 和 Crick，1953

2. $2'$

3. 3.4nm，10，36°

4. mRNA，tRNA

5. m^7G；polyA；m^7G 识别起始信号的一部分；polyA 对 mRNA 的稳定性具有一定影响

6. 三叶草，倒 L，—CCA—OH，携带活化了的氨基酸

7. 帽子，尾巴

8. 细胞核，细胞质

9. β，糖苷，磷酸二酯键

10. 磷

11. 假尿嘧啶

12. 胸腺，尿

13. 单链，双链

14. 反向平行互补

15. 胸腺嘧啶

16. 大，高

17. 退火

18. cAMP，cGMP，第二信使，$3',5'$

19. 分子大小，分子形状

20. 增加，下降，升高，丧失

21. 嘌呤（环），嘧啶（环），260

22. 增加，不变

23. 窄

24. 宽，低，高，1

25. 多，5%，DNA，蛋白质

26. 样品的均一度，DNA 的浓度，DNA 片段大小，温度的影响，溶液离子强度

27. 碱基堆积力，氢键，离子键，范德华力

三、单项选择题

1. B 2. D 3. C 4. B 5. D 6. C 7. D 8. A 9. D 10. A 11. C
12. C 13. A 14. A 15. B 16. C 17. B 18. D 19. C 20. D 21. B
22. B 23. D 24. A 25. A 26. A 27. D 28. B 29. C 30. D 31. D
32. C 33. B 34. B 35. D 36. D 37. C 38. A 39. D 40. D 41. B

42. D　43. C　44. C　45. B　46. C　47. B　48. A　49. E　50. B　51. B
52. D　53. B　54. B　55. A　56. C　57. D

四、判断题

1. 对。

2. 错。是 2′ 位上没有—OH

3. 错。还有可能是 tRNA。

4. 错。核酶属于 RNA。

5. 错。蛋白质的翻译后加工导致最终的蛋白的氨基酸序列与 DNA 的核苷酸序列的对应关系并不一致。

6. 错。与大沟结合更容易。

7. 错。杂交双链不是 DNA 双链退火后的复性。

8. 错。tRNA 的二级结构是三叶草形，三级结构是倒 L 形。

9. 对

10. 错。注意是反向互补序列，正确序列是 GTCCAG。

11. 对

12. 对

13. 错。有种属特异性。

14. 对

15. 对

16. 对

17. 错。RNA 病毒中的 RNA 也是遗传物质。

18. 错。存在单链 DNA 病毒。

19. 错。C 值悖论，两栖类的基因组大于人类的基因组。

20. 错。DNA 适宜存在含有 EDTA 的缓冲溶液中，以螯合二价阳离子。

21. 错。含有蛋白质的话也可使比值减小。

22. 错。真核生物的 DNA 与组蛋白组成核小体，原核生物不是。

23. 错。当溶液的 pH 值在 5～9 范围内，T_m 值变化不明显；当 pH＞11 或 pH＜4 时，T_m 值变化明显。

24. 对

25. 对

26. 错。碱基组成相同。

27. 对

28. 错。AT 含量越高，T_m 越低。

29. 错。3′ 端是多聚 A。

30. 对

31. 对

32. 对

33. 对

34. 错。mRNA 的含量不如 rRNA 丰富。

35. 对

36. 错。基因的表达产物是 RNA 和蛋白。

37. 错。看两样品是否有蛋白质的污染。

38. 对。真核生物的帽子结构的鸟苷酸以 $5'-5'$ 通过焦磷酸结合于 RNA 链上，所以具有游离的 $3'$，$2'$-OH。

五、简答题

1.【答】核苷酸由戊糖、磷酸和碱基以 1∶1∶1 的分子比例组成，戊糖环上的 C_1 与嘧啶碱基的 N_1（或嘌呤碱基的 N_9）以 β-糖苷键相连；戊糖的 C_5 与磷酸基团以 $5'$-磷酯键相连。

核苷酸种类很多，功能也是多方面的。（1）组成核酸的核苷酸是 $5'$-核苷酸。其中 $5'$-脱氧核糖单核苷酸（dAMP、dTTMP、dCMP、dGMP）是生物遗传物质——DNA 的基本结构单位；$5'$-核糖单核苷酸（AMP、UMP、CMP、GMP）是各种 RNA 的基本结构单位。RNA 在蛋白质合成、基因表达、调控中起重要作用。（2）腺苷三磷酸——ATP 作为能量的瞬时载体，在生物大分子合成、细胞运动、物质运输、生物发光等生命活动中发挥作用，另外还在分子间磷酸基团转移中起"中转站"作用。（3）核苷酸还参与许多辅酶、辅基的组成。（4）环腺苷酸是细胞通信的媒介，在细胞信号转导中发挥作用。

2.【答】组成 DNA 的碱基有 A、T、C、G 四种，戊糖为 D-2-脱氧核糖，DNA 分子常为双链结构，包括一级结构、二级结构、三级结构等。DNA 在细胞内主要分布于细胞核，组成染色质（染色体），此外线粒体中也有少部分 DNA。DNA 的生理功能主要是作为遗传物质，通过复制将遗传信息由亲代传给子代。

组成 RNA 的碱基有 A、U、C、G 这四种，戊糖为 D-核糖。RNA 为单链线形分子，可自身回折形成局部双螺旋（二级结构），进而折叠（三级结构）。RNA 分为三类：tRNA、rRNA 和 mRNA，分布于细胞质中的核糖体上。RNA 的功能与遗传信息在子代的表达有关，如转录、翻译。某些病毒的基因组为 RNA，此外 RNA 还有催化功能。

3.【答】按 Watson-Crick 模型，DNA 的双螺旋结构特点有：两条反相平行的多核苷酸链围绕同一中心轴互绕；碱基位于结构的内侧，而亲水的糖磷酸主链位于螺旋的外侧，通过磷酸二酯键相连，形成核酸的骨架；碱基平面与轴垂直，糖环平面则与轴平行。两条链皆为右手螺旋；双螺旋的直径为 2nm，碱基堆积距离为 0.34nm，每对螺旋由 10 对碱基组成；碱基按 A＝T、G≡C 配对互补，彼此以氢键相联系。维持 DNA 结构稳定的力量主要是碱基堆积力；双螺旋结构表面有两条螺形凹沟，一大一小。

解释生命活动：双螺旋 DNA 是储存遗传信息的分子，通过半保留复制储存遗传信息；通过转录和翻译表达出生命活动所需信息。

4.【答】不同类型的 RNA 分子可自身回折形成发卡、局部双螺旋区，形成二级结构（茎环结构、内部环结构、分支环结构和中心环结构等），并折叠产生三级结构，除 tRNA 外，几乎全部细胞中的 RNA 与蛋白质形成核蛋白复合物（四级结构）。

（1）tRNA 的二级结构为三叶草形，三级结构为倒 L 形。三叶草结构由氨基酸臂、二氢尿嘧啶环（D 环）、反密码子环、额外环和假尿嘧啶环（TψC 环）5 个部分组成。

tRNA 的功能：在蛋白质生物合成过程中，起转运氨基酸、识别密码子和合成起始的作用，另在 DNA 反转录合成及其他代谢和基因表达调控中也起重要作用。

（2）rRNA 与蛋白质组装成核糖体，rRNA 催化肽键合成，蛋白质维系 rRNA 构象。

（3）成熟 mRNA 的 5′端有帽子结构，3′端有 poly（A）尾巴结构。mRNA 的功能是把遗传信息从 DNA 转移到氨基酸的排列顺序上。

5.【答】（1）第一个样品：T% ＝ 32%，G% ＝ C% ＝ $[(100-32\times2)/2]\%$ ＝ 18%。第二个样品：T% ＝ 17%，G% ＝ C% ＝ $[(100-17\times2)/2]\%$ ＝ 33%。

（2）根据经验公式 $X_{G+C} = (T_m - 69.3) \times 2.44$，第一个样品的 T_m ＝ 84.05，第二个样品的 T_m ＝ 96.35。

因为 T_m 值代表双链 DNA 融解彻底变成单链 DNA 的温度范围的中点温度，T_m 值离 64℃ 越远的样品在温泉中越稳定，所以从该温度温泉中分离的样品是第二种。

6.【答】核酸完全水解后可得到碱基、戊糖、磷酸三种组分。DNA 和 RNA 的水解产物戊糖、嘧啶碱基不同。

7.【答】（1）$(2.5\times10^7/650)\times0.34 = 1.3\times10^4$ nm ＝ 13μm。

（2）$650 \div 0.34 \times 1000/\mu m = 1.9\times10^6/\mu m$。

（3）88×0.34nm ＝ 30nm ＝ 0.3μm。

（4）$104\times3\times0.34 = 106$nm ≈ 0.11μm。

（5）$(96000/120)\times3\times320 = 76800$。

8.【答】（1）设 DNA 的两条链分别为 α 和 β，那么：

$A_\alpha = T_\beta$，$T_\alpha = A_\beta$，$G_\alpha = C_\beta$，$C_\alpha = G_\beta$，

因为，$(A_\alpha + G_\alpha)/(T_\beta + C_\beta) = (A_\alpha + G_\alpha)/(A_\beta + G_\beta) = 0.7$

所以，互补链中 $(A_\beta + G_\beta)/(T_\beta + C_\beta) = 1/0.7 = 1.43$

（2）在整个 DNA 分子中，因为 A＝T，G＝C，

所以，A＋G＝T＋C，(A＋G)/(T＋C)＝1

（3）假设同（1），则

$A_\alpha + T_\alpha = T_\beta + A_\beta$，$G_\alpha + C_\alpha = C_\beta + G_\beta$，

所以，$(A_\alpha+T_\alpha)/(G_\alpha+C_\alpha)=(A_\beta+T_\beta)/(G_\beta+C_\beta)=0.7$

(4) 在整个 DNA 分子中

$(A_\alpha+T_\alpha+A_\beta+T_\beta)/(G_\alpha+C_\alpha+G_\beta+C_\beta)=2(A_\alpha+T_\alpha)/2(G_\alpha+C_\alpha)=0.7$

9.【答】将 DNA 的稀盐溶液加热到 70～100℃几分钟后，双螺旋结构即发生破坏，氢键断裂，两条链彼此分开，形成无规则线团状，此过程为 DNA 的热变性，有以下特点：变性温度范围很窄，260nm 处的紫外吸收增加；黏度下降；生物活性丧失；比旋度下降；酸碱滴定曲线改变。T_m 值代表核酸的变性温度（熔解温度、熔点），在数值上等于 DNA 变性时紫外吸收值达到最大值的半数时所对应的温度。

10.【答】为 $(G+C)\%=(T_m-69.3)\times2.44\times100\%$

$\qquad\qquad\quad=(89.3-69.3)\times2.44\times100\%$

$\qquad\qquad\quad=48.8\%$

$G=C=24.4\%$

$(A+T)\%=1-48.8\%=51.2\%$

$A=T=25.6\%$

11.【答】

(1) 阳离子的存在可中和 DNA 中带负电荷的磷酸基团，减弱 DNA 链间的静电作用，促进 DNA 的复性；

(2) 低于 T_m 的温度可以促进 DNA 复性；

(3) DNA 链浓度增高可以加快互补链随机碰撞的速度、机会，从而促进 DNA 复性。

12.【答】核酸分子中是通过 $3',5'$-磷酸二酯键连接起来的。

13.【答】各种核苷酸带电荷情况：

核苷酸	pH2.5	pH3.5	pH6	pH8	pH11.4
UMP	负电荷最多	-1	-1.5	-2	-3
GMP	负电荷较多	-0.95	-1.5	-2	-3
AMP	负电荷较少	-0.46	-1.5	-2	-2
CMP	带正电荷	-0.16	-1.5	-2	-2

(1) 电泳分离四种核苷酸时应取 pH3.5 的缓冲液，在该 pH 值时，这四种单核苷酸之间所带负电荷差异较大，它们都向正极移动，但移动的速度不同，依次为：

$$UMP>GMP>AMP>CMP$$

(2) 应取 pH8.0，这样可使核苷酸带较多负电荷，利于吸附于阴离子交换树脂柱。虽然 pH11.4 时核苷酸带有更多的负电荷，但 pH 过高对树脂不利。

(3) 洗脱液应调到 pH2.5。当不考虑树脂的非极性吸附时洗脱顺序为 CMP>AMP>UMP>GMP（根据 pH2.5 时核苷酸负电荷的多少来决定洗脱速度），但实际上核苷酸和聚苯乙烯阴离子交换树脂之间存在着非极性吸附，嘌呤碱基的非极性吸附是嘧啶碱基的 3 倍。静电吸附与非极性吸附共同作用的结果使洗脱顺序为：CMP＞AMP＞UMP＞GMP。

14.【答】在稳定的 DNA 双螺旋中，碱基堆积力和碱基配对氢键在维系分子立体结构方面起主要作用。

15.【答】tRNA 的二级结构为三叶草结构。其结构特征为：

（1）tRNA 的二级结构由四臂、四环组成。已配对的片段称为臂，未配对的片段称为环。

（2）叶柄是氨基酸臂。其上含有 CCA-OH3′，此结构是接受氨基酸的位置。

（3）氨基酸臂对面是反密码子环。在它的中部含有三个相邻碱基组成的反密码子，可与 mRNA 上的密码子相互识别。

（4）左环是二氢尿嘧啶环（D 环），它与氨酰基-tRNA 合成酶的结合有关。

（5）右环是假尿嘧啶环（TψC 环），它与核糖体的结合有关。

（6）在反密码子与假尿嘧啶环之间的是可变环，它的大小决定着 tRNA 分子大小。

16.【答】不同。RNA 可以被水解成单核苷酸，而 DNA 分子中的脱氧核糖 2′碳原子上没有羟基，所以 DNA 不能被碱水解。

17.【答】（1）用专一性的 RNA 酶与 DNA 酶分别对两者进行水解。

（2）用碱水解。RNA 能够被水解，而 DNA 不被水解。

（3）进行颜色反应。二苯胺试剂可以使 DNA 变成蓝色，苔黑酚（地衣酚）试剂能使 RNA 变成绿色。

（4）用酸水解后，进行单核苷酸的分析（层析法或电泳法），含有 U 的是 RNA，含有 T 的是 DNA。

18.【答】已知：（1）32μmol/L AMP 的 A_{260} 消光度

$A_{260}=32\times10^{-6}\times15400=0.493$

（2）47.5μmol/L CMP 的 A_{260} 消光度

$A_{260}=47.5\times10^{-6}\times7500=0.356$

（3）6.0μmol/L UMP 的 A_{260} 消光度

$A_{260}=6.0\times10^{-6}\times9900=0.0594$

（4）48μmol/L AMP 和 32μmol/L UMP 混合物的 A_{260} 消光度

$A_{260}=32\times10^{-6}\times9900+48\times10^{-6}\times15400=1.056$

（5）$0.325/11700=2.78\times10^{-5}$ mol/L

（6）$0.090/9200=9.78\times10^{-6}$ mol/L

19.【答】（1）每个体细胞的 DNA 的总长度为：

$6.4\times10^{9}\times0.34nm=2.176\times10^{9}nm=2.176$m

（2）人体内所有体细胞的 DNA 的总长度为：

2.176m$\times10^{14}=2.176\times10^{11}$km

（3）这个长度与太阳-地球之间距离（2.2×10^{9} 千米）相比为：

$2.176 \times 10^{11} / 2.2 \times 10^9 = 99$ 倍

六、论述题（仅供参考）

【答】DNA 是生物体重要的遗传物质。1869 年，Miescher 从人体的细胞核分离出一种含磷的有机化合物，命名为"核素"。这被公认为是核酸的最早发现。1953 年 2 月 28 日 Watson 和 Crick 建立了日后被追认为分子生物学诞生标志的 DNA 双螺旋结构模型。1973 年，Berg 首创了 DNA 重组技术。1977 年 Allan 和 Walter 以及 Frederick 分别独立地研究成功 DNA 测序的方法。1990 年人类基因组计划（human genome project，HGP）正式启动。2001 年初，人类基因组全序列测定基本完成。人类基因组图谱为今后基因的结构与功能、表达和调控的研究奠定了基础，"功能基因组学"时代已经到来了。

RNA 研究也有很长的历史。20 世纪 50 年代发现了 mRNA、tRNA、rRNA。20 世纪 80 年代核酶的发现，首先突破了统治生物化学科学超过半个世纪的一个信条—"酶即是蛋白质"。之后，反义 RNA、小干扰 RNA 以及 microRNA 等的发现开创了 RNA 研究的新纪元。

核酸的研究对生命科学的发展具有极其重要的意义。首先核酸研究发展起来的各种实验手段是科学家们多角度研究生命活动的必备工具。核酸研究建立起来诸如基因工程、DNA 测序、DNA 芯片、反义 RNA 及 RNA 干扰技术为疾病诊断、药物筛选、基因发现及功能研究等奠定了坚实的基础。总之，人类对生命科学的最终理解是离不开核酸研究的。

第5章

—» 糖类

目的要求

1. 掌握重要单糖、双糖的结构和性质以及糖类的生理功能。
2. 熟悉重要同多糖（淀粉、糖原和纤维素）的结构和主要性质。
3. 了解糖的分类、构象和杂多糖——黏多糖（肝素、透明质酸和硫酸软骨素）。

内容提要

糖类是自然界最重要的生物分子之一。动物不能由简单的二氧化碳自行合成糖类，必须从食物中摄取。

糖类是指多羟基醛、多羟基酮及二者的衍生物，以及水解时能产生这些化合物的物质。根据糖的结构和组成，可将糖类分为单糖、寡糖、多糖以及复合糖等4类。

单糖是不能被水解的多羟基醛或多羟基酮。含醛基的单糖称为醛糖（aldose）；含酮基的单糖称为酮糖（ketose）。根据单糖分子中碳原子的数目，可将其分为丙糖、丁糖、戊糖、己糖和庚糖，又分别称为三碳糖、四碳糖、五碳糖、六碳糖和七碳糖。

丙糖（triose）：重要的丙糖有 D-甘油醛和二羟基丙酮。它们的磷酸酯是糖酵解的重要中间产物。

丁糖（tetrose）：常见的丁糖有 D-赤藓糖和 D-赤藓酮糖，它们的磷酸酯是磷酸戊糖途径中重要的中间产物。

五碳糖（pentose）：自然界中存在的主要的戊醛糖有 D-核糖、D-2-脱氧核糖、D-木糖、L-阿拉伯糖。其中前两者是核酸和脱氧核糖核酸的重要组成成分。主要的戊酮糖有 D-核酮糖和 D-木酮糖，两者都是磷酸戊糖途径的中间产物。

己糖（hexose）包括己醛糖和己酮糖。天然界分布最广的己醛糖有 D-葡萄糖、D-半乳糖、D-甘露糖。重要的己酮糖有 D-果糖、L-山梨糖。葡萄糖是最重要的己糖，D-葡萄糖是淀粉、糖原、纤维素等多糖的结构单位，能被动物体直接吸收，是动物的主要能源。葡萄糖分子结构可以有 D-葡萄糖和 L-葡萄糖两种构型，但在生物界只有 D-葡萄糖。由于其分子内同时存在醛基和羟基，故可形成分子内半缩醛，成为环状结构。自然界存在的主要是 D-吡喃葡萄糖（六元环）结构。在 D-吡喃葡萄糖分子结构中，六元环的 C 原子和 O 原子不在一个平面上，有椅式（反式）和船式（顺式）两种构象（conformation）。由于椅式构象比船式构象稳定，因此，D-吡喃葡萄糖分子构象主要以椅式构象存在。当 D-葡萄糖溶于水时，其半缩醛结构形式与直链结构形式相互转化，最后处于平衡状态，从而形成两种半缩醛（α-D-吡喃葡萄糖和 β-D-吡喃葡萄糖）。这两种半缩醛互为立体异构体，又称为异头物（anomer）。

庚糖（heptose）在自然界中主要有 D-景天庚酮糖和 D-甘露庚酮糖。

单糖除具有旋光性、甜度和溶解度等物理性质外，还能发生多种化学反应，如还原成糖醇、被氧化成糖酸、异构化、氨基化、成酯、成苷、成脎、脱氧等。因此，单糖能形成各种单糖衍生物。某些单糖衍生物参与构成复合糖的糖链。单糖磷酸酯是生物体内重要的代谢中间物。因此，单糖衍生物在生物体内具有极其重要的作用。

寡糖（oligosaccharide）是由 2～20 个单糖通过糖苷键相连而形成的小分子聚合糖，又称为低聚糖。其中最重要的是二糖（disaccharide）。自然界中游离存在的重要二糖有乳糖、麦芽糖、蔗糖等。乳糖和麦芽糖是还原糖，而蔗糖是非还原糖。三者的区别在于其单糖的种类与结构不同。

多糖（polysaccharide）是由 20 个以上的单糖或单糖衍生物，通过糖苷键连接而成的高分子聚合物。包括同多糖、杂多糖两类。由同一种单糖或单糖衍生物聚合而成的多糖，称为同多糖，如糖原、淀粉、纤维素及壳多糖等；而由不同种类的单糖或单糖衍生物聚合而成的多糖，称为杂多糖，如肝素、透明质酸及硫酸软骨素等。

淀粉是植物的贮能多糖；糖原是人和动物体内的贮能多糖。淀粉分为直链淀粉和支链淀粉。直链淀粉分子中只有 α-1,4-糖苷键；而支链淀粉和糖原中还有 α-1,6-糖苷键，形成分支。糖原的分支程度比支链淀粉高。

多糖大多数不溶于水，个别多糖能与水形成胶体溶液。多糖的生理功能是调节机体免疫功能，增强机体抗炎作用，提高机体对病原微生物的抵抗力；促进 DNA 和蛋白质生物合成，促进细胞生长、增殖；具有抗凝血、抗动脉粥样硬化、抗癌、抗辐射损伤等作用。

糖类与蛋白质或脂类以共价键结合，形成复合糖（glycoconjugate）。糖蛋白是由寡糖链与多肽链通过糖肽键结合而成的复合糖。糖肽键主要有 N-糖肽键和 O-糖肽键两种类型。糖蛋白分子中寡糖链在细胞识别等生物学过程中起重要的作用。

糖胺聚糖和蛋白聚糖都是动物细胞外基质的重要成分。蛋白聚糖是由一条或多条糖胺聚糖与一个核心蛋白分子共价连接而成的。糖胺聚糖，除透明质酸外，大多以蛋白聚糖形式存在。它们是高度亲水的多价阴离子，在维持软骨等结缔组织的形态和功能方面起重要作用。

脂多糖是革兰氏阴性细菌细胞壁的特有组分，它是由 O-特异性多糖、核心多糖与脂质 A 通过糖苷键连接而成的。糖脂是生物膜的重要组分，它是由单糖或寡糖与脂类通过糖苷键连接而成的，主要有甘油糖脂和鞘糖脂。它们参与免疫反应，与细胞识别、神经冲动传导有关。

总之，糖类广泛地存在于生物界，尤其是植物界，是生物体内非常重要的一类有机化合物。糖类具有下列重要的生理作用：动物将食物中的糖类经过一系列生物化学反应逐步分解为二氧化碳和水，并释放机体活动所需要的能量，如 D-葡萄糖是为机体生命活动提供所需能量的主要"燃料"分子；糖胺聚糖充当机体的结构成分，参与构成动物软骨；糖蛋白的糖链参与细胞的相互识别；糖在机体内还可以转变成其他重要的生物分子，如 L-氨基酸和核苷酸等。

 重点难点

1. 单糖的结构和性质，重点是葡萄糖的结构、性质与功能。

2. 低聚糖——双糖（乳糖、麦芽糖和蔗糖）的结构和还原性。

3. 多糖（包括同多糖和杂多糖）的组成、结构、主要性质和生理功能。

 例题解析

例 1. 下列无还原性的糖是（　　）

A. 麦芽糖　　　　　B. 蔗糖　　　　　C. 阿拉伯糖

解析：答案是 B。

阿拉伯糖、木糖和果糖都是单糖，所有的单糖都具有还原性；而麦芽糖和蔗糖是双糖，双糖中有些糖具有还原性，有些糖没有还原性。麦芽糖因分子中有一个自由醛基，所以有还原性，而蔗糖分子中无自由醛基，所以无还原性。

例 2. 下列有关葡萄糖的叙述，哪个是错误的？（　　）

A. 显示还原性　　　　　　　　B. 在强酸中脱水形成 5-羟甲基糠醛

C. 莫利希（Molisch）试验阴性；　　D. 与苯肼反应生成脲

E. 新配制的葡萄糖水溶液其比旋光度随时间而改变

解析：答案为 C。

因为葡萄糖分子中有醛基，所以有还原性，能和苯肼反应生成脲。葡萄糖有环状结构能从 α-型变成 β-型或相反地从 β-型变成 α-型，所以有变旋现象。葡萄糖在强酸中脱水形成 5-羟甲基糠醛。所有糖类物质都有 Molisch 反应，葡萄糖也不例外。

例 3. 葡萄糖和甘露糖是（　　）

A. 异头体　　　　　　　　B. 差向异构体

C. 对映体　　　　　　　　D. 非对映异构体但不是差向异构体

解析：答案是 B。

差向异构体是指仅仅只有一个不对称碳原子的构型不同的光学异构体。葡萄糖和甘露糖是差向异构体，因为它们仅仅是第二位碳原子构型不同。

 练习题

一、名词解释

1. 醛糖（aldoses）　　　2. 异头物（anomers）

3. 异头碳（anomeric carbon）　　4. 变旋（mutarotation）

5. 单糖（monosaccharide）　　6. 糖苷键（glycosidic bond）

7. 多糖（polysaccharide）　　8. 淀粉（starch）

9. 糖原（glycogen）　　10. 复合糖（glycoconjugate）

11. 肽聚糖（peptidoglycan）　　12. 蛋白聚糖（proteoglycans）

13. 糖苷（glucoside）　　14. 纤维素（cellulose）

15. 半纤维素（hemicellulose）　　16. 糖胺聚糖（glycosaminoglycan）

17. 壳多糖（chitin）

二、填空题

1. 糖的主要功能有：_____、_____、_____。

2. 同分异构体主要包括：_____、_____、_____、_____。

3. 根据 Seliwanoff 反应，将糖与浓酸作用后再与间苯二酚反应，若是酮糖就显_____色，若是醛糖就显_____色。

4. 葡萄糖是否是还原糖？_____。

5. 单糖与强酸作用可以主要生成_____。

6. 麦芽糖的糖苷键为_____。

7. 在直链淀粉中，还原端和非还原端的数量各为_____、_____。而支链淀粉中还原端和非还原端的数量为_____、_____。

8. 结构最简单的糖是_____和_____。

9. 没有构型的糖是_____。

10. 糖苷键的两种类型分别是_____和_____。

11. 糖类分子含有的官能团包括_____和_____。

12. 糖蛋白中糖基与蛋白质肽链之间可以通过_____和_____两种酰糖苷键相结合。

13. 人血液中含量最丰富的糖是_____，肝脏中含量最丰富的糖是_____，肌肉中含量最丰富的糖是_____。

14. 脂多糖一般由_____、_____和_____三部分组成。

15. 几丁质是由_____通过_____连接起来的同聚多糖，透明质酸的重复二糖单位包括_____和_____。

三、单项选择题

1. 下列哪种糖不是寡糖（　　　）

A. 果糖　　　　B. 麦芽糖　　　　C. 蔗糖　　　　D. 乳糖

2. 下列不是杂多糖的为（　　　）

A. 透明质酸　　　B. 硫酸软骨素　　C. 肝素　　　　D. 蛋白多糖

3. 下列物质中哪种不是糖胺聚糖（　　　）

A. 果胶　　　　　B. 硫酸软骨素　　C. 透明质酸

D. 肝素　　　　　　　　E. 硫酸黏液素

4. 糖胺聚糖中不含硫的是（　　　）

A. 透明质酸　　　　　B. 硫酸软骨素　　　　C. 硫酸皮肤素

D. 硫酸角质素　　　　E. 肝素

5. 以下关于糖的变旋现象描述错误的是（　　　）

A. 糖的变旋现象是指糖溶液放置后，旋光方向从右旋变为左旋或从左旋变为右旋

B. 糖的变旋现象是指新配制的溶液会发生旋光度的改变，而旋光方向不一定改变

C. 糖的变旋现象往往可以被某些酸或碱催化

D. 糖变旋后，分子中会多一个不对称碳原子（即手性碳），这个 C 叫异头碳

E. 新配制的单糖溶液会发生变旋现象是由于可以互变的单糖环状结构的异头物不是对映体，而且在溶液中的含量不相等导致

6. 还原性的 D-葡萄糖被氧化后的产物是（　　　）

A. D-半乳糖　　　　　B. D-葡萄糖酸　　　　C. D-葡萄糖醛酸

D. D-核糖　　　　　　E. 胞壁酸

7. 血红蛋白的糖基化是（　　　）结合在血红蛋白分子上。

A. 将甘油共价结合到　　　　　　　B. 将葡萄糖通过酶促反应

C. 将葡萄糖通过非酶促反应　　　　D. 将 N-乙酰半乳糖胺通过酶促反应

E. 将半乳糖通过非酶促反应

8. 淀粉和糖原都是（　　　）的聚合物。

A. 果糖　　　　　　　　　　　　　B. 葡萄糖-1-磷酸

C. 蔗糖　　　　　　　　　　　　　D. α-D-葡萄糖

E. β-D-葡萄糖

9. 以下关于淀粉和糖原的说法错误的是（　　　）

A. 直链淀粉没有分支，直链淀粉和糖原含有许多 α-1,6 分支

B. 二者都是葡萄糖的同聚物

C. 二者都是细胞壁的主要结构成分

D. 二者都以不溶颗粒的形式存在于细胞内

E. 糖原比淀粉有更多的分支

10. 以下属于异多糖的是（　　　）。

A. 纤维素　　　　　　B. 几丁质　　　　　　C. 糖原

D. 透明质酸　　　　　E. 淀粉

11. 蛋白多糖的基本结构包括蛋白质核心和（　　　）

A. 糖脂　　　　　　　　　　　　　B. 糖胺聚糖（粘多糖）

C. 凝集素　　　　　　　　　　　　D. 脂多糖

E. 肽聚糖

12. 糖蛋白分子中碳水化合物部分经常与（   ）氨基酸残基相连。

A. Asn、Ser 或 Thr   B. Asp 或 Glu   C. Gln 或 Arg

D. Gly、Ala 或 Asp   E. Trp、Asp 或 Cys

13. G$^+$细菌的细胞壁的主要成分是（   ）。

A. 直链淀粉   B. 纤维素   C. 糖蛋白

D. 脂多糖   E. 脂蛋白

四、多项选择题

1. 下面不是还原糖的是（   ）

A. D-果糖   B. D-半乳糖   C. 乳糖

D. 棉子糖   E. 蔗糖

2. 以下属于糖胺聚糖的是（   ）

A. 透明质酸   B. 硫酸软骨素   C. 硫酸皮肤素

D. 硫酸角质素   E. 肝素

五、简答题

1. 什么是碳水化合物？

2. 单糖的主要理化性质有哪些？

3. 葡萄糖有链状和环状结构是根据什么事实提出的？

4. 在糖的化学中 D、L、α、β、（＋）、（－）各表示什么？

5. 乳糖、麦芽糖、蔗糖在结构和性质上有什么异同点？

6. 糖原的组成和结构怎样？

7. 在糖蛋白中糖与蛋白质是如何结合的？有什么生物功能？

 参考答案

一、名词解释

1. 醛糖是一类含有醛基的单糖。

2. 异头物是指仅在氧化数最高的碳原子（异头碳）具有不同构型的糖分子的两种异构体。

3. 异头碳是指一个环化单糖的氧化数最高的碳原子。异头碳具有一个羰基的化学反应性。

4. 变旋是指一个吡喃糖、呋喃糖或糖苷伴随着它们的 α-和 β-异构形式的平衡而发生的比旋度变化。

5. 单糖是由三个或更多碳原子组成的具有经验公式（CH$_2$O）$_n$的简单糖。

6. 一个糖半缩醛羟基与另一个分子（例如醇、糖、嘌呤或嘧啶）的羟基、胺

基或巯基之间缩合形成的缩醛或缩酮键，常见的糖苷键有 O-糖苷键和 N-糖苷键。

7. 20 个以上的单糖通过糖苷键连接形成的聚合物。多糖链可以是线性的或带有分支的。

8. 一类可作为植物中贮存多糖的葡萄糖残基的同聚物。由两种形式的淀粉：一种是直链淀粉，是没有分支的只是通过 α-(1→4) 糖苷键连接的葡萄糖残基聚合物；另一种是支链淀粉，是含有分支的 α-(1→4) 糖苷键连接的葡萄糖残基聚合物，支链在分支点处通过 α-(1→6) 糖苷键与主链相连。

9. 是含有分支的 α-(1→4) 糖苷键连接在一起的葡萄糖的同聚物，支链在分支点处通过 α-(1→6) 糖苷键与主链相连。

10. 是指糖类同蛋白质或脂类等生物分子以共价键连接而成的糖蛋白和蛋白聚糖、糖脂等，总称为结合糖或复合糖。

11. N-乙酰葡萄糖胺和 N-乙酰唾液酸交替连接的杂多糖与不同组成的肽交叉连接形成的大分子。肽聚糖是许多细菌细胞壁的主要成分。

12. 由杂多糖（糖胺聚糖）以共价键与一个多肽链（核心蛋白）组成的杂化大分子，又叫黏蛋白，多糖是分子的主要成分。其吸水性强，弹性好，大量存在于动物组织软骨细胞外基质中，赋予软骨抗变形的能力。

13. 单糖的半缩醛（或半缩酮）羟基与另一个分子（例如醇、糖、嘌呤或嘧啶）的羟基、胺基或巯基发生缩合形成的含糖衍生物，也称配糖体。糖苷分子中提供半缩醛（半缩酮）羟基的糖部分称为糖基，与之缩合的"非糖"部分称配糖体或配基，这两部分通过糖苷键链接。是一种无还原性的小分子物质，广泛分布于植物的根、茎、叶、花和果实中。

14. 由 β-D-葡萄糖通过 β-(1→4) 糖苷键连接组成的大分子多糖，是植物、真菌及细菌细胞壁的主要成分，无分支，伸展的纤维素分子侧向以氢键相连形成片层结构。

15. 半纤维素为多聚戊糖、多聚己糖的混合物，是植物细胞壁的组成成分，被视为异多糖。

16. 糖胺聚糖是杂多糖的一种，由氨基多糖或其衍生物组成，含酸性基团，亲水性强，分子量大，黏度高，又叫黏多糖，存在于动物细胞外基质中或者结缔组织间，起保护细胞的作用，如透明质酸。

17. 壳多糖，又称几丁质、甲壳素，是由 β-D-N-乙酰葡萄糖胺之间以 β-(1→4) 糖苷键缩合而形成的高分子聚合物。

二、填空题

1. 能源，结构，信息传递

2. 结构异构，立体异构，几何异构，旋光异构，差向异构

3. 鲜红，淡红

4. 是

5. 糠醛

6. 葡萄糖 α-1,4-葡萄糖苷

7. 1，1，1，多个

8. 甘油醛，二羟丙酮

9. 二羟丙酮

10. *O*-糖苷键，*N*-糖苷键

11. 醛基或酮基（羰基），羟基

12. *N*-糖肽键，*O*-糖肽键

13. 葡萄糖，糖原，糖原

14. 外层专一性寡糖链，中心多糖链，脂质

15. *N*-乙酰葡萄糖胺，β-1,4-糖苷键，D-葡糖醛酸，*N*-乙酰氨基葡萄糖

三、单项选择题

1. A 2. D 3. A 4. A 5. A 6. B 7. C 8. D 9. C 10. D 11. B 12. A 13. D

四、多项选择题

1. DE 2. ABCDE

五、简答题

1.【答】碳水化合物是自然界存在很广泛的一类物质，是食物的主要成分之一。由碳、氢、氧三种元素组成。碳水化合物又称糖。碳水化合物分单糖、二糖、低聚糖、多糖四类。

2.【答】所有的单糖分子都含有不对称碳原子。因此具有旋光性。用"＋"表示右旋；"－"表示左旋。使偏振光平面向左旋转的单糖，称为左旋糖；使偏振光平面向右旋转的单糖，称为右旋糖。一种单糖（如 D-葡萄糖）在溶液中放置后，其比旋度发生改变的现象，称为变旋现象。变旋的原因是单糖从 α-D 构象变成 β-D 构象，或者相反。变旋作用是可逆的；另外，单糖具有一定的甜度和溶解度。

由羟基产生的化学性质包括（1）成酯反应；（2）成苷反应；（3）氨基化。

由醛基或酮基产生的化学性质包括（1）还原作用；（2）单糖被氧化；（3）异构化；（4）形成糖脒。

3.【答】葡萄糖的直链结构不能解释葡萄糖在溶液中发生的变旋现象，而且也解释不了很多其他的化学现象。由葡萄糖的结构可以发现它既具有醛基也具有醇羟基。因此，可以形成环状的半缩醛。

4.【答】单糖分子中都含有一个以上的不对称碳原子（二羟丙酮除外），因此单糖具有多种旋光异构体。为了表示不同的旋光异构体的构型，人们定了一个原则，以最简单的单糖甘油醛的旋光异构体的构型为标准，人为地指定其不对称碳原

子上的羟基在右边的叫 L-型，在左边的叫 L-型。D-型与 L-型互为对映体。甘油醛分子前面 D，L 表示糖的构型，（＋）和（－）表示糖的旋光方向，（＋）表示右旋，（－）表示左旋。确定了甘油醛的构型以后，人们进一步规定，凡在理论上可由 D-甘油醛衍生出来的单糖，均为 D-型糖；由 L-甘油醛衍生出来的单糖，均为 L-型糖。要确定一个单糖分子是 D-型还是 L-型，可看该糖分子中离醛基或酮基最远的不对称碳原子（即倒数第二个碳原子）的构型，如果与 D-甘油醛相同的称 D-型糖，与 L-甘油醛相同的则称 L-型糖。α、β 符号表示的是单糖分子成环状结构时的两个旋光异构体构型，当单糖分子（如葡萄糖）内部发生醇醛缩合时，即可形成环状结构，这时单糖分子 C_1 原子变成不对称碳原子。

5.【答】二糖又称双糖，是寡糖中最重要的一类，它是由两分子单糖脱水缩合而成。二糖水解后得到两分子单糖。自然界中游离存在的重要二糖有乳糖、蔗糖、麦芽糖等。

乳糖分子是由 β-D-半乳糖分子与 α-D-葡萄糖分子缩合而形成的双糖。其连接键是 β，α（1→4）糖苷键。乳糖主要存在于哺乳动物的乳汁中。人乳中含量约为 5％～8％；牛乳中含 4％～5％。它是幼畜糖类营养的主要来源。乳糖在水中溶解度较小，分子中有游离的半缩醛羟基，故具有变旋性和还原性。

蔗糖是由 α-D-葡萄糖分子与 β-D-果糖分子，按 α，β（1→2）糖苷键的形式缩合而形成的二糖。

蔗糖有甜味，是日常生活常用的食糖。甜菜、蜂蜜以及甜味水果（如香蕉、菠萝等）中都含有丰富的蔗糖。蔗糖没有游离的醛基，故没有还原性。蔗糖是右旋糖，其水溶液的比旋度为 $+66.5°$。蔗糖水解后得到等量的葡萄糖和果糖混合物。混合物的比旋光度为 $-19.8°$，水解液表现为左旋，因此，常将蔗糖的水解产物称为转化糖。

麦芽糖是由两个 α-D-葡萄糖分子缩合而形成的二糖。其连接键是 α（1→4）糖苷键，具有还原性和变旋性。它大量存在于发芽谷粒中，特别是麦芽中。在制糖工业中，用淀粉酶水解淀粉，可以生产麦芽糖浆。在食品工业中，麦芽糖用作冷冻食品的稳定剂和填充剂，作为烘烤食品的膨松剂，并作为馅糖的主要成分，供人类食用。

对上述蔗糖、麦芽糖及乳糖的结构与性质作了比较。由此可以看出它们的共同点和差异（见下表）。

蔗糖、麦芽糖与乳糖结构与性质比较

名称	组成	糖苷键	物理性质	化学性质	存在
蔗糖	1 分子 α-D-葡萄糖 1 分子 β-D-果糖	α,β-1,2-	白色结晶,很甜,易溶于水,有旋光性,无变旋性	无还原性,不能形成糖脎	甘蔗、甜菜
麦芽糖	2 分子 α-D-葡萄糖	α-1,4-	白色结晶,甜度仅次于蔗糖,易溶于水,有旋光性,变旋性	有还原性,能形成糖脎	麦芽
乳糖	1 分子 β-D-半乳糖 1 分子 α-D-葡萄糖	β,α-1,4-	白色结晶,微甜,不溶于水,有旋光性,变旋性	有还原性,能形成糖脎	乳

6.【答】糖原由许多 D-葡萄糖组成，它们之间通过 α-1,4 和 α-1,6 两种糖苷键相连。在结构上的主要特点在于糖原分子分支多，链短和结构更紧密。

7.【答】糖蛋白是由糖链与蛋白质多肽链共价结合而成的球状高分子复合物。不同的糖蛋白其糖和蛋白质之间的比例不同，多数情况下，以蛋白质为主，而糖链较小，故总体性质更接近蛋白质。糖蛋白分子结构包含糖链、蛋白质和糖肽键三部分。

糖蛋白的生理功能主要表现在：（1）具有酶及激素的活性；（2）由于糖蛋白的高黏度特性，机体可用它作为润滑剂、保护剂；（3）具有防止蛋白酶的水解，阻止细菌、病毒侵袭作用；（4）在组织培养时对细胞黏着和细胞接触起抑制作用；（5）对外来组织细胞识别、肿瘤特异性抗原活性的鉴定有一定作用。

第 6 章

⟶》 生物膜与物质运输

 目的要求

1. 掌握生物膜的化学组成与结构特点。生物膜的化学组成包括膜脂、膜蛋白和膜糖，强调膜成分的双亲特点，生物膜的结构特点，膜的流动镶嵌模型，膜的流动性及影响因素，膜脂与膜蛋白的关系，膜的不对称性等。

2. 掌握物质的跨膜运输方式和机理，包括小分子和离子的跨膜运输，大分子物质的跨膜运输。重点掌握生物膜运输物质的几种形式和 Na^+/K^+-泵作用机制。

3. 熟悉磷脂、胆固醇和糖脂的结构和作用。

 内容提要

细胞是生命有机体的基本组成单位。动物细胞属于真核细胞，具有复杂精细的结构。除少数具有特定功能的细胞外，绝大多数动物细胞的结构由外及内依次为：细胞膜，细胞质，多种细胞器及细胞核。细胞膜又称为质膜（plasma membrane，PM），是包围在细胞表面的一层薄膜。细胞质是指由质膜所包裹的液体成分，又称为胞液。各种功能独特的细胞器，如线粒体、溶酶体、高尔基体、核糖体和内质网等存在于胞液中。质膜以及细胞器的膜结构（内膜系统）统称为生物膜（biomembrane）。细胞核位于细胞的内部，表面由核膜包裹着，核膜上有小孔，称为核孔，是与细胞质进行物质交换的通道。核的内部含有染色体和核仁及少量的液体。

1. 生物膜的组成和性质

生物膜是由蛋白质（包括酶）、脂质（主要是磷脂、少量糖脂和胆固醇）和糖类等基本化学成分组成的。

膜蛋白根据其与膜的结合方式和紧密程度，分为外在蛋白和内在蛋白。外在蛋白（外周蛋白）分布在膜的脂双层表面。内在蛋白（整合蛋白）全部或部分埋在脂双层的疏水区或横跨全膜。外在膜蛋白一般溶于水，易于分离；内在蛋白不溶于水，难于分离，因此已确定结构的不多。膜蛋白的种类和数量越多，膜的功能也就越复杂。

膜脂的主要成分是磷脂，此外还有糖脂和胆固醇。膜脂的双亲性是生物膜具有脂质双层结构的化学基础。膜上的成分都在不断的运动中，膜具有液晶的特性，因此有流动性。膜的流动性与膜脂的化学组成有关。流动镶嵌学说提出了生物膜的结构模型。

脂质为膜蛋白提供合适的环境，往往是膜蛋白表现功能所必需的。

糖类约占质膜重量的 2%～10%，大多数与膜蛋白结合，少量与膜脂结合，分布于质膜表面的多糖-蛋白复合物中，常称细胞外壳，在接受外界信息及细胞间相互识别方面具有重要作用。

生物膜的组分因膜的种类或细胞所处的生理状态不同而有所差异，一般功能复

杂或多样的膜，蛋白质比例较大，蛋白质与脂质的比例可从 1：4 到 4：1。

2. 生物膜的分子结构特点

生物膜是蛋白质、脂质和糖类组成的超分子体系，彼此之间是有联系、有作用的。

（1）生物膜分子间作用力：静电力、疏水力和范德华力。

（2）生物膜结构的主要特征

① 膜组分的不对称分布：各组分在膜两侧分布是不对称的，从而导致膜两侧电荷数量、流动性等的差异，与膜蛋白定向分布及功能密切相关。

② 生物膜的流动性：合适的流动性对生物膜表现其正常功能具有十分重要的作用。

膜的流动性主要取决于：脂肪酸链的长度和不饱和度、胆固醇的含量、温度、pH、离子强度等。

3. 生物膜的主要功能

生物膜的主要功能有以下几点：

① 分隔细胞、细胞器。细胞及细胞器功能的专门化与分隔密切相关。

② 物质运输：生物膜具有高度选择性的半透性阻障作用，膜上含有专一性的分子泵和门，使物质进行跨膜运输，从而主动从环境摄取所需营养物质，同时排除代谢产物和废物，保持细胞动态恒定。

③ 能量转换：如氧化磷酸化在膜上进行，为有序反应。

④ 信息的识别和传递：在生物通讯中起中心作用，细胞识别、细胞免疫、细胞通讯都是在膜上进行的。

4. 生物膜的物质运输

物质的跨膜运输是膜的重要生物学功能之一。

（1）生物膜的主动运输和被动运输　根据物质运输自由能变化，可分为主动运输和被动运输。

① 主动运输：物质逆电化学梯度的运输过程，它需要外界供给能量才能进行，例如钠钾泵。主动运输具有专一性、饱和性、方向性、选择性抑制和需要提供能量等特点。

② 被动运输：物质从高浓度一侧顺浓度梯度的方向，通过膜运输到低浓度一侧的过程。又分为两种方式：简单扩散与促进扩散。

（2）小分子和离子的运输　小分子和离子的运输主要有三种方式：一是顺浓度梯度的简单扩散；二是顺浓度梯度并且依赖于通道或载体的促进扩散；三是逆浓度梯度并且需要膜上特异的蛋白结构参与。Na^+、K^+、Ca^{2+}、Cl^- 等离子跨膜运输大多是通过专一性蛋白运输的。

① Na^+/K^+-泵：又叫 Na^+-K^+-ATP 酶。细胞通过 Na^+-K^+-ATP 酶水解 ATP 提供的能量，主动向外运输 Na^+ 而向内运输 K^+，从而导致了细胞内高 K^+ 低 Na^+、细胞外高 Na^+ 低 K^+ 的结果。每分解一个 ATP 分子泵出 3 个 Na^+，泵入

2 个 K^+。

②Na^+-K^+-ATP 酶作用机制——构象变化假说。

③ 生理意义：不仅维持细胞的膜电位，使细胞成为可兴奋细胞，而且是神经、肌肉细胞等的活动基础，还可调节细胞的体积和驱动某些细胞中糖和氨基酸的运送。

（3）生物大分子的跨膜运输　多核苷酸或多糖等生物大分子甚至颗粒物的运输主要是通过胞吐作用、胞吞作用。胞外的蛋白质常通过受体介导的内吞作用进入胞内，而分泌蛋白则由信号肽引导穿越内质网，经高尔基体，最终以分泌囊泡与细胞膜融合外排。

① 胞吐作用：细胞内物质先被囊泡裹入形成分泌泡，然后与细胞质膜接触、融合并向外释放被裹入的物质。

② 胞吞作用：细胞从外界摄入的大分子或颗粒逐渐被质膜的一小部分包围、内陷，然后从质膜上脱落，形成含有摄入物质的细胞内囊泡。

重点难点

1. 细胞的生物化学形态。

2. 生物膜的化学组成与结构特点。

3. 物质的跨膜运输

（1）小分子和离子的跨膜运输（包括简单扩散、促进扩散和主动运输）。

（2）大分子物质的跨膜转运（包括内吞、外排和分泌蛋白的跨膜转运）。

例题解析

例 1. 生物膜的结构对生物有什么作用？

解析：生物膜主要是由蛋白质、脂质、多糖类组成，形成一个流动的自我封闭体系，它对生物的作用主要体现在以下方面：

（1）可以提供一个相对稳定的内环境。

（2）生物膜可以进行选择性的物质运输，保证生物体的正常生理功能。

（3）生物膜与信号传导、能量传递、细胞识别、细胞免疫等细胞中的重要过程相关。总之，生物膜使细胞和亚细胞结构既各自具有恒定、动态的内环境，又相互联系相互制约，共同组成了一个生命或生命的基本单位。

例 2. Na^+-K^+-ATP 酶作用机制——构象变化假说的主要内容是什么？

解析：（1）Na^+ 与 ATP 酶结合。

（2）细胞质侧 ATP 酶被 ATP 磷酸化，消耗 1 分子 ATP。磷酸基团转移到 ATP 酶上。

（3）诱导 ATP 酶构象变化，将 Na^+ 运送至细胞膜外侧。

（4）K^+ 结合到细胞表面。

（5）ATP 酶去磷酸化。

（6）ATP 酶回到原来构象，K$^+$通过膜释放到细胞质侧。

练习题

一、名词解释

1. 生物膜（biological membrane）
2. 内在蛋白（intrinsic protein）
3. 胞吞（endocytosis）
4. 通透系数（permeability coefficient）
5. 协同运送（cotransport）
6. 主动转运（active transport）
7. 流动镶嵌模型（fluid mosaic model）
8. G 蛋白（G protein）
9. 脂质（lipid）
10. 外周蛋白（peripheral protein）
11. 被动转运（passive transport）
12. 简单扩散（simple diffusion）
13. 跨膜信号转导（transmembrane signal transduction）
14. G-蛋白偶联受体（G protein-coupled receptors）
15. 第二信使（second messenger）
16. 促进扩散（facilitated diffusion）

二、填空题

1. 生物膜主要是由 ＿＿＿＿＿、＿＿＿＿＿、＿＿＿＿＿组成，此外还有＿＿＿＿＿、＿＿＿＿＿等。

2. 生物膜所含的膜脂类以＿＿＿＿＿为主要的成分。

3. 动物细胞的质膜中所含的糖脂几乎都是＿＿＿＿＿的衍生物。

4. 膜脂具有＿＿＿＿＿性，因此，膜脂包括磷脂分子在水溶液中的溶解度是有限的。

5. 根据膜蛋白在膜内的定位以及使膜蛋白与膜分离的条件不同，可把膜蛋白分为＿＿＿＿＿和＿＿＿＿＿两种。

6. 物质的过膜转运方式有＿＿＿＿＿、＿＿＿＿＿。其中，方向相同，称＿＿＿＿＿；方向相反，称＿＿＿＿＿。

7. 小分子与离子的过膜转运方式有＿＿＿＿＿、＿＿＿＿＿和＿＿＿＿＿。

8. 大分子物质的跨膜转运方式有＿＿＿＿＿、＿＿＿＿＿和＿＿＿＿＿。

9. 磷脂的流动性不同，这主要是因为它们的＿＿＿＿＿。

10. Na$^+$-K$^+$ ATP 酶位于＿＿＿＿＿膜，Ca^{2+}-ATP 酶主要位于＿＿＿＿＿膜。

11. 细胞色素是一类＿＿＿＿＿，在线粒体内膜上起＿＿＿＿＿作用。

12. Na$^+$-K$^+$ ATP 酶每水解 1 分子 ATP，泵出＿＿＿＿＿个 Na$^+$，泵入＿＿＿＿＿K$^+$。

13. 生物膜上的糖都与＿＿＿＿＿或＿＿＿＿＿共连接。

14. 真核细胞中，细胞内 Na$^+$浓度比细胞外＿＿＿＿＿，细胞内 K$^+$浓度比细胞外＿＿＿＿＿。

15. 动物细胞内具有两层脂双层膜结构的有_____、_____和_____等。

16. 生物膜的厚度为_____。

17. 细胞膜的脂双层对_____的通透性极低。

18. 脂质体是_____。

19. 生物膜的整合蛋白质（内在蛋白质）与膜结合主要通过_____作用。

20. 真核细胞的内膜系统有_____和_____等。

21. 细胞的_____和_____系统统称为生物膜。

22. 大多数膜是_____极性的，内膜显_____电性。

23. 不同生物膜在组成成分上有一定差异，但都含有_____、_____和_____等成分。

24. 膜脂质主要有_____、_____和_____三种类型。

25. 磷脂含有极性的_____基团和非极性的疏水基团即_____部分，因此称这类分子为双亲性分子。

26. 不同生物膜中膜蛋白的_____和_____不同。

27. 脂肪酸链愈_____，其不饱和程度愈_____，则相变温度愈低。

28. 原核细胞膜的流动性随脂肪酸链_____数目和_____的变化而变化。

29. 生物大分子的跨膜转运一般通过_____和_____。

30. 根据物质转运过程是否需要能量，跨膜转运可分_____。

31. 主动转运指物质_____跨膜转运的过程。此种转运方式需_____能量。

32. 在二级主动转运中，一种物质（如 S）跨膜转运所需的_____来自于另一种物质（如 X）经_____转运后所产生的电化学势能。

33. 根据是否需要转运蛋白介导，跨膜转运可分为_____以及通过_____介导的转运两种类型。

34. 简单扩散属于_____，不需细胞提供_____。

35. 由特定的_____帮助一些物质进行跨膜转运，且不需消耗_____的作用称为促进扩散。

36. 简单扩散_____转运蛋白的帮助，促进扩散_____转运蛋白或透过酶（渗透酶）介导。

37. 转运 ATP 酶是以_____水解产生的磷酸基团转移势能为_____的主动转运载体蛋白家族。

38. 膜脂的不对称分布与膜蛋白的_____分布及其_____有密切关系。

39. 人的血型是 A 型、B 型、AB 型还是 O 型，是由_____或_____决定的。

40. ABO 血型决定子，即 ABO 血型抗原，它是一种糖脂，其寡糖部分具有决定_____的作用。A 血型的人红细胞膜脂寡糖链的末端是_____，B 血型的人红细胞膜脂寡糖链的末端是_____，O 型则没有这两种糖基，而 AB 型的人则在末端同时具有这两种糖基。

41. 膜脂的流动是造成膜流动的主要因素，概括起来，膜脂的运动方式主要有3 种：_____、_____和_____。

42. 在生物膜内的蛋白质_____氨基酸朝向分子外侧，而_____氨基酸朝向分子内侧。

43. G-蛋白有两种存在形式，一种是_____，另一种是_____。

44. G-蛋白效应器主要是能催化第二信使生成的酶，如位于细胞膜上的_____和_____；依赖于 cGMP 的_____和_____，它们都能激活相应的腺苷酸环化酶等，使胞浆中的第二信使物质增加。

45. 体内第二信使主要有以下几种类型_____、_____、_____、_____和_____。

46. 天然存在的脂肪酸碳原子数通常为_____数，不饱和脂肪酸为_____式，第一个双键一般位于_____。

47. 人类和哺乳动物能制造多种脂肪酸，但不能向脂肪酸引入超过_____的双键，因而不能合成_____和_____，而这两种脂肪酸对人体的功能是必不可少的，因此被称为_____。

48. 高密度脂蛋白对动脉粥样硬化有防护作用，是因为_____。

49. 细胞膜中磷脂主要分为两类，分别称为_____和_____。

50. 除了膜脂酰链的长度外，影响膜流动性的主要因素是_____。

51. 胆固醇对膜脂的_____具有一定的调节作用。

52. 1972 年 S. J. Singer 提出生物膜的"流动镶嵌"模型。该模型突出了膜的_____和膜蛋白分布的_____。

53. 被动运转是_____梯度进行的，溶质的净转运从_____侧向_____一侧扩散，包括_____和_____。

54. _____是生物膜中最常见的极性脂，它又可分为_____和_____两类。

三、单项选择题

1. 以克计算，脂肪中的脂肪酸完全氧化所产生的能量比糖多，糖和脂肪完全氧化时最接近的能量比为（   ）

A. 1：2   B. 1：3   C. 1：4

D. 2：3   E. 3：4

2. 质膜的标志酶是（   ）

A. 琥珀酸脱氢酶   B. 触酶

C. 葡萄糖-6-磷酸酶   D. 5′-核苷酸酶

E. 酸性磷酸酶

3. 一些抗生素可作为离子载体，这意味着它们（   ）

A. 直接干扰细菌细胞壁的合成

B. 对细胞膜有一个类似于去垢剂的作用

C. 增加了细胞膜对特殊离子的通透性

D. 抑制转录和翻译

E. 仅仅抑制翻译

4. 钠泵的作用是（　　　）

A. 将 Na^+ 输入细胞和将 K^+ 由细胞内输出

B. 将 Na^+ 输出细胞

C. 将 K^+ 输出细胞

D. 将 K^+ 输入细胞和将 Na^+ 由细胞内输出

E. 以上说法都不对

5. 脂双层是许多物质的通透屏障，能自由通透的极性物质是（　　　）。

A. 分子量在 50 以下　　　　　　　　B. 分子量在 100 以下

C. 所有的极性物质　　　　　　　　　D. 水

E. 葡萄糖-6-磷酸

6. 要将膜蛋白分子完整地从膜上溶解下来，可以用（　　　）

A. 蛋白水解酶　　　　B. 透明质酸酶　　　　C. 去垢剂

D. 糖苷水解酶　　　　E. 脂肪酶

7. 生物膜在一般条件下都是呈现脂双层结构，但在某些生理条件下可能出现非脂双层结构，目前检测非脂双层结构的方法有（　　　）

A. 顺磁共振　　　　　B. 核磁共振　　　　　C. 分光光度法

D. 荧光法　　　　　　E. 以上方法都可以

8. 生物膜上各种脂质的共同结构特性是（　　　）

A. 都含磷酸　　　　　　　　　　　　B. 都含脂肪酸

C. 含甘油醇或鞘氨醇　　　　　　　　D. 非极性分子

E. 两亲分子

9. 生物膜脂双层的流动性主要取决于（　　　）

A. 糖脂　　　　　　　B. 磷脂　　　　　　　C. 胆固醇

D. 膜蛋白　　　　　　E. 糖链

10. 下列关于物质主动转运的叙述，正确的是（　　　）

A. 主动转运需要载体蛋白的协助

B. 主动转运需要通道蛋白的协助

C. 主动转运不需要载体蛋白或通道蛋白的协助就可以进行

D. 主动转运是顺代谢物或顺离子浓度梯度进行的

E. 主动转运消耗的能量都来自代谢物分子中的高能键

11. 生物膜的基本结构是（　　　）

A. 磷脂双层两侧各有蛋白质附着

B. 磷脂形成片层结构，蛋白质位于各个片层之间

C. 蛋白质为骨架，二层磷脂分别附着于蛋白质的两侧

D. 磷脂双层为骨架，蛋白质附着于表面或插入磷脂双层

E. 由磷脂构成的微团

12. 下列有关膜脂流动性的叙述，错误的是（　　）

A. 膜脂的流动性是由膜脂的脂肪酸组分和胆固醇含量决定的

B. 肪酸的不饱和程度越高，流动性越大

C. 胆固醇可调节膜脂的流动性

D. 脂肪酸链加长及胆固醇含量降低，流动性变大

E. 脂的流动性主要是指脂质分子的侧向运动

13. 钠钾的转运属于（　　）

A. 单纯扩散　　　　B. 易化扩散　　　　C. 主动转运

D. 基团转运　　　　E. 膜运动转运

14. 下列关于膜脂和膜蛋白功能的叙述错误的是（　　）

A. 它们是膜受体的组成成分　　　　B. 膜脂构成半透性屏障

C. 膜蛋白可充当泵或通道　　　　D. 它们的运动决定了膜的流动性

15. 磷脂酰肌醇分子中的磷酸肌醇部分属于下列中的哪一个？（　　）

A. 是分子中的两亲性部分　　　　B. 疏水部分

C. 微团部分　　　　D. 极性部分（亲水部分）

16. 下列哪一个不是微团和脂质双分子层共同的特性？（　　）

A. 在水中都能自发聚集　　　　B. 都是由两亲性分子构成的结构

C. 都是大的像纸片样的结构　　　　D. 结构的稳定主要靠疏水的相互作用等

17. 下列关于真核细胞膜中的糖成分的叙述正确的是（　　）

A. 它们占膜重量的大约 1/3　　　　B. 它们一般处于细胞内表面上

C. 用外源凝集素可识别它们　　　　D. 靠氢键与膜蛋白和膜脂连接

18. 下列哪一物质可不通过主动转运而进出细胞？（　　）

A. 氯离子　　　　B. 二氧化碳　　　　C. 钾离子　　　　D. 苯丙氨酸

19. 下列哪一试剂不能用于从植物组织中分离提纯萜类物质？（　　）

A. 氯仿　　　　B. 二乙基醚　　　　C. 甲醇　　　　D. 50％的乙醇

20. 下列关于 Na^+-K^+ ATP 酶的论述正确的是（　　）

A. Na^+-K^+ ATP 酶催化 ATP 的水解反应，不需任何离子的存在

B. 与其他的 ATP 酶比较，不需 Mg^{2+}

C. 它能水解 ATP，但需 Na^+、K^+ 和 Mg^{2+} 的存在

D. 它能水解 ATP，但需 Na^+ 的存在

21. 下列关于膜内嵌蛋白的叙述哪一个是不正确的？（　　）

A. 内嵌蛋白一般不溶于水

B. 内嵌蛋白一般溶于水

C. 蛋白变性剂、去污剂等可使内嵌蛋白与膜分离开

D. 依靠与膜脂类间疏水的相互作用等与脂双层紧密结合

22. 下列关于膜外周蛋白的叙述哪一个是不正确的？（　　　）

A. 位于膜脂双层的表面

B. 一般通过离子键或氢键等与膜疏松结合

C. 外周蛋白一般不溶于水

D. 许多外周蛋白结合于内嵌蛋白的表面

23. 下列关于生物膜结构的叙述哪一个是不正确的？（　　　）

A. 膜具有纸片样的结构

B. 膜中含有许多的脂类和蛋白质，不含有糖类

C. 生物膜是不对称的，膜内、外表面的脂质和蛋白质组成完全不同

D. 膜是一个流动性的结构

24. 下列关于载体蛋白介导的跨膜转运机理的论述不正确的是（　　　）

A. 在转运过程中，它们和被转运物质结合

B. 载体蛋白介导的跨膜转运都不需消耗能量

C. 通常先将转运对象结合位点暴露于膜的一侧，然后再暴露于另一侧

D. 通过一系列构象变化而实现跨膜转运

25. 下列关于通道蛋白作用机理的论述正确的是（　　　）

A. 通道蛋白与被转运的物质结合使其通过膜

B. 通道蛋白分子中的亲水基团都向内形成跨脂质双层的亲水性孔道

C. 特异的离子如 Na^+、K^+ 等通过膜需消耗能量

D. 通道蛋白在膜上形成跨脂质双层的疏水性孔道使一些离子通过膜

26. 下列关于促进扩散的叙述正确的是（　　　）

A. 促进扩散不需要转运蛋白或透过酶介导

B. 促进扩散需消耗能量

C. 促进扩散需转运蛋白或透过酶介导

D. 被转运的物质都是疏水性的

27. 下列关于主动转运和被动转运区别的论述正确的是（　　　）

A. 两者都需要供给能量

B. 两者都不需要供给能量

C. 主动转运的进行需要供给能量，被动转运不需要

D. 两者都需要转运蛋白介导

28. 下列哪一种脂不是膜脂质双分子层的重要组分？（　　　）

A. 卵磷脂　　　　　B. 三酰基甘油　　C. 磷脂酰乙醇胺　D. 磷脂酰肌醇

29. 下列关于脂肪酸的阐述错误的是（　　　）

A. 天然脂肪酸多为奇数碳原子

B. 多不饱和脂肪酸中的双键一般由亚甲基相隔

C. 含饱和脂酰链多的脂双层，流动性差一些

D. 饱和脂肪酸比不饱和脂肪酸熔点高

30. 下列关于脂类分子的阐述错误的是（　　）

A. 磷脂酰胆碱、磷脂酰乙醇胺、磷脂酰肌醇都含有脂肪酸

B. 磷脂酰胆碱、磷脂酰乙醇胺、磷脂酰肌醇都含有甘油

C. 蜂蜡含有脂肪酸

D. 脂酰甘油含有甘油，而磷脂酰胆碱、磷脂酰乙醇胺、磷脂酰肌醇不含甘油

31. 脂双层主要由（　　）

A. 两层生物膜组成

B. 磷脂分子组成

C. 脂肪酸、胆固醇等脂质分子组成的

D. 蛋白质、磷脂、糖类分子共同组成的

32. 关于生物膜蛋白的阐述哪一条是错误的？（　　）

A. 生物膜中的蛋白质组成具有均一性

B. 生物膜上的蛋白质具有流动性

C. 蛋白质是生物膜功能的主要体现者

D. 不同来源的生物膜含有不同种类的蛋白质

33. 生物膜上的 Na^+/K^+-泵（　　）

A. 是一种 ATP 合成酶

B. 可以对跨膜被动运输提供方便

C. 可以同向运输 Na^+ 和 K^+

D. 是一种 ATPase

34. Na^+/K^+-泵的功能是（　　）

A. 主动在细胞质中运输 Na^+ 和 K^+

B. 被动在细胞膜上运输 Na^+ 和 K^+

C. 主动将 Na^+ 运出细胞，将 K^+ 运进细胞

D. 主动将 K^+ 运出细胞，将 Na^+ 运进细胞

35. 下列哪个选项是饱和脂肪酸（　　）

A. 油酸　　　　　B. 软脂酸　　　　　C. 花生四烯酸　　　　　D. 亚麻酸

36. 膜蛋白与脂双层之间的相互作用力主要是（　　）

A. 次级键　　　　　B. 二硫键　　　　　C. 氢键　　　　　D. 共价键

37. 生物膜在生理条件下呈现（　　）

A. 液态　　　　　B. 薄层晶体　　　　　C. 液晶态　　　　　D. 凝胶态

38. 构成生物膜的脂类分子以（　　）为主体。

A. 磷脂　　　　　B. 甘油三酯　　　　　C. 糖脂　　　　　D. 胆固醇

39. 生物膜具有不对称性是指（　　）

A. 脂双层的内、外膜上脂类分子厚度不同

B. 在脂双层的内、外层上脂类分子种类不同

C. 蛋白质在脂双层中有特异定位

D. 在脂双层的内、外层上生物分子组成种类不同，而且有些以特定方向存在

40. 跨膜主动运输（　　）

A. 一定需要 ATP

B. 不能自发进行

C. 只能借助蛋白质大分子进行顺浓度梯度运输

D. 只能进行单向运输

41. "20：0"显示该脂肪酸为_____，而"20：3$\Delta^{9,11,12}$"显示为_____。
（　　）

A. 简单脂肪酸；复合脂肪酸

B. 复合脂肪酸；简单脂肪酸

C. 饱和脂肪酸；不饱和脂肪酸

D. 单不饱和脂肪酸；多不饱和脂肪酸

42. "ω-3"所表示的脂肪酸（　　）

A. 含有 2 个双键

B. 为饱和脂肪酸

C. 有一个双键位于链末端第 3 个碳原子处

D. 有一个双键位于 α-碳原子后第 3 个碳原子处

43. 甘油磷脂含有_____头和_____长链脂酰尾（　　）

A. 极性；极性　　　　B. 极性；疏水　　　　C. 疏水；极性　　　　D. 疏水；疏水

44. 在细胞质膜上，下列哪项描述是正确的？（　　）

A. 寡糖朝向胞外而不是胞内　　　　　　B. 蛋白质可以在脂双层中运动

C. 脂类分子可以在脂双层中运动　　　　D. 以上都对

45. 生物膜脂类中不含有的成分包括（　　）

A. 磷脂　　　　　　B. 糖脂　　　　　　C. 胆固醇　　　　　　D. 脂质体

46. 生物膜中的脂和蛋白质主要是通过什么作用结合的？（　　）

A. 氢键　　　　　　B. 离子键　　　　　　C. 共价键　　　　　　D. 疏水作用

47. 大肠杆菌的细胞膜的中脂类和蛋白质的重量分别占 75％ 和 25％，问 1 个蛋白质分子周围有几个脂质分子。（假设蛋白质的平均分子量为 50000，脂类分子的平均分子量为 750）（　　）

A. 1　　　　　　　　B. 50　　　　　　　　C. 200

D. 10000　　　　　　E. 50000

48. 以下关于生物膜的组成的说法，错误的是（　　）

A. 在某确定的真核细胞中（如肝细胞），所有细胞内膜的脂类和蛋白质的组成相同

B. 膜中的碳水化合物基本上是糖脂或糖蛋白的形式

C. 脊椎动物的细胞膜含有的胆固醇比线粒体膜的含量高

D. 单一的有机体中不同的细胞类型中脂类和蛋白质的比值差异很大

E. 膜中很少发现有甘油三酯

49. 以下关于膜的成分说法正确的是（　　）

A. 所有生物膜均含有胆固醇

B. 所有膜中游离脂肪酸是主要的成分

C. 线粒体的内外膜中的蛋白含量不同

D. 真核细胞所有膜的脂质组成均相同

E. 脂质和蛋白的比例从 1：4 到 4：1

50. 膜蛋白（　　　）

A. 有时与脂质颗粒共价结合

B. 有时与碳水化合物颗粒共价结合

C. 是有相同的 20 种氨基酸组成的可溶性蛋白

D. 除非被锚定，它们在膜的一侧扩散

E. 以上都是

51. 膜的外周蛋白（　　　）

A. 一般与膜脂非共价结合　　　　　　B. 当离开膜时一般是变性的

C. 只能用去污剂作用后才能离开膜　　D. 在膜的两侧都有功能单位

E. 深深地插入到膜的脂质双层中

52. 生物膜中最少的运动方式是（　　　）

A. 磷脂分子的颠换

B. 脂质分子单层平面上的侧向扩散

C. 双层膜内的膜蛋白的侧向扩散

D. 磷脂双层内的蛋白质分子的侧向扩散

E. 脂酰链在磷脂双侧内侧面的随机运动

53. 以下过程不包括 2 个膜的融合或同一膜的 2 个部分的融合的是（　　　）。

A. 胞吞　　　　　　B. 有囊膜病毒侵入细胞

C. 葡萄糖进入细胞　　D. 外排作用

E. 酵母的出芽生殖

54. 以下哪种系统属于协同运输（　　　）

A. 红细胞质膜上的阴离子通道　　　　B. 质膜上的 Na^+-K^+-ATPase

C. 大肠杆菌质膜上的 H^+-乳糖透性酶　D. 嗜盐菌质膜上的细菌视紫红质

55. 易化扩散时穿过生物膜（　　　）

A. 不同的浓度梯度所推动　　　　　　B. ATP 推动

C. 吸能的　　　　　　　　　　　　　D. 一般是不可逆的

E. 对底物来说不特定

56. 葡萄糖转运入红细胞是一个（　　　）例子。

A. 主动运输　　　　B. 反向运输　　　C. 产电的单向转运

D. 易化扩散　　　　E. 同向运输

57. Na^+/K^+-ATP 酶的转移方式是（　　　）

A. 泵出 2 个 Na^+ 泵入 3 个 K^+，并使 1ATP 转变成 ADP+Pi

B. 泵出 3 个 Na^+ 泵入 2 个 K^+，并使 1ATP 转变成 ADP+Pi

C. 泵入 3 个 Na^+ 泵出 2 个 K^+，并使 1ATP 转变成 ADP+Pi

D. 泵出 1 个 Na^+ 泵入 1 个 K^+，并使 1ATP 转变成 ADP+Pi

E. 泵出 2 个 Na^+ 泵入 3 个 K^+，并使 ADP+Pi 转变成 1ATP

58. 水分子穿膜能被（　　）蛋白加速。

A. 膜连蛋白　　　　　B. 水孔蛋白　　　　　C. 透水酶

D. 选择素　　　　　　E. 转移蛋白

59. 脂肪的碱水解可给出哪一个专有名词？（　　）

A. 酯化作用　　　　B. 还原作用　　　　C. 皂化作用　　　　D. 水解作用

60. 下列物质中，不是类脂的是（　　）

A. 卵磷脂　　　　　B. 胆固醇　　　　　C. 糖脂　　　　　D. 甘油二酯

61. 线粒体 ATP/ADP 交换载体在细胞中的作用是（　　）

A. 需能传送　　　　　　　　　　　B. 促进传送

C. ATP、ADP 通道　　　　　　　　D. ATP 水解酶

62. 线粒体蛋白跨膜传送是一种（　　）

A. 吞噬作用　　　　　　　　　　　B. 蛋白质解折叠后传送

C. 蛋白质专一载体传送　　　　　　D. 膜内外同类蛋白质交换传送

63. 下列叙述正确的是（　　）

A. 线粒体内膜对 H^+ 没有通透性　　　B. 线粒体内膜能由内向外通透 H^+

C. 线粒体内膜能由外向内通透 H^+　　D. 线粒体内膜能自由通透 H^+

64. P_i 的传送是属于（　　）

A. 被动传送　　　B. 促进扩散　　　C. 主动传送　　　D. 基因转位

65. 哪种组分可以用高浓度尿素或盐溶液从生物膜上分离下来？（　　）

A. 外周蛋白　　　　　　　　　　　B. 整合蛋白

C. 跨膜蛋白　　　　　　　　　　　D. 共价结合的糖类

四、多项选择题

1. 饭后血中哪些物质的浓度会明显升高？（　　）

A. 游离脂肪酸　　　B. 中性脂肪　　　C. 胆固醇　　　D. 葡萄糖

2. 所有脂蛋白均含有（　　）。

A. 胆固醇　　　　　B. 磷脂　　　　　C. 甘油三酯　　　　D. 载脂蛋白

3. 细胞膜有哪些功能？（　　）

A. 物质运输　　　B. 能量转换　　　C. 信号识别　　　D. 信息传递

4. 小分子和离子的过膜转运方式主要有（　　）

A. 简单扩散　　　B. 促进扩散　　　C. 主动转运　　　D. 能量运输

5. 主动转运具有的特点是（　　）

A. 逆梯度运输　　　　　　　　　　B. 依赖于膜运输蛋白

C. 需要代谢能   D. 具有选择性和特异性

6. 以下哪种因素影响膜脂的流动性？（　　　）

A. 膜脂的脂肪酸组分   B. 胆固醇含量

C. 膜蛋白与脂双层的相互作用   D. 温度

7. 哪些组分必须用去垢剂或有机溶剂从生物膜上分离下来？（　　　）

A. 外周蛋白   B. 整合蛋白

C. 跨膜蛋白   D. 共价结合的糖类

8. 以下哪些物质几乎不能扩散进入脂质双分子层？（　　　）

A. H_2O B. O_2 C. H^+ D. 葡萄糖

9. 以下哪些转运系统属于 ATP 直接提供能量的主动运输（　　　）

A. 红细胞质膜上的阴离子通道   B. 质膜上的 Na^+-K^+-ATPase

C. 大肠杆菌质膜上的 H^+-乳糖透性酶   D. Ca^{2+}-ATPase

五、判断题（在题后括号内标明对或错）

1. 质膜上糖蛋白的糖基都位于膜的外侧。（　　　）

2. 生物活性物质在膜上的受体都是蛋白质。（　　　）

3. 生物膜像分子筛一样对大分子不能通过，对小分子能以很高的速度通过。（　　　）

4. ATP 不是化学能量的储存库。（　　　）

5. 受体就是细胞膜上与某一蛋白质专一而可逆结合的一种特定的蛋白质。（　　　）

6. 生物膜上的膜蛋白基本上不是球蛋白，所以它们不溶于水。（　　　）

7. 生物膜上的脂质主要是磷脂。（　　　）

8. 膜蛋白都是在粗面内质网膜上合成的。（　　　）

9. 物质跨膜主动运输的主要特点是物质运送有赖于 ATP 水解的能量。（　　　）

10. 水是能通透脂双层膜的。（　　　）

11. 细胞膜类似于球蛋白，有亲水的表面和疏水的内部。（　　　）

12. 细胞膜的整合蛋白质通常比周边蛋白质疏水性强。（　　　）

13. 某细菌生长的最适温度是 25℃，若把此细菌从 25℃ 移到 37℃ 的环境中，细菌细胞膜的流动性将增强。（　　　）

14. 生物膜的脂双层基本结构在生物进化过程中一代一代传下去，但这与遗传信息无关。（　　　）

15. 生物膜中的糖都与脂或蛋白质共价连接。（　　　）

16. Na^+-K^+ ATP 酶主要存在于质膜上。（　　　）

17. 真核细胞中，胞内 Na^+ 浓度比胞外低，胞内 K^+ 浓度比胞外高。（　　　）

18. 脂溶性小分子、疏水小分子主要通过简单扩散通过细胞质膜。（　　　）

19. 离子通过离子通道进出细胞时，不需要消耗能量。（　　　）

20. 膜蛋白不溶于水，它们基本上不含 α 螺旋。（   ）

21. 胆固醇对膜的流动性起着双重调节作用，既可以提高膜的流动性，也可以降低膜的流动性。（   ）

22. 不同种属来源的细胞可以互相融合，说明所有细胞膜都由相同的组分组成。（   ）

23. 细胞膜的两个表面（外表面、内表面）有不同的蛋白质和不同的酶。（   ）

24. 所有细胞膜的主动转运，其能量来源是高能磷酸键的水解。（   ）

25. 生物膜的不对称性仅指膜蛋白的定向排列，膜脂可作侧向和旋转扩散，在双分子层中的分布是相同的。（   ）

26. 根据物质转运过程是否需要转运蛋白，跨膜转运可分为主动转运和被动转运。（   ）

27. 膜的独特功能由特定的蛋白质执行，功能越复杂的生物膜，膜蛋白的含量越高。（   ）

28. 一般将所有细胞与其环境分隔开的膜统称为生物膜。（   ）

29. 由特定的蛋白质帮助一些物质进行跨膜转运，并需细胞提供能量的作用称为促进扩散。（   ）

30. 不同生物膜所含的脂类和蛋白质的比例基本相同。（   ）

31. 载体蛋白介导的物质跨膜转运过程都属于主动转运。（   ）

32. 膜转运蛋白介导的跨膜转运需细胞提供能量才能进行。（   ）

33. 简单扩散和促进扩散的相同点是都不需要转运蛋白的帮助。（   ）

34. 主动转运和被动转运的不同点在于被转运的物质不同。（   ）

35. 脂肪酸链愈长，其不饱和程度愈高，则相变温度愈低。（   ）

36. 脑磷脂与血液凝固有关，是仅分布于高等动物脑部组织中的甘油磷脂。（   ）

37. 血浆脂蛋白的脂质和蛋白质是以共价键结合的。（   ）

38. 胆固醇主要存在于动植物油脂中。（   ）

39. 人体内胆固醇主要来自食物和肝脏内合成，可以转化成激素和维生素等物质。（   ）

40. 根据脂肪酸简写法，油酸写为 $18:1\Delta^9$，表明油酸具有 18 个碳原子，在第 8～9 碳原子之间有一不饱和双键。（   ）

41. 蛋白质分子与磷脂分子一样，在膜中也有扩散运动、转动和翻转，但其速度较磷脂低。（   ）

42. 生物膜中的糖都与脂或蛋白质共价连接。（   ）

43. 质膜中与膜蛋白和膜脂共价结合的糖都朝向细胞外侧定位。（   ）

44. 细菌在吸收营养物质时采用的一种物质跨膜运输方式是基团转移。（   ）

45. 膜脂沿膜平面的侧向扩散速度与从一侧到另一侧的翻转运动速度大体相

等。（　　）

46. 膜蛋白实际上不作旋转扩散，因此生物膜可以看作定向的膜蛋白与膜脂组成的二维溶液。（　　）

六、简答题

1. 构成生物膜的化学成分有哪些？
2. 简述生物膜的结构特点，有哪些重要的功能？
3. 为什么说生物膜具有不对称性和流动性？"流动镶嵌"模型的要点有哪些？
4. 简述生物膜上物质转运的方式。
5. 什么是 Na^+/K^+ 泵？有什么生理功能？
6. Ca^{2+}-ATP 酶有什么生理功能？
7. 试述生物膜的两侧不对称性。
8. 为什么肥皂在水中可形成微团（micelle）结构？
9. 比较 K_m 和 K_t（K Transport）的异同。
10. 为什么膜蛋白不能进行跨脂双层扩散或颠倒扩散（flip-flop）？
11. 膜中胆固醇的主要功能是什么？
12. 为溶解膜，纯化膜内嵌蛋白和重建膜，常使用弱的试剂如辛基葡萄糖苷而不用 SDS，为什么？
13. 为什么膜蛋白的跨膜部分都具有螺旋结构？
14. （1）为什么水分子可经简单扩散进入细胞膜而 Na^+ 不能？
    （2）为什么二氧化碳分子可经简单扩散进入细胞膜而 HCO_3^- 不能？
    （3）为什么一氧化氮（NO）分子可经简单扩散进入细胞膜而 NO_2 需经主动转运才能进入？
    （4）为什么葡萄糖经促进扩散可进入细胞膜而 6-磷酸葡萄糖不能通过？
15. 比较载体蛋白和酶催化作用的异同点。
16. 生物膜的共性都有哪些？
17. 解释脂双层，并讨论其结构特点。
18. 简述膜流动性的生理意义。
19. 简述主动转运的特点和意义。
20. 简述 G-蛋白偶联受体介导的跨膜信号转导的基本过程。
21. 简述酶偶联受体介导的跨膜信号转导的基本过程。
22. 简述离子通道介导的跨膜信号转导的基本过程。
23. 什么是脂肪、脂肪酸和蜡？
24. 一些药物必须在进入活细胞后才能发挥药效，但它们中大多是带电或有极性的，因此不能靠被动扩散跨膜。人们发现利用脂质体运输某些药物进入细胞是很有效的办法，试解释脂质体是如何发挥作用的。
25. 一个红细胞的表面积大约为 $100\mu m^2$，从 4.7×10^9 个红细胞分离出的膜在

水中形成面积为 $0.890m^2$ 的单层膜。从这个实验就细胞膜的构成能得出什么结论？

26. 脂质体是一个连续的自我封闭的脂双层结构。

（1）脂双层形成的驱动力是什么？

（2）生物膜的结构对生物有什么重要作用？

27. 许多埋在膜内的蛋白（内在蛋白）与细胞中的蛋白质不同，它们几乎不可能从膜上转移至水溶液中。然而，此类蛋白的溶解和转移，常可用含有十二烷基磺酸钠或其他去污剂，例如胆酸的钠盐等溶液来完成，这是什么道理？

28. 将某细菌从 $37℃$ 的生长温度转移至 $25℃$ 后，利用什么手段可以恢复膜的流动性？

一、名词解释

1. 生物膜是指细胞的所有膜结构，包括细胞膜、核膜、线粒体膜、内质网膜、溶酶体膜、高尔基体膜、过氧化物酶体膜以及植物细胞的叶绿体膜等。生物膜形态上都呈双分子层的片层结构，厚度约 $5\sim10$ 纳米。其组成成分主要是脂质和蛋白质，另有少量糖类通过共价键结合在脂质或蛋白质上。生物膜在物质跨膜运输、信息的识别与传递、能量转换等方面具有独特的作用。

2. 插入脂双层的疏水核和完全跨越脂双层的膜蛋白。内在蛋白与膜结合紧密，一般不溶于水；多数为跨膜蛋白，有的插入双层中，依靠与膜脂类间疏水的相互作用等与脂双层紧密结合。

3. 物质被质膜吞入并以膜衍生出的脂囊泡形式（物质在囊泡内）并被带入到细胞内的过程。

4. 是离子或小分子扩散过脂双层膜能力的一种量度。

5. 两种不同溶质跨膜的偶联转运。可以通过一个转运蛋白进行同一方向（同向转运）或反方向（反向转运）转运。

6. 主动转运是物质依赖于转运载体、消耗能量并能够逆浓度梯度进行的过膜转运方式。

7. 针对生物膜的结构提出的一种模型。在这个模型中，生物膜被描述成镶嵌有蛋白质的流体脂双层，脂双层在结构和功能上都表现出不对称性。有的蛋白质"镶"在脂双层表面，有的则部分或全部嵌入其内部，有的则横跨整个膜。另外脂和膜蛋白都可以进行横向扩散。

8. 在细胞内信号传导途径中起着重要作用的 GTP 结合蛋白质，由 α、β、γ 三个不同亚基组成。与激素受体结合的配体诱导 GTP 与 G-蛋白结合的 GDP 进行交换，结果激活位于信号传导途径中下游的腺苷酸环化酶。G-蛋白将胞外的第一信使肾上腺素等激素和胞内的腺苷酸环化酶催化的腺苷酸环化生成的第二信使 cAMP

联系起来。G-蛋白具有内源 GTP 酶活性。

9. 脂质也称脂类。它是由脂肪酸（C4 以上）和醇（包括甘油醇、鞘氨醇、高级一元醇和固醇）等所组成的酯类及其衍生物。一般不溶于水而溶于脂溶剂，如乙醚、丙酮及氯仿等。

10. 也称为膜外在蛋白，一般溶于水，位于膜脂双层的表面，一般通过离子键与磷脂的极性头部或与膜内嵌蛋白亲水结构域之间的氢键等与膜疏松结合。

11. 物质顺浓度梯度或电化学梯度跨膜转运的过程，这一过程的进行不需要供给能量。

12. 一些疏水性的或不带电荷的极性小分子，如二氧化碳、N_2、O_2、苯、水、甘油等生物学上重要的小分子物质可顺其浓度梯度进行扩散，扩散速度与跨膜的浓度梯度成正比，即符合 Frick 定律。不需消耗能量，此种扩散方式称为简单扩散。但不同的小分子物质跨膜扩散的速度差异较大。

13. 各种形式的外界信号作用于靶细胞时，并不需要进入细胞内，而是通过引起细胞膜上一种或数种特异蛋白质分子的变构作用，以一定形式的弱电变化，将信息传递到膜内，最后引起相应的效应，该过程被称为跨膜信号转导。

14. G-蛋白偶联受体是能与化学信号分子进行特异结合的独立的蛋白质分子，包括 α 和 β 肾上腺素能受体、乙酰胆碱（Ach）受体、多数肽类激素、5-羟色胺受体、嗅觉受体和视紫红质受体等。

15. 由细胞外信号分子作用于细胞膜而产生的细胞内信号分子（如 cAMP）叫第二信使。第二信使物质有环一磷酸腺苷（cAMP）、三磷酸肌醇（IP_3）、二酰甘油（DG）、环一磷酸鸟苷（cGMP）和 Ca^{2+}，第二信使的功能是调节各种蛋白激酶和离子通道。

16. 不需要消耗代谢能量，小分子物质利用膜两侧的电化学势梯度而通过膜上的载体蛋白或离子通道进行转运的方式，称为促进扩散。

二、填空题

1. 蛋白质，脂类，糖类，金属离子，水
2. 磷脂
3. 鞘氨醇
4. 双亲
5. 外在蛋白，内在蛋白
6. 单向转运，协同转运，同向转运，反向转运
7. 简单扩散，促进扩散，主动转运
8. 内吞作用，外排作用，分泌蛋白通过内质网转运
9. 脂肪酸烃链的长度和不饱和度不同
10. 细胞质，肌质网
11. 含有铁卟啉的蛋白质，电子传递

12. 3，2

13. 脂质，蛋白质

14. 低，高

15. 细胞膜，线粒体膜，核膜

16. 6～10nm

17. 离子和大多数极性分子

18. 双层脂包裹着水相的小滴

19. 疏水

20. 核膜，线粒体膜

21. 细胞质膜，内膜

22. 电，负

23. 蛋白质，脂质，糖

24. 磷脂，糖脂，胆固醇

25. 磷酸，脂肪酸

26. 种类，含量

27. 短，高

28. 双键，长度

29. 胞吐作用，胞吞作用（内吞作用）

30. 主动转运，被动转运

31. 逆浓度或电化学梯度，消耗

32. 能量，主动

33. 简单扩散，转运蛋白

34. 被动转运，能量

35. 蛋白质，能量

36. 不需要，需要

37. ATP，能源

38. 定向，功能

39. 红细胞膜脂，膜蛋白中的糖基

40. 抗原特异性，N-乙酰半乳糖胺，半乳糖

41. 侧向扩散，旋转运动，翻转扩散

42. 疏水/非极性，亲水/极性

43. 与 GDP 结合的无活性型，与 GTP 结合的活性型

44. 腺苷酸环化酶（AC），磷脂酶 C（PLC），磷酸二酯酶（PDE），磷脂酶 A2

45. 环一磷酸腺苷（cAMP），环一磷酸鸟苷（cGMP），三磷酸肌醇（IP$_3$），二酰甘油（DG），Ca^{2+}

46. 偶，顺，第 9 到 10 碳原子之间

47. Δ^9，亚油酸，亚麻酸，必需氨基酸

48. HDL 能清除过量的胆固醇

49. 甘油磷脂，鞘氨醇磷脂

50. 脂肪链的不饱和程度

51. 流动性

52. 流动性，不对称性

53. 顺浓度，高浓度，低浓度，简单扩散，促进扩散

54. 磷脂，磷脂酰甘油，鞘磷脂

三、单项选择题

1. A 2. D 3. C 4. D 5. D 6. C 7. B 8. E 9. B 10. A 11. D
12. D 13. C 14. A 15. D 16. C 17. C 18. B 19. D 20. C 21. B
22. C 23. B 24. B 25. B 26. C 27. C 28. B 29. A 30. D 31. B
32. A 33. D 34. C 35. B 36. A 37. C 38. A 39. D 40. B 41. C
42. C 43. B 44. D 45. D 46. D 47. C 48. A 49. C 50. E 51. A
52. A 53. C 54. C 55. A 56. D 57. B 58. B 59. C 60. D 61. C
62. B 63. A 64. B 65. A

四、多项选择题

1. BD 2. ABCD 3. ABCD 4. ABC 5. ABCD 6. ABCD 7. BC
8. CD 9. BD

五、判断题

1. 对。

2. 错。还有可能是多糖

3. 错。生物膜对大分子、小分子物质均具有选择性。

4. 对。

5. 错。糖脂也可作为受体

6. 错。外在蛋白易溶于水

7. 对。

8. 错。粗面内质网上合成的一般是分泌蛋白

9. 错。逆浓度梯度为主要的特点，耗能不仅仅是 ATP 水解供能。

10. 对。

11. 对。

12. 对。

13. 对。

14. 对。

15. 对。

16. 对。

17. 对。

18. 对。

19. 对。

20. 错。已发现的膜蛋白都是球状蛋白质，多具有螺旋结构。

21. 对。

22. 错。不同种属来源的细胞可以互相融合是因为膜结构的共性和疏水作用的非特异性，而不是因为所有的膜都有相同的组分。

23. 对。

24. 错。细胞膜主动转运所需的能量来源，有的是依靠 ATP 的高能磷酸键，有的是依靠呼吸链的氧化还原作用，有的则依靠代谢物（底物）分子中的高能键。

25. 错。生物膜的不对称性包括膜蛋白、膜糖、膜脂的分布不对称。

26. 错。根据物质转运过程是否需要消耗能量，跨膜转运可分为主动转运和被动转运。

27. 对。

28. 错。一般将细胞与其环境分隔开的膜，称为质膜。

29. 错。由特定的蛋白质帮助一些物质进行跨膜顺浓度梯度转运，并不需细胞提供能量的运输方式称为促进扩散。

30. 错。不同生物膜所含的脂类和蛋白质的比例相差很大。

31. 错。载体蛋白介导、逆浓度梯度并且耗能的跨膜转运过程属于主动转运。

32. 错。并非所有膜转运蛋白介导的跨膜转运都需细胞提供能量。

33. 错。简单扩散和促进扩散的相同点是顺浓度梯度转运。

34. 错。主动转运和被动转运的不同点在于是否逆浓度梯度和耗能与否。

35. 错。脂肪酸链愈短，不饱和程度愈高，则其相变温度愈低。

36. 错。脑磷脂见于大脑、神经、大豆中。

37. 错。二者是以非共价键（疏水作用、范德华力、静电引力）结合的。

38. 错。主要存在与动物细胞。

39. 对。

40. 错。表明油酸具有 18 个碳原子，在第 9～10 碳原子之间有一不饱和双键。

41. 错。蛋白质分子的运动非常有限，主要有侧向扩散和旋转扩散。

42. 对。

43. 对。

44. 对。

45. 错。膜脂的侧向扩散速度快于翻转运动。

46. 对。

六、简答题

1.【答】生物膜是由蛋白质（包括酶）、脂质（主要是磷脂、糖脂和胆固醇）和糖类等基本化学成分组成的。另外，还有少量的金属和水。

膜蛋白根据其与膜的结合方式和紧密程度，有外在膜蛋白和内在膜蛋白之分。膜蛋白的种类和数量越多，膜的功能也就越复杂。

磷脂是膜脂的主要成分，此外还有糖脂和胆固醇。膜脂的双亲性是生物膜具有脂质双层结构的化学基础。膜上的成分都在不断的运动中，因此膜呈流动的液晶态。这个特性与膜脂的化学组成有关。脂质为膜蛋白提供合适的环境，往往是膜蛋白表现功能所必需的。

糖类约占质膜重量的 $2\%\sim10\%$，大多数与膜蛋白结合，少量与膜脂结合。分布于质膜表面的多糖-蛋白复合物，在接受外界信息及细胞间相互识别方面具有重要作用。

生物膜的组分因膜的种类或细胞所处的生理状态不同而不同或有所差异，一般功能复杂或多样的膜，蛋白质比例较大，蛋白质：脂质比例可从 $1:4$ 到 $4:1$。

2.【答】膜的结构特点的要点如下：（1）膜的运动性；（2）膜脂的流动性与相变；（3）膜蛋白与膜脂质的相互作用；（4）脂质双层的不对称性；（5）流动镶嵌模型。

其主要功能如下：（1）分隔细胞、细胞器。细胞及细胞器功能的专门化与分隔密切相关。（2）物质运送：生物膜具有高度选择性的半透性阻障作用，膜上含有专一性的分子泵和门，使物质进行跨膜运送，从而主动从环境摄取所需营养物质，同时排出代谢产物和废物，保持细胞动态恒定。（3）能量转换：如氧化磷酸化和光合作用均在膜上进行，为有序反应。（4）信息的识别和传递：在生物通讯中起中心作用，细胞识别、细胞免疫、细胞通讯都是在膜上进行的。

3.【答】液态镶嵌模型认为细胞膜是流动的脂质双分子层中镶嵌着球形蛋白按二维排列组成的。流动的脂质分子构成细胞膜的连续主体，膜中球形蛋白质分子以各种形式与脂分子双层相结合。这一模型的主要特点是：①强调膜的流动性，认为膜的结构不是静止的，而是动态的；②脂质双分子层中镶嵌着可移动的膜蛋白，表现出分布的不对称性。

4.【答】根据被转运的对象及转运过程是否需要载体和消耗能量，还可再进一步细分出各种跨膜运输的方式。如（1）小分子与离子的过膜转运可分为：①简单扩散；②促进扩散；③主动转运。（2）大分子物质的过膜转运分为：①内吞作用；②外排作用；③分泌蛋白通过内质网的转运。

5.【答】Na^+/K^+ 泵即 Na^+/K^+ ATP 酶，是膜中的内在蛋白，由一个大的跨膜的催化亚单位和一个小的糖蛋白组成。在脂膜外侧一端可与 K^+ 结合，而在内侧一端可与 Na^+ 结合，由 ATP 提供能量。其作用过程可分为以下两个步骤：

（1）在细胞内侧有 Na^+、Mg^{2+} 与酶结合，激活了 ATP 酶活性，ATP 水解为

ADP 和 P_i，P_i 与 ATP 酶结合形成磷酸-ATP 酶中间体（即酶磷酸化），引起酶构象改变。于是与 Na^+ 结合的部位转向外侧，这种磷酸化的酶对 Na^+ 亲和力低，对 K^+ 亲和力高，因而在膜外侧释放 Na^+。

（2）改变构象的酶在膜外与 K^+ 结合，促进去磷酸化，磷酸根很快解离，酶的构象又恢复原状，将 K^+ 在膜内侧释放。这样，通过反复的磷酸化和去磷酸化，酶构象发生改变，将 Na^+ 释放到细胞外，将 K^+ 摄到细胞内。

6.【答】Ca^{2+}-ATP 酶是细胞质膜和细胞内膜系统中的 Ca^{2+} 运送体系，是一个跨膜的膜结合蛋白。它的作用机制包括磷酸化和去磷酸化过程。磷酸化时酶被激活对 Ca^{2+} 有高亲和力，将 Ca^{2+} 由肌质网膜外侧运送到内质网膜内储集，使肌质网膜内外形成明显的 Ca^{2+} 梯度。泵的作用是保持胞外和细胞内质网腔内的 Ca^{2+} 浓度远高于胞液。

7.【答】生物膜的两侧不对称性表现在以下几个方面（1）磷脂组分在膜的两侧分布是不对称的；（2）膜上的糖基（糖蛋白或糖脂）在膜上分布不对称，在哺乳动物质膜都位于膜的外表面；（3）膜蛋白在膜上有明确的拓扑学排列；（4）酶分布的不对称性；（5）受体分布的不对称性。膜的两侧不对称性保证了膜的方向性功能。

8.【答】肥皂分子属于两亲性分子，即分子中既含有极性部分，也含有非极性部分。在水中，分子中的非极性部分通过疏水的相互作用避开水而相互聚集，而极性部分与水接触。

9.【答】K_m 指在酶催化的反应中，当反应速度达到最大反应速度一半时所对应的底物浓度。K_t：指当物质被跨膜转运时的速度达到最大转运速度一半时所对应的被转运物质的浓度。

10.【答】因膜蛋白是大分子，且含有许多带电荷的氨基酸残基；一些糖蛋白分子中的糖部分是极性的，这样的分子不可能穿过脂质双分子层扩散。

11.【答】真核细胞膜中含有胆固醇成分，它在调节膜的流动性、增加膜的稳定性等方面起重要的作用，胆固醇是双亲性分子，因分子中既有极性端（羟基）又有非极性端（碳氢链）；它可以插入膜平面内，干扰膜中脂酰链的运动，如防止在温度低于 T_m 时脂双分子层出现结晶态，而在温度高于 T_m 时，降低脂酰链的运动，使膜的流动性处于相对稳定状态。

12.【答】尽管 SDS 十分有效，但因为分子中的极性部分与膜蛋白之间强的静电相互作用，易破坏蛋白的结构。辛基葡萄糖苷有一不带电荷的头，与蛋白质分子中的疏水部分如疏水的结构域相互作用，有利于维持蛋白质的三维结构。

13.【答】膜蛋白的跨膜部分含疏水的氨基酸多，主链的 CO 和 NH 基团易与水形成氢键，形成螺旋结构，这些基团之间形成氢键维持螺旋结构的稳定，也降低了它们的极性，有利于膜蛋白进入脂质双分子层内。

14.【答】（1）因为水是小分子，能进入膜脂和膜蛋白分子间的空隙而进入细胞，或通过由于膜脂运动而产生的间隙。钠离子虽是小分子，但带有电荷，不能自由通过膜。

（2）二氧化碳是小分子，且不带电荷；HCO_3^- 分子虽小，但带有电荷。

（3）NO 不但分子小，而且是非极性分子；而 NO_2 分子虽小，但带有电荷。

（4）6-磷酸葡萄糖带有电荷。

15.【答】相同点：都涉及一个较小的分子，如酶的底物（S）或配基（L）与蛋白质的结合形成可逆的复合物。上述过程都具有专一性和饱和性。

不同点：转运蛋白的作用只涉及配基从膜的一侧向另一侧的移动，配基本身的结构、化学性质不发生改变。酶的催化作用涉及底物结构、性质的变化，有新物质的形成。

16.【答】（1）生物膜是一种 6～10nm 厚的片层结构，有封闭的边界；（2）生物膜主要由脂质和蛋白质组成，还含有与之共价连接的糖类；（3）组成生物膜的膜脂分子很小，具有双亲性，以脂双层形式存在；（4）膜的特异功能是通过特异蛋白质实现的；（5）膜是非共价的集合体（或超分子复合物）；（6）生物膜结构是不对称的；（7）生物膜是流动的结构（由蛋白质和脂类分子排列成的二维液体）；（8）大多数膜是极化的。

17.【答】（1）脂双层是生物膜的基本结构，主要由磷脂分子组成，如磷脂酰胆碱、磷脂酰乙醇胺。磷脂分子含有一个带电荷的亲水性头部和两个长长的疏水链尾巴，为双亲性分子。许多磷脂分子的疏水链尾对尾靠疏水力排列在一起，亲水头部外露在两侧，即形成脂双层。（2）脂双层的特点：脂双层具有流动性，可作为膜蛋白的载体；脂双层对离子和大部分极性分子是高度不通透的；脂双层的形成是一个快捷的自组装过程，疏水作用力是主要的驱动力；脂双层是一个自我封闭的连续系统，局部破坏后可自我修复。

18.【答】（1）细胞质膜适宜的流动性是质膜行使功能的必要条件。例如，卵磷脂-胆固醇转酰基酶的活性与膜的流动性密切相关，膜流动性大，有利于酶的侧向扩散和旋转运动，使酶活性提高。（2）膜的一个重要功能是参与物质运输，如果没有膜的流动性，细胞外的营养物质就无法进入，细胞内合成的胞外物质（如胞外酶、胞外蛋白）及细胞废物也不能运到细胞外，这样细胞就会停止新陈代谢而死亡。

19.【答】主动转运的特点：（1）逆梯度运输；（2）依赖于膜运输蛋白；（3）需要代谢能，并对代谢毒性敏感；（4）具有选择性和特异性。

主动转运的意义：（1）保证细胞或细胞器从周围环境中或表面摄取必需的营养物质；（2）能够将细胞内的各种物质排到细胞外；（3）能够维持一些无机离子在细胞内的恒定浓度。

20.【答】G-蛋白偶联受体介导的跨膜信号转导的基本过程如下图。激素是第一信使，与靶细胞膜上的受体结合，使 G-蛋白活化，进而激活膜上的腺苷酸环化酶（AC）系统。AC 催化 ATP 转变为 cAMP。cAMP 作为第二信使可激活蛋白激酶 A（PKA），继而激活磷酸化酶并催化细胞内磷酸化反应，引起靶细胞特定的生理效应：腺细胞分泌、肌细胞收缩与舒张、神经细胞膜电位变化、细胞通透性改变、细胞分裂与分化以及各种酶促反应等。

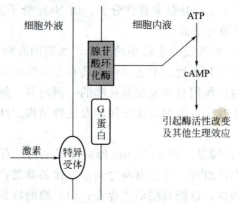

21.【答】介导跨膜信号转导的酶偶联受体包括两类。(1) 具有酪氨酸激酶的受体：该受体简单，只有一个横跨细胞膜的 α 螺旋，有两种类型，①受体具有酪氨酸激酶的结构域，即受体与酪氨酸激酶是同一个蛋白质分子；当与相应的化学信号结合时，直接激活自身的酪氨酸激酶结构域，导致受体自身或细胞内靶蛋白的磷酸化。②受体本身没有酶的活性，但当它被配体激活时立即与酪氨酸激酶结合，并使之激活，通过对自身和底物蛋白的磷酸化作用，把信号传入细胞内。(2) 具有鸟苷酸环化酶的受体：该受体也只有一个跨细胞膜的 α 螺旋，其膜内侧有鸟苷酸环化酶，当配体与它结合后，即将鸟苷酸环化酶激活，催化细胞内 GTP 生成 cGMP，cGMP 又可激活蛋白激酶 G（PKG），PKG 促使底物蛋白质磷酸化，产生效应。上述几种跨膜信号的转导过程并不是截然分开的，相互之间存在着复杂的联系，形成所谓的信号网络。

22.【答】离子通道介导的跨膜信号转导的基本过程：信号→细胞膜上的通道蛋白→离子通道打开或关闭→离子跨膜流动→膜电位变化（去极化，超极化）→细胞功能改变。

23.【答】三脂酰甘油又称为甘油三酯，也称真脂，中性脂，是 3 个脂肪酸分子与甘油的 3 个羟基缩合形成的酯。简单的甘油三酯含有单一型式的脂肪酸，混合甘油三酯含有至少两种不同类型的脂肪酸。甘油三酯可发生皂化反应，也和不饱和脂肪酸一样，具有氢化、卤化、氧化作用以及乙酰化作用。通过测定天然油脂的皂化值、碘值、酸值和乙酰化值，可确定某种油脂的特性。三脂酰甘油主要作为贮存物质，以脂肪小滴形式存在于细胞中。

脂类的脂肪酸组分通常具有偶数碳原子，链长一般为 12～22 个碳原子，可分为饱和脂肪酸和不饱和脂肪酸。不饱和脂肪酸的双键一般是顺式的。在大多数不饱和脂肪酸中，有一个双键处于 9～10 位置（Δ^9）。

蜡是高级脂肪酸与脂肪醇或者是高级脂肪酸与甾醇所形成的酯。蜡一般在生物体外表面，起保护作用。

24.【答】脂质体是脂双层膜组成的封闭的、内部有空间的囊泡。离子和极性水溶性分子（包括许多药物）被包裹在脂质体的水溶性的内部空间，负载有药物的脂质体可以通过血液运输，然后与细胞的质膜相融合将药物释放入细胞内部。

25.【答】由一个红细胞的膜铺成的单层面积为 $[0.890\times10^{12}\,\mu m^2]/(4.74\times10^9)=188\mu m^2$。由于红细胞表面积只有 $100\mu m^2$，所以覆盖红细胞表面的脂是双层的，即 $188/100\approx2$。换言之红细胞膜是由双层脂构成的。

26.【答】（1）形成双层的磷脂分子是两性分子（含有亲水和疏水部分）。脂双层的形成是由磷脂的疏水作用驱动的，这时磷脂疏水的脂酰链倾向于脱离与水的接触，水溶液中的磷脂分子的非极性尾部被水分子包围，磷脂分子之间为避开水，疏水尾部彼此靠近，当磷脂双层结构形成时，脂酰链被限制在疏水的内部，而排挤出有序的水分子。该过程导致这些水分子的熵大大增加，增加的量大大地超过由于更多有序的脂双层的形成导致熵减少的量。增加的熵以及脂双层中的相邻非极性尾部之间的范德华作用对有利的自由能变化都有贡献，因此整个过程可以自发进行。

（2）生物膜主要是由蛋白质、脂质、多糖类组成，形成一个流动的自封闭体系，它对生物的作用主要体现在以下方面：①可以提供一个相对稳定的内环境；②生物膜可以进行选择性的物质运输，保证生物体的正常生理功能；③生物膜与信号传导、能量传递、细胞识别、细胞免疫等细胞中的重要过程相关。总之，生物膜使细胞和亚细胞结构既各自具有恒定、动态的内环境，又相互联系相互制约。

27.【答】十二烷基磺酸钠和胆酸钠等去污剂，都具有亲水和疏水两部分，它们可以破坏蛋白与膜之间的疏水相互作用，并用疏水部分结合蛋白的疏水部分，亲水部分向外，形成一个可溶性微团，将蛋白转移到水中。

28.【答】通过生产更多的不饱和脂肪酸链或较短的脂肪酸链可恢复膜的流动性。因为在较低的生长温度下，细菌必须合成具有更低 T_m（高流动性）的不饱和脂肪酸或短的脂肪酸链，才能恢复膜流动性。

第7章

→» 生物催化剂——酶

目的要求

1. 掌握酶的化学本质和化学组成，酶催化反应的特点与机制。
2. 掌握酶促反应动力学及其影响因素。
3. 掌握酶活性的调节方式与机制。
4. 熟悉维生素的概念、分类、理化性质、主要来源、作用及缺乏病，重点是 B 族维生素与酶的辅助因子的关系。
5. 了解酶的命名、分类和活性测定。

内容提要

酶是由生物活细胞所产生的，在体内外均具有高度专一性和极高催化效率的生物大分子，包括蛋白质和核酸。在生物体的活细胞中，成千上万的生物化学反应之所以能在常温常压下以极高的速度和极强的专一性进行，是由于生物细胞中存在着生物催化剂——酶。目前发现的酶绝大多数是蛋白质，大量的实验已经证实了这一点。

T. Cech 和 S. Altman 于 1982 年首先发现 rRNA 的前体本身具有自我催化作用，并提出了核酶（ribozyme）的概念。之后大量的实验证明，某些 RNA 和 DNA 确实具有酶的催化活性。

在蛋白酶中，根据所催化的反应类型，可将其分为 6 大类：氧化还原酶、转移酶、水解酶、裂解酶、异构酶和合成酶等。根据其化学组成，又可分为单纯酶和结合酶。单纯酶是基本组成成分仅为氨基酸的一类酶。结合酶由酶蛋白和辅助因子两部分构成，辅助因子一般是指辅基、辅酶或金属离子。酶蛋白决定了反应的专一性，辅助因子则与催化反应的性质有关。维生素作为绝大多数结合蛋白酶中的辅助因子而发挥了重要的生理作用。当动物机体缺乏某种维生素时，代谢受阻，表现出维生素缺乏症。

酶的结构与其功能密切相关。酶分子中的一些必需基团组成了酶的活性中心，它有两个功能部位，即结合部位和催化部位。酶通过与底物的相互作用，发挥其高效催化活性。酶的催化机理包括过渡态学说、邻近和定向效应、锁钥学说、诱导契合学说、酸碱催化和共价催化与表面效应等。每个学说都有各自的理论依据，其中过渡态学说或中间产物学说为大家所公认，诱导契合学说也对酶的研究发挥了重要作用。

酶促反应的速度受多种因素影响，包括底物浓度（S）、酶的浓度（E）、反应温度（T）、反应 pH 值、激活剂（A）和抑制剂（I）等。底物浓度和反应速度的关系可用米氏方程式表示，米氏常数 K_m 是酶的特征性常数，一定程度上反映了酶与底物的亲和力，其物理意义是当酶促反应速度达到最大反应速度（V_{max}）一半时的底物浓度。酶的抑制作用包括不可逆抑制与可逆抑制。在可逆抑制中，竞争性抑制和非竞争性抑制是两种重要的抑制作用。

酶的活性有多种调节方式，如变构调节、共价修饰调节等。有些酶以酶原形式存在，只有在一定条件下被激活才表现出活性。

酶作为一种生物催化剂不同于一般的催化剂，它具有反应条件温和、催化效率高、高度专一性和酶活可调控性等特点。酶的专一性可分为相对专一性、绝对专一性和立体异构专一性。其中相对专一性又分为基团专一性和键专一性；立体异构专一性又分为旋光异构专一性、几何异构专一性等。

同工酶和变构酶是两种重要的酶。同工酶是指有机体内能催化相同的化学反应，但其酶蛋白本身的理化性质不完全相同的一组酶。同工酶的存在与不同的组织或细胞的代谢特点相适应；变构酶是利用构象的改变来调节其催化活性的酶，是一个关键酶，催化限速步骤。

酶的命名方法有系统命名和习惯命名两种，依据催化反应的性质分为6大类，每一个酶有特定的编号。酶对于动物的健康至关重要，在科学研究和生产实际中有广泛的应用。

酶技术是近年来发展迅速，已渗透到基因工程、遗传工程、细胞工程、酶工程、生化工程和生物工程等领域。

重点难点

1. 酶的组成、结构及其与功能的关系。

2. 酶催化反应的特点与机制。

3. 酶促反应动力学：温度、pH、酶的浓度、底物浓度、激活剂和抑制剂对酶促反应的影响。

4. 酶活性的调节方式与机制。

5. 水溶性与辅酶维生素的功能。

例题解析

例1. 在一个米氏酶促反应机制中，对于下列反应速率分别需求怎样的底物浓度（与 K_m 相关）：

(1) $0.1V_{max}$；(2) $0.25V_{max}$；(3) $0.5V_{max}$；(4) $0.9V_{max}$

解析： 将速率分别代入米氏方程，$v = \dfrac{V_{max}[S]}{K_m + [S]}$，即得底物浓度。

(1) $1/9K_m$；(2) $1/3K_m$；(3) K_m；(4) $9K_m$。

例2. 酶和底物在反应时均有变化吗？

解析： 有变化。本题主要考查酶催化底物反应的分子机制。一个活性位点对底物的诱导契合概念强调了活性位点契合进底物功能基团的适应作用。一个不良的底物或抑制剂不能诱导在活性位点中的正确构象反应。

例 3. 什么是核酶（ribozyme）和抗体酶（abozyme）？它们和经典的酶（enzyme）有什么不同？

解析：本题首先要求弄清楚核酶、抗体酶及经典酶的概念。核酶是具有催化活性的核糖核酸。用酶反应中间物作为抗原而诱导产生的对中间物具有催化能力的抗体被定义为抗体酶。核酶不是蛋白质，而经典的酶则几乎全是蛋白质。抗体酶是人为制备的抗体，只是具有催化能力，其结构具有抗体的特性，没有经典酶蛋白那样多变的结构。经典的酶所催化的反应基本上均是针对已有的生物分子，而抗体酶的"底物"可人为选择。

例 4. 有一种蛋白水解酶，作用于数种人工合成底物，为了比较这些不同的底物和酶的亲和力的差异，应该怎样来说明它？

解析：可以分别测定此酶对几种人工合成底物的米氏常数，然后比较它们的大小，数值最小的底物与酶的亲和力最大，随着米氏常数的依次增大，各底物与酶的亲和力依次降低。

例 5. 简述维生素 B_6 与氨基酸代谢之间的关系。

解析：维生素 B_6 是吡啶衍生物，有三种形式（吡哆醇、吡哆醛和吡哆胺），在生物体内常以磷酸吡哆醛和磷酸吡哆胺两种活性形式存在，是氨基酸代谢中许多酶的辅酶。其主要作用有：（1）是转氨酶的辅酶，参与体内氨基酸的分解代谢和非必需氨基酸的生物合成；（2）是氨基酸脱羧酶的辅酶，与 γ-氨基丁酸、牛磺酸、组胺、5-羟色胺、腐胺和精胺等生物活性物质的合成有关。

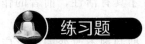 练习题

一、名词解释

1. 米氏常数（Michaelis constant，K_m 值）

2. 单体酶（monomeric enzyme）

3. 全酶（holoenzyme）

4. 同工酶（isozyme）

5. 诱导酶（induced enzyme）

6. 酶原（zymogen）

7. NADP$^+$（nicotinamide adenine dinucleotide phosphate）

8. CoA（coenzyme A）

9. 活化能（activation energy）

10. 辅助因子（cofactors）

11. 寡聚酶（oligomeric enzyme）

12. 多酶体系（multienzyme system）

13. 辅基（prosthetic group）

14. 变构酶（allosteric enzyme）

15. 别构效应（allosteric effect）

16. PLP（pyridoxal phosphate）

17. FAD（flavin adenine dinucleotide）

18. FMN（flavin mononucleotide）

19. 固定化酶（immobilized enzyme）

20. 多功能酶（multifunctional enzyme）

21. 激活剂（activator）

22. 抑制剂（inhibitor）

23. 活性中心（active center）

24. 底物专一性（substrate specificity）

25. 酶的比活力（enzymatic specificactivity）

26. THFA（tetrahydrofolic acid）

27. 核酶（ribozyme）

28. 抗体酶（abozyme）

29. 共价调节（covalent regulation）

30. 酶工程（enzyme engineering）

二、填空题

1. 结合蛋白酶类必须由_____和_____相结合后才具有活性，前者的作用是_____，后者的作用是_____。

2. _____抑制剂不改变酶促反应的 V_{max}。_____抑制剂不改变酶促反应的 K_m 值。

3. 乳酸脱氢酶（LDH）是_____聚体，它由_____和_____亚基组成，有_____种同工酶，其中 LDH1 含量最丰富的是_____组织。

4. L-精氨酸酶只能催化 L-精氨酸的水解反应，对 D-精氨酸则无作用，这是因为该酶具有_____专一性。

5. 激酶是一类催化_____反应的酶。

6. 酶促反应速度（V）达到最大速度（V_{max}）的 80％时，底物浓度［S］是 K_m 的_____倍；而 V 达到 V_{max}90％时，［S］则是 K_m 的_____倍。

7. 不同酶的 K_m _____，同一种酶有不同底物时，K_m 值_____，其中 K_m 值最小的底物是_____。

8. 影响酶促反应速度的因素有_____、_____、_____、_____和_____等。

9. 测定酶活性时，通常以底物浓度的变化在底物起始浓度_____以内的速度为初速度。

10. 端粒酶（telomerase）属于_____。

11. 唯一含有金属元素的维生素是_____。

12. 泛素（ubiquitin）的功能是_____。

13. 在酶的双倒数作图中，只改变斜率不改变横轴截距的抑制剂属于_____。

14. 在酶的分类命名表中，RNA 聚合酶属于_____。

15. 胰蛋白酶原变成有活性的胰蛋白酶需在其_____端切除六肽。

16. 维生素 B_1 的活性形式为_____，它是体内_____及_____的辅酶。

17. 维生素 B_2 的化学结构可以分为两部分，即_____和_____，其中_____原子上可以加氢，因此有氧化型和还原型之分。其活性形式为_____和_____，它们是_____的辅酶。

18. 维生素 PP 在体内的活性形式为_____及_____。它们是_____的辅酶。

19. 转氨酶的辅酶来自_____，在体内的活性形式是_____和_____。

20. 泛酸在体内的活性形式为_____，它们是_____的辅酶。

21. _____是叶酸的活性形式，参与体内_____、_____等物质的合成。

三、单项选择题

1. 下面有关酶的描述，哪项是正确的？（　　）
A. 所有的酶都含有辅基或辅酶
B. 只能在体内起催化作用
C. 大多数酶的化学本质是蛋白质
D. 能改变化学反应的平衡点加速反应的进行

2. 酶原是没有活性的，这是因为（　　）
A. 酶蛋白肽链合成不完全　　　　B. 活性中心未形成或未暴露
C. 缺乏辅酶或辅基　　　　　　　D. 是已经变性的蛋白质

3. 磺胺类药物的类似物是（　　）
A. 四氢叶酸　　　B. 二氢叶酸　　　C. 对氨基苯甲酸　　D. 叶酸

4. 关于酶活性中心的叙述，不正确的是（　　）
A. 酶与底物接触只限于酶分子上与酶活性密切相关的较小区域
B. 必需基团可位于活性中心之内，也可位于活性中心之外
C. 一般来说，多肽链的一级结构上相邻的几个氨基酸残基相对集中，形成酶的活性中心
D. 当底物分子与酶分子相接触时，可引起酶活性中心的构象改变

5. 辅酶 $NADP^+$ 分子中含有哪种 B 族维生素？（　　）
A. 磷酸吡哆醛　　　B. 核黄素　　　C. 叶酸　　　D. 尼克酰胺

6. 下列关于酶蛋白和辅助因子的叙述，不正确的是（　　）

A. 酶蛋白或辅助因子单独存在时均无催化作用

B. 一种酶蛋白只与一种辅助因子结合成一种全酶

C. 一种辅助因子只能与一种酶蛋白结合成一种全酶

D. 酶蛋白决定结合酶蛋白反应的专一性

7. 如果有一酶促反应，其 $[S]=1/2K_m$，则 V 值应等于多少 V_{max}？（　　）

A. 0.25　　　　　B. 0.33　　　　　C. 0.50　　　　　D. 0.67

8. 有机磷杀虫剂对胆碱酯酶的抑制作用属于（　　）

A. 可逆性抑制作用　　　　　　　　B. 非竞争性抑制作用

C. 反竞争性抑制作用　　　　　　　D. 不可逆性抑制作用

9. 关于 pH 对酶活性的影响，不正确的是（　　）。

A. 影响必需基团解离状态　　　　　B. 也能影响底物的解离状态

C. 酶在一定的 pH 范围内发挥最高活性　D. 破坏酶蛋白的一级结构

10. 丙二酸对于琥珀酸脱氢酶的影响属于（　　）

A. 反馈抑制　　　B. 底物抑制　　　C. 竞争性抑制　　　D. 非竞争性抑制

11. 酶促反应速度对底物浓度作图，当底物浓度达一定程度时，得到的是零级反应，对此最恰当的解释是（　　）

A. 形变底物与酶产生不可逆结合

B. 酶与未形变底物形成复合物

C. 酶的活性部位为底物所饱和

D. 过多底物与酶发生不利于催化反应的结合

12. 米氏常数 K_m 是一个用来度量（　　）

A. 酶和底物亲和力大小的常数　　　B. 酶促反应速度大小的常数

C. 酶被底物饱和程度的常数　　　　D. 酶的稳定性常数

13. 辅基与酶的结合比辅酶与酶的结合更为（　　）

A. 紧密　　　　　B. 松散　　　　　C. 专一　　　　　D. 无规律

14. 下列关于辅基的叙述正确的是（　　）

A. 是一种结合蛋白质

B. 只决定酶的专一性，不参与化学基团的传递

C. 与酶蛋白的结合比较疏松

D. 一般不能用透析和超滤法与酶蛋白分开

15. 酶促反应中决定酶专一性的部分是（　　）。

A. 酶蛋白　　　　B. 底物　　　　C. 辅酶或辅基　　　D. 催化基团

16. 重金属 Hg、Ag 是一类（　　）

A. 竞争性抑制剂　　　　　　　　　B. 不可逆抑制剂

C. 反竞争性抑制剂　　　　　　　　D. 非竞争性抑制剂

17. 全酶是指（　　）

A. 酶的辅助因子以外的部分

B. 酶的无活性前体

C. 一种酶-抑制剂复合物

D. 一种具备了酶蛋白、辅助因子的酶

18. 根据米氏方程，有关 $[S]$ 与 K_m 之间关系的说法不正确的是（　　）

A. 当 $[S]=2/3K_m$ 时，$V=25\%V_{max}$

B. 当 $[S]=K_m$ 时，$V=1/2V_{max}$

C. 当 $[S]\gg K_m$ 时，反应速度与底物浓度无关。

D. 当 $[S]\ll K_m$ 时，V 与 $[S]$ 成正比

19. 已知某酶的 K_m 值为 0.05mol/L，要使此酶所催化的反应速度达到最大反应速度的 80% 时，底物的浓度应为多少？（　　）

A. 0.2mol/L　　　　B. 0.4mol/L　　　　C. 0.1mol/L　　　　D. 0.05mol/L

20. 某酶的底物（S）有 4 种，其 K_m 值如下，则该酶的最适底物是哪个？（　　）

A. $S1$：$K_m=5\times10^{-5}$ mol/L　　　　B. $S2$：$K_m=1\times10^{-5}$ mol/L

C. $S3$：$K_m=10\times10^{-5}$ mol/L　　　　D. $S4$：$K_m=0.1\times10^{-5}$ mol/L

21. 酶促反应速度为其最大反应速度的 80% 时，K_m 等于（　　）

A. $[S]$　　　　B. $\dfrac{1}{2}[S]$　　　　C. $\dfrac{1}{4}[S]$　　　　D. $0.4[S]$

22. 下列关于酶特性的叙述不正确的是（　　）

A. 催化效率高　　　　　　　　B. 专一性强

C. 作用条件温和　　　　　　　D. 都有辅助因子参与催化反应

23. 酶的非竞争性抑制剂对酶促反应的影响是（　　）

A. V_{max} 不变，K_m 增大　　　　B. V_{max} 不变，K_m 减小

C. V_{max} 增大，K_m 不变　　　　D. V_{max} 减小，K_m 不变

24. 目前公认的酶与底物结合的学说是（　　）

A. 活性中心说　　　　　　　　B. 诱导契合学说

C. 锁匙学说　　　　　　　　　D. 中间产物学说

25. 变构酶是一种（　　）

A. 单体酶　　　　B. 寡聚酶　　　　C. 多酶复合体　　　　D. 米氏酶

26. 核酶的化学本质是（　　）

A. 蛋白质　　　　B. RNA　　　　C. DNA　　　　D. 糖蛋白

27. 下列关于酶活性中心的叙述正确的是（　　）

A. 所有抑制剂都作用于酶活性中心　　B. 所有酶的活性中心都含有辅酶

C. 酶的活性中心都含有金属离子　　　D. 所有酶都有活性中心

28. 乳酸脱氢酶（LDH）是一个由两种不同的亚基组成的四聚体。假定这些亚基随机结合成酶，这种酶有多少种同工酶？（　　）

A. 两种　　　　B. 三种　　　　C. 四种　　　　D. 五种

29. 水溶性维生素常是辅酶或辅基的组成部分，如 （　　　）
A. 辅酶 A 含尼克酰胺　　　　　　　　B. FAD 含有吡哆醛
C. NAD⁺ 含有尼克酰胺　　　　　　　　D. 脱羧辅酶含生物素

30. NAD⁺ 在酶促反应中转移 （　　　）
A. 氨基　　　　　B. 氢原子　　　　　C. 氧原子　　　　　D. 羧基

31. NAD⁺ 或 NADP⁺ 中含有哪一种维生素？（　　　）
A. 叶酸　　　　　B. 尼克酰胺　　　　　C. 吡哆醛　　　　　D. 吡哆胺

32. 辅酶磷酸吡哆醛的主要功能是 （　　　）
A. 传递氢　　　　　　　　　　　　　　B. 传递二碳基团
C. 传递一碳基团　　　　　　　　　　　D. 传递氨基

33. 生物素是下列哪一个酶的辅酶？（　　　）
A. 丙酮酸脱氢酶　　　　　　　　　　　B. 丙酮酸激酶
C. 丙酮酸脱氢酶系　　　　　　　　　　D. 丙酮酸羧化酶

34. 下列叙述哪一种是正确的？（　　　）
A. 所有的辅酶都包含维生素组分
B. 所有的维生素都可以作为辅酶或辅酶的组分
C. 所有的 B 族维生素都可以作为辅酶或辅酶的组分
D. 只有 B 族维生素可以作为辅酶或辅酶的组分
E. 只有一部分 B 族维生素可以作为辅酶或辅酶的组分

35. 酶原是酶的 （　　　）前体。
A. 有活性　　　　B. 无活性　　　　C. 提高活性　　　　D. 降低活性

36. 下列哪种物质不含 B 族维生素？（　　　）
A. FAD　　　　　B. NAD⁺　　　　　C. CoQ　　　　　D. FMN

37. 下列关于维生素的叙述，正确的是 （　　　）
A. 维生素是人体必需的营养素，需要量大
B. 维生素是一组有机高分子化合物
C. 维生素在体内不能合成或合成量很少，必须由食物提供
D. 维生素都参与了辅酶或辅基的组成
E. 引起维生素缺乏的唯一原因是摄入量不足

38. 对光敏感的维生素是 （　　　）
A. 维生素 B₆　　　　B. 维生素 B₁　　　　C. 维生素 B₂
D. 维生素 B₁₂　　　　E. 维生素 PP

39. 下列辅酶或辅基中哪一种含有硫胺素？（　　　）
A. FAD　　　　　B. FMN　　　　　C. TPP
D. NAD⁺　　　　　E. HS-CoA

四、多项选择题

1. 对酶的叙述正确的是 （　　　）

A. 辅酶的本质是蛋白质　　　　　　　B. 能降低反应活化能

C. 活细胞产生的生物催化剂　　　　　D. 催化热力学上不能进行的反应

E. 酶的催化效率没有一般催化剂高

2. 大多数酶具有的特征是（　　　　）

A. 单体酶

B. 为球状蛋白质，分子量都较大

C. 以酶原的形式分泌

D. 表现出酶活性对 pH 值特有的依赖关系

E. 最适温度可随反应时间的缩短而升高

3. LDH 1 和 LDH 5 的叙述正确的是（　　　　）

A. 二者在心肌和肝脏分布量不同

B. 催化相同的反应，但生理意义不同

C. 分子结构、理化性质不同

D. 用电泳的方法可将二者分离

E. 骨骼肌和红细胞中含量最高

4. 金属离子在酶促反应中的作用是（　　　　）

A. 参与酶与底物结合　　　　　　　　B. 可作催化基团

C. 在氧化还原反应中传递电子　　　　D. 转移某些化学基团

E. 稳定酶分子构象

5. 酶的辅助因子包括（　　　　）

A. 金属离子　　　　　　　　　　　　B. 小分子有机化合物

C. H_2O　　　　　　　　　　　　　D. CO_2

E. NH_3

6. 酶的化学修饰包括（　　　　）

A. 甲基与去甲基化　　　　　　　　　B. 磷酸化与去磷酸化

C. 乙酰化与去乙酰化　　　　　　　　D. 腺苷化与脱腺苷化

E. —SH 与 —S—S— 的互变

7. 关于 pH 值对酶促反应的影响，正确的是（　　　　）

A. 影响酶分子中许多基团的解离状态　B. 影响底物分子的解离状态

C. 影响辅酶的解离状态　　　　　　　D. 最适 pH 值是酶的特征性常数

E. 影响酶-底物复合物的解离状态

8. 影响酶促反应速度的因素有（　　　　）

A. 抑制剂　　　　　　B. 激活剂　　　　　　C. 酶浓度

D. 底物浓度　　　　　E. pH 值

9. 竞争性抑制作用的特点是（　　　　）

A. 抑制剂与酶的活性中心结合　　　　B. 抑制剂与底物结构相似

C. 增加底物浓度可解除抑制　　　　　D. 抑制程度与 [S] 和 [I] 有关

E. 增加酶浓度可解除抑制

10. 磺胺类药物抑制细菌生长是因为（　　　）

A. 属于非竞争性抑制作用　　　　　　B. 抑制细菌二氢叶酸合成酶

C. 造成四氢叶酸缺乏而影响核酸的合成　D. 抑制细菌二氢叶酸还原酶

E. 属于反竞争性抑制作用

11. 关于酶催化作用的机制正确的是（　　　）

A. 邻近效应与定向作用　　　　　　　　B. 酸碱双重催化作用

C. 表面效应　　　　　　　　　　　　　　D. 共价催化作用

E. 酶与底物如锁和钥匙的关系，进行锁-匙的结合

12. 关于同工酶的叙述，正确的是（　　　）

A. 由相同的基因控制而产生　　　　　　B. 催化相同的化学反应

C. 具有相同的理化性质和免疫学性质　　D. 对底物的 K_m 值不同

E. 由多亚基组成

13. 关于温度对酶促反应的影响，正确的是（　　　）

A. 温度越高反应速度越快

B. 最适温度是酶的特征性常数

C. 低温一般不破坏酶，温度回升后，酶又可以恢复活性

D. 温度升高至 60℃ 以上时，大多数酶开始变性

E. 酶的最适温度与反应进行的时间有关

14. 关于酶含量调节叙述正确的是（　　　）

A. 底物常阻遏酶的合成　　　　　　　　B. 终产物常诱导酶的合成

C. 属于迟缓调节

D. 细胞内酶的含量一般与酶活性呈正相关

E. 属于快速调节

五、判断题（在题后括号内标明对或错）

1. 酶促反应的初速度与底物浓度无关。（　　　）

2. 当底物处于饱和水平时，酶促反应的速度与酶浓度成正比。（　　　）

3. 某些酶的 K_m 由于代谢产物存在而发生改变，而这些代谢产物在结构上与底物无关。（　　　）

4. 某些调节酶的 S 形曲线表明，酶与少量底物结合可增加其对后续底物分子的亲和力。（　　　）

5. 测定酶活力时，底物浓度不必大于酶浓度。（　　　）

6. 对于可逆反应而言，酶既可以改变正反应速度，又可以改变逆反应速度。（　　　）

7. 酶只能改变化学反应的活化能而不能改变化学反应的平衡常数。（　　　）

8. 酶活力的测定实际上就是酶的定量测定。（　　　）

9. 某己糖激酶作用于葡萄糖和果糖的 K_m 值分别为 6×10^{-6} mol/L 和 2×10^{-3} mol/L，由此可以看出其对果糖的亲和力更高。（　　）

10. K_m 是酶的特征常数，只与酶的性质有关，与酶浓度无关。（　　）

11. 测定酶活力时，一般测定产物生成量比测定底物消耗量更为准确。（　　）

12. 在非竞争性抑制剂存在条件下，加入足量的底物，酶促反应能够达到正常 V_{max}。（　　）

13. 碘乙酸因可与活性中心—SH 以共价键结合而抑制巯基酶，而使糖酵解途径受阻。（　　）

14. 诱导酶是指当细胞加入特定诱导物后，诱导产生的酶，这种诱导物往往是该酶的产物。（　　）

15. 酶可以促进化学反应向正反应方向转移。（　　）

16. K_m 是酶的特征常数，在任何条件下，K_m 都是常数。（　　）

17. 因为 K_m 是酶的特征常数，所以它只与酶的性质有关，而与酶的底物无关。（　　）

18. 一种酶有几种底物就有几个 K_m 值。（　　）

19. 当 ［S］$\gg K_m$ 时，V 趋向于 V_{max}，此时只有通过增加 ［E］ 来增加 V。（　　）

20. 酶的最适 pH 值是一个常数，每一种酶只有一个确定的最适 pH 值。（　　）

21. 酶的最适温度与其作用时间有关，作用时间长，则最适温度高，反之，则最适温度低。（　　）

22. 金属离子作为酶的激活剂，可以相互取代或者相互拮抗。（　　）

23. 增加不可逆抑制剂的浓度，可以实现酶活性的完全抑制。（　　）

24. 可逆抑制剂和底物与酶的竞争性结合部位是相同的。（　　）

25. 由 1g 粗酶制剂经纯化后得到 10mg 电泳纯的酶制剂，那么酶的比活较原来提高了 100 倍。（　　）

26. 酶促反应的最适 pH 值只取决于酶蛋白本身的结构。（　　）

27. 所有 B 族维生素都是杂环化合物。（　　）

28. B 族维生素都可以作为辅酶或辅酶的组分参与代谢。（　　）

29. 脂溶性维生素均不能作为辅酶参与代谢。（　　）

30. 维生素 E 极易被氧化，因此可做抗氧化剂。（　　）

六、简答题

1. 什么是酶？绝大多数酶的化学本质是什么？如何证明？

2. 简述酶作为生物催化剂与一般化学催化剂的异同点。

3. 国际酶学委员会根据酶催化的反应类型将酶分为几类？并各举 2～3 例。

4. 简述 Cech 及 Altman 是如何发现具有催化活性的 RNA 的？

5. 什么是酶的习惯命名法和系统命名法？

6. 什么是酶的专一性？有哪几种类型？

7. 酶为什么能加速化学反应速度？酶降低反应活化能实现高效率的重要因素是什么？

8. 什么是酶原的激活？重要的激活剂有哪些？

9. 试扼要说明酶的催化机制？

10. 对活细胞的实验测定表明，酶的底物浓度通常就在这种底物的 K_m 值附近，请解释其生理意义？为什么底物浓度不是大大高于 K_m 或大大低于 K_m 呢？

11. 有时别构酶的活性可以被低浓度的竞争性抑制剂激活，为什么？

12. 简述酶活性调节方式，这些方式在代谢调节上有何不同及在代谢调节上的意义。

13. 什么是米氏方程？K_m 的意义是什么？如何求米氏常数？

14. 什么是酶的最适温度？温度如何影响酶促反应速度？

15. 测定酶活力时，为什么要加过量的底物？为什么要测定酶促反应的初速度？

16. 什么是酶的抑制作用？可逆抑制作用和不可逆抑制作用有什么区别？又怎样区别？

17. 竞争性抑制、非竞争性抑制和反竞争性抑制作用的主要区别是什么？它们在酶促反应中会使 V_{max} 和 K_m 值发生什么变化？

18. 酶活力与酶的比活力有何区别？什么是酶的转换数？

19. 乙醇脱氢酶催化各种醇氧化为相应的醛。如果底物浓度（mol/L）和酶量确定，下列底物的反应速率不同：甲醇，乙醇，丙醇，丁醇，环己醇，苯酚。（a）以反应速率降低的顺序将上述底物重新排列。（b）请解释排列的原因。

20. 称取 25mg 蛋白酶配成 25mL 溶液，取 2mL 溶液测得含蛋白氮 0.2mg，另取 0.1mL 溶液测酶活力，结果每小时可以水解酪蛋白产生 1500μg 酪氨酸，假定 1 个酶活力单位定义为每分钟产生 1μg 酪氨酸的酶量，请计算：（1）酶溶液的蛋白浓度及比活；（2）每克纯酶制剂的总蛋白含量及总活力。

21. （1）为什么某些肠道寄生虫（如蛔虫）在体内不会被消化道内的胃蛋白酶、胰蛋白酶消化？

（2）为什么蚕豆必须煮熟后食用，否则容易引起不适？

22. （1）对于一个遵循米氏动力学的酶而言，当 $[S] = K_m$ 时，若 $V = 35\mu mol/min$，V_{max} 是多少 $\mu mol/min$？

（2）当 $[S] = 2 \times 10^{-5}$ mol/L，$V = 40\mu mol/min$，这个酶的 K_m 是多少？

（3）若 I 表示竞争性抑制剂，$K_i = 4 \times 10^{-5}$ mol/L，当 $[S] = 3 \times 10^{-2}$ mol/L 和 $[I] = 3 \times 10^{-5}$ mol/L 时，V 是多少？

（4）若 I 是非竞争性抑制剂，在 K_i、$[S]$ 和 $[I]$ 条件与（3）中相同时，V 是多少？

23. 将下列化学名称与 B 族维生素及其辅酶形式相匹配？

（A）泛酸；（B）烟酸；（C）叶酸；（D）硫胺素；（E）核黄素；（F）吡哆素；（G）生物素。

（1）B_1；（2）B_2；（3）B_3；（4）B_5；（5）B_6；（6）B_7；（7）B_{11}；（8）B_{12}。

（Ⅰ）FMN；（Ⅱ）FAD；（Ⅲ）NAD^+；（Ⅳ）$NADP^+$；（Ⅴ）CoA；（Ⅵ）PLP；（Ⅶ）PMP；（Ⅷ）FH_2，FH_4；（Ⅸ）TPP。

24. 如何分离提纯酶蛋白？操作中应注意什么？

七、论述题

1. 以乳酸脱氢酶为例，说明同工酶的生理意义和病理意义。

2. 试述酶的多元催化作用。

3. V_{max} 与米氏常数可以通过作图法求得，试比较 $V \sim [S]$ 作图、双倒数作图、$V \sim V/[S]$ 作图、$[S]/V \sim [S]$ 作图及直接线性作图法求 V_{max} 和 K_m 的优缺点？

 参考答案

一、名词解释

1. 米氏常数用 K_m 值表示，是酶的一个重要参数。K_m 值是酶反应速度（V）达到最大反应速度（V_{max}）一半时底物的浓度（单位 mol/L 或 mmol/L）。米氏常数是酶的特征常数，只与酶的性质有关，不受底物浓度和酶浓度的影响。

2. 只有一条多肽链的酶称为单体酶，它们不能解离为更小的单位。分子量为 13000～35000。

3. 由酶蛋白与辅助因子结合而成的具有活性的完整的酶分子，称作全酶。

4. 同工酶是指有机体内能够催化同一种化学反应，但其酶蛋白本身的分子结构组成却有所不同的一组酶。

5. 诱导酶是指当细胞中加入特定诱导物后诱导产生的酶，它的含量在诱导物存在下显著增高，这种诱导物往往是该酶底物的类似物或底物本身。

6. 酶原是酶的无活性前体，通常在有限度的蛋白质水解作用后，转变为具有活性的酶。

7. $NADP^+$：烟酰胺腺嘌呤二核苷酸磷酸，辅酶Ⅱ。以 $NADP^+$ 为辅酶的脱氢酶类，主要将分解代谢中间物上的电子转移到生物合成反应中所需要电子的中间物上。

8. 辅酶 A 是体内酰基转移酶的辅酶，参与糖、脂肪、蛋白质代谢及肝脏中的生物转化作用。

9. 从初始反应物（初态）转化成活化状态（过渡态）所需的能量称为活化能。

10. 结合酶中含有的、除蛋白质外对热稳定的非蛋白质有机小分子和金属离子

成分，称为辅助因子。

11. 由几个或多个亚基组成的酶称为寡聚酶。寡聚酶中的亚基可以是相同的，也可以是不同的。亚基间以非共价键结合，容易被酸、碱、高浓度盐或其他变性剂分离。寡聚酶的分子量从 35000 到几百万。

12. 由几个功能上相关的酶彼此嵌合而形成的复合体称为多酶复合体系。多酶复合体的分子量都在几百万以上。多酶复合体有利于细胞中一系列反应的连续进行，以提高酶的催化效率，同时便于机体对酶的调控。它可以催化某个阶段的代谢反应高效、定向和有序地进行。

13. 辅基是酶的辅因子或结合蛋白质的非蛋白部分，与酶或蛋白质结合得非常紧密，用透析法不能除去。

14. 也称为别构酶，是代谢过程中的关键酶，它的催化活性受其三维结构中的构象变化的调节。

15. 一种分子可以通过分子内某一部分的结构改变，而导致激活分子活性改变的现象，即别构效应，也可以称为变构效应。经常研究的例子是酶的别构效应，然而除了酶以外，如血红蛋白等也有别构效应。

16. PLP：磷酸吡哆醛，主要作为转氨酶和脱羧酶的辅酶，参与体内氨基酸代谢，还参与血红素的合成。

17. FAD：黄素腺嘌呤二核苷酸。它可构成各种黄素酶的辅酶，参与体内生物氧化过程。

18. FMN：黄素单核苷酸。它与 FAD 分别构成各种黄素酶的辅酶，参与体内生物氧化过程。

19. 固定化酶是用物理或化学方法将酶固定在固相载体上，或将酶包裹在微胶囊或凝胶中，使酶在催化反应中以固相状态作用于底物，并保持酶的高度专一性和催化的高效率。

20. 多种不同的催化功能存在于同一条多肽链中，这类酶称为多功能酶。

21. 凡是能提高酶活性的物质，都称为激活剂，其中大部分是离子或简单的有机化合物。

22. 能使酶的必需基团或酶活性部位中的基团的化学性质改变而降低酶的催化活性，甚至使酶的催化活性完全丧失的物质，称为抑制剂。

23. 酶分子中直接与底物结合，并催化底物发生化学反应的部位，称为酶的活性中心。

24. 酶的专一性是指酶对底物及其催化反应的严格选择性。通常酶只能催化一种化学反应或一类相似的反应，不同的酶具有不同程度的专一性。酶的专一性可分为三种类型：绝对专一性、相对专一性、立体专一性。

25. 比活力是指每毫克蛋白质所具有的活力单位数，可以用下式表示：

$$比活力 = \frac{活力单位数}{蛋白质量（mg）}$$

26. THFA：四氢叶酸，是叶酸在体内的活性形式，参与体内多种物质的合成，如嘌呤、嘧啶等的合成。

27. 具有催化能力的本质为 RNA 的酶，称为核酶。

28. 专一于抗原分子的、有催化活性的一类具有特殊生物学功能的蛋白质，称为抗体酶。

29. 有些酶分子上的某些氨基酸残基的基团，在另一组酶的催化下发生可逆的共价修饰，从而引起酶活性的改变，这种调节称为共价调节。

30. 研究酶的生产、纯化、固定化技术、酶分子结构的修饰和改造，以及在工农业、医药卫生和理论研究等方面的应用的技术，称为酶工程。

二、填空题

1. 酶蛋白，辅酶（辅基），决定酶促反应的专一性（特异性），传递电子、原子或基团（即具体参加反应）

2. 竞争性，非竞争性

3. 四，H，M，5，心肌

4. 立体构型

5. 磷酸化

6. 4，9

7. 不同，也不同，酶的最适底物

8. 温度，pH，酶浓度，底物浓度，激活剂，抑制剂

9. 5%

10. 反转录酶

11. 维生素 B_{12}

12. 促进某些酶或蛋白质降解

13. 非竞争性抑制剂

14. 转移酶

15. N/氨基

16. 焦磷酸硫胺素（TPP），α-酮酸氧化脱羧酶系，转酮醇酶

17. 二甲基异咯嗪基，核醇，第 1 和第 10 位氮，黄素单核苷酸（FMN），黄素腺嘌呤二核苷酸（FAD），氧化还原酶

18. NAD^+，$NADP^+$，脱氢酶

19. 维生素 B_6，磷酸吡哆醛，磷酸吡哆胺

20. HS-CoA，酰基转移酶

21. 5,6,7,8-四氢叶酸（FH_4），嘌呤，嘧啶

三、单项选择题

1. C　2. B　3. C　4. C　5. D　6. C　7. B　8. D　9. D　10. C　11. C

12. A 13. A 14. D 15. A 16. D 17. D 18. A 19. A 20. D 21. C
22. D 23. D 24. B 25. B 26. B 27. D 28. D 29. C 30. B 31. B
32. D 33. D 34. C 35. B 36. C 37. C 38. C 39. C

四、多项选择题

1. BC 2. BDE 3. ABCD 4. ABCE 5. AB 6. ABCDE 7. ABCE
8. ABCDE 9. ABCD 10. BC 11. ABCD 12. BDE 13. CDE 14. CD

五、判断题

1. 错。酶促反应的初速度与底物浓度是有关的，当其他反应条件满足时，酶促反应的初速度与底物浓度成正比。

2. 对。

3. 对。

4. 对。

5. 错。底物应该过量才能更准确的测定酶的活力。

6. 对。

7. 对。

8. 对。

9. 错。K_m 值可以近似地反映酶与底物亲和力，K_m 越低，亲和力越高，因此己糖激酶对葡萄糖的亲和力更高。

10. 对。

11. 对。

12. 错。非竞争性抑制剂只和酶与底物反应的中间产物结合，酶促反应的 V_{max} 是减小的，不能通过增加底物来达到正常的 V_{max}。而竞争性抑制剂可以通过增加底物的浓度来达到 V_{max}。

13. 对。

14. 错。诱导物一般为酶作用的底物，可诱导细胞产生特定的诱导酶。

15. 错。对于可逆反应而言，酶既可以改变正反应速度，也可以改变逆反应速度，但不改变化学反应的平衡点。

16. 错。K_m 作为酶的特征常数，只是对一定的底物、一定的 pH 值、一定的温度条件而言。

17. 错。见上题，同一种酶有几种底物就有几种 K_m 值，其中 K_m 值最小的底物一般称为酶的最适底物。

18. 对。

19. 对。

20. 错。酶的最适 pH 值有时因底物种类、浓度及缓冲液成分不同而不同，并不是一个常数。

21. 错。酶最适温度与酶的作用时间有关，作用时间越长，则最适温度低，作用时间短，则最适温度高。

22. 对。

23. 对。

24. 对。

25. 错。因为不知道纯化前后的比活分别是多少，因此无法计算比活的提高倍数。

26. 错。酶的最适 pH 值不仅取决于酶蛋白本身的结构，还与底物种类、浓度及缓冲液成分有关。

27. 错。B 族维生素中维生素 B_3 不含环状结构，其余都是杂环化合物。

28. 对。

29. 错。维生素 K 可以作为 γ-羟化酶的辅酶，促进凝血。

30. 对。

六、简答题

1. 【答】酶是由生物活细胞所产生的，在体内外均具有高度专一性和极高催化效率的生物大分子，包括蛋白质和核酸。但目前发现的酶绝大多数是蛋白质，大量的实验已经证实了这一点。

（1）酶能被酸、碱及蛋白酶水解，水解的最终产物都是氨基酸，证明酶是由氨基酸组成的。

（2）酶具有蛋白质所具有的颜色反应，如双缩脲反应、茚三酮反应、米伦反应、乙醛酸反应。

（3）一切能使蛋白质变性的因素，如热、酸碱、紫外线等，同样可以使酶变性失活。

（4）酶具有蛋白质所具有的大分子性质，如不能通过半透膜、可以电泳等。

（5）酶与其他蛋白质一样是两性电解质，并有一定的等电点。

总之，酶是由氨基酸组成的，与其他已知的蛋白质有着相同的理化性质，所以绝大多数酶的化学本质是蛋白质。

2. 【答】（1）共性：用量少而催化效率高；仅能改变化学反应的速度，不改变化学反应的平衡点，酶本身在化学反应前后也没有改变；可降低化学反应的活化能。

（2）个性：酶作为生物催化剂的特点是催化效率更高，具有高度的专一性，容易失活，活性的可调节性，反应条件温和等。

3. 【答】（1）氧化还原酶类，催化底物进行氧化还原反应的酶类。例如，乳酸脱氢酶、细胞色素氧化酶、过氧化物酶等。

（2）转移酶类，催化底物之间进行某些基团的转移或交换的酶类。例如，甲基转移酶、氨基转移酶、磷酸化酶等。

（3）水解酶类，催化底物发生水解反应的酶类。例如淀粉酶、蛋白酶、脂肪酶等。

（4）裂解酶类（或裂合酶类），催化从底物移去一个基团并留下双键的反应或其逆反应的酶类。例如，碳酸酐酶、醛缩酶、柠檬酸合酶等。

（5）异构酶类，催化同分异构体之间相互转化的酶类。如葡萄糖异构酶、消旋酶等。

（6）合成酶类（或连接酶类），催化两分子底物合成为一分子化合物，同时必须由 ATP（GTP 或 UTP）提供能量的酶类。例如，谷氨酰胺合成酶、丙酮酸羧化酶等。

4.【答】（1）1982 年，美国的 T. Cech 发现原生动物四膜虫的 26S rRNA 前体能够在完全没有蛋白质的情况下，自我加工、拼接，得到成熟的 rRNA。

（2）1983 年，S. Atman 和 Pace 实验室研究 RNase P 时发现，将 RNase P 的蛋白质与 RNA 分离，分别测定，发现蛋白质部分没有催化活性，而 RNA 部分具有与全酶相同的催化活性。

（3）1986 年，T. Cech 发现在一定条件下，L19 RNA 可以催化 Poly C 的切割与连接。

5.【答】酶的命名有习惯命名法和系统命名法两种。习惯命名法大多根据酶所催化的底物、反应的性质以及酶的来源而定。系统命名法规定每一酶均有一个系统名称，它表明酶的所有底物与反应性质。由于许多酶的系统名称过长，国际酶学委员会又从每种酶的数个习惯名称中选定一个简便实用的推荐名称。

6.【答】（1）酶的专一性又称特异性，是指一种酶只作用于一类化合物或一定的化学键，催化一定类型的化学反应，并生成一定的产物的现象。

（2）酶的专一性可分为三种：①绝对专一性，一种酶只作用于一种底物，发生一定的反应，并生成特定的产物。②相对专一性，一种酶可作用于一类化合物或一定的化学键。③立体异构专一性，指酶对底物的立体构型的特异要求。

7.【答】酶促反应速度与非催化反应速度相比，高 $10^8 \sim 10^{20}$ 倍，与一般催化反应速度相比，也高 $10^7 \sim 10^{13}$ 倍。酶之所以能有这样高的催化效率，其原因就在于酶能大大降低反应所需的活化能，从而使反应易于进行。在一个化学反应体系中，不同分子所含的能量不同，只有那些在能量上达到或超过某种限度的活化分子，才能进入过渡态，这时就容易形成或打破一些化学键，形成新的物质——产物。酶降低反应的活化能实现高效率的重要因素包括：

（1）底物与酶的邻近效应及定向效应。

（2）底物的形变和诱导契合。

（3）共价催化，通过过渡态中间物来实现。

（4）酸碱催化，酸碱催化剂是催化有机反应的最普遍、最有效的催化剂。

（5）金属离子催化。

（6）多元催化和协同效应。

（7）活性部位微环境的影响。

8.【答】（1）酶原是指无活性的酶的前体。酶原的激活是指使无活性的酶原转变成有活性的酶的过程，其实质是酶的活性中心形成或暴露的过程。

（2）酶的激活剂是指凡能使酶由无活性变为有活性或使酶活性提高的物质。另外，能除去抑制剂的物质也可称为激活剂。酶的激活剂主要是无机离子和简单的有机小分子。无机离子有 Na^+、K^+、Ca^{2+}、Fe^{2+}、Mg^{2+} 等，无机阴离子有 Cl^-、Br^-、NO_3^-、PO_4^{3-} 等。有机分子多数为中等大小的有机分子，如半胱氨酸、还原型谷胱甘肽和乙二胺四乙酸等，也有蛋白质一类的大分子，如使某些无活性的酶原激活的酶分子。

9.【答】酶的催化机制包括酶如何同底物结合及酶如何加速化学反应两方面内容。

（1）酶催化作用的中间产物学说已经得到大家的公认，酶与底物的结合，一般都在酶分子的活性部位发生，且底物靠许多弱的键与酶结合。解释酶同底物结合方式的学说，首先是锁钥学说，继而发展为诱导契合学说。前者认为酶活性部位的构象是刚性不变的，后者认为酶活性部位的构象是柔韧可变的。

（2）酶能加速化学反应的原因在于其极大地降低了反应的活化能。影响酶高效率的重要因素有五个：邻近效应与定向效应，底物分子的敏感键发生形变，共价催化，酸碱催化和微环境的影响。这五个重要因素的解释都可以说明酶如何加速了化学反应，但是对某种酶而言起主要作用的因素则有所偏重。

10.【答】据 V～[S] 的米氏曲线，当底物浓度大大低于 K_m 值时，酶不能被底物饱和，从酶的利用角度而言，很不经济；当底物浓度大大高于 K_m 值时，酶趋于被饱和，反应速度随底物浓度的改变而变化不大，不利于反应速度的调节；当底物浓度在 K_m 值附近时，反应速度对底物浓度的变化较为敏感，有利于反应速度的调节。

11.【答】底物与别构酶的结合，可以促进随后的底物分子与酶的结合，同样竞争性抑制剂与酶的底物结合位点结合，也可以促进底物分子与酶的其他亚基的进一步结合，因此低浓度的抑制剂可以激活某些别构酶。

12.【答】酶活性的调节方式是多种多样的。总体而言，可分为两大类：一类是酶的量没有明显的改变，而通过改变酶蛋白的结构，或是酶蛋白各亚基的解离或装配，以及和其他蛋白质的相互作用而实现的，例如别构调节、化学修饰调节、酶原激活等。另一类是酶的量有所改变，这类调节涉及酶蛋白的表达上的调节。

13.【答】（1）米氏方程是指 1913 年由 Michaelis 和 Menten 提出的有关反应速度和底物浓度关系的数学方程式，即：$v=\dfrac{V_{max}[S]}{K_m+[S]}$。

（2）K_m 值等于酶促反应速度为最大速度一半时的底物浓度，单位是 mol/L。当 pH、温度和离子强度等因素不变时，K_m 是恒定的。K_m 是酶的特征性常数之一，在酶学及代谢研究中是重要的特征数据。

（3）求 K_m 最常用的方法是双倒数作图。必须指出，米氏方程只适用于较为简单的酶促反应过程，而对于比较复杂的酶促反应过程，如多酶复合体系、多底物、多产物、多中间物等，还不能全面地以此加以概括和说明，必须借助于复杂的计算过程。

14.【答】（1）酶的最适温度：酶促反应速度最大时的温度。该温度不是酶的特征性常数。

（2）在一定的温度范围内，随温度增高，反应速度加快。但大多数酶都是蛋白质，温度过高会使酶变性失活。在温度较低时，反应速度随温度升高而加快。一般地说，温度每升高 10℃，反应速度大约增加一倍。但温度超过一定数值后，酶受热变性的因素占优势，反应速度反而随温度上升而减缓，形成倒 U 形曲线。

15.【答】酶活力的测定实际上就是测定酶所催化的化学反应的速度。

（1）反应速度可用单位时间内底物的减少量也可用产物的生成量来表示。但是，在测定的初速度范围内，底物减少量仅为底物总量的很小一部分，测定不易准确；而产物从无到有，较易测定。故一般用单位时间内产物生成的量来表示酶催化的反应速度比较合适。

（2）酶活力的测定时，反应速度只在最初一段时间内保持恒定，随着反应时间的延长，酶反应速度逐渐下降。因此，研究酶反应速度应以酶促反应的初速度为准。

16.【答】（1）酶的抑制作用：凡能使酶的活性下降而不引起酶蛋白变性的现象。

（2）可逆性抑制作用：抑制剂与酶的结合以解离平衡为基础，属非共价结合，用超滤、透析等物理方法除去抑制剂后，酶的活性能恢复，即抑制剂与酶的结合是可逆的。不可逆抑制作用：抑制剂通常以共价键方式与酶的必需基团进行结合，一经结合就很难自发解离，不能用透析或超滤等物理方法解除抑制。

（3）抑制剂与酶的结合后，能否用超滤、透析等物理方法除去抑制剂，使酶的活性得到恢复。

17.【答】（1）竞争性抑制作用：抑制剂一般与酶的天然底物结构相似，可与底物竞争酶的活性中心，从而降低酶与底物的结合效率，抑制酶的活性。非竞争性抑制作用：抑制剂可与酶活性中心以外的必需基团结合，但不影响酶与底物的结合，酶与底物的结合也不影响酶与抑制剂的结合，但形成的酶-底物-抑制剂复合物不能进一步释放出产物，致使酶活性丧失。反竞争性抑制作用：酶只有在与底物结合后，才能与抑制剂结合。

（2）竞争性抑制作用：V_{max} 不变，K_m 增加。

非竞争性抑制作用：V_{max} 减小，K_m 不变。

反竞争性抑制作用：V_{max} 减小，K_m 减小。

18.（1）酶活力又称酶活性，是指酶催化化学反应的能力。酶活力的大小可用在一定的条件下酶催化某一化学反应的反应速度来表示。酶的比活力也称为比活性，是指每毫克酶蛋白所具有的活力单位数。（2）酶的转换数：每秒钟每个酶分子能催化多少个微摩尔的底物发生变化。

19.【答】（1）乙醇＞甲醇＞丙醇＞丁醇＞环己醇＞酚。（2）乙醇是最适宜的底物；甲醇结构太小，而其余的结构太大或疏水性太强，致使它们不能很好地进入活性部位。

20.【答】（1）蛋白浓度＝$0.2 \times 6.25mg/2ml＝0.625mg/ml$；

（2）比活力＝$(1500/60)(U)/(0.1ml \times 0.625mg/ml)＝400U/mg$；

（3）总蛋白＝$0.625mg/ml \times 1000ml＝625mg$；

（4）总活力＝$625mg \times 400U/mg＝2.5 \times 10^5 U$。

21.【答】（1）一些肠道寄生虫如蛔虫等可以产生胃蛋白酶和胰蛋白酶的抑制剂，使它在动物体内不致被消化。（2）蚕豆等某些植物种子含有胰蛋白酶抑制剂，煮熟后胰蛋白酶抑制剂被破坏，否则食用后抑制胰蛋白酶活性，影响消化，引起不适。

22.【答】（1）当 $[S]＝K_m$ 时，$V＝1/2V_{max}$，则 $V_{max}＝2 \times 35＝70\mu mol/min$；

（2）因为 $V＝V_{max}/(1+K_m/[S])$，所以，$K_m＝[(V_{max}/V)-1][S]＝1.5 \times 10^{-5}mol/L$；

（3）因为 $[S] \gg K_m$，$[I]$，所以 $V＝V_{max}＝70\mu mol/min$；

（4）$V＝V_{max}/(1+[I]/K_i)＝40\mu mol/min$。

23.【答】(A)—(4)—(Ⅴ)；

(B)—(3)—(Ⅲ)，(Ⅳ)；

(C)—(7)—(Ⅷ)；

(D)—(1)—(Ⅸ)；

(E)—(2)—(Ⅰ)，(Ⅱ)；

(F)—(5)—(Ⅵ)，(Ⅶ)；

(G)—(6)。

24.【答】（1）分离提纯蛋白的方法如下：

① 选材，应选择酶含量高、易于分离的材料作原料。

② 破碎细胞，可选择研磨器、匀浆器、捣碎机、超声波等手段。

③ 抽提，在低温下，用水或低盐溶液，从已破碎的细胞中将酶溶出。

④ 分离及提纯。由于酶是蛋白质，可用分离蛋白质的方法进行，常用的方法有盐析、有机溶剂沉淀、吸附法以及层析和电泳。

⑤ 保存，浓缩或结晶后于-20℃以下保存。

（2）酶是生物活性物质，提纯时必须考虑尽量减少酶活力的损失，因此全部操作须在低温（0～5℃）下进行。为防止重金属离子使酶失活，还须向抽提液中加入少量的 EDTA 螯合剂。为防止酶分子中的—SH 被氧化，须加入少量巯基乙醇。另外，分离过程中不能过度搅拌，以免产生大量泡沫，使酶变性。

七、论述题

1. 【答】哺乳动物的乳酸脱氢酶（lactate dehydrogenase，LDH）有五种同工酶，它们的分子量在 130000～150000 之间，由四个亚基组成。LDH 的亚基可以分为 M 型和 H 型两型，两种亚基以不同比例组成五种四聚体，即 LDH1（H4）、LDH2（H3M）、LDH3（H2M2）、LDH4（HM3）和 LDH5（M4）。不同组织中 LDH 的同工酶谱不同，使不同组织具有不同的代谢特征。如心肌中 LDH1 和 LDH2 含量最多，而骨骼肌和肝脏中以 LDH4 和 LDH5 为主。LDH1 和 LDH2 对乳酸亲和力大，所以有利于心肌利用乳酸氧化获得能量；LDH4 和 LDH5 对丙酮酸亲和力大，有利于使丙酮酸还原为乳酸，这与肌肉在供氧不足时能由酵解作用获得能量的生理过程相适应。由于同工酶在组织器官中的分布有差异，因此，在临床检验上，通过观测血清中 LDH 同工酶的电泳图谱，可作为疾病辅助诊断的手段。如心肌病变时 LDH1 和 LDH2 活性升高，肝脏病变时 LDH4 和 LDH5 活性升高。

2. 【答】酶的多元催化作用表现在三个方面：

（1）酸-碱催化作用。酶是两性解离的蛋白质，酶活性中心有些基团则可以成为质子的供体（酸），有些基团则可以成为质子的受体（碱）。这些基团参与质子的转移，可使反应速度提高 $10^2 \sim 10^5$ 倍。

（2）共价催化作用。很多酶的催化基团在催化过程中通过和底物形成瞬间共价键而将底物激活，并很容易进一步被水解形成产物和游离的酶。

（3）亲核催化作用。有的酶活性中心基团属于亲核基团，可以提供电子给带有部分正电荷的过渡态中间物，从而加速产物的生成。许多酶促反应常常有多种催化机制同时介入，共同完成催化反应，这是酶促反应高效率的重要原因。

3. 【答】（1）$V \sim [S]$ 图是双曲线的一支，可以通过其渐近线求 V_{max}，$V = 1/2V_{max}$ 时对应的 $[S]$ 为 K_m；优点是比较直观，缺点是实际测定时不容易达到 V_{max}，所以测不准。

（2）$1/V \sim 1/[S]$ 图是一条直线，它与纵轴的截距为 $1/V_{max}$，与横轴的截距为 $-1/K_m$，优点是使用方便，V_{max} 和 K_m 都较容易求，缺点是实验得到的点一般集中在直线的左端，作图时直线斜率稍有偏差，K_m 就求不准。

（3）$V \sim V/[S]$ 图也是一条直线，它与纵轴的截距为 V_{max}，与横轴的截距为 V_{max}/K_m，斜率即为 $-K_m$，优点是求 K_m 比较方便，缺点是作图前计算较繁。

（4）$[S]/V \sim [S]$ 图也是一条直线，它与纵轴的截距为 K_m/V_{max}，与横轴的截距为 $-K_m$，优缺点与 $V \sim V/[S]$ 图相似。

（5）直接线性作图法所作成的图是一组交于一点的直线，交点的横坐标为 K_m，纵坐标为 V_{max}，是求 V_{max} 和 K_m 的最好的一种方法，不需计算，作图方便，结果准确。

第8章

—》 糖代谢

目的要求

要求掌握糖代谢中的基本概念、糖的分解代谢途径（糖原的分解、糖的无氧分解、糖的有氧分解和磷酸戊糖途径）和糖异生及糖原合成途径的基本过程。

1. 掌握血糖浓度相对恒定的机制。
2. 掌握糖在体内代谢的主要途径及其相互联系与调节，熟悉其生理意义。
3. 掌握糖原的合成、分解和糖异生作用的主要过程和生理意义。
4. 了解主要单糖和双糖的代谢。

 内容提要

动物饲料中的糖类物质经消化吸收后，一部分经门静脉进入肝脏并在其中进行代谢，另一部分随血液输送到各组织细胞，供全身利用。

糖在动物体内具有重要的生理功能。它是动物生命活动中重要的能源物质、结构物质和功能物质。

动物体内最主要的单糖是葡萄糖（glucose），最主要的多糖是糖原（glycogen）。还有与蛋白质或脂类结合，以糖蛋白或糖脂（glycolipid）形式存在的糖。

血液中所含的糖，除微量的半乳糖、果糖及其磷酸酯外，几乎全部是葡萄糖及少量葡萄糖磷酸酯。因此，血糖（blood sugar）主要是指血液中所含的葡萄糖。正常生理情况下，经过各种糖代谢途径的调节，血糖浓度保持相对恒定，即血糖的来源—进入血中的葡萄糖量与血糖的去路—从血中移去的葡萄糖量基本相等。

血糖的来源主要有：①肠道吸收；②肝糖原分解；③糖异生作用。血糖的去路主要有：①分解供能；②合成糖原；③转变为非糖物质；此外，在特殊情况下，动物可由尿液排出部分血糖，但这不是一种正常去路。

糖代谢是指摄入的糖类物质以及由非糖物质在体内生成的糖类物质所参与的全部生物化学过程和能量转化过程。它在动物物质代谢中具有核心地位，其代谢途径与其他物质代谢途径联系密切。

糖代谢包括分解代谢和合成代谢两个方面。分解代谢的主要途径有糖原分解、糖的无氧分解、糖的有氧分解、磷酸戊糖途径等；合成代谢途径有糖原合成、糖异生等。其中糖的消化吸收和糖的异生作用是动物体内糖的来源，血糖是糖在体内的运输形式，糖原是糖在动物体内的贮存方式，氧化分解是糖供给机体能量的代谢途径，糖在体内也可转变为其他非糖物质。

在无氧情况下，葡萄糖生成乳酸的过程称之为糖的无氧分解，也称之为糖酵解（glycolysis），这是动物在暂时缺氧状态下和某些组织生理状态下获得能量的重要方式。其代谢产物主要是小分子有机化合物乳酸，同时释放较少能量。糖的无氧分解过程可分为两个阶段：第一阶段是由葡萄糖分解成丙酮酸（pyruvate）的过程，第二阶段是丙酮酸转变成乳酸的过程。糖酵解的全部反应都在胞液中进行。

在有氧条件下，葡萄糖彻底氧化成二氧化碳和水的反应过程称为糖的有氧分解或有氧氧化（aerobic oxidation）。有氧分解是糖分解的主要方式，绝大多数细胞都通过它获得大量能量。糖的有氧分解可分为三个阶段：①由葡萄糖分解生成丙酮酸，这一阶段与糖的无氧分解代谢过程完全一样；②丙酮酸氧化脱羧生成乙酰CoA。在有氧情况下，丙酮酸在丙酮酸脱氢酶复合体（pyruvate dehydrogenase complex）的催化下，在线粒体中氧化脱羧生成乙酰CoA；③乙酰CoA进入三羧酸循环彻底分解生成 CO_2 和 H_2O。

此外，在动物的某些组织，如脂肪组织、肾上腺皮质等，葡萄糖可经过磷酸戊糖途径进行代谢，其产物 $NADPH+H^+$、5-磷酸核糖等是合成脂肪酸、核苷酸和胆固醇等物质的重要原料。

糖合成代谢的主要途径有糖原的合成和糖异生。糖原的合成是以葡萄糖作为起始物，以UDPG为糖基供体，以小分子糖原为引物，在分支酶催化形成糖原支链，支链不断延长，最后合成大分子糖原。由非糖物质如甘油、乳酸、生糖氨基酸等合成糖的过程称为糖异生作用，肝脏是糖异生的主要器官。因为肝细胞中具有丙酮酸羧化酶、磷酸烯醇式丙酮酸羧激酶、果糖-1,6-二磷酸酶和葡萄糖-6-磷酸酶，可使糖无氧分解途径的3步不可逆反应逆转，从而将非糖物质转变为糖无氧分解途径的中间产物，沿无氧分解途径逆行而异生成糖。

糖代谢中有很多变构酶可以调节代谢的速度。酵解途径中的调控酶是己糖激酶、6-磷酸果糖激酶和丙酮酸激酶，其中6-磷酸果糖激酶是关键反应的限速酶；三羧酸循环的调控酶是柠檬酸合成酶、异柠檬酸脱氢酶和 α-酮戊二酸脱氢酶，柠檬酸合成酶是关键的限速酶。糖异生作用的调控酶有丙酮酸羧化酶、果糖二磷酸酯酶和葡萄糖磷酸酯酶。磷酸戊糖途径的调控酶是6-磷酸葡萄糖脱氢酶；它受可逆共价修饰、变构调控及能荷的调控。

重点难点

1. 糖的分解代谢
(1) 糖的无氧分解-糖酵解的主要过程和生理意义。
(2) 糖的有氧氧化的主要过程和生理意义。
(3) 磷酸戊糖途径的简要过程和生理意义。
2. 糖原的合成、分解和糖异生作用的主要过程及生理意义。
3. 糖代谢各途径之间的联系与调节。

例题解析

例 1. ATP是磷酸果糖激酶的底物，为什么ATP浓度高，反而会抑制磷酸果糖激酶？

解析：本题主要考察糖酵解的调控。磷酸果糖激酶是无氧酵解途径（EMP）中的限速酶之一，EMP途径是分解代谢，总的效应是释放能量，ATP浓度高表明细胞内能荷较高，因此抑制磷酸果糖激酶，从而抑制糖酵解途径。

例 2. 为什么说6-磷酸葡萄糖是各个糖代谢途径的交叉点？

解析：糖的各种氧化代谢，包括糖酵解、磷酸戊糖途径、糖的有氧氧化、糖原合成和分解、糖异生途径均有6-磷酸葡萄糖中间产物的生成。具体表现如下：

糖酵解：葡萄糖＋ATP $\xrightarrow{\text{己糖激酶}}$ 6-磷酸葡萄糖＋ADP

磷酸戊糖途径：6-磷酸葡萄糖＋$NADP^+$ $\xrightarrow{\text{6-磷酸葡萄糖脱氢酶}}$ 6-磷酸葡萄糖＋$NADPH＋H^+$

糖的有氧氧化：葡萄糖或糖原先转变为6-磷酸葡萄糖，然后进行有氧代谢。

糖原合成和分解：在分解代谢中，去分枝酶催化糖原分枝点的1,6-糖苷键断裂，生成1-磷酸葡萄糖，1-磷酸葡萄糖经1,6-二磷酸产物生成6-磷酸葡萄糖，在肝、肾等器官中6-磷酸葡萄糖水解成葡萄糖进入血液循环。

在合成代谢中：葡萄糖在己糖激酶的作用下生成6-磷酸葡萄糖，接着在变位酶的作用下生成1-磷酸葡萄糖，1-磷酸葡萄糖被活化成UDP-葡萄糖，是合成糖原的前体。

糖异生途径：6-磷酸果糖经酵解途径逆向变成6-磷酸葡萄糖，然后在葡萄糖-6-磷酸酶的催化下水解成葡萄糖。

例 3. 对丙酮酸激酶缺乏症患者来说，测定其生理生化指标之前，你预示会发生下列哪些？（ ）

A. 血红蛋白对氧亲和力升高 B. 血红蛋白对氧亲和力降低

C. 2,3-二磷酸甘油酸水平下降 D. 2,3-二磷酸甘油酸水平不变

【参考答案】 B

解析：病人糖酵解产物不能进入三羧酸循环，使糖酵解中间产物浓度增加，导致红细胞中2,3-二磷酸甘油酸水平上升，使血红蛋白与氧的亲和力非常低。

例 4. 细胞内能荷高时，不受抑制的代谢途径是（ ）

A. EMP途经 B. TCA循环 C. PPP途经 D. 氧化磷酸化

【参考答案】 C

解析：ADP含量高时刺激氧化磷酸化及丙酮酸氧化从而加速三羧酸循环。

例 5. 红细胞有以下代谢途径（ ）

A. 糖原合成 B. 糖酵解 C. 三羧酸循环 D. 糖醛酸途径

【参考答案】 B

解析：红细胞中没有线粒体，能量来源主要是糖酵解。

例 6. 若以^{14}C标记葡萄糖的C_3作为酵母底物，经发酵产生CO_2和乙醇，试问^{14}C将在何处发现。

【参考答案】 CO_2分子上。

解析：^{14}C 标记葡萄糖在酵解过程中，其中间产物果糖-1,6-二磷酸在醛缩酶作用下，转变为 3-磷酸甘油醛和磷酸二羟丙酮，标记的 ^{14}C 在磷酸二羟丙酮的 C_3 上，之后形成 3-磷酸甘油醛的醛基碳原子，经过一系列反应最终形成丙酮酸的羧基碳，在无氧情况下，丙酮酸在丙酮酸脱羧酶的作用下，脱去一分子 CO_2，该 CO_2 带上了 ^{14}C。

 练习题

一、名词解释

1. 糖异生作用（gluconeogenesis）

2. 乳酸循环（lactate cycle）

3. 发酵（fermentation）

4. 变构调节（allosteric regulation）

5. 糖酵解途径（glycolytic pathway）

6. 糖原（glycogen）

7. 活性葡萄糖（active glucose）

8. 半乳糖血症（galactosemia）

9. 巴斯德效应（Pasteur effect）

10. 葡萄糖耐糖现象（glucose tolerance phenomenon）

11. 无效循环（futile cycle）

12. Cori 循环（Cori cycle）

13. 丙氨酸循环（Ala cycle）

14. 胰岛素抵抗（insulin resistance）

15. 糖的有氧氧化（aerobic oxidation）

16. 肝糖原分解（glycogenolysis）

17. 磷酸戊糖途径（pentose phosphate pathway）

18. 糖核苷酸（sugar-nucleotide）

19. 共价修饰调节（covalent modification）

20. 底物磷酸化（substrate phosphorylation）

21. 血糖（blood sugar）

22. 变位酶（mutase）

23. 苹果酸穿梭系统（malic acid shuttle system）

24. 磷酸甘油穿梭系统（phosphoglycerin shuttle system）

二、填空题

1. α-淀粉酶和 β-淀粉酶只能水解淀粉的_____键，所以不能够使支链淀粉

完全水解。

2. 1 分子葡萄糖转化为 2 分子乳酸净生成＿＿＿＿＿＿分子 ATP。

3. 糖酵解过程中有 3 个不可逆的酶促反应，这些酶是＿＿＿＿、＿＿＿＿和＿＿＿＿。碘乙酸主要作用于＿＿＿＿酶，从而抑制糖酵解过程。

4. 调节三羧酸循环最主要的酶是＿＿＿＿、＿＿＿＿、＿＿＿＿。

5. 2 分子乳酸异生为葡萄糖要消耗＿＿＿＿ATP。

6. 丙酮酸还原为乳酸，反应中的 NADH 来自于＿＿＿＿的氧化。

7. 延胡索酸在＿＿＿＿酶作用下，可生成苹果酸，该酶属于 EC 分类中的＿＿＿＿酶类。

8. 磷酸戊糖途径可分为＿＿＿＿阶段，分别称为＿＿＿＿和＿＿＿＿，其中两种脱氢酶是＿＿＿＿和＿＿＿＿，它们的辅酶是＿＿＿＿。

9. 糖酵解在细胞的＿＿＿＿中进行，该途径是将＿＿＿＿转变为＿＿＿＿，同时生成少量＿＿＿＿的一系列酶促反应。

10. 糖原的磷酸解过程通过＿＿＿＿酶降解 α-1,4-糖苷键，靠＿＿＿＿和＿＿＿＿酶降解 α-1,6-糖苷键。

11. 经长期进化后，高等真核细胞的生化反应被精确地局限在细胞的特定部位，EMP 途经在＿＿＿＿中进行，三羧酸循环在＿＿＿＿中进行。

12. 长期饥饿时大脑的能量来源主要是＿＿＿＿。

13. 在糖原合成中作为葡萄糖载体的是＿＿＿＿。

14. 有毒植物叶子的氟乙酸可作为杀虫剂，因为该物质可与＿＿＿＿缩合生成氟柠檬酸，从而抑制＿＿＿＿的进行。

15. 糖类除了作为能源之外，它还与生物大分子间＿＿＿＿有关，也是合成＿＿＿＿、＿＿＿＿、＿＿＿＿等的碳骨架的供体。

16. TCA 循环中有两次脱羧反应，分别是由＿＿＿＿和＿＿＿＿催化。

17. 乳酸脱氢酶在体内有 5 种同工酶，其中肌肉中的乳酸脱氢酶对＿＿＿＿亲和力特别高，主要催化＿＿＿＿反应。

18. 在糖酵解中提供高能磷酸基团，使 ADP 磷酸化成 ATP 的高能化合物是＿＿＿＿和＿＿＿＿。

19. 糖异生的主要原料为＿＿＿＿、＿＿＿＿和＿＿＿＿。

20. 参与 α-酮戊二酸氧化脱羧反应的辅酶为＿＿＿＿、＿＿＿＿、＿＿＿＿、和＿＿＿＿。

21. 在磷酸戊糖途径中催化由酮糖向醛糖转移二碳单位的酶为＿＿＿＿，其辅酶为＿＿＿＿；催化由酮糖向醛糖转移三碳单位的酶为＿＿＿＿。

22. α-酮戊二酸脱氢酶系包括 3 种酶，它们是＿＿＿＿、＿＿＿＿、＿＿＿＿。

23. 催化丙酮酸生成磷酸烯醇式丙酮酸的酶是＿＿＿＿，它需要＿＿＿＿和＿＿＿＿作为辅因子。

24. 合成糖原的前体分子是 _____，糖原分解的产物是 _____ 和 _____。

三、单项选择题

1. 由己糖激酶催化的反应的逆反应所需要的酶是 （　　）
A. 果糖二磷酸酶　　　B. 葡萄糖-6-磷酸酶
C. 磷酸果糖激酶　　　D. 磷酸化酶

2. 动物在饥饿状态下，肝脏获得能量的主要途径 （　　）
A. 葡萄糖进行糖酵解氧化　　　B. 脂肪酸氧化
C. 葡萄糖的有氧氧化　　　D. 磷酸戊糖途径
E. 以上都是

3. 糖的有氧氧化的最终产物是 （　　）
A. $CO_2 + H_2O + ATP$　　　B. 乳酸
C. 丙酮酸　　　D. 乙酰 CoA

4. 需要引物分子参与生物合成反应的有 （　　）
A. 酮体生成　　　B. 脂肪合成
C. 糖异生合成葡萄糖　　　D. 糖原合成
E. 以上都是

5. 不能经糖异生合成葡萄糖的物质是 （　　）
A. 3-磷酸甘油　　　B. 丙酮酸
C. 乳酸　　　D. 乙酰 CoA
E. 生糖氨基酸

6. 丙酮酸激酶是何途径的关键酶 （　　）
A. 磷酸戊糖途径　　　B. 糖异生
C. 糖的有氧氧化　　　D. 糖原合成与分解
E. 糖酵解

7. 丙酮酸羧化酶是哪一个途径的关键酶 （　　）
A. 糖异生　　　B. 磷酸戊糖途径
C. 胆固醇合成　　　D. 血红素合成
E. 脂肪酸合成

8. 动物饥饿后摄食，其肝细胞主要糖代谢途径 （　　）
A. 糖异生　　　B. 糖有氧氧化　　　C. 糖酵解
D. 糖原分解　　　E. 磷酸戊糖途径

9. 下列各中间产物中，哪一个是磷酸戊糖途径所特有的？（　　）
A. 丙酮酸　　　B. 3-磷酸甘油醛
C. 6-磷酸果糖　　　D. 1,3-二磷酸甘油酸
E. 6-磷酸葡萄糖酸

10. 三碳糖、六碳糖与七碳糖之间相互转变的糖代谢途径是（　　　）

A. 糖异生　　　　　　　　　　　　　B. 糖酵解

C. 三羧酸循环　　　　　　　　　　　D. 磷酸戊糖途径

E. 糖的有氧氧化

11. 关于三羧酸循环，错误的是（　　　）

A. 是糖、脂肪及蛋白质分解的最终途径

B. 受 ATP/ADP 比值的调节

C. NADH 可抑制柠檬酸合酶

D. NADH 氧化需要线粒体穿梭系统。

12. 三羧酸循环中哪一个化合物前后各放出 1 分子 CO_2（　　　）

A. 柠檬酸　　　　B. 乙酰 CoA　　　　C. 琥珀酸　　　　D. α-酮戊二酸

13. 磷酸果糖激酶所催化的反应产物是（　　　）

A. F-1-P　　　　B. F-6-P　　　　C. F-D-P　　　　D. G-6-P

14. 醛缩酶的产物是（　　　）

A. G-6-P　　　　　　　　　　　　　B. F-6-P

C. F-D-P　　　　　　　　　　　　　D. 1,3-二磷酸甘油酸

15. TCA 循环中发生底物水平磷酸化的化合物是（　　　）

A. α-酮戊二酸　　　　B. 琥珀酸　　　　C. 琥珀酰 CoA　　　　D. 苹果酸

16. 丙酮酸脱氢酶系催化的反应不涉及下述哪种物质？（　　　）

A. 乙酰 CoA　　　　B. 硫辛酸　　　　C. TPP

D. 生物素　　　　E. NAD$^+$

17. 三羧酸循环的限速酶是（　　　）

A. 丙酮酸脱氢酶　　　B. 顺乌头酸酶　　　C. 琥珀酸脱氢酶

D. 延胡索酸酶　　　　E. 异柠檬酸脱氢酶

18. 生物素是哪个酶的辅酶（　　　）

A. 丙酮酸脱氢酶　　　　　　　　　　B. 丙酮酸羧化酶

C. 烯醇化酶　　　　　　　　　　　　D. 醛缩酶

E. 磷酸烯醇式丙酮酸羧激酶

19. 三羧酸循环中催化琥珀酸形成延胡索酸的酶是琥珀酸脱氢酶，此酶的辅因子是（　　　）

A. NAD$^+$　　　　B. HS-CoA　　　　C. FAD

D. TPP　　　　E. NADP$^+$

20. 下面哪种酶在糖酵解和糖异生中都起作用（　　　）

A. 丙酮酸激酶　　　　　　　　　　　B. 丙酮酸羧化酶

C. 3-磷酸甘油醛脱氢酶　　　　　　　D. 己糖激酶

E. 果糖-1,6-二磷酸酯酶

21. 长时间饥饿时，维持血糖浓度的主要方式是（　　　）

A. 肝中的糖异生作用　　　　　　　　B. 肾中的糖异生作用

C. 肌糖原分解　　　　　　　　　　　D. 组织中葡萄糖的利用降低

E. 肝糖原分解

22. 在有氧条件下，主要从糖酵解获得能量的组织器官是（　　）

A. 肾　　　　　　B. 肝　　　　　　C. 成熟红细胞

D. 脑组织　　　　E. 肌肉

23. 下列不能直接补充血糖的代谢过程是（　　）

A. 肝糖原分解　　　　　　　　　　　B. 食物糖类的消化吸收

C. 肌糖原分解　　　　　　　　　　　D. 糖异生作用

E. 肾小球的重吸收作用

24. 肌糖原不能直接补充血糖，因为肌肉组织中缺乏的酶是（　　）

A. 己糖激酶　　　　B. 糖原磷酸化酶　　C. 脱枝酶

D. 葡萄糖-6-磷酸酶　E. 糖原合酶

25. 糖酵解途径中，第二步产能反应是（　　）

A. 葡萄糖→G-6-P　　　　　　　　　　B. F-6-P→F-1,6-BP

C. 3-磷酸甘油醛→1,3-二磷酸甘油酸　　D. 1,3-二磷酸甘油酸→3-磷酸甘油酸

E. 磷酸烯醇式丙酮酸→丙酮酸

26. 三羧酸循环和有关的呼吸链反应中产生 ATP 最多的步骤是（　　）

A. 柠檬酸→异柠檬酸　　　　　　　　B. 琥珀酸→延胡索酸

C. 异柠檬酸→α-酮戊二酸　　　　　　D. 琥珀酸→苹果酸

E. α-酮戊二酸→琥珀酸

27. 下列反应中可通过底物水平磷酸化产生 ATP 的是（　　）

A. 3-磷酸甘油酸激酶和丙酮酸激酶催化的反应

B. 6-磷酸果糖激酶-1 和醛缩酶催化的反应

C. 3-磷酸甘油醛脱氢酶和乳酸脱氢酶催化的反应

D. 己糖激酶和烯醇化酶催化的反应

E. 烯醇化酶和磷酸甘油酸变位酶催化的反应

28. 在无氧条件下，丙酮酸还原为乳酸的生理意义是（　　）

A. 防止丙酮酸的堆积

B. 产生的乳酸通过三羧酸循环彻底氧化

C. 为糖异生提供原料

D. 生成 NAD^+ 以利于 3-磷酸甘油醛脱氢酶所催化反应的持续进行

E. 阻断糖的有氧氧化作用

29. 下列物质不是 6-磷酸果糖激酶-1 的别构激活剂的是（　　）

A. ATP　　　　　　　　　　　　　　B. 2,6-二磷酸果糖

C. AMP　　　　　　　　　　　　　　D. ADP

E. 1,6-二磷酸果糖

30. 糖原合成时，加到糖原引物非还原末端上的葡萄糖形式是（　　）

A. 腺苷二磷酸葡萄糖　　　　　　　　B. 6-磷酸葡萄糖

C. 1-磷酸葡萄糖　　　　　　　　　　D. 游离葡萄糖分子

E. 尿苷二磷酸葡萄糖

31. 6-磷酸葡萄糖脱氢酶缺乏时，易发生溶血性贫血，其原因是（　　）

A. 6-磷酸葡萄糖不能被氧化分解为 H_2O、CO_2 和 ATP

B. 6-磷酸葡萄糖合成为糖原

C. 磷酸戊糖途径被抑制

D. 缺 $NADPH + H^+$，致使红细胞中 GSH 减少

E. 缺乏磷酸戊糖

32. 下列不是糖尿病患者糖代谢紊乱的现象的是（　　）

A. 糖原合成减少，分解加速　　　　　B. 糖异生增强

C. 6-磷酸葡萄糖转化为葡萄糖减弱　　D. 糖酵解及有氧氧化减弱

E. 葡萄糖透过肌肉、脂肪细胞的速度减慢

33. 下列与 ATP 的生成有直接关系的化合物是（　　）

A. 丙酮酸　　　　　　　　　　　　　B. 3-磷酸甘油酸

C. 2-磷酸甘油酸　　　　　　　　　　D. 3-磷酸甘油醛

E. 磷酸烯醇式丙酮酸

34. 患糖尿病时细胞内缺少的物质是（　　）

A. 葡萄糖　　　　　B. 氨基酸　　　　C. 乙酰 CoA

D. H_2O　　　　　　E. 脂肪酸

35. 磷酸果糖激酶的最强别构激活剂是（　　）

A. AMP　　　　　　　　　　　　　　B. ADP

C. ATP　　　　　　　　　　　　　　D. 2,6-二磷酸果糖

36. 向三羧酸循环中添加草酰乙酸、乙酰 CoA 和丙二酸，可导致下列哪种产物堆积（　　）

A. 柠檬酸　　　　　B. 琥珀酸　　　　C. 苹果酸　　　　D. 延胡索酸

37. 向糖酵解系统中加入碘乙酸或碘乙酰胺会引起下列哪种物质的积累（　　）

A. 3-磷酸甘油醛　　　　　　　　　　B. 1,3-二磷酸甘油酸

C. PEP　　　　　　　　　　　　　　D. 丙酮酸

38. 葡萄糖的 C-1 和 C-4 用 [14]C 标记，当其酵解生成乳酸时，[14]C 出现在（　　）

A. 羧基碳原子　　　　　　　　　　　B. 甲基碳原子

C. 羟基碳原子　　　　　　　　　　　D. 羧基或甲基碳原子

39. 反刍动物糖异生的主要原料是（　　）

A. 乳酸、乙酸和氨基酸　　　　　　　B. 乙酸、丙酸和丁酸

C. 氨基酸和丁酸　　　　　　　　　　D. 酮体和乳酸

40. 乳酸脱氢酶在无氧发酵中尤为重要，这是因为（　　）

A. 产生 NADH，通过氧化磷酸化可以产能

B. 产生电子传递链所需氧

C. 为三羧酸循环提供乳酸

D. 为 3-磷酸甘油醛脱氢酶再生 NAD^+

41. 在原核生物中，有氧与无氧条件下，1 摩尔葡萄糖净生成 ATP 摩尔数的最近比值是（　　）

A. 2∶1　　　　　　B. 9∶1　　　　　　C. 14∶1

D. 16∶1　　　　　　E. 25∶1

42. 乳酸脱氢酶在骨骼肌中催化的反应主要是生成（　　）

A. 柠檬酸　　　　B. 乳酸　　　　C. 3-磷酸甘油醛　　D. 3-磷酸甘油酸

43. 在有氧条件下，线粒体内下述反应中能产生 $FADH_2$ 步骤是（　　）

A. α-酮戊二酸→琥珀酰 CoA　　　　B. 异柠檬酸→α-酮戊二酸

C. 琥珀酸→延胡索酸　　　　D. 苹果酸→草酰乙酸

44. 丙二酸能阻断糖的有氧氧化，因为它（　　）

A. 抑制柠檬酸合成酶　　　　B. 抑制琥珀酸脱氢酶

C. 阻断电子传递　　　　D. 抑制丙酮酸脱氢酶

45. 由葡萄糖合成糖原时，每增加一个葡萄糖单位消耗高能磷酸键数为（　　）

A. 1　　　　　　B. 2　　　　　　C. 3

D. 4　　　　　　E. 5

46. 在厌氧条件下，下列哪一种化合物会在哺乳动物肌肉组织中积累？（　　）

A. 丙酮酸　　　　B. 乙醇　　　　C. 乳酸　　　　D. CO_2

47. 磷酸戊糖途径的真正意义在于产生（　　）的同时产生许多中间物如核糖等

A. $NADPH+H^+$　　B. NAD^+　　　　C. ADP　　　　D. HS-CoA

48. 磷酸戊糖途径中需要的酶有（　　）

A. 异柠檬酸脱氢酶　　　　B. 6-磷酸果糖激酶

C. 6-磷酸葡萄糖脱氢酶　　　　D. 转氨酶

49. 生物体内 ATP 最主要的来源是（　　）

A. 糖酵解　　　　　　　　B. TCA 循环

C. 磷酸戊糖途径　　　　　　D. 氧化磷酸化作用

50. 在 TCA 循环中，下列哪一个阶段发生了底物水平磷酸化？（　　）

A. 柠檬酸→α-酮戊二酸　　　　B. 琥珀酰 CoA→琥珀酸

C. α-酮戊二酸→琥珀酰 CoA　　　　D. 延胡索酸→苹果酸

51. 丙酮酸脱氢酶系需要下列哪些因子作为辅酶？（　　）

A. Mn^{2+}　　　　B. $NADP^+$　　　　C. FMN　　　　D. HS-CoA

52. 下列化合物中哪一种是琥珀酸脱氢酶的辅酶？（　　　）
A. 生物素 　　　　B. FAD 　　　　C. $NADP^+$ 　　　　D. NAD^+

53. 在三羧酸循环中，由 α-酮戊二酸脱氢酶系所催化的反应需要（　　　）
A. NAD^+ 　　　B. $NADP^+$ 　　　C. HS-CoA 　　　D. ATP

54. 草酰乙酸经转氨酶催化可转变成为（　　　）
A. 苯丙氨酸 　　　B. 天冬氨酸 　　　C. 谷氨酸 　　　　D. 丙氨酸

55. 糖酵解是在细胞的什么部位进行的？（　　　）
A. 线粒体基质 　　　B. 胞液中 　　　C. 内质网膜上 　　　D. 细胞核内

56. 糖异生途径中哪一种酶代替糖酵解的己糖激酶？（　　　）
A. 丙酮酸羧化酶 　　　　　　　　B. 磷酸烯醇式丙酮酸羧激酶
C. 葡萄糖-6-磷酸酯酶 　　　　　　D. 磷酸化酶

57. 糖原分解过程中磷酸化酶的作用部位是（　　　）。
A. α-1,6-糖苷键 　　B. β-1,6-糖苷键 　　C. α-1,4-糖苷键 　　D. β-1,4-糖苷键

58. 丙酮酸脱氢酶复合体中最终接受底物脱下的 2H 的辅助因子是（　　　）
A. FAD 　　　　B. HS-CoA 　　　C. NAD^+ 　　　D. TPP

59. 从糖原开始算，1mol 葡萄糖转变为 2mol 乳酸，净生成（　　　）ATP
A. 1mol 　　　B. 2mol 　　　C. 3mol 　　　D. 4mol

60. 红细胞中还原型谷胱甘肽不足，易引起溶血，原因是缺乏（　　　）
A. 6-磷酸葡萄糖酶 　　　　　　　B. 果糖二磷酸酶
C. 磷酸果糖激酶 　　　　　　　　D. 6-磷酸葡萄糖脱氢酶
E. 葡萄糖激酶

61. 与核酸合成关系最为密切的代谢途径是（　　　）
A. 糖酵解 　　　　　　　　　　　B. 磷酸戊糖途径
C. 糖异生 　　　　　　　　　　　D. 三羧酸循环
E. 乳酸循环

62. 与丙酮酸氧化脱羧生成乙酰辅酶 A 无关的是（　　　）
A. 维生素 B_1 　　　B. 维生素 B_2 　　　C. 维生素 PP
D. 维生素 D 　　　　E. 泛酸

63. 下列酶的辅酶和辅基中含有核黄素的是（　　　）
A. 3-磷酸甘油醛脱氢酶 　　　　　B. 乳酸脱氢酶
C. 苹果酸脱氢酶 　　　　　　　　D. 琥珀酸脱氢酶
E. 6-磷酸葡萄糖脱氢酶

64. 糖酵解是包含有 11 种酶催化的反应，是（　　　）的例子
A. 有氧代谢 　　　B. 无氧代谢 　　　C. 净还原过程
D. 发酵 　　　　　E. 氧化磷酸化

65. 剧烈运动的肌肉细胞中，如果使得糖酵解持续进行，需要将有 3-磷酸甘油醛脱氢酶催化产生的 NADH 氧化为 NAD^+，以下参与 NADH 氧化的反应有

（　　）

A. 磷酸二羟丙酮→3-磷酸甘油　　　　　B. 6-磷酸葡萄糖→6-磷酸果糖

C. 异柠檬酸→α-酮戊二酸　　　　　　　D. 草酰乙酸→苹果酸

E. 丙酮酸→乳酸

66. 在酵母中葡萄糖生醇发酵时，C-1 用 ^{14}C 标记，最后 ^{14}C 存在于（　　）

A. CO_2 和乙醇的 C-1　　　　　　　　B. 乙醇的 C-1

C. 只存在乙醇的 C-2（甲基）中　　　　D. O_2 和乙醇的 C-2

E. 只存在 CO_2 中

67. 1mol 的 1,6-二磷酸果糖转变为 2mol 的丙酮酸净生成（　　）

A. 1mol 的 NAD^+ 和 2mol 的 ATP　　　B. 1mol 的 NADH 和 1mol 的 ATP

C. 1mol 的 NAD^+ 和 4mol 的 ATP　　　D. 2mol 的 NADH 和 2mol 的 ATP

E. 2mol 的 NADH 和 4mol 的 ATP

68. 在肌肉细胞中无氧酵解时，C-3、C-4 标记的葡萄糖分子的转变成乳酸，标记物的位置在（　　）

A. 所有 3 个碳原子　　　　　　　　　B. 仅存在于带—OH 的碳原子上

C. 仅存在于羧基碳原子上　　　　　　D. 仅存在于甲基碳原子上

E. 在甲基和羧基碳原在上

69. 关于肌肉中进行的糖酵解反应，错误的是（　　）

A. 果糖 1,6-二磷酸酶是该途径的一个酶

B. 是一个吸能的过程

C. 结果是净生成了 ATP

D. 合成了 NADH

E. ［ATP］/［ADP］比率高导致反应速度变慢

70. 在肌肉细胞中，有氧时比无氧时产生的乳酸少是因为（　　）

A. 有氧时糖酵解进行得不彻底

B. 肌肉在有氧时比无氧时更不活泼

C. 有氧时产生的乳酸被快速用于脂肪的合成

D. 无氧状态下，磷酸戊糖途径是主要的产能的途径，此过程不会产生乳酸

E. 有氧状态下，产生的丙酮酸被氧化进入三羧酸循环而不产生乳酸

71. 动物红细胞中酵解产生的丙酮酸进一步代谢为（　　）

A. CO_2　　　　　B. 乙醇　　　　　C. 葡萄糖

D. 血红蛋白　　　E. 乳酸

72. 当 6-磷酸葡萄糖和 6-磷酸果糖与磷酸己糖异构酶混合反应时，6-磷酸葡萄糖的浓度是 6-磷酸果糖的 2 倍，以下正确的是（　　）（$R=8.315J/(mol \cdot K)$，$T=298K$）

A. $\Delta G_0' = +1.7kJ/mol$　　　　　　B. $\Delta G_0' = -1.7kJ/mol$

C. $\Delta G_0'$ 为负值且非常大　　　　　　D. $\Delta G_0'$ 为正值且非常大

E. $\Delta G'_0 = 0 \mathrm{kJ/mol}$

73. 糖酵解时，1,6-二磷酸果糖分解时反应的标准自由能为 $\Delta G'_0 = 23.8 \mathrm{kJ/mol}$，什么条件下可使得 ΔG_0 为负值，并使反应能够顺利向右进行？（   ）

A. 两个产物的浓度远远高于 1,6-二磷酸果糖

B. 因为 $\Delta G'_0$ 为正值，所以反应不可能自发向右进行

C. 标准条件下，有足够的能量使得反应向右进行

D. 当 1,6-二磷酸果糖的浓度远远大于产物的浓度时

E. 当产物的浓度远远大于 1,6-二磷酸果糖的浓度时

74. 当葡萄糖分子的 C-1 和 C-6 分别用 ^{14}C 标记时，^{14}C 在酵解后的产物丙酮酸中的分布是（   ）

A. 所有 3 个碳原子　　　　　　　　B. 在羰基上

C. 在羧基上　　　　　　　　　　　D. 在甲基上

E. A+C

75. 以下辅助因子在糖酵解时在氧化还原反应中出现最多的是（   ）

A. ADP　　　　　　B. ATP　　　　　　C. $FAD/FADH_2$

D. 3-磷酸甘油醛　　E. $NAD^+/NADH$

76. 与休息时状态相比，剧烈运动的肌肉组织具有（   ）

A. ［ATP］的浓度高　　　　　　　B. 乳酸形成速度快

C. 葡萄糖消耗少　　　　　　　　　D. 氧气消耗的速度低

E. $NADH/NAD^+$ 的比值低

77. 3-磷酸甘油醛转变成 3-磷酸甘油酸的步骤不包含（   ）反应。

A. ATP 水解　　　　　　　　　　　B. 磷酸甘油酸激酶催化

C. NADH 氧化为 NAD^+　　　　　D. 形成 1,3-二磷酸甘油酸

E. 利用 P_i

78. 糖酵解第一步产生高能化合物的反应是（   ）催化的。

A. 3-磷酸甘油醛脱氢酶　　　　　　B. 己糖激酶

C. 磷酸果糖激酶-1　　　　　　　　D. 磷酸甘油酸激酶

E. 磷酸丙糖异构酶

79. 以下哪种是 3-磷酸甘油醛脱氢酶的辅助因子？（   ）

A. Cu^{2+}　　　　　　B. ATP　　　　　　C. FAD

D. $NADP^+$　　　　　E. NAD^+

80. 磷酸甘油酸变位酶侧链中，参与磷酸基团转移的氨基酸残基是（   ）

A. Ser　　　　　　B. Thr　　　　　　C. Tyr

D. His　　　　　　E. Arg

81. 氟化物可抑制烯醇化酶，无氧条件下在葡萄糖酵解的体系中加入氟化物，以下哪种物质的浓度会增加？（   ）

A. 2-磷酸甘油酸   B. 葡萄糖

C. 磷酸烯醇式丙酮酸   D. 丙酮酸

E. 乙醛酸

82. 糖原转化为单糖的反应的催化剂是（　　　）

A. 葡萄糖激酶   B. 葡萄糖 6-磷酸酶

C. 糖原磷酸化酶   D. 糖原合成酶

E. 肝淀粉酶

83. 以下说法错误的是（　　　）

A. 有氧条件下，丙酮酸氧化脱羧形成乙酸进入三羧酸循环

B. 无氧条件下肌肉中的丙酮酸生成乳酸

C. 无氧条件下，酵母中的丙酮酸转变成乙醇

D. 丙酮酸还原成乳酸时产生糖酵解途径中所需的一种辅助因子

E. 无氧条件下没有丙酮酸的生成，因为糖酵解过程不能进行

84. 葡萄糖无氧发酵最后产生乙醇，最后的接受电子的受体是（　　　）

A. 乙醛   B. 乙酸   C. 乙醇

D. 丙酮酸   E. NAD^+

85. 葡萄糖生醇发酵过程中，焦磷酸硫胺素是哪种酶的辅酶？（　　　）

A. 醛缩酶   B. 己糖激酶   C. 乳酸脱氢酶

D. 丙酮酸脱氢酶   E. 转醛基酶

86. 以下不能经糖异生生成为糖的是（　　　）

A. 乙酸   B. 甘油   C. 乳酸

D. 草酰乙酸   E. α-酮戊二酸

87. 同时参与糖异生和糖酵解的酶是（　　　）

A. 3-磷酸甘油酸激酶   B. 葡萄糖-6-磷酸酶

C. 己糖激酶   D. 磷酸果糖激酶-1

E. 丙酮酸激酶

88. 以下关于糖异生错误的是（　　　）

A. 氨基酸的碳骨架可以作为糖异生的原料

B. 是糖酵解过程的逆过程

C. 葡萄糖-6-磷酸酶参与

D. 是哺乳动物在两餐之间调控血糖的一种方式

E. 需要能量（ATP 或 GTP）

89. 以下哪种酶没有参与糖异生和糖酵解的过程？（　　　）

A. 3-磷酸甘油酸激酶   B. 醛缩酶

C. 烯醇化酶   D. 磷酸果糖异构酶-1

E. 磷酸葡萄糖异构酶

90. 对人来说，糖异生（　　　）

A. 能把蛋白质转变成葡萄糖　　　　B. 吃完高糖食物后有助于降低血糖

C. 被胰岛素激活　　　　　　　　　D. 脂肪酸转变成葡萄糖所必需

E. 需要己糖激酶

91. 在动物肝脏中哪种物质不能进行糖异生？（　　　）

A. 丙氨酸　　　　　　B. 谷氨酸　　　　　　C. 棕榈酸

D. 丙酮酸　　　　　　E. α-酮戊二酸

92. 以下关于磷酸戊糖途径的说法正确的是（　　　）

A. 消耗每摩尔葡萄糖产生 36 摩尔 ATP

B. 消耗每摩尔葡萄糖产生 6 摩尔 CO_2

C. 是还原途径，消耗 NADH

D. 植物有此途径，动物没有

E. 提供了核苷酸合成的前体

93. 以下关于磷酸戊糖途径的说法错误的是（　　　）

A. 由葡萄糖的 C-1 产生 CO_2　　　　B. 涉及己醛糖转换为戊醛糖

C. 动物泌乳的乳腺多见　　　　　　D. 直接产生 NADPH

E. 需要分子氧的参与

94. 在动物细胞或细菌中，6-磷酸葡萄糖氧化为 6-磷酸葡萄糖酸，接下来的反应是（　　　）

A. 在醛缩酶作用下分解为甘油酸和 3-磷酸甘油醛

B. 在醛缩酶作用下分解为甘油酸和 4-磷酸赤藓糖

C. 生成 1,6-二磷酸葡萄糖酸

D. 脱羧基产生酮式和醛式戊糖

E. 氧化为 6-碳二羧酸

95. 以下参与磷酸戊糖途径的酶是（　　　）

A. 6-磷酸葡萄糖酸脱氢酶　　　　　B. 醛缩酶

C. 糖原磷酸化酶　　　　　　　　　D. 磷酸果糖激酶-1

E. 丙酮酸激酶

96. 3mol 的葡萄糖经过磷酸戊糖途径产生（　　　）

A. 2mol 戊糖、4mol NADPH 和 8mol CO_2

B. 3mol 戊糖、4mol NADPH 和 3mol CO_2

C. 3mol 戊糖、6mol NADPH 和 3mol CO_2

D. 4mol 戊糖、3mol NADPH 和 3mol CO_2

E. 3mol 戊糖、6mol NADPH 和 6mol CO_2

97. 葡萄糖进入磷酸戊糖途径后 C-1 出现在（　　　）

A. CO_2　　　　　　　B. 糖原　　　　　　C. 磷酸甘油

D. 丙酮酸　　　　　　E. 5-磷酸核糖

98. 以下关于丙酮酸脱氢酶复合物所催化的反应，错误的是（　　　）

A. 生物素参与了脱羧基反应

B. NAD$^+$ 和 FAD 均作为电子载体

C. 反应在线粒体基质中进行

D. 底物被硫辛酰基-赖氨酸"摇摆臂"抓住

E. 两种含巯基的辅助因子参与

99. 丙酮酸氧化脱羧生成乙酰辅酶 A，不需要（　　）参与。

A. ATP 　　　　　　B. 辅酶 A 　　　　　　C. FAD

D. 硫辛酸 　　　　　　E. NAD$^+$

100. 丙酮酸转变成乙酰辅酶 A 需要（　　）等辅助因子参与。

A. 生物素、FAD、TPP 　　　　　　B. 生物素、NAD$^+$ 和 FAD

C. 生物素、NAD$^+$ 和 TPP 　　　　　　D. 磷酸吡哆醇、FAD 和硫辛酸

E. TPP、硫辛酸和 NAD$^+$

101. 以下关于在动物细胞中有氧条件下丙酮酸氧化脱羧反应正确的是（　　）

A. 丙酮酸脱氢酶系催化的反应的产物之一是乙酸硫酯

B. 甲基以 CO_2 形式去除

C. 发生于细胞质中

D. 该酶系以下列物质作为辅助因子：NAD$^+$、硫辛酸、磷酸吡哆醇和 FAD

E. 该反应非常重要，以至于在任何情况下都全速进行

102. 将葡萄糖分子的 C-3、C-4 用 ^{14}C 标记后，当其完全转变成乙酰辅酶 A 后，则 ^{14}C 在乙酰辅酶 A 分子中的分布（　　）

A. 100％的乙酰辅酶 A 分子被标记且为 C-1（羧基）

B. 100％的乙酰辅酶 A 分子被标记且为 C-2（甲基）

C. 50％的乙酰辅酶 A 分子被标记且为 C-2（甲基）

D. 乙酰辅酶 A 分子中没有被标记的 C

E. 条件不足，无法判断

103. 以下关于三羧酸循环的陈述错误的是（　　）

A. 除琥珀酸脱氢酶处在线粒体内膜外，其他的酶均在于细胞质中

B. 如果存在丙二酸，则琥珀酸将出现积累

C. 草酰乙酸虽然作为底物存在，但循环中并没有减少

D. 琥珀酸脱氢酶催化产生的电子直接进入了电子传递链

E. 循环中参与的酶被 ATP 和 NADH 变构调节

104. 乙酰辅酶 A 分子的 C 均被 ^{14}C 标记，然后与未被标记的草酰乙酸反应，经过 1 个三羧酸循环，^{14}C 存在草酰乙酸（　　）

A. 所有 4 个 C 　　　　　　B. 条件不足，不能判断

C. 没有 C 被标记 　　　　　　D. 酮基 C 和 1 个羧基 C

E. 2 个羧基 C

105. 丙二酸是琥珀酸脱氢酶的竞争性抑制剂，将丙二酸加入丙酮酸作为底物

的线粒体系统中进行氧化，最终（　　）产物的浓度将降低

　　A. 柠檬酸　　　　　　　B. 延胡索酸　　　　　C. 异柠檬酸

　　D. 丙酮酸　　　　　　　E. 琥珀酸

106. 哺乳动物细胞中，以下反应不发生在三羧酸循环中的是（　　）

　　A. 产生 α-酮戊二酸　　　　　　　　　B. 产生 NADH 和 FADH$_2$

　　C. 将乙酸代谢为 CO_2 和水　　　　　D. 将乙酰辅酶 A 净生成草酰乙酸

　　E. 乙酰辅酶 A 的氧化

107. 将草酰乙酸的所有 C 原子用 ^{14}C 标记，然后与未标记的乙酰辅酶 A 反应，经过 1 个三羧酸循环后得到草酰乙酸，问后者中 C 原子的标记情况（　　）

　　A. 所有　　　　　　　B. 1/2　　　　　　　C. 1/3

　　D. 1/4　　　　　　　E. 3/4

108. 通过三羧酸循环转化 1mol 的乙酰辅酶 A 生成 2mol 的 CO_2 和 HS-CoA，净产物是（　　）

　　A. 1mol 柠檬酸　　　　B. 1mol FADH$_2$　　C. 1mol NADH

　　D. 1mol 草酰乙酸　　　E. 7mol ATP

109. 以下与三羧酸循环的底物氧化无关的是（　　）

　　A. 以下全是　　　　　　　　　　　　B. CO_2 的产生

　　C. 核黄素被还原　　　　　　　　　　D. 硫辛酸存在于某些酶系统中

　　E. 吡啶核苷酸的氧化

110. 三羧酸循环中产生的 2mol 的 CO_2 来源于（　　）

　　A. 草酰乙酸的羧基和甲基 C　　　　　B. 乙酸的羧基和草酰乙酸的羧基

　　C. 乙酸的羧基和草酰乙酸的酮基　　　D. 乙酸的 2 个 C

　　E. 草酰乙酸的 2 个羧基 C

111. 以下不是 α-酮戊二酸脱氢酶系辅助因子的是（　　）

　　A. ATP　　　　　　　B. HS-CoA　　　　　C. 硫辛酸

　　D. NAD$^+$　　　　　E. TPP

112. 三羧酸循环中与丙酮酸生成乙酰辅酶 A 的反应类似的是（　　）

　　A. 柠檬酸到异柠檬酸　　　　　　　　B. 延胡索酸到苹果酸

　　C. 苹果酸到草酰乙酸　　　　　　　　D. 琥珀酰辅酶 A 到琥珀酸

　　E. α-酮戊二酸到琥珀酰辅酶 A

113. 若硫胺素缺乏，则以下酶的活性降低的是（　　）

　　A. 延胡索酸酶　　　　　　　　　　　B. 异柠檬酸脱氢酶

　　C. 苹果酸脱氢酶　　　　　　　　　　D. 琥珀酸脱氢酶

　　E. α-酮戊二酸脱氢酶

114. 以下反应的标准还原电势已给出

延胡索酸 $+2H^+ +2e^- \longrightarrow$ 琥珀酸　　　$E_0' = +0.031V$

$FAD + 2H^+ + 2e^- \longrightarrow FADH_2$　　　　$E_0' = -0.219V$

如果琥珀酸、延胡索酸、FAD、$FADH_2$ 的浓度均为 1mol/L，并加入琥珀酸脱氢酶，最开始的反应是（　　）

A. 延胡索酸和琥珀酸被氧化，FAD 和 $FADH_2$ 被还原

B. 延胡索酸被还原，$FADH_2$ 被氧化

C. 没有反应发生，因为反应物和产物均在标准浓度

D. 琥珀酸被氧化，FAD 被还原

E. 琥珀酸被氧化，$FADH_2$ 不变，因为后者是个辅助因子，不是底物

115. 苹果酸＋NAD^+ $\longrightarrow$ 草酰乙酸＋$NADH＋H^+$　　$\Delta G_0' = 29.7kJ/mol$，这个反应（　　）

A. 细胞内不能发生

B. 只有与一个 $\Delta G_0'$ 为正的反应偶联才能进行

C. 只有在一个 NADH 通过电子传递转变成 NAD^+ 的细胞内进行

D. 可以发生在底物和产物有特定浓度的细胞内

E. 通常是以非常低的速度进行

116. 三羧酸循环中需要核黄素辅酶的反应是（　　）

A. 乙酰辅酶 A 和草酰乙酸缩合　　　　　B. 延胡索酸氧化

C. 异柠檬酸氧化　　　　　　　　　　　D. 苹果酸氧化

E. 琥珀酸氧化

117. 三羧酸循环的中间产物可以作为合成下列物质的前体（　　）

A. 氨基酸　　　　　B. 核苷酸　　　　　C. 脂肪酸

D. 固醇类　　　　　E. 以上全对

118. 三羧酸循环的中间产物具有手性的是（　　）

A. 柠檬酸　　　　　B. 异柠檬酸　　　　C. 苹果酸

D. 琥珀酸　　　　　E. 草酰乙酸

119. 1mol 的丙酮酸通过丙酮酸脱氢酶和三羧酸循环共产生 3mol CO_2 和（　　）mol NADH，（　　）mol $FADH_2$、（　　）mol ATP（或 GTP）。

A. 2，2，2　　　　　B. 3，1，1　　　　　C. 3，2，0

D. 4，1，1　　　　　E. 4，2，1

120. 当处于（　　）时，进入三羧酸循环的乙酰辅酶 A 减少。

A. ［AMP］升高　　　　　　　　　　　B. NADH 迅速进入呼吸链

C. ［ATP］/［ADP］低　　　　　　　　D. ［ATP］/［ADP］高

E. ［NAD^+］/［NADH］高

121. 柠檬酸合成酶和异柠檬酸脱氢酶是三羧酸循环的关键酶，能抑制二者活性的是（　　）。

A. 乙酰辅酶 A 和 6-磷酸果糖　　　　　B. AMP 和/或 NAD^+

C. AMP 和/或 NADH　　　　　　　　　D. ATP 和/或 NAD^+

E. ATP 和/或 NADH

四、判断题（在题后括号内标明对或错）

1. α-淀粉酶和β-淀粉酶的区别在于前者水解 α-1,4-糖苷键，后者水解 β-1,4-糖苷键。（　　）

2. 麦芽糖是由葡萄糖与果糖构成的双糖。（　　）

3. ATP 是磷酸果糖激酶的变构抑制剂。（　　）

4. 沿糖酵解途径简单逆行，可从丙酮酸等小分子前体物质合成葡萄糖。（　　）

5. 所有来自磷酸戊糖途径的还原力都是在该循环的前三步反应中产生的。（　　）

6. 发酵可以在活细胞外进行。（　　）

7. 催化 ATP 分子中的磷酰基转移到受体上的酶称为激酶。（　　）

8. 动物体内的乙酰 CoA 不能作为糖异生的物质。（　　）

9. 柠檬酸循环是分解与合成的两用途径。（　　）

10. 哺乳动物在糖原合成中最重要的糖核苷酸是 CDPG。（　　）

11. 淀粉、糖原、纤维素的生物合成均需要"引物"存在。（　　）

12. 联系糖原异生作用与三羧酸循环的酶是丙酮酸羧化酶。（　　）

13. 糖有氧氧化形成 ATP 的方式有底物水平磷酸化和氧化磷酸化两种形式，而糖的无氧氧化形成 ATP 的方式只有底物水平磷酸化一种方式。（　　）

14. 对于在无氧条件下高速溶解的酵母菌，若通入氧气，则葡萄糖的消耗将急剧下降，厌氧酵解所积累的乳酸迅速消失。（　　）

15. 在 NADH 脱氢酶复合体、琥珀酸-CoQ 还原酶复合体、α-酮戊二酸脱氢酶复合体和丙酮酸羧化酶四种酶催化的反应中，需要辅酶或辅基种类最多的酶是 α-酮戊二酸脱氢酶复合体。（　　）

16. 糖异生作用的关键反应是草酰乙酸形成磷酸烯醇式丙酮酸的反应。（　　）

17. TCA 中底物水平磷酸化直接生成的是 ATP。（　　）

18. 每分子葡萄糖经三羧酸循环产生的 ATP 分子数比糖酵解时产生的 ATP 分子数多一倍。（　　）

19. 哺乳动物无氧下不能存活，因为葡萄糖酵解不能合成 ATP。（　　）

20. 葡萄糖是生命活动的主要能源之一，酵解途径和三羧酸循环都是在线粒体内进行的。（　　）

21. 糖酵解反应有氧无氧均能进行。（　　）

22. 三羧酸循环被认为是需氧途径，因为还原型的辅助因子通过电子传递链而被氧化，以使循环所需的载氢体再生。（　　）

23. 动物体内合成糖原时需要 ADPG 提供葡萄糖基。（　　）

24. 肝脏磷酸果糖激酶（PFK-1）还受 F-2,6-DP 的抑制。（　　）

25. L 型（肝脏）丙酮酸激酶受磷酸化的共价修饰，在相应的蛋白激酶作用下

挂上磷酸基团后降低活性。（　　　）

26. 三羧酸循环的所有中间产物中，只有草酰乙酸可以被该循环中的酶完全降解。（　　　）

27. 丙酮酸脱氢酶复合体中的 E3 与 α-酮戊二酸脱氢酶复合体中的 E3 完全一样。（　　　）

28. 己糖激酶的底物包括葡萄糖、甘露糖和半乳糖。（　　　）

29. 呼吸链的复合体Ⅱ还参与了三羧酸循环。（　　　）

30. 动物细胞的糖异生前体包括丙酸、丙氨酸和降植烷酸。（　　　）

五、简答题

1. 糖类物质的生物学功能有哪些？

2. 何谓三羧酸循环？它有何特点和生物学意义？

3. 糖代谢和脂代谢是通过哪些反应联系起来的？

4. 磷酸戊糖途径的特点有哪些？其生物学意义是什么？

5. 糖分解代谢可按 EMP-TCA 途径进行，也可按磷酸戊糖途径进行，其决定因素是什么？

6. 试说明丙氨酸的成糖过程。

7. 糖酵解的中间物在其他代谢中有什么应用？

8. 琥珀酰 CoA 代谢的来源与去路有哪些？

9. 试述糖异生与糖酵解代谢途径有哪些差异。

10. 丙酮酸是一个重要的中间物，简要写出以丙酮酸为底物的五个不同的酶促反应。

11. 请解释为何在柠檬酸循环的各个反应中并没有出现氧，但柠檬酸循环确实有氧代谢的部分。

12. 为什么说三羧酸循环是糖类、脂类和蛋白质分解的共同通路？

13. 糖酵解中的调节酶有哪几种？受哪些因素的调节？

14. 试述丙酮酸氧化脱羧反应机制以及受哪些因素调控？

15. 补充三羧酸循环的草酰乙酸来自何处？

16. 什么是糖异生作用？哪些物质可异生为糖？

17. 肝内各单糖是怎样相互转化的？

18. 糖原是通过什么酶系合成的？

19. 结合激素的作用机制，说明肾上腺素如何通过对有关酶类活性的复杂调控，实现对血糖浓度的调控。

20. 氟化物在有无机磷酸的时候能够特异性抑制烯醇化酶的活性。

（1）解释为什么在有 F 和 PP_i 的时候，2PG 和 3PG 会发生堆积。

（2）为什么 1,3-BPG 不会堆积？

21. 肝脏和肾脏是调节血糖浓度的主要器官，比较它们调控血糖浓度的机制有何不同。

22. 戊糖磷酸途径（PPP）的主要生物学作用是生成 NADPH 和 5-磷酸核糖。PPP 可以进行灵活的调控，改变这两种物质在机体内的相对浓度，分析以下情况时，PPP 是如何进行调控以适应机体的需求的：（1）NADPH 多于 5-磷酸核糖；（2）5-磷酸核糖多于 NADPH。

一、名词解释

1. 非糖物质（如丙酮酸、乳酸、甘油、生糖氨基酸等）转变为葡萄糖的过程。机体内只有肝、肾能通过糖异生补充血糖。

2. 乳酸循环是指肌肉缺氧时产生大量乳酸，大部分经血液运到肝脏，通过糖异生作用合成肝糖原或葡萄糖补充血糖，血糖可再被肌肉利用，这样形成的循环称乳酸循环。

3. 厌氧有机体把糖酵解生成 NADH 中的氢交给丙酮酸脱羧后的产物乙醛，使之生成乙醇的过程称之为酒精发酵。如果将氢交给丙酮酸生成乳酸则叫乳酸发酵。

4. 变构调节是指某些调节物能与酶的调节部位结合使酶分子的构象发生改变，从而改变酶的活性，称酶的变构调节。

5. 糖酵解途径指糖原或葡萄糖分子分解至生成丙酮酸的阶段，是体内糖代谢最主要途径。

6. 由葡萄糖分子聚合而成的含有许多分支的大分子高聚物，呈聚集的颗粒状存在于肝和骨骼肌的细胞液中。

7. 在葡萄糖合成糖原的过程中，葡萄糖在酶的作用下，先变成 UDP-葡萄糖，称为活性葡萄糖。

8. 人类的一种基因型遗传代谢缺陷症，特点是由于缺乏 1-磷酸半乳糖尿苷酰基转移酶而导致婴儿不能够代谢奶汁中乳糖分解生成的半乳糖。

9. 糖有氧氧化抑制糖酵解的现象称为巴斯德效应。

10. 正常人食糖后血糖浓度仅暂时升高，经体内调节血糖机制的作用，约 2h 内即可恢复正常，此现象称为耐糖现象。人体处理所给予葡萄糖的能力称为糖耐量。

11. 激酶（如 PFK-1）和磷酸酶（果糖-1,6-二磷酸磷酸酶）同时有活性而导致 ATP 白白消耗的现象称为无效循环。

12. 乳酸进入糖异生的途径。动物体内，肌细胞和红细胞中 EMP 途径产生的乳酸，通过血液循环运输回肝细胞经糖异生转变为葡萄糖的过程称为 Cori 循环。

13. 丙氨酸进入糖异生的途径。在饥饿或禁食的情况下，肌细胞内蛋白质水解产生的丙氨酸经血液循环的运输回到肝细胞经糖异生转变为葡萄糖的过程。

14. 胰岛素抵抗指机体细胞（如脂肪细胞、肌细胞和肝细胞）对正常浓度的胰岛素反应敏感性下降，机体代偿性地分泌高水平胰岛素，导致血糖升高，诱发代谢综合征、Ⅱ型糖尿病和痛风。

15. 糖的有氧氧化指葡萄糖或糖原在有氧条件下氧化成水和二氧化碳的过程并产生能量，是糖氧化的主要方式。

16. 肝糖原分解指肝糖原分解为葡萄糖的过程。

17. 磷酸戊糖途径指机体某些组织（如肝、脂肪组织等）以 6-磷酸葡萄糖为起始物在 6-磷酸葡萄糖脱氢酶催化下形成 6-磷酸葡萄糖酸进而代谢生成磷酸戊糖为中间代谢物的过程，又称为磷酸己糖旁路。

18. 糖核苷酸指单糖与核苷酸通过磷酸酯键结合的化合物，是双糖和多糖合成中单糖的活化形式与供体。

19. 指一种酶在另一种酶的催化下，通过共价键结合或移去某种基团，从而改变酶的活性，由此实现对代谢的快速调节，称为共价调节。

20. 指底物在脱氢或脱水时分子内能量重新分布形成的高能磷酸根直接转移给 ADP 生成 ATP 的方式，称为底物水平磷酸化。

21. 血液中所含的糖，除微量的半乳糖、果糖及其磷酸酯外，几乎全部是葡萄糖及少量葡萄糖磷酸酯。一般来说，血糖主要是指血液中所含的葡萄糖。

22. 通常将催化分子内化学基团移位的酶称为变位酶。

23. 这个穿梭系统需要两种谷-草转氨酶、两种苹果酸脱氢酶和一系列专一的透性酶共同作用。首先，NADH 在胞液苹果酸脱氢酶的催化下将草酰乙酸还原成苹果酸，然后穿过内膜，经基质苹果酸脱氢酶氧化，生成草酰乙酸和 NADH，后者进入呼吸链进行氧化磷酸化，草酰乙酸则在基质谷-草转氨酶催化下形成天冬氨酸，同时将谷氨酸变成 α-酮戊二酸。天冬氨酸和 α-酮戊二酸透过内膜进入胞液，再由胞液谷-草转氨酶催化变成草酰乙酸参与下一轮穿梭运输，同时 α-酮戊二酸生成的谷氨酸又返回基质。

24. 胞质中的甘油-3-磷酸脱氢酶先将 NADH 中的 H 转移至磷酸二羟丙酮形成 3-磷酸甘油，后者扩散至线粒体外膜与内膜之间，然后在内膜结合的 3-磷酸甘油脱氢酶的作用下，将 H 转移到内膜中的 FAD 上，并经呼吸链进行氧化，同时产生的磷酸二羟丙酮又返回胞液中参与下一轮穿梭。

二、填空题

1. α-1,4 糖苷键
2. 2个
3. 己糖激酶，磷酸果糖激酶，丙酮酸激酶，磷酸甘油醛脱氢酶
4. 柠檬酸合成酶，异柠檬酸脱氢酶，α-酮戊二酸脱氢酶
5. 6
6. 3-磷酸甘油醛

7. 延胡索酸酶，氧化还原酶

8. 两个，氧化阶段，非氧化阶段，6-磷酸葡萄糖脱氢酶，6-磷酸葡萄糖酸脱氢酶，NADP$^+$

9. 细胞质，葡萄糖，乳酸，ATP

10. 糖原磷酸化酶，转移酶，α-1,6-糖苷酶

11. 细胞质，线粒体基质

12. 酮体

13. UDP

14. 草酰乙酸，三羧酸循环

15. 识别，蛋白质，核酸，脂肪

16. 异柠檬酸脱氢酶，α-酮戊二酸脱氢酶

17. 丙酮酸，丙酮酸→乳酸

18. 1,3-二磷酸甘油酸，磷酸烯醇式丙酮酸

19. 乳酸，甘油，氨基酸

20. TPP，NAD$^+$，FAD，CoA，硫辛酸

21. 转酮醇酶，TPP，转醛醇酶

22. α-酮戊二酸脱氢酶，琥珀酰转移酶，二氢硫辛酸脱氢酶

23. 磷酸烯醇式丙酮酸激酶，ATP，GTP

24. UDP-葡萄糖，G-1-P，游离葡萄糖

三、单项选择题

1. B 2. B 3. A 4. D 5. D 6. E 7. A 8. A 9. E 10. D 11. D
12. D 13. C 14. C 15. C 16. D 17. E 18. B 19. C 20. C 21. A
22. C 23. C 24. D 25. E 26. E 27. A 28. D 29. A 30. E 31. D
32. C 33. E 34. A 35. A 36. B 37. A 38. D 39. B 40. D 41. D
42. D 43. C 44. B 45. B 46. C 47. A 48. C 49. C 50. B 51. B
52. B 53. A 54. B 55. B 56. C 57. A 58. C 59. C 60. D 61. B
62. D 63. D 64. D 65. E 66. C 67. E 68. C 69. B 70. E 71. E
72. A 73. D 74. D 75. E 76. B 77. C 78. A 79. E 80. D 81. A
82. C 83. E 84. A 85. B 86. A 87. A 88. B 89. A 90. A 91. C
92. E 93. E 94. D 95. A 96. C 97. A 98. A 99. A 100. E 101. A
102. D 103. A 104. A 105. B 106. D 107. B 108. D 109. E 110. E
111. A 112. E 113. E 114. B 115. D 116. E 117. E 118. A 119. D
120. D 121. E

四、判断题

1. 错。α-淀粉酶和β-淀粉酶的区别是α-淀粉酶耐70℃的高温，β-淀粉酶耐酸。

2. 错。麦芽糖是葡萄糖与葡萄糖构成的双糖。

3. 对。磷酸果糖激酶是变构酶，其活性被 ATP 抑制，ATP 的抑制作用可被 AMP 所逆转，此外，磷酸果糖激酶还被柠檬酸所抑制。

4. 错。糖异生并不是糖酵解的简单逆行，其中的不可逆步骤需要另外的酶催化完成。

5. 对。戊糖磷酸途径分为氧化阶段和非氧化阶段，氧化阶段的 3 步反应产生还原能，非氧化阶段进行分子重排，不产生还原能。

6. 对

7. 对

8. 对。

9. 对。三羧酸循环中间产物可以用来合成氨基酸，草酰乙酸可经糖异生合成葡萄糖，糖酵解形成的丙酮酸，脂肪酸氧化生成的乙酰 CoA 及谷氨酸和天冬氨酸脱氨氧化生成的 α-酮戊二酸和草酰乙酸都经三羧酸循环分解。

10. 错。哺乳动物糖原合成时葡萄糖的活性形式是 UDPG。

11. 对

12. 对。丙酮酸羧化酶是变构酶，受乙酰 CoA 的变构调节，在缺乏乙酰 CoA 时没有活性，细胞中的 ATP/ADP 的值升高促进羧化作用。草酰乙酸既是糖异生的中间产物，又是三羧酸循环的中间产物。高含量的乙酰 CoA 使草酰乙酸大量生成。若 ATP 含量高则三羧酸循环速度降低，糖异生作用加强。

13. 对

14. 对

15. 对

16. 对

17. 错。TCA 中底物水平磷酸化直接生成的是 GTP，相当于一个 ATP。

18. 错。1mol 葡萄糖酵解为 2mol 乳酸净生成 2mol ATP；1mol 葡萄糖彻底氧化为 CO_2 和 H_2O 可得到 30mol 或 32mol ATP。

19. 错。在无氧条件下，可以通过糖酵解产生少量的 ATP。

20. 错。糖酵解的全部反应在胞液中进行。

21. 对。糖酵解是葡萄糖生成丙酮酸的过程，它是葡萄糖有氧氧化和无氧发酵的共同途径。

22. 对

23. 错。动物体内合成糖原时需要 UDPG 提供葡萄糖基。

24. 错。F-2,6-DP 是肝脏磷酸果糖激酶（PFK-1）有效的别构活化剂。

25. 对。L 型（肝脏）丙酮酸激酶受磷酸化的共价修饰，在相应的蛋白激酶作用下挂上磷酸基团后降低活性，而去磷酸化后活性较高。

26. 错。三羧酸循环的所有中间产物均可循环再生，每一轮循环彻底降解一分子乙酰 CoA。

27. 对。它们催化的反应完全一样，具有相同的底物、产物和辅助因子。

28. 错。半乳糖不是己糖激酶的底物。

29. 对。复合体的主要成分是琥珀酸脱氢酶，它与三羧酸循环中的琥珀酸脱氢酶是同一个酶。

30. 对。降植烷酸在细胞内的代谢可产生丙酰 CoA，它与丙酸和丙氨酸一样可以作为糖异生的前体。

五、简答题

1. 【答】（1）糖类物质是异养生物的主要能源之一，糖在生物体内经一系列的降解而释放大量的能量，供生命活动的需要。

（2）糖类物质及其降解的中间产物，可以作为合成蛋白质、脂肪的碳架及机体其他碳素的来源。

（3）在细胞中糖类物质与蛋白质、核酸、脂肪等常以结合态存在，这些复合物分子具有许多特异而重要的生物功能。

（4）糖类物质还是生物体的重要组成成分。

2. 【答】三羧酸循环以乙酰 CoA 与草酰乙酸缩合成含有三个羧基的柠檬酸开始，故称为三羧酸循环。因循环的第一个产物是柠檬酸，故也称为柠檬酸循环。最早由 Krebs 正式提出了三羧酸循环的学说，又称为 Krebs 循环，它由一连串反应组成，乙酰 CoA 进入三羧酸循环被完全氧化分解为 CO_2 放出体外，同时释放能量。

三羧酸循环的生理学意义，归纳起来有以下几方面：（1）为机体提供大量能量。（2）三羧酸循环是糖、脂肪、蛋白质及其他有机物质代谢的联系枢纽。（3）三羧酸循环是三大物质分解代谢共同的最终途径。乙酰 CoA 不仅是糖有氧分解的产物，同时也是脂肪酸和氨基酸代谢的产物，因此三羧酸循环是三大营养物质的最终代谢通路。

3. 【答】（1）糖酵解过程中产生的磷酸二羟丙酮可转变为磷酸甘油，可作为脂肪合成中甘油的原料。

（2）有氧氧化过程中产生的乙酰 CoA 是脂肪酸和酮体的合成原料。

（3）脂肪酸分解产生的乙酰 CoA 最终进入三羧酸循环氧化。

（4）酮体氧化产生的乙酰 CoA 最终进入三羧酸循环氧化。

（5）甘油经磷酸甘油激酶作用后，转变为磷酸二羟丙酮进入糖代谢。

4. 【答】（1）葡萄糖在体内可由此途径生成核糖-5-磷酸。核糖-5-磷酸是合成核酸和核苷酸的原料，又由于核酸参与蛋白质的生物合成，所以在损伤后修补、再生的组织中，此途径进行的比较活跃。产生的 5-磷酸核糖是生成核糖，多种核苷酸，核苷酸辅酶和核酸的原料。

（2）途径中生成的 $NADPH+H^+$ 是脂肪酸合成等许多反应的供氢体。例如合成脂肪、胆固醇、类固醇激素都需要大量的 $NADPH+H^+$ 提供氢，所以在脂类合成旺盛的脂肪组织、哺乳期乳腺、肾上腺皮质、睾丸等组织中磷酸戊糖途径比较活跃。

(3) 磷酸戊糖途径与糖有氧分解及糖无氧分解相互联系。在此途径中最后生成的 6-磷酸果糖与 3-磷酸甘油醛都是糖有氧分解（或糖无氧分解）的中间产物，它们可进入糖的有氧分解（或糖无氧分解）途径进一步进行代谢。

5.【答】糖分解代谢可按 EMP-TCA 途径进行，也可按磷酸戊糖途径，决定因素是能荷水平，能荷低时糖分解按 EMP-TCA 途径进行，能荷高时可按磷酸戊糖途径。

6.【答】丙氨酸成糖是体内很重要的糖异生过程。首先丙氨酸经转氨作用生成丙酮酸，丙酮酸进入线粒体转变成草酰乙酸。但生成的草酰乙酸不能通过线粒体膜，为此须转变成苹果酸或天冬氨酸，然后二者到胞浆里再转变成草酰乙酸。草酰乙酸转变成磷酸烯醇式丙酮酸，后者沿酵解路逆行而成糖。总之丙氨酸成糖须先脱掉氨基，然后绕过"能障"及"膜障"才能成糖。

7.【答】磷酸二羟丙酮可还原 3-磷酸甘油，后者可参与合成甘油三酯和甘油磷脂。3-磷酸甘油酸是丝氨酸的前体，因而也是甘氨酸和半胱氨酸的前体。磷酸烯醇式丙酮酸两次用于合成芳香族氨基酸的前体-分支酸。它也用于 ADP 磷酸化成 ATP。在细菌，糖磷酸化反应（如葡萄糖生成 6-磷酸葡萄糖）中的磷酸基不是来自 ATP，而是来自磷酸烯醇式丙酮酸。

丙酮酸可转变成丙氨酸，它也能转变成羟乙基用于合成异亮氨酸和缬氨酸。两分子丙酮酸生成 α-酮异戊酸，进而可转变成亮氨酸。

8.【答】(1) 琥珀酰 CoA 主要来自糖代谢，也来自长链脂肪酸的 ω-氧化。奇数碳原子脂肪酸通过 β-氧化除生成乙酰 CoA 外，还生成丙酰 CoA，后者进一步转变成琥珀酰 CoA。此外，蛋氨酸、苏氨酸以及缬氨酸和异亮氨酸在降解代谢中也生成琥珀酰 CoA。

(2) 琥珀酰 CoA 的主要代谢去路是通过柠檬酸循环彻底氧化成 CO_2 和 H_2O。琥珀酰 CoA 在肝外组织，在琥珀酸乙酰乙酰 CoA 转移酶催化下，可将辅酶 A 转移给乙酰乙酸，本身成为琥珀酸。此外，琥珀酰 CoA 与甘氨酸一起生成 δ-氨基-γ-酮戊酸（ALA），参与血红素的合成。

9.【答】糖酵解与糖异生的差别是糖酵解过程中的三个关键酶由糖异生的四个关键酶代替催化反应。作用部位：糖异生发生在胞液和线粒体；糖酵解则全部在胞液中进行。

糖无氧分解作用：己糖激酶；磷酸果糖激酶；丙酮酸激酶。

糖异生作用：6-磷酸葡萄糖酶，果糖-1,6-二磷酸酶，丙酮酸羧化酶，磷酸烯醇式丙酮酸羧激酶。

10.【答】丙酮酸＋NAD^+＋HS-CoA ⟶ NADH＋H^+＋乙酰 CoA＋CO_2；丙酮酸＋CO_2＋ATP＋H_2O ⟶ 草酰乙酸＋$2H^+$＋ADP＋P_i；丙酮酸＋NADH＋H^+ ⟶ NAD^+＋乳酸；丙酮酸→乙醛＋CO_2；丙酮酸＋谷氨酸→丙氨酸＋α-酮戊

二酸

11.【答】因为柠檬酸循环包括几步脱氢反应，而 NAD^+、FAD 是其电子受体，线粒体内的 NAD^+、FAD 库的大小相对于乙酰 CoA 的量来说是很小的，这些辅助因子必须重新循环才能满足其需要，循环需要经过电子传递链才能完成，而氧是传递链的最终电子受体，在缺乏氧时，NAD^+、FAD 通过电子传递链重新产生是不可能的。所以在柠檬酸循环各个反应中并没有出现氧，但柠檬酸循环确是有氧代谢的一部分。

12.【答】①葡萄糖经 3-磷酸甘油醛、丙酮酸等物质生成乙酰 CoA，而乙酰 CoA 必须进入三羧酸循环才能被彻底氧化分解。②脂肪分解产生甘油和脂肪酸，甘油可以经磷酸二羟丙酮进入糖有氧氧化途径，最终的氧化分解也需要进入三羧酶循环途径；而脂肪酸经 β 氧化途径产生乙酰 CoA，乙酰 CoA 可进入三羧酸循环氧化。③蛋白质分解产生氨基酸，氨基酸脱去氨基后产生的碳骨架可进入三羧酸循环，同时，三羧酸循环的中间产物可作为氨基酸的碳骨架，接受 NH_3 重新生成氨基酸。所以三羧酸循环是三大物质的共同通路。

13.【答】机体糖代谢的各个途径都有着精细的调节：

糖原的分解与合成是通过两条途径进行的，这样就便于进行精细调节。糖原分解途径中的磷酸化酶和糖原合成途径中的糖原合酶都是催化不可逆反应的关键酶。这两个酶分别是两条代谢途径的调节酶，其活性决定不同途径的代谢速率，从而影响糖原代谢的方向。

在糖无氧分解途径中，己糖激酶（葡萄糖激酶）、磷酸果糖激酶和丙酮酸激酶分别催化的 3 个反应是不可逆的，是糖无氧分解途径 3 个调节点，分别受变构效应剂和激素的调节。

糖的有氧分解是机体获取能量的主要方式，有氧氧化全过程中许多酶的活性都受细胞内 ATP/ADP 或 ATP/AMP 的影响。当细胞消耗 ATP 以致 ATP 水平降低、ADP 和 AMP 浓度升高时，磷酸果糖激酶、丙酮酸激酶、丙酮酸脱氢酶复合体以及三羧酸循环中的异柠檬酸脱氢酶、α-酮戊二酸脱氢酶复合体甚至氧化磷酸化等均被激活，从而加速有氧分解，补充 ATP。反之，当细胞内 ATP 含量丰富时，上述酶的活性均降低，氧化磷酸化亦减弱。

磷酸戊糖途径氧化中，最重要的调控因子是 $NADP^+$ 的水平，因为 $NADP^+$ 在 6-磷酸葡萄糖氧化形成 6-磷酸葡萄糖酸-δ-内酯的反应中起电子受体的作用。形成的 $NADPH+H^+$ 与 $NADP^+$ 竞争性与 6-磷酸葡萄糖脱氢酶的活性部位结合从而引起酶的活性降低，所以 $NADP^+/NADPH+H^+$ 直接影响 6-磷酸葡萄糖脱氢酶的活性。

糖异生途径的调控受血糖浓度和乳酸浓度的影响，如血糖浓度过低，则动物启动糖异生途径；如果由于肌肉的无氧酵解产生了大量乳酸，则要进行乳酸循环（Cori 循环），以利用乳酸，一方面减轻乳酸对肌肉的副作用，同时有效地利用乳酸供能。

14.【答】丙酮酸在线粒体中氧化脱羧生成乙酰CoA，此反应由丙酮酸脱氢酶复合体催化，该复合体由丙酮酸脱氢酶、二氢硫辛酸转乙酰基酶和二氢硫辛酸脱氢酶3种酶在空间上高度组合形成。这3种酶在结构上形成一个有秩序的整体，使得丙酮酸氧化脱羧这一复杂反应得以相互协调、依次有序地进行。这一过程受细胞内ATP/ADP或ATP/AMP的影响。当细胞消耗ATP以致ATP水平降低、ADP和AMP浓度升高时，丙酮酸脱氢酶复合体被激活，从而加速有氧分解，补充ATP。反之，当细胞内ATP含量丰富时，复合体活性降低，氧化磷酸化亦减弱。

15.【答】在三羧酸循环中，草酰乙酸作为反应的原料，在循环的最后由苹果酸脱氢生成。因此，可以说草酰乙酸既是反应的原料，也是反应的产物。天冬氨酸脱氨产生草酰乙酸也可补充其来源。

16.【答】由非糖物质转变为葡萄糖和糖原的过程称为糖异生作用。氨基酸、乳酸、丙酸、丙酮酸以及三羧酸循环中的各种羧酸以及甘油等，可以异生为糖。

17.【答】动物肝内的单糖有葡萄糖、果糖、半乳糖、甘露糖等，另外还有它们的糖磷酸酯及糖核苷酸。它们之间的相互转变，是通过其磷酸酯及糖核苷酸进行的。在相互转变中，6-磷酸葡萄糖占有中心的地位，因为其他单糖都可以转变为6-磷酸葡萄糖，然后参加到糖酵解及其他各种代谢途径中去。

18.【答】糖原合成过程中需要的酶有己糖激酶、磷酸葡萄糖变位酶、UDP-葡萄糖焦磷酸化酶、糖原合酶和糖原分支酶。

19.【答】人体饥饿时，血糖浓度较低，促进肾上腺髓质分泌肾上腺素。肾上腺素与靶细胞膜上的受体结合，活化了邻近的G蛋白，后者使膜上的腺苷酸环化酶（AC）活化，活化的AC催化ATP环化生成cAMP，cAMP作为激素的细胞内信号（第二信使）活化蛋白激酶A（PKA），PKA可以催化一系列酶或蛋白的磷酸化，改变其生物活性，引起相应的生理反应。一方面，PKA使无活性的糖原磷酸化酶激酶磷酸化而被活化，后者再使无活性的糖原磷酸化酶磷酸化而被活化，糖原磷酸化酶可以催化糖原磷酸分解生成葡萄糖，使血糖浓度升高。另一方面，PKA使有活性的糖原合成酶磷酸化而失活，从而抑制糖原合成，也可以使血糖浓度升高。

20.【答】（1）烯醇化酶催化的是2PG形成PEP。如果它的活性被抑制，则细胞内的2PG不能转变成PEP而发生堆积，既然2PG与3PG是异构体，在2PG堆积不久即与3PG达到平衡，而使得3PG也发生堆积。

（2）因为1,3-BPG变成3PG的反应是高度放能的，此反应形成的ATP很快被细胞所利用，这使得3PG变成1,3-BPG的逆反应很难进行，故不会发生1,3-BPG的堆积。

21.【答】肝脏主要通过促进葡萄糖的生成和利用，调节血糖浓度。餐后血糖浓度升高，肝脏利用血糖合成肝糖原，维持血糖浓度的恒定；在空腹、饥饿或禁食情况下，肝糖原分解，同时，糖异生作用增强，促进非糖物质转变为葡萄糖，生成的葡萄糖进入血液，提升血糖的浓度。肾脏主要通过调控葡萄糖的重吸收或排泄，调节血糖水平。肾糖阈指尿中开始出现葡萄糖时的最低血糖浓度。当血糖浓度低于肾糖阈时，肾小管能重吸收肾小球滤液中的绝大部分葡萄糖回血液。当血糖浓度超过肾　糖阈时，葡萄糖随尿液排出并出现糖尿。

22.【答】（1）细胞（如脂肪细胞）需要更多的 NADPH 以进行生物合成，5-磷酸核糖通过 PPP 途径转变为酵解的中间产物，包括 3-磷酸甘油醛和 F-6-P，从而生成更多的 G-6-P 进入 PPP 途径，合成更多的 NADPH。

（2）快速分裂的细胞需要更多的 5-磷酸核糖，因此 PPP 途径的非氧化反应可以将 3-磷酸甘油醛和 F-6-P 合成 5-磷酸核糖，G-6-P 通过转变为 F-6-P 被大量消耗，减少了 NADPH 的产生量。

第**9**章

—≫ 生物氧化

 目的要求

1. 掌握生物氧化的概念、呼吸链和能量代谢。
2. 熟悉生物氧化过程中水和二氧化碳的生成方式，重点是水的生成。
3. 了解其他氧化体系的意义。

内容提要

生物氧化是营养物质在体内氧化分解产生能量的共同的代谢过程。生物氧化同一般的氧化反应相比有其自己的特点：其反应过程是在生物细胞内进行的，在有水的环境、pH 近中性、低温（体温）下进行反应，反应过程中的能量是逐步释放的，并且可以转化为可以利用的化学能。生物氧化的产物包括 CO_2、H_2O 和能量（ATP）。生物氧化的场所是线粒体。CO_2 的生成主要是在各种脱羧酶或脱氢酶的催化下，以脱羧反应的形式进行的。H_2O 主要是在各种脱氢酶的催化下，通过 NAD^+ 和 $NADP^+$ 的携带，经过各种递氢体和电子传递体的顺次传递，最终与 O_2 结合而生成的。胞液中生成的 NADH 不能直接透过线粒体内膜而进入线粒体内，但可以通过磷酸穿梭或苹果酸穿梭的方式进入线粒体，参加呼吸链的传递，最终与 O_2 结合生成 H_2O。有些物质能够抑制呼吸链中某些传递体的传递作用，使得整个呼吸链受到阻断，称为呼吸链的抑制作用。

生物氧化中 ATP 的生成有两种方式：底物磷酸化和氧化磷酸化。底物磷酸化是当底物经过脱氢、脱羧、烯醇化或分子重排等反应时，产生高能键，再将其转移到 ADP 上产生 ATP。氧化磷酸化是底物脱下的氢经过呼吸链的传递，最终与 O_2 结合生成 H_2O 的过程中所释放的能量与 ADP 的磷酸化进行偶联生成 ATP。氧化磷酸化偶联的次数可以用 P/O 值来测定。P/O 值是指：当底物脱下的一对氢沿呼吸链传递、消耗 1 个氧原子时用于 ADP 磷酸化所需要的无机磷酸中的磷原子的数目。以 NADH 为首的呼吸链的 P/O 值为 2.5，以琥珀酸脱氢酶为首的呼吸链的 P/O 值为 1.5。

目前被人们普遍接受的 ATP 的生成机制是"化学渗透学说"：当底物脱下的氢被传递体传递的时候，被解离为 H^+ 和电子，H^+ 被"泵"出线粒体进入胞液，产生 $[H^+]$ 梯度，其中就蕴藏着能量。当这些 H^+ 再度被位于线粒体内膜上的"三分子体"转运回到线粒体内时，在 F_0F_1-ATP 酶的催化下应用 $[H^+]$ 梯度中所蕴藏的能量，使 ADP 与 Pi 反应产生 ATP。ATP 的能量居于细胞内众多物质的中间水平，因此，它既可以由能量较高的物质获得能量，又可以向能量较低的物质传递能量，所以被称为能量"货币"，在大多情况下，生理活动所需要的能量都是由 ATP 直接提供的。

总之，生物氧化的实质是脱氢、失电子或与氧结合，消耗氧生成 CO_2 和 H_2O，与体外有机物的化学氧化（如燃烧）相同，释放总能量也相同。生物氧化

的特点是：作用条件温和，通常在常温、常压、近中性 pH 及有水环境下进行；有酶、辅酶、电子传递体参与，在氧化还原过程中逐步放能；放出的能量大多转换为 ATP 分子中的活跃化学能，供生物体利用。体外燃烧则是在高温、干燥条件下进行的剧烈游离基反应，能量爆发释放，并且释放的能量转变为光、热并散失于环境中。

 重点难点

1. 生物氧化的概念、特点和方式。

2. 生物氧化中水和 CO_2 的生成方式。

3. 呼吸链的组成与呼吸链传递体排列。

4. 生物氧化与能量代谢，高能磷酸化合物的种类，生成、转移、储存和利用，重点是 ATP 的生成。

例题解析

例 1. 如果将琥珀酸（延胡索酸/琥珀酸氧化还原电位 +0.03V）加到硫酸铁和硫酸亚铁（高铁/亚铁氧化还原电位 +0.077V）的平衡混合液中，可能发生的变化是（　　）

A. 硫酸铁的浓度将增加

B. 硫酸铁的浓度和延胡羧酸的浓度将增加

C. 高铁和亚铁的比例无变化

D. 硫酸亚铁和延胡索酸的浓度将增加

解析： D。氧化还原电位是衡量电子转移的标准。延胡索酸还原成琥珀酸的氧化还原电位和标准的氢电位对比是 +0.03V，而硫酸铁（Fe^{3+}）还原成硫酸亚铁（Fe^{2+}）的氧化还原电位是 +0.077V，这样高铁对电子的亲和力比延胡索酸要大。所以加进去的琥珀酸将被氧化成延胡索酸，而硫酸铁则被还原成硫酸亚铁。延胡索酸和硫酸亚铁的量一定会增加。

例 2. 在下列的氧化还原系统中，氧化还原电位最高的是（　　）

A. $NAD^+/NADH$

B. 细胞色素 aa_3（Fe^{3+}）/细胞色素 aa_3（Fe^{2+}）

C. 延胡索酸/琥珀酸

D. 氧化型泛醌/还原型泛醌

解析： B。由于电子是从低标准氧化还原电位向高标准氧化还原电位流动，而题目中所给的氧化还原对中，细胞色素 aa_3（Fe^{2+}/Fe^{3+}）在氧化呼吸链中处于最下游的位置，所以细胞色素 aa_3（Fe^{2+}/Fe^{3+}）的氧化还原电位最高。

例 3. 如果线粒体内 ADP 浓度较低，则加入 2，4-二硝基苯酚（DNP）将减少电子传递的速率。（　　）

解析： 错。在正常的生理条件下，电子传递与氧化磷酸化是紧密偶联的，低浓

度的 ADP 限制了氧化磷酸化，因而就限制了电子的传递速率。而 DNP 是一种解偶联剂，它可解除电子传递和氧化磷酸化的紧密偶联关系，在它的存在下，氧化磷酸化和电子传递不再偶联，因而 ADP 的缺乏不再影响到电子的传递速率。

 练习题

一、名词解释

1. 呼吸电子传递链（respiratory electron-transport chain）

2. 氧化磷酸化（oxidative phosphorylation）

3. 化学渗透理论（chemiosmotic theory）

4. 解偶联剂（uncoupling agent）

5. P/O 比（P/O ratio）

6. 高能化合物（high energy compound）

7. 底物磷酸化（substrate phosphorylation）

8. 能荷（energy charge）

二、单项选择题

1. 关于电子传递链的下列叙述不正确的是（　　）

A. 线粒体内有 $NADH+H^+$ 呼吸链和 $FADH_2$ 呼吸链

B. 电子从 NADH 传递到氧的过程中有 2.5 个 ATP 生成

C. 呼吸链上的递氢体和递电子体完全按其标准氧化还原电位从低到高排列

D. 线粒体呼吸链是生物体唯一的电子传递体系

2. 下列化合物中除（　　）外都是呼吸链的组成成分。

A. CoQ　　　　　B. Cytb　　　　　C. CoA　　　　　D. NAD^+

3. 一氧化碳中毒是由于抑制了哪种细胞色素？（　　）

A. Cytc　　　　　B. Cytb　　　　　C. Cytc　　　　　D. $Cytaa_3$

4. 各种细胞色素在呼吸链中的排列顺序是（　　）

A. $C \rightarrow b \rightarrow C_1 \rightarrow aa_3 \rightarrow O_2$　　　　　　　　B. $C \rightarrow C_1 \rightarrow b \rightarrow aa_3 \rightarrow O_2$

C. $C_1 \rightarrow C \rightarrow b \rightarrow aa_3 \rightarrow O_2$　　　　　　　　D. $b \rightarrow C_1 \rightarrow C \rightarrow aa_3 \rightarrow O_2$

5. 线粒体外 NADH 经 3-磷酸甘油穿梭作用，进入线粒体内实现氧化磷酸化，其 P/O 值为（　　）

A. 0　　　　　　　B. 2　　　　　　　C. 1.5

D. 3　　　　　　　E. 2.5

6. 下列关于化学渗透学说的叙述不对的是（　　）

A. 呼吸链各组分按特定的位置排列在线粒体内膜上

B. 各递氢体和递电子体都有质子泵的作用

C. H^+ 返回膜内时可以推动 ATP 酶合成 ATP

D. 线粒体内膜外侧 H^+ 不能自由返回膜内

7. 电子传递链中，某一组分在生理条件下能接受来自一个以上还原型辅助因子的电子，该组分是（ ）

A. 辅酶 Q   B. 细胞色素 c   C. 细胞色素 b   D. 细胞色素 a

8. 呼吸连中不介导 H^+ 跨膜转运的是（ ）

A. 复合物 Ⅰ   B. 复合物 Ⅱ   C. 复合物 Ⅲ   D. 复合物 Ⅳ

9. 线粒体氧化磷酸化解偶联意味着（ ）

A. 线粒体三羧酸循环停止

B. 线粒体氧化磷酸化停止

C. 线粒体膜 ATP 合成酶被抑制

D. 线粒体能利用 O_2，但不能合成 ATP

10. 下列哪一反应伴随有底物水平磷酸化？（ ）

A. 乳酸→丙酮酸   B. 磷酸烯醇式丙酮酸→丙酮酸

C. F-1,6-2P→F-6-P   D. G-6-P→G

11. 如果反应 A→B 的 $\Delta G'_0$ 是 -40KJ/mol，在标准条件下（ ）

A. 在平衡状态   B. 永远达不到平衡状态

C. 不会自发反应   D. 反应速度很快

E. 从左到右自发反应

12. 如果反应 A→B 的 $\Delta G'_0=-60$kJ/mol，反应起始时 A 的浓度是 10mmol，B 浓度为 0，24 小时后，A 浓度为 8mmol/L，B 浓度为 2mmol/L，以下解释正确的是（ ）。

A. A 和 B 达到了平衡时的浓度   B. 酶的催化作用使平衡向 A

C. B 的生成速度慢，反应尚未达到平衡状态

D. 生成 B 的反应在热力学上是不利的

E. 上述结果不可能发生

13. 25℃时，3-磷酸甘油酸和 2-磷酸甘油酸及磷酸甘油酸变位酶的混合物达到了平衡，此时 2-磷酸甘油酸的浓度是 3-磷酸甘油酸的 6 倍。3-磷酸甘油酸→2-磷酸甘油酸，以下最可能的结果是（ ）[$R=8.315$J/(mol·K)；$T=298$K]

A. $\Delta G'_0=-4.44$kJ/mol   B. $\Delta G'_0=0$kJ/mol

C. $\Delta G'_0=+12.7$kJ/mol   D. $\Delta G'_0$ 是正值，且非常大

E. 无法计算

14. 25℃时 A+B→C 反应的 $\Delta G'_0=-20$kJ/mol，可以推测出（ ）

A. 在平衡状态时 B 的浓度超过 A 的浓度

B. 平衡时 C 的浓度比 A 略低

C. 平衡时 C 的浓度比 A 或 B 的浓度高得多

D. C 会迅速分解为 A+B

E. 当 A 和 B 混合时，反应快速向 C 方向移动

15. 以下物质水解时，自由能变化（$\Delta G_0'$）的负值最大的是（　　　）

　　A. 乙酰酐　　　　　　B. 6-磷酸葡萄糖　C. 谷氨酰胺

　　D. 3-磷酸甘油　　　　　E. 乳酸

16. L-苹果酸 ＋ NAD⁺ → 草酰乙酸 ＋ NADH ＋ H⁺，该反应的 $\Delta G_0' = +29.7\text{kJ/mol}$，以下正确的是（　　　）

　　A. 该反应不能发生在细胞内

　　B. 只有与另一个 $\Delta G_0'$ 为正值的反应偶联才能在细胞内发生

　　C. 只能发生在将 NADH 通过电子传递转化为 NAD⁺ 的细胞内

　　D. 由于活化能大所以不能发生

　　E. 可发生于含有一定浓度的底物和产物的细胞内

17. 反应 A→B 的 $K_{eq}' = 10^4$，反应起始时 A 的浓度为 1mmol，B 的浓度为 0，以下说法正确的是（　　　）

　　A. 平衡时，B 的量比 A 大得多

　　B. 反应速度很慢

　　C. 该反应需要一个放能的反应相偶联才能进行

　　D. 以非常高速度生成 B

　　E. 该反应的 $\Delta G_0'$ 是正值且非常大

18. 糖酵解时，果糖 1,6-二磷酸被转化成两种物质的反应 $\Delta G_0' = 23.8\text{kJ/mol}$，在正常细胞内在何种条件下才能使 ΔG 为负值，并能使反应自发进行？（　　　）

　　A. 在标准条件下，反应释放的能量足以推动反应的进行

　　B. 因为 $\Delta G_0'$ 为正值所以在任何条件下反应都不能自发进行

　　C. 如果产物的浓度远远大于反应物的浓度，反应可以自发进行

　　D. 如果反应物的浓度远远大于产物的浓度，反应可以自发进行

　　E. 以上均错

19. 糖酵解途径中，1-磷酸葡萄糖转变成 6-磷酸果糖的反应是由以下两个连续的反应组成：

1-磷酸葡萄糖→6-磷酸葡萄糖　　　　$\Delta G_0' = -7.1\text{kJ/mol}$

6-磷酸葡萄糖→6-磷酸果糖　　　　　$\Delta G_0' = +1.7\text{kJ/mol}$

　　总反应的 $\Delta G_0'$（　　　）

　　A. -8.8kJ/mol　　　B. -7.1kJ/mol　　C. -5.4kJ/mol

　　D. $+5.4\text{kJ/mol}$　　　E. $+8.8\text{kJ/mol}$

20. 以下反应的标准自由能已给出：

磷酸肌酸→肌酸＋P$_i$　　　　$\Delta G_0' = -43.0\text{kJ/mol}$

ATP→ADP＋Pi　　　　　　$\Delta G_0' = -30.5\text{kJ/mol}$

则磷酸肌酸＋ADP→肌酸＋ATP 的 $\Delta G_0'$ 为（　　　）

　　A. -73.5kJ/mol　　　B. -12.5kJ/mol　　C. $+12.5\text{kJ/mol}$

D. +73.5kJ/mol　　E. 由于缺乏 K_{eq}，不能计算出其 $\Delta G_0'$

21. ATP→ADP+P$_i$ 是一个（　　）反应。

A. 均裂　　　　　　B. 内部重排　　　C. 自由基反应

D. 基团转移　　　　E. 氧化/还原

22. ATP 的水解反应的 $\Delta G_0'$ 为负且数值较大，但是 ATP 仍能在溶液中稳定存在是因为（　　）

A. 熵稳定　　　　　B. 磷酸的离子化　　C. 共振稳定

D. 反应是吸能的　　E. 反应的活化能较大

23. 磷酸烯醇式丙酮酸的水解反应的 $\Delta G_0' = -62kJ/mol$，推动这反应的因素包括反应物静电排斥的不稳定性和产物丙酮酸的（　　）的稳定作用。

A. 静电吸引　　　　B. 离子化　　　　　C. 极化

D. 共振　　　　　　E. 互变异构化

24. 以下哪种物质水解时没有大的负自由能？（　　）

A. 1,3-二磷酸甘油酸　　　　　　B. 3-磷酸甘油酸

C. ADP　　　　　　　　　　　　D. 磷酸烯醇式丙酮酸

E. 乙酰辅酶 A

25. 在所有细胞内 DNA 和 RNA 合成的直接前体都含有（　　）

A. 3′-三磷酸盐　　B. 5′-三磷酸盐　　C. 腺苷

D. 脱氧核糖　　　　E. 核糖

26. 肌肉收缩时能量的转换是（　　）

A. 化学能转变为动能　　　　　　B. 化学能转变为势能

C. 动能转变为化学能　　　　　　D. 势能转变为化学能

E. 势能转变为动能

27. 生物体内的氧化还原反应经常包含（　　）

A. 氧气的直接参与　　　　　　　B. 水的形成

C. 发生在线粒体中　　　　　　　D. 递电子

E. 递氢

28. 生物体内的氧化还原反应不包含（　　）

A. 转移电子　　　　　　　　　　B. 形成游离的电子

C. 形成 H$^+$（或 H$_3$O$^+$）　　　D. 递氢

E. 以上均不对

29. 延胡索酸+2H$^+$+2e$^-$→琥珀酸　　$E_0' = +0.0031V$

FAD+2H$^+$+2e$^-$→FADH$_2$　　$E_0' = -0.219V$

如果将延胡索酸、琥珀酸、FAD、FADH$_2$ 各 1mol/L 及琥珀酸脱氢酶混合，则起始反应是（　　）

A. 延胡索酸和琥珀酸被氧化，FAD、FADH$_2$ 被还原

B. 延胡索酸被还原，FADH$_2$ 被氧化

C. 不发生反应，因为所有物质在标准浓度

D. 琥珀酸被氧化，FAD 被还原

E. 琥珀酸被氧化，$FADH_2$ 由于是辅助因子所以不变

30. $NAD^+/NADH$ 的 E_0' 为 $-0.32V$，而草酰乙酸/苹果酸的 E_0' 为 $-0.175V$，当把 NAD^+、NADH、草酰乙酸、苹果酸混合且浓度均为 $10^{-5}\,mol/L$ 时，以下能自然发生的反应是（   ）

A. 苹果酸 $+NAD^+ \rightarrow$ 草酰乙酸 $+NADH+H^+$

B. 苹果酸 $+NADH+H^+ \rightarrow$ 草酰乙酸 $+NAD^+$

C. $NAD^+ +NADH+H^+ \rightarrow$ 草酰乙酸 $+$ 苹果酸

D. 草酰乙酸 $+NAD^+ \rightarrow$ 苹果酸 $+NADH+H^+$

E. 草酰乙酸 $+NADH+H^+ \rightarrow$ 苹果酸 $+NAD^+$

31. NAD^+ 的结构中不包含（   ）

A. 黄素核苷酸　　　B. 焦磷酸键　　　C. 腺苷酸

D. 尼克酰胺　　　　E. 两个核糖

32. 动物吸进来的 O_2 几乎都转变成了（   ）

A. 乙酰辅酶 A　　　B. CO_2　　　　C. CO 然后转变成 CO_2

D. H_2O　　　　　E. 以上都不对

33. 从线粒体中分离到一新物质，证明是电子传递链中的新的成分，命名为辅酶 Z。以下关于证明辅酶 Z 是电子传递链成分的描述，最不具有说服力的是（   ）

A. 交替改变辅酶 Z 的氧化和还原形式

B. 除去辅酶 Z 后 O_2 的消耗减少

C. Z 的还原电势在电子传递链的两已知成分之间

D. 当把辅酶 Z 加入到线粒体悬浮液中时，辅酶 Z 被线粒体快速而特异地摄取

34. 抗霉素 A 能够阻断电子传递链的细胞色素 b 和 c_1，如完整的线粒体和抗霉素 A、过量的 NADH 和充足的 O_2，处于氧化状态的是（   ）

A. 辅酶 Q　　　　B. 细胞色素 a_3　　　C. 细胞色素 b

D. 细胞色素 e　　　E. 细胞色素 f

35. 氰化物、寡霉素和 2,4-二硝基苯酚（DNP）能够抑制线粒体的氧化磷酸化作用，以下正确描述了三种物质的抑制方式的是（   ）

A. 氰化物和 DNP 抑制呼吸链，寡霉素抑制 ATP 的合成

B. 氰化物抑制呼吸链，寡霉素和 DNP 抑制 ATP 的合成

C. 氰化物和寡霉素抑制 ATP 的合成，DNP 抑制呼吸链

D. 氰化物、寡霉素和 DNP 与 O_2 竞争性地与细胞色素氧化酶（复合体Ⅳ）结合

E. 寡霉素抑制呼吸链，氰化物和 DNP 抑制 ATP 的合成

36. 从心肌的泛醌-细胞色素 c 还原酶（复合体Ⅲ）分离得到 QH_2，但在氧化

QH_2 时，却需要 2mol 的细胞色素 c，因为（　　）

    A. 细胞色素 c 是单电子受体，而 QH_2 是双电子供体

    B. 细胞色素 c 是双电子受体，而 QH_2 是单电子供体

    C. 细胞色素 c 是水溶的，在线粒体的内膜和外膜之间发挥作用

    D. 心肌氧化速度快，所以需要 2 倍的细胞色素 c 以促进电子传递的进行

    E. 2mol 的细胞色素 c 在催化之前首先要结合在一起

37. 如果电子传递链被抗霉素 A 在细胞色素 b 和细胞色素 c_1 之间阻断，则（　　）

    A. 所有 ATP 的产生均停止

    B. ATP 的合成继续，但 P/O 降为 1

    C. 从 NADH 的电子传递停止，但 O_2 的消耗继续

    D. 从琥珀酸到 O_2 的电子传递继续且不减少

    E. 从细胞色素转化来的能量用于 ATP 的合成，P/O 增加

38. 在线粒体中，NADH 的消耗（氧化）速率（　　）

    A. 在活动的肌肉中提高，在静息的肌肉中降低

    B. 如果 ATP 合成酶被抑制则很低，但如果加入解偶联剂则提高

    C. 如线粒体内的 ADP 被耗尽则降低

    D. 如果加入氰化物抑制细胞色素 aa_3 复合物的功能时降低

    E. 以上都对

39. 以下关于化学渗透学说正确的是（　　）

    A. 线粒体内的电子传递伴随着线粒体内膜一侧质子的不对称释放

    B. 说明了在缺乏完整的线粒体内膜时氧化磷酸化作用仍可发生

    C. 解偶联剂的作用结果是它们携带电子穿膜

    D. 膜上的 ATP 合成酶没有明显的作用

    E. 以上都对

40. 以下关于化学渗透学说错误的是（　　）

    A. 线粒体内的电子传递伴随着线粒体内膜一侧质子的不对称释放

    B. 储存的能量作为穿膜的 pH 梯度

    C. 氧化磷酸化不能发生在没有膜的反应体系中

    D. 解偶联剂的作用结果是它们携带质子穿膜

    E. 膜上的 ATP 合成酶在化学渗透学说中不起作用

41. 若过量的 2,4-二硝基苯酚加入到苹果酸氧化的线粒体悬液中，则除（　　）外其余的均能发生。

    A. O_2 消耗减少   B. O_2 消耗增加

    C. P/O 从 2.5 降为 0   D. 质子梯度消失

    E. 从 NADH 到 O_2 的电子传递速率达到最大

42. 线粒体内的氧化磷酸化解偶联（　　）

A. 导致 ATP 合成继续，但 O_2 的消耗停止

B. 线粒体的所有代谢均停止

C. 导致 ATP 合成停止，但 O_2 的消耗继续

D. 导致三羧酸循环减慢

E. 葡萄糖到丙酮酸的酵解过程减慢

43. 2,4-二硝基苯酚和寡霉素抑制了线粒体的氧化磷酸化，前者是解偶联剂，寡霉素阻止了 ATP 的合成，则 2,4-二硝基苯酚将（　　）

A. 允许寡霉素存在时电子传递　　　　B. 允许寡霉素存在时氧化磷酸化进行

C. 寡霉素存在时阻止电子传递　　　　D. 寡霉素存在时 O_2 的消耗降到最低

E. 以上均不对

44. 以下关于线粒体中能量保护错误的是（　　）

A. 抑制 ATP 合成酶的药物同时抑制了电子在电子传递链上的传递

B. 氧化磷酸化发生必需一个封闭的膜系统

C. 底物能够产生 ATP 的量由底物本身决定

D. 解偶联剂（如 DNP）和抑制剂（如氰化物）对电子传递的作用是类似的，都阻止了电子进一步传递给 O_2

E. 解偶联剂使质子梯度"短路"，随之将质子动力以热的形式散失

45. 以下关于线粒体内的 ATP 合成酶正确的是（　　）

A. 从破碎的线粒体中提取到的酶仍具有合成 ATP 的作用

B. 即使反应具有 $\Delta G_0' > 0$ 且数值较大仍能合成 ATP

C. 有 F_0 和 F_1 亚基组成，它们都是穿膜蛋白

D. 是 ATPase 且只能水解 ATP

E. 当催化合成 ATP 时，$\Delta G_0'$ 接近于 0

46. 氧化磷酸化时，质子的动力通过电子传递产生（　　）

A. 在线粒体内膜产生了一个孔

B. 产生了底物（ADP 和 P_i）用于 ATP 的合成

C. 诱导了 ATP 合成酶构象的改变

D. 氧化 NADH 为 NAD^+

E. 还原 O_2 为 H_2O

47. 在线粒体内氧化一种特定的含羟基的底物成为一种酮基物质，其 P/O 略小于 2，则氧化反应与（　　）反应相偶联？

A. 黄素蛋白的氧化　　　　　　　　　B. 一种嘧啶核苷酸的氧化

C. 黄素蛋白的还原　　　　　　　　　D. 一种嘧啶核苷酸的还原

E. 细胞色素 a_3 的还原

48. ATP 和 ADP 的相对浓度决定了细胞内（　　）速率。

A. 糖酵解　　　　　B. 氧化磷酸化　　　　　C. 丙酮酸氧化

D. 三羧酸循环　　　E. 以上都对

49. 线粒体内的氧化磷酸化的速率是由（　　）决定的。

A. CO_2 的反馈抑制　　　　　　　　B. 从 TCA 来的 NADH 的多少

C. 穿梭的柠檬酸或 3-磷酸甘油的浓度　　D. ATP-ADP 的质量比

E. 产热素（thermogenin）的存在

50. 哺乳动物通过自身的解偶联剂（　　）产生热量。

A. 2,4 二硝基苯酚　　　　　　　　　B. 产热素（thermogenin）

C. 硫氧还原蛋白　　　D. 细胞色素 c

E. F_0F_1 的修饰形式

51. 线粒体在细胞凋亡中的作用是（　　）

A. 细胞色素 c 逃逸到细胞质中　　　　B. 加速脂肪酸的 β-氧化

C. 增加线粒体外膜的通透性　　　　　D. 氧化磷酸化的解偶联

E. A 和 C 都对

52. 关于人类的线粒体，正确的是（　　）

A. 约有 900 个线粒体蛋白由核基因编码

B. 线粒体基因来自于父本和母本

C. rRNA 和 tRNA 从胞质中转移进线粒体并用于线粒体蛋白质的合成

D. 线粒体内蛋白均有线粒体基因组编码

E. 线粒体基因组不会突变

三、多项选择题

1. 同时传递电子和质子（H^+）的辅助因子有（　　）

A. FAD　　　　　B. FMN　　　　　C. 辅酶 Q

D. 铁硫蛋白　　　　E. 细胞色素 aa_3

2. 下列代谢物中，能把细胞质 NADH 的还原当量送入呼吸链的是（　　）

A. 肉碱　　　　　B. 丙酮酸　　　　C. 苹果酸

D. 天冬氨酸　　　E. 3-磷酸甘油

四、判断题（在题后括号内标明对或错）

1. 细胞色素是指含有 FAD 辅基的电子传递蛋白。（　　）

2. ΔG_0 和 $\Delta G_0'$ 的意义相同。（　　）

3. 呼吸链中的递氢体本质上都是递电子体。（　　）

4. 胞液中的 NADH 通过苹果酸穿梭作用进入线粒体，其 P/O 值约为 2。（　　）

5. 物质在空气中燃烧和在体内生物氧化的化学本质是完全相同的，但所经历的路途不同。（　　）

6. ATP 在高能化合物中占有特殊的地位，它起着共同的中间体的作用。

（　　）

7. 所有生物体呼吸作用的电子受体一定是氧。（　　）

8. 琥珀酸脱氢酶的辅基 FAD 与酶蛋白之间以共价键结合。（　　）

9. NADH 和 NADPH 都可以直接进入呼吸链。（　　）

10. 只有在有氧条件下呼吸链才能传递电子。（　　）

11. 2,4-二硝基甲苯是一种解偶联剂，破坏呼吸链电子传递和 ATP 合成之间的偶联关系。（　　）

五、简答题

1. 什么是生物氧化？有何特点？试比较体内氧化和体外氧化的异同。

2. 氰化物为什么能引起细胞窒息死亡？

3. 简述化学渗透学说的主要内容，其最显著的特点是什么？

4. 什么是呼吸链？它由哪些复合物组成？

5. 什么是铁硫蛋白？有什么生理功能？

6. 呼吸链中各细胞色素有什么区别？什么是细胞色素 P450 氧还系统？

7. 影响氧化磷酸化的因素有哪些？

8. 什么是 F_1F_0-ATP 合酶？简述其结构。

9. 生物氧化中重要的氧化酶有哪些？脱氢酶有哪些？

10. 糖酵解中产生的 NADH 是怎样进入呼吸链氧化的？

11. 能荷与代谢调节有什么关系？

12. 氧化作用和磷酸化作用是怎样偶联的？

13. 呼吸链中各电子传递体的排列顺序是如何确定的？

14. 巴斯德在研究酵母无氧生醇发酵时发现，如果突然给予充足的氧气，葡萄汁中的葡萄糖的消耗速度会突然减小，但如加入 2,4-二硝基苯酚（DNP），可以抵消这种作用。（1）为什么酵母在有氧的条件下降低了葡萄糖的消耗？你能推测减少了多少吗？（2）为什么 DNP 能够抵消或阻止巴斯德效应？

15. 2,4-二硝基苯酚可用做减肥药，伴随体温升高，也有部分人死亡，说明原因。

16. O_2 没有直接参与三羧酸循环的任何一步反应，但是这个循环过程只能在 O_2 供应充足时才发生，说明原因。

17. 设想肝细胞在有氧条件下进行葡萄糖的代谢，如有一种 ATP 合成酶的抑制剂加入进来，完全抑制了酶的活性，以下请判断对错：

（1）细胞内 ATP 的合成几乎为 0。

（2）细胞内葡萄糖的消耗速率急剧下降。

（3）氧气的消耗量将增加。

（4）三羧酸循环加速来弥补。

（5）细胞会启动脂肪酸的氧化以替代葡萄糖，故抑制剂对 ATP 的合成不受影响。

一、名词解释

1. 由一系列可作为电子载体的酶复合体和辅助因子构成，可将来自还原型辅酶或底物的电子传递给有氧代谢的最终电子受体分子氧（O_2）。

2. 电子从一个底物传递给分子氧的氧化与酶催化的由 ADP 和 Pi 生成 ATP 的磷酸化相偶联的过程。

3. 一种学说，主要论点是底物氧化期间建立的质子浓度梯度提供了驱动由 ADP 和 Pi 形成 ATP 的能量。

4. 一种使电子传递与 ADP 磷酸化之间的紧密偶联关系解除的化合物，例如 2,4-二硝基苯酚。

5. 在氧化磷酸化中，每 $1/2O_2$ 被还原时形成的 ATP 的摩尔数。电子从 NADH 传递给 O_2 时，P/O 值为 2.5，而电子从 $FADH_2$ 传递给 O_2 时，P/O 值为 1.5。

6. 在标准条件下水解时自由能大幅度减少的化合物。一般是指水解释放的能量能驱动 ADP 磷酸化合成 ATP 的化合物。

7. 底物磷酸化作用是指代谢底物由于脱氢或脱水，造成其分子内部能量重新分布，产生的高能键所携带的能量转移给 ADP 生成 ATP，即 ATP 的形成直接与一个代谢中间高能磷酸化合物（如磷酸烯醇式丙酮酸、1,3-二磷酸甘油酸等）上的磷酸基团的转移相偶联，其特点是不需要分子氧参加。

8. 表示细胞内 3 种腺苷酸的比例关系的单位，可用下式表示：

$$能荷 = \frac{[ATP]+[ADP]/2}{[ATP]+[ADP]+[AMP]}$$

二、单项选择题

1. D　2. C　3. D　4. D　5. C　6. B　7. A　8. B　9. D　10. B　11. E
12. C　13. A　14. C　15. A　16. E　17. A　18. A　19. C　20. B　21. D
22. E　23. E　24. B　25. B　26. A　27. D　28. B　29. B　30. E　31. A
32. D　33. A　34. A　35. B　36. B　37. A　38. A　39. A　40. E　41. A
42. C　43. A　44. D　45. E　46. C　47. C　48. E　49. D　50. B　51. E
52. A

三、多项选择题

1. ABC　2. CE

四、判断题

1. 错。细胞色素是指含有血红素辅基的电子传递蛋白。

2. 错。ΔG_0 和 $\Delta G_0'$ 的意义不同，ΔG_0 指当反应底物和产物的浓度都为 1mol/L 时自由能的变化，$\Delta G_0'$ 专指在 pH7.0 时自由能的变化。

3. 对。

4. 错。胞液中的 NADH 通过苹果酸穿梭作用进入线粒体，其 P/O 值约为 2.5。

5. 对。

6. 对。

7. 错。并非所有生物体呼吸作用的电子受体一定是氧。

8. 对。

9. 错。NADH 可以直接进入呼吸链，NADPH 不能。

10. 对。

11. 错。2,4-二硝基甲苯是一种解偶联剂，破坏线粒体内外膜之间的 $[H^+]$ 梯度。

五、问答题

1.【答】营养物质如蛋白质、脂肪和糖等在体内分解，消耗氧气，生成 CO_2 和 H_2O，同时产生能量的过程称为生物氧化。

生物氧化的实质是脱氢、失电子或与氧结合，消耗氧生成 CO_2 和 H_2O，与体外有机物的化学氧化（如燃烧）相同，释放的总能量都相同。生物氧化的特点是：作用条件温和，通常在常温、常压、近中性 pH 及有水环境下进行；有酶、辅酶、电子传递体参与，在氧化还原过程中逐步放能；放出的能量大多转换为 ATP 分子中的活跃化学能，供生物体利用。体外燃烧则是在高温、干燥条件下进行的剧烈游离基反应，能量爆发释放，并且释放的能量转为光、热散失于环境中。

2.【答】氰化物属于常见的电子传递抑制剂，能够阻断呼吸链中某一部位电子传递的物质称为电子传递抑制剂，能阻断电子由 Cytaa₃ 到氧的传递。

3.【答】该假说由英国生物化学家 PeterMitchell 提出。他认为电子传递的结果将 H^+ 从线粒体内膜上的内侧"泵"到内膜的外侧，于是在内膜内外两侧产生了 H^+ 的浓度梯度。即内膜的外侧与内膜的内侧之间含有一种势能，该势能是 H^+ 返回内膜内侧的一种动力。H^+ 通过 F_0F_1-ATP 酶分子上的特殊通道又流回内膜的内侧。当 H^+ 返回内膜内侧时，释放出自由能的反应和 ATP 的合成反应相偶联。

4.【答】电子传递链是在生物氧化中，底物脱下的氢（$H^+ + e^-$），经过一系列传递体传递，最后与氧结合生成 H_2O 的电子传递系统，又称呼吸链。呼吸链上电子传递载体的排列是有一定顺序和方向的，电子传递的方向是从氧还电势较负的化合物流向氧化还原电势较正的化合物，直到氧。氧是氧化还原电势最高的受体，最后氧被还原成水。

构成电子传递链的电子传递体成员分五类：烟酰胺核苷酸（NAD^+）、黄素蛋白、铁硫蛋白或铁硫中心、辅酶 Q、细胞色素类等。

5.【答】铁硫蛋白是一种非血红素铁蛋白，其活性部位含有非血红素铁原子和对酸不稳定的硫原子，此活性部位被称之为铁硫中心。铁硫蛋白是一种存在于线粒体内膜上的与电子传递有关的蛋白质。铁硫蛋白中的铁原子与硫原子通常以等摩尔量存在，铁原子与蛋白质的四个半胱氨酸残基结合。根据铁硫蛋白中所含铁原子和硫原子的数量不同可分为三类：FeS 中心、Fe_2-S_2 中心和 Fe_4-S_4 中心。在线粒体内膜上，铁硫蛋白和递氢体或递电子体结合为蛋白复合体，已经证明在呼吸链的复合物Ⅰ、复合物Ⅱ、复合物Ⅲ中均结合有铁硫蛋白，其功能是通过二价铁离子和三价铁离子的化合价变化来传递电子，而且每次只传递一个电子，是单电子传递体。

6.【答】细胞色素类是含铁的单电子传递载体。铁原子处于卟啉的中心，构成血红素。它是细胞色素类的辅基。细胞色素类是呼吸链中将电子从辅酶 Q 传递到氧的专一酶类。线粒体的电子至少含有 5 种不同的细胞色素（即 b、c、c_1、a、a_3）。通过实验证明，它们在电子传递链上电子传递的顺序是 b→c_1→c→aa_3，细胞色素 aa_3 以复合物形式存在，称为细胞色素氧化酶，是电子传递链中最末端的载体，所以又称末端氧化酶。细胞色素 P_{450} 是一类亚铁血红素，存在于内质网和线粒体内膜上，是一种末端加氧酶，参与了生物体内甾醇类激素合成等过程。

7.【答】氧化磷酸化：在线粒体中，底物分子脱下的氢原子经递氢体系传递给氧，在此过程中释放能量使 ADP 磷酸化生成 ATP，这种能量的生成方式就称为氧化磷酸化。

影响因素主要是：ATP/ADP 值、甲状腺激素、药物和毒物，包括呼吸链的抑制剂、解偶联剂、氧化磷酸化的抑制剂等。

8.【答】在电镜下，ATP 合酶分为三个部分，即头部、柄部和基底部，但如用生化技术进行分离，则只能得到 F_0（基底部＋部分柄部）和 F_1（头部＋部分柄部）两部分。ATP 合酶的中心存在质子通道，当质子通过这一通道进入线粒体基质时，其能量被头部的 ATP 合酶催化活性中心利用以合成 ATP。

9.【答】营养物质进行氧化分解是在各种氧化酶的催化下进行的。按照其催化反应的特点，氧化酶类包括需氧脱氢酶、不需氧脱氢酶和氧化酶等。

需氧脱氢酶可以催化底物脱氢，并且将脱掉的氢立即交给分子氧，生成 H_2O_2。此酶大多以黄素单核苷酸（FMN）和黄素腺嘌呤二核苷酸（FAD）为辅基，称为黄素酶类。它们常需要某些金属离子，如 MO_2^+ 和 Fe^{2+} 等。属于需氧脱氢酶的有黄嘌呤氧化酶、L-氨基酸氧化酶、D-氨基酸氧化酶及醛氧化酶等。

不需氧脱氢酶可使底物脱氢而氧化，但脱下来的氢并不直接与氧反应，而是通过呼吸链传递最终才与氧结合生成 H_2O。这些酶的辅酶包括 NAD^+、$NADP^+$ 和 FAD 等。3-磷酸甘油醛脱氢酶、丙酮酸脱氢酶、α-酮戊二酸脱氢酶、异柠檬酸脱氢酶、琥珀酸脱氢酶等都属于不需氧脱氢酶。

主要的氧化酶有处于呼吸链末端的细胞色素氧化酶，又称细胞色素 aa_3，可以催化细胞色素 C 的氧化，将电子直接传递给氧，生成 O_2^-，后者再接受 H^+ 生成 H_2O。

除上述氧化酶以外，在细胞内还存在有一些其他氧化酶，它们大多数位于过氧化物酶体中。这些氧化酶类虽然不参加 ATP 的生成，但在解毒、保护机体方面具有重要作用，例如过氧化氢酶和过氧化物酶、加氧酶、超氧化物歧化酶等。

10.【答】胞液中的 3-磷酸甘油醛或乳酸脱氢，均可产生 NADH。这些 NADH 可经穿梭系统而进入线粒体进行氧化磷酸化，产生 H_2O 和 ATP。

1）磷酸甘油穿梭系统：这一系统以 3-磷酸甘油和磷酸二羟丙酮为载体，在两种不同的 3-磷酸甘油脱氢酶的催化下，将胞液中 NADH 的氢原子带入线粒体中交给 FAD，再沿琥珀酸氧化呼吸链进行氧化磷酸化。因此，如 NADH 通过此穿梭系统带一对氢原子进入线粒体，则只得到 1.5 分子 ATP。

2）苹果酸穿梭系统：此系统以苹果酸和天冬氨酸为载体，在苹果酸脱氢酶和谷草转氨酶的催化下。将胞液中 NADH 的氢原子带入线粒体交给 NAD^+，再沿 NADH 氧化呼吸链进行氧化磷酸化。因此，经此穿梭系统带入一对氢原子可生成 2.5 分子 ATP。

11.【答】细胞内存在三种经常参与能量代谢的腺苷酸，即 ATP、ADP 和 AMP。这三种腺苷酸的总量虽然很少，但与细胞的分解代谢和合成代谢紧密相联。三种腺苷酸在细胞中各自的含量也随时在变动。生物体中 ATP-ADP-AMP 系统的能量状态（即细胞中高能磷酸状态）用数量表示，称为能荷。

能荷的大小与细胞中 ATP、ADP 和 AMP 的相对含量有关。当细胞中全部腺苷酸均以 ATP 形式存在时，则能荷最大，为 1，即能荷为满载。当全部以 AMP 形式存在时，则能荷最小，为零。当全部以 ADP 形式存在时，能荷居中，为 50%。若三者并存时，能荷则随三者含量的比例不同而表现不同的百分值。通常情况下细胞处于 80% 的能荷状态。

能荷与代谢有什么关系呢？研究证明，细胞中能荷高时，抑制了 ATP 的生成，但促进了 ATP 的利用，也就是说，高能荷可促进分解代谢，并抑制合成代谢。相反，低能荷则促进合成代谢，抑制分解代谢。能荷调节是通过 ATP、ADP 和 AMP 分子对某些酶分子进行变构调节进行的。例如糖酵解中，磷酸果糖激酶是一个关键酶，它受 ATP 的强烈抑制，但受 ADP 和 AMP 促进。丙酮酸激酶也是如此。在三羧酸循环中，丙酮酸脱氢酶、柠檬酸合成酶、异柠檬酸脱氢酶和 α-酮戊二酸脱氢酶等，都受 ATP 的抑制和 ADP 的促进。呼吸链的氧化磷酸化速度同样受 ATP 抑制和 ADP 促进。

12.【答】目前解释氧化作用和磷酸化作用如何偶联的假说有三个，即化学偶联假说、结构偶联假说与化学渗透假说，其中化学渗透假说得到较普遍的公认。该假说的主要内容是：

（1）线粒体内膜是封闭的对质子不通透的完整内膜系统。

（2）电子传递链中的氢传递体和电子传递体是交叉排列，氢传递体有质子（H^+）泵的作用，在电子传递过程中不断地将质子（H^+）从内膜内侧基质中泵到内膜外侧。

（3）质子泵出后，不能自由通过内膜回到内膜内侧，这就形成内膜外侧质子（H^+）浓度高于内侧，使膜内带负电荷，膜外带正电荷，因而也就形成了两侧质子浓度梯度和跨膜电位梯度。这两种跨膜梯度是电子传递所产生的电化学电势，是质子回到膜内的动力，称质子移动力或质子动力势。

（4）一对电子（$2e^-$）从 NADH 传递到 O_2 的过程中共有 3 对 H^+ 从膜内转移到膜外。复合物 I、III、IV 起质子泵的作用，这与氧化磷酸化的三个偶联部位一致，每次泵出 2 个 H^+。

（5）质子移动力是质子返回膜内的动力，是 ADP 磷酸化成 ATP 的能量所在，在质子移动力驱使下，质子（H^+）通过 F_1F_0-ATP 合酶回到膜内，同时 ADP 磷酸化合成 ATP。

13.【答】呼吸链中各电子传递体的排列顺序主要是根据它们的氧化还原电位的测定结果来确定的，各电子传递体的氧化还原电位由低到高顺序排列。另外还可以利用电子传递抑制剂来确定它们的顺序。当在体系中加入某种电子传递抑制剂时，以还原态形式存在的传递体则位于该抑制剂作用位点的上游。如果以氧化态形式存在，则该传递体位于抑制剂作用位点的下游。这样结合应用几种电子传递抑制剂，便可为确定各电子传递体的顺序提供有价值的信息。此外还可通过测定细胞色素的氧化还原光谱来确定其排列顺序。

14.【答】（1）有氧氧化产生的能量多，为 32:2；应减少为原来的 1/16。（2）DNP 为解偶联剂，H^+ 浓度梯度被破坏，没有 ATP 的合成，所以葡萄糖消耗速度不会减慢。

15.【答】解偶联剂允许"燃料"氧化，但因没有 ATP 生成，能量以热的形式散发，故体温升高。用药过量导致 ATP 缺乏而死亡。

16.【答】三羧酸循环产生 NADH，后者进入呼吸链，最终与 O_2 结合生成水。无 O_2 时 NADH 积累，NAD^+ 耗尽，三羧酸循环减慢。

17.【答】（1）错，可由酵解提供。

（2）错，酵解加速，葡萄糖消耗增加。

（3）错，阻断了 ATP 合成，即阻断了电子传递，O_2 消耗减少或停止。

（4）错，三羧酸循环产生 NADH，若阻断 NADH 与 O_2 的电子传递，则 NADH 蓄积、NAD^+ 消耗殆尽、三羧酸循环减慢。

（5）错，脂肪酸氧化也产生 NADH、$FADH_2$ 和乙酰 CoA，而乙酰 CoA 也会通过三羧酸循环氧化，所以根据上述 4 条原因，ATP 合成被抑制。

第10章

脂代谢

目的要求

1. 掌握脂肪的分解代谢——脂肪酸的β-氧化，酮体的生成与利用，脂肪酸的其他氧化方式。

2. 掌握脂肪的合成代谢。

3. 掌握脂类的消化吸收。血浆脂蛋白的代谢、甘油磷脂的代谢和胆固醇的合成原料。

4. 了解类脂的代谢以及脂类在体内的运转概况等。

内容提要

脂肪是动物体内主要的贮能物质。经激素敏感脂肪酶的催化，脂肪分解为甘油及饱和与不饱和脂肪酸，并运送到全身各组织利用。甘油磷酸化后，进入糖代谢途径。胞液中的脂肪酸，先活化为脂酰CoA，然后由肉碱转运至线粒体中进行β-氧化分解，每一次β-氧化，1mol脂酰CoA经过脱氢、加水、再脱氢及硫解，生成1mol乙酰CoA和少2个碳原子的脂酰CoA，如此重复，完全降解成乙酰CoA并进入三羧酸循环彻底氧化。酮体是由脂肪酸在肝细胞线粒体中β-氧化产生的乙酰CoA经缩合产生的，因肝脏缺乏乙酰乙酸硫激酶和琥珀酰CoA转硫酶，所以肝脏产生的酮体自身不能利用，需经血液运至肝外组织氧化供能。

脂肪酸在胞液中合成。线粒体中的乙酰CoA通过柠檬酸-丙酮酸循环转运入胞液，由NADPH供氢，在脂肪酸合成酶系催化下合成软脂酸，合成反应并不是β-氧化的简单逆过程。脂肪的合成有两条途径，一条是在肝细胞和脂肪细胞的滑面内质网中，由3-磷酸甘油逐步酯化生成，另一条是在小肠黏膜上皮细胞内，消化吸收的甘油一酯直接与脂酰CoA作用生成。

类脂的种类很多，其中磷脂和胆固醇都是组成生物膜双层结构的成分。磷脂在形成脂蛋白CM和VLDL中，对运输外源性和内源性三脂酰甘油和胆固醇及其酯起重要作用。胆固醇是组成类固醇激素和胆汁酸的前体物质，胆固醇合成的原料是乙酰CoA，合成通路的主要调节点是HMG-CoA还原酶所催化的反应，LDL是转运胆固醇的主要物质，胆固醇一部分从肝直接排出，大部分则转变成胆汁酸后分泌排出。血浆中脂蛋白用电泳和离心的方法分类。脂蛋白的形成及甘油三酯和胆固醇的在体内的交换过程实现对其转运和代谢的调节。

脂肪是动物机体用以贮存能量的主要形式。当动物摄入的能源物质，包括糖和脂肪，超过了其所需要的消耗量时，就以脂肪的形式贮存起来。而当摄入的能源物质不能满足生理活动需要时，则动用体内贮存的脂肪氧化供能。

重点难点

1. 脂类的分类及生理功能。

2. 甘油三酯的代谢。

（1）分解代谢：脂肪的动员；β-氧化；酮体的生成和利用；甘油代谢。

（2）合成代谢：脂肪酸合成；甘油三酯的合成。

（3）脂肪代谢的调节

3. 类脂的代谢

（1）磷脂的代谢：甘油磷脂的合成代谢和分解代谢。

（2）胆固醇代谢：吸收、酯化、合成、转化和排泄。

4. 脂类在体内的转运。

 例题解析

例 1. 为什么摄入糖量过多容易长胖？

解析：本题考查糖代谢和脂肪代谢的联系。

糖类在体内水解产生单糖，像葡萄糖可以通过有氧氧化生成乙酰 CoA，作为脂肪酸合成原料合成脂肪酸，因此，脂肪也是糖的储存形式之一。

糖代谢过程中产生的磷酸二羟丙酮可以转变为磷酸甘油，也作为脂肪合成中甘油的来源。

例 2. 1 摩尔软脂酸经 β-氧化为 CO_2 和 H_2O 时，能产生多少分子 ATP？

解析：考查脂肪酸氧化分解过程中产能多少。软脂酸是十六碳的饱和脂肪酸，最终被分解为 CO_2 和 H_2O 时，共需经过 7 次 β-氧化过程，由于 1mol 软脂酸每进行一次 β-氧化可生成乙酰 CoA、$FADH_2$ 和 $NADH + H^+$ 各 1mol，每摩尔 $NADH + H^+$ 经呼吸链氧化后可产生 2.5mol ATP，而每摩尔 $FADH_2$ 则产生 1.5mol ATP。故 7mol $NADH + H^+$ 产生 17.5mol ATP，7mol $FADH_2$ 产生 10.5mol ATP。已知每摩尔乙酰 CoA 经三羧酸循环氧化成 CO_2 和 H_2O 时可产生 10mol ATP，故 8mol 乙酰 CoA 可产生 80mol ATP。以上总共产生 108mol ATP。因在脂肪酸活化时要消耗 2 个高能键，相当于 2 个 ATP，故彻底氧化 1mol 软脂酸净生成 106mol ATP。

例 3. 当胞浆中脂肪酸合成旺盛时，线粒体中脂肪酸氧化就会停止，为什么？

解析：本题考查的是脂肪酸代谢的调节。主要是因为脂肪酸合成产生出的丙二酸单酰 CoA 可以抑制肉碱脂肪酰转移酶 I 的作用，这样长链的脂酰 CoA 就不能转入线粒体中，当脂肪酸的合成旺盛时，胞浆中的丙二酸单酰 CoA 的含量就会很多，脂酰 CoA 被阻断在胞浆中，所以 β-氧化就不能进行。

 练习题

一、名词解释

1. 必需脂肪酸（essential fatty acid）

2. 脂肪酸的 α-氧化（α-oxidation）

3. 脂肪酸的 β-氧化（β-oxidation）

4. 脂肪酸的 ω-氧化（ω-oxidation）

5. 柠檬酸穿梭（citriate shuttle）

6. 脂肪酸合成酶系统（fatty acid synthase system）

7. 脂肪的动员作用（adipokinetic action）

8. 酰基载体蛋白（acyl carrier protein，ACP）

9. 肉毒碱穿梭系统（carnitine shuttle system）

10. 血浆脂蛋白（plasma lipoprotein）

11. 酮体（ketone bodies）

12. 脂肪肝（fatty liver）

13. 酮症（ketosis）

14. LDL 受体（LDL receptor）

15. 高脂血症（hyperlipemia）

16. 动脉粥样硬化（atherosclerosis）

17. 激素敏感性三酰甘油脂肪酶（hoarmone-sensitive triacylglycerol lipase）

18. 脂蛋白酯酶（lipoprotein lipase，LPL）

二、填空题

1. 脂肪酸的_____是 Franz Knoop 于 1904 年最初提出来的。

2. 脂肪酸的 β-氧化包括_____、_____、_____和_____四个步骤。

3. _____是动物和许多植物主要的能源贮存形式，是由_____与 3 分子_____酯化而成的。

4. 在所有的细胞中，活化酰基化合物的主要载体是_____。

5. 在线粒体外膜脂酰 CoA 合成酶催化下，游离脂肪酸与_____和_____反应，生成脂肪酸的活化形式_____，再经线粒体内膜上的_____进入线粒体基质。

6. 一个碳原子数为 n（n 为偶数）的脂肪酸在 β-氧化中需经_____次 β-氧化循环，生成_____个乙酰 CoA，_____个 $FADH_2$ 和_____个 NADH＋H^+。

7. 酮体包括_____、_____、_____。酮体主要在_____以_____为原料合成，并在_____被氧化利用。

8. 含一个以上双键的不饱和脂肪酸的氧化，可按 β-氧化途径进行，但还需另外两种酶，即_____和_____。

9. 脂肪酸从头合成的 C_2 供体是_____，活化的 C_2 供体是_____，还原剂是_____。

10. 乙酰 CoA 的去路有_____、_____、_____、_____等。

11. 脂肪酸从头合成中，缩合、两次还原和脱水反应时酰基都连接在_____上，它有一个与_____一样的_____长臂。

12. 脂肪酸合成酶复合物一般只合成_____，动物中脂肪酸碳链延长由_____或_____酶系统催化。

13. 真核细胞中，不饱和脂肪酸都是通过_____途径合成的；许多细菌的单烯脂肪酸则是经由_____途径合成的。

14. 通过两分子_____与一分子_____反应可以合成一分子磷脂酸。

15. 三酰甘油是由_____和_____在磷酸甘油转酰酶的作用下先形成_____，再由磷酸酶转变成_____，最后在_____催化下生成三酰甘油。

16. 磷脂合成中活化的二酰甘油供体为_____，在功能上类似于糖原合成中的_____。

17. 合成胆固醇的原料是_____，递氢体是_____，限速酶是_____。胆固醇在体内可转化为_____、_____、_____。

18. 磷脂酶 A_1 水解卵磷脂生成_____和_____。

19. 脂肪酸合成过程中，乙酰 CoA 来源于_____或_____，NADPH 来源于_____途径。

20. _____是脂肪酸从头合成的限速酶，该酶以_____为辅基，消耗_____个高能磷酸键，催化乙酰 CoA 与 CO_2 生成_____，柠檬酸为其激活剂，长链脂酰 CoA 为其_____。

21. 在磷脂酰乙醇胺转变成磷脂酰胆碱的过程中，甲基供体是_____，它是_____的衍生物。

22. 丙酰 CoA 的进一步氧化需要_____和_____作辅酶因子。

23. 脂肪酸的合成需要原料_____、_____、_____和_____等。

24. 在动植物中，脂肪酸降解的主要途径是_____作用，而石油可被某些细菌降解，其起始步骤是_____作用。

25. 动物体内，脂肪酸的去饱和作用发生在_____上，哺乳动物的去饱和酶能力有限，只能在_____号位 C 原子上引入双键。

26. 血脂的运输形式是脂蛋白，电泳法可将其分为_____、_____、_____、_____四种。

27. 脂肪肝是当肝脏的_____不能及时将肝细胞中的脂肪运出，造成脂肪在肝细胞中的堆积所致。

28. 动脉粥样硬化可能与_____代谢紊乱有密切关系。

29. 乳糜微粒在小肠黏膜合成，它主要运输_____；极低密度脂蛋白在_____合成，它主要运输_____；低密度脂蛋白在_____生成，其主要功用为_____；高密度脂蛋白在_____生成，其主要功用为_____。

30. 血液中胆固醇酯化需_____酶催化；组织细胞内胆固醇酯化需_____

酶催化。

31. 人血浆脂蛋白中含甘油三酯最多的是_____和_____；含胆固醇酯最多的是_____，含蛋白质最多的是_____。

32. 脂肪酸的合成前体是_____，它主要存在于_____，需要通过_____跨膜传递机制进入_____参加脂肪酸的合成。

33. 脂肪酸的分解（β-氧化）是在_____中进行的，脂肪酸的合成是在_____中进行的。

34. 1分子棕榈油酸，彻底氧化可产生_____分子 ATP。

35. 用磷脂酶 C 水解卵磷脂，产物是_____和_____。

36. 用磷脂酶 D 水解卵磷脂，产物为_____和_____。

37. 1分子软脂酸彻底氧化需要重复循环_____次，共产生_____分子乙酰 CoA，全部进入柠檬酸循环彻底氧化，共产生_____分子 ATP。

38. 胆固醇可转变成_____促进脂类消化；转变成_____调节动物和人类的生长发育及代谢过程；转变为_____控制钙磷代谢。

39. 人体脂肪的主要功能是_____和_____。

40. 脂肪酸的去饱和作用发生在_____。

41. 由乙酰 CoA 可以合成_____、_____和_____。

42. HMG-CoA 在肝细胞的线粒体是合成_____的中间产物，而在胞浆中是合成_____的中间产物。

43. 游离脂肪酸不溶于水，需与_____结合后由血液运至其他组织。

44. 每 1 分子脂肪酸被活化为脂酰 CoA 需消耗_____个高能磷酸键。

45. 磷脂酸是由 1 分子_____、2 分子_____和 1 分子_____组成。

46. 在肝脏合成的脂肪主要是以_____的形式运出肝脏的，并供其他组织摄取。

47. 乳糜微粒是在肠黏膜细胞_____中形成的，其生理功能是转运_____。

48. 脂肪动员是将脂肪细胞的脂肪水解成_____和_____释放入血，运输到其他组织器官氧化利用。

49. 长链脂酰辅酶 A 进入线粒体由_____携带，限速酶是_____。

三、单项选择题

1. 下列哪项叙述符合脂肪酸的 β-氧化？（　　）

A. 仅在线粒体中进行

B. 产生的 NADPH 用于合成脂肪酸

C. 被胞浆酶催化

D. 产生的 NADPH 用于葡萄糖转变成丙酮酸

E. 需要酰基载体蛋白参与

2. 脂肪酸在细胞中氧化降解 （　　　）

A. 从酰基 CoA 开始　　　　　　　　B. 产生的能量不能为细胞所利用

C. 被肉毒碱抑制　　　　　　　　　　D. 主要在细胞核中进行

E. 在降解过程中反复脱下三碳单位使脂肪酸链变短

3. 下列哪个辅因子参与脂肪酸的 β-氧化？（　　　）

A. ACP　　　　　B. FMN　　　　　C. 生物素　　　　　D. NAD$^+$

4. 脂肪酸从头合成的酰基载体是 （　　　）

A. ACP　　　　　B. CoA　　　　　C. 生物素　　　　　D. TPP

5. 卵磷脂中含有的含氮化合物是 （　　　）

A. 磷酸吡哆醛　　　　B. 胆胺　　　　C. 胆碱　　　　D. 乙醇胺

6. 脂肪酸从头合成的限速酶是 （　　　）

A. 乙酰 CoA 羧化酶　　　　　　　　　B. 缩合酶

C. β-酮脂酰-ACP 还原酶　　　　　　　D. α,β-烯脂酰-ACP 还原酶

7. 以干重计，脂肪比糖完全氧化产生更多的能量。下面谁最接近糖对脂肪的产能比例？（　　　）

A. 1：2　　　　　B. 1：3　　　　　C. 1：4

D. 2：3　　　　　E. 3：4

8. 软脂酰 CoA 在 β-氧化第一次循环中及生成的二碳代谢物彻底氧化时，ATP 的总量是 （　　　）

A. 3ATP　　　　　B. 13ATP　　　　　C. 14ATP

D. 17ATP　　　　　E. 18ATP

9. 下述酶中哪个是多酶复合体？（　　　）

A. ACP-转酰基酶；　　　　　　　　　B. 丙二酸单酰 CoA-ACP-转酰基酶

C. β-酮脂酰-ACP 还原酶；　　　　　　D. β-羟脂酰-ACP 脱水酶

E. 脂肪酸合成酶

10. 由 3-磷酸甘油和酰基 CoA 合成甘油三酯过程中，生成的第一个中间产物是下列哪种？（　　　）

A. 2-甘油单酯　　　B. 1,2-甘油二酯　　　C. 溶血磷脂酸

D. 磷脂酸　　　　　E. 酰基肉毒碱

11. 下述哪种说法最准确地描述了肉毒碱的功能？（　　　）

A. 转运中链脂肪酸进入肠上皮细胞

B. 转运中链脂肪酸越过线粒体内膜

C. 参与转移酶催化的酰基反应

D. 是脂肪酸合成代谢中需要的一种辅酶

12. 为了使长链脂酰基从胞浆转运到线粒体内进行脂肪酸的 β-氧化，所需要的载体为 （　　　）

A. 柠檬酸　　　　　B. 肉碱　　　　　C. 酰基载体蛋白

D. 3-磷酸甘油　　　　E. CoA

13. 下列化合物中除哪个外都能随着脂肪酸 β-氧化的不断进行而产生?（　　）

A. H_2O　　　　B. 乙酰 CoA　　　　C. 脂酰 CoA

D. $NADH+H^+$　　　　E. $FADH_2$

14. 在长链脂肪酸的代谢中，脂肪酸 β-氧化循环的继续与下列哪个酶无关?（　　）

A. 脂酰 CoA 脱氢酶　　　　　　　　B. β-羟脂酰 CoA 脱氢酶

C. 烯脂酰 CoA 水化酶　　　　　　　D. β-酮硫解酶

E. 硫激酶

15. 下列关于脂肪酸 β-氧化作用的叙述错误的是（　　）

A. 脂肪酸仅需一次活化，消耗 ATP 分子的两个高能键

B. 除硫激酶外，其余所有的酶都属于线粒体酶

C. β-氧化包括脱氢、水化、再脱氢和硫解等重复步骤

D. 该过程涉及到 $NADP^+$ 的还原

E. 氧化中除去的碳原子可进一步利用

16. 脂肪酸的合成通常称作还原性合成，下列哪个化合物是该途径中的还原剂?（　　）

A. $NADP^+$　　　　B. FAD　　　　C. $FADH_2$

D. NADPH　　　　E. NADH

17. 在脂肪酸生物合成中，将乙酰基从线粒体内转到胞浆中的化合物是（　　）

A. 乙酰 CoA　　　　B. 乙酰肉碱　　　　C. 琥珀酸

D. 柠檬酸　　　　E. 草酰乙酸

18. 肝脏中从乙酰 CoA 合成乙酰乙酸的途径中，乙酰乙酸的直接前体是（　　）

A. 3-羟基丁酸　　　　　　　　　B. 乙酰乙酰 CoA

C. 3-羟基丁酰 CoA　　　　　　　D. 甲羟戊酸

E. β-羟-β-甲基戊二酸单酰 CoA

19. 二脂酰甘油＋NDP-胆碱→NMP＋磷脂酰胆碱，此反应中 NMP 代表什么?（　　）

A. AMP　　　B. CMP　　　C. GMP　　　D. TMP　　　E. UMP

20. 在胆固醇生物合成中，下列哪一步是限速反应及代谢调节点?（　　）

A. 焦磷酸牻牛儿酯→焦磷酸法呢酯

B. 鲨烯→羊毛固醇

C. 羊毛固醇→胆固醇

D. β-羟基-β-甲基戊二酸单酰 CoA→甲羟戊酸

E. 上面反应均不是

21. 胆固醇是下列哪种化合物的前体分子？（　　）

A. 辅酶 A　　　　　　　B. 泛醌　　　　　　C. 维生素 A

D. 维生素 D　　　　　　E. 维生素 E

22. 甘油醇磷脂合成过程中需哪一种核苷酸参与？（　　）

A. ATP　　　　　　　　B. CTP　　　　　　C. TTP

D. UTP　　　　　　　　E. GTP

23. 脂肪酸 β-氧化的逆反应可见于（　　）

A. 胞浆中脂肪酸的合成　　　　　　B. 胞浆中胆固醇的合成

C. 线粒体中脂肪酸的延长　　　　　D. 内质网中脂肪酸的延长

E. 不饱和脂肪酸的合成

24. 缺乏维生素 B_2，β-氧化过程中哪一个中间产物的合成受到障碍？（　　）

A. 脂酰 CoA　　　　　　　　　　B. β-酮脂酰 CoA

C. α,β-烯脂酰 CoA　　　　　　　D. L-β-羟脂酰 CoA

E. 乙酰 CoA

25. 脂肪动员指（　　）

A. 脂肪组织中脂肪被脂肪酶水解为游离的脂肪酸和甘油，并释放入血液供其他组织氧化利用

B. 脂肪组织中脂肪的合成

C. 脂肪组织中脂肪的分解

D. 脂肪组织中脂肪酸的合成及甘油的生成

E. 脂肪组织中脂肪与蛋白质的结合

26. 并非以 FAD 为轴助因子的脱氢酶有（　　）

A. 琥珀酸脱氢　　　　　　　　　B. β-羟脂酰 CoA 脱氢酶

C. 二氢硫辛酰胺脱氢酶　　　　　D. 脂酰 CoA 脱氢酶

E. 线粒体内膜的磷酸甘油脱氢酶

27. 不能产生乙酰 CoA 的是（　　）

A. 酮体　　　　　　　　B. 脂肪酸　　　　　C. 胆固醇

D. 磷脂　　　　　　　　E. 葡萄糖

28. 脂酸 β 氧化过程中底物所脱下的氢由下列哪些辅助因子接受？（　　）

A. FAD，NAD^+　　　B. FMN，NAD^+　　C. FAD，$NADP^+$

D. FMN，$NADP^+$　　E. C_0Q，TPP

29. 体内合成卵磷脂时不需要（　　）

A. ATP 与 CTP　　　　B. $NADPH+H^+$　　C. 甘油二酯

D. 丝氨酸　　　　　　　E. S-腺苷蛋氨酸

30. 可由呼吸道呼出的酮体是（　　）

A. 丙酮　　　　　　　　B. β-羟丁酸　　　　C. 乙酰乙酰 CoA

D. 乙酰乙酸　　　　　　E. 乙酰 CoA

31. 脂肪酸生物合成时乙酰 CoA 从线粒体转运至胞液的循环是（　　）

A. 三羧酸循环　　　　　　　　　　　B. 苹果酸穿梭作用

C. 糖醛酸循环　　　　　　　　　　　D. 丙酮酸-柠檬酸循环

E. 尿素循环

32. 下列有关脂肪酸从头生物合成的叙述正确的是（　　）

A. 它并不利用乙酰 CoA

B. 它仅仅能合成少于 10 个碳原子的脂肪酸

C. 它需要丙二酸单酰 CoA 作为中间物

D. 它主要发生在线粒体内

E. 它利用 NAD^+ 作为氧化剂

33. 酮体生成过多主要见于（　　）

A. 摄入脂肪过多　　　　　　　　　　B. 肝内脂肪代谢紊乱

C. 脂肪运转障碍　　　　　　　　　　D. 肝功低下

E. 糖供给不足或利用障碍

34. 从甘油和软脂酸生物合成一分子甘油三软脂酸酯，消耗（　　）个高能磷酸键

A. 1　　　　　　　　B. 3　　　　　　　　C. 5

D. 7　　　　　　　　E. 9

35. 在哺乳动物中，鲨烯经环化首先形成（　　）

A. 胆固醇　　　　　B. 24-脱氢胆固醇　　C. 羊毛固醇

D. β-谷固醇　　　　E. 皮质醇

36. 合成胆固醇的原料不需要（　　）

A. 乙酰 CoA　　　　B. NADPH　　　　　C. ATP

D. CO_2　　　　　　E. O_2

37. 人体内合成脂肪能力最强的组织是（　　）

A. 肝　　　　　　　B. 脂肪　　　　　　C. 小肠

D. 肾　　　　　　　E. 脑

38. 肝细胞内的脂肪合成后的去向是（　　）

A. 在肝细胞内水解

B. 在肝细胞内储存

C. 在肝细胞内氧化功能

D. 在肝细胞内与载脂蛋白组装成 VLDL 分泌

E. 以上都对

39. 肝脏脂肪酸合酶复合物的纯化制剂和乙酰 CoA、^{14}C 标记羧基的丙二酸单酰 CoA（$HOO^{14}C-CH_2 \cdot CO-SCoA$）、酰基载体蛋白及 NADPH 一起保温，分离合成棕榈酸（软脂酸）并确定 ^{14}C 的分布，预期是下列结果中的哪一种？（　　）

A. 所有奇数碳原子被标记

B. 除 C-1 外，所有的奇数碳原子被标记

C. 所有的偶数碳原子被标记

D. 除 C-16 外，所有的偶数碳原子被标记

E. 没有一个碳原子被标记

40. 在脂肪细胞中，用于酯化脂肪酸的甘油来源是（　　）

A. 大部从葡萄糖衍生而来

B. 主要从甘油激酶催化甘油的磷酸化作用而来

C. 由葡萄糖异生作用产生

D. 受胰岛素刺激而抑制

E. 以上说法都不对

41. 下列物质中的哪个负责将游离脂肪酸从脂肪组织输到肌肉组织内进行氧化降解？（　　）

A. 酰基载体蛋白（ACP）　　　　　　B. 低密度脂蛋白（LDL）

C. 高密度脂蛋白（HDL）　　　　　　D. 血浆清蛋白

E. 固醇载体蛋白（SCP）

42. 对激素敏感的甘油三酯脂肪酶催化的反应是（　　）

A. 成熟红细胞中甘油三酯的水解作用

B. 脂肪细胞中甘油三酯的水解作用

C. 血浆脂蛋白中甘油三酯的水解作用

D. 甘油三酯水解成 2'-甘油一酯（2'-单酰甘油）

E. 含中度链长脂酰基的甘油三酯的水解作用

43. 下列脂肪酸中哪一个是生物合成前列腺素 $F_{1\alpha}$（$PGF_{1\alpha}$）的前体分子？（　　）

A. 十六烷酸　　　　　　　　　　　　B. 十八烷酸

C. 顺-9-十八碳烯酸　　　　　　　　　D. 8,11,14-二十碳三烯酸

E. 5,8,11,14-二十碳四烯酸

44. 一分子 4C 的饱和脂肪酸彻底氧化，可净合成多少分子 ATP？（　　）

A. 27　　　　　　　B. 29　　　　　　　C. 22

D. 17　　　　　　　E. 19

45. 血清清蛋白游离脂肪酸的结合量升高会导致（　　）

A. α-脂蛋白缺乏　　　　　　　　　　B. 幼年糖尿病

C. 肥胖病　　　　　　　　　　　　　D. 脂蛋白脂肪酶缺乏

E. 酮症

46. 具有激活脂蛋白脂肪酶（LPL）的载脂蛋白是（　　）

A. ApoA I　　　　　　B. ApoA II　　　　　C. ApoC I

D. ApoC II　　　　　　E. ApoE

47. 胰脂肪酶催化的反应是（　　）

A. 含中度链长脂酰基的甘油三酯的水解作用

B. 在血浆脂蛋白中甘油三酯的水解作用

C. 甘油三酯水解成 2′-甘油一酯（2′-单酰甘油）

D. 在脂肪细胞中甘油三酯的水解作用

E. 成熟红细胞中甘油三酯的水解作用

48. 脂蛋白脂肪酶缺乏导致（　　）

A. 高水平的游离脂肪酸结合到血清清蛋白上

B. 12h 禁食后，血浆中乳糜微粒水平高

C. 在血浆中高密度脂蛋白（HDL）水平低

D. 12h 禁食后，血液中胆固醇水平异常高

E. 脂肪酸酯化作用增加

49. 脂肪酸酯化作用增加导致（　　）

A. 酮症　　　　　　B. 酸中毒　　　　　C. 脂蛋白脂肪酶缺乏

D. 肥胖病　　　　　E. α-脂蛋白缺乏

50. 关于酮体的叙述，哪项是正确的（　　）

A. 酮体是肝内脂肪酸大量分解产生的异常中间产物，可造成酮症酸中毒

B. 各组织细胞均可利用乙酰 CoA 合成酮体，但以肝内合成为主

C. 酮体只能在肝内生成，肝外氧化

D. 合成酮体的关键酶是 HMGCoA 还原酶

E. 酮体氧化的关键是乙酰乙酸转硫酶

51. 具有运输甘油三酯功能的血浆脂蛋白是（　　）

A. CM、LDL　　　　B. CM、HDL　　　　C. CM、VLDL

D. VLDL、LDL　　　E. VLDL、HDL

52. LDL 的主要功能是（　　）

A. 运输外源性甘油三酯　　　　　　B. 运输内源性甘油三酯

C. 转运胆固醇　　　　　　　　　　D. 转运胆汁酸

E. 将肝外胆固醇转运入肝内代谢

53. HDL 的主要功能是（　　）

A. 运输外源性甘油三酯　　　　　　B. 运输内源性甘油三酯

C. 转运胆固醇　　　　　　　　　　D. 转运胆汁酸

E. 将肝外胆固醇转运入肝内代谢

54. 转运外源甘油三酯的主要是（　　）

A. CM　　　B. HDL　　　C. IDL　　　D. LDL　　　E. VLDL

55. 糖原与脂肪分解不会生成（　　）

A. ATP　　　B. CO_2　　　C. H_2O　　　D. H_2S　　　E. NADH

56. 不能利用酮体的是（　　）

A. 肝脏　　　　　　B. 肌肉　　　　　C. 脑

D. 肾脏　　　　　　　E. 心肌

57. 软脂酸的合成场所是（　　　）

A. 内质网　　　　　　B. 微粒体　　　　　　C. 细胞膜

D. 细胞液　　　　　　E. 线粒体

58. 联系葡萄糖代谢与甘油代谢的是（　　　）

A. 3-磷酸甘油醛　　　　　　　　　　B. 3-磷酸甘油酸

C. 丙酮酸　　　　　　　　　　　　　D. 磷酸二羟丙酮

E. 磷酸烯醇式丙酮酸

59. 不饱和脂肪酸的分类中不包括（　　　）

A. ω-3 类　　　　　　B. ω-6 类　　　　　　C. ω-7 类　　　　　　D. ω-8 类

60. 如果食物中长期缺乏植物油，人体内将会缺乏（　　　）

A. 油酸　　　　　　　B. 胆固醇　　　　　　C. 胆汁酸　　　　　　D. 棕榈油酸

61. 下列脂肪酸中，人体内不能合成的是（　　　）。

A. 油酸　　　　　　　B. 亚油酸　　　　　　C. 硬脂酸　　　　　　D. 棕榈酸

62. 完全水解一分子甘油三酯最少可以得到的分子种类是（　　　）

A. 2　　　　　　　　B. 3　　　　　　　　C. 4　　　　　　　　D. 5

63. 下列分子中，不属于类脂的是（　　　）

A. 磷脂　　　　　　　B. 胆固醇　　　　　　C. 胆固醇脂　　　　　D. 甘油三酯

64. 甘油磷脂既有极性头又有非极性尾，其中非极性尾是指（　　　）

A. 甘油　　　　　　　B. 肌醇　　　　　　　C. 磷酸　　　　　　　D. 酰基

65. 下列分子中，参与脂质运输的是（　　　）

A. 磷脂酸　　　　　　B. 磷脂酰胆碱　　　　C. 磷脂酰肌醇　　　　D. 磷脂酰丝氨酸

66. 并非所有磷脂都含有（　　　）元素。

A. C　　　　　　　　B. H　　　　　　　　C. N　　　　　　　　D. O

67. 下列分子中，不属于类固醇激素的是（　　　）。

A. 睾酮　　　　　　　　　　　　　　B. 皮质醇

C. 醛固酮　　　　　　　　　　　　　D. 促肾上腺皮质激素

68. 在乙酰辅酶 A 跨膜转运的同时，伴随着哪种物质的产生以供给脂肪酸合成的需要？（　　　）

A. NAD$^+$　　　　　B. NADPH　　　　　C. NADH　　　　　D. NADP$^+$

69. 当胞质中脂肪酸合成旺盛时，下列哪种物质对肉碱酰基转移酶 I 产生抑制作用？（　　　）

A. 乙酰 CoA　　　　B. 丙二酸单酰 CoA　　　C. 柠檬酸　　　D. 脂肪酸

70. 下列哪种不饱和脂肪酸在高等动物的大脑中含量较高？（　　　）

A. 二十碳三烯酸　　　　　　　　　　B. 十八烷酸

C. 亚油酸　　　　　　　　　　　　　D. 二十二碳六烯酸

71. 脂肪酸彻底氧化的产物是（　　　）

A. 乙酰 CoA

B. 脂酰 CoA

C. 丙酰 CoA

D. 乙酰 CoA 及 $FADH_2$、$NAD^+ + H^+$

E. H_2O、CO_2 及释出的能量

72. 胆固醇是从下列哪种化合物开始合成的？（　　）

A. 丙酮酸　　　　　　B. 苹果酸　　　　　C. 乙酰 CoA　　　　D. 琥珀酰 CoA

73. 脂肪动员的关键酶是（　　）

A. 组织细胞中的甘油三酯酶　　　　　　　　B. 组织细胞中的甘油二酯脂肪酶

C. 组织细胞中的甘油一酯脂肪酶　　　　　　D. 组织细胞中的激素敏感性脂肪酶

E. 脂蛋白脂肪酶

74. 导致脂肪肝的主要原因是（　　）

A. 食入脂肪过多　　　　　　　　　　　　　B. 食入过量糖类食品

C. 肝内脂肪合成过多　　　　　　　　　　　D. 肝内脂肪分解障碍

E. 肝内脂肪运出障碍

75. 脂肪酸的合成具备下列哪种特点？（　　）

A. 在线粒体进行　　　　　　　　　　　　　B. 在胞浆进行

C. 利用 NAD^+ 作为氧化剂　　　　　　　　D. 仅生成短于 10 个碳原子的脂肪酸

76. 下列哪种激素是抗脂解激素？（　　）

A. 胰岛素　　　　　　B. 胰高血糖素　　　　C. 肾上腺素　　　　D. 甲状腺素

77. 硬脂酸彻底氧化后，可生成多少分子乙酰 CoA？（　　）

A. 16 个　　　　　　　B. 9 个　　　　　　　C. 8 个　　　　　　D. 7 个

78. 下列哪种酶是酮体合成途径中的关键酶（　　）

A. HMG-CoA 合成酶　　　　　　　　　　　B. HMG-CoA 还原酶

C. HMG-CoA 裂解酶　　　　　　　　　　　D. HMG 合成酶

79. 下列哪种酶是脂肪酸氧化分解的限速酶？（　　）

A. 脂酰 CoA 合成酶　　　　　　　　　　　B. 肉碱酰基转移酶 I

C. 脂酰 CoA 脱氢酶　　　　　　　　　　　D. 烯酯酰 CoA 水化酶

80. 血浆中，游离脂肪酸与下列哪种蛋白质结合而运输？（　　）

A. 清蛋白　　　　　　B. 球蛋白　　　　　　C. 脂蛋白　　　　　D. 糖蛋白

81. 关于载脂蛋白（Apo）的功能，下列叙述中不正确的是（　　）

A. 与脂类结合，在血浆中转运脂类　　　　　B. ApoA-I 能激活 LCAT

C. ApoB 能识别细胞膜上的 LDL 受体　　　　D. ApoC-I 能激活 LPL

E. ApoC-II 能激活 LPL

82. 乙酰 CoA 羧化酶的辅基是下列哪种物质？（　　）

A. 硫辛酸　　　　　　B. 四氢叶酸　　　　　C. 生物素　　　　　D. 烟酰胺

83. 脂肪酸合成时，逐加的 2C 单位来自于下列哪种物质？（　　）

A. 乙酰 CoA   B. 丙酰 CoA   C. 丙二酸单酰 CoA   D. 丁酰 CoA

84. 磷脂合成过程中，需下列哪种物质参与供能？（   ）

A. ATP   B. GTP   C. CTP   D. UTP

85. 合成酮体和胆固醇均需下列哪种酶参加？（   ）

A. HMG-CoA 合成酶   B. HMG-CoA 还原酶

C. HMG-CoA 裂解酶   D. β-羟丁酸脱氢酶

86. 血浆中催化脂肪酰转移到胆固醇生成胆固醇酯的酶是 （   ）

A. LCAT   B. 脂酰转移酶   C. LPL

D. 磷脂酶   E. 肉碱脂酰转移酶

87. 某高脂蛋白血症患者，血浆 VLDL 增高宜以何种膳食治疗为宜 （   ）

A. 无胆固醇膳食   B. 低脂膳食

C. 低糖膳食   D. 低脂低胆固醇膳食

E. 普通膳食

88. 下列哪种物质可别构激活乙酰 CoA 羧化酶？（   ）

A. 柠檬酸   B. 乙酰 CoA   C. 软脂酰 CoA   D. AMP

89. 脂肪酸活化的场所是下列中的哪一个？（   ）

A. 细胞浆   B. 细胞膜   C. 线粒体   D. 细胞核

90. 糖与脂肪酸及胆固醇的代谢交叉点是 （   ）

A. 磷酸烯醇式丙柄酸   B. 丙酮酸

C. 乙酰 CoA   D. 琥珀酸

E. 延胡索酸

91. 下列关于酮体的叙述正确的是 （   ）

A. 酮体之一是乙酰乙酸   B. 在肝外组织中产生

C. 在肝脏中氧化   D. 酮体包括乙酰乙酰 CoA

92. 下列关于脂肪酸 α-氧化的叙述正确的是 （   ）

A. 是脂肪酸 β-氧化的旁路

B. 是在特殊条件下进行的脂肪酸氧化作用

C. 脂肪酸 α-氧化的产物是乙酸

D. 脂肪酸的氧化发生在 α-位

93. 体内哪一组织细胞不能利用脂肪作为能源物质？（   ）

A. 肌肉   B. 肾   C. 心脏   D. 红细胞

94. 胆汁酸是由下列何种物质转化而来的？（   ）

A. 类固醇激素   B. 维生素 D_2 C. 胆固醇   D. 胆红素

95. 下列物质均为十八碳，若在体内彻底氧化，哪一种生成 ATP 最多 （   ）

A. 3 分子葡萄糖   B. 1 分子硬脂酸

C. 6 分子甘油   D. 6 分子丙酮酸

E. 9 分子乙酰 CoA

96. 对患严重糖尿病的病人来说，下列哪一个不是其脂肪代谢的特点？（　　）
A. 脂解作用增强　　　　　　　　　B. 酮体生成增多
C. 糖异生作用增强　　　　　　　　D. 胆固醇合成减少

97. 脂类是重要的贮能物质，这是因为（　　）
A. 脂肪酸氧化产生大量的能量　　　B. 脂肪酸氧化涉及三羧酸循环
C. 脂肪酸比糖类的醛基氧化的完全　D. 脂肪酸的氧化在细胞质中进行

98. 下列关于脂肪酸 β-氧化的叙述正确的是（　　）
A. 需称为酮体的氧化酶系催化　　　B. 与糖代谢比较产生的能量较少
C. 有 β-酮脂酰 CoA 中间产物形成　D. 从脂肪酸的末端甲基开始降解

99. 下列关于含奇数碳原子的脂肪酸氧化的叙述哪一个是正确的（　　）
A. 每次除去一个碳原子产生含有偶数碳原子的脂肪酸
B. 有丙酰 CoA 形成
C. 需 GTP
D. 每次除去两个碳原子产生乙酸

100. 下列关于不饱和脂肪酸氧化的叙述正确的是（　　）
A. 在细胞质中进行
B. 比饱和脂肪酸氧化产生的能量要少得多
C. 若碳原子数超过 12 则不能被氧化
D. 需要特殊的反应处理双键

101. 在脂肪酸 β 氧化中，肉毒碱的作用是下列中的哪一个？（　　）
A. 不需它的存在　　　　　　　　　B. 与脂肪酸的转运有关
C. 是一种抑制剂　　　　　　　　　D. 是氧化反应中的电子受体

102. 在脂肪酸 β-氧化的每一次循环中，不生成下述哪种化合物？（　　）
A. H_2O　　　　B. 乙酰 CoA　　　　C. 脂酰 CoA
D. $NADH + H^+$　　　E. $FADH_2$

103. 下列关于脂肪酸合成的叙述正确的是（　　）
A. 以丙酰 CoA 为供体，每次增加三个碳原子
B. 以丙酰 CoA 为供体，每次增加两个碳原子
C. 原料乙酰 CoA 必须从线粒体进入细胞质
D. 3-甲基-3,5-二羟戊酸是一个中间产物

104. 脂肪酸和胆固醇生物合成的共同点是下列中的哪一个？（　　）
A. 都以乙酰 CoA 为起始物　　　　B. 都需要生物素
C. 都有一个五碳中间物　　　　　　D. 都有丙酰 CoA 中间物产生

105. 含奇数碳原子的脂肪酸，其生物合成不需要下列哪一个物质（　　）
A. 肉碱　　　　B. 乙酰 CoA　　　　C. 丙酰 CoA　　　D. NADPH

106. 下列关于磷脂的叙述哪一个是错误的？（　　）
A. 磷脂分子中含有磷脂酸和一个含氮化合物如丝氨酸

B. 磷脂分子中都含有甘油

C. 磷脂即磷酸甘油二酯

D. 磷脂是生物膜的重要成分

107. 脂蛋白密度由低到高的正确顺序是（　　）

A. LDL、HDL、VLDL、CM　　　　　B. CM、LDL、HDL、VLDL

C. CM、VLDL、LDL、HDL　　　　　D. HDL、VLDL、LDL、CM

E. VLDL、CM、LDL、HDL

108. 下列脂肪酸中属于必需脂肪酸的是（　　）

A. 软脂酸　　　　　B. 硬脂酸　　　　　C. 油酸

D. 亚油酸　　　　　E. 甘碳酸

109. β-氧化不需要的物质是（　　）

A. NAD^+　　　　　B. HS-CoA　　　　　C. $NADP^+$

D. FAD　　　　　E. 脂酰辅酶 A

110. 要将乙酰乙酸彻底氧化为水和二氧化碳，第一步必须变成（　　）

A. 丙酮酸　　　　　B. 乙酰 CoA　　　　　C. 草酰乙酸

D. 柠檬酸　　　　　E. 乙酰乙酰 CoA

111. 脂肪动员时，甘油三酯逐步水解所释放的脂肪酸在血中的运输形式是
（　　）

A. 与载脂蛋白结合　　　　　B. 与球蛋白结合

C. 与清蛋白结合　　　　　D. 与磷脂结合

E. 与胆红素结合

112. 当 6-磷酸葡萄糖脱氢酶受抑制时，影响脂肪酸的生物合成是因为（　　）

A. 乙酰 CoA 生成减少　　　　　B. 柠檬酸减少

C. ATP 形成减少　　　　　D. $NADPH+H^+$ 生成减少

E. 丙二酸单酰 CoA 减少

113. 乙酰 CoA 羧化酶受抑制时，下列哪种代谢会受影响？（　　）

A. 胆固醇的合成　　　　　B. 脂肪酸的氧化

C. 酮体的合成　　　　　D. 糖异生

E. 脂肪酸的合成

114. 合成软脂酰辅酶 A 的重要中间物是（　　）

A. 乙酰乙酰 CoA　　　　　B. 丙二酸单酰辅酶 A

C. HMG-CoA　　　　　D. 乙酰乙酸

E. β-羟丁酸

115. 胆固醇在体内的主要代谢去路是（　　）

A. 转变成胆固醇酯　　　　　B. 转变为维生素 D3

C. 合成胆汁酸　　　　　D. 合成类固醇激素

E. 转变为二氢胆固醇

116. 胆固醇含量最高的脂蛋白是（　　）

A. 乳糜微粒　　　　　　　　　　　B. 极低密度脂蛋白

C. 中间密度脂蛋白　　　　　　　　D. 低密度脂蛋白

E. 高密度脂蛋白

117. 乳糜微粒中含量最多的组分是（　　）

A. 脂肪酸　　　　　　B. 甘油三酯　　　　　C. 磷脂酰胆碱

D. 蛋白质　　　　　　E. 胆固醇

118. 高脂膳食后，血中含量快速增高的脂蛋白是（　　）

A. HDL　　　　　　　B. VLDL　　　　　　C. LDL

D. CM　　　　　　　 E. IDL

119. 高密度脂蛋白的主要功能是（　　）

A. 转运外源性脂肪　　　　　　　　B. 转运内源性脂肪

C. 转运磷脂　　　　　　　　　　　D. 将胆固醇由肝外组织转运至肝脏

E. 转运游离脂肪酸

120. 严重糖尿病患者，不妥善处理可危及生命，主要是由于（　　）

A. 代谢性酸中毒　　　　　　　　　B. 丙酮过多

C. 脂肪酸不能氧化　　　　　　　　D. 葡萄糖从尿中排出过多

E. 消瘦

121. 不符合脂肪酸分解产生的乙酰CoA的去路是（　　）

A. 氧化供能　　　　B. 合成酮体　　　　C. 合成脂肪

D. 合成胆固醇　　　E. 合成葡萄糖

122. 下列哪种代谢形成的乙酰CoA为酮体生成的原料（　　）

A. 葡萄糖氧化分解所产生的乙酰CoA　　B. 甘油转变的乙酰CoA

C. 脂肪酸β-氧化所形成的乙酰CoA　　　D. 丙氨酸转变而成的乙酰CoA

E. 甘氨酸转变而成的乙酰CoA

123. 八碳的饱和脂肪酸经β-氧化分解为4摩尔乙酰CoA，同时可形成（　　）

A. 15摩尔ATP　　　B. 12摩尔ATP　　C. 13摩尔ATP

D. 52摩尔ATP　　　E. 50摩尔ATP

124. 下列哪项关于酮体的叙述不正确？（　　）

A. 酮体包括乙酰乙酸、β-羟丁酸和丙酮

B. 酮体是脂肪酸在肝中氧化的正常中间产物

C. 糖尿病可引起血酮体升高

D. 饥饿时酮体生成减少

E. 酮体可以从尿中排出

125. 关于脂肪酸合成的叙述，不正确的是（　　）

A. 在胞液中进行

B. 基本原料是乙酰CoA和NADPH＋H$^+$

C. 关键酶是乙酰 CoA 羧化酶

D. 脂肪酸合成酶为多酶复合体或多功能酶

E. 脂肪酸合成过程中碳链延长需乙酰 CoA 提供乙酰基

126. 肝脏不能氧化利用酮体是由于缺乏 （　　　）

A. HMG-CoA 合成酶　　　　　　　　B. HMG-CoA 裂解酶

C. HMG-CoA 还原酶　　　　　　　　D. 琥珀酰 CoA 转硫酶

E. 乙酰乙酰 CoA 硫解酶

127. 脂肪酸的 β-氧化需要下列哪组维生素参加？（　　　）

A. 维生素 B_1＋维生素 B_2＋泛酸　　B. 维生素 B_{12}＋叶酸＋维生素 B_2

C. 维生素 B_6＋泛酸＋维生素 B_1　　D. 生物素＋维生素 B_6＋泛酸

E. 维生素 B_2＋维生素 PP＋泛酸

128. 下列与脂肪酸 β 氧化无关的酶是 （　　　）

A. 脂酰 CoA 脱氢酶　　　　　　　　B. β-羟脂酰 CoA 脱氢酶

C. β-酮脂酰 CoA 转移酶　　　　　　D. 烯酰 CoA 水化酶

E. β-酮脂酰 CoA 硫解酶

129. 对下列血浆脂蛋白的作用，哪种描述是正确的？（　　　）

A. CM 主要转运内源性 TG　　　　　B. VLDL 主要转运外源性 TG

C. HDL 主要将胆固醇从肝内转运至肝外组织

D. 中间密度脂蛋白（IDL）主要转运 TG

E. LDL 是运输胆固醇的主要形式

130. 下列哪一种化合物不是以胆固醇为原料合成的？（　　　）

A. 皮质醇　　　　　B. 胆汁酸　　　　　C. 雌二醇

D. 胆红素　　　　　E. 1,25-$(OH)_2$-D_3

131. 软脂酰 CoA 经过一次 β-氧化，其产物通过三羧酸循环和氧化磷酸化，生成 ATP 的克分子数为 （　　　）

A. 5　　　　　　　　B. 9　　　　　　　　C. 12

D. 14　　　　　　　 E. 20

132. 脂肪酸的 β-氧化需要以下几个酶，如 β-羟基酰 CoA 脱氢酶（1），硫解酶（2），烯脂酰 CoA 水合酶（3）和脂酰 CoA 脱氢酶（4）。按照氧化反应的过程，这 4 个酶排列顺序为 （　　　）

A. （1），（2），（3），（4）　　　　B. （3），（1），（2），（4）

C. （1），（4），（3），（2）　　　　D. （4），（3），（1），（2）

133. 彻底氧化 1mol 下列脂肪酸，（　　　）产生的 ATP 数量最多。

A. 18：1 的单不饱和脂肪酸　　　　　B. 18：2 的多不饱和脂肪酸

C. 16：0 的饱和脂肪酸　　　　　　　D. 14：0 的饱和脂肪酸

134. 下列 （　　　） 化合物是脂肪酸 β-氧化的中间产物。

A. CH_3—(CH_2)—CO—COOH

B. CH_3—CO—CH_2—CO—S—CoA

C. CH_3—CH_2—CO—CO—S—CoA

D. CH_3—CH_2—CO—CH_2—CO—OPO_3^{2-}

135. 脂肪酸从头合成的限速步骤是（　　）。

A. 乙酰 CoA 和丙二酸单酰 CoA 的缩合反应

B. 从乙酸产生乙酰 CoA 的反应

C. 从丙二酸和 CoA 生成丙二酸单酰 CoA 的反应

D. 乙酰 CoA 羧化酶催化的反应

136. 合成卵磷脂时所需的活性胆碱是（　　）

A. TDP-胆碱　　　　　B. ADP-胆碱

C. UDP-胆碱　　　　　D. GDP-胆碱　　　E. CDP-胆碱

137. 脂肪酸在进行 β-氧化之前需要完成活化过程，该过程由（　　）酶催化完成，消耗（　　）个高能磷酸键。

A. 乙酰 CoA 羧化酶，1　　　　　B. 乙酰 CoA 羧化酶，2

C. 脂酰 CoA 合成酶，1　　　　　D. 脂酰 CoA 合成酶，2

138. 脂肪酸 β-氧化过程第一次和第二次脱氢将分别产生（　　）

A. 1分子 NADH　　　　　B. 1分子 $FADH_2$，1分子 NADH

C. 1分子 NADH，1分子 $FADH_2$　　　D. 1分子 NADPH，1分子 $FMNH_2$

139. 不饱和脂肪酸进行 β-氧化需要（　　）参与。

A. 烯脂酰 ACP 还原酶和烯脂酰 CoA 异构酶

B. 烯脂酰 CoA 异构酶和 2,4-二烯脂酰 CoA 还原酶

C. 烯脂酰 CoA 水合酶和脂酰 CoA 合成酶

D. 烯脂酰 ACP 还原酶和 2,4-二烯脂酰 CoA 还原酶

140. 含奇数碳原子的脂肪酸链经过 β-氧化的产物是（　　）

A. 丙酰 CoA　　　　　B. 乙酰 CoA

C. 乙酰 CoA 和丙二酸单酰 CoA　　　D. 乙酰 CoA 和丙酰 CoA

141. 脂肪大量动员时肝内生成的乙酰 CoA 主要转变为（　　）

A. 葡萄糖　　　B. 胆固醇　　　C. 脂肪酸

D. 酮体　　　　E. 草酰乙酸

142. 体内贮存的脂肪主要来自（　　）

A. 类脂　　　　B. 生糖氨基酸　　　C. 葡萄糖

D. 脂肪酸　　　E. 酮体

143. 脂蛋白脂肪酶（LPL）催化（　　）

A. 脂肪细胞中 TG 的水解　　　　　B. 肝细胞中 TG 的水解

C. VLDL 中 TG 的水解　　　　　D. HDL 中 TG 的水解

E. LDL 中 TG 的水解

144. 肝脏生成乙酰乙酸的直接前体是（　　）

A. β-羟丁酸   B. 乙酰乙酰 CoA

C. β-羟丁酰 CoA   D. 甲羟戊酸

E. β-羟基-β-甲基戊二酸单酰 CoA

145. 密度最低的脂蛋白是（   ）

A. 乳糜微粒   B. β-脂蛋白   C. 前 β-脂蛋白

D. α-脂蛋白   E. 中间密度脂蛋白

146. 脂肪酸 β-氧化产生（   ），而脂肪酸合成利用（   ）

A. NADPH，NADH   B. $FMNH_2$，NADPH

C. NADH，NADPH   D. $FADH_2$，NADH

147. （   ）是人体必需脂肪酸。

A. 亚油酸，油酸   B. 亚油酸，软脂酸

C. 亚麻酸，软脂酸   D. 亚油酸，亚麻酸

148. 动物脂肪酸的延长分别在（   ）进行。

A. 线粒体，内质网   B. 细胞质，核糖体

C. 线粒体，高尔基体   D. 细胞核，内质网

149. 脂肪酸的从头合成过程包括（   ）

A. 缩合、还原、脱水、再还原   B. 还原、缩合、脱水、再还原

C. 脱水、还原、缩合、再还原   D. 缩合、还原、还原、脱水

150. 下述哪种情况机体能量的提供主要来自脂肪？（   ）

A. 空腹   B. 进餐后   C. 禁食

D. 剧烈运动   E. 安静状态

151. 当生物体有磷酸甘油和脂酰 CoA 合成三酰甘油时，生成的第一个中间产物是（   ）

A. 溶血磷脂酸   B. 磷脂酸   C. 三酰甘油   D. 二酰甘油

152. 油酸（18∶1）降解时，除了脂肪酸 β-氧化所需要的酶外，还需要特殊（   ）参与。

A. 烯脂酰 CoA 异构酶与 2,4-二烯脂酰 CoA 还原酶

B. 2,4-二烯脂酰 CoA 还原酶

C. 烯脂酰 CoA 异构酶

D. 烯脂酰 ACP 还原酶

153. 脂酰辅酶 A 在肝脏内 β-氧化的顺序是（   ）

A. 脱氢，再脱氢，加水，硫解   B. 硫解，脱氢，加水，再脱氢

C. 脱氢，加水，再脱氢，硫解   D. 脱氢，脱水，再脱氢，硫解

E. 加水，脱氢，再脱氢，硫解

154. 奇数碳原子脂肪酸分解产生丙酰辅酶 A 彻底氧化分解时，需首先转变为（   ）

A. 琥珀酰辅酶 A   B. 丙酮酸   C. 乙酰辅酶 A

D. 酮体　　　　　　　E. 苹果酸

155. 甘油通过生成（　　）中间产物进入糖酵解途径。

A. 二羟丙酮　　　　B. 甘油醛　　　　C. 磷酸二羟丙酮　　D. 3-磷酸甘油酸

156. 低密度脂蛋白（　　）

A. 简称 LDL（lowdensity lipoprotein）

B. 是高密度脂蛋白降解产生的

C. 能够将小肠中的脂类物质运送到肝脏

D. 能够将周边组织中多余的胆固醇带回肝脏

157. 下列有关蛋白质的表述，错误的是（　　）

A. 血液中常见蛋白为乳糜颗粒、极低密度蛋白、低密度脂蛋白和高密度脂蛋白

B. 乳糜颗粒能够将小肠中的脂类物质运送到肝脏

C. 高密度脂蛋白能够将周边组织中多余的胆固醇带回肝脏

D. 低密度脂蛋白在肝脏中生成

158. 下列有关胆固醇代谢的描述，错误的是（　　）

A. 胆固醇合成的关键调节酶是 HMG-CoA 还原酶

B. 乙酰 CoA 是胆固醇合成的前体

C. 胆固醇降解的目的是产生大量的 ATP

D. 胆固醇是合成维生素 D 的前体

159. 有关哺乳动物脂肪代谢的陈述，正确的是（　　）

A. 脂肪合成受到胰高血糖素的促进　　　B. 脂肪降解受到胰岛素的促进

C. 脂肪降解不受到激素的调节　　　　　D. 肾上腺素促进脂肪的降解

160. 肌肉组织内 1mol 软脂酸完全氧化分解时，可产生（　　）

A. $46H_2O+16CO_2+129ATP$　　　　　B. $4H_2O+2CO_2+131ATP$

C. $39H_2O+16CO_2+106ATP$　　　　　D. $4H_2O+2CO_2+12ATP$

E. $7H_2O+7CO_2+96ATP$

161. 甘油氧化分解及其异生成糖的共同中间产物是（　　）

A. 丙酮酸　　　　　B. 2-磷酸甘油酸　　C. 3-磷酸甘油酸

D. 磷酸二羟丙酮　　E. 磷酸烯醇式丙酮酸

四、多项选择题

1. 下列关于从乙酰 CoA 合成脂肪酸的叙述中，哪些是正确的？（　　）

A. 所有的氧化还原步骤用 NADPH 作为辅因子

B. CoA 是该途径中唯一含有泛酸巯基乙胺的物质

C. 丙二酸单酰 CoA 是一个活化中间物

D. 反应在线粒体中进行

2. 在动物组织中，葡萄糖合成脂肪酸的主要中间物包括（　　）。

A. 肉碱　　　　　　　B. 丙酮酸　　　　　C. ATP　　　　　D. 乙酰 CoA

3. 酮体在肝外氧化，原因是肝内缺乏（　　　）。

A. 乙酰乙酰 CoA 硫解酶　　　　　　　B. 羟甲基戊二酸单酰 CoA 裂解酶

C. 琥珀酰 CoA 转硫酶　　　　　　　　D. β-羟丁酸脱氢酶

4. 下列对酮体的叙述哪些是正确的？（　　　）

A. 酮体包括乙酰乙酸、B-羟丁酸和丙酮

B. 酮体可以排入尿中

C. 酮体可能是饥饿引起的

D. 在未控制的糖尿病患者，酮体的水平很高

5. 水解甘油醇磷脂（甘油磷酸酯）的混合物将得到（　　　）。

A. 胆碱　　　　　　　B. 甘油　　　　　　C. 磷酸　　　　　D. 丝氨酸

6. 胆固醇生物合成的前体包括（　　　）。

A. 羊毛固醇　　　　　B. 甲羟戊酸　　　　C. 鲨烯　　　　　D. 孕酮

7. β-羟基-β-甲基戊二酸单酰 CoA 是（　　　）。

A. 在细胞质中形成的　　　　　　　　B. 包含在酮体的合成过程中

C. 胆固醇合成的一个中间物　　　　　D. 在线粒体基质中酶促产生的

8. 能产生乙酰 CoA 的物质是（　　　）。

A. 乙酰乙酰 CoA　　　　　　　　　　B. 脂酰 CoA

C. β-羟-β-甲基戊二酸单酰 CoA　　　　D. 柠檬酸

9. 血浆脂蛋白以超速离心法分类，相对应的以电泳分类法分类的名称是（　　　）。

A. VLDL，β-脂蛋白　　　　　　　　B. LDL，β-脂蛋白

C. VLDL，前 β-脂蛋白　　　　　　　D. HDL，α-脂蛋白

10. 下列哪些辅助因子参与脂肪酸的 β-氧化？（　　　）

A. ACP　　　　　　　B. FAD　　　　　　C. 生物素　　　　D. NAD^+

11. 血浆脂蛋白通常都含有（　　　）

A. 载脂蛋白　　　　　B. 磷脂　　　　　　C. 胆固醇及其酯　D. 甘油三酯

12. 合成酮体和胆固醇需要下列哪些物质？（　　　）

A. 乙酰 CoA　　　　　　　　　　　　B. $NADPH+H^+$

C. 乙酰乙酰 CoA 硫解酶　　　　　　　D. HMG-CoA 合成酶

13. 影响食物中胆固醇吸收的主要因素有（　　　）

A. 植物固醇　　　　　B. 胆汁酸　　　　　C. 纤维素　　　　D. 肠道 pH

14. 下列物质中哪些是丙酸代谢的中间物？（　　　）

A. 丙酰 CoA　　　　　　　　　　　　B. D-甲基丙二酸单酰 CoA

C. L-甲基丙二酸单酰 CoA　　　　　　D. 琥珀酰 CoA

15. 下列哪些机制调节脂肪细胞中的脂解作用？（　　　）

A. 胰岛素抑制 cAMP 的产生

B. 甘油磷酸的存在防止了脂肪酸无效的酯化作用

C. cAMP 活化甘油三酰脂肪酶

D. 对激素敏感的脂蛋白脂肪酶

16. 下列哪些组织能将酮体氧化成 CO_2 ？（　　）

A. 红细胞　　　　　　B. 脑　　　　　　　C. 肝　　　　　　D. 心

17. 乳糜微粒是由下列哪些物质组成？（　　）

A. 甘油三酯　　　　　B. 胆固醇　　　　　C. 磷脂　　　　　D. 蛋白质

18. 在体内通常和胆汁酸结合的化合物是（　　）

A. 甘氨酸　　　　　　B. 葡萄糖醛酸　　　C. 牛磺酸　　　　D. 脂肪酸

19. 哺乳动物组织能合成下列哪些物质？（　　）

A. 生物素　　　　　　B. 胆碱　　　　　　C. 脱氢莽草酸　　D. 肌醇

20. 能利用酮体的酶存在于哪些组织中？（　　）

A. 肝　　　　　　　　B. 肾　　　　　　　C. 脑　　　　　　D. 肌肉

21. 促进甘油三酯分解的激素是（　　）

A. 前列腺素　　　　　B. 肾上腺素　　　　C. 胰岛素　　　　D. 胰高血糖素

22. 酮体合成增加常见于（　　）

A. 高脂低糖膳食　　　B. 饥饿　　　　　　C. 输注葡萄糖

D. 糖尿病　　　　　　E. 注射胰岛素之后

23. 生物体内脂肪酸的结构特点是（　　）。

A. 都不含分支结构　　　　　　　　　　　B. 都含偶数碳原子

C. 以 C16 和 C18 为最多　　　　　　　　　D. 不饱和脂肪酸含有碳-碳双键

E. 碳-碳双键大多数是顺式结构

24. 关于脂肪（　　）

A. 包括脂质　　　　　　　　　　　　　　B. 又称甘油三酯

C. 又称三酰甘油　　　　　　　　　　　　D. 包括混合甘油三酯

E. 生物体内主要是单纯甘油三酯

25. 类脂水解产物可能含有（　　）。

A. 甘油　　　　　　　B. 磷酸　　　　　　C. 胆固醇

D. 葡萄糖　　　　　　E. 脂肪酸

26. 脂肪的作用有（　　）。

A. 氧化供能　　　　　B. 保护内脏　　　　C. 防止散热

D. 抵御寒冷　　　　　E. 维持体温恒定

27. 下列哪些是关于脂类的真实叙述？（　　）

A. 它们是细胞内能源物质

B. 它们很难溶于水

C. 是细胞膜的结构成分

D. 它们仅由碳、氢、氧 3 种元素组成

E. 分为脂肪和类脂两大类

28. 对哺乳动物而言，下列哪些化合物是必需脂肪酸？（　　）

A. 亚油酸　　　　　　B. 花生四烯酸　　　C. 软脂酸

D. 亚麻酸　　　　　　E. 苹果酸

29. 类脂的生理功能包括（　　）

A. 构成细胞膜的成分　　　　　　　B. 调节机体生长发育

C. 胆固醇可转变为维生素 D　　　　D. 是体内的主要供能物质

E. 参与脂肪的运输

30. 使激素敏感性脂肪酶活性增强，促进脂肪动员的激素有（　　）。

A. 胰岛素　　　　　　B. 胰高血糖素　　　C. 肾上腺素

D. 去甲肾上腺素　　　E. 促黑激素

31. 脂肪酸在体内彻底氧化分解产生（　　）

A. CO_2　　　　　　　B. H_2O　　　　　　C. 大量能量

D. 乙酰 CoA　　　　　E. $FADH_2$

32. 下列关于肉碱的叙述中哪些是正确的？（　　）

A. 短链脂肪酸不需肉碱携带，可以直接穿过线粒体膜

B. 它转运长链脂肪酸通过线粒体内膜

C. 它是羟赖氨酸衍生物

D. 它是酰基转移酶的辅助成分

E. 它转运肝脏内的胆固醇

33. 能产生乙酰 CoA 的物质有（　　）

A. 葡萄糖　　　　　　B. 脂肪　　　　　　C. 酮体

D. 某些氨基酸　　　　E. 胆固醇

34. 下列关于酮体的叙述正确的有（　　）

A. 水溶性比脂肪酸大　　　　　　　B. 可随尿排出

C. 是脂肪酸的完全代谢产物　　　　D. 在血中含量过高可导致酸中毒

E. 正常情况下血液中酮体含量极少

35. 低密度脂蛋白（　　）

A. 在血浆中由 VLDL 转变而来　　　B. 功能是将肝外胆固醇运输到肝脏

C. 主要脂类是胆固醇及其酯　　　　D. 富含 apoB100

E. 功能是将肝脏合成的胆固醇运输到肝外组织

36. 下述关于从乙酰 CoA 合成软脂酸的说法，哪些是正确的？（　　）

A. 供氢体是 NADPH

B. 在合成途径中涉及许多物质，其中辅酶 A 是唯一含有泛酰巯基乙胺的物质

C. 丙二酰单酰 CoA 是一种"被活化的"中间物

D. 反应在线粒体内进行

E. 反应过程由 7 种不同功能的酶或蛋白质参与

37. 下列哪些物质是合成脂肪的甘油磷酸二酯途径的中间产物？（　　）

A. 甘油一酯　　　　B. 磷脂酸　　　　C. 溶血磷脂

D. 甘油二酯　　　　E. 甘油三酯

38. 胆固醇可以转化为下列哪些物质？（　　）

A. 胆汁酸　　　　　　　　　　B. 肾上腺皮质激素

C. 维生素 D_3　　　　　　　　D. 胆固醇酯

E. 性激素

39. 脂酰 CoA 进入线粒体基质过程中，需要的物质有（　　）

A. 肉碱　　　　　　　　　　B. 肉碱-脂酰转移酶Ⅰ

C. 肉碱脂酰转移酶Ⅱ　　　　D. 肉碱-脂酰肉碱转位酶

E. 以上都不是

40. 下列有关脂肪酸氧化描述正确的是（　　）

A. 相同物质的量的软脂酸和葡萄糖在体内完全氧化分解时，其能量利用效率相等

B. 不饱和脂肪酸 β 氧化过程与饱和脂肪酸 β 氧化过程完全相同

C. 不饱和脂肪酸完全氧化后产生的能量与相同碳原子数饱和脂肪酸完全氧化后产生的能量相比，前者少

D. 极长链脂肪酸氧化分解时，首先在过氧化酶体内降解，再进入线粒体内进行 β-氧化

E. 不饱和脂肪酸 β-氧化过程与饱和脂肪酸 β-氧化过程并不完全相同

41. 有关酮体的正确描述是（　　）

A. 是肝脏输出的能源形式之一

B. 正常情况下，血液中不存在酮体

C. 合成酮体时不需要消耗 ATP

D. 长期饥饿时，酮体是脑组织的主要能源物质

E. 酮体在肝脏内消耗

42. 原发性高脂蛋白血症发病的原因常由于（　　）

A. 脂肪食入过多　　B. 载脂蛋白缺陷　　C. 磷脂合成不足　　D. LDL 受体缺陷

43. S-腺苷蛋氨酸参与（　　）

A. 卵磷脂的合成　　　　　　B. 胆固醇的合成

C. 胆碱的合成　　　　　　　D. 脂肪酸的合成

44. 下述哪些物质与卵磷脂的合成有关？（　　）

A. 乙醇胺　　　　B. 蛋氨酸　　　　C. CTP　　　　D. 甘油二酯

45. 临床上的高脂血症可见于哪些脂蛋白含量增高？（　　）

A. CM　　　　B. VLDL　　　　C. IDL　　　　D. LDL

46. 脂肪酸 β-氧化的产物有（　　）

A. $NADH+H^+$　　B. $NADPH+H^+$　　C. $FADH_2$　　D. 乙酰 CoA

47. 乙酰 CoA 在不同组织中可生成（　　　）

A. CO_2、H_2O 和能量　　　　　　　　B. 脂肪酸

C. 酮体　　　　　　　　　　　　　　　　D. 胆固醇

48. 与动脉粥样硬化形成有关的血浆脂蛋白有（　　　）

A. VLDL　　　　B. LDL　　　　C. CM　　　　D. HDL

49. 酮体（　　　）

A. 水溶性比脂肪酸大　　　　　　　　　　B. 可随尿排出

C. 是脂肪酸分解代谢的异常产物　　　　　D. 在血中含量过高可导致酸中毒

50. 合成酮体和胆固醇均需（　　　）

A. 乙酰 CoA　　　　　　　　　　　　　　B. $NADPH+H^+$

C. HMG-CoA 合成酶　　　　　　　　　　D. HMG-CoA 裂解酶

51. 由乙酰 CoA 可合成（　　　）

A. 胆固醇　　　　B. 酮体　　　　C. 脂肪酸　　　　D. 甘油

52. 出现酮症的病因可有（　　　）

A. 糖尿病　　　　　　　　　　　　　　　B. 缺氧

C. 糖供给不足或利用障碍　　　　　　　　D. 持续高烧不能进食

53. 合成脑磷脂、卵磷脂的共同原料是（　　　）

A. 3-磷酸甘油　　　　　　　　　　　　　B. 脂肪酸

C. 丝氨酸　　　　　　　　　　　　　　　D. S-腺苷蛋氨酸

54. 下述哪种组织不能从脂肪酸合成酮体？（　　　）

A. 红细胞　　　　B. 脑　　　　C. 骨骼肌　　　　D. 肝

55. 血浆中胆固醇酯化需要（　　　）

A. 脂酰 CoA　　　　B. 乙酰 CoA　　　　C. 卵磷脂　　　　D. LCAT

56. 乙酰 CoA 是合成下列哪些物质的唯一碳源（　　　）

A. 卵磷脂　　　　B. 胆固醇　　　　C. 甘油三酯　　　　D. 胆汁酸

57. 测定禁食 12 小时后正常人血浆中胆固醇，这些胆固醇存在于下列哪些血浆脂蛋白中？（　　　）

A. 乳糜微粒　　　　B. LDL　　　　C. VLDL　　　　D. HDL

58. 脂肪酸的生物合成与脂肪酸的 β-氧化不同点是（　　　）

A. 前者在胞液中进行，后者在微粒体

B. 前者需要生物素参加，后者不需要

C. 前者需要 $NADH+H^+$，后者需要 FAD

D. 前者有乙酰 CoA 羧化酶参与，后者不需要

59. 下列对胆固醇合成的描述哪些是正确的？（　　　）

A. 肝是合成胆固醇的主要场所

B. 磷酸戊糖途径旺盛时，可促进胆固醇的合成

C. 从鲨烯转变成胆固醇的一系列反应是在内质网中进行

D. 胆固醇合成的限速酶是 HMG-CoA 合成酶

五、判断题（在题后括号内标明对或错）

1. 脂肪酸的 β-氧化和 α-氧化都是从羧基端开始的。（　　）

2. 只有偶数碳原子的脂肪酸才能经 β-氧化降解成乙酰 CoA。（　　）

3. 胆固醇在体内可彻底氧化分解为二氧化碳和水。（　　）

4. 脂肪酸的从头合成需要柠檬酸裂解提供乙酰 CoA。（　　）

5. 脂肪酸 β-氧化酶系存在于胞浆中。（　　）

6. 肉毒碱可抑制脂肪酸的氧化分解。（　　）

7. 在真核细胞内，饱和脂肪酸在 O_2 的参与下和专一的去饱和酶系催化下生成各种长链脂肪酸。（　　）

8. 脂肪酸的生物合成包括两个方面：饱和脂肪酸的从头合成及不饱和脂肪酸的合成。（　　）

9. 甘油在甘油激酶的催化下，生成 3-磷酸甘油，反应消耗 ATP，为可逆反应。（　　）

10. 萌发的油料种子和某些微生物拥有乙醛酸循环途径，可利用脂肪酸 α-氧化生成的乙酰 CoA 合成苹果酸，为糖异生和其他生物合成提供碳源。（　　）

11. 动物细胞中，涉及 CO_2 固定的所有羧化反应需要硫胺素焦磷酸（TTP）。（　　）

12. 脂肪酸的活化在细胞液中进行，脂酰 CoA 的 β-氧化在线粒体内进行。（　　）

13. 肉毒碱脂酰 CoA 转移酶有 I 型和 II 型，其中 I 型定位于线粒体内膜内侧、II 型存在于线粒体内膜外侧。（　　）

14. 奇数碳原子脂肪酸经 β-氧化后除生成乙酰 CoA 外还有乙酰乙酰 CoA。（　　）

15. 胆固醇作为生物膜的主要成分，可调节膜的流动性，因为胆固醇是两性分子。（　　）

16. 从乙酰 CoA 合成 1 分子棕榈酸（软脂酸），必须消耗 8 分子 ATP。（　　）

17. 如果动物长期饥饿，就要动用体内的脂肪，这时分解酮体的速度大于生成酮体的速度。（　　）

18. 低糖、高脂膳食情况下，血中酮体浓度增加。（　　）

19. 血浆胆固醇含量与动脉硬化密切有关，如果能够一方面完全禁食胆固醇，另一方面完全抑制胆固醇的生物合成，将有助于健康长寿。（　　）

20. 胆固醇的生物合成过程部分与酮体生成过程相似，两者的关键酶是相同的。（　　）

21. 在动植物体内所有脂肪酸的降解都是从羧基端开始的。（　　）

22. 由于 FAD 必须获得两个氢原子成为还原态，因此它只参与两个电子的转

移反应。（　　）

23. 在脂肪酸从头合成过程中，乙酰 CoA 以苹果酸的形式从线粒体内转移到细胞液中。（　　）

24. 脂肪酸合成过程中所需的氢全部由 NADPH 提供。（　　）

25. 酰基载体蛋白（ACP）是饱和脂肪酸碳链延长途径中二碳单位的活化供体。（　　）

26. 磷脂酸是合成中性脂和磷脂的共同中间物。（　　）

27. 磷脂酶 A_2 能从膜磷脂上有控制地释放必需脂肪酸，为前列腺素合成提供前体。（　　）

28. 卵磷脂中不饱和脂肪酸一般与甘油的 C-2 位-OH 以酯链相连。（　　）

29. 载脂蛋白不仅具有结合和转运脂质的作用，同时还具有调节脂蛋白代谢关键酶活性和参与脂蛋白受体的识别的重要作用。（　　）

30. 除乳糜微粒外，其他血浆蛋白主要是在肝脏或血浆中合成的。（　　）

31. 机体合成甘油三酯的原料主要来自于食物脂肪。（　　）

32. 人体脂肪酸可以转变为葡萄糖。（　　）

33. 在糖供应不足的情况下，脑可利用酮体作为燃料。（　　）

34. 肉碱酰基转移酶 I 的活性决定脂肪酸走向氧化还是走向合成。（　　）

35. 哺乳动物只能在 8 位和 9 位与羧基之间引入双键。（　　）

36. 酮体是一种不正常代谢产物，对人体有害。（　　）

37. 胰岛素可促进脂肪动员。（　　）

38. 胰高血糖素是抗脂解激素。（　　）

39. 脂肪分解的产物都是糖异生的前体。（　　）

40. 多烯脂酸的延长和去饱和作用是交替进行的。（　　）

41. 乙酰 CoA 是合成酮体的原料。（　　）

42. 酮体是在肝内合成、肝外利用。（　　）

43. 人体可以合成棕榈油酸和油酸。（　　）

44. 人体可以合成亚油酸和油酸。（　　）

45. 神经节苷脂是含有唾液酸的鞘糖脂的总称。（　　）

46. 脂肪酸分解产生的乙酰 CoA 可用于脂肪酸的合成。（　　）

47. 胆固醇的降解产物是乙酰 CoA。（　　）

48. 脂酰 CoA 在肉碱的携带下，从胞浆进入线粒体中氧化。（　　）

49. 脂肪酸的去饱和作用是在线粒体膜上进行的。（　　）

50. 脂肪酸合成时，逐渐加入的碳原子来自乙酰 CoA。（　　）

51. 不饱和脂肪酸是原有饱和脂肪酸在去饱和酶系的作用下引入双键而形成的。（　　）

52. 脂肪酸活化为脂酰 CoA 时，需消耗 2 个高能磷酸键。（　　）

53. 脂肪酸合成是脂肪酸分解的逆反应。（　　）

54．内质网膜脂肪酸延长的酰基载体是 ACP。（   ）

六、简答题

1．按下述几方面，比较脂肪酸氧化和合成的差异：

(1) 进行部位；

(2) 酰基载体；

(3) 所需辅酶；

(4) β-羟基中间物的构型；

(5) 促进过程的能量状态；

(6) 合成或降解的方向；

(7) 酶系统。

2．在脂肪生物合成过程中，软脂酸和硬脂酸是怎样合成的？

3．简述糖代谢和脂肪代谢的相互联系？

4．脂肪酶有哪几种？受什么因素调节？

5．单不饱和脂肪酸氧化有什么特点？

6．什么是酮体？怎样生成的？有什么生理作用？

7．什么是柠檬酸-丙酮酸循环？有什么生理意义？

8．什么是 ACP？有什么生物功能？

9．试述饥饿者和严重糖尿病患者为何易发生酸中毒？

10．脂肪酸的合成过程是 β-氧化过程的逆反应吗？

11．脂肪（三酰甘油）是怎样合成的？

12．在脂肪酸 β-氧化循环和糖的三羧酸循环中有哪些类似的反应顺序？

13．为什么糖摄入量不足的爱斯基摩人，从营养学的角度看，吃含奇数碳原子脂肪酸的脂肪比含偶数碳原子脂肪酸的脂肪好？

14．利用你所知道的脂肪酸生物合成的知识，为下列实验结果作一个解释。

(1) 均一标记的 ^{14}C-乙酰 CoA 加入肝可溶性部分得到一个均一标记 ^{14}C 的软脂酸。

(2) 在过量的丙二酸单酰 CoA 中加入微量的均一标记的 ^{14}C-乙酰 CoA 并和肝可溶性部分保温得到仅在 C-15 和 C-16 位上标记 ^{14}C 的软脂酸。

15．由于食入缺乏必需氨基酸甲硫氨酸的食物，除了不能合成足够的蛋白质外，还会造成什么后果？

16．在脂质合成过程中，很多基团是以活性形式参与到反应中的。例如，乙酰基团的提供形式是乙酰 CoA。给出下面化学基团的活性提供形式：(1) 磷酸根团；(2) D-葡萄糖基；(3) 磷酸乙醇胺基；(4) D-半乳糖基；(5) 脂肪酸基；(6) 甲基；(7) 脂肪酸合成的二碳单位；(8) Δ^3-异戊二烯基

17．(1) 假设一个 70kg 的成年人，体重的 15％是甘油三酯，计算从甘油三酯可获得的总能量为多少千焦耳？(2) 假如一个人所需的基础能量大约是 8370kJ/d，

仅仅利用氧化甘油三酯中的脂肪酸为唯一能源，此人能活多久？（3）在饥饿情况下，此人每天失去多少千克体重？

18. 以正常情况下所获得的能量为标准，估计哺乳动物在酮症时，肝脏中氧化软脂酸所获得的能量。

19. 在抗霉素 A 存在情况下，计算哺乳动物肝脏在有氧条件下氧化 1 分子软脂酸所净产生 ATP 的数目？如果安密妥存在，情况又如何？

20. 生物体彻底氧化 1 分子硬脂酸、软脂酸、油酸和亚油酸各自能产生多少分子 ATP？

21. 一个农村小女孩正常吃均衡食物，但仍然表现轻度酮症。若你作为她的儿科医生正要断定她患某些糖代谢先天性酶缺损时，突然发现她奇数碳原子脂肪酸的代谢不如偶数碳原子脂肪酸正常，并且她每天早晨偷偷地跑到鸡舍，吃生鸡蛋。请对她的症状作出另一种解释。

22. 假如供给 Mg^{2+}、NADPH、ATP、HCO_3^- 和柠檬酸，一个透析后的鸽肝抽提液将催化乙酰 CoA 转变成软脂酸和 CoA。回答下列问题时，仅考虑上述反应。

（1）假如供给 $H^{14}CO_3^-$，在反应过程中，哪一种化合物将被标记？反应完成后 ^{14}C 将堆积在哪些化合物上？

（2）柠檬酸怎样参与这反应？并解释它的作用。

（3）从这个反应被抗生物素蛋白抑制的事实中，你能得出什么结论？

23. 一个正常的喂得很好的动物用 ^{14}C 标记甲基的乙酸静脉注射，几小时后动物死了，从肝脏中分离出糖原和甘油三酯，测定其放射性分布。预期分离得到的糖原和甘油三酯放射性的水平是相同还是不同？为什么？

24. 人或实验动物长期缺乏胆碱会诱发脂肪肝，请解释其原因？

25. 棕榈油酸的生物合成需要用棕榈酸作为前体，在严格厌氧条件下此反应能否发生，解释其原因。

26. 什么是酮症？结合酮体的生理学意义，分析糖尿病患者及长期禁食人群容易出现酮症的病理机制。

27. $1\mu mol$ 完全氚化的十二碳直链饱和脂肪酸 $C^3H_3(C^3H_2)_{10}COO^3H$ 加到破裂的线粒体制剂中，使它完全降解成乙酰 CoA。假如从反应混合物中分离得到 $6\mu mol$ 水解成游离乙酰基的产物，测定其放射活性，问它们总的氚与碳的比（$^3H/C$）是多少？

28. 假设脂肪酸合成所需的乙酰 CoA 和 NADPH 都来自于葡萄糖的分解代谢途径，计算合成 1 分子的三软脂酰甘油需要多少分子的葡萄糖。

29. 脂肪细胞中的脂解产物甘油是如何转变为丙酮酸的？

30. 脂肪酸氧化和脂肪酸的合成是如何协同调控的？

31. 脂肪酸 β-氧化、α-氧化作用、ω-氧化作用有什么不同？

32. 你认为食用含奇数碳链的脂肪酸和含偶数碳链的脂肪酸对机体的作用有何不同？

33. 在脂肪酸合成过程中，为什么逐加的 2C 单位来自丙二酸单酰 CoA 而不是乙酰 CoA？

34. 在反刍动物中丙酸代谢为什么重要？

35. 为什么在大多数情况下，真核生物仅限于合成软脂酸？

36. 试述脂肪代谢是如何进行调节的。

37. 1 分子 12 碳饱和脂肪酸在体内如何氧化成水和 CO_2？计算 ATP 的生成。

38. 何谓酮体？酮体是如何生成及氧化利用的？

39. 为什么吃糖多了人体会发胖（写出主要反应过程）？脂肪酸能转变成葡萄糖吗？为什么？

40. 简述脂类的生理功能。

41. 动物体内甘油的去路有哪些？

42. 试述脂肪酸的 β-氧化过程？

43. 1mol 软脂酸完全氧化成 CO_2 和 H_2O，可生成多少摩尔 ATP？若 1mol 软脂酸完全氧化时的 $\Delta G_0' = 9791kJ$，试求软脂酸完全氧化分解的能量转化效率。

44. 1 分子甘油完全氧化成 CO_2 和 H_2O 时，可净生成多少分子 ATP？假设在外生成 NADH 都通过磷酸甘油穿梭进入线粒体。

45. 在脂肪酸合成中，乙酰 CoA 羧化酶起什么作用？乙酰 CoA 羧化酶受哪些因素调控？

46. 简述载脂蛋白的生理功能。

47. 什么是血脂？简述血脂的主要来源。

48. 草酰乙酸如何完成在线粒体膜内外的转运？

49. 试述 HMG-CoA 在脂质代谢中的作用。

50. 什么是血浆脂蛋白？它们的来源及主要功能是什么？

 **参考答案**

一、名词解释

1. 动物机体不能合成，但对其生理活动十分重要，必须从食物中获得（植物和微生物可以合成）的几种不饱和脂肪酸，主要有亚油酸、亚麻油酸和花生四烯酸，这类多不饱和脂肪酸称为必需脂肪酸。

2. α-氧化作用是以具有 3～18 碳原子的游离脂肪酸作为底物，有分子氧间接参与，经脂肪酸过氧化物酶催化作用，由 α 碳原子开始氧化，氧化产物是 D-α-羟脂肪酸或少一个碳原子的脂肪酸。

3. 脂肪酸的 β-氧化作用是脂肪酸在一系列酶的作用下，在 α 碳原子和 β 碳原子之间断裂，β 碳原子氧化成羧基生成含 2 个碳原子的乙酰 CoA 和比原来少 2 个碳原子的脂肪酸。

4. ω-氧化是 C_5、C_6、C_{10}、C_{12} 脂肪酸在远离羧基的烷基末端碳原子被氧化成羟基，再进一步氧化而成为羧基，生成 α，ω-二羧酸的过程。

5. 线粒体内的乙酰 CoA 与草酰乙酸缩合成柠檬酸，然后经内膜上的三羧酸载体运至胞液中，在柠檬酸裂解酶催化下，需消耗 ATP 将柠檬酸裂解为草酰乙酸和乙酰 CoA，后者就可用于脂肪酸合成，而草酰乙酸经还原后再氧化脱羧成丙酮酸，丙酮酸经内膜载体运回线粒体，在丙酮酸羧化酶作用下重新生成草酰乙酸，这样就可再一次参与转运乙酰 CoA 的循环。

6. 脂肪酸合酶系统是一种多酶复合体，包括酰基载体蛋白（ACP）和 6 种酶，这六种酶分别是乙酰转酰酶、ACP-丙二酸单酰 CoA 转移酶、β-酮脂酰-ACP 缩合酶、β-酮脂酰-ACP 还原酶、羟脂酰-ACP 脱水酶和烯脂酰-S-ACP 还原酶。

7. 当机体需要能量时，贮存在脂肪细胞中的脂肪，被脂肪酶逐步水解为游离脂肪酸和甘油并释放入血液，被其他组织氧化利用，这一过程称为脂肪的动员作用。

8. 酰基载体蛋白是一个小分子蛋白质，为脂肪酸合酶复合物的组成成分，但不具催化活性，在脂肪酸合成中作为酰基的载体。

9. 肉毒碱穿梭系统是长链脂酰 CoA 通过与极性肉碱结合成脂酰肉碱的形式从胞质中转运到线粒体内的循环穿梭系统，从而使活化的脂肪酸在线粒体内进一步氧化。

10. 血浆脂蛋白是脂类在血液中的主要运输形式，由血浆中磷脂、胆固醇、三酰甘油等脂类与载脂蛋白结合形成。

11. 在肝脏中由乙酰 CoA 合成的 β-羟基丁酸、乙酰乙酸及少量的丙酮统称为酮体。

12. 肝脏被脂肪细胞所浸渗，变成了非功能的脂肪组织。脂肪肝可能因糖尿而产生；膳食中缺乏甲硫氨酸和胆碱而造成的脂蛋白合成的减少，其结果也会导致脂肪肝。

13. 脂肪酸在肝脏可分解并生成酮体，但肝细胞中缺乏利用酮体的酶，只能将酮体经血循环运至肝外组织利用。在糖尿病等病理情况下，体内大量动用脂肪，酮体的生成量超过肝外组织利用量时，可引起酮症。此时血中酮体升高，并可出现酮尿。

14. LDL 受体存在于细胞表面的一种受体蛋白，能特异识别血液中 LDL 颗粒含有的 apoB100，从而使 LDL 与细胞的 LDL 受体结合诱发胞吞作用，在细胞内胆固醇酯被降解为胆固醇和脂肪酸，LDL 受体再回到细胞表面发挥其吸收 LDL 的功能。

15. 高脂血症是由于血中脂蛋白合成与清除混乱引起的。血浆脂蛋白代谢异常可包括参与脂蛋白代谢的关键酶，载脂蛋白或脂蛋白受体遗传缺陷，也可以由其他原因引起。

16. 动脉粥样硬化是人体内胆固醇代谢异常所引起的一类疾病。当机体合成与饮食摄取的胆固醇含量超过用于合成膜、胆汁酸盐和类固醇时，人体血管便出现胆固醇病理性积累，形成动脉粥样斑导致动脉血管堵塞。该症与血液中高浓度的富含胆固醇的 LDL 有关，但 HDL 的含量与血管疾病之间存在一定的负相关。

17. 激素敏感性三酰甘油脂肪酶是一种存在于脂肪细胞中受激素调节的三酰甘油脂肪酶。当血液中血糖浓度变低时，肾上腺素和胰高血糖素分泌增加，激活脂肪细胞质膜中的腺苷酸环化酶产生 cAMP。一种依赖 cAMP 的蛋白激酶会使激素敏感性三酰甘油脂肪酶发生磷酸化而激活，催化三酰甘油分子中的酯键水解，释放脂肪酸。

18. 脂蛋白酯酶是糖蛋白，催化 CM 和 VLDL 核心中的 TG 分解为脂肪酸和单酰甘油酯，为组织提供功能和储存，ApoCⅡ是其关键的辅助因子。

二、填空题

1. β-氧化作用

2. 脱氢，加水，再脱氢，硫解

3. 脂肪，甘油，脂肪酸

4. HS-CoA

5. ATP-Mg^{2+}，HS-CoA，脂酰 CoA，肉碱-脂酰转移酶系统

6. $0.5n-1$，$0.5n$，$0.5n-1$，$0.5n-1$

7. 乙酰乙酸，β-羟丁酸，丙酮，肝细胞，乙酰 CoA，肝外组织

8. Δ^3-顺 Δ^2-反烯脂酰 CoA 异构酶，Δ^4-顺 Δ^2-反二烯脂酰 CoA 还原酶

9. 乙酰 CoA，丙二酸单酰 CoA，NADPH＋H^+

10. 经三羧酸循环氧化供能，合成脂肪酸，合成胆固醇，合成酮体

11. ACP，CoA，$4'$-磷酸泛酰巯基乙胺

12. 软脂酸，线粒体，内质网

13. 氧化脱氢，厌氧

14. 脂酰 CoA，3-磷酸甘油

15. 3-磷酸甘油，脂酰 CoA，磷脂酸，二酰甘油，二酰甘油转移酶

16. CDP-二酰甘油，UDP-葡萄糖

17. 乙酰 CoA，NADPH，HMG-CoA 还原酶，胆汁酸，类固醇激素，1,25-$(OH)_2$-D_3

18. 溶血卵磷脂，脂肪酸

19. 葡萄糖分解，脂肪酸氧化，磷酸戊糖途径

20. 乙酰 CoA 羧化酶，生物素，1,丙二酸单酰 CoA，抑制剂

21. S-腺苷甲硫氨酸，甲硫氨酸

22. 生物素，维生素 B_{12}

23. 乙酰 CoA，NADPH，ATP，HCO_3^-

24. β-氧化，ω-氧化

25.（滑面）内质网膜，9

26. CM，前 β-脂蛋白，β-脂蛋白，α 脂蛋白

27. 脂蛋白

28. 胆固醇

29. 外源性脂肪，肝脏，内源性脂肪，血中，将胆固醇由肝内向肝外转运，肝脏，将胆固醇由肝外向肝内转运

30. 卵磷脂-胆固醇酰基转移酶（LCAT），脂酰-胆固醇酰基转移酶（ACAT）

31. CM，VLDL，LDL，HDL

32. 乙酰 CoA，线粒体基质中，柠檬酸-丙酮酸，细胞质

33. 线粒体，胞浆

34. 106

35. 甘油二酯，磷酰胆碱

36. 磷脂酸，胆碱

37. 7，8，106

38. 胆汁酸，甾类激素，维生素 D

39. 保温，供能

40. 内质网膜

41. 脂肪酸，胆固醇，酮体

42. 酮体，胆固醇

43. 血浆清蛋白

44. 2

45. 甘油，脂肪酸，磷酸

46. 极低密度脂蛋白

47. 滑面内质网，外源脂肪

48. 游离脂肪酸，甘油

49. 肉碱，肉碱脂酰转移酶 Ⅰ

三、单项选择题

1. A 2. A 3. D 4. A 5. C 6. A 7. A 8. C 9. E 10. D 11. C
12. B 13. A 14. E 15. D 16. D 17. D 18. E 19. B 20. D 21. D
22. B 23. D 24. C 25. A 26. D 27. C 28. A 29. B 30. A 31. D
32. C 33. E 34. D 35. C 36. E 37. A 38. D 39. E 40. A 41. D
42. B 43. E 44. C 45. B 46. D 47. C 48. D 49. D 50. C 51. C
52. C 53. E 54. A 55. D 56. A 57. D 58. D 59. D 60. C 61. B
62. A 63. D 64. D 65. B 66. C 67. D 68. B 69. B 70. D 71. E
72. C 73. D 74. E 75. B 76. A 77. B 78. A 79. B 80. A 81. D
82. C 83. C 84. C 85. A 86. A 87. D 88. A 89. A 90. C 91. A

92. D　93. D　94. C　95. B　96. B　97. A　98. C　99. B　100. D　101. B
102. A　103. C　104. A　105. A　106. B　107. C　108. D　109. C　110. E
111. C　112. D　113. E　114. B　115. C　116. D　117. B　118. D　119. D
120. A　121. E　122. C　123. B　124. D　125. E　126. D　127. E　128. C
129. E　130. D　131. D　132. D　133. A　134. B　135. D　136. E　137. D
138. B　139. B　140. D　141. D　142. C　143. C　144. E　145. A　146. C
147. D　148. A　149. A　150. C　151. A　152. C　153. D　154. A　155. C
156. A　157. D　158. C　159. D　160. C　161. D

四、多项选择题

1. AC　2. BD　3. AC　4. ABCD　5. ABCD　6. ABC　7. ABCD
8. ABCD　9. BCD　10. BD　11. ABCD　12. ACD　13. ABC　14. ABCD
15. AC　16. BD　17. ABCD　18. AC　19. BD　20. BCD　21. BD　22. ABD
23. CDE　24. BCD　25. ABCDE　26. ABCDE　27. ABCE　28. ABD
29. ABCE　30. BCD　31. ABC　32. ABC　33. ABCD　34. ABDE　35. ACDE
36. ACE　37. BCD　38. ABCDE　39. ABCD　40. ACDE　41. ACD
42. ABCD　43. AC　44. BCD　45. BD　46. ACD　47. ABCD　48. AB
49. ABD　50. AC　51. ABC　52. ACD　53. ABC　54. ABC　55. CD　56. BD
57. BD　58. BD　59. ABC

五、判断题

1. 对。

2. 错。偶数碳原子脂肪酸和奇数碳原子脂肪酸都可经过 β-氧化，只是前者的代谢产物是乙酰辅酶 A，后者代谢产物是乙酰辅酶 A 和丙酰辅酶 A。

3. 错。胆固醇的母核——环戊烷多氢菲不能被降解。

4. 对。

5. 错。脂肪酸 β-氧化酶系存在于线粒体中。

6. 错。肉毒碱与脂酰辅酶 A 形成脂酰肉毒碱，可帮助脂酰辅酶 A 进入线粒体，所以肉毒碱可促进脂肪酸的氧化分解。

7. 错。在真核细胞内，饱和脂肪酸在 O_2 的参与下和专一的去饱和酶系催化下进一步生成各种不饱和脂肪酸。

8. 错。不饱和脂肪酸是由饱和脂肪酸在脱饱和酶的作用下产生的。

9. 错。甘油生成 3-磷酸甘油的反应为不可逆反应。

10. 错。萌发的油料种子和某些微生物拥有乙醛酸循环途径，可利用脂肪酸 β-氧化生成的乙酰 CoA 合成苹果酸，为糖异生和其他生物合成提供碳源。

11. 错。所有羧化酶需要生物素，而 TPP 是催化 α 酮酸脱羧反应的酶所需要的。

12. 对。

13. 错。Ⅰ型定位于线粒体内膜外侧，Ⅱ型存在于线粒体内膜内侧。

14. 错。奇数碳原子的饱和脂肪酸经最后一次 β-氧化后，生成产物为乙酰 CoA 和丙酰 CoA。

15. 对。

16. 错。因为合成 1 分子软脂酸，需要 8 个乙酰 CoA 单位。其中有 1 个以乙酰 CoA 的形式参与合成，其余 7 个皆以丙二酸单酰 CoA 形式参与合成。每分子乙酰 CoA 转变成丙二酸单酰 CoA 时消耗 1 分子 ATP，所以共消耗 7 分子 ATP。

17. 错。动物长期饥饿，就要动用体内脂肪，脂肪分解代谢水平就很高，产生大量的乙酰 CoA，但由于糖代谢水平低，乙酰 CoA 无法进行三羧酸循环而被氧化，乙酰 CoA 就缩合成乙酰乙酰 CoA，产生酮体，酮体生成速度大于酮体分解速度，酮体浓度增高，常有酸中毒的危险。

18. 对。

19. 错。胆固醇是动物体合成多种生物活性物质的前体物质，如胆酸、固醇类激素和维生素 D 等，也是细胞膜的重要组成成分。因此完全禁食胆固醇是错误的。

20. 错。胆固醇和酮体的生物合成至 β-羟-β-甲基戊二酸单酰 CoA（HMG-CoA）生成过程是相同的，但两条途径的关键酶不同，胆固醇生物合成的关键酶是 HMG-CoA 还原酶。

21. 错。脂肪酸的 ω-氧化是从远离羧基端的 C 原子开始的。

22. 错。FAD 能接受两个电子和两个质子，经过两步反应形成 $FADH_2$，中间经过半醌形式，半醌形式也是稳定的，所以 FAD 能参与 1 个或 2 个电子的转移反应。

23. 错。脂肪酸从头合成中，将糖代谢生成的乙酰 CoA 从线粒体内转移到细胞液中的化合物是柠檬酸。

24. 错。由磷酸戊糖途径产生的 NADPH 提供。延长途径中可由 $FADH_2$ 与 NADPH 提供 [H]。

25. 错。线粒体酶系、微粒体酶系与内质网酶系都能使短链饱和脂肪酸的碳链延长，每次延长两个碳原子。线粒体酶系延长碳链的碳源是乙酰 CoA，微粒体内质网酶系延长碳链的碳源是丙二酸单酰 CoA，它们都不用 ACP 作为酰基载体。

26. 对。

27. 对。

28. 对。

29. 对。

30. 对。

31. 错。主要来源是葡萄糖，EMP 途径提供甘油类化合物，脂肪酸的合成来自于 EMP 途径产生的乙酰 CoA。

32. 错。人体内脂肪酸不能转变成葡萄糖。

33. 对。

34. 对。

35. 错。哺乳动物具有 Δ^4、Δ^5、Δ^8、Δ^9 去饱和酶。

36. 错。酮体是一种正常的脂肪酸代谢产物。

37. 错。胰岛素是抗脂解激素。

38. 错。胰高血糖素促进脂肪的动员。

39. 错。脂肪分解的产物乙酰辅酶 A 不能异生成糖。

40. 错。多烯脂酸的碳链延长在前，去饱和作用在后。

41. 对。

42. 对。

43. 对。

44. 错。人体不能合成亚油酸。

45. 对。

46. 错。脂肪酸分解产生的乙酰辅酶 A 进入三羧酸循环，最后产生能量，不用于脂肪酸的合成。

47. 错。胆固醇的母核——环戊烷多氢菲不能被降解。

48. 对。

49. 错。脂肪酸的去饱和发生在肝细胞的微粒体中。

50. 错。脂肪酸合成时，逐加的碳原子来自于丙二酸单酰辅酶 A。

51. 对。

52. 对。

53. 错。脂肪酸合成过程不是脂肪酸分解过程的简单逆转。

54. 错。内质网膜脂肪酸延长的酰基载体是 HS-CoA。

六、简答题

1. 【答】（1）脂肪酸氧化在线粒体，合成在胞液；（2）氧化的酰基载体是辅酶 A，合成的酰基载体是酰基载体蛋白；（3）氧化是 FAD 和 NAD^+，合成是 NADPH；（4）氧化是 L 型，合成是 D 型；（5）氧化不需要 CO_2，合成需要 CO_2；氧化为高 ADP 水平，合成为高 ATP 水平；（6）氧化是羧基端向甲基端，合成是甲基端向羧基端；（7）脂肪酸合成酶系为多酶复合体，而不是氧化酶。

2. 【答】（1）软脂酸合成：软脂酸是十六碳饱和脂肪酸，在细胞液中合成，合成软脂酸需要两个酶系统参加。一个是乙酰 CoA 羧化酶，它包括三种成分，即生物素羧化酶、生物素羧基载体蛋白、转羧基酶。由它们共同作用催化乙酰 CoA 转变为丙二酸单酰 CoA。另一个是脂肪酸合成酶，该酶是一个多酶复合体，包括 6 种酶和一个酰基载体蛋白，在它们的共同作用下，催化乙酰 CoA 和丙二酸单酰 CoA，合成软脂酸的反应包括 4 步，即缩合、还原、脱水、再缩合，每经过 4 步循环，可延长 2 个碳。如此进行，经过 7 次循环即可合成软脂酰-ACP。软脂酰-ACP

在硫激酶作用下分解，形成游离的软脂酸。软脂酸的合成是从原始材料乙酰 CoA 开始的，所以称之为从头合成途径。（2）硬脂酸的合成，在动物和植物中有所不同。在动物中，合成地点有两处，即线粒体和粗面内质网。在线粒体中，合成硬脂酸的碳原子受体是软脂酰 CoA，碳原子的供体是乙酰 CoA。在内质网中，碳原子的受体也是软脂酰 CoA，但碳原子的供体是丙二酸单酰 CoA。在植物中，合成地点是细胞溶质。碳原子的受体不同于动物，是软脂酰 ACP；碳原子的给体也不同与动物，是丙二酸单酰 ACP。在两种生物中，合成硬脂酸的还原剂都是一样的。

3.【答】糖代谢和脂肪代谢的相互联系：糖类和脂类都是以碳氢元素为主的化合物，它们在代谢关系上十分密切。一般来说，在糖供给充足时，糖可大量转变成脂肪储存起来，导致发胖。糖变为脂肪的大致步骤为：糖经酵解产生磷酸二羟基丙酮，磷酸二羟基丙酮可以还原为甘油。磷酸二羟基丙酮也可继续通过糖酵解形成丙酮酸，丙酮酸氧化脱羧变成乙酰辅酶 A，乙酰辅酶 A 可用来合成脂肪酸，最后由甘油和脂肪酸合成脂肪。可见甘油三酯每个碳原子都可以从糖转变而来。如果用含糖类很多的饲料喂养家畜，就可以获得肥畜的效果。脂肪转化成糖的过程首先是脂肪分解成甘油和脂肪酸，然后两者分别按不同途径向糖转化。甘油经磷酸化生成 3-磷酸甘油，再转变成磷酸二羟丙酮，后者经糖异生作用转化成糖。脂肪酸经 β-氧化作用，生成乙酰辅酶 A。在人体或动物体内不存在乙醛酸循环，通常情况下，乙酰辅酶 A 都是经过三羧酸循环而氧化成二氧化碳和水，而不能转化成糖。因此，对动物而言，只是脂肪中的甘油部分可转化成糖，而甘油占脂肪的量相对很少，所以生成的糖量也相对很少。但脂肪的氧化利用可以减少对糖的需求，这样，在糖供应不足时，脂肪可以替代糖提供能量，使血糖浓度不至于下降过多。可见，脂肪和糖不仅可以相互转化，在相互替代功能上关系也是非常密切的。

4.【答】催化脂肪（甘油三酯）水解的酶称为脂肪酶。脂肪酶有三种，即甘油三酯脂肪酶、甘油二酯脂肪酶和甘油单酯脂肪酶。

在三种脂肪酶中，甘油三酯脂肪酶是限速酶。脂肪水解的第一步是限速步骤，该酶受激素调节。肾上腺素、甲状腺素、胰高血糖素、肾上腺皮质激素对甘油三酯脂肪酶起正调节作用，这些激素可以激活腺苷酸环化酶，使 ATP 转变为 cAMP。cAMP 浓度增加时，可使蛋白激酶活化，活化的蛋白激酶可使无活性的脂肪酶磷酸化，转变为有活性的脂肪酶，加速脂肪分解代谢。胰岛素、前列腺素 E_1 的作用相反，可抑制腺苷酸环化酶活力，减少 cAMP 生成。

另外，胰岛素和前列腺素 E1 有激活磷酸二酯酶活力的作用，加速了 cAMP 的分解。由于 cAMP 含量下降，蛋白激酶得不到激活，脂肪酶也得不到活化，脂肪水解受到抑制。胰岛素和前列腺素 E1 对脂肪水解有负调节作用，被称为抗脂解激素。

5.【答】单不饱和脂肪酸的氧化与偶数碳原子不饱和脂肪酸的氧化类似，但是有其特点。

按照饱和脂肪酸同样方式活化后，进入线粒体进行 β-氧化。在进行 3 次 β-氧化后，产生 Δ^3 顺烯脂酰 CoA，此产物不能被烯脂酰 CoA 水化酶作用，因此须经过一个异构酶（Δ^3 顺 Δ^2-反烯脂酰 CoA 异构酶）催化，使其转变为 Δ^2 反式异构物即 Δ^2-反烯脂酰 CoA 才能被烯脂酰 CoA 水化酶作用。

6.【答】由乙酰 CoA 缩合而形成的乙酰乙酸、β-羟丁酸和丙酮等三种物质，统称为酮体。

酮体生成的全套酶系位于肝细胞线粒体的内膜或基质中，其中 HMG-CoA 合成酶是此途径的限速酶。除肝脏外，肾脏也能生成少量酮体。2mol 乙酰 CoA 在硫解酶的催化下，缩合成乙酰乙酰 CoA，后者再与 1mol 乙酰 CoA 在 β-羟-β-甲基戊二酸单酰 CoA 合成酶的催化下缩合成 β-羟-β-甲基戊二酸单酰 CoA，然后在 β-羟-β-甲基戊二酸单酰 CoA 裂解酶的催化下裂解产生乙酰乙酸；乙酰乙酸在肝线粒体 β-羟丁酸脱氢酶催化下又可还原生成 β-羟丁酸；丙酮则由乙酰乙酸脱羧生成。

酮体是脂肪酸在肝脏中氧化分解时产生的正常中间代谢物，是肝脏输出能源的一种形式。动物饥饿时，机体可以优先利用酮体以节约葡萄糖，从而满足如大脑等组织对葡萄糖的需要。酮体溶于水，分子小，能通过肌肉毛细血管壁和血脑屏障，因此可以成为适合于肌肉和脑组织利用的能源物质。在初生幼畜中，脑中利用酮体的酶系比成年动物的活性高得多。

7.【答】脂肪酸的合成是在胞液中进行的，反刍动物吸收的乙酸可以直接进入细胞液转变成乙酰 CoA，而在非反刍动物，乙酰 CoA 必须通过线粒体膜从线粒体内转移到线粒体外的胞液中来才能被利用。由于线粒体膜不允许乙酰 CoA 自由通过，乙酰 CoA 需借助于柠檬酸-丙酮酸循环实现上述转移。乙酰 CoA 首先在线粒体内与草酰乙酸缩合生成柠檬酸，然后柠檬酸穿过线粒体膜进入胞液，在柠檬酸裂解酶作用下，裂解成乙酰 CoA 和草酰乙酸。进入胞液的乙酰 CoA 即可用于脂肪酸的合成，而草酰乙酸则还原成苹果酸，后者可再分解脱氢转变为丙酮酸转入线粒体，在线粒体中再羧化成为草酰乙酸，参与乙酰 CoA 的转运。

8.【答】ACP 即脂酰基载体蛋白，在脂肪酸生物合成过程中，酶反应生成的各种中间物在大多数情况下保持与载体蛋白相连，以保证合成过程的定向进行。

9.【答】酮体是脂肪酸在肝内正常的中间代谢产物，是肝输出能源的一种形式。酮体溶于水，分子小，能通过血脑屏障及肌肉毛细血管，是肌肉组织，尤其是脑组织的重要能源。糖供应充足时，脑组织主要摄取血糖氧化供能；而糖供应不足时，脑组织不能氧化利用脂肪，此时酮体就可代替葡萄糖成为脑组织及肌肉的主要能量来源。（1）在饥饿情况下，血糖的浓度降低，这时糖供应相对不足，机体无法利用葡萄糖提供能量，体内胰高血糖素等脂解激素分泌增加，而胰岛素等抗脂解激素分泌减少，激活了激素敏感脂酶，促使机体加强对脂肪的动员，血中游离脂肪酸浓度升高，肝摄取脂肪酸增多，由于糖代谢减弱，3-磷酸甘油及 ATP 不足，脂肪酸酯化减少，主要进入线粒体进行 β-氧化，从而产生大量的乙酰 CoA，但因肝内糖酵解途径减弱，草酰乙酸生成减少，乙酰 CoA 不能与之充分结合生成柠檬酸而进入三羧酸循环，同时脂肪酸合成障碍，因而乙酰 CoA 可在肝内合成大量的酮体。

（2）糖尿病患者由于胰岛素绝对或相对不足，机体不能很好地氧化利用葡萄糖，必须依赖脂肪酸氧化供能。脂肪动员加强，酮体生成增加。酮体包括乙酰乙酸、β-羟丁酸和丙酮，前者均为较强的有机酸，在血中堆积超过机体的缓冲能力时，即可引起酮症酸中毒。正常情况下，血中仅少量酮体，为 $0.03 \sim 0.5\text{mmol/L}$，在饥饿和严重糖尿病情况下，脂肪动员加强，酮体生成增加。肝外组织利用酮体有一定限度，当体内脂肪大量动员，肝生成酮体的速度超过肝外组织利用能力，此时血中酮体升高可导致酮症酸中毒，并随尿排出酮。

10.【答】脂肪酸的合成过程不是 β-氧化过程的逆反应，表现在以下几个方面：

（1）两种反应进行的地点不同，合成反应在胞液中进行，β-氧化在线粒体中进行。

（2）脂肪酸的高速合成需要柠檬酸，它是乙酰 CoA 羧化酶的激活剂，而 β-氧化则不需要。

（3）合成反应需要 CO_2 参加，而 β-氧化中不需要。

（4）加入和减去的碳单位不同，合成反应中是丙二酸单酰 ACP 分子，β-氧化中是乙酰 CoA 分子。

（5）酰基载体不同，合成反应是 ACP-SH，β-氧化中是 HS-CoA。

（6）反应中所需的辅酶不同，合成反应中，烯脂酰 ACP 的还原需要 $NADPH+H^+$，而 β-氧化中需 FAD。另外，合成反应中，β-酮脂酸的还原需 $NADPH+H^+$，而 β-氧化中需 NAD^+。

（7）所需要的酶不同，合成过程需要 7 种，β-氧化只需 4 种。

（8）能量需要或释放能量不一样，合成过程消耗 7 分子 ATP 及 14 分子 $NADPH+H^+$，β-氧化产生 $(7n-6)$ 个 ATP 分子（n 为碳原子个数）。

11.【答】脂肪是由脂酰 CoA 与 3-磷酸甘油合成的，3-磷酸甘油可来自甘油或磷酸二羟丙酮。

脂酰 CoA 是由乙酰 CoA 与脂肪酸生成，反应需要 ATP 和 HS-CoA。

脂肪的合成过程如下：

（1）首先在磷酸甘油转酰酶催化下，形成磷脂酸。

（2）在磷酸酶催化下，磷脂酸脱去磷酸，形成二酰甘油。

（3）在二酰甘油转酰基酶催化下，二酰甘油与脂酰 CoA 作用，生成三酰甘油。

12.【答】脂肪酸 β-氧化循环的第一步类似于三羧酸循环中琥珀酸转变为延胡索酸，都是脱氢反应。第二步类似于延胡索酸转变为苹果酸，都是加水反应。第三步类似于苹果酸转变为草酰乙酸，都是脱氢反应。脱氢、加水、脱氢是细胞内有机化合物氧化的常见方式之一。

13.【答】因为奇数碳原子脂肪酸降解最后产生丙酰 CoA，这个化合物进一步代谢生成琥珀酰 CoA，琥珀酰 CoA 将减轻爱斯基摩人糖的缺乏，并且因为增加了三羧酸循环中间物的水平因而减轻了伴随而来的酮症。

14.【答】(1) 均一标记的 ^{14}C-乙酰 CoA 被转变成 ^{14}C-丙二酸单酰 CoA，再转变成均一标记 ^{14}C 的软脂酸，这是脂肪酸的从头合成过程。(2) 假如仅将微量的均一标记的 ^{14}C 乙酰 CoA 加入大大过量的未标记的丙二酸单酰 CoA 中，丙二酸单酰 CoA 代谢库并没有用 ^{14}C 标记，因此仅仅形成在 C-15 和 C-16 位上有 ^{14}C 标记的软脂酸。

15.【答】甲硫氨酸的缺乏将会抑制需要 S-腺苷甲硫氨酸的所有反应。这里值得注意的是由于甲硫氨酸的缺乏，因此不能从磷脂酰乙醇胺合成磷脂酰胆碱。

16.【答】(1) 磷酸根基团：ATP；(2) D-葡萄糖基：UDP-葡萄糖；(3) 磷酸乙醇胺基：CDP-乙醇胺；(4) D-半乳糖基：UDP-半乳糖；(5) 脂酰基：脂酰 CoA；(6) 甲基：S-腺苷甲硫氨酸；(7) 脂肪酸合成的二碳单位：丙二酸单酰 CoA；(8) Δ^3-异戊二烯基：Δ^3-异戊二烯焦磷酸。

17.【答】(1) 70kg 成年人含甘油三酯的量为 $70 \times 1000 \times 15\% = 10500g$，因为人体内氧化 1g 脂肪（甘油三酯）可获得约 37.66kJ 的热量，所以从甘油三酯可获得的总能量为

$37.66 \times 10500 = 395430$ (kJ) $\approx 4.0 \times 10^5$ kJ

(2) $4.0 \times 10^5 \div 8370 \approx 48$，此人能活 48 天

(3) $8370 \div (37.66 \times 10^3) \approx 0.22kg/d$，每天失去 0.22kg。

18.【答】比较转移到载体分子的电子对的数目就可估计酮症时软脂酸氧化所获得的相对能量。软脂酸经 7 轮 β-氧化转变成 8 分子乙酰 CoA，它每经一轮 β-氧化就释放 2 个电子对（其中 1 个电子对给 FAD，另 1 个电子对给 NAD^+），因此每分子软脂酸经 7 轮 β 氧化释放 14 个电子对。每分子乙酰 CoA 经过三羧酸循环氧化成 CO_2 释放 4 个电子对（1 个电子对给 FAD，3 个电子对给 NAD^+），这样 8 分子乙酰 CoA 可释放 32 个电子对。在酮症时，仅氧化产生的 14 个电子对被释放，而在正常的均衡食物时，46 个（14＋32）电子对全部被利用，因此在酮症情况下，仅能利用软脂酸正常的可利用能量的 30%（14/46≈30%）。更为准确的方法是利用 $FADH_2$ 和 NADH 氧化磷酸化时的 P/O 值，计算两种不同情况下，软脂酸氧化产生的 ATP 的分子数。

19.【答】1 分子软脂酸经 7 轮 β-氧化，产生 7 分子 $FADH_2$ 和 7 分子 NADH 及 8 分子的乙酰 CoA；1 分子的乙酰 CoA 经 TCA 循环产生 3 分子 NADH 和 1 分子的 $FADH_2$ 及 1 分子 GTP（相当于 1 分子 ATP）；1 分子 NADH 氧化磷酸化产生 2.5 分子 ATP；1 分子的 $FADH_2$ 氧化磷酸化产生 1.5 分子 ATP。

(1) 抗霉素 A 存在时，能抑制电子从还原型泛醌到细胞色素 c1 的传递，所以对 NADH 呼吸链和 $FADH_2$ 呼吸链均有抑制。1 分子软脂酸在抗霉素 A 存在时只能产生 8 分子 ATP，减去活化时消耗的 2 个 ATP，净得 6 个 ATP。

(2) 安密妥能阻断电子从 NADH 向泛醌的传递，所以其能抑制 NADH 呼吸链，而对 $FADH_2$ 呼吸链无抑制作用。即安密妥存在时 1 分子软脂酸氧化产生 ATP 的数目是：$(7＋8) \times 1.5＋8－2 = 28.5$ 个。

20.【答】硬脂酸为18碳饱和脂肪酸，经8次β氧化产生8分子NADH、8分子FADH$_2$和9分子的乙酰CoA，反应开始硬脂酸活化时，消耗2分子ATP，所以硬脂酸完全氧化产生的ATP数为：2.5×8＋1.5×8＋10×9－2＝120个ATP。软脂酸为C16饱和脂肪酸，同硬脂酸计算方法，共释放106个ATP。

含有一个或多个不饱和双键的脂肪酸完全氧化除了需要β-氧化的酶以外，还需要Δ^3顺-Δ^2-反烯酯酰CoA异构酶。2,4-二烯酯酰CoA还原酶和2,3-二烯酯酰CoA异构酶参与。含有一个双键，即少产生1分子FADH$_2$。油酸：C18单烯酸完全氧化产生的ATP数是120－1.5＝118.5；亚油酸：C18二烯酸完全氧化产生的ATP数是120－3＝117。

21.【答】生蛋清中含有抗生物素蛋白，它能和生物素特异地结合，阻止了生物素的吸收。而生物素是所有需要ATP的羧化反应所需的辅酶。由于小女孩吃了生的鸡蛋清可能导致生物素缺乏，从而导致需要ATP的羧化酶活性降低。羧化酶之一——丙酮酸羧化酶是从丙酮酸羧化生成三羧酸循环中间物草酰乙酸所需的酶，该酶活性下降造成轻度酮症。另一个羧化酶是丙酰CoA羧化酶，它是奇数碳原子脂肪酸的末端三碳片段代谢所需的。生物素的缺乏导致丙酰CoA羧化酶活性下降，因此影响了奇数碳原子脂肪酸的代谢。

22.【答】(1) 由于H^{14}CO$_3^-$在乙酰CoA羧化酶催化下合成丙二酸单酰CoA，故丙二酸单酰基将被标记，但是^{14}C并不在任何化合物上堆积，因为当丙二酸单酰CoA用来合成软脂酸时，^{14}C将以CO$_2$的形式释放。(2) 柠檬酸仅仅作为活化乙酰CoA羧化酶所需的别构效应剂。柠檬酸（三羧酸循环的第一个中间物）水平的增加是乙酰CoA转向脂肪酸合成的信号，而不是加强三羧酸循环的信号。(3) 反应必定包含了一个需生物素的酶。抗生物素蛋白是蛋清中的一种蛋白质，它专一抑制需要生物素的酶，这些酶总是催化需要ATP的固定CO$_2$为羧基的反应。

23.【答】动物不能净转变乙酸成糖，但能直接将乙酸转变成脂肪酸，后者将参与甘油三酯的合成，因此脂类的^{14}C比糖类的多。虽然从乙酸不能净合成糖，但^{14}C将在糖中出现，因为一些^{14}C-乙酸将进入三羧酸循环，并将^{14}C提供给葡萄糖异生作用的前体库。

24.【答】食物中供给的胆碱在机体内用于合成磷脂酰胆碱，作为膜和脂蛋白的重要组分。长期缺乏胆碱，磷脂酰胆碱合成受到限制，原材料之一的二酰甘油转向合成三酰甘油，后者没有分泌进入脂蛋白而在肝脏内积累。肝细胞被三酰甘油充塞，形成脂肪肝。

25.【答】棕榈油酸的双键是通过脂酰CoA去饱和酶催化的氧化反应引入的，该酶是一种需要O$_2$作为辅底物的多功能加氧酶（即单加氧酶或羟化酶）。所以，在严格厌氧条件下此反应不能发生。

26.【答】酮症是指脂肪酸在肝脏可分解并生成酮体，但肝细胞中缺乏利用酮体的酶，只能将酮体经血循环运至肝外组织利用，导致血中酮体堆积，称为酮血症。多余的酮体随尿液排出，称为酮尿症。糖尿病患者机体不能很好地利用葡萄糖，长期禁食人群机体能量摄入严重不足，这两种情况下，脂肪动员明显增强，肝脏酮体生成增多，酮体的生成量超过肝外组织利用量时，可引起酮血症。由于酮体中的乙酰乙酸、β-羟丁酸具有酸性，会导致酸中毒，病情严重时导致昏迷。

27. 【答】$C^3H_3(C^3H_2)_{10}COO^3H$ 在线粒体中进行 β-氧化降解成乙酰 CoA。在 β-氧化的第一个脱氢反应中，脱去了 α-碳原子上的一个氢，这个 α-碳原子最终成为放出的乙酰 CoA 的甲基。所以每次产生的乙酰基将仅仅带一个 ^3H 原子（H：C＝1：2）。但是脂肪酸的最后一个甲基没有被氧化，因此保留所有的 3 个 ^3H 原子（3H：C＝3：2）。因为反应产生 6μmol 乙酰基，其中 5μmol 其氚与碳的比为 1：2，1μmol 其氚与碳的比为 3：2，所以，总的氚与碳的比为 8：12（即 2：3）。

28. 【答】1 分子葡萄糖经糖酵解进入 TCA 循环前可产生 2 分子乙酰 CoA，1 分子软脂酸从头合成需要 8 分子乙酰 CoA，所以 3 分子软脂酸合成所需要的碳由 12 个葡萄糖提供。1 分子葡萄糖经戊糖磷酸途径可产生 2 分子的 NADPH，脂肪酸合成过程中，每一轮添加二碳单位需要 2 分子 NADPH 提供还原力。1 分子软脂酸需要 7 轮合成过程。所以 3 分子软脂酸合成所需的还原力需要 21 分子的葡萄糖代谢提供。1 分子的甘油需要 0.5 分子的葡萄糖提供。即 1 分子的三软脂酰甘油合成需要葡萄糖的数目为 12＋21＋0.5＝33.5 分子。

29. 【答】由于脂肪细胞缺少甘油激酶，所以脂解产物甘油不能被脂肪细胞利用，必须通过血液运至肝脏进行代谢。在肝细胞，甘油首先在甘油激酶的作用下生成 3-磷酸甘油，再进一步在磷酸甘油脱氢酶的作用下生成磷酸二羟丙酮。磷酸二羟丙酮转变成 3-磷酸甘油醛后进入酵解途径，最终转变为丙酮酸。

30. 【答】脂肪酸的氧化和合成是两条相反的途径，在体内受到严格的调节控制。脂肪酸氧化的限速步骤是脂肪酸从胞质到线粒体的转运，所以肉碱酰基转移酶 I 是脂肪酸氧化的限速酶。脂肪酸合成的限速酶是乙酰 CoA 羧化酶，催化乙酰辅酶 A 生成丙二酸单酰 CoA。当脂肪酸走向合成时，丙二酸单酰 CoA 浓度就会升高，丙二酸单酰 CoA 可抑制肉碱酰基转移酶 I 的活性，这样当脂肪酸合成旺盛时，脂肪酸的分解必然会停止，如此进行两条相反途径的协同调控。

31. 【答】主要区别有：①进行的部位不同，脂肪酸 β-氧化在线粒体内进行，α-氧化作用和 ω-氧化作用在微粒体内进行。②主要中间代谢物不同，脂肪酸 β-氧化的主要中间产物是乙酰 CoA，α-氧化作用的主要中间产物是 α-羟脂酸。ω-氧化作用的主要中间产物是 ω-羟脂酸。③反应起始阶段的酶不同，脂肪酸 β-氧化的起始酶是脂酰 CoA 脱氢酶，辅酶是 FAD；α-氧化作用的起始酶是单加氧酶；ω-氧化作用的起始酶是单加氧酶，辅酶是 $NADPH＋H^+$ 和 Fe^{2+}；ω-氧化反应中还有细胞色素 P450 参与。

32. 【答】含奇数碳原子的脂肪酸可产生大量的丙酰 CoA，其进一步代谢的途径是转变成琥珀酰 CoA，随后生成琥珀酸，再转变成草酰乙酸、异生成糖来满足机体对糖的需要。而摄入含偶数碳原子的脂肪酸则都产生了乙酰辅酶 A，它是不能直接异生成糖的。

33.【答】因为丙二酸单酰 CoA 是由乙酰 CoA 羧化而来，在羧化过程中消耗 1 分子 ATP，将能量贮存在丙二酸单酰 CoA 中，当进行缩合反应时，丙二酸单酰 ACP 脱羧，释放出 1 分子 CO_2，同时脱羧产生的能量供缩合反应需要。所以脂肪酸合成时逐加的 2 碳单位来自丙二酸单酰 CoA 而不是乙酰 CoA，其根本原因就是羧化贮存的能量供缩合需要。

34.【答】丙酸代谢在反刍动物中很重要，因为反刍动物是以草（纤维素）为食。在反刍动物胃肠道细菌的作用下，纤维素可被分解为丙酸等，丙酸可进一步转变为琥珀酰 CoA 进入糖异生途径合成葡萄糖。反刍动物糖异生作用十分旺盛，丙酸可转变为糖异生的前体。因此在反刍动物中丙酸代谢很重要。

35.【答】因为在真核生物中，β-酮脂酰 ACP 缩合酶对链长有专一性，它接受 14 碳酰基的活力最强，所以在大多数情况下，仅限于合成软脂酸。另外，软脂酰 CoA 对脂肪酸合成的限速酶乙酰 CoA 羧化酶有反馈抑制作用，所以真核生物通常只合成软脂酸，16 碳以上的脂肪酸需在延长酶系的作用下生成。

36.【答】脂肪代谢的调节：①代谢物的调节，软脂酰 CoA 可反馈抑制乙酰 CoA 羧化酶，从而抑制体内脂肪酸合成；而合成脂肪酸的原料乙酰 CoA 及 NADPH 增多有利于脂肪酸的合成。②激素的调节：胰岛素是促进脂肪合成的主要激素，能够加速脂肪分解的激素主要有肾上腺素、生长激素与肾上腺皮质激素、甲状腺素和性激素等。

37.【答】12 碳脂肪酸氧化分解包括以下几个阶段：①脂肪酸活化生成脂酰 CoA，消耗 2 个高能键；②脂酰基由肉碱携带进入线粒体；③通过 5 次氧化，生成 6 分子乙酰 CoA，生成 $5 \times 4 = 20$ ATP；④经三羧酸循环，乙酰 CoA 氧化成 H_2O 和 CO_2，生成 $10 \times 6 = 60$ ATP。

ATP 生成数合计：$20 + 60 - 2 = 78$。

另外，在肝脏乙酰 CoA 缩合成酮体，然后运至肝外组织，酮体重新转变为乙酰 CoA，经三羧酸循环生成 H_2O 和 CO_2。

38.【答】酮体包括乙酰乙酸、β-羟丁酸和丙酮。脂肪酸在肝外组织生成的乙酰 CoA 能彻底氧化成 H_2O 和 CO_2，而肝细胞因具有活性较强的合成酮体的酶系，氧化生成的乙酰 CoA 大都转变为乙酰乙酸、β-羟丁酸和丙酮等中间产物，这三种物质统称为酮体。酮体是在肝细胞内由乙酰 CoA 经 HMG-CoA 转化而来，但肝脏不利用酮体。在肝外组织酮体经乙酰乙酸硫激酶或琥珀酰 CoA 转硫酶催化后转变成乙酰 CoA 并进入三羧酸循环而被氧化利用。

39.【答】人吃过多的糖造成体内能量物质过剩，进而合成脂肪进行储存，故可以发胖，基本过程如下：

葡萄糖——→丙酮酸——→乙酰 CoA——→合成脂肪酸——→脂酰 CoA

葡萄糖——→磷酸二羟丙酮——→3-磷酸甘油脂酰 CoA＋3-磷酸甘油——→脂肪（储存）

脂肪分解产生脂肪酸和甘油，脂肪酸不能转变成葡萄糖，因为脂肪酸氧化产生的乙酰 CoA 不能逆转为丙酮酸，但脂肪分解产生的甘油少量可以通过糖异生而生成葡萄糖。

40.【答】脂类的生理功能：①脂肪是动物机体用以贮存能量的主要形式；②脂肪可以为内脏提供物理保护；③脂肪能防止热量散失，有助于维持体温恒定；④磷脂、糖脂和胆固醇是构成组织细胞膜系统的主要成分；⑤类脂还能转变为多种生理活性分子；⑥脂类有助于脂溶性维生素的吸收。

41.【答】动物体内甘油主要经以下途径代谢：①在肝、肾等组织中，由甘油激酶催化生成 3-磷酸甘油，3-磷酸甘油在磷酸甘油脱氢酶催化下生成磷酸二羟丙酮，后者可进入糖酵解途径继续分解；②生成的磷酸二羟丙酮可以经由丙酮酸进入三羧酸循环途径彻底氧化；③生成磷酸二羟丙酮后可经糖异生途径合成葡萄糖；④转变为 3-磷酸甘油后进入脂肪和类脂的合成途径。

42.【答】脂肪酸在线粒体基质中进行的 β-氧化作用包括 4 个循环的步骤：①脱氢，脂酰 CoA 在脂酰 CoA 脱氢酶催化下，生成烯脂酰 CoA 和 $FADH_2$；②加水，在烯脂酰 CoA 水合酶催化下，生成成羟脂酰 CoA；③再脱氢，在羟脂酰 CoA 脱氢酶催化下生成 β-酮脂酰 CoA 和 $NADH+H^+$；④硫解，在 β-酮脂酰 CoA 硫解酶催化下，生成 1 分子乙酰 CoA 和缩短了两个碳原子的脂酰 CoA。如此反复进行，可将偶数碳原子的饱和脂肪酸全部分解为乙酰 CoA。

43.【答】1mol 软脂酸经 β-氧化生成 8mol 乙酰 CoA、7mol $FADH_2$ 和 7mol $NADH+H^+$；乙酰 CoA 经三羧酸循环彻底氧化分解，可生成 10molATP。

7mol $FADH_2$ 经呼吸链氧化可生成 $1.5×7=10.5$mol ATP；7mol $NADH+H^+$ 经呼吸链氧化可生成 $2.5×7=17.5$mol ATP；三者相加，减去消耗掉的 2 个 ATP，实得 ATP 数为 $80+10.5+17.5-2=106$mol。已知每摩尔 ATP 水解时释放的能量为 30.54kJ，所以软脂酸完全分解的能量转化效率为 $106×30.54/9791=33$%。

44.【答】1 分子甘油完全氧化成 CO_2 和 H_2O 时，胞液中的 NADH 经磷酸甘油穿梭进入线粒体生成 $FADH_2$，所以共生成 3 分子 $FADH_2$、4 分子 NADH，ATP 数为 $3×1.5+4×2.5+3-1=16.5$。

45.【答】乙酰 CoA 羧化酶的作用是催化乙酰 CoA 和 CO_2 合成丙二酸单酰 CoA，为脂肪酸合成提供二碳化合物。乙酰 CoA 羧化酶是脂肪酸合成反应中的一种限速调节酶，柠檬酸和异柠檬酸可增强该酶的活性，而长链脂肪酸则抑制该酶的活性。此酶经磷酸化后活性丧失，胰高血糖素及肾上腺素等能促进这种磷酸化作用，从而抑制脂肪酸的合成；而胰岛素则能促进酶的去磷酸化作用、增强乙酰 CoA 羧化酶的活性。

46.【答】载脂蛋白的生理功能：①与脂质的亲和作用而使脂质溶于水性介质中；②运转胆固醇和甘油三酯；③作为脂蛋白外壳的结构成分，与脂蛋白外生物信息相关联；④以配体的形式作为脂蛋白与特异受体的连接物，载脂蛋白结合到受体上是细胞摄取脂蛋白的第一步，例如 ApoB100 能被 LDL 受体识别，ApoE 不仅能被 LDL 受体识别，还能被 CM 残粒受体识别；⑤激活某些与血浆脂蛋白代谢有关的酶类。

47. 【答】血浆中所含的脂类统称血脂，包括甘油三酯、磷脂、胆固醇及其酯、游离脂肪酸等。磷脂主要有卵磷脂（约占 70%）、神经鞘磷脂（约占 20%）和脑磷脂（约占 10%）。血脂的来源主要有两个方面，一为外源性，即从饲料中摄取的脂类经消化吸收进入血液；二是内源性，由肝、脂肪细胞以及其他组织合成后释放入血。血脂的含量随动物的生理状态不同而改变，与动物的饲养状况、品种等相关。

48. 【答】草酰乙酸不能自由通透线粒体内膜，其跨膜转运路径有 3 条：①胞液中的草酰乙酸被还原生成苹果酸，后者经线粒体内膜上的载体转运入线粒体，经氧化再生成草酰乙酸；②胞液中的草酰乙酸被还原生成苹果酸，苹果酸在苹果酸酶作用下，氧化脱羧生成丙酮酸和 NADPH，丙酮酸再进入线粒体羧化为草酰乙酸；③胞液中的草酰乙酸经谷草转氨酶催化生成天冬氨酸，天冬氨酸进入线粒体后再重新转化为草酰乙酸。

49. 【答】HMG-CoA 在脂质代谢中的作用：HMG-CoA 由乙酰 CoA 缩合而成，在体内参与胆固醇和酮体的合成。①在几乎所有的有核细胞质中，HMG-CoA 可被 HMG-CoA 还原酶还原成羟甲戊酸，再经过多步生物化学反应合成胆固醇。HMG-CoA 还原酶是胆固醇合成的关键酶。②在肝细胞中，HMG-CoA 可被 HMG-CoA 裂解酶裂解，生成酮体，通过血液运输到肝外组织利用。

50. 【答】血浆脂蛋白是脂质与载脂蛋白结合形成的球形复合体，是血浆脂质的运输和代谢形式，主要包括 CM、VLDL、LDL 和 HDL4 大类。CM 由小肠黏膜细胞合成，功能是运输外源性甘油三酯和胆固醇。VLDL 由肝细胞合成和分泌，功能是运输内源性甘油三酯和胆固醇。LDL 由 VLDL 在血浆中转化而来，功能是转运内源性胆固醇。HDL 主要由肝细胞合成和分泌，功能是逆向转运胆固醇。

第**11**章

→》 含氮小分子的
代谢

目的要求

1. 概括了解蛋白质的生理功能、营养价值和氮平衡的意义。
2. 掌握氨基酸的一般分解代谢途径及其代谢终产物的生成。
3. 熟悉个别氨基酸代谢。
4. 掌握核苷酸的合成与分解代谢。
5. 了解含氮小分子之间的联系。

内容提要

　　动物体内最重要的含氮小分子是氨基酸和核苷酸。前者是蛋白质的构件分子，后者是核酸的基本结构单位。

　　氨基酸主要来自食物蛋白质的消化吸收，具有重要的生理功能。各种蛋白质由于所含氨基酸种类和数量不同，其生物学价值也不相同。体内不能合成或合成量不足而必须由食物供给的氨基酸，称为必需氨基酸。

　　脱氨基作用是氨基酸分解代谢的主要途径。它包括氧化脱氨基作用、转氨基作用和联合脱氨基作用。其中的联合脱氨基作用是体内大多数氨基酸脱氨基的主要方式，也是体内合成非必需氨基酸的重要途径。骨骼肌等组织中则主要通过"嘌呤核苷酸循环"脱去氨基。脱羧基作用的产物胺类物质在体内含量不高，但具有重要的生理作用。

　　氨是有毒物质。体内的氨通过形成无毒的谷氨酰胺运输和储存，氨也可以直接排出或通过转变成尿酸、尿素排出体外。α-酮酸是氨基酸的碳架，可用于再合成氨基酸，也可经过不同的代谢途径，汇集于丙酮酸或三羧酸循环中的某一中间产物转变成糖，或继续氧化，最终生成 CO_2、H_2O 及能量。有些氨基酸则可以转变成乙酰 CoA 而形成脂类。

　　生物体许多重要的生物活性物质都是由氨基酸衍生而来。氨基酸是一碳单位的直接提供者，还是黑色素、儿茶酚胺、肌酸等多种生物活性物质的前体。

　　核苷酸是合成核酸的原料，也参与能量代谢、代谢调节等过程。体内的核苷酸主要由机体细胞自身合成。体内嘌呤核苷酸的合成有两条途径，即从头合成和补救合成。从头合成的原料是磷酸核糖、氨基酸、一碳单位和 CO_2。在 PRPP 的基础上经过一系列酶促反应，逐步形成嘌呤环。补救合成实际上是现成嘌呤或嘌呤核苷的重新利用。机体也可以从头合成嘧啶核苷酸，但不同的是先合成嘧啶环，再磷酸核糖化生成核苷酸。嘧啶核苷酸的从头合成受反馈调控。体内的脱氧核糖核苷酸是由各自相应的核糖核苷酸在二磷酸水平上还原而成的。dTMP 的合成比较特殊，是由 dUMP 在胸腺嘧啶核苷酸合成酶的催化下生成，四氢叶酸携带的一碳单位是合成胸苷酸过程中甲基的必要来源。嘌呤在不同种类动物中分解代谢的终产物不同。嘧啶分解后产生的 β-氨基酸可随尿排出或进一步代谢。

重点难点

1. 氨基酸的一般代谢。

（1）脱氨基作用：氧化脱氨基作用、转氨基作用和联合脱氨基作用。

（2）氨的代谢：来源、转运和去向；重点是尿素生成。

（3）α-酮酸代谢：重新合成氨基酸；转化成糖或酮体、氧化供能。

（4）氨基酸的脱羧基作用：组胺；5-羟色胺；多胺等。

2. 个别氨基酸的特殊代谢。

（1）一碳单位的代谢：种类和生成；相互转变。

（2）含硫氨基酸的代谢：蛋氨酸、半胱氨酸。

（3）芳香族氨基酸的代谢：苯丙氨酸；酪氨酸；色氨酸。

3. 嘌呤和嘧啶核苷酸的代谢。

例题解析

例 1. 必需氨基酸不包括（   ）

A. Met　　　　　　B. Lys　　　　　　C. Trp　　　　　　D. Tyr

解析：答案为 D。本题考点：必需氨基酸的种类。

体内 8 种必需氨基酸是：赖氨酸（Lys）、甲硫氨酸（Met）、色氨酸（Trp）、苯丙氨酸（Phe）、亮氨酸（Leu）、异亮氨酸（Ile）、缬氨酸（Val）和苏氨酸（Thr）。

例 2. 体内转运一碳单位的载体是（   ）

A. 叶酸　　　　　　B. 四氢叶酸　　　　　C. 生物素　　　　D. 辅酶 A

解析：答案为 B。本题考点：四氢叶酸的代谢。

例 3. 一碳单位是合成下列哪些物质所需的原料（   ）

A. 嘌呤　　　　　　　　　　　　B. 脂肪

C. 脱氧胸苷酸　　　　　　　　　D. 卵磷脂

解析：答案为 A、C。本题考点：一碳单位的生理功能。

例 4. 下列哪种物质不是嘌呤核苷酸从头合成的直接原料（   ）

A. 甘氨酸　　　　　　　　　　　B. 天冬氨酸

C. 谷氨酸　　　　　　　　　　　D. 一碳单位

解析：答案为 C。本题考点：嘌呤核苷酸从头合成的原料。

例 5. 参与尿素循环的氨基酸有哪些？这些氨基酸都能用于蛋白质的生物合成吗？

解析：本题考点：尿素循环。参与尿素循环的氨基酸有鸟氨酸、瓜氨酸、精氨酸琥珀酸、精氨酸和天冬氨酸等，共 5 种。但只有精氨酸和天冬氨酸能用于蛋白质的生物合成。

动物生物化学考研考点解析及模拟测试（附真题）

练习题

一、名词解释

1. 蛋白质生物价值（biological value of proteins）
2. 肽酶（peptidase）；
3. 氮平衡（nitrogen balance）
4. 氨基酸代谢库（metabolic pool）
5. 必需氨基酸（essential amino acid）
6. 一碳单位（one carbon unit）
7. 非必需氨基酸（nonessential amino acid）
8. 转氨基作用（transamination）
9. 氧化脱氨作用（oxidative deamination）
10. 联合脱氨基作用（transdeamination）
11. 脱羧基作用（decarboxylation）
12. 生糖氨基酸（glucogenic amino acid）
13. 生酮氨基酸（ketogenic amino acid）
14. 尿素循环（urea cycle）
15. 核苷酸的从头合成（de novo synthesis）
16. 核苷酸的补救合成（salvage synthesis）

二、填空题

1. 生物体内的蛋白质可被_____和_____共同作用降解成氨基酸。
2. 氨基酸的降解反应包括_____、_____和_____作用。
3. 转氨酶和脱羧酶的辅酶通常是_____。
4. 人体氨基酸脱氨基作用的最重要方式是_____，该方式包括_____及_____两种作用，分别由_____及_____催化。
5. 谷氨酸经脱氨后产生_____和氨，前者进入_____进一步代谢。
6. 体内运输氨的主要氨基酸是_____和_____。
7. 丙氨酸-葡萄糖循环可以消除肌肉紧张运动时所产生的_____毒害作用，同时也可以避免过多_____的毒害作用。
8. 尿素循环中的限速酶是_____，产生的_____和_____两种氨基酸不是蛋白质氨基酸。
9. 合成一分子尿素可从体内清除掉_____分子的氨和_____分子的 CO_2，需消耗_____个高能磷酸键。
10. 尿素分子中两个 N 原子分别来自_____和_____。
11. 芳香族氨基酸碳骨架主要来自糖酵解中间代谢物_____和磷酸戊糖途径

226

的中间代谢物_____。

12. 动物体中活性蛋氨酸是_____，它是活泼_____的供应者。

13. 氨基酸脱下的氨的主要去路有_____、_____和_____。

14. 在一碳基团转移的过程中，起辅酶作用的是_____，其分子中的____位和____位氮原子是携带一碳基团的位点。

15. 促使黑色素合成的两种主要氨基酸是_____和_____。

16. 肌酸在_____的催化下，可与 ATP 反应生成_____。

17. 机体合成核苷酸的方式主要有_____和_____。

18. 胞嘧啶和尿嘧啶经脱氨、还原和水解产生的终产物为_____。

19. 参与嘌呤核苷酸合成的氨基酸有_____、_____和_____。

20. 嘧啶环的 6 个原子来自_____、_____和_____三种物质。

21. 嘌呤核苷酸从头合成过程中，第一个具有嘌呤环结构的中间化合物是_____；嘧啶核苷酸从头合成过程中，第一个具有嘧啶环结构的中间化合物是_____。

22. 哺乳动物体内嘌呤核苷酸代谢的终产物为_____，该产物增多导致的疾病称_____。

23. 胞嘧啶在胞嘧啶脱氨酶的催化下生成尿嘧啶，最终分解可生成_____、NH_3 和 CO_2；胸腺嘧啶分解的最终产物是_____、NH_3 和 CO_2。

24. 尿苷酸转变为胞苷酸是在_____水平上进行的。

25. 脱氧核糖核苷酸的合成是由_____催化的，被还原的底物是_____。

26. 在嘌呤核苷酸的合成中，腺苷酸的 C-6 氨基来自_____；鸟苷酸的 C-2 氨基来自_____。

三、单项选择题

1. 氮总平衡常见于下列哪种情况？（　　）

A. 长时间饥饿的动物　　　　　　　　B. 健康成年动物

C. 幼畜、孕畜　　　　　　　　　　　D. 康复期动物

2. 非蛋白质氨基酸有（　　）

A. 瓜氨酸和鸟氨酸　　　　　　　　　B. 蛋氨酸和半胱氨酸

C. 精氨酸和赖氨酸　　　　　　　　　D. 苯丙氨酸和酪氨酸

3. 转氨酶的辅酶是（　　）

A. NAD^+　　　　B. $NADP^+$　　　　C. FAD　　　　D. 磷酸吡哆醛

4. 参与尿素循环的氨基酸是（　　）

A. 组氨酸　　　　B. 鸟氨酸　　　　C. 蛋氨酸　　　　D. 赖氨酸

5. 天冬氨酸和 α-酮戊二酸经天冬氨酸转氨酶和下列哪一种酶的连续作用才能产生游离的氨？（　　）

A. 丙氨酸转氨酶　　　　　　　　　　B. 谷氨酸脱氢酶

C. α-酮戊二酸脱氢酶　　　　　　　　D. 谷氨酰胺合成酶

6. 嘌呤核苷酸循环中次黄嘌呤核苷酸反应生成腺苷酸代琥珀酸的氨基直接供体是（　　　）

A. 氨甲酰磷酸　　　　　　　　　　　B. 天冬氨酸
C. 游离的氨　　　　　　　　　　　　D. 谷氨酸

7. 以下哪个组分经转氨基反应可直接获得天冬氨酸？（　　　）

A. α-酮戊二酸　　　　　　　　　　　B. 丙酮酸
C. 柠檬酸　　　　　　　　　　　　　D. 草酰乙酸

8. 下列哪种氨基酸能直接进行氧化脱氨基作用？（　　　）

A. 组氨酸　　　　B. 谷氨酸　　　　C. 丙氨酸　　　　D. 天冬氨酸

9. 肌肉组织产生的氨通过血液向肝进行转运的过程是（　　　）

A. γ-谷氨酰基循环　　　　　　　　　B. 鸟氨酸循环
C. 丙氨酸-葡萄糖循环　　　　　　　　D. 甲硫氨酸循环

10. 体内氨的主要去路是（　　　）

A. 随尿排出体外　　　　　　　　　　B. 合成尿素
C. 合成非必需氨基酸　　　　　　　　D. 合成谷氨酰胺

11. 下列哪个不是一碳基团？（　　　）

A. —CH₃　　　　B. —CH₂—　　　　C. CO₂　　　　D. -CHO

12. 三羧酸循环与尿素循环之间的桥梁物质是（　　　）

A. 延胡索酸与天冬氨酸　　　　　　　B. 天冬氨酸与精氨酸
C. 草酰乙酸与谷氨酸　　　　　　　　D. α-酮戊二酸与琥珀酸

13. 牛磺酸是下列哪种氨基酸转变而来的？（　　　）

A. 蛋氨酸　　　　B. 半胱氨酸　　　　C. 甘氨酸　　　　D. 苏氨酸

14. 儿茶酚胺类激素、甲状腺素都由哪种氨基酸转变生成的？（　　　）

A. Glu　　　　B. Trp　　　　C. Ile　　　　D. Tyr

15. 白化病的原因是缺乏（　　　）

A. 苯丙氨酸羟化酶　　　　　　　　　B. 苯丙氨酸转氨酶
C. 酪氨酸羟化酶　　　　　　　　　　D. 酪氨酸酶

16. 苯丙酮尿症是由哪种酶缺乏造成的？（　　　）

A. 苯丙氨酸羟化酶　　　　　　　　　B. 苯丙氨酸转氨酶
C. 酪氨酸羟化酶　　　　　　　　　　D. 酪氨酸酶

17. γ-氨基丁酸由哪种氨基酸脱羧而来？（　　　）

A. Gln　　　　B. His　　　　C. Glu　　　　D. Phe

18. 经脱羧后能生成吲哚乙酸的氨基酸是（　　　）

A. Glu　　　　B. His　　　　C. Tyr　　　　D. Trp

19. L-谷氨酸脱氢酶的辅酶含有下列哪种维生素？（　　　）

A. 核黄素　　　　B. 硫胺素　　　　C. 泛酸　　　　D. 维生素 pp

228

20. 磷脂合成中甲基的直接供体是（　　）

A. 半胱氨酸　　　　　B. S-腺苷蛋氨酸　　C. 蛋氨酸　　　　　D. 胆碱

21. 在尿素循环中，尿素由下列哪种物质产生？（　　）

A. 鸟氨酸　　　　　　B. 精氨酸　　　　　C. 瓜氨酸　　　　　D. 半胱氨酸

22. 需要硫酸还原作用合成的氨基酸是（　　）

A. Cys　　　　　　　B. Leu　　　　　　　C. Pro　　　　　　　D. Val

23. 下列哪种氨基酸是其前体参入多肽后生成的？（　　）

A. 脯氨酸　　　　　　B. 羟脯氨酸　　　　C. 天冬氨酸　　　　D. 异亮氨酸

24. 氨基酸脱下的氨基通常以哪种化合物的形式暂存和运输？（　　）

A. 尿素　　　　　　　B. 氨甲酰磷酸　　　C. 谷氨酰胺　　　　D. 天冬酰胺

25. 丙氨酸族氨基酸不包括下列哪种氨基酸？（　　）

A. Ala　　　　　　　B. Cys　　　　　　　C. Val　　　　　　　D. Leu

26. 合成嘌呤和嘧啶都需要的一种氨基酸是（　　）

A. Asp　　　　　　　B. Gln　　　　　　　C. Gly　　　　　　　D. Asn

27. 生物体嘌呤核苷酸合成途径中首先合成的核苷酸是（　　）

A. AMP　　　　　　　B. GMP　　　　　　　C. IMP　　　　　　　D. XMP

28. 在嘌呤核苷酸的合成中，第4位及5位的碳原子和第7位氮原子主要来源于（　　）

A. 天冬氨酸　　　　　B. 谷氨酸　　　　　C. 谷氨酰胺　　　　D. 甘氨酸

29. 嘧啶环中的两个氮原子来自（　　）

A. 谷氨酰胺和天冬酰胺　　　　　　　　　B. 谷氨酰胺和谷氨酸

C. 谷氨酸和氨甲酰磷酸　　　　　　　　　D. 天冬氨酸和氨甲酰磷酸

30. 在嘧啶核苷酸从头合成中，氨基甲酰磷酸合成所需氮的供体是（　　）

A. 谷氨酸　　　　　　B. 谷氨酰胺　　　　C. 天冬氨酸　　　　D. 天冬酰胺

31. 催化脱氧核糖核苷酸合成的酶是（　　）

A. 磷酸核糖转移酶　　　　　　　　　　　B. 核苷酶

C. 核苷酸酶　　　　　　　　　　　　　　D. 核糖核苷二磷酸还原酶

32. 核糖核苷酸被还原为脱氧核糖核苷酸这个过程所需要的氢部分来自于（　　）

A. NADH　　　　　　B. NADPH　　　　　　C. $NADP^+$　　　　　D. $FMNH_2$

33. 催化 dUMP 转变为 dTMP 的酶是（　　）

A. 核苷酸还原酶　　　　　　　　　　　　B. 胸腺嘧啶核苷酸合成酶

C. 甲基转移酶　　　　　　　　　　　　　D. 脱氧胸苷激酶

34. 下列对嘌呤核苷酸合成的描述哪种是正确的？（　　）

A. 利用氨基酸、一碳单位和 CO_2 合成嘌呤环，再与核糖-5-磷酸结合而成

B. 利用天冬氨酸、一碳单位、CO_2 和核糖-5-磷酸为原料直接合成

C. 在 5-磷酸核糖焦磷酸（PRPP）的基础上，逐步与氨基酸、CO_2 及一碳单

位作用

D. 在氨基甲酰磷酸的基础上逐步合成

35. 下列对嘧啶核苷酸从头合成途径的描述，哪种是正确的？（　　　）

A. 先合成嘧啶环，再与 PRPP 反应

B. 在 PRPP 的基础上，与氨基酸、磷酸核糖和 CO_2 逐步合成

C. UMP 的合成需要有一碳单位的参加

D. 主要是在线粒体内合成

36. HGPRT（次黄嘌呤鸟嘌呤磷酸核糖转移酶）参与下列哪种反应？（　　　）

A. 嘌呤核苷酸从头合成　　　　　　B. 嘧啶核苷酸从头合成

C. 嘌呤核苷酸补救合成　　　　　　D. 嘧啶核苷酸补救合成

37. 催化核苷一磷酸降解成为核苷的酶是（　　　）

A. 磷酸二酯酶　　　B. 内切核酸酶　　　C. 磷酸化酶　　　D. 核苷酸酶

38. 人类和灵长类嘌呤代谢的终产物是（　　　）

A. 尿酸　　　　　B. 尿囊素　　　　　C. 尿囊酸　　　　　D. 尿素

39. 必需氨基酸是对（　　　）而言的。

A. 植物　　　　　B. 动物　　　　　C. 动物和植物　　　　D. 人和动物

40. 对多肽链中赖氨酸和精氨酸的羧基参与形成的肽键有专一性的酶是（　　　）

A. 羧肽酶　　　　B. 胰蛋白酶　　　C. 胃蛋白酶　　　D. 胰凝乳蛋白酶

41. 组氨酸生成组胺需要下列哪种作用？（　　　）

A. 还原作用　　　B. 羟化作用　　　C. 转氨基作用　　　D. 脱羧基作用

42. 从核糖核苷酸生成脱氧核糖核苷酸的反应发生在（　　　）

A. 一磷酸水平　　B. 二磷酸水平　　C. 三磷酸水平　　D. 以上都不是

43. 在嘧啶核苷酸的生物合成中不需要下列哪种物质？（　　　）

A. 氨甲酰磷酸　　B. 天冬氨酸　　　C. 谷氨酰胺　　　D. 核糖焦磷酸

44. 下列氨基酸中哪一种是猪的非必需氨基酸？（　　　）

A. 亮氨酸　　　　　B. 酪氨酸　　　　　C. 赖氨酸

D. 蛋氨酸　　　　　E. 苏氨酸

45. 真核生物的氨甲酰磷酸合成酶Ⅰ和氨甲酰磷酸合成酶Ⅱ分别存在于（　　　）

A. 线粒体和细胞质　　　　　　　　B. 细胞质和溶酶体

C. 线粒体和溶酶体　　　　　　　　D. 细胞核和细胞质

46. 氨基酸分解代谢的第一步反应是（　　　）

A. 需要 TPP 的脱羧反应　　　　　　B. 需要 NADPH 和 O_2 的脱氢反应

C. 需要 NAD^+ 的氧化脱氨反应　　　D. 需要磷酸吡哆醇的还原反应

E. 需要磷酸吡哆醇的转氨基反应

47. 将丙氨酸的氨基转移给 α-酮戊二酸需要的辅酶是（　　　）

A. 生物素　　　　　B. NADH　　　　　C. 不需要辅酶

D. 磷酸吡哆醇　　　E. TPP

48. 以下关于谷氨酸脱氢酶催化的反应错误的是（　　）

A. 与磷酸吡哆醇参与的转氨基反应类似

B. 产生 NH_4^+

C. 该酶利用 NAD^+ 或 $NADP^+$ 作为辅助因子

D. 该酶对谷氨酸特异，但反应涉及其他氨基酸的氧化

E. 生成了 α-酮戊二酸

49. 谷氨酸转变成了 α-酮戊二酸和 NH_4^+ 的过程称为（　　）

A. 脱氨基　　　　　B. 水解　　　　　C. 氧化脱氨基

D. 还原脱氨基　　　E. 转氨基

50. 谷氨酸转变成了 α-酮戊二酸和 NH_4^+ 的过程（　　）

A. 不需要辅助因子　　　　　　　B. 是还原脱氨基

C. 伴随 ATP 的水解　　　　　　　D. 由谷氨酸脱氢酶催化

E. 需要 ATP

51. 以下反应不只一步的是（　　）

1）丙氨酸→丙酮酸；2）天冬氨酸→草酰乙酸；3）谷氨酸→α-酮戊二酸；4）苯丙氨酸→羟基苯丙酮酸；5）脯氨酸→谷氨酸

A. 1），4）　　　　　B. 1），2），4）　　　C. 1），3），5）

D. 2），4），5）　　　E. 4），5）

52. 尿素循环中直接提供氮原子并形成尿素的是（　　）

A. 腺苷　　　　　　B. 天冬氨酸　　　　C. 肌酸

D. 谷氨酸　　　　　E. 鸟氨酸

53. 尿素循环中，鸟氨酸甲酰转移酶催化（　　）

A. 从尿素中切分出 NH_4^+　　　　　　B. 鸟氨酸和另一反应物生成瓜氨酸

C. 瓜氨酸和另一反应物生成鸟氨酸　　D. 从精氨酸生成尿素

E. 精氨酸转氨基

54. 以下关于哺乳动物的尿素合成，错误的是（　　）

A. Krebs 对此途径的发现具有重大贡献

B. 精氨酸是尿素产生的直接前体

C. 尿素中的 C 来源于线粒体中的 HCO_3^-

D. 尿素中的一个氮原子来源于天冬氨酸

E. 尿素产生过程是产能的

55. 以下哪种氨基酸是人类的必需氨基酸？（　　）

A. Ala　　　　　　B. Asp　　　　　C. Asn　　　　D. Ser　　E. Thr

56. 如果某人的尿中含有大量的尿素，以下关于他的食谱，正确的是（　　）

A. 高糖低蛋白　　　　　　　　　B. 高糖无蛋白无脂肪

C. 高脂肪高糖无蛋白　　　　　　　　D. 高脂肪低蛋白

E. 低糖高蛋白

57. 以下氨基酸经转氨基后可直接进入三羧酸循环的是（　　　）

A. 谷氨酸　　　　　　B. 丝氨酸　　　　　　C. 苏氨酸

D. 酪氨酸　　　　　　E. 脯氨酸

58. 以下氨基酸是生糖兼生酮氨基酸的是（　　　）

1) Ile　　2) Val　　3) His　　4) Arg　　5) Tyr

A. 1)，5)　　　　　　B. 1)，3)，5)　　　C. 2)，4)

D. 2)，3)，4)　　　　E. 2)，4)，5)

59. 四氢叶酸及其衍生物可以转移（　　　）给不同的物质。

A. 电子　　　　　　　B. H$^+$　　　　　　　C. 乙酰基

D. 一碳单位　　　　　E. NH$_2$

60. 丝氨酸、丙氨酸、半胱氨酸分解代谢都产生（　　　）

A. 延胡索酸　　　　　B. 丙酮酸　　　　　　C. 琥珀酸

D. α-酮戊二酸　　　　E. 以上均不对

61. 丝氨酸或半胱氨酸转变成（　　　），形成乙酰辅酶 A 进入三羧酸循环。

A. 草酰乙酸　　　　　B. 丙酮酸　　　　　　C. 丙二酸

D. 琥珀酸　　　　　　　E. 琥珀酰辅酶 A

62. 人类的苯丙酮酸尿症（phenylketonuria，PKU）是由于（　　　）引起的。

A. 食物中缺乏蛋白质　　　　　　　　　B. 不能分解酮体

C. 不能把苯丙氨酸转变成酪氨酸　　　　D. 不能合成苯丙氨酸

E. 产生了不含苯丙氨酸的酶

四、判断题（在题后括号内标明对或错）

1. 蛋白质的营养价值主要取决于氨基酸的组成和比例。（　　　）

2. 谷氨酸在转氨作用和使游离氨再利用方面都是重要分子。（　　　）

3. 氨甲酰磷酸可以合成尿素和嘌呤。（　　　）

4. 半胱氨酸和甲硫氨酸都是体内硫酸根的主要供体（　　　）。

5. 磷酸吡哆醛只作为转氨酶的辅酶。（　　　）

6. 在动物体内，酪氨酸可以经羟化作用产生去甲肾上腺素和肾上腺素。
（　　　）

7. 尿嘧啶的分解产物 β-丙氨酸能转化成脂肪酸。（　　　）

8. 嘌呤核苷酸的合成顺序是，首先合成次黄嘌呤核苷酸，再进一步转化为腺嘌呤核苷酸和鸟嘌呤核苷酸。（　　　）

9. 嘧啶核苷酸的合成伴随着脱氢和脱羧反应。（　　　）

10. 脱氧核糖核苷酸的合成是在核糖核苷三磷酸水平上完成的。（　　　）

11. 甲硫氨酸是非必需氨基酸，在非反刍动物体内能合成。（　　　）

12. L-谷氨酸脱氢酶主要存在于动物肌肉组织中，它的辅酶是 NAD^+。（　　）

13. 生糖氨基酸不能转变为脂肪。（　　）

14. 谷氨酰胺是中性无毒的氨基酸，是体内迅速解除氨毒的一种物质，也是氨的储存及运输形式。（　　）

15. 只有哺乳动物的肝脏能合成尿素，因为催化精氨酸水解成尿素的精氨酸酶存在于哺乳动物肝脏。（　　）

16. 尿素合成途径存在于肝细胞的胞质中。（　　）

17. 当由 dUMP 生成 dTMP 时，其甲基供体是携带甲基的叶酸衍生物。（　　）

18. 生物体不可以利用游离的碱基或核苷合成核苷酸。（　　）

19. 嘌呤核苷酸和嘧啶核苷酸的生物合成途径是相同的，即都是先合成碱基环再与磷酸核糖生成核苷酸。（　　）

20. 氨甲酰磷酸合成酶参与嘧啶核苷酸生物合成及尿素合成过程，存在于细胞质中。（　　）

21. 转氨酶催化的反应不可逆。（　　）

22. Ala 和 Glu 是生酮氨基酸。（　　）

23. 体内氨基酸氧化酶的活力都很高，各种氨基酸在专一氨基酸氧化酶的作用下进行脱氨基反应。（　　）

24. 由 IMP 合成 AMP 和由 IMP 合成 GMP 时，均需 ATP 直接供能。（　　）

五、简答题

1. 动物体内的氮平衡有哪 3 种类型？如何根据氮平衡来分析体内蛋白质的代谢状况？

2. 举例说明氨基酸的降解通常包括哪些方式？

3. 简述动物体内氨的主要来源与去路。

4. 试述谷氨酰胺的生成和生理作用。

5. 用反应式说明 α-酮戊二酸是如何转变成谷氨酸的，有哪些酶和辅因子参与？

6. 什么是尿素循环，有何生物学意义？

7. 什么是核苷酸的"从头合成"途径，什么是"补救"途径？

8. 为什么说转氨基反应在氨基酸合成和降解过程中都起重要作用？

9. 核酸酶包括哪几种主要类型？

10. 嘧啶核苷酸分子中各原子的来源及合成特点怎样？

11. 比较嘌呤核苷酸和嘧啶核苷酸从头合成的异同点。

12. 氨基甲酰磷酸是体内哪些物质代谢合成的中间产物？

13. 什么是生糖氨基酸和生酮氨基酸？

14. 什么是一碳单位？其载体是什么？

15. 核苷酸的生物学功能有哪些？

参考答案

一、名词解释

1. 蛋白质生物价值指主要用来评价蛋白质的价值，它表示食物中的蛋白质成分在动物或人体内真正被利用的程度。

2. 肽酶是只作用于多肽链的末端，根据专一性不同，可在多肽的 N-端或 C-端水解下氨基酸，如氨肽酶、羧肽酶、二肽酶等。

3. 氮平衡指正常人摄入的氮与排出的氮达到平衡时的状态，反映正常人和动物的蛋白质代谢情况。

4. 氨基酸代谢库：外源氨基酸和内源氨基酸两者混在一起，分布于体内各处参与代谢，共同组成了氨基酸代谢库。

5. 动物体自身不能合成，需要从饲料中获得的氨基酸，例如赖氨酸、苏氨酸等。

6. 一碳单位是仅含一个碳原子的基团，如甲基（CH$_3$—）、亚甲基（CH$_2$ ＝）、次甲基（CH≡）、甲酰基（O ＝CH—）、亚氨甲基（HN ＝CH—）等，一碳单位可来源于甘氨酸、苏氨酸、丝氨酸、组氨酸等氨基酸，一碳单位的载体主要是四氢叶酸，功能是参与生物分子的修饰。

7. 动物体自身能够由简单的前体合成，不需要由饲料供给的氨基酸，例如甘氨酸、丙氨酸等。

8. 在转氨酶的作用下，把一种氨基酸上的氨基转移到 α-酮酸上，形成另一种氨基酸。

9. 氨基酸在酶的作用下，先脱氢形成亚氨基酸，进而与水作用生成 α-酮酸和氨的过程，称为氨基酸的氧化脱氨基作用。

10. 体内大多数的氨基酸脱去氨基，是通过转氨基作用和氧化脱氨基作用两种方式联合起来进行的，这种作用方式称为联合脱氨基作用，即各种氨基酸先与 α-酮戊二酸进行转氨基反应，生成相应的 α-酮酸和谷氨酸，然后谷氨酸再经 L-谷氨酸脱氢酶作用，进行氧化脱氨基作用，生成氨和 α-酮戊二酸，后者继续参加转氨基作用。

11. 部分氨基酸在脱羧酶的催化下，脱去羧基产生 CO_2 和相应的胺，这一过程称为氨基酸的脱羧基作用。

12. 在动物体内可以转变成葡萄糖的氨基酸称为生糖氨基酸，如丙氨酸、半胱氨酸、甘氨酸等。

13. 在动物体内可以转变成酮体的氨基酸称为生酮氨基酸，如亮氨酸和赖氨酸。

14. 尿素循环也称鸟氨酸循环，是将含氮化合物分解产生的氨转变成尿素的过程，有解除氨毒害的作用。

15. 利用磷酸核糖、氨基酸、一碳单位及 CO_2 等小分子物质为原料，经过一系列酶促反应，合成核苷酸，称为核苷酸的从头合成途径。

16. 利用体内游离的碱基、核苷/脱氧核苷，经过简单的反应过程合成单核苷酸的反应过程，称为核苷酸的补救合成途径。

二、填空题

1. 蛋白酶，肽酶

2. 脱氨，脱羧，羟化

3. 磷酸吡哆醛

4. 联合脱氨基作用，转氨基作用，氧化脱氨基作用，转氨酶，谷氨酸脱氢酶

5. α-酮戊二酸，三羧酸循环

6. 谷氨酰胺，丙氨酸

7. 乳酸，氨

8. 氨甲酰磷酸合成酶 I，鸟氨酸，瓜氨酸

9. 2，1，4

10. 氨（或氨甲酰磷酸），天冬氨酸

11. 磷酸烯醇式丙酮酸，4-磷酸赤藓糖

12. S-腺苷蛋氨酸，甲基

13. 生成尿素，合成谷氨酰胺，再合成氨基酸

14. 四氢叶酸，5，10

15. 苯丙氨酸，酪氨酸

16. 肌酸激酶，磷酸肌酸

17. 从头合成，补救合成

18. β-丙氨酸

19. 甘氨酸，天冬氨酸，谷氨酰胺

20. 谷氨酰胺，CO_2，天冬氨酸

21. IMP，乳清酸

22. 尿酸，痛风症

23. β-丙氨酸，β-氨基异丁酸

24. 尿苷三磷酸

25. 核糖核苷二磷酸还原酶，核苷二磷酸

26. 天冬氨酸，谷氨酰胺

三、单项选择题

1. B 2. A 3. D 4. B 5. B 6. B 7. D 8. B 9. C 10. B 11. C
12. A 13. B 14. D 15. D 16. A 17. C 18. D 19. D 20. B 21. B
22. A 23. B 24. C 25. B 26. A 27. C 28. D 29. D 30. B 31. D

32. B　33. B　34. C　35. A　36. C　37. D　38. A　39. D　40. B　41. D
42. B　43. C　44. B　45. A　46. E　47. D　48. A　49. C　50. D　51. E
52. B　53. B　54. E　55. E　56. E　57. A　58. A　59. D　60. B　61. B
62. C

四、判断题

1. 对。

2. 对。

3. 错。氨甲酰磷酸可以经尿素循环生成尿素，也参与嘧啶核苷酸的合成，但与嘌呤核苷酸的合成无关。

4. 错。半胱氨酸是体内硫酸根的主要供体，甲硫氨酸是体内甲基的主要供体。

5. 错。磷酸吡哆醛除作为转氨酶的辅酶外，还可作为脱羧酶和消旋酶的辅酶。

6. 对。

7. 对。

8. 对。

9. 对。

10. 错。脱氧核糖核苷酸的合成是在核糖核苷二磷酸水平上由核糖核苷二磷酸还原酶催化完成的，反应需要还原剂，大肠杆菌中为硫氧还蛋白和 NADPH。

11. 错。甲硫氨酸是必需氨基酸，在非反刍动物体内不能合成，必须由饲料供给。

12. 错。L-谷氨酸脱氢酶广泛分布于动物的肝、肾和脑组织中，但肌肉组织中此酶的活性极低，肌肉组织主要以嘌呤核苷酸循环脱氨。

13. 错。氨基酸通过脱氨基作用生成 α-酮酸，α-酮酸可转变成糖；在动物体内，糖是可以转变成脂肪的，因此生糖氨基酸也必然能转变为脂肪。

14. 对。

15. 对。

16. 错。尿素循环过程中，氨甲酰磷酸的生成和瓜氨酸的生成过程在肝细胞的线粒体中进行，精氨酸的生成和水解过程在肝细胞胞液中进行。

17. 对。

18. 错。通过补救途径，生物体可以利用游离的碱基或核苷合成核苷酸。

19. 错。嘌呤核苷酸和嘧啶核苷酸的生物合成途径不同。

20. 错。参与嘧啶核苷酸生物合成的氨甲酰磷酸合成酶，不同于参与尿素合成的氨甲酰磷酸合成酶，前者存在于细胞质中，后者存在于线粒体基质中。

21. 错。转氨基作用既是氨基酸的分解代谢途径，也是体内某些氨基酸（非必需氨基酸）合成的重要途径。反应方向是可逆的。

22. 错。生酮氨基酸有亮氨酸和赖氨酸。生糖兼生酮氨基酸包括色氨酸、苯丙氨酸、酪氨酸和异亮氨酸。

23. 错。已知在动物体内有 L-氨基酸氧化酶、D-氨基酸氧化酶和 L-谷氨酸脱氢酶等酶催化氨基酸的氧化脱氨基反应。L-氨基酸氧化酶在体内分布不广，活性不强，故其在体内氨基酸代谢中的作用不大；D-氨基酸氧化酶在体内分布广，活性也强。但由于动物体内的氨基酸绝大多数是 L-型，故此类氨基酸氧化酶在氨基酸代谢中的作用也不大。L-谷氨酸脱氢酶广泛存在于肝、肾和脑等组织中，是一种不需氧脱氢酶，有较强的活性，催化 L-谷氨酸氧化脱氨生成 α-酮戊二酸。

24. 错。由 IMP 合成 AMP 需 GTP 直接供能，由 IMP 合成 GMP 时，需 ATP 直接供能。

五、简答题

1. 【答】氮平衡有三种情况，即氮总平衡、氮正平衡和氮负平衡：（1）氮总平衡是指摄入氮等于排出氮，表示体内蛋白质的合成与分解处于动态平衡；（2）氮正平衡是指摄入氮多于排出氮，表示体内蛋白质合成代谢占优势；（3）氮负平衡是指摄入氮少于排出氮，表示体内蛋白质分解代谢占优势。

2. 【答】（1）脱氨基作用：包括氧化脱氨和非氧化脱氨，分解产物为 α-酮酸和氨。

（2）脱羧基作用：氨基酸在氨基酸脱羧酶的作用下脱羧，生成二氧化碳和胺类化合物。

（3）羟化作用：有些氨基酸（如酪氨酸）降解时首先发生羟化作用，生成羟基氨基酸，再脱羧生成二氧化碳和胺类化合物。

3. 【答】氨的来源：（1）氨基酸脱氨基作用产生的氨是体内氨的主要来源；（2）其他含氮化合物，如胺类、嘌呤和嘧啶分解也能生成少量氨；（3）另外还有从消化道吸收的一些氨，其中有的是由未被吸收的氨基酸在消化道细菌作用下脱氨基作用产生的，有的来源于饲料，如氨化秸秆和尿素。

氨的去路：（1）合成无毒的尿素，这是哺乳动物体内氨的主要去路，最终从尿中排出体外；（2）通过脱氨基作用的逆反应，重新合成氨基酸；（3）参与合成嘌呤、嘧啶等其他重要含氮化合物；（4）氨可以在动物体内形成无毒的谷氨酰胺，这是运输和贮存氨的方式；（5）谷氨酰胺在肾脏分解生成 NH_4^+，以胺盐的形式直接排出体外。

4. 【答】谷氨酰胺是转运氨的一种形式，它主要从脑、肌肉等组织向肝或肾转运氨。氨与谷氨酸在谷氨酰胺合成酶的催化下生成谷氨酰胺，并由血液输送到肝或肾，再经谷氨酰胺酶水解成谷氨酸及氨。谷氨酰胺是中性无毒物质，易通过细胞膜，是体内迅速解除氨毒的一种方式，也是氨的储藏及运输形式。谷氨酰胺在脑中固定和转运氨的过程中起着重要作用，谷氨酰胺的合成对维持中枢神经系统的正常生理活动具有重要作用。谷氨酰胺本身是组成蛋白质的 20 种氨基酸之一，它的酰胺基是合成嘌呤、嘧啶等含氮化合物的原料。

5. 【答】（1）谷氨酸脱氢酶反应：α-酮戊二酸＋NH_3＋NADH→谷氨酸＋

$NAD^+ + H_2O$

（2）谷氨酸合成酶-谷氨酰胺合成酶反应：谷氨酸＋NH_3＋ATP→谷氨酰胺＋ADP＋P_i＋H_2O

谷氨酰胺＋α-酮戊二酸＋2H→2 谷氨酸

还原剂（2H）：可以是 NADH、NADPH 和铁氧还蛋白

6.【答】（1）尿素循环：尿素循环也称鸟氨酸循环，是将含氮化合物分解产生的氨经过一系列反应转变成尿素的过程。（2）生物学意义：有解除氨毒害的作用。

7.【答】核苷酸的从头合成途径是指利用磷酸核糖、氨基酸、一碳单位及 CO_2 等小分子物质为原料，经过一系列酶促反应，合成嘌呤核苷酸的过程；

利用体内游离的嘌呤或嘌呤核苷，经过简单的反应过程合成嘌呤核苷酸的过程，称为补救合成途径。

8.【答】（1）在氨基酸合成过程中，转氨基反应是氨基酸合成的主要方式，许多氨基酸的合成可以通过转氨酶的催化作用，接受来自谷氨酸的氨基而形成。

（2）在氨基酸的分解过程中，氨基酸也可以先经转氨基作用把氨基酸上的氨基转移到 α-酮戊二酸上形成谷氨酸，谷氨酸在谷氨酸脱氢酶的作用下脱去氨基。

9.【答】（1）脱氧核糖核酸酶（DNase）：作用于 DNA 分子。

（2）核糖核酸酶（DNase）：作用于 RNA 分子。

（3）核酸外切酶：作用于多核苷酸链末端的核酸酶，包括 3′核酸外切酶和 5′核酸外切酶。

（4）核酸内切酶：作用于多核苷酸链内部磷酸二酯键的核酸酶，包括碱基专一性核酸内切酶和碱基序列专一性核酸内切酶（限制性核酸内切酶）。

10.【答】（1）各原子的来源：N_1-天冬氨酸；C_2 和 C_8-甲酸盐；N_7、C_4 和 C_5-甘氨酸；C_6-二氧化碳；N_3 和 N_9-谷氨酰胺；核糖-磷酸戊糖途径的 5′磷酸核糖。

（2）合成特点：5′磷酸核糖开始→5′磷酸核糖焦磷酸（PRPP）→5′磷酸核糖胺（N_9）→甘氨酰胺核苷酸（C_4、C_5、N_7）→甲酰甘氨酰胺核苷酸（C_8）→5′氨基咪唑核苷酸（C_3）→5′氨基咪唑-4-羧酸核苷酸（C_6）→5′氨基咪唑甲酰胺核苷酸（N_1）→次黄嘌呤核苷酸（C_2）。

11.【答】相同点。（1）合成部位：都在肝细胞的胞液中进行；（2）合成原料部分相同：PRPP、CO_2、谷氨酰胺和天冬氨酸参与；（3）先生成重要的中间产物 IMP 或 OMP；（4）催化第一、二步反应的酶是关键酶。

不同点。（1）合成原料不同：除上述相同的合成原料外，嘌呤核苷酸的合成还需要甘氨酸和一碳单位；嘧啶核苷酸仅胸苷酸合成需要一碳单位；（2）合成程序不同：嘌呤核苷酸的合成是在磷酸核糖分子上逐步合成嘌呤环，从而形成嘌呤核苷酸；嘧啶核苷酸的合成是首先合成嘧啶环，再与磷酸核糖结合形成核苷酸，最后合成的核苷酸是 UMP；（3）反馈调节不同：嘌呤核苷酸产物反馈抑制 PRPP 合成酶、酰胺转移酶等起始反应的酶；嘧啶核苷酸产物反馈抑制 PRPP 合成酶、氨基甲酰磷酸合成酶Ⅱ、天冬氨酸氨基甲酰转移酶等起始反应的酶；（4）生成的核苷酸前

体物不同：嘌呤核苷酸最先合成的核苷酸是 IMP；嘧啶核苷酸最先合成的核苷酸是 UMP；（5）反应过程：嘧啶合成路径不进行分支（UTP 与 CTP 顺序转化完成）；嘌呤核苷酸（AMP，GMP）经 IMP 分支生成。

12. 【答】氨基甲酰磷酸是体内嘧啶核苷酸和尿素合成代谢的中间产物，但两种物质代谢途径生成的氨基甲酰磷酸有区别。尿素合成时，在线粒体内以氨为氮源，通过氨基甲酰磷酸合成酶 I 催化氨基甲酰磷酸生成。嘧啶核苷酸合成时，在细胞液中以谷氨酰胺为氮源，通过氨基甲酰磷酸合成酶 II 催化氨基甲酰磷酸生成。

13. 【答】把在动物体内可以转变成葡萄糖的氨基酸称为生糖氨基酸，有丙氨酸、半胱氨酸、甘氨酸、丝氨酸、苏氨酸、天冬氨酸、天冬酰胺、甲硫氨酸、缬氨酸、精氨酸、谷氨酸、谷氨酰胺、脯氨酸和组氨酸。

能转变成酮体者称为生酮氨基酸，有亮氨酸和赖氨酸。

14. 【答】（1）概念：某些氨基酸在分解代谢过程中所产生的含有一个碳原子基团（除二氧化碳外）的总称。（2）载体：四氢叶酸。

15. 【答】核苷酸是一类在代谢上极为重要的物质，它几乎参与了细胞的所有生化过程，具有多种生物学功能：（1）是核酸生物合成的原料；（2）体内能量的利用形式。ATP 是细胞的主要能量形式。此外，GTP、UTP、CTP 也均可以提供能量；（3）参与代谢和生理调节，如 cAMP 和 cGMP 是许多种细胞膜受体激素作用的第二信使；（4）辅酶（FAD、NAD^+、CoA 等）的组成成分；（5）多种活化中间代谢物的载体，如 UDP-葡萄糖和 CDP-二脂酰甘油分别是糖原和磷脂合成的活性原料。

第12章

—» **物质代谢的联系与调节**

目的要求

1. 了解代谢的基本特点和目的。

2. 掌握糖、脂肪、氨基酸及核苷酸等物质代谢的相互关系。

3. 掌握代谢调节的方式和原理。

4. 熟悉信号转导的基本通路。

内容提要

动物机体代谢的基本目的是为机体的生理活动供应所需的 ATP、还原力（NADPH）和生物合成的前体小分子。动物机体是一个统一的整体，各种物质代谢彼此之间密切联系、相互影响。其中，糖与脂类的代谢联系最为重要。糖可以转变为脂类，但是，在动物体内脂类转变为糖是有条件和有限度的。此外，糖代谢的分解产物为非必需氨基酸的合成提供碳骨架，氨基酸和戊糖则是细胞合成核苷酸的重要原料。

恒态是动物机体代谢的基本状态，代谢调节的目的是维持恒态，其实质是对代谢途径中酶的调节。动物调节代谢在细胞、激素和整体三个水平上进行，细胞水平上的调节是最基本的调节方式，主要通过酶的区室化、变构作用、共价修饰对关键酶的活性进行调节以及对酶量进行控制。调节代谢的细胞机制是激素、神经递质等信号分子与细胞膜上的或细胞内的特异受体结合，将代谢信息传递到细胞的内部，以实现对细胞内酶的活性或酶蛋白基因表达的调控。

细胞内的信号传导通路主要是与 G 蛋白偶联的受体信号系统，包括蛋白激酶 A 系统、蛋白激酶 C 系统和 IP_3-钙离子/钙调蛋白激酶系统，此外还有酪氨酸蛋白激酶受体系统以及 DNA 转录调节型受体系统。

重点难点

1. 三大营养物质代谢之间的相互关系。

2. 物质代谢的调节，包括细胞、激素和整体水平的调节。

例题解析

例 1. 名词解释：酶的区室化。

解析：动物细胞的膜结构把细胞分为许多区域，不同代谢途径的酶系都固定地分布在不同的区域中，为代谢调节提供了方便的条件，这种现象称为酶的区室化（compartmentation）。在细胞水平代谢调节中，酶的区室化具有重要意义。

例 2. 物质代谢的基本目的。

解析：（1）生成 ATP：ATP 的高能磷酰基在转移时能为肌肉收缩、物质运输、代谢信号放大和生物合成提供所需的能量，因此 ATP 被称之为"通用能量货币"。ATP 的产生首先要将能源分子，如葡萄糖、脂肪酸氧化生成乙酰 CoA 中间产物，其乙酰单位再通过三羧酸循环完全氧化生成 CO_2 并伴有 NADH 和 $FADH_2$ 的产生。这些氢和电子载体再把它们的高电位电子转移到呼吸链，最后传给 O_2，导致质子从线粒体的基质中泵出，所形成的质子电化学梯度蕴含的能量最终用于合成 ATP。糖酵解虽然也有 ATP 生成，但是数量远较氧化磷酸化少，然而通过这条途径可以在短时间内，在无氧的状况下快速产生 ATP。

（2）生成还原辅酶：动物机体代谢过程中所产生的还原力，其代表性物质是辅酶（NADPH＋H^+）。它在脂肪酸、胆固醇和脱氧核糖核苷酸等还原性生物合成中作为主要的氢和电子供体。在大多数生物合成中，产物通常比其前体有更强的还原性。因此还原力与 ATP 一样对生物合成是必不可少的。用于推动这些合成反应的高电位电子由 NADPH 提供。例如在脂肪酸的合成中，加入的每一个二碳单位上的羰基都要由两个 NADPH＋H^+ 提供 4 个电子才能还原—CH_2—。该还原力主要来自磷酸戊糖途径，也可以通过线粒体中柠檬酸/丙酮酸循环中的苹果酸转氢反应产生。

（3）产生生物合成的小分子前体：大部分代谢途径在产生 ATP 和还原力的同时，也产生出用于构建比较复杂生物分子的小分子前体，因为动物机体的各种生物合成都要利用一套相对小的基本构造原件。例如，合成甘油三酯时所需的甘油骨架来自糖代谢途径的中间产物磷酸二羟丙酮，糖分解代谢中产生的 α-酮酸中间物是合成非必需氨基酸碳骨架的来源。乙酰 CoA 不仅是大多数可供能的分子降解的共同中间产物，而且是多种生物合成（如脂肪酸和胆固醇的合成）中二碳单位的供体。琥珀酰 CoA 是三羧酸循环的中间产物，也是合成卟啉的前体之一。磷酸戊糖途径产生的磷酸核糖则是核苷酸中糖的来源。氨基酸则是许多生物合成所需一碳基团的来源。

例 3. 调节酶的特点。

解析： 调节酶所催化的反应具有下述特点：（1）反应速度最慢，它的活性决定了整个代谢途径的总速度；（2）常催化单向反应或非平衡反应，因此其活性决定整个代谢途径的方向；（3）酶活性除受底物控制外，还受多种代谢物或效应剂的调节。

例 4. 图示主要营养物质代谢的相互联系与影响

动物生物化学考研考点解析及模拟测试（附真题）

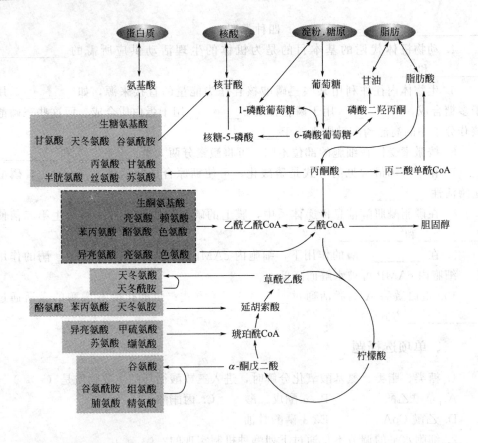

練習題

一、名词解释

1. 恒态（stable state）

2. 受体（receptor）

3. 级联系统（cascade system）

4. 酶的别构调节（enzymatic allosteric regulation）

5. 第二信使（second messengers）

二、填空题

1. 动物体内的代谢调节在三种不同水平上进行，即_____、_____和_____。

2. 在糖、脂肪和蛋白质代谢的互变过程中，_____和_____是关键物质。

3. 根据受体在细胞信号传导中所起作用，可将受体分为_____，

_____，_____和_____四种类型。

4. 动物机体代谢的基本目的是为机体的生理活动供应所需的_____，_____和_____。

5. 生物体内往往利用某些三磷酸核苷作为能量的直接来源，如_____用于多糖合成，_____用于磷脂合成，_____用于蛋白质合成。而这些三磷酸核苷分子中的高能磷酸键则来源于_____。

6. 按激素受体在细胞的部位不同，可将激素分两大类：_____和_____。

7. 化学修饰最常见的方式是磷酸化，可使糖原合成酶活性_____，磷酸化酶活性_____。

8. 在磷脂酰肌醇信息传递体系中，膜上的磷脂酰肌醇可被水解产生第二信使_____和_____。

9. 在_____酶的作用下，细胞内 cAMP 水平增高；在_____酶的作用下，细胞内 cAMP 可被水解而降低。

10. 蛋白激酶 A 的激活通过_____方式；磷酸化酶 b 激酶的激活通过_____方式。

三、单项选择题

1. 糖类、脂类、氨基酸氧化分解时，进入三羧酸循环的主要物质是（　　　）
A. 草酰乙酸　　　　B. α-酮戊二酸　　　C. 丙酮酸
D. 乙酰 CoA　　　　E. 3-磷酸甘油

2. 细胞水平的调节不是通过下列哪种机制实现的？（　　　）
A. 激素调节　　　　B. 化学修饰　　　　C. 酶含量调节
D. 变构调节　　　　E. 同工酶调节

3. 变构剂调节的机理是（　　　）
A. 与活性中心结合　　　　　　　　B. 与辅助因子结合
C. 与必需基团结合　　　　　　　　D. 与调节亚基或调节部位结合
E. 与活性中心内的催化部位结合

4. 在胞浆内不能进行下列哪种代谢反应？（　　　）
A. 糖原合成与分解　　B. 脂肪酸 β-氧化　　C. 磷酸戊糖途径
D. 脂肪酸合成　　　　E. 糖酵解

5. 下列属于化学修饰酶的是（　　　）
A. 己糖激酶　　　　B. 柠檬酸合酶　　　C. 糖原合酶
D. 丙酮酸羧激酶　　E. 葡萄糖激酶

6. 长期饥饿时大脑的能量来源主要是（　　　）
A. 酮体　　　　　　B. 糖原　　　　　　C. 甘油
D. 葡萄糖　　　　　E. 氨基酸

7. cAMP 通过激活哪个酶发挥作用？（　　　）

A. 脂肪酸合成酶　　　　　　　　B. 磷酸化酶 b 激酶

C. 蛋白激酶 A　　　　　　　　　D. 己糖激酶

E. 丙酮酸激酶

8. 作用于细胞内受体的激素是（　　）

A. 肽类激素　　　　B. 生长因子　　　　C. 儿茶酚胺类激素

D. 类固醇激素　　　E. 蛋白类激素

9. cAMP 发挥作用的方式是（　　）

A. cAMP 与蛋白激酶的活性中心结合　　B. cAMP 使蛋白激酶脱磷酸

C. cAMP 与蛋白激酶调节亚基结合　　　D. cAMP 使蛋白激酶磷酸化

E. cAMP 与蛋白激酶活性中心外必需基团结合

10. 肽类激素诱导 cAMP 生成的过程是（　　）

A. 激素直接抑制磷酸二酯酶

B. 激素直接激活腺苷酸环化酶

C. 激素受体复合物活化腺苷酸环化酶

D. 激素激活受体，受体再激活腺苷酸环化酶

E. 激素受体复合物使 G 蛋白结合 GTP 而活化，后者再激活腺苷酸环化酶

11. 静息状态时，动物体内耗糖量最多的是（　　）

A. 肝脏　　　　　　B. 大脑　　　　　　C. 心脏　　　　　　D. 骨骼肌

12. 关于应激状态，不正确的说法是（　　）

A. 交感神经兴奋　　　　　　　　B. 葡萄糖浓度升高

C. 胰高血糖素增加　　　　　　　D. 游离脂肪酸升高

E. 胰岛素增加

13. 对于动物细胞内的反应，如产物浓度与反应物浓度之比高于平衡常数，则（　　）

A. 反应处在平衡状态　　　　　　B. 反应逆向进行且吸能

C. 反应逆向进行且放能　　　　　D. 反应正向进行且放能

E. 反应正向进行且吸能

14. 下列对于酶的活性可逆改变不起作用的是（　　）

A. 通过切除酶原激活酶的活性　　B. 通过针对调控分子的变构效应

C. 通过改变合成或降解酶的速度　　D. 通过酶的共价修饰

E. 通过催化亚基和调节亚基的相互作用

15. 在多步反应的酶促反应途径中，酶的通量控制系数（flux control coefficient）决定于（　　）

A. 酶本身的浓度　　　　　　　　B. 途径中其他酶的浓度

C. 调控分子的水平　　　　　　　D. 每步反应中底物的浓度

E. 以上均对

16. 糖异生通过"旁路"避开了酵解的三步反应，所涉及的酶是（　　）

1）己糖激酶；2）磷酸甘油酸激酶；3）磷酸果糖激酶-1；4）丙酮酸激酶；5）

磷酸丙糖异构酶

    A. 1），2），3）   B. 1），2），4）   C. 1），4），5）

    D. 1），3），4）   E. 2），3），4）

17. 糖酵解过程和糖异生过程都涉及了 6-磷酸果糖和 1,6-二磷酸果糖，以下关于它们的调控错误的是（   ）。

    A. 果糖 2,6-二磷酸激活磷酸果糖激酶-1

    B. 果糖 2,6-二磷酸抑制 1,6-二磷酸果糖

    C. 果糖 1,6-二磷酸酶催化的反应是放能的

    D. 磷酸果糖激酶-1 催化的反应是吸能的

    E. 由净生成物决定代谢途径的方向

18. 以下关于肌肉内糖原磷酸化酶，错误的是（   ）

    A. 催化糖原分支处的 α-1→6 糖苷键

    B. 水解糖原的糖苷键

    C. 降解糖原形成 6-磷酸葡萄糖

    D. 具有活性型（a）和非活性型（b）且可以通过 AMP 变构调控

    E. 可以从糖原链的还原端移除葡萄糖残基

19. 以下关于糖原的合成和分解，正确的是（   ）。

    A. 磷酸化可以激活降解的酶，而抑制合成酶

    B. 有同一个酶催化糖原的合成和分解

    C. 糖原分子在它的还原端增加葡萄糖残基分子

    D. 糖原分解的直接产物是游离的葡萄糖

    E. 正常情况下，糖原的合成和分解的速度同时发生且速度都非常快

20. 细胞内的同工酶丙酮酸激酶可通过（   ）被变构抑制。

    A. 高浓度的 AMP   B. 高浓度的 ATP

    C. 高浓度的柠檬酸   D. 低浓度的乙酰辅酶 A

    E. 低浓度的 ATP

21. 以下关于动物体内糖异生途径，正确的是（   ）

    A. 细胞内的果糖-2,6-二磷酸浓度升高可加速糖异生

    B. 动物喂食高脂肪的饲料后可把不需要的脂肪转变成糖原储存起来以备后用

    C. 果糖-1,6-二磷酸转变成 6-磷酸果糖的反应不被磷酸果糖激酶-1 催化，该酶仅催化酵解途径

    D. 6-磷酸葡萄糖转变成葡萄糖由己糖激酶催化，该酶同时参与了酵解过程

    E. 磷酸烯醇式丙酮酸转变成 2-磷酸甘油包含了 2 步反应，包括羧基化反应

22. 糖原磷酸化酶（   ）

    A. 催化切割 β（1，4）糖苷键   B. 催化水解 α（1，4）糖苷键

    C. 是一种激酶的底物   D. 以 6-磷酸葡萄糖为底物

    E. 以葡萄糖为底物

23. 以下关于哺乳动物的糖原合成酶，错误的是（　　　）

A. 在肌肉和肝脏中为主　　　　　　B. 供体分子是糖核苷酸

C. 该酶的磷酸化形式是失活的　　　　D. 从糖原的非还原端增加葡萄糖分子

E. 将起始葡萄糖分子加到糖原分子的酪氨酸残基上

24. 糖原分支酶催化（　　　）

A. 降解糖原的 α（1,4）糖苷键

B. 形成糖原的 α（1,4）糖苷键

C. 糖原合成时形成糖原的 α（1,6）糖苷键

D. 糖原的树枝状降解

E. 在分支处除去不需要的葡萄糖残基

25. 以下关于糖原合成酶，正确的是（　　　）

A. 酶的激活涉及磷酸化

B. 以形成 α（1,4）糖苷键从非还原端增加葡萄糖残基分子

C. cAMP 的浓度调控酶的激活和失活状态

D. 以 6-磷酸葡萄糖作为供体

E. 仅在肝脏中具有有限活性

26. 糖原磷酸化酶 a 能被（　　　）在变构调节位点所抑制。

A. AMP　　　　　　B. 降钙素　　　　　　C. GDP

D. 胰高血糖素　　　E. 葡萄糖

27. 肾上腺素是一种（　　　）类型的激素。

A. 儿茶酚胺类　　　B. 类花生酸　　　　　C. 旁分泌

D. 蛋白　　　　　　E. 类固醇

28. 以下是类固醇激素的是（　　　）

A. 肾上腺素　　　　B. 视黄酸　　　　　　C. 睾酮

D. 凝血恶烷　　　　E. 甲状腺素

29. 以下关于哺乳动物肝脏的代谢错误的是（　　　）

A. 大部分的血浆脂蛋白在肝脏中合成

B. 肝脏中酶的变化随饲料成分的改变而改变

C. 大部分的尿素都是在肝脏中合成的

D. 葡萄糖-6-磷酸酶使得肝脏成为向血液中输出葡萄糖的唯一器官

E. 一定条件下，肝脏的大部分功能都可以被其他器官替代

30. 葡萄糖激酶（　　　）

A. 能将肝脏中的肝糖原转变成 1-磷酸葡萄糖

B. 能将 6-磷酸果糖转变成 6-磷酸葡萄糖

C. 能将 6-磷酸葡萄糖转变成 6-磷酸果糖

D. 是存在于肝细胞中的己糖激酶同工酶

E. 哺乳动物细胞中都存在

31. 肌肉组织中（　　）

A. 氨基酸是基本的燃料

B. 休息时，优先利用脂肪酸作为燃料

C. 储存大量的甘油三酯作为燃料

D. 磷酸肌酸可替代 ATP 作为肌肉收缩的能量供给

E. 肌糖原能转变成葡萄糖补充到血液中

32. 肌肉中磷酸肌酸的作用是（　　）

A. 线粒体的 P_i 存储器 　　　　　　B. 补充 ATP 的高能磷酸存储器

C. 蛋白质合成所需的氨基酸存储器 　　D. 无氧条件下的电子受体

E. 以上均错

33. Cori 循环是（　　）

A. 肌肉中的乳酸转变成丙酮酸以利于糖原的合成

B. 糖原和葡萄糖-1-磷酸之间的相互转变

C. 肝外组织中由葡萄糖生成乳酸，后者进入肝脏在重新生成葡萄糖

D. 肌肉中由丙酮酸生成丙氨酸，后者进入肝脏再生成丙酮酸

E. 肝脏中生成尿素，尿素在消化道中的菌群作用下降解为 CO_2 和 NH_3

34. 以下说法正确的是（　　）

A. 大脑偏爱利用葡萄糖作为能源，但能利用酮体

B. 肌肉不能利用脂肪酸作为能源

C. 对于营养状况良好的人来说，糖原和甘油三酯存储的能量一样多

D. 人类不能利用脂肪酸作为能源，因为人类缺乏乙醛酸循环的酶类

E. 氨基酸比脂肪酸更易作为能源物质

35. 当血糖浓度很低时，胰岛释放（　　）

A. 肾上腺素　　　　　B. 胰高血糖素　　　　C. 葡萄糖

D. 胰岛素　　　　　　E. 胰蛋白酶

36. 血液中胰岛素水平很高（　　）

A. 抑制肝脏对葡萄糖的摄取　　　　　B. 抑制肝脏和肌肉中糖原的合成

C. 导致血糖浓度低于正常水平　　　　D. 加速肝脏中糖原的降解

E. 加速肝脏中脂肪酸和甘油三酯的合成

37. 高水平的肾上腺素不会加速（　　）

A. 脂肪组织中脂肪酸的动员　　　　　B. 肝脏中的糖异生作用

C. 肌肉中糖原的降解　　　　　　　　D. 肝脏中糖原的合成

E. 肌肉的糖酵解作用

38. 肾上腺素通过（　　）启动了肌肉中糖酵解的速度加快。

A. 激活己糖激酶

B. 激活磷酸果糖激酶-1

C. 糖原磷酸化酶 a 转变成糖原磷酸化酶 b

D. 抑制 Cori 循环

E. 巴斯德效应

四、多项选择题

1. 可参与酶蛋白分子降解的物质有（　　）

A. 精氨酸酶 　　　　　　　　　　　　B. 细胞内蛋白水解酶

C. 核酸酶 　　　　　　　　　　　　　D. 泛素

E. 琥珀酸脱氢酶

2. 关于酶的磷酸化修饰叙述，正确的有（　　）

A. 磷酸化和脱磷酸都是酶促反应

B. 磷酸化部位在活性中心，改变了酶活性

C. 磷酸化时消耗 ATP

D. 磷酸化发生在特定部位

E. 磷酸化可激活或抑制酶的活性

3. 以 $NADPH+H^+$ 供氢的反应有（　　）

A. 磷酸戊糖途径 　　　B. 脂肪酸合成 　　C. 胆固醇合成

D. 卵磷脂合成 　　　　E. 乳酸合成

五、判断题（在题后括号内标明对或错）

1. 细胞的区域化在代谢调节上的作用，除了把不同的酶系统和代谢物分隔在特定的区间，还通过膜上的运载系统调节代谢物、辅酶和金属离子的浓度。（　　）

2. 在动物体内蛋白质经代谢可转变为脂肪，但不能转变为糖。（　　）

3. 天冬氨酸转氨甲酰酶是嘧啶核苷酸合成途径的限速酶，该途径的终产物 CTP 是它的别构抑制剂，ATP 为其别构激活剂。（　　）

4. 凡接受共价修饰调节的酶都不能通过别构效应进行调节，同样，别构酶都不接受共价修饰调节。（　　）

5. 共价修饰调节酶被磷酸化后活性增大，去磷酸化后活性降低。（　　）

6. 共价修饰酶的活性调节涉及一系列酶促反应，因此不是一种快速调节方式。（　　）

六、简答题

1. 试解释"狗急跳墙"现象产生的机制。

2. 简述物质代谢的特点

3. 糖、脂、蛋白质代谢之间相互联系。

4. 简述细胞信号转导中的配体与受体。

5. 简述 cAMP-蛋白激酶 A 途径。

6. 简述 DG-蛋白激酶 C 途径。

一、名词解释

1. 动物的代谢过程表现为机体不断从外界摄入各种营养物质，然后在体内经由不同的代谢途径进行转变，并不断地把代谢产物和热量排出体外。这种状态称为恒态。

2. 受体是指细胞膜上或细胞内能识别信号分子（激素、神经递质、毒素、药物、抗原和其他细胞黏附分子）并与之结合的生物大分子。绝大部分受体是蛋白质，少数是糖脂。

3. 连锁代谢反应中一个酶被激活后，连续发生其他酶被激活，导致原始信号的放大，这样的连锁代谢反应系统，称为级联系统。

4. 酶的别构调节是小分子化合物与酶分子的非催化部位或亚基结合，引起酶分子的空间构象变化，从而使酶的活性发生改变的调节。

5. 许多信号分子（第一信使）本身不进入细胞，而是与膜受体结合，引起细胞内一些小分子物质水平的改变，这些小分子物质是下游效应蛋白的变构调节剂，通过变构调节效应蛋白转导信号，它们称为第二信使。

二、填空题

1. 细胞内调节，激素调节，整体调节

2. 酮酸，乙酰 CoA

3. 配体门控通道型，G 蛋白偶联型，酪氨酸激酶型，DNA 转录调节型

4. ATP，还原性辅酶，生物合成的前体小分子

5. UTP，CTP，GTP，ATP

6. 膜受体激素，胞内受体激素

7. 降低，增高

8. IP_3，二酰甘油（DG）

9. 腺苷酸环化酶，磷酸二酯酶

10. 变构调节，化学修饰

三、单项选择题

1. D 2. A 3. D 4. B 5. C 6. A 7. C 8. D 9. C 10. E 11. B
12. E 13. C 14. A 15. E 16. D 17. D 18. D 19. A 20. B 21. C
22. B 23. E 24. C 25. B 26. E 27. A 28. C 29. E 30. D 31. B
32. D 33. C 34. A 35. B 36. E 37. D 38. B

四、多项选择题

1. BD 2. ACDE 3. BCD

动物生物化学考研考点解析及模拟测试（附真题）

五、判断题（在题后括号内打√或×）（在题后括号内打√或×）

1. 对。

2. 错。蛋白质分解为氨基酸后，其中的生糖氨基酸通过糖异生可以生成糖。

3. 对。

4. 错。凡接受共价修饰调节的酶都可能通过别构效应进行调节，同样，别构酶也可能接受共价修饰调节。

5. 错。有的共价修饰调节酶被磷酸化后活性增大，去磷酸化后活性降低；但有些则相反。

6. 错。共价修饰酶的活性调节涉及一系列酶促反应，是一种快速调节方式。

六、简答题

1.【答】这个过程主要是肾上腺髓质分泌的肾上腺素起作用。动物处于紧急状态时，肾上腺素迅速到达靶细胞后通过与受体结合，激活环化酶，生成 cAMP，经一系列的级联放大作用，在极短的时间内，提高血糖浓度，促进糖的分解代谢，产生出大量的 ATP 释放出能量，从而产生所谓的"狗急跳墙"现象。

2.【答】物质代谢的特点如下。

（1）整体性：体内各种物质代谢相互联系、相互转变，构成统一整体。

（2）代谢在精细的调节下进行。

（3）各组织器官物质代谢各具特色，如肝是物质代谢的枢纽，常进行一些特异反应。

（4）各种代谢物均有各自共同的代谢池，代谢存在动态平衡。

（5）ATP 是共同能量形式。

（6）NADPH 是合成代谢所需的还原当量，但分解代谢常以 NAD^+ 为辅酶。

3.【答】（1）糖代谢和脂肪代谢的联系

① 糖可以转变为脂肪：葡萄糖代谢产生乙酰 CoA，羧化成丙二酰 CoA，进一步合成脂肪酸，糖分解也可产生甘油，与脂肪酸结合成脂肪，糖代谢产生的柠檬酸，ATP 可变构激活乙酰 CoA 羧化酶，故糖代谢不仅可为脂肪酸合成提供原料，又可促进这一过程的进行。

② 脂肪大部分不能变为糖：脂肪分解产生甘油和脂肪酸。脂肪酸分解生成乙酰 CoA 但乙酰 CoA 不能逆行生成丙酮酸，从而不能循糖异生途径转变为糖。甘油可以在肝、肾等组织变为磷酸甘油，进而转化为糖，但甘油与大量由脂肪酸分解产生的乙酰 CoA 相比是微不足道的，故脂肪绝大部分不能转变为糖。

（2）糖与氨基酸代谢的联系

① 大部分氨基酸可变为糖：除生酮氨基酸（亮氨酸、赖氨酸）外，其余 18 种氨基酸都可脱氨基生成相应的 α-酮酸，这些酮酸再转化为丙酮酸，即可生成糖。

② 糖只能转化为非必需氨基酸：糖代谢的中间产物如丙酮酸等可通过转氨基

作用合成非必需氨基酸，但体内 8 种必需氨基酸体内不能转化合成。

（3）脂肪代谢与氨基酸代谢的联系

① 蛋白质可以变为脂肪，各种氨基酸经代谢都可生成乙酰 CoA，由乙酰 CoA 可合成脂肪酸和胆固醇，脂肪酸可进一步合成脂肪。

② 脂肪绝大部分不能变为氨基酸：脂肪分解成为甘油、脂肪酸，甘油可转化为糖代谢中间产物，再转化为非必需氨基酸，脂肪酸分解成乙酰 CoA，不能转变为糖，也不能转化为非必需氨基酸。脂肪分解产生甘油与大量乙酰 CoA 相比含量太少，脂肪也大部分不能变为氨基酸。所以食物中的蛋白质不能为糖、脂代替，蛋白质却可代替糖、脂。

4.【答】配体也被称为信号分子。动物机体对代谢过程的调节可以在不同的层次上进行，但是细胞水平的调节是其他水平代谢调节的基础。激素、神经递质、细胞因子、NO 等是多细胞的高等动物赖以调节细胞代谢活动的重要信号分子。大部分由内分泌组织和神经组织产生的信号分子并不进入细胞内，而是与它们的靶组织、靶细胞质膜上特异的受体结合，然后引起细胞内一系列的生物化学变化，改变细胞的代谢，引起生理效应的。只有少部分较为疏水的信号分子可以直接穿越细胞质膜进入细胞内，与胞浆内或核内的受体结合，然后引起生理效应。广义地说，药物、毒物和外来抗原等都可以成为携带某种信号的载体，一旦进入体内，可以引发与天然激素类似的生理效应，因此也可以看作外源的信号分子。

受体是指细胞膜上或细胞内能识别配体并与之结合的生物大分子。绝大部分受体是蛋白质，少数是糖脂。配体是信息的载体，属于第一信使。能称得上受体的生物大分子通常有以下特点：

① 可以专一性地与其相应的配体可逆结合。两者在空间结构上必定有高度互补的区域以利于这种结合，氢键、离子键、范德华力和疏水作用力是受体与配体间相互作用的主要非共价键。

② 受体与配体之间存在高亲和力，其解离常数通常达到 $10^{-11} \sim 10^{-9}\,\mathrm{mol/L}$。

③ 受体与配体两者结合后可以通过第二信使，如 cAMP、cGMP、IP_3、Ca^{2+} 等引发细胞内的生理效应。根据受体在细胞信号传导中所起作用，可将受体分为四种类型：Ⅰ 型为配体门控通道型，Ⅱ 型为 G 蛋白偶联型，Ⅲ 型是酪氨酸激酶型，Ⅳ 型是 DNA 转录调节型。

5.【答】cAMP 是人们最早知道的第二信使，大多数激素和神经递质，如 β-肾上腺素能受体激动剂、阿片肽、胰高血糖素等都可以刺激 cAMP 合成增加，而对其合成产生抑制的则较少。当 β-肾上腺素与其受体结合后，有 GTP 参与，GS 蛋白激活，其 αs 亚基与 β/γ 二聚体分离。再由 αs 激活腺苷酸环化酶，使胞内的大量 ATP 转变为 cAMP，并释放 PP_i。

cAMP 又进一步活化细胞中的蛋白激酶 A。这个酶的非活性形式是由四个亚基组成的四聚体，两个同样的调节亚基（R）和两个同样的催化亚基（C）。当 4 分子 cAMP 结合到两个调节亚基的结合部位时，此四聚体解离成两部分，即结合有

动物生物化学考研考点解析及模拟测试（附真题）

cAMP 的调节亚基二聚体和具有催化活性的两个分离的催化亚基。接着催化亚基使胞内多种蛋白酶磷酸化而激活，引起生理效应。

肾上腺素作用于肌细胞受体导致肌糖原分解就是一个典型的例子。通过共价化学修饰，蛋白激酶 A 使磷酸化酶 b 激酶磷酸化激活，后者又使磷酸化酶 b 磷酸化激活成为磷酸化酶 a，这一系列磷酸化过程都消耗 ATP，最后导致肌肉糖原分解成 1-磷酸葡萄糖，为其分解供能作好准备。

6.【答】在 DG-蛋白激酶 C 途径中，DG 是第二信使，它是肌醇磷脂的分解产物之一。当激素与受体结合后经 G 蛋白介导，激活磷脂酶 C，由磷脂酶 C 将质膜上的磷脂酰肌醇二磷酸（PIP2）水解成三磷酸肌醇（IP_3）和 DG。

脂溶性的 DG 在膜上累积并使紧密结合在膜上的无活性的蛋白激酶 C（PKC）活化。PKC 活化后使大量底物蛋白的丝氨酸或苏氨酸的羟基磷酸化，引起细胞内的生理效应。不过由磷脂酶 C 产生的 DG 只引起短暂的 PKC 活化，主要与内分泌腺、外分泌腺的分泌，血管平滑肌张力的改变，物质代谢变化等有关。

DG 的另一个来源，是在微量 Ca^{2+} 存在下，膜上的磷脂酶 D 可使卵磷脂水解产生磷脂酸，后者再由磷脂酸磷酸酶水解生成 DG。此种 DG 也同样激活 PKC，但可引起 PKC 持久的活化，与出现较慢的细胞增殖、分化等生物学效应有关。

发挥作用后的 DG 可通过三个途径终止作为第二信使的作用。①DG 被 DG 激酶磷酸化生成磷脂酸，再参与肌醇磷脂的合成。②在 DG 脂酶作用下，水解成单脂酰甘油，进而分解产生出花生四烯酸和甘油等。③在脂酰 CoA 转移酶的作用下，DG 与其他脂肪酸又可以合成甘油三酯。

第13章

─≫ DNA的生物合成──复制

目的要求

1. 掌握 DNA 生物合成（复制）的一般特点与原核生物 DNA 复制过程。
2. 掌握参与 DNA 复制的酶的种类和各自的作用。
3. 掌握基因突变及 DNA 的损伤与修复方式。
4. 了解反转录合成 DNA 的特点及端粒酶的性质和作用。

内容提要

遗传学实验已经证实，除 RNA 病毒外，DNA 是生物遗传信息的携带者。遗传信息由亲代传递给子代并在子代中表现出生命的特征，这个过程是按照中心法则进行的。

复制是 DNA 生物合成的重要方式。复制是在多种酶和蛋白因子参与下，以亲代 DNA 双链为模板，分别合成两条子链，两条子链分别与模板链碱基互补配对，形成两个与亲代 DNA 分子完全相同的子代 DNA 双链。遗传信息经亲本 DNA 的复制后，完整准确地传给子代。

DNA 复制具有以下一般特点：半保留性；半不连续性；从特定的复制原点开始，以双向或单向复制；子链的合成由 $5' \rightarrow 3'$ 方向进行；复制的起始需要 RNA 引物；复制以单链或双链 DNA 中的两条链为模板。

参与 DNA 复制的蛋白及酶有多种，主要包括解链酶、单链结合蛋白、引发酶、DNA 聚合酶、拓扑异构酶和连接酶等。

原核生物的 DNA 聚合酶有 3 种，分别称为 DNA 聚合酶 Ⅰ、Ⅱ 和 Ⅲ，其中 DNA 聚合酶 Ⅲ 是主要的复制酶。真核生物的 DNA 聚合酶有 5 种，分别负责核 DNA 和线粒体 DNA 的复制。DNA 聚合酶以 dNTP 为原料，通过形成 $3',5'$-磷酸二酯键延长多核苷酸链，并有校对和纠错的功能。

真核细胞的端粒酶可防止复制后子代线性化基因组 DNA 缩短。它是由蛋白质和 RNA 组成的复合物，蛋白质部分具有反转录酶的活性，RNA 具有与 DNA $3'$-端反向互补的保守序列，为合成端粒 DNA 提供模板。

DNA 复制通常是从特定的复制原点开始，有双向进行的，也有少数单向进行的。由于双链 DNA 模板走向相反，且子链的合成总是 $5' \rightarrow 3'$，因此复制采取的方式是半不连续的，连续合成的子链称为前导链；而通过不连续合成冈崎片段然后形成的子链称为滞后链。复制起始时都需要 RNA 引物，原核生物的 RNA 引物最终由 DNA 聚合酶 Ⅰ 切除并将留下的空隙填补，再由 DNA 连接酶连接起来。

其他类型的复制方式还有噬菌体 DNA 的滚环复制和线粒体 DNA 的取代环复制等。

在反转录酶的作用下，可以 RNA 为模板合成 DNA，这一过程称为反转录。反转录合成的 DNA 又称为 cDNA。

一些物理、化学和生物学因素，可以导致 DNA 受到损伤。光复活、切除修复、重组修复和 SOS 修复是几种主要的修复方式。其中光复活是唯一利用光能的修复系统，其余的修复系统均以 ATP 作为能源。光复活和切除修复都是修复模板链，重组修复可以将损伤的影响降低到最大限度，而 SOS 修复虽可产生连续的子代链，但也是导致突变的修复。

重点难点

1. DNA 生物合成（复制）的一般特点与原核生物 DNA 的复制过程。
2. 参与复制过程的有关酶类及各自的功能。
3. 半保留复制的实验证实。
4. 基因突变及 DNA 的损伤与修复。

例题解析

例 1. DNA 复制时，以序列 5′-TAGA-3′为模板合成的互补结构是（　　）

A. 5′-TCTA-3′　　　　B. 5′-ATCT-3′　　　C. 5′-UCUA-3′　　　D. 5′-GACA

解析：答案为 A。本题考点为复制时的碱基配对及新链合成的方向。DNA 复制时，除了以 A＝T，G≡C 碱基配对外，新合成的子链与亲代链方向相反。

例 2. DNA 复制时，下列哪种酶是不需要的？（　　）

A. DNA 指导的 DNA 聚合酶　　　　　　B. DNA 连接酶

C. 解链酶　　　　　　　　　　　　　　D. 限制性内切酶

解析：答案为 D。本题考点为 DNA 复制所需的酶类。

例 3. 与冈崎片段的概念有关的是（　　）

A. 半保留复制　　　B. 半不连续复制　　C. 不对称转录　　D. 蛋白质的修饰

解析：答案为 B。本题考点是冈崎片段的生物学意义、复制的过程及上述术语的含义。

例 4. 列举原核生物在 DNA 合成过程中都有那些酶参与？

解析：拓扑异构酶，解旋酶，引发酶，DNA 聚合酶Ⅰ、Ⅱ、Ⅲ，DNA 连接酶。本题考点为参与 DNA 复制的酶类。

练习题

一、名词解释

1. 中心法则（central dogma）

2. 半保留复制（semi-conservative replication）

3. 反转录（reverse transcription）

4. 冈崎片段（Okazaki fragments）

5. 滞后链（lagging strand）

6. 半不连续复制（semi-discontinuous replication）

7. 复制子（replicon）

8. 复制原点（origin of replication）

9. 端粒酶（telomerase）

10. 重组修复（recombinant repair）

11. 同源遗传重组（homologous genetic recombination）

二、填空题

1. 前导链的合成是_____的，其合成方向与复制叉移动方向_____；随后链的合成是_____的，其合成方向与复制叉移动方向_____。

2. 所有冈崎片段的延伸都是按_____方向进行的。

3. 细菌的环状 DNA 通常在一个_____开始复制，而真核生物染色体中的线形 DNA 可以在_____起始复制。

4. 大肠杆菌 DNA 聚合酶Ⅲ的_____活性使之具有_____功能，保证了 DNA 复制的忠实性。

5. 大肠杆菌中已发现_____种 DNA 聚合酶，其中_____负责 DNA 复制，_____负责 DNA 损伤修复。

6. 真核生物的 DNA 聚合酶共有_____种，其中_____负责前导链的合成，_____负责滞后链的合成，_____负责线粒体 DNA 的合成。

7. 基因突变形式分为_____、_____、_____和_____四类。

8. DNA 切除修复需要的酶有_____、_____、_____和_____。

9. 在 DNA 复制和转录过程中，DNA 单链结合蛋白与_____结合，使其处于_____。

10. 引发酶能以_____为模板，以_____为底物合成 RNA 引物。

11. DNA 连接酶的作用是催化_____的形成，其催化反应所需的能量因子是_____。

三、单项选择题

1. DNA 按半保留方式复制。如果一个完全放射标记的双链 DNA 分子，放在不含有放射标记物的溶液中，进行两轮复制，所产生的四个 DNA 分子的放射活性将会怎样（　　）

A. 半数分子没有放射性　　　　　　B. 所有分子均有放射性

C. 半数分子的两条链均有放射性　　D. 一个分子的两条链均有放射性

E. 四个分子均无放射性

2. 下列关于真核生物 DNA 复制特点的叙述，错误的是（　　）

A. RNA 与 DNA 链共价相联

B. 新生 DNA 链沿 $5'\rightarrow3'$ 方向合成

C. DNA 链的合成是不连续的

D. DNA 在一条母链上沿 $5'\rightarrow3'$ 方向合成，而在另一条母链上则沿 $3'\rightarrow5'$ 方向合成

3. 下列关于真核细胞 DNA 聚合酶活性的叙述，正确的是（　　）

A. 它仅有一种　　　　　　　　　　　　B. 它不具有核酸酶活性

C. 它的底物是二磷酸脱氧核苷　　　　　D. 它不需要引物

E. 它按 $3'\rightarrow5'$ 方向合成新生链

4. 大肠杆菌有三种 DNA 聚合酶，其中参与 DNA 损伤修复的是（　　）

A. DNA 聚合酶Ⅰ　　　　　　　　　　B. DNA 聚合酶Ⅱ

C. DNA 聚合酶Ⅲ　　　　　　　　　　D. A、B 都参与

5. 参加 DNA 复制的酶类包括：(1) DNA 聚合酶Ⅲ；(2) 解链酶；(3) DNA 聚合酶Ⅰ；(4) 引发酶；(5) DNA 连接酶；(6) 拓扑异构酶。其作用顺序是（　　）

A. (4)、(3)、(1)、(2)、(5)、(6)　　　B. (6)、(2)、(3)、(4)、(1)、(5)

C. (6)、(4)、(2)、(1)、(5)、(3)　　　D. (4)、(2)、(1)、(3)、(5)、(6)

E. (6)、(2)、(4)、(1)、(3)、(5)

6. 下列有关大肠杆菌 DNA 聚合酶Ⅰ的描述，不正确的是（　　）

A. 其功能之一是切掉 RNA 引物，并填补其留下的空隙

B. 具有 $3'\rightarrow5'$ 核酸外切酶活力

C. 是唯一参与大肠杆菌 DNA 复制的聚合酶

D. 具有 $5'\rightarrow3'$ 核酸外切酶活力

7. Meselson 和 Stahl 利用[15]N 标记大肠杆菌 DNA 的实验首先证明了下列哪一种机制？（　　）

A. DNA 能被复制　　　　　　　　　　B. DNA 的基因可以被转录为 mRNA

C. DNA 的半保留复制机制　　　　　　D. DNA 全保留复制机制

8. 从正在进行 DNA 复制的细胞分离出的短链核酸——冈崎片段，具有下列哪项特性（　　）

A. 它们是双链的　　　　　　　　　　B. 它们是一组短的单链 DNA 片段

C. 它们是 DNA-RNA 杂化双链　　　　D. 它们被核酸酶活性切除

E. 它们产生于亲代 DNA 链的糖-磷酸骨架的缺口处

9. 下列关于真核细胞 DNA 复制的叙述，错误的是（　　）

A. 是半保留式复制　　　　　　　　　　B. 有多个复制叉

C. 有几种不同的 DNA 聚合酶　　　　　D. 复制前组蛋白从双链 DNA 脱出

E. 真核 DNA 聚合酶不表现核酸酶活性

10. 下列关于大肠杆菌 DNA 连接酶的叙述哪些是正确的（　　）

A. 催化双链 DNA 中的断开的 DNA 单链间形成磷酸二酯键

B. 产物中不含 AMP

C. 催化两条游离的单链 DNA 分子间形成磷酸二酯键

D. 需要 ATP 作能源

11. 反转录酶是一类（　　　）

A. DNA 指导的 DNA 聚合酶　　　　　　　B. DNA 指导的 RNA 聚合酶

C. RNA 指导的 DNA 聚合酶　　　　　　　D. RNA 指导的 RNA 聚合酶

12. 需要以 RNA 为引物的过程是（　　　）

A. 复制　　　　　　　B. 转录　　　　　　　C. 反转录　　　　　D. 翻译

13. 切除修复可以纠正下列哪一项引起的 DNA 损伤（　　　）

A. 碱基缺失　　　　　　B. 碱基插入　　　　　C. 碱基甲基化

D. 胸腺嘧啶二聚体形成　　　　　E. 碱基烷基化

14. 大肠杆菌 DNA 连接酶需要下列哪一种辅助因子？（　　　）

A. FAD 作为电子受体　　　　　　　　　　B. NADP$^+$ 作为磷酸供体

C. NAD$^+$ 提供能量　　　　　　　　　　D. FMN 作为电子受体

E. 以上都不是

15. 下列关于 RNA 聚合酶和 DNA 聚合酶的叙述，正确的是（　　　）

A. RNA 聚合酶用二磷酸核苷合成多核苷酸链

B. RNA 聚合酶需要引物，并在延长链的 5′端加接碱基

C. DNA 聚合酶可在链的两端加接核苷酸

D. DNA 聚合酶仅能以 RNA 为模板合成 DNA

E. 所有 RNA 聚合酶和 DNA 聚合酶只能在生长中的多核苷酸链的 3′端加接核
苷酸

16. 紫外线照射引起 DNA 最常见的损伤形式是生成胸腺嘧啶二聚体。在下列
关于 DNA 分子结构这种变化的叙述中，正确的是（　　　）

A. 不会终止 DNA 复制

B. 可由包括连接酶在内的有关酶系进行修复

C. 可看作是一种移码突变

D. 是由胸腺嘧啶二聚体酶催化生成的

E. 引起相对的核苷酸链上胸腺嘧啶间的共价联结

17. 镰刀形红细胞贫血病是由血红蛋白 β-链变异造成的，这种变异的方式为（　　　）

A. 交换　　　　　　　B. 插入　　　　　　　C. 缺失

D. 染色体不分离　　　　　E. 点突变

18. 在对细菌 DNA 复制机制的研究中，常常用到胸腺嘧啶的类似物 5-溴尿嘧
啶，其目的在于（　　　）

A. 引起特异性移码突变以作为顺序研究用

B. 在胸腺嘧啶参入部位中止 DNA 合成

C. 在 DNA 亲和载体中提供一个反应基

D. 合成一种密度较高的 DNA 以便用离心分离法予以鉴别

E. 在 DNA 中造成一个能被温和化学方法裂解的特异部位

19. 基因组代表一个细胞或生物体的（　　　）

A. 一套遗传信息　　　B. 全部遗传信息　　C. 可转录序列　　　D. 非转录序列

20. 利用电子显微镜观察原核生物和真核生物 DNA 的复制过程，都能看到伸展成叉状的复制现象，其可能的原因是（　　　）

A. 单向复制所致

B. 属于连接冈崎片段时的中间体

C. DNA 双链被 DNA 解旋酶解开

D. DNA 拓扑异构酶起作用形式的中间体

21. 关于大肠杆菌 DNA 聚合酶Ⅲ的下列叙述，错误的是（　　　）

A. 有 $3'→5'$ 外切酶活性　　　　　　B. 有 $5'→3'$ 聚合酶活性

C. 有 $5'→3'$ 外切酶活性　　　　　　D. 是复制延伸阶段起主要作用的酶

22. Meselson-Stahl 的实验证实了（　　　）

A. DNA 聚合酶在 DNA 合成中具有重要作用

B. 大肠杆菌的 DNA 合成是全保留机制

C. 大肠杆菌的 DNA 合成是半保留机制

D. DNA 合成需要 dATP、dGTP、dCTP、dTTP

E. 大肠杆菌新合成的 DNA 与母链 DNA 有不同的碱基组成

23. DNA 分子是双向复制，意味着它有（　　　）

A. 2 条单链　　　　　　　　　　　B. 2 个独立的复制区域

C. 2 个复制原点　　　　　　　　　D. 2 个复制叉

E. 2 个终止位点

24. 冈崎片段是（　　　）

A. 内切酶作用后的 DNA 片段　　　B. 是核糖体 30S 小亚基的 RNA 片段

C. $3'→5'$ 合成的 DNA 片段　　　　D. 滞后链合成过程中的 DNA 片段

E. RNA 聚合酶催化合成的 mRNA 片段

25. 以下关于酶和 DNA 的互作，正确的是（　　　）

A. 大肠杆菌的 DNA 聚合酶Ⅰ较为特殊，仅具有 $5'→3'$ 外切活性

B. 内切酶仅降解环状 DNA 而不能作用于线状 DNA 分子

C. 外切酶从游离端降解 DNA

D. 很多 DNA 聚合酶都具有 $5'→3'$ 端外切活性

E. 引物合成酶合成一段 DNA 引物以继续合成 DNA

26. 大肠杆菌的 DNA 聚合酶Ⅲ（　　　）

A. 能够在没有引物的情况下启动复制

B. 在缺口平移处有效

C. 是负责染色体 DNA 复制的主要聚合酶

D. 代表了大肠杆菌 DNA 聚合酶 90% 的活性

E. 需要引物游离的 $5'$-羟基末端

27. DNA 聚合酶的校读功能不包括（　　　）

A. 3′→5′外切活性　　B. 碱基互补配对　　C. 识别错配碱基对

D. 水解磷酸二酯键　　E. 聚合反应的逆反应

28. 大肠杆菌的 DNA 聚合酶Ⅰ的 5′→3′外切活性参与了（　　　）

A. 在复制起始位点形成一个缺口　　　　B. 形成冈崎片段

C. 复制过程的校读　　　　　　　　　　D. 缺口平移移除 RNA 引物

E. 连接酶活性封闭缺口

29. 原核生物的 DNA 聚合酶Ⅲ（　　　）

A. 具有 5′→3′校读活性以提高复制的忠实性

B. 不需要引物来启动复制起始

C. 具有 β 环状夹子装置提高 DNA 复制的持续性

D. 从 3′→5′方向合成 DNA

E. 只负责合成前导链，滞后链由聚合酶Ⅰ来完成

30. 大肠杆菌的 DNA 复制的起始不需要（　　　）

A. 解链酶　　　　　B. 引发酶　　　　　C. 甲基化酶

D. DNA 连接酶　　　E. 以上都不对

31. 在大肠杆菌的复制叉处（　　　）

A. DNA 解链酶在 DNA 上制造出内切核苷酸的切口

B. DNA 引物被外切酶降解

C. DNA 拓扑异构酶在 DNA 上制造出内切核苷酸的切口

D. RNA 引物被引发酶切除

E. RNA 引物由引发酶合成

32. 与细菌不同，真核生物染色体 DNA 的复制需要多个起始点的原因是（　　　）

A. 真核生物不能双向复制

B. 真核生物的基因组不像细菌的基因组那样的环形

C. 真核生物的 DNA 聚合酶的反应持续性不如细菌

D. 如果只有一个复制原点，真核生物的复制速率很慢，需要的时间很长

E. 真核生物根据用途不同而有多种 DNA 聚合酶，需要相对应的多个复制起始点

33. 哺乳动物的 DNA 修复系统（　　　）

A. 能修复 90% 以上的 DNA 的损伤

B. 细胞中一般是缺乏的，尤其是在卵细胞和精子细胞中

C. 缺失能修复，错配不能修复

D. 能修复除紫外线照射引起的大部分 DNA 损伤

E. 节省能量

34. 以下哪种酶没有直接参与到大肠杆菌的甲基指导的错配修复（　　　）

A. 糖苷酶　　　　　B. DNA 解链酶　　　C. DNA 连接酶

D. DNA 聚合酶Ⅲ　　E. 核酸外切酶

35. 当细菌 DNA 复制时 DNA 双链中出现了错配的核苷酸，甲基指导的修复系统（　　　）

A. 不能识别模板链和新合成的子链　　　　B. 改变模板链和新合成的子链

C. 修复甲基化的 DNA 链　　　　D. 通过改变新合成的子链修复错配处

E. 通过改变模板链修复错配处

36. SOS 修复出现较高的突变是因为（　　　）

A. 供替代的修饰了的核苷酸更容易参入

B. RecA 和 SSB 蛋白的干扰降低了复制的准确性

C. 复制速度比平时快很多，造成了很多的错误

D. DNA 聚合酶缺乏外切酶的校读功能

E. DNA 聚合酶不能像 DNA 聚合酶Ⅲ那样加速碱基配对

四、多项选择题

1. DNA 复制时消耗（　　　）

A. dTTP　　　　B. TMP　　　　C. dATP

D. dCTP　　　　E. dGDP

2. 下列酶中，在复制过程中催化形成 3′,5′-磷酸二酯键的有（　　　）

A. 引发酶　　　　B. DNA 解旋酶　　C. DNA 聚合酶

D. DNA 连接酶　　E. DNA 拓扑异构酶

3. 关于真核生物与原核生物复制特点的下列比较中，正确的有（　　　）

A. 真核生物的复制不需要引物　　　　B. 真核生物 DNA 的复制速度慢

C. 真核生物的复制需要端粒酶的参与　　D. 真核生物的复制起点少于原核生物

E. 真核生物的冈崎片段短于原核生物

4. 逆转录酶除了催化逆转录外，还有（　　　）

A. RNase H 活性　　　　B. DNA 依赖的 DNA 聚合酶活性

C. DNA 依赖的 RNA 聚合酶活性　　D. RNA 依赖的 DNA 聚合酶活性

E. RNA 依赖的 RNA 聚合酶活性

五、判断题（在题后括号内标明对或错）

1. 中心法则概括了 DNA 在遗传信息传递中的主导作用。（　　　）

2. 以 DNA 为模板合成 DNA 的酶，叫 DNA 聚合酶。（　　　）

3. DNA 半不连续复制是指复制时一条链的合成方向是 5′→3′，而另一条链方向是 3′→5′。（　　　）

4. 原核细胞的 DNA 聚合酶一般都不具有核酸外切酶的活性。（　　　）

5. 真核生物 DNA 聚合酶共有 5 种，全部是用来合成染色体 DNA 的。（　　　）

6. 复制原点就是 DNA 复制的起始部位，真核生物只有 1 个，而原核生物有多

个。（　　）

7. 端粒酶是一种具有反转录活性的蛋白质。（　　）

8. DNA 受到损伤，可采取多种方式进行修复，并且都需要消耗 ATP 提供能量。（　　）

9. DNA 的生物合成都是通过复制的方式完成的。（　　）

10. DNA 的复制在细胞周期的 S 期和 M 期都可以进行。（　　）

11. 依赖于 RNA 的 DNA 聚合酶即反转录酶。（　　）。

12. 逆转录酶催化 RNA 指导的 DNA 合成不需要 RNA 引物。（　　）

13. 限制性内切酶切割的 DNA 片段都具有黏性末端。（　　）

14. 重组修复可把 DNA 损伤部位彻底修复。（　　）

15. 所有核酸的复制都按照碱基配对原则。（　　）

16. NAD$^+$ 不是高能化合物。（　　）

六、简答题

1. 简述 DNA 复制的基本特点。

2. 原核生物 DNA 的复制是怎样进行的？

3. DNA 复制的高度忠实性是如何保证的？

4. 什么是 DNA 复制的 θ 模型、滚环模型和 D 环模型？

5. 什么是拓扑异构酶？有什么功能？

七、论述题

1. 为什么说 DNA 的复制是半保留半不连续复制？是怎样验证的？

2. 真核生物与原核生物 DNA 复制的异同点有哪些？

3. 在前导链合成期间，什么因素提高复制的精确度？你估计滞后链合成有相同的精确度吗？说明原因。

参考答案

一、名词解释

1. Crick 于 1954 年提出了遗传信息的传递方向和方式，那就是，遗传信息储存在 DNA 的脱氧核苷酸排列顺序中，通过 DNA 的自我复制将遗传信息传递给下一代，同时以 DNA 为模板，将遗传信息转抄到 RNA 的核苷酸排列顺序中（转录），再以该 RNA 为模板，在核糖体上合成蛋白质（翻译），从而表现出生命的特征来。这就是"中心法则"。后来，科学研究又发现，在某些病毒中，RNA 也可以自我复制，并且还发现在一些病毒蛋白质的合成过程中，RNA 可以在逆转录酶的作用下合成 DNA。

2. 在 DNA 复制时，亲本双链 DNA 之间的氢键断裂，形成两条单链，分别以每条单链为模板，按照碱基互补配对原则，合成新的多核苷酸链。这样，在两个子代 DNA 分子中，各有一条单链来自于亲本 DNA，另一条是新合成的。这种复制称为半保留复制。

3. 在反转录酶的作用下，可以 RNA 为模板合成 DNA，这一过程称为反转录。反转录合成的 DNA 又称为 cDNA。反转录酶是由 Temin 和 Baltimore 在 RNA 肿瘤病毒中发现的。

4. 在 DNA 复制过程中，滞后链的合成是不连续的，首先合成大约 1000 个核苷酸残基的 DNA 片段，然后再由连接酶连接起来，形成一条完整的子链。这些片段是由冈崎（Okazaki）首先发现的，故称之为冈崎片段。冈崎片段的发现为 DNA 复制的科恩伯格机理提供了依据。

5. 由多个冈崎片段连接而成的这条新的子代链，称为滞后链

6. 在 DNA 的复制过程中前导链的复制为连续的，滞后链的复制为不连续的，所以称该复制过程为半不连续复制。

7. 细胞中基因组 DNA 具有复制原点并能够独立进行复制的单位称为复制子。

8. 在每个复制子中的控制复制起始的部分叫复制原点。

9. 端粒酶是催化端粒合成的酶。由蛋白质和 RNA 组成，具有逆转录酶的活性，它能以自身的 RNA 为模板，逆转录合成端粒 DNA。端粒酶使端粒的 3′末端延长，防止其子代 DNA 端粒的缩短。

10. 当遗传信息有缺损时，子代 DNA 分子可通过遗传重组而加以弥补，即从同源 DNA 的亲代链上将相应核苷酸序列片段移至子链的缺口处，然后再合成一段多核苷酸链来填补亲代链的缺口，这个过程称为重组修复。

11. 遗传重组发生在两个同源染色体，或 DNA 分子的类似顺序之间，叫做同源遗传重组，真核细胞的同源遗传重组主要发生在减数分裂期间，但也发生在有丝分裂期间。

二、填空题

1. 连续，相同，不连续，相反

2. 5′→3′

3. 复制原点，多个复制原点

4. 3′→5′核酸外切酶， 校对

5. 3，DNA 聚合酶Ⅲ，DNA 聚合酶Ⅰ

6. 5，DNA 聚合酶 δ，DNA 聚合酶 α，DNA 聚合酶 γ

7. 转换，颠换，插入，缺失

8. 专一的核酸内切酶，解链酶，DNA 聚合酶Ⅰ，DNA 连接酶

9. 解螺旋的单链 DNA，稳定的单链状态

10. DNA，核苷三磷酸（NTP）

11. 磷酸二酯键，ATP 或 NAD$^+$

三、单项选择题

1. A   2. D   3. B   4. B   5. E   6. C   7. C   8. B   9. D   10. A   11. C   12. A   13. D   14. C   15. E   16. B   17. E   18. D   19. A   20. C   21. C   22. C   23. D   24. D   25. C   26. C   27. E   28. D   29. C   30. E   31. E   32. D   33. A   34. A   35. D   36. A

四、多项选择题

1. ACD   2. ACDE   3. BCE   4. AB

五、判断题

1. 对。

2. 对。

3. 错。DNA 合成的方向只能是 $5'→3'$。

4. 错。原核生物的 DNA 聚合酶Ⅰ、Ⅱ、Ⅲ均具有 $3'→5'$核酸外切酶活性。

5. 错。真核生物的 DNA 聚合酶 γ 用来合成线粒体 DNA。

6. 错。原核生物一般有一个复制起始点，而真核生物有多个。

7. 错。端粒酶有 RNA 和蛋白质组成。

8. 错。DNA 损伤的光修复消耗光能。

9. 错。反转录也可获得 DNA。

10. 错。DNA 复制只在细胞周期的 S 期进行。

11. 对。

12. 错。逆转录酶催化的过程中，仍需要 RNA 作为引物。

13. 错。有的具有平末端（钝端）。

14. 错。重组修复不能把损伤的 DNA 序列彻底清除。

15. 对。

16. 错。NAD$^+$ 属高能化合物

六、问答题

1.【答】（1）复制过程是半保留的。

（2）细菌或病毒 DNA 的复制通常是由特定的复制起始位点开始，真核细胞染色体 DNA 复制则可以在多个不同部位起始。

（3）复制可以是单向的或是双向的，以双向复制较为常见，两个方向复制的速度不一定相同。

（4）两条 DNA 链合成的方向均是从 $5'$向 $3'$方向进行的。

（5）复制的大部分都是半不连续的，即其中一条前导链的合成是相对连续的，

其他滞后链的合成则是不连续的。

（6）各短片段在开始复制时，先形成短片段 RNA 作为 DNA 合成的引物，这一 RNA 片段以后被切除，并用 DNA 填补余下的空隙。

2.【答】DNA 复制从特定位点开始，可以单向或双向进行，但是以双向复制为主。由于 DNA 双链的合成延伸均为 $5'\rightarrow3'$ 的方向，因此复制是以半不连续的方式进行，可以概括为：双链的解开；RNA 引物的合成；DNA 链的延长；切除 RNA 引物，填补缺口，连接相邻的 DNA 片段。

（1）双链的解开　在 DNA 的复制原点，双股螺旋解开，成单链状态，形成复制叉，分别作为模板，各自合成其互补链。在复制叉上结合着各种各样与复制有关的酶和辅助因子。

（2）RNA 引物的合成　引发体在复制叉上移动，识别合成的起始点，引发 RNA 引物的合成。移动和引发均需要由 ATP 提供能量。以 DNA 为模板按 $5'\rightarrow3'$ 的方向，合成一段引物 RNA 链。引物长度约为几个至 10 个核苷酸。在引物的 $5'$ 端含 3 个磷酸残基，$3'$ 端为游离的羟基。

（3）DNA 链的延长　当 RNA 引物合成之后，在 DNA 聚合酶Ⅲ的催化下，以 dNTP 为底物，在 RNA 引物的 $3'$ 端以磷酸二酯键连接上脱氧核糖核苷酸并释放出 PP_i。DNA 链的合成是以两条亲代 DNA 链为模板，按碱基配对原则进行复制的。亲代 DNA 的双股链呈反向平行，一条链是 $5'\rightarrow3'$ 方向，另一条链是 $3'\rightarrow5'$ 方向。在一个复制叉内两条链的方向不同，所以新合成的两条子链极性也正好相反。

（4）切除引物，填补缺口，连接修复　当新形成的冈崎片段延长至一定长度，其 $3'$-OH 端与前一个冈崎片段的 $5'$ 端接近时，在 DNA 聚合酶Ⅰ的作用下，在引物 RNA 与 DNA 片段的连接处切去 RNA 引物后留下的空隙，由 DNA 聚合酶Ⅰ催化合成一段 DNA 填补上；在 DNA 连接酶的作用下，连接相邻的 DNA 链；修复掺入 DNA 链的错配碱基。这样以两条亲代 DNA 链为模板，就形成了两个 DNA 双股螺旋分子。每个分子中一条链来自亲代 DNA，另一条链则是新合成的。

3.【答】为保证复制的准确性，细胞以下列机制提供相应的保障：

（1）DNA 聚合酶Ⅰ和Ⅲ的 $5'\rightarrow3'$ 的聚合作用　DNA 聚合酶Ⅰ和Ⅲ在模板引导下，按 $5'\rightarrow3'$ 进行 DNA 聚合时，可以严格按照碱基互补配对的原则进行合成，所以说，碱基互补配对原则是 DNA 复制的基础。

（2）DNA 聚合酶Ⅰ $3'\rightarrow5'$ 外切酶活性　DNA 聚合酶Ⅰ可对已经加上去的核苷酸进行校对，当新合成的互补链上有错误的核苷酸时，即行使 $3'\rightarrow5'$ 外切酶活性，将连接上的错误核苷酸从 $3'$ 端切除，直至正确配对处为止，然后再继续合成。

（3）切除引物　由于刚开始聚合时较易发生错配，所以生命体选择先合成一段 RNA 引物，然后由 DNA 聚合酶Ⅰ的 $5'\rightarrow3'$ 外切酶活性将引物切除，再由 DNA 聚合酶的 $5'\rightarrow3'$ 聚合酶活性在切除引物处补平。

（4）聚合时的方向　现在已知 DNA 的聚合都是 $5'\rightarrow3'$，为什么不能从 $3'\rightarrow5'$ 端聚合呢？原来，如果按 $5'\rightarrow3'$ 聚合，一旦出现碱基错配，可由 DNA 聚合酶Ⅰ从

3'端切除聚合上的错误的核苷酸，剩下 3'-羟基，后者可以接受由以 dNTP 为原料而生成的单核苷酸，即 dNTP 可以和上一个核苷酸的游离 3'-羟基生成 3',5'-磷酸二酯键，dNTP 自身水解掉焦磷酸。发生反应的原料本身即为高能化合物，靠磷酸键的水解即可保证此反应的顺利进行。而如果按 3'→5' 方向聚合时，出现了错配碱基后也可利用 DNA 聚合酶 I 的 5'→3' 外切酶活性将错配的核苷酸切除，切除后剩下 5'-羟基或 5'-磷酸，继续聚合时，需要将 5'-羟基或 5'-磷酸核苷酸进一步磷酸化，或者需要外源的能够提供能量的物质，才能完成聚合反应。所以，生物体选择 DNA 合成的方向都是 5'→3'，这是长期进化、选择的结果。

（5）修复作用 虽然在复制过程中有校正功能，但是环境中的物理或化学因素还可以使 DNA 不断受到损伤，它们可以通过细胞的各种修复机制进行修复，具体内容见 DNA 的损伤与修复。

4.【答】（1）凯恩斯通过精辟的实验证明了大肠杆菌 DNA 是以环状方式复制的。首先将大肠杆菌生长在含 [³H] 胸腺嘧啶的培养基中，这样在放射性培养基上生长时所合成的全部 DNA 都是具放射性的。培养接近两代时，分离出菌体的完整 DNA，可以从其放射自显影图上看到分枝的环状图式。后来在有些病毒中也发现了环状复制。因为复制环的图式像希腊字母 θ，故称这种复制为 θ 复制。

（2）W. Gilbert 和 D. Dressler 于 1968 年提出滚环复制的模型，来解释噬菌体 ΦX174 DNA 的复制过程。ΦX174 的 DNA 是环状单链分子，复制时首先以其自身单链 DNA 为模板，合成互补的环状双链复制型 DNA 分子，自身母链为正链（＋），新合成的为负链（一）。复制机制是双链中的正链被核酸内切酶把 3',5'-磷酸二酯键切开，形成一个缺口，双链打开，露出 3'-羟基末端和 5'-磷酸末端，正链的 5'末端固定在细胞膜上，然后以环状闭合的负链 DNA 为模板，以正链的 3'-羟基末端为引物，在 DNA 聚合酶作用下，在正链切口 3'-羟基末端逐个连接上脱氧核糖核苷酸，使正链延长。未开环的负链边滚动边连续复制，正链的 5'端逐渐从负链分离，待长度达到一个基因组时即被核酸内切酶切断，被切断的尾链经环化即成为一个新的 DNA 分子。正负两条链均可作为模板，产生新的 2 个双链环状子代。

（3）D 环复制是线粒体 DNA 的复制方式。真核生物的线粒体 DNA 是环状双链，双链环在固定点解开进行复制。但两条链的合成是单方向、不对称的半保留复制，复制时需要合成引物。其复制机制是：首先以内环链（为方便采取如此称谓）为模板先进行复制，外环链保持单链而被取代，在电镜下可看到呈 D-环形状。待内环链复制到一定程度，露出外环链的复制起点时，再合成另一反向引物，以外环链为模板进行反向延伸，最后完成两个双链环状 DNA 的复制。

5.【答】拓扑异构酶是一类可改变 DNA 拓扑性质的酶。在 DNA 复制时，复制叉行进的前方 DNA 分子部分产生正超螺旋，拓扑异构酶可松弛正超螺旋，还可以引入负超螺旋，有利于复制叉的行进及 DNA 的合成。在复制完成后，拓扑异构酶又将 DNA 分子引入负超螺旋，有利于 DNA 缠绕、折叠、压缩以形成染色质。

原核生物的 DNA 拓扑异构酶主要有Ⅰ和Ⅱ两种类型。Ⅰ型拓扑异构酶可使 DNA 的一条链发生断裂和再连接，反应无需供给能量。另外，DNA 复制时负超螺旋的消除，也由拓扑异构酶Ⅰ来完成，但它对正超螺旋无作用；Ⅱ型拓扑异构酶又称为旋转酶，由两个 A 亚基和两个 B 亚基组成，即 A_2B_2。它能使 DNA 的两条链同时发生断裂和再连接，当它引入负超螺旋以消除复制叉前进带来的扭曲张力时，需要由 ATP 提供能量。两种拓扑异构酶在 DNA 复制、转录和重组中均发挥重要作用。

七、论述题

1.【答】1958 年 M. Meselson 和 F. Stahl 用实验首先证明了半保留复制的正确性，迄今仍为大家所公认。他们在以 $^{15}NH_4Cl$ 为唯一氮源的培养基中培养大肠杆菌，至少 15 代以上，从而使所有 DNA 分子标记上 ^{15}N，^{15}N-DNA 的密度比普通 ^{14}N-DNA 的密度大，在氯化铯密度梯度离心时，这两种 DNA 形成位置不同的区带。如果将 ^{15}N 标记的大肠杆菌转移到普通培养基（含 ^{14}N 的氮源）中培养，经过一代后，所有 DNA 的密度都介于 ^{15}N-DNA 和 ^{14}N-DNA 之间，即形成了一半含 ^{15}N，另一半含 ^{14}N 的杂合 DNA 分子（^{14}N-^{15}N-DNA）。第二代时，^{14}N-DNA 分子和 ^{14}N-^{15}N-DNA 杂合分子等量出现。若再继续培养，可以看到 ^{14}N-DNA 分子增多。当把 ^{14}N-^{15}N-DNA 杂合分子加热时，它们分开成 ^{14}N 链和 ^{15}N 链。这充分证明了 DNA 复制时原来的 DNA 分子被拆分成两个亚单位，分别构成子代分子的一半。

在 DNA 复制过程中按照半保留方式，亲代 DNA 的两条互补链各自作为模板进行复制。由于 DNA 两条链的方向是反平行的，一条的方向为 $5'\rightarrow3'$，另一条是 $3'\rightarrow5'$，按照模板的方向性，似乎应该有两类 DNA 聚合酶，分别催化 $5'\rightarrow3'$ 方向和 $3'\rightarrow5'$ 方向的复制，但迄今为止所发现的 DNA 聚合酶，只能催化 $5'\rightarrow3'$ 方向的合成。这就不能解释 DNA 的两条链为什么能够同时进行复制的事实。为了解决这个矛盾，冈崎于 1968 年提出了半不连续复制假说。他认为复制时复制叉向前移动，留下两条单链分别做模板，一条是 $3'\rightarrow5'$ 方向，以它为模板合成的新链是 $5'\rightarrow3'$ 方向，是连续的，称为前导链；而另一条模板链是 $5'\rightarrow3'$ 方向，以它为模板，合成的新链是不连续的 DNA 片段，称作冈崎片段。在大肠杆菌中冈崎片段的长度约为 1000 个核苷酸，在哺乳动物中约为 $100\sim200$ 个核苷酸。冈崎片段合成的方向也是 $5'\rightarrow3'$，但它与复制叉前进的方向相反，是倒退着合成的，由多个冈崎片段连接而成的这条新的子代链，称为滞后链。

2.【答】DNA 是生物遗传的主要物质，生物体遗传信息编码在 DNA 分子上，通过 DNA 复制由亲代传给子代。

原核生物与真核生物在复制过程中都具有半保留半不连续复制的特点，并且复制的方向都是从 $5'\rightarrow3'$，都需要 RNA 作为引物等特点，主要有以下不同点：

（1）真核生物细胞的染色体 DNA 是线性双链分子，在同一个 DNA 上有多个复制原点，为多复制子，分段进行复制；而原核生物一个复制原点，是单复制子。

（2）真核生物细胞染色体上有多处自发复制序列，而原核生物的则无。

（3）在复制过程中，都需要拓扑异构酶、解旋酶、引发酶、DNA 聚合酶、DNA 连接酶的参与，而真核生物和原核生物所需酶的种类和数量又不同，例如真核生物细胞有 5 种 DNA 聚合酶，而原核生物有 3 种 DNA 聚合酶，它们各自的作用也不同。

（4）真核生物染色体 DNA 在全部复制完成之前，原点不再重新起始复制；而在快速生长的原核生物中，原点可以连续起始复制。真核生物在快速生长时，往往采用更多的复制原点。

3.【答】两种因素提高复制精确度。Watson-Crick 碱基配对指导模板链与互补链之间互补的精确性，DNA 聚合酶Ⅲ的 $3'\rightarrow5'$ 外切酶校正作用除去错配碱基，这是前导链的情况。滞后链可能也可以获得相同的精确度，因为这两种因素在滞后链合成期间都存在。但是由于有更多的不同化学反应发生在滞后链，出错的机会可能比前导链要多一些。

第14章

→ RNA的生物合成——转录

目的要求

1. 掌握原核 RNA 聚合酶的结构、功能及原核生物 RNA 的转录过程。
2. 掌握真核生物 RNA 聚合酶的分类及生物学功能。
3. 掌握启动子的结构特征,重点是原核生物启动子的结构特征。
4. 掌握 RNA 转录后的加工修饰,重点是真核生物 mRNA 转录后的加工修饰。

内容提要

在 RNA 聚合酶的催化下,以 DNA 为模板合成 RNA 的过程称为转录。转录是基因表达的第一步,也是最关键的一步。转录是不对称的,不需要引物,在双链 DNA 中,作为转录模板的链称为模板链,与之互补的链称为编码链。

RNA 聚合酶与启动子识别并结合,起始基因的转录。原核生物中启动子有两个重要的序列,即-10 序列和-35 序列。原核 RNA 聚合酶包含有 $\alpha_2\beta\beta'\sigma$ 5 个亚基。σ 亚基的作用是识别并与启动子结合,而其他部分则与模板结合,并依据碱基互补的方式催化 NTP 原料形成 $3',5'$-磷酸二酯键,以 $5'\rightarrow3'$ 方向延伸多核苷酸链。原核生物转录的终止有依赖和不依赖于 ρ 因子的两种方式。ρ 因子能结合于新生 RNA 链并利用水解 NTP 所释放的能量移动,通过与 β 亚基的作用促进转录的终止,而不依赖于 ρ 因子的终止机制则与终止子的结构有关。

真核生物有 I、II、III 三种 RNA 聚合酶,分别转录 rRNA 基因、mRNA、5S rRNA 基因和 tRNA 基因。细胞器还有自己的 RNA 聚合酶。真核生物 RNA 聚合酶 II 的启动子最为复杂,有帽子位点和 TATA 框等近启动子成分。真核生物的基因还常会有增强子。真核生物转录的起始机制复杂,涉及多种通用转录因子,形成转录起始复合物。真核生物三类 RNA 聚合酶的转录终止子结构及其终止机制还不清楚。

转录得到的 RNA 前体一般要经过加工和修饰。几乎全部的真核 mRNA 的 $5'$ 端都具有含甲基鸟嘌呤的“帽”结构,大部分的 mRNA 的 $3'$ 端具有 poly (A) 尾。真核生物的绝大部分基因是不连续基因,其转录产物中编码的外显子被插入的内含子所间隔,要通过剪接切除内含子、拼接外显子后才能成为成熟的 RNA。

催化 RNA 即核酶的发现,对于研究生命的起源和进化具有重要科学意义。

重点难点

1. 原核生物 RNA 聚合酶的组成、结构和功能。
2. 启动子的结构特征,重点是原核生物启动子的结构特征。
3. 原核生物 RNA 的转录过程。
4. RNA 转录后的加工修饰,重点是真核生物 mRNA 转录后的加工修饰。

例1. 简述大肠杆菌 RNA 聚合酶的结构与功能。

解析：本题主要考查大肠杆菌 RNA 聚合酶含有 4 种亚基的名称及功能。

大肠杆菌 RNA 聚合酶含有 4 种不同的亚基，称为 α、β、β′和 σ 亚基。这些亚基通过次级键聚合在一起。在全酶中含有 2 个 α 亚基，其他亚基各 1 个。全酶（$\alpha_2\beta\beta'\sigma$）分子量大约为 500000。σ 的结合不牢固，它可以随时从全酶上脱落下来，剩余的部分称为核心酶。β 亚基的功能主要是结合底物三磷酸核苷 NTP；β′的功能是与 DNA 模板结合；σ 的功能是识别并结合启动子。另外，在核心酶中还存在一个功能尚不清楚的 ω 因子。

例2. 简述原核生物基因的启动子结构特征。

解析：本题主要考查的知识点是原核生物基因启动子的位置、包含的元件及特征性的保守区域。

（1）在基因的 5′端，直接与 RNA 聚合酶结合，控制转录的起始和方向；

（2）都含有 RNA 聚合酶的识别位点、结合位点和起始位点；

（3）都含有保守序列，而且这些序列的位置是固定的，如-35 序列、-10 序列等。对于大多数启动子来说，在上游-35bp 附近存在一段共有序列（TTGACA），RNA 聚合酶的 σ 亚基识别该序列并使核心酶与启动子结合，故又称-35 序列为 RNA 聚合酶的识别位点；-10 序列又叫 Pribnow 盒，其共有序列为 TATAAT，是 RNA 聚合酶与之牢固结合并将 DNA 双链打开的部位，即结合位点，形成所谓的开放性启动子复合物。

例3. 阐述核酶发现的生物学意义。

解析：本题主要考查的知识点：核酶的发现使人们对于生命的起源有了新的认识，生命的最初形式大概是 RNA；同时，核酶的发现为某些疾病的治疗开辟了新的思路。

核酶的发现使人们对于生命的起源有了新的认识。以前一般认为，由于 DNA 和蛋白质是生命的基础物质，因而生命的最初形式必定是 DNA 或者蛋白质。然而 DNA 的复制需要蛋白质（酶）的催化，而特定蛋白质分子的合成又必须以 DNA 为模板，因而二者究竟是哪一种首先出现，实在难以推断。核酶的发现使人们普遍认为：生命的最初形式大概是 RNA，最初的生命界可能是个 RNA 王国。因为 RNA 既可作为模板而复制繁殖，同时它又是催化剂，即它兼有 DNA 和蛋白质二者的功能。然而在进化过程中，由于作为模板而遗传的功能 RNA 不如双链 DNA 稳定；而作为催化剂的功能它又不如蛋白质那样多样，所以作为遗传信息携带者的功能它让位给 DNA，作为催化剂的功能则大部分由蛋白质所取代，RNA 则仅保留了它作为信使和具有一部分催化作用等功能，这就是目前生命界的实际情况。这种推断是否正确还有待实验的证明。在应用方面，人们正在设计合成特异切割病毒 RNA 或其他 RNA 的核酶，以便用以治疗包括艾滋病、癌症在内的疾病。虽然目前还没有成功应用的报道，但具有良好的发展前景。

例 4. 简述真核生物 RNA 聚合酶的种类和功能。

解析： 本题主要考查的知识点：真核生物 3 种 RNA 聚合酶各自转录哪些类型的 RNA。

真核生物 RNA 聚合酶有 3 种，RNA 聚合酶 I 转录产物为 5.8S、18S、28S rRNA，RNA 聚合酶 II 转录产物为 mRNA，RNA 聚合酶 III 转录产物为 tRNA、5S rRNA。

一、名词解释

1. 转录（transcription）
2. 割裂基因（split gene）
3. 模板链（template strand）
4. 转录单位（transcription unit）
5. 基因（gene）
6. 启动子（promoter）
7. 剪接（splicing）
8. ρ 因子（ρ factor）
9. 转录因子（transcriptional factor）
10. 内部终止子（intrinsic terminator）
11. 编码链（coding strand）
12. 结构基因（structural gene）
13. 单顺反子（monocistron）
14. 多顺反子（polycistron）
15. 核酶（ribozyme）
16. RNA 聚合酶（RNA polymerase）

二、填空题

1. 按照基因产物的性质，基因可分为_____和_____两大类。

2. 刚转录出来的 mRNA，其 5′端是_____，其 3′端是_____。

3. 真核生物 rRNA 的转录是在细胞_____内进行。

4. 用 oligo（dT）-纤维素分离纯化真核生物 mRNA 的方法叫_____。

5. 依赖 DNA 的 RNA 聚合酶叫_____，依赖 RNA 的 DNA 聚合酶叫_____。

6. 就核酶催化反应的键专一性而言，它既可以水解以磷原子为中心的磷酸酯键，也可以水解_____等。

7. 与正确和有效翻译作用相关的 mRNA 结构元件有_____，_____和_____。

8. 原核生物与转录终止有关的蛋白质是_____，在转录终止时它能与_____结合，并且有_____酶的活性。

9. 在 RNA 的生物合成过程中，模板的方向_____，RNA 合成的方向是_____。

10. 原核生物和真核生物 RNA 的转录过程分为 3 个阶段_____、_____

和_____。

11. 原核生物的 RNA 聚合酶有两种存在形式，一种是_____，另一种是_____。

12. 真核生物 mRNA 的初始转录产物称为_____，mRNA 初始转录产物的加工过程包括_____、_____、_____和_____等方面。

13. 真核生物中结构基因中_____与_____间隔排列现象称为断裂基因。

三、单项选择题

1. DNA 上某段碱基顺序为 5′-ACTAGTCAG-3′，转录后相应的碱基顺序为（　　）

A. 5′-TGATCAGTC-3′　　　　　　　B. 5′-UGAUCAGUC-3′

C. 5′-CUGACUAGU-3′　　　　　　　D. 5′-CTGACTAGT-3′

2. 参与转录的酶是（　　）

A. 依赖 DNA 的 RNA 聚合酶　　　　B. 依赖 DNA 的 DNA 聚合酶

C. 依赖 RNA 的 DNA 聚合酶　　　　D. 依赖 RNA 的 RNA 聚合酶

3. 绝大多数真核生物 mRNA 5′端有（　　）

A. polyA　　　　B. 帽子结构　　　　C. 起始密码　　　　D. 终止密码

4. 下列叙述中错误的是（　　）

A. 在真核细胞中，转录是在细胞核中进行的

B. 在原核细胞中，RNA 聚合酶存在于细胞核中

C. 合成 mRNA 和 tRNA 的酶位于核质中

D. 线粒体和叶绿体内也可进行转录

5. 原核生物的 RNA 聚合酶由 $\alpha_2\beta\beta'\sigma$ 五个亚基组成，与转录启动有关的亚基是（　　）

A. α　　　　　　B. β　　　　　　C. β'　　　　　　D. σ

6. DNA 指导的 RNA 聚合酶由数个亚基组成，其核心酶的组成是（　　）

A. $\alpha_2\beta\beta'$　　　B. $\alpha_2\beta\beta'\omega$　　　C. $\alpha\alpha\beta'$　　　D. $\alpha\beta\beta'$

7. 在 mRNA 分子上连接多个核糖体而形成的多核糖体，这（　　）

A. 多见于核内　　　　　　　　　B. 多见于细胞质中

C. 特别多见于线粒体周围　　　　D. 特别多见于高尔基体周围

8. 真核生物中经 RNA 聚合酶Ⅲ催化转录的产物是（　　）

A. mRNA　　　　　　　　　　　B. hnRNA

C. tRNA 和 5S rRNA　　　　　　D. rRNA 和 5S rRNA

9. 在酶的分类命名表中，RNA 聚合酶属于（　　）

A. 转移酶　　　　B. 合成酶　　　　C. 裂解酶　　　　D. 水解酶

10. 原核生物基因转录起始的正确性取决于（　　）

A. DNA 解旋酶　　　　　　　　　B. DNA 拓扑异构酶

C. RNA 聚合酶核心酶　　　　　　　　D. RNA 聚合酶 σ 因子

11. 下列哪一种反应不属于转录后修饰（　　　）

A. 腺苷酸聚合　　　　　　　　　　　B. 去除内含子

C. 去除外显子　　　　　　　　　　　D. 5′端加帽子结构

12. 有关编码链的叙述，错误的是（　　　）

A. 是不能指导 RNA 转录的那股单链

B. 碱基排列顺序与 RNA 一致，只是编码链中的 T 被 U 替代

C. 编码链可以作为模板指导蛋白质的合成

D. 编码链和模板链是互补链

13. 关于原核生物 RNA 聚合酶的正确描述是（　　　）

A. 它的底物是 dNTP　　　　　　　　B. 它一次只能转录 DNA 中的一条链

C. 它由核心酶和 ρ 因子两部分组成　　D. 以全酶的形式参与转录全过程

14. 真核生物 RNA 聚合酶Ⅱ催化转录的产物是（　　　）

A. 45SrRNA　　　B. mRNA　　　C. 5S rRNA　　　D. tRNA

15. 下列产物不是原核生物 rRNA 的转录后产物为（　　　）

A. 16SrRNA　　　B. 23SrRNA　　　C. 5.8SrRNA　　　D. tRNA

16. 下列有关 rRNA 和 tRNA 合成的描述，正确的是（　　　）

A. 原核细胞最初转录的 16S、23S 和 5SrRNA 是三条独立的核糖核苷酸链

B. 原核细胞 rRNA 的转录本中有某些 tRNA 序列

C. 原核细胞转录的 rRNA 和 tRNA 在转录后不需要加工修饰

D. 真核细胞的 rRNA 和 tRNA 都是由 RNA 聚合酶Ⅰ合成的

17. 下列对真核生物启动子的描述，错误的是（　　　）

A. 真核生物 RNA 聚合酶有几种类型，它们识别的启动子各有特点

B. RNA 聚合酶Ⅲ识别的启动子含两个保守的共有序列

C. 位于-25 附近的 TATA 盒又称为 Pribnow 盒

D. 位于-75 附近的共有序列称为 CAAT 盒

E. 有少数启动子上游含 GC 盒

18. hnRNA 转变为 mRNA 的过程是（　　　）

A. 转录起始　　　B. 转录终止　　　C. 转录后加工　　　D. 复制起始

19. RNA 聚合酶（　　　）

A. 紧密结合在一段几千 bp 的远离 DNA 转录区的区域

B. 可以从头合成 RNA（不需要引物）

C. 有一个 λ 亚基，负责校读功能

D. 把 DNA 双链打开约几千 bp，然后再开始复制

E. 能够以 3′→5′方向合成 RNA

20. 动物的 RNA 病毒的反转录酶催化（　　　）

A. 降解 DNA-RNA 杂交链中的 RNA 链

B. 将病毒的基因组插入到宿主（动物）细胞的染色体中

C. RNA 按 $3'→5'$ 方向合成

D. RNA 的合成，而不是 DNA 的合成

E. 合成反义 RNA

21. 关于大肠杆菌的 RNA 聚合酶，错误的是（　　　）

A. 核心酶与启动子区域结合，但缺乏 σ 因子不能起始合成

B. RNA 聚合酶有多个亚基

C. 此酶催化产生的 RNA 与模板 DNA 互补

D. 此酶催化在 RNA 链的 $3'$ 羟基末端添加核苷酸

E. 缺乏 DNA 时不能合成 RNA

22. AZT（$3'$-叠氮-$2'$,$3'$-二脱氧胸苷）被用作 HIV 感染的治疗的机理是（　　　）

A. 阻断 ATP 产生　　　　　　　　　　B. 阻断脱氧核糖核苷酸的合成

C. 抑制反转录酶　　　　　　　　　　D. 抑制 RNA 聚合酶Ⅱ

E. 抑制 RNA 加工过程

23. 关于大肠杆菌的 RNA 聚合酶核心酶，错误的是（　　　）

A. 缺乏 σ 因子时，核心酶对转录的起始位点的识别没有很强的特异性

B. 核心酶有多个亚基

C. 核心酶在缺乏 σ 因子时，没有聚合活性

D. RNA 链能按照 $5'→3'$ 方向延伸

E. RNA 产物与模板 DNA 互补

24. 以下不是大肠杆菌的 RNA 聚合酶核心酶的特征的是（　　　）

A. 能够延长 RNA 链并能起始新链的合成

B. 用来合成 mRNA、rRNA 和 tRNA

C. 产生的 RNA 多聚体以 $5'$-三磷酸起始

D. 识别 DNA 上特定的起始信号

E. 需要四种核糖核苷酸和一条模板 DNA

25. 大肠杆菌 RNA 聚合酶的 σ 因子（　　　）

A. 结合核心酶之前与启动子相结合

B. 与核心酶结合并结合在启动子的特定区域

C. 不能从核心酶上分离出来

D. RNA 链合成终止时需要

E. 在核心酶缺失时可以催化合成 RNA 链

26. 关于大肠杆菌的 RNA 聚合酶核心酶，错误的是（　　　）

A. 核心酶能够起始新链的合成或延长旧链

B. 核心酶在缺乏 σ 因子时，没有聚合活性

C. 核心酶以 NTP 作为底物

D. 其活性被利福霉素所阻断

E. 其 RNA 产物与模板 DNA 杂交

27. 关于真核生物的 RNA 聚合酶，正确的是（　　　）

A. 像原核生物的 RNA 聚合酶一样，真核生物的三种 RNA 聚合酶识别一种启动子

B. 真核生物的 RNA 聚合酶不能识别原核生物的启动子

C. 只有 RNA 聚合酶 I 识别原核生物的启动子

D. 只有 RNA 聚合酶 II 识别原核生物的启动子

E. 只有 RNA 聚合酶 III 识别原核生物的启动子

28. 真核生物的 mRNA 前体的剪接不包括（　　　）

A. 3′ 加 polyA 尾

B. 将正常碱基转变成修饰碱基，如次黄嘌呤和假尿苷等

C. 切除内含子

D. 连接外显子

E. 5′ 端的一个或多个鸟苷酸甲基化

29. 真核生物 I 类内含子的切除除了需要 RNA 初始转录物外，还需要（　　　）

A. 胞苷或胞苷酸和蛋白酶　　　　　　B. 只需要鸟苷或鸟苷酸

C. 只需要蛋白酶　　　　　　　　　　D. 一段核内小 RNA 和蛋白酶

E. ATP、NAD$^+$ 和蛋白酶

30. 以下关于鸡卵清蛋白的 mRNA 的描述，错误的是（　　　）

A. 外显子被用来合成多肽

B. 内含子与和它相邻的外显子互补并杂交

C. 成熟的 mRNA 比相对应的 DNA 要短

D. mRNA 开始在核内合成，但在胞浆中终止

E. 在 RNA 初始转录物的特定位点剪接产生出成熟的 mRNA

四、判断题（在题后括号内标明对或错）

1. 在具备转录的条件下，DNA 分子中的两条链在体内都可能被转录成 RNA。
（　　　）

2. 真核生物 mRNA 多数为多顺反子，而原核生物 mRNA 多数为单顺反子。
（　　　）

3. 真核生物的 mRNA 均含有 polyA 结构和帽子结构，原核 mRNA 则无。
（　　　）

4. 真核生物 mRNA 的两端都是有 3′—OH。（　　　）

5. 依赖 DNA 的 RNA 聚合酶也叫转录酶，依赖于 DNA 的 DNA 聚合酶即反转录酶。（　　　）

6. RNA 是基因表达的第一产物。（　　　）

7. mRNA 通常都处在核糖体内，而不以游离状态存在。（　　　）

8. 细菌的 RNA 聚合酶全酶由核心酶和 ρ 因子所组成。（　　　）

9. 转录时，大肠杆菌 RNA 聚合酶核心酶（$\alpha_2\beta\beta'$）能专一识别 DNA 的起始信号。（　　　）

10. 核酶只能以 RNA 为底物进行催化反应。（　　　）

11. 目前已知基因的启动子全部位于转录起始位点的上游序列中。（　　　）

12. 原核生物基因转录的终止都要依赖 σ 因子的参与。（　　　）

13. 真核生物的 RNA 都必须经过剪切、修饰才能成熟。（　　　）

14. 转录时仅以 DNA 一条单链或 DNA 一条单链的某一区段为模板进行，因此称为不对称转录。（　　　）

五、简答题

1. 简述真核生物 RNA 聚合酶的特性。

2. 简述真核生物 RNA 的转录过程。

3. 简述真核生物 mRNA 转录后的加工修饰。

4. 论述原核生物 RNA 的转录过程。

5. 简述真核生物与原核生物转录的不同点。

6. 简述原核生物转录终止有两种形式。

7. 简述复制与转录的相似点和区别。

 参考答案

一、名词解释

1. 以 DNA 为模板，在 RNA 聚合酶的作用下，将遗传信息从 DNA 分子上转移到 mRNA 分子上，这一过程称为转录。

2. 真核细胞的结构基因绝大多数是不连续的，外显子和内含子间隔出现，称为割裂基因。

3. 在 DNA 双链中，负责转录合成 RNA 的 DNA 链叫模板链。

4. 从启动子到终止子之间的 DNA 片段，称为一个转录单位，或者更确切地说，被转录成单个 RNA 分子的一段 DNA 序列，称为一个转录单位。

5. 被转录成 RNA 的 DNA 片段叫做基因。

6. 能够被 RNA 聚合酶识别并与之结合，从而调控基因的转录与否及转录强度的一段大小为 20～200bp 的 DNA 序列，称之为启动子。

7. 在真核细胞中，绝大部分基因被不同大小的内含子相互间隔开，内含子在 RNA 的转录后加工中要除去，然后把外显子连接起来，才能形成成熟的 RNA 分子，这一过程称为 RNA 的剪接。

8. ρ因子又叫终止因子，是从大肠杆菌中分离出来的一种六聚体蛋白质，它具有两种活性：促进转录终止的活性和 NTPase 活性。

9. 一类能特异识别并结合于编码基因上游启动子区的蛋白分子，它对编码基因的转录起始起关键作用，是 RNA 聚合酶结合启动子所必需的一组蛋白分子。

10. 原核生物中不依赖于 ρ 因子而能实现转录终止作用的强终止子 DNA 片段，其富含 GC 回文序列且 3′端富含 AT。

11. 双链 DNA 中，不能进行转录的那一条 DNA 链，该链的核苷酸序列与转录生成的 RNA 的序列一致（在 RNA 中是以 U 取代了 DNA 中的 T），又称有义链（sense strand）。

12. 负责编码多肽链或 RNA 的 DNA 片段称为结构基因。

13. 一个转录单位中只含有单个基因，称为单顺反子。

14. 一个转录单位中含有多个基因，称为多顺反子。

15. 核酶是一类特殊构型的 RNA，具有酶的特性，能自我分解。

16. 依赖 DNA 的 RNA 聚合酶，能以 DNA 单链为模板，催化 4 种 NTP 聚合生成 RNA 分子。

二、填空题

1. RNA 基因，蛋白质基因
2. 三磷酸基团，羟基
3. 核仁
4. 亲和层析
5. 转录酶，反转录酶
6. 碳原子为中心的氨酰酯键
7. 核糖体结合位点，起始密码子，终止密码子
8. ρ因子，RNA，ATP
9. $3′{\to}5′$，　$5′{\to}3′$
10. 转录起始，RNA 链的延伸，转录终止
11. 全酶，核心酶
12. mRNA 前体，5′端加帽子，3′端加 polyA 尾巴，mRNA 剪接，甲基化修饰
13. 编码序列（外显子），非编码序列（内含子）

三、单项选择题

1. C　2. A　3. B　4. B　5. D　6. A　7. B　8. C　9. A　10. D　11. C
12. C　13. B　14. B　15. C　16. B　17. C　18. C　19. B　20. A　21. A
22. C　23. C　24. A　25. B　26. B　27. B　28. B　29. B　30. B

四、判断题

1. 错。只是部分序列被转录成 mRNA。

2. 错。真核生物的 mRNA 是单顺反子，原核生物的是多顺反子。

3. 错。原核生物的 mRNA 也有帽子结构和 polyA 尾巴。

4. 对。

5. 错。依赖 DNA 的 RNA 聚合酶也叫转录酶，依赖于 DNA 的 DNA 聚合酶即 DNA 复制酶。

6. 对。

7. 对。

8. 错。细菌的 RNA 聚合酶全酶由核心酶和 σ 因子所组成。

9. 错。转录时，大肠杆菌 RNA 聚合酶的 σ 因子能专一识别 DNA 的起始信号。

10. 错。核酶只能以自身为底物进行自我剪接。

11. 错。目前已知基因的启动子绝大多数位于转录起始位点的上游序列中。

12. 错。原核生物基因转录的终止分为依赖 σ 因子的和不依赖于 σ 因子的两种。

13. 对。

14. 对。

五、简答题

1.【答】

种类	在细胞中的位置	对 α-鹅膏蕈碱的敏感性	合成 RNA 的种类
RNA 聚合酶 I	核仁	不敏感	5.8S、18S、28S rRNA
RNA 聚合酶 II	核质	最敏感	mRNA、snRNA
RNA 聚合酶 III	核质	介于酶 I 和酶 II	tRNA、5S rRNA

2.【答】真核生物 RNA 的转录过程如下：

（1）起始　关于真核生物转录的起始机制十分复杂，以 RNA 聚合酶 II 的转录起始尤甚，涉及众多通用转录因子参与转录的起始。它们在转录起始过程中，相继结合到启动子上，形成开放的起始复合物。例如，首先是 TFIID，它包含了 TATA 结合蛋白（TBP）和多种 TBP 连接因子（TAF）。含有不同 TAF 的 TFIID 可以识别和结合不同的启动子。而 TFIIA 的结合又有稳定 TFIID 与启动子结合的作用。然后，TFIIF 可以与 RNA 聚合酶结合。TFIIB 既可以结合 TBP，又能引进 TFIIF-聚合酶 II 复合物。TFIID 也可以与聚合酶的 C 端结构域作用，使其定位于转录的起始位置，最后在聚合酶 II 帮助下，TFIIE 又将 TFIIH 引进到结合位点，后者具有 ATP 酶，解螺旋酶和激酶的活性，可以催化聚合酶 II 最大亚基的羧基端磷酸化，使转录起始复合物发生变构而促进转录。

（2）延伸　RNA合成的速度大约为每秒30～50个核苷酸，但链的延伸并非以恒定速度进行，有时会降低速度或延迟，这是延伸阶段的重要特点，其原因尚不清楚。人们发现在通过一个富含GC对的模板以后约8～10个碱基，则会出现一次延迟。如果在突变体中GC→AT则减少延迟。如果在连续的GC对之间只有一个AT对，将这个AT变为GC则会再现强烈的延迟作用。这种延迟作用可能与RNA链的终止和释放有关。

（3）终止　对于真核生物转录的终止信号和机制了解很少，其主要困难在于很难确定初始转录物的3′-末端，因为在大多数情况下，转录后就很快进行加工，无论是mRNA、tRNA，还是rRNA都是如此。对于RNA聚合酶Ⅲ，体外与体内转录物相同，表明体内转录的确是在RNA末端处终止的。爪蟾5S rRNA的3′-末端为4个U，而这4个U的前后均为富含GC序列中的寡聚T（4个以上）是所有真核生物RNA聚合酶Ⅲ转录的终止信号。这种序列特征高度保守，从酵母到人都很相似。

3.【答】真核生物mRNA转录后的加工修饰：

（1）在5′-末端加上"帽"结构　真核细胞mRNA的5′-末端"帽子"的结构有三种：N^7-甲基鸟嘌呤核苷酸部分称为帽0，符号为m^7GpppX；如果在初始转录物的第一个核苷酸的2′-O位上产生甲基化，则构成帽1，其符号为$m^7GpppXm$，在有些真核生物中，在第二个核苷酸的2′-O位上还可以再产生甲基化，构成帽2，其符号为$m^7GpppXmpYm$。所有"帽"结构皆含7-甲基鸟苷酸，通过焦磷酸连接于5′端。"帽子"的功能还不完全清楚，但已知对mRNA的识别、结合和稳定有利。

（2）在3′-末端加上一个poly（A）的"尾巴"　它是在转录后由RNA末端腺苷酸转移酶催化一个一个地加上去的。poly（A）的功能尚不清楚，但已知poly（A）与蛋白质结合，可能增加mRNA的稳定性。

（3）mRNA的剪接　在真核细胞中，绝大部分基因被不同大小的内含子相互间隔开，内含子在RNA的转录后加工中要除去，然后把外显子连接起来，才能形成成熟的RNA分子。这一过程称为RNA的剪接。剪接是在核中进行的，核酸内切酶与连接酶活性可能处于同一剪接复合体上，剪接时协调进行。一般认为内含子上游与下游各有一个剪接位点，分别称为5′剪接点和3′剪接点。按照A. Klessing提出的模式，内含子要弯曲成套索状，在RNA剪接时，外显子互相靠近，通过二次转酯反应有两个磷酸二酯键被破坏，同时形成一个新的磷酸二酯键而连接。

4.【答】原核生物RNA的转录过程：

（1）模板的识别　在σ亚基的作用下，RNA聚合酶识别并结合到启动子上。σ亚基还参与促使DNA双螺旋打开并以其中的一条链作为模板进行转录。

（2）转录的起始　σ亚基识别-35序列并与核心酶一起结合在启动子上，其结合在启动子上的范围从-50到＋10。RNA聚合酶与-10序列牢固结合并将DNA双链打开，形成开放性启动子复合物，RNA的转录也就开始了。RNA聚合酶的核心酶是不能在启动子处开始转录的，只有全酶才能启动特异的转录。当形成新RNA的第一个磷酸二酯键后，σ亚基即由全酶中解离出来，由核心酶继续进行转录。所以，全酶的作用是选择起始部位并启动转录，核心酶的作用是延长RNA链。解离出来的σ可与另一个核心酶结合起来并启动另一次转录。

（3）RNA链的延伸　当第一个磷酸二酯键生成并释出σ亚基后，核心酶即沿DNA模板移动，并按碱基互补配对的原则，以与第一个磷酸二酯键生成的相同反应方式，依次连接上核苷酸，使RNA链延伸。由于在转录过程中第一个三磷酸核苷的三磷酸基被保留在产物中，而其余的则否，所以RNA链的延长方向是$5' \rightarrow 3'$。RNA链的延伸是在含有核心酶、DNA和新生RNA的一个区域里进行的，在这个区域里双链DNA被打开，呈"泡"状，故称之为转录泡。在转录泡里，新合成的RNA与模板DNA形成杂交双链，长约12bp，相当于A型DNA一圈的长度。在转录泡里，核心酶始终与DNA的编码链结合，使双链DNA约有17bp被解开。在整个延伸过程中，转录泡的大小始终保持不变，即在核心酶向前移动时，前面的双股螺旋逐渐打开，转录过后的区域则又重新形成双螺旋，二者的速度相同，直至转录完成。每加入一个核苷酸，RNA-DNA杂交双链就旋转一定的角度，保证RNA的$3'$-OH始终停留在催化部位。

（4）转录的终止　终止的主要过程包括：停止RNA链延长；新生RNA链释放；RNA聚合酶从DNA上释放。当RNA聚合酶沿DNA模板移动到基因$3'$-端的终止子序列时，转录就停止了。原核生物基因转录终止的方式有两种：不依赖于ρ因子的终止和依赖于ρ因子的终止。

在不依赖于ρ因子的终止方式中，通过比较许多已知的终止子核苷酸序列发现，它们具有以下共同的特点：有一段富含GC的序列，此GC区呈双折叠对称，即回文结构；紧接在它后边是一段富含AT的序列。因而由此GC区转录出来的RNA是自身互补的，可通过碱基配对而形成发夹结构。加上终止子的末尾是富含AT的，而此区的模板链有连续的碱基A，所以转录出来的RNA链的末尾为连续的碱基U。由于在终止子中有一个或多个这样的结构，RNA聚合酶遇到此信号时便停止转录。

而另一些终止子则需要终止因子ρ的参与。体外实验证明，用同一DNA做模板，在有ρ因子时合成的RNA比没有时要短，说明当RNA聚合酶遇到模板中的某些终止子时，在无ρ因子的条件下，虽然也在此暂停，但不终止，一直转录到不需要ρ因子的终止子处才真正终止。可见，ρ因子能检定出那些单靠RNA聚合酶检定不出来的终止子。这类终止子的序列富含碱基C，但缺乏碱基G。ρ因子可能是先附着在新生成的RNA链上，然后沿着$5' \rightarrow 3'$方向朝RNA聚合酶移动，移动的能量由ATP水解供应。当ρ因子与RNA聚合酶接触后，将新生成的RNA链释放出来。

5.【答】真核生物与原核生物转录的不同点如下：

真核生物的转录在很多方面与原核生物不同，具有某些特殊规律，主要包括：

（1）转录单位一般为单基因（单顺反子），而原核生物的转录单位多为多基因（多顺反子）；（2）真核生物的 3 种成熟的 RNA 分别由 3 种不同的 RNA 聚合酶催化合成；（3）在转录的起始阶段，RNA 聚合酶必须在特定的转录因子的参与下才能起始转录；（4）组织或时间特异表达的基因转录常与增强子有关，增强子是位于转录起始点上游的远程调控元件，具有增强转录效率的作用；（5）转录调节方式以正调节为主，调节蛋白的种类是转录因子或调节转录因子活性的蛋白因子。

6.【答】原核生物转录终止有两种形式：

（1）依赖于 ρ 因子的转录终止　首先 ρ 因子识别转录物 RNA $5'$ 端特殊序列并与之结合随之沿 $5' \rightarrow 3'$ 方向朝 RNA 聚合酶移动，依靠 ATP 和其他核苷三磷酸水解提供移动的能量。直至遇到暂停在终止点的 RNA 聚合酶，此时由解螺旋酶催化转录泡中的 DNA：RNA 杂化双链拆开，从而促使新生 RNA 链从三元复合物中解离出来。

（2）不依赖 ρ 因子的转录终止　这种转录终止方式是由于在 DNA 模板上靠近终止处有些特殊的碱基序列，这一部位转录出的 RNA 产物 $3'$ 端终止区一级结构能形成具有茎和环的发夹结构，其后有 $4 \sim 6$ 个连续的 U，RNA 聚合酶在此就会停止作用，二级结构改变，核心酶从模板上释放出来，RNA 合成终止。

7.【答】复制与转录的相似点和区别：

相似点：复制和转录都以 DNA 为模板，都需依赖 DNA 的聚合酶，聚合过程都是在核苷酸之间生成磷酸二酯键，新链合成都是从 $5' \rightarrow 3'$ 方向延长，都需遵从碱基配对规律。区别：通过复制使子代保留亲代全部遗传信息，而转录只是根据生存需要将部分信息表达。复制以双链 DNA 为模板，而转录只需单链 DNA 为模板；复制产物是双链 DNA，转录产物是单链 RNA。此外，聚合酶分别是 DNA 聚合酶和 RNA 聚合酶；底物分别是 dNTP 和 NTP；复制是碱基 A-T、G-C 配对，转录是碱基 A-U、G-C 配对；复制需要 RNA 引物，转录不需要任何引物。

第15章

→» 蛋白质的生物
合成——翻译

目的要求

1. 掌握蛋白生物合成体系的概念，三种 RNA 的作用原理，遗传密码、密码子与反密码子，其他酶与蛋白质因子的相互作用。

2. 掌握蛋白质合成过程中的氨基酸活化与转运，熟悉核糖体循环中的起始、延长、终止阶段。

3. 掌握真核生物与原核生物蛋白质合成的异同。

4. 熟悉肽链合成后的加工和运输方式。

5. 了解蛋白质生物合成的阻断剂。

内容提要

DNA 通过转录生成 mRNA 只完成了基因表达的第一步，更为复杂的一步就是翻译过程。参与这一过程中的主要物质包括各种氨酰基-tRNA 合成酶、tRNA 和核糖体等。由于它们的共同作用，氨基酸才能按照 mRNA 所提供的信息相互连接成为多肽链。

所有的 tRNA 分子都具有相似的结构，其二级结构为三叶草形，其空间结构为倒 L 形。DNA 或 mRNA 的四种核苷酸共组成 64 个三联体密码子，其中 61 个编码常规的 20 种氨基酸，其余 3 个为肽链终止密码以及少数稀有氨基酸的密码。密码子的简并性和密码子与反密码子配对的摇摆性决定了携带某种特定氨基酸的 tRNA 种类的最低数目，但实际上存在的 tRNA 种类还要多一些。一组同功 tRNA 由同一种氨酰基-tRNA 合成酶催化而携带氨基酸。密码子的使用频率与细胞内识别密码子的 tRNA 含量呈正相关，特别是需要量大的蛋白质更是如此。从原核生物直至最高等的真核生物，都使用相同的密码子，这就是密码子的通用性。然而，后来人们发现线粒体密码子存在若干例外。

大肠杆菌核糖体的沉降系数为 70S，由 50S 大亚基和 30S 小亚基组成。共包括 55 个蛋白质分子和 3 个 rRNA 分子，其中大亚基有 34 个蛋白质和 23S rRNA 及 5S rRNA，小亚基有 21 个蛋白质和 16S rRNA。核糖体和其他辅助因子一起提供了翻译过程的全部酶活性，这些酶活性只有在核糖体结构完整的情况下才会具备。真核生物的核糖体则更为复杂。

在原核生物中，翻译的起始涉及起始复合物和 70S 核糖体的形成。这个过程需要带有 SD 序列的 mRNA、三种起始因子、fMet-tRNA$_f$、30S 亚基和 50S 亚基参与。真核生物的起始复合物并不是在起始密码子处形成，而是在帽子结构处形成，然后才移动到 AUG 处与 60S 亚基结合成为 80S 核糖体。真核生物的起始因子则多达 10 个以上，其起始机制亦更为复杂。延伸过程则包括转肽与肽键的形成，转位以及 Tu/TS 循环等十分复杂的步骤。翻译的终止和肽链的释放是在核糖体、终止密码子和释放因子共同作用之下完成的。原核生物有三种释放因子，真核生物只有一种释放因子。

mRNA 的结构与翻译过程密切相关。除了 mRNA 上的核糖体识别位点（原核生物的 SD 序列和真核生物的帽子结构）、起始密码子和终止密码子是翻译所必需之外，还有许多结构特点与翻译有关。例如，原核生物的多基因 mRNA 的基因间间隔区的长短以及是否有自己的 SD 序列均影响后续基因的翻译效率。真核生物中有时能选择不同的 AUG 作为起始密码子。5′端非编码区域对翻译也具有调控作用。

新合成的多肽链还必须进行翻译后加工才能形成有活性的蛋白质。翻译后加工主要包括折叠和修饰。翻译后的蛋白质还必须通过转运到达细胞的不同部位，发挥各自的生物学功能。在转位过程中，信号肽序列起重要的作用。真核细胞的结构要比原核细胞复杂得多，因而转位的机制也要复杂得多。转位主要有共翻译处理过程以及许多复杂的翻译后处理过程。

 重点难点

1. 蛋白质合成中的生物大分子结构及其作用。
2. 原核生物蛋白质生物合成的一般过程，原核生物与真核生物蛋白质合成的异同。
3. 肽链合成后的加工和运输方式。

 例题解析

例 1. 氨基酸活化的专一性取决于（　　　）

A. tRNA

B. mRNA

C. 核糖体

D. 氨酰基-tRNA 合成酶

解析：答案为 D。本题考查蛋白质合成的第一步：氨基酸的活化，这一步是由氨酰基-tRNA 合成酶催化的。

例 2. 下列氨基酸中拥有密码子最少的是（　　　）

A. Ser　　　　B. Leu　　　　C. Arg　　　　D. Trp

解析：答案为 D。本题考查密码子简并性。Ser、Leu、Arg 均有 6 个密码子，Trp 只有 1 个密码子。

例 3. 一个 tRNA 反密码子是 IGC，它识别的密码子为（　　　）

A. GCA　　　　B. GGG　　　　C. ACG　　　　D. CCG

解析：答案为 A。本题考查密码子的摇摆性。IGC 可阅读 GCU、GCC、GCA。

例 4. 嘌呤霉素抑制蛋白质生物合成是由于它是（　　　）

A. 核糖体失活蛋白

B. 核糖核酸酶

C. 氨酰-tRNA 类似物

D. RNA 聚合酶抑制剂

解析：答案为 C。本题考查蛋白质合成的抑制剂。嘌呤霉素的结构与氨酰-

tRNA 3′末端上 AMP 残基结构十分相似，与核糖体 A 位结合，并能在肽酰转移酶的催化下接受 P 位肽酰-tRNA 上的肽酰基。

例 5. 简述三种 RNA 在蛋白质生物合成中的作用。

解析：本题考查三种 RNA 的作用。

mRNA 在蛋白质合成中的作用：携带遗传信息，根据碱基配对的原则，DNA 将遗传信息传递给 mRNA，带有蛋白质合成信息的 mRNA 在核糖体上指导蛋白质的生物合成。

tRNA 在蛋白质合成中的作用：携带氨基酸，到达核糖体上由 tRNA 上的反密码子与 mRNA 上的密码子识别，使其携带的氨基酸参与蛋白质的合成。

rRNA 在蛋白质合成中的作用：rRNA 和与蛋白质合成有关的蛋白质因子结合形成核糖体，成为蛋白质合成的场所。

例 6. 简述原核生物大肠杆菌蛋白质合成的起始过程。

解析：本题考查原核生物蛋白质合成起始过程。

原核生物大肠杆菌蛋白质合成的起始过程是蛋白质合成起始复合物的形成过程，包括 mRNA、核糖体的 30S 亚基和甲酰甲硫氨酰-tRNAf 结合形成 30S 起始复合体，接着进一步形成 70S 起始复合体，此外还涉及起始密码子的识别过程。

起始密码子的识别：起始密码子与编码甲硫氨酸的密码子核苷酸序列相同，因此携带甲硫氨酸的氨酰-tRNA 的反密码子如何识别起始密码子与 mRNA 中甲硫氨酸密码子是蛋白质合成起始的关键。对于原核生物大肠杆菌而言，运载甲硫氨酸的 tRNA 有两种，他们分别是 fMet-tRNA 和 Met-tRNA，两者都能够携带甲硫氨酸，不同的是，只有 tRNAf 携带的甲硫氨酸能够被甲酰基转移酶催化生成 fMet-tRNA，而 tRNAm 携带的甲硫氨酸不能被甲酰化，所以后者生成的是 Met-tRNA，其中只有 fMet-tRNA，能够参与蛋白质合成起始复合物的形成。原核生物就是通过此种方式保证了起始密码子的正确识别。

蛋白质合成起始复合物的形成过程：在 30S 起始复合体的形成中需要 GTP 和 3 个蛋白因子，分别为 IF-1、IF-2 和 IF-3。IF-3 的作用是促使 mRNA 与 30S 亚基结合并防止 50S 亚基与 30S 亚基在没有 mRNA 的情况下结合成不起作用的 70S 复合体。IF-1 和 IF-2 的作用是促使 fMet-tRNAf 与 mRNA-30S 亚基复合体的结合。在 fMet-tRNAf 和 30S 亚基与 mRNA 结合时，除了 tRNAf 用其反密码子识别 mRNA 上的起始密码子外，30S 亚基中的 16S rRNA 也有识别起始部位的作用。原核生物的 mRNA 起始密码子前 10 个核苷酸左右有一段富含嘌呤核苷酸的序列，即 SD 序列。其作用是与原核生物核糖体小亚基 16S rRNA 结合，是 mRNA 与核糖体结合的识别位点。这样就保证了翻译由正确起始信号处开始。

30S 起始复合体形成后便与 50S 亚基结合而形成 70S 起始复合体。在此过程中结合的 GTP 被水解。此时 fMet-tRNAf 结合在核糖体的 P 位，而核糖体的 A 位空着。70S 起始复合物形成后，蛋白质合成进入延伸过程。

例 7. 某肽链含有一段 Leu-Ser-Ile-Arg 的氨基酸序列。如果诱导编码该段氨基

酸序列的 DNA 发生单个核苷酸突变，突变后的氨基酸序列分别为（　　　　）

1）MET-Ser-Ile-Arg

2）Leu-TRP-Ile-Arg

3）Leu-Ser-ARG-Arg

4）Leu-Ser-Ile-PRO

5）Leu-Ser-Ile-TRP

请依据给出的所有氨基酸序列，推测诱变前，编码 Leu-Ser-Ile-Arg 的 mRNA 序列。

解析： 本题考查密码子的特性。

由于密码子存在简并性，因而编码 Leu-Ser-Ile-Arg 的 mRNA 序列可能有很多种。但是依据给定的氨基酸序列，我们可以推测出哪种序列是可能的。例如，编码 Leu 的密码子有 6 个（CUU、CUA、CUC、CUG、UUA、UUG），由于单个核苷酸发生变化导致 Leu 突变成 Met，Met 的密码子是 AUG，CUG→AUG 或者 UUG→AUG 这两种转化都存在，因此 Leu 的密码子是 UUG/CUG；又如：对于 Leu-Ser-Ile-Arg 中第四个氨基酸 Arg 而言，它有 6 个密码子（CGU、CGC、CGA、CGG、AGA、AGG），当单个核苷酸发生突变，Arg 还可以转变为 Pro，Pro 密码子有 4 个（CCU、CCA、CCC、CCG），只有 CGG→CCG 的转化存在，因此 Arg 的密码子只能选择 CGG。同理推测出 Ser 和 Ile 的密码子是 UCG 和 AUA。故而编码 Leu-Ser-Ile-Arg 的 mRNA 序列为 C/UUG UCG AUA CGG。

例 8. 下面是一段 mRNA 序列：

CAP-5′-AGUGCAGUAUCAUGCUACUUAAAGGCGUAAUGUCGUAAGA AAAAAAA-3′

如果这段序列被真核细胞的核糖体正确翻译，那么翻译后的氨基酸序列是什么？

解析： 本题考查密码子的解读方法。

这是一条编码肽链的 mRNA 序列。从帽子和 polyA 尾知道它是真核细胞的 mRNA 序列。首先从 5′ 端找 AUG 起始密码子，随后找终止密码子 UAA/UAG/UGA，最后查阅"通用遗传密码表"写出氨基酸序列。编码框为 AUG CUA CUU AAA GGC GUA AUG UCG UAA，氨基酸序列是 Met-Leu-Leu-Lys-Gly-Val-Met-Ser。

 练习题

一、名词解释

1. 遗传密码（genetic code）

2. 密码子（codon）

3. 翻译（translation）

4. 反密码子（anticodon）

5. 同工 tRNA（isoacceptor tRNA）

6. 读码框（reading frame）

7. 变偶假说（wobble hypothesis）

8. 信号肽（signal peptide）

9. 释放因子（release factor）

10. 移码突变（frameshift mutant）

11. 核糖体循环（ribosome cycle）

12. 分子伴侣（molecular chaperone）

13. 信号识别颗粒（signal recognition particle，SRP）

14. 转肽酶（transpeptidase）

15. 多聚核糖体（polysomes）

16. 密码子的简并性（codon degeneracy）

17. 错义突变（missense mutation）

18. SD 序列（Shine-Dalgarno sequence）

19. 起始密码子（initiation codon）

20. 氨酰基-tRNA 合成酶（aminoacyl-tRNA synthetase）

二、填空题

1. 蛋白质的生物合成是以_____作为模板，_____作为运输氨基酸的工具，_____作为合成的场所。

2. 细胞内多肽链合成的方向是从_____端到_____端，而阅读 mRNA 的方向是从_____端到_____端。

3. 核糖体上能够结合 tRNA 的部位有_____部位和_____部位。

4. SD 序列是指原核细胞 mRNA 的 5′端富含_____碱基的序列，它可以和 16S rRNA 的 3′端的_____序列互补配对，而帮助起始密码子的识别。

5. 原核生物蛋白质合成的起始因子（IF）有_____种，延伸因子（EF）有_____种，终止释放因子（RF）有_____种；而真核生物蛋白质合成的延伸因子通常有_____种，真菌有____种，真核生物的终止释放因子有_____种。

6. 原核生物蛋白质合成中第一个被掺入的氨基酸是_____。

7. 无细胞翻译系统翻译出来的多肽链通常比在完整的细胞中翻译的产物要长，这是因为_____。

8. 已发现体内大多数蛋白质正确构象的形成需要_____的帮助。

9. 环状 RNA 不能有效地作为真核生物翻译系统的模板是因为_____。

10. 生物界总共有_____个密码子。其中_____个为氨基酸编码；起始密码子为_____；终止密码子为_____、_____、_____。

11. 原核细胞内起始氨酰-tRNA 为 ____，真核细胞内起始氨酰-tRNA

为_____。

12. 许多生物核糖体连接于一个 mRNA 形成的复合物称为_____。

13. 肽基转移酶在蛋白质生物合成中的作用是催化_____和_____。

14. ORF 是指_____，已发现最小的 ORF 只编码_____个氨基酸。

15. 遗传密码的特点有方向性、连续性、_____和_____。

16. 氨酰基-tRNA 合成酶利用_____供能，在氨基酸_____基上进行活化，形成氨基酸-AMP 中间复合物。

17. 肽链延伸包括进位、_____和_____，三个步骤周而复始地进行。

18. 原核生物肽链合成后的加工包括_____和_____。

19. 链霉素和卡那霉素能与核糖体_____亚基结合，改变其构象，引起_____，导致合成的多肽链一级结构改变。

20. 氯霉素能与核糖体_____亚基结合，抑制_____酶活性，从而抑制蛋白质合成。

21. 多肽链合成中，每个氨基酸都是通过其氨酰-tRNA 的_____和 mRNA 上_____之间的碱基配对来定位的。

22. 在 mRNA 分子中，每_____核苷酸组成一个密码子，且密码子是不_____。

23. 遗传学证据表明在基因的内部_____或_____一个核苷酸会导致其后续密码子意义的全部改变。

24. fMet-tRNA 生成的反应需要_____供能，甲酰基来自_____。

25. 细菌核糖体由_____和多种蛋白组成，可解离成大小两个亚基，大亚基的沉降系数为_____，小亚基沉淀系数为_____。

26. 蛋白质转位的 2 个主要途径为_____转位和_____转位。

三、单项选择题

1. 假设翻译时可从任一核苷酸起始读码，人工合成的（AAC）$_n$（n 为任意整数）多聚核苷酸，能够翻译出几种多聚氨基酸？（　　）

A. 一种　　　　　B. 二种　　　　　C. 三种　　　　　D. 四种

2. 一个 N 端氨基酸为丙氨酸的 20 肽，其开放阅读框架至少应由多少核苷酸残基组成？（　　）

A. 60　　　　　　B. 63　　　　　　C. 66　　　　　　D. 69

3. 蛋白质合成起始时模板 mRNA 首先结合于核糖体上的位点是（　　）

A. 30S 亚基的蛋白　　　　　　　　B. 30S 亚基的 rRNA

C. 50S 亚基的 rRNA　　　　　　　D. 50S 亚基的蛋白

4. 蛋白质生物合成的肽链延长过程不包括下列哪个过程（　　）

A. 氨酰基-tRNA 根据遗传密码的指引，进入核糖体的 A 位

B. A 位上的氨基酸形成肽键

C. P 位上无负载的 tRNA 脱落，P 位空载

D. 氨基酸脱落

E. 转位

5. 原核细胞中新生肽链的 N-末端氨基酸是（　　　）

A. 甲硫氨酸　　　　　B. 蛋氨酸　　　　　C. 甲酰甲硫氨酸　　D. 任何氨基酸

6. tRNA 的作用是（　　）

A. 把一个氨基酸连到另一个氨基酸上

B. 将 mRNA 连到 rRNA 上

C. 增加氨基酸的有效浓度

D. 把氨基酸带到 mRNA 的特定位置上

7. 下列关于遗传密码的描述哪一项是错误的？（　　　）

A. 密码阅读有方向性，5′端开始，3′端终止

B. 密码第 3 位（即 3′端）碱基与反密码子的第 1 位（即 5′端）碱基配对具有一定自由度，有时会出现多对一的情况

C. 一种氨基酸只能有一种密码子

D. 一种密码子只代表一种氨基酸

8. 蛋白质合成所需的能量来自（　　）

A. ATP　　　　　　　B. GTP　　　　　　C. ATP 和 GTP　　D. CTP

9. 蛋白质生物合成中多肽的氨基酸排列顺序取决于（　　）

A. 相应 tRNA 的专一性　　　　　　B. 相应氨酰 tRNA 合成酶的专一性

C. 相应 mRNA 中核苷酸排列顺序　　D. 相应 tRNA 上的反密码子

10. 与 mRNA 的 5′-ACG-3′密码子相应的反密码子是（　　　）

A. 5′-UGC-3′　　　B. 5′-TGC-3′　　　C. 5′-CGU-3′　　　D. 5′-CGT-3′

11. 下列哪一个不是终止密码子？（　　）

A. UAA　　　　　　B. UAC　　　　　　C. UAG　　　　　　D. UGA

12. 以下有关核糖体的论述不正确的是（　　　）

A. 核糖体是蛋白质合成的场所

B. 核糖体小亚基参与翻译起始复合物的形成，确定 mRNA 的解读框架

C. 核糖体大亚基含有肽基转移酶活性

D. 核糖体是储藏核糖核酸的细胞器

13. 蛋白质生物合成的方向是（　　）

A. 从 C 端到 N 端　　　　　　　　B. 从 N 端到 C 端

C. 定点双向进行　　　　　　　　　D. 从 C 端和 N 端同时进行

14. 预测以下哪一种氨酰-tRNA 合成酶不需要有校对的功能（　　　）

A. 甘氨酰-tRNA 合成酶　　　　　　B. 丙氨酰-tRNA 合成酶

C. 精氨酰-tRNA 合成酶　　　　　　D. 谷氨酰-tRNA 合成酶

15. 原核细胞中氨基酸掺入多肽链的第一步反应是（　　　）

A. 甲酰蛋氨酸-tRNA 与核糖体结合　　　B. 核糖体 30S 亚基与 50S 亚基结合

C. mRNA 与核糖体 30S 亚基结合　　　　D. 氨酰 tRNA 合成酶催化氨基酸活化

16. 细胞内编码 20 种氨基酸的密码子总数为（　　　）

A. 16　　　　　　　B. 64　　　　　　C. 20　　　　　　D. 61

17. 核糖体上 A 位点的作用是（　　　）

A. 接受新的氨酰基-tRNA 到位

B. 含有肽转移酶活性，催化肽键的形成

C. 可水解肽酰 tRNA、释放多肽链

D. 是合成多肽链的起始点

18. 蛋白质的终止信号是由（　　　）

A. tRNA 识别　　　　　　　　　　　　B. 转肽酶识别

C. 延长因子识别　　　　　　　　　　D. 以上都不能识别

19. 下列属于顺式作用元件的是（　　　）

A. 启动子　　　　　　B. 结构基因　　　C. RNA 聚合酶　　D. 转录因子

20. 下列属于反式作用因子的是（　　　）

A. 启动子　　　　　　B. 增强子　　　　C. 终止子　　　　D. 转录因子

21. 真核与原核细胞蛋白质合成的相同点是（　　　）

A. 翻译与转录偶联进行　　　　　　　B. 模板都是多顺反子

C. 转录后的产物都需要进行加工修饰　　D. 甲酰蛋氨酸是第一个氨基酸

E. 都需要 GTP

22. tRNA 分子上与氨基酸结合的序列是（　　　）

A. 3′-CAA　　　　　　B. 3′-CCA　　　　C. 3′-ACC

D. 3′-ACA　　　　　　E. 3′-AAC

23. 原核生物和真核生物中的 rRNA 具有的相同结构是（　　　）

A. 18S rRNA　　　　　B. 5S rRNA　　　　C. 5.8S rRNA

D. 28S rRNA　　　　　E. 16S rRNA

24. 摆动配对是指以下配对不稳定（　　　）

A. 反密码子的第 1 位碱基与密码子的第 3 位碱基

B. 反密码子的第 3 位碱基与密码子的第 1 位碱基

C. 反密码子的第 3 位碱基与密码子的第 3 位碱基

D. 反密码子的第 3 位碱基与密码子的第 2 位碱基

E. 反密码子的第 1 位碱基与密码子的第 1 位碱基

25. 若细菌的某个基因含有约 800 个核苷酸，氨基酸残基的平均分子量约为 110，则此基因编码的蛋白质的分子量是（　　　）

A. 800　　　　　　　　B. 5000　　　　　　C. 30000

D. 80000　　　　　　　E. 不能得出

26. 若某基因编码的蛋白质的分子量为 50000，氨基酸残基的平均分子量约为

110，则该基因大概的长度是（　　　）

   A. 133 个核苷酸　　　B. 460 个核苷酸　　　C. 1400 个核苷酸

   D. 5000 个核苷酸　　　E. 不能得出

27. 以下关于摇摆学说正确的是（　　　）

   A. 酵母中自然存在的某 tRNA 可以识别精氨酸和赖氨酸的密码子

   B. 一个 tRNA 只能识别一个密码子

   C. 多个 tRNA 可以识别 2 个不同的非极性氨基酸

   D. "摆动性"只发生在反密码子的第一个碱基

   E. 密码子的第三个碱基经常会形成碱基对

28. 以下关于遗传密码正确的是（　　　）

   A. 所有密码子都有特定的 tRNA 识别并编码不同氨基酸

   B. 在所有生命体中都是一致的

   C. 几个不同的密码子可能编码同一种氨基酸

   D. tRNA 反密码子的第二位碱基可以通过摆动与 2 个或 3 个密码子配对

   E. tRNA 反密码子的第一个碱基往往是 A

29. 以下关于核糖体正确的是（　　　）

   A. 大亚基含有 rRNA，而小亚基不含

   B. 核糖体 RNA 仅起结构作用，没有催化作用

   C. 大肠杆菌细胞中含有约 25 个核糖体

   D. 含有 2 个大小亚基，二者都有多个蛋白组成

   E. 它们的分子量都小于 10000

30. 以下关于 tRNA 分子错误的是（　　　）

   A. A、U、C、G 是分子中仅有的四种碱基

   B. 虽然只有 1 股 RNA 链组成，但每个分子包含了几段小的双螺旋的区域

   C. 任何 tRNA 只能识别一种特定的氨基酸

   D. 氨基酸经常结合在 tRNA3′端的 A 上

   E. 每一种氨基酸都至少有一种 tRNA 与之相对应

31. 以下关于 tRNA 分子错误的是（　　　）

   A. tRNA3′端是—CCA

   B. 它们的反密码子都与 mRNA 的密码子所互补

   C. 它们至少含有四种不同的碱基

   D. 任何 tRNA 分子在有正确的酶催化时可以结合 20 种氨基酸

   E. tRNA 分子包含了几段小的双螺旋的区域

32. 以下关于结合苯丙氨酸的 tRNA 的说法，错误的是（　　　）
（苯丙氨酸的密码子是 UUU 和 UUC）

   A. tRNA 必须含有 UUU 序列

   B. 苯丙氨酸-tRNA 合成酶与之特异地互作

C. 它只能接受苯丙氨酸

D. 苯丙氨酸特异地结合在 tRNA 3′端的 OH 上

E. 它的分子量约为 25000

33. 氨酰基-tRNA 合成酶（　　　）

A. 识别特定的 tRNA 分子和特定的氨基酸

B. 与另一种酶合作把氨基酸结合在 tRNA 上

C. 与游离的核糖体直接作用

D. 对于每种氨基酸都有多种形式

E. 需要 GTP 活化氨基酸

34. 大肠杆菌的氨酰基-tRNA 合成酶（　　　）

A. 激活氨基酸需要 12 步

B. 有氨基酸特异性，每种氨基酸至少对应一种酶

C. 没有校读活性

D. 需要 tRNA. 氨基酸和 GTP 作为底物

E. 分解为 2 部分，每一部分都可以将氨基酸结合在 tRNA 不同的末端

35. 以下关于氨酰基-tRNA 合成酶的说法，错误的是（　　　）

A. 一些酶具有编辑/校读的能力

B. 催化将氨基酸特异地结合在 tRNA 3′端的 OH 上

C. 催化 ATP 解离为 AMP＋PPi

D. 可以识别多种 tRNA，但是对于某种特定的氨基酸非常特异

E. 每种氨基酸都有不同的合成酶

36. 以下关于氨酰基-tRNA 合成酶的说法，正确的是（　　　）

A. 通常只识别一种特定的 tRNA

B. 将特定的氨基酸结合在任何的 tRNA 上

C. 催化将氨基酸特异地结合在 tRNA 5′端的 OH 上

D. 催化形成酯键

E. 催化 ATP 解离为 ADP＋Pi

37. 蛋白质合成时氨基酸的活化，正确的是（　　　）

A. Leu 能结合在 tRNA^Phe 上，但是氨酰基-tRNA 合成酶对于 Leu 是特异的

B. 甲硫氨酸先被甲酰化，后结合在特定的 tRNA 上

C. 氨基酸通过磷酸二酯键特异地结合在 tRNA 5′端的 OH 上

D. 对于每种氨基酸至少有一种特定的酶和特定的 tRNA 与之对应

E. 需要两种不同的酶，一种负责催化形成氨酰基腺苷酸，另一种负责催化氨基酸结合在 tRNA 上

38. 关于真核生物的蛋白质的合成正确的是（　　　）

A. 所有蛋白质起始合成时都是将甲硫氨酸结合在 C 端

B. 所有蛋白质起始合成时都是将甲硫氨酸结合在 N 端

C. 所有蛋白质起始合成时都是将色氨酸结合在 C 端

D. 所有蛋白质起始合成时都是将 3 种氨基酸加入到氨基酸序列中

E. 以上均错

39. 原核生物蛋白质合成时，（　　）不参与 70S 起始复合体的形成。

A. EF-Tu

B. fMet-tRNA^{fMet}

C. GTP

D. IF-2

E. mRNA

40. 细菌蛋白质的延长阶段不需要（　　）

A. 氨酰基-tRNA　　　B. EF-Tu　　　C. GTP

D. IF-2　　　E. 肽酰转移酶

41. 以下关于细菌蛋白质合成的延长阶段正确的是（　　）

A. 每个肽键的形成至少需要消耗 5 个高能磷酸键

B. 在延伸阶段，氨酰基-tRNA 直接结合在 P 位点

C. EF-Tu 加速移位

D. 肽酰转移酶催化后上来的氨基酸的羧基与新合成的肽链形成酯键

E. 肽酰转移酶是核酶

42. 以下关于细菌的 mRNA 正确的是（　　）

A. 核糖体通常在最后合成的 mRNA 的末端起始翻译

B. mRNA 不会降解但能在细胞分裂时传递给子代细胞

C. 多肽形成时核糖体沿着 mRNA 的 5′→3′ 移动

D. 核糖体不能在多顺反子的转录本的内部起始转录

E. 信号肽终止子的密码子位于 mRNA 的 5′ 端

43. 细菌核糖体（　　）

A. 紧密结合在 DNA 的特定区域，形成多核糖体

B. 包含至少一个具有催化活性的 RNA 分子（核酶）

C. 包含 3 种 RNA 和 5 种不同的蛋白

D. 具有与 20 种 tRNA 特定结合的不同的位点

E. 需要嘌呤霉素才能发挥正常作用

44. 蛋白质合成时，将一个氨基酸插入到多肽中，大约需要将（　　）个 NTP 转化成 NDP？

A. 0　　　B. 1　　　C. 2

D. 4　　　E. 8

四、多项选择题

1. 核糖体结构至少包括的几个部位是（　　）

A. 识别并结合 DNA 的部位　　　B. 结合氨酰基-tRNA 的 A 位

C. 结合肽酰-tRNA 的 P 位　　　D. 结合游离氨基酸的 A 位

E. 识别并结合 mRNA 的部位

2. 关于原核生物起始因子的叙述，正确的有（　　）

A. 起始因子有 3 种，分别称为 IF-1、IF-2 及 IF-3

B. IF-3 的作用是防止 30S 小亚基与 50S 大亚基结合

C. IF-1 可促进 IF-3 与小亚基的结合，加速释出大亚基

D. IF-2 可促进 IF-3 与小亚基的结合，加速释出大亚基

E. IF-3 可协助 mRNA 的 SD 序列与 16S rRNA3′端结合，使核糖体结合在 mRNA 的正确位置

3. 真核生物翻译的特点有（　　）

A. 成熟肽链 N 端第一个氨基酸是甲硫氨酸残基

B. 有较多的可溶性蛋白起始因子

C. 起始密码子只能是 AUG

D. 有多个终止释放因子

4. 原核生物肽链合成终止过程包括（　　）

A. 由释放因子（终止因子）辨认终止密码子，并进入 A 位

B. 肽链从肽酰-tRNA 中水解下来

C. mRNA 离开核糖体

D. 大小亚基分开，再进入核糖体循环

E. 新合成肽进行加工

5. 关于真核生物蛋白质合成的叙述，正确的是（　　）

A. 蛋白质合成与转录过程都在细胞核内进行

B. 蛋白质合成与转录过程同时进行

C. mRNA 先与 tRNA 结合再与小亚基结合

D. 起始氨基酸为甲硫氨酸

E. 真核细胞 mRNA 是单顺反子

6. 下列哪些酶是原核生物蛋白质合成所需要的？（　　）

A. 肽酰转移酶　　　　B. DNA 聚合酶Ⅰ　　　C. 氨酰-tRNA 合成酶

D. 甲酰化酶　　　　　E. 核酸酶

7. 下列反应属于肽链合成后加工处理的是（　　）

A. 肽链的部分水解　　　　　　　　B. 磷酸酯键的形成

C. 二硫键的形成　　　　　　　　　D. 某些氨基酸的共价修饰

E. 切除 N 端甲硫氨酸

8. 下列关于核糖体在蛋白质生物合成中的作用的叙述，正确的有（　　）

A. 促进氨基酸与 tRNA 结合　　　　B. 促进氨酰基-tRNA 进入 A 位

C. 有转肽酶，促进肽键形成　　　　D. 肽链形成的场所

9. 下列关于真核生物翻译起始阶段的叙述，正确的有（　　）

A. eIF-3 结合在 40S 小亚基　　　　B. 80S 核糖体解离

C. eIF-2·Met-tRNA^{met}·GTP 复合物　　D. eIF-4G 参加

10. tRNA 作为氨基酸的转运体所具有的结构特点有（　　）

A. CCA-OH 3′-末端　　　　　　　　B. 3 个核苷酸为一组的结构

C. 稀有碱基　　　　　　　　　　　D. 反密码子环

11. 翻译过程中需要消耗能量（ATP 或 GTP）的反应有（　　）

A. 氨基酸和 tRNA 结合　　　　　　B. 密码子辨认反密码子

C. 氨酰基-tRNA 进入核糖体　　　　D. 核糖体大小亚基结合

12. 下列关于信号识别颗粒（SRP）的叙述正确的有（　　）

A. 含有 6 种不同的多肽链

B. 能与尚在合成具有信号肽肽链的核糖体结合

C. 与内质网膜上的 SRP 受体结合

D. 水解信号肽

13. 与分泌性蛋白质合成后加工有关的反应有（　　）

A. 切除信号肽　　　　　　　　　　B. 切除与活性无关的肽段

C. 氨基酸羟化　　　　　　　　　　D. 氨基酸甲基化

14. 下列有关分泌性蛋白质的特点中叙述正确的有（　　）

A. 氨基端有一段信号肽　　　　　　B. 有些分泌到血液循环

C. 有些蛋白质在靶细胞发挥生理功能　D. 都具有水解酶的活性

15. 下列能够被磷酸化的氨基酸有（　　）

A. 苯丙氨酸　　　B. 色氨酸　　　C. 丝氨酸　　　D. 苏氨酸

16. 能够识别细菌 mRNA 终止密码子的因子有（　　）

A. RF-1　　　B. RF-2　　　C. EF　　　D. IF-1、2、3

17. 原核细胞 RF-3 的作用主要有（　　）

A. 识别终止密码子　　　　　　　　B. 结合 GTP

C. 促进 RF-1 与核糖体结合　　　　D. 促进 RF-2 与核糖体结合

18. 链霉素主要用于治疗结核，其作用机制有（　　）

A. 能阻止氨酰基-tRNA 进入核糖体　B. 与小亚基结合，改变其构象

C. 与大亚基结合，改变其构象　　　D. 读码错误

19. 以下对氨酰基-tRNA 合成酶的结构特点的叙述，正确的有（　　）

A. 识别氨基酸侧链位点　　　　　　B. 识别运载氨基酸的 tRNA 位点

C. 识别核糖体小亚基的位点　　　　D. 识别核糖体大亚基的位点

20. 参与蛋白质生物合成的物质有（　　）

A. mRNA　　　B. 核糖体　　　C. 转位酶　　　D. 连接酶

21. 下列关于终止密码子的特点的叙述，正确的有（　　）

A. 不代表任何氨基酸　　　　　　　B. 能被 EF 识别

C. 有终止肽链延伸的作用　　　　　D. 能被 IF 识别

22. 下列关于 SD 序列的叙述中正确的有（　　）

A. 位于起始密码子下游　　　　　　　　B. 位于起始密码子上游

C. 也称核糖体结合位点　　　　　　　　D. 与 16 S rRNA 3′端 UCCU 互补

23. 原核细胞 mRNA 进入核糖体小亚基依赖的主要机制有（　　　）

A. SD 互补序列的指引　　　　　　　　B. IF-2 的促进

C. IF-3 的固定作用　　　　　　　　　D. IF-1 的促进

24. 关于 RNA 的叙述中正确的有（　　　）

A. mRNA 带有遗传密码　　　　　　　　B. tRNA 是分子量较小的 RNA

C. rRNA 是蛋白质合成的场所　　　　　D. 细胞质中只有 mRNA

25. 下列抗生素能与细菌核糖体小亚基结合的有（　　　）

A. 氯霉素　　　　　　B. 四环素　　　　　　C. 嘌呤霉素　　　　　　D. 链霉素

五、判断题（在题后括号内标明对或错）

1. 蛋白质生物合成所需的能量都由 ATP 直接供给。（　　　）

2. 由于遗传密码的通用性，真核细胞的 mRNA 可在原核翻译系统中得到正常的翻译。（　　　）

3. 核糖体蛋白不仅仅参与蛋白质的生物合成。（　　　）

4. 在翻译起始阶段，有完整的核糖体与 mRNA 的 5′端结合，从而开始蛋白质的合成。（　　　）

5. 蛋白质合成过程中，肽基转移酶起转肽作用和水解肽链作用。（　　　）

6. 在蛋白质生物合成中，所有的氨酰-tRNA 都是首先进入核糖体的 A 位点。（　　　）

7. 从 DNA 分子的三联体密码可以毫不怀疑地推断出某一多肽的氨基酸序列，但从氨基酸序列并不能准确地推导出相应基因的核苷酸序列。（　　　）

8. 与核糖体蛋白相比，rRNA 仅作为核糖体的结构骨架，在蛋白合成中没有什么直接的作用。（　　　）

9. 多肽链的折叠发生在蛋白质合成结束以后才开始。（　　　）

10. 每种氨基酸只能有一种特定的 tRNA 与之对应。（　　　）

11. 每个氨酰-tRNA 进入核糖体的 A 位都需要延长因子的参与，并消耗 1 分子 GTP。（　　　）

12. 人工合成多肽的方向也是从 N 端到 C 端。（　　　）

13. 密码子与反密码子都是由 AGCU 4 种碱基构成的。（　　　）

14. 原核细胞新生肽链 N 端第一个残基为 fMet；真核细胞新生肽链 N 端为 Met。（　　　）

15. EF-Tu 的 GTPase 活性越高，翻译的速度就越快，但翻译的忠实性越低。（　　　）

16. 原核生物中，把延长的肽链从 A 位点转移到 P 位点需要延伸因子 EF-G 和 GTP 水解。（　　　）

17. 氨基酸和 mRNA 模板上的密码子之间的互补作用决定合成的多肽链中的氨基酸排列顺序。（　　）

18. 当反密码子的第一个碱基为 U 或 G 时，这种 tRNA 可读两种密码子。（　　）

19. 在肽链的延长过程中，每增加 1 个氨基酸残基，消耗 2 分子的 GTP。（　　）

20. 氨酰 tRNA 合成酶催化的氨基酸活化反应为可逆的反应。（　　）

21. 原核生物翻译的起始氨基酸是 Met，真核生物的起始氨基酸是 fMet。（　　）

22. 细菌的 mRNA 仅包含编码氨基酸的核苷酸。（　　）

23. 大肠杆菌的 mRNA 可以边合成边进行翻译。（　　）

24. 核糖体是蛋白质合成的场所。（　　）

25. 核糖体含有多种蛋白。（　　）

26. 氨酰基-tRNA 结合到核糖体的 A 位点需要 EF-G 和 GTP 的水解。（　　）

27. 翻译的终止需要释放因子，但不需水解 NTP。（　　）

28. 核糖体有 4 个氨酰基-tRNA 的结合位点。（　　）

29. 大肠杆菌的 mRNA 合成后几分钟内就被降解掉了。（　　）

30. 原核生物的翻译起始在靠近 SD 序列的 mRNA 的 AUG 开始，而真核生物在 mRNA 的靠近 3′端的 AUG 开始。（　　）

31. 原核生物中翻译和转录相偶联，而真核生物不是。（　　）

32. 细菌的核糖体的 3 种 RNA 分布在 3 个独立的核糖体亚基中。（　　）

33. 多核糖体可以不包含 mRNA。（　　）

34. 细菌的 mRNA 是双链，一条含有密码子，另一条含反密码子。（　　）

35. 将完整的细菌核糖体结合到 mRNA 需要 ATP 的水解。（　　）

36. 真核生物中翻译起始时 mRNA 的 3′端和 5′端相关联，而原核生物中不是。（　　）

六、简答题

1. 什么是遗传密码？遗传密码是如何破译的？简述其基本特点。

2. 什么是密码子和反密码子？

3. 什么是密码子的通用性？密码子的简并性？密码子的摆动性？其各自有何生物学意义？

4. 转移核糖核酸（tRNA）在蛋白质生物合成中具有哪些功能？

5. 什么是核糖体？核糖体有何功能？原核生物和真核生物核糖体有何差异？何谓多核糖体？

6. 真核生物蛋白质生物合成有何特点？

7. 蛋白质合成后的加工修饰主要有哪些方式？举例说明加工过程对蛋白质活性的影响。

8. 常见的蛋白质生物合成的抑制剂有哪些？作用原理是什么？

9. 简述原核生物氨基酸的活化过程。

10. 简述真核生物 mRNA 5′端"帽子"的特点与作用。

11. 简单介绍信号肽假说的具体内容。

七、论述题

1. 参与原核生物蛋白质生物合成的主要物质有哪些？各具什么作用？

2. 从复制、转录和翻译看，遗传信息在传递过程中的忠实性是如何保持的？

3. 原核生物和真核生物蛋白质的合成过程有何异同？

一、名词解释

1. 遗传密码是指 DNA 或由其转录的 mRNA 中的核苷酸（碱基）顺序与其编码的蛋白质多肽链中氨基酸顺序之间的对应关系。连续的 3 个核苷酸残基序列为一个密码，编码一个氨基酸。

2. mRNA 上由三个相邻的核苷酸组成一个密码子，代表着一个指定的氨基酸或肽链合成的起始或终止信号。

3. 在细胞质中以 mRNA 为模板，在核糖体、tRNA 和多种蛋白因子等的共同作用下，将 mRNA 中由核苷酸排列顺序决定的遗传信息转变成为由 20 种氨基酸组成的蛋白质的过程，称为翻译。

4. tRNA 分子的反密码环上的三联体核苷酸残基序列。在翻译期间，反密码子与 mRNA 中的互补密码结合。

5. 结合相同氨基酸的不同的 tRNA 分子，称为同工 tRNA。

6. DNA 序列上存在三种不同的阅读方式，由此可以形成三种不同的密码子排列，每一种阅读方式形成一种阅读框。在细胞内，某一段 DNA 序列在转录时，只采用其中一种阅读方式。

7. 反密码子的前两个碱基（3′端）按照碱基配对的一般规律与密码子的前两个（5′端）碱基配对，然而 tRNA 反密码子中的第三个碱基，在与密码子上 3′端的碱基形成氢键时，则可有某种程度的变动，使其有可能与几种不同的碱基配对。

8. 信号肽是指蛋白质分子中一段起引导作用的氨基酸序列，主要由疏水氨基酸组成，长约 3～30 个氨基酸残基。新生肽链在其信号肽引导下穿过内质网膜、高尔基体膜等细胞器膜或细胞膜，运输并定位于不同的细胞器或分泌到细胞外再定位于靶组织中。不同蛋白质分子的信号肽除在大小、氨基酸组成及排列顺序不同外，在该蛋白质分子中的位置也不相同，既可在 N 端，又可在 C 端，还可在内部。在穿膜后，信号肽或被切除掉，或作为蛋白质分子的一部分被保留下来。

9. 也称为终止因子，是一类能识别终止密码子，终止多肽链合成，并使核糖体与 mRNA 分离的蛋白质因子。

10. 由缺失或插入 1 个或 2 个核苷酸构成的突变，在这种情况下，突变点以前的密码子并不改变，并决定正确的氨基酸顺序；但突变点以后的所有密码子都将改变，并且决定错误的氨基酸顺序。

11. 多肽链的合成是从核糖体大小亚基在 mRNA 上的聚合开始的，到核糖体解聚离开 mRNA 而告终的，解聚后的大小亚基又可重新在 mRNA 上聚合，开始另一条新肽链的形成，这个循环过程称为核糖体循环。

12. 分子伴侣是一个结构上互不相同的蛋白质家族，它们广泛存在于原核生物和真核生物细胞中，能识别肽链的非天然构象，促进蛋白质正确折叠。

13. 信号识别颗粒是在真核细胞内由蛋白质与低分子量的 RNA 组成的复合体，此复合体能识别并结合新生肽链的 N 端特定的信号肽序列，也能与内质网膜上的 SRP 受体结合，从而将核糖体带到内质网膜上。

14. 转肽酶是能够催化翻译延长成肽过程的酶。转肽酶催化 P 位的甲酰甲硫氨酰基或肽酰基转移给 A 位上进入的氨酰基-tRNA，形成肽键。转肽酶还具有酯酶活性，可将肽键与 tRNA 分离开，在翻译终止时起作用。

15. 从活跃合成蛋白质的真核细胞或细菌细胞中可分离到由 10～100 个核糖体附着于 mRNA 组成的串列。这种 mRNA-核糖体串列称为多聚核糖体。

16. 一些氨基酸有多个密码子为其编码，这些密码子的前两个字母就可以决定密码的含义，而第三位的改变则不影响密码子所代表的氨基酸。这种情况称作密码子的简并性。

17. 突变造成一个密码子改变了它所编码的氨基酸种类，此种突变称为错义突变。

18. 在原核生物 mRNA 上，起始密码子 AUG 上游有一段（大约 4～6 个核苷酸）富含嘌呤的序列，可与核糖体 16S tRNA $3'$ 端富含嘧啶的序列互补配对，mRNA 上的这段富含嘌呤的序列被称为 Shine Dalgarno 序列，简称 SD 序列。

19. 起始密码子即 AUG，是多肽链起始合成的信号。AUG 在真核生物细胞和原核生物细胞中不仅是起始密码子，而且当它处于多肽的中间位置时还编码 Met（甲硫氨酸）残基。某些原核生物也以 GUG 和 UUG 作为起始密码子。

20. 在蛋白质的翻译过程中，催化氨基酸活化反应的酶称为氨酰基-tRNA 合成酶，不同的氨基酸和 tRNA 反应由不同的酶所催化。

二、填空题

1. mRNA，tRNA，核糖体

2. N，C，$5'$，$3'$

3. P 位点，A 位点

4. 嘌呤，嘧啶

5. 3，3，3，2，3，1

6. 甲酰甲硫氨酸

7. 没有经历后加工（如剪切）

8. 分子伴侣

9. 缺乏帽子结构，无法识别起始密码子

10. 64，61，AUG，UAA，UAG，UGA

11. fMet-tRNA，Met-tRNA

12. 多核糖体

13. 肽键的形成，肽链从 tRNA 上分离出来

14. 开放阅读框架，7

15. 简并性，通用性

16. ATP，羧

17. 转肽，移位

18. 剪裁，天然构象的形成

19. 30S，读码错误

20. 50S，肽酰转移

21. 反密码子，密码子

22. 三个连续的，重叠的

23. 插入，缺失

24. ATP，N_{10}-甲酰四氢叶酸

25. rRNA，50S，30S

26. 共翻译，翻译后

三、单项选择题

1. C　2. C　3. B　　4. D　　5. C　6. D　7. C　8. C　9. C　10. C
11. B　12. D　13. B　14. A　15. D　16. D　17. A　18. D　19. A　20. D
21. E　22. B　23. B　24. A　25. C　26. C　27. D　28. C　29. D　30. A
31. D　32. A　33. A　34. B　35. D　36. D　37. D　38. B　39. A　40. D
41. E　42. C　43. B　44. D

四、多项选择题

1. BCE　2. ABCE　3. BC　4. ABCD　5. DE　6. ACD　7. ACDE　8. CD
9. ABCD　10. AD　11. AC　12. BC　13. AB　14. ABC　15. CD　16. AB
17. BCD　18. BD　19. AB　20. ABC　21. AC　22. BCD　23. ABCD
24. AB　25. BD

五、判断题

1. 错。延伸过程需要 GTP 供能。

2. 错。真核细胞 mRNA 的 5′端无 SD 序列，因此在原核细胞翻译系统中，不能有效地翻译。

3. 对。

4. 错。核糖体需要解离成大小两个亚基才能够与 mRNA 结合，启动翻译。

5. 对。

6. 错。起始 tRNA 进入 P 位点。

7. 错。从 DNA 的核苷酸序列并不能始终根据三联体密码推断出某一蛋白质的氨基酸序列，这是因为某些蛋白质的翻译经历再次程序化的解码，而且大多数真核细胞的蛋白质基因为断裂基因。

8. 错。越来越多的证据表明 rRNA 在翻译中，绝不是仅仅充当组装核糖体的结构骨架作用，它能主动参与蛋白质的合成，如作为核酶发挥作用。

9. 错。多数多肽链的折叠与肽链延伸反应同时进行。

10. 对。

11. 对。

12. 错。人工合成多肽的方向正好与体内的多肽链延伸的方向相反，是从 C 端到 N 端。

13. 错。反密码子中含有次黄嘌呤碱基 I。

14. 对。

15. 对。EF-Tu 的 GTPase 活性越高，允许密码子和反密码子校对的时间就越短，因而忠实性就降低，而翻译的速度反而提高。

16. 对。

17. 错。多肽中氨基酸的排列顺序仅由 mRNA 的序列决定。

18. 对。

19. 对。

20. 错。对每个氨基酸活化来说，反应中形成的 PPi 水解成正磷酸，净消耗的是 2 个高能磷酸键，因此反应是不可逆的。

21. 错。真核生物翻译的起始氨基酸是 Met，原核生物的起始氨基酸是 fMet。

22. 错。细菌的 mRNA 也包含终止密码子。

23. 对。

24. 对。

25. 对。

26. 错。氨酰基-tRNA 结合到核糖体的 A 位点需要 EF-Tu 和 GTP 的水解。

27. 对。

28. 错。核糖体有 2 个氨酰基-tRNA 的结合位点，P 位点和 A 位点。

29. 对。

30. 错。真核生物在 mRNA 的靠近 5 端的 AUG 开始。

31. 对。

32. 错。细菌的核糖体的 3 种 rRNA 分布在 2 个大小亚基中。

33. 错。多核糖体是在翻译时为提高效率而形成的，mRNA 作为模板指导多肽链的合成。

34. 错。细菌的 mRNA 是单链。

35. 错。原核生物将核糖体 30S、mRNA 和甲酰甲硫氨酰—tRNA 形成 30S 起始复合体。

36. 对。真核生物中翻译起始时 mRNA 的 3′端和 5′端相关联，而原核生物中不是。

六、简答题

1.【答】遗传密码是指 DNA 或由其转录的 mRNA 中的核苷酸（碱基）顺序与其编码的蛋白质多肽链中氨基酸顺序之间的对应关系。连续的 3 个核苷酸残基序列为一个密码，编码一个氨基酸。

遗传密码的破译：已知组成 mRNA 的核苷酸有 4 种，组成蛋白质的氨基酸有 20 种，假定分别由 1、2、3 或 4 个核苷酸的组合负责编码 1 种氨基酸，那么，编码氨基酸的种类分别有：$4^1=4$；$4^2=16$；$4^3=64$；$4^4=256$（4 指 A、U、C、G 四种核苷酸）。很显然，相对于 20 种氨基酸而言，由 1 个核苷酸或 2 个核苷酸的组合不足以编码 20 种氨基酸，而由 4 个核苷酸的组合所编码的氨基酸的种类又太多，由其中任意 3 种的排列组合则可有 64 种排列方式。即由 3 个核苷酸组成的三联体来代表一种氨基酸或者说是编码一个氨基酸，从数量上来讲是比较合适的。将由 3 个核苷酸组成的三联体称为密码子。实验证实上述推测是正确的。现已查明，其中有 3 个密码子不代表任何氨基酸，而是肽链合成的终止信号，称为终止密码子，它们是 UAA、UAG、UGA。其余 61 个共编码 20 种氨基酸。

遗传密码具有以下特点：

（1）简并性　即多种密码子编码一种氨基酸的现象。

（2）通用性　从病毒、细菌到高等动植物都共用一套密码子。

（3）不重叠　绝大多数生物中的密码子是不重叠、连续阅读的，即同一个密码子中的核苷酸不会被重复阅读。

（4）兼职　在 61 种密码子中，AUG 和 GUG 除作为肽链合成起始信号外，还分别负责编码肽链内部的蛋氨酸和缬氨酸。

2.【答】在 mRNA 链上相邻的三个碱基为一组，称为密码子或者三联体密码，每个密码子代表一个特定氨基酸或肽链合成的起始以及终止信息。

反密码子指转运核糖核酸（tRNA）分子中的碱基三联体。它与 mRNA 链上的密码子能通过形成氢键而互补，彼此反向平行配对。

3.【答】密码子的通用性：所有生物包括真核和原核生物，均共用一套密码字典，这叫做密码子的通用性。这说明地球上的生物有共同的起源。

密码子的简并性：由于 20 种氨基酸编码的密码子有 61 个，因此有的氨基酸可以由几个不同的密码子编码，这一现象称为密码子的简并性。密码的简并性可以减少突变的有害效应，对维持生物物种的稳定性有一定的意义。

密码子的摆动性：在密码子的三个碱基中，专一性主要取决于头两位碱基，第三个碱基比前两个碱基专一性较小，因此，与反密码子互补配对时，第三个碱基有较大的灵活性，当第三位发生突变时，仍然可以翻译出正确的氨基酸，密码子的这一特性称为密码子的摆动性。密码子的摆动性减少了密码子阅读时的误差，增加了翻译的准确性。

4.【答】在蛋白质合成中，tRNA 起着运载氨基酸的作用，将氨基酸按照 mRNA 链上的密码子所决定的氨基酸顺序搬运到蛋白质合成的场所——核糖体的特定部位。tRNA 是多肽链和 mRNA 之间的重要转换器。①其 3′端接受活化的氨基酸，形成氨酰-tRNA；②tRNA 上反密码子识别 mRNA 链上的密码子；③合成多肽链时，多肽链通过 tRNA 暂时结合在核糖体的正确位置上，直至合成终止后多肽链才从核糖体上脱下。

5.【答】核糖体也称"核糖核糖体"，它是一种亚细胞颗粒，由蛋白（约占 60%）和 RNA（约占 40%）组成。每个核糖体可解离成大小两个亚基，大亚基的大小约为小亚基的 2 倍。两个亚基均含有 RNA 和蛋白质。不同的生物中，二者的比例不同，在大肠杆菌内，二者的比例为 2∶1，其他许多生物中的比例为 1∶1。在细菌细胞内，核糖体呈游离的单核糖体或与 mRNA 结合成多核糖体存在于胞液内。在真核细胞中，核糖体一部分与原核细胞一样分布于胞液中，一部分则与内质网结合，形成粗面内质网。核糖体是蛋白质生物合成的场所。

原核生物核糖体的分子量为 2.5×10^3 kDa。其大亚基的沉降系数为 50S，由 34 种蛋白质和 23S rRNA 与 5S rRNA 组成；小亚基的沉降系数为 30S，由 21 种蛋白质和 16S rRNA 组成。大小两个亚基结合形成 70S 核糖体。

真核生物的核糖体在大小和组成上与原核生物略有不同，而且真核细胞中的胞质核糖体与细胞器核糖体亦不相同。真核生物核糖体的分子量为 4.2×10^3 kDa。其大亚基的沉降系数为 60S，由 49 种蛋白质和 28S、5.8S 与 5S rRNA 组成；小亚基的沉降系数为 40S，由 33 种蛋白质和 18S rRNA 组成。大小两个亚基结合形成 80S 核糖体。

多核糖体是由一个 mRNA 分子与一定数量的单核糖体结合而形成的，形成念珠状，两个核糖体之间，有一段裸露的 mRNA。每个核糖体可以独立完成一条肽链的合成，所以在多核糖体上可以同时进行多条肽链的合成，这就提高了翻译的效率。

6.【答】真核细胞蛋白质合成的某些步骤更为复杂，涉及的蛋白因子更多，主要表现如下：

(1) 核糖体更大　真核细胞核糖体为 80S。

(2) 起始密码子　真核生物只有一种起始密码子，其上游也没有富含嘌呤的序列，但 mRNA 的 5′端有帽子结构。真核生物 mRNA 通常为单顺反子。

（3）起始 tRNA　真核生物合成蛋白质的起始氨基酸为甲硫氨酸。

（4）辅助因子　真核生物起始因子有十多种；延长因子只有两种。

（5）80S 复合物　真核生物形成 80S 起始复合物的顺序与原核生物形成 70S 起始复合物的顺序不同，所需要的起始因子更多。

（6）肽链的终止与释放　真核生物蛋白质合成的终止与释放只需要一种终止因子，并且需要 GTP 供能。

7.【答】蛋白质加工修饰方式主要有以下几个方面：

（1）水解剪切

① N 端（甲酰）甲硫氨酸的切除；

② 切除信号肽；

③ 切除蛋白质前体中不必要的肽段。

（2）氨基酸侧链的修饰

（3）二硫键的形成

（4）加辅基

举例：胰岛素是先合成 86 个氨基酸的初级翻译产物，称为胰岛素原，胰岛素原包括 A、B、C 三段，经过加工，切去其中无活性的 C 肽段，并在 A 肽和 B 肽之间形成二硫键，这样才得到由 51 个氨基酸组成的有活性的胰岛素。

8.【答】常见的蛋白质合成的抑制剂有以下几种：

（1）嘌呤霉素　嘌呤霉素分子结构与氨酰基-tRNA 3′端的 AMP 残基的结构非常相似，能和核糖体的 A 位结合，并能在肽基转移酶的催化下，接受 P 位肽酰 tRNA 上的肽酰基，形成肽酰嘌呤霉素。

（2）氯霉素　氯霉素能与核糖体中的 50S 大亚基结合，抑制肽酰转移酶的活性，因而停止了蛋白质的合成。

（3）四环素　四环素的抑制作用是由于它能与核糖体 30S 亚基结合，阻碍了氨酰基-tRNA 进入核糖体参与蛋白质合成。

（4）链霉素　能与核糖体 30S 亚基上的蛋白质结合，引起核糖体构象发生改变，使氨酰基-tRNA 与 mRNA 上的密码子不能正确地结合，引起翻译错误。

（5）亚胺环己酮　只抑制真核细胞中蛋白质合成，对原核生物无作用。它能与 80S 核糖体结合，阻止蛋白质合成。

（6）其他物质　除上述的一些抑制剂以外，还有生物碱、蓖麻蛋白、白喉素等，也能抑制蛋白质的生物合成。

9.【答】（1）核糖体小亚基与 mRNA 结合形成 IF3-30S-mRNA 复合物，核糖体小亚基 16S rRNA 的-UCCUCC-序列可识别 mRNA 的 SD 序列。（2）起始氨酰基-tRNA 与 30S-mRNA 结合，在 IF-1、IF-2 及 GTP 参与下，释放 IF-3 形成 30S 翻译起始复合物：fMet-tRNA^{fMet}-IF-2-IF-1-GTP-30S-mRNA。（3）50S 大亚基与 30S 小亚基结合，同时 IF-1、IF-2、GTP 相继脱落，形成 70S 翻译起始复合物：70S-fMet-tRNA^{fMet}-mRNA。

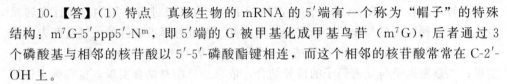

10.【答】(1) 特点　真核生物的 mRNA 的 5′端有一个称为"帽子"的特殊结构：$m^7G-5'ppp5'-N^m$，即 5′端的 G 被甲基化成甲基鸟苷（m^7G），后者通过 3 个磷酸基与相邻的核苷酸以 5′-5′-磷酸酯键相连，而这个相邻的核苷酸常常在 C-2′-OH 上。

(2) 作用　"帽子"结构可抵御 mRNA 被 5′核酸外切酶降解的作用，它还是翻译起始时核糖体首先识别的部位，使 mRNA 非常快地与核糖体结合，促进蛋白质合成起始复合物的形成，使翻译过程在起始密码子 AUG 处开始。

11.【答】蛋白质合成后的靶向输送原理，有几种不同的学说，信号肽假说是目前被普遍接受的学说之一。分泌性蛋白质的初级产物 N 端多有信号肽结构。分泌性蛋白质合成中，信号肽出现（蛋白质合成未终止），即被细胞质的信号识别颗粒结合并带到膜内侧面。此时 SRP 与其受体即对接蛋白结合，组成一个输送系统，促使膜通道开放，信号肽带动合成中的蛋白质沿通道穿过膜，信号肽在沿通道折回时被膜上的信号肽酶切除，成熟的蛋白质就分泌到膜内。

七、论述题

1.【答】蛋白质的生物合成系统包括 20 种原料氨基酸、mRNA、tRNA、核糖体、各种氨酰基-tRNA 合成酶和多种蛋白质因子及 ATP 和 GTP 等，其各自的作用如下：

(1) mRNA 是蛋白质合成的模板，即 mRNA 的核苷酸排列顺序决定着蛋白质氨基酸的排列顺序；

(2) tRNA 是转运氨基酸的工具；

(3) 核糖体为蛋白质的合成提供场所；

(4) 氨酰基-tRNA 合成酶能够催化氨基酸活化反应，使氨基酸的羧基与 tRNA 3′-末端核糖上的 2′或 3′-OH 形成酯键，从而生成氨酰基-tRNA。

(5) 蛋白质合成的辅助因子有：起始因子，帮助蛋白质合成起始和起始复合物定位；延伸因子，参与肽链合成并可从核糖体上释放出来；终止因子，使蛋白质的合成在适当条件下终止。

2.【答】在 DNA 复制中，保持其复制准确性的因素有以下几点：(1) 复制是以亲代 DNA 链为模板，按照碱基互补配对的原则进行的，基本保证了子代 DNA 与亲代 DNA 核苷酸序列相同。(2) DNA 聚合酶Ⅲ具有模板依赖性，能根据模板碱基顺序选择相应的碱基配对，万一发生差错，DNA 聚合酶Ⅲ有 3′→5′外切酶活性，能够切除错配碱基并选择正确的碱基继续进行聚合，即便如此，仍有 10^{-4} 的错配率。(3) 参与 DNA 复制活动的 DNA 聚合酶Ⅰ有 3′→5′外切酶活性，有纠正错配碱基的校正功能，一旦错配发生，该酶即切除错配碱基并填上正确碱基使错配率降低至 10^{-6}。(4) DNA 复制时，先合成一段 RNA 引物，后被切除，也起到了保证复制准确的作用。(5) 再经过细胞内错配修复机制，可使错配减少至 10^{-9} 以下。(6) 20 种氨基酸作为合成蛋白质的原料。(7) ATP、GTP 水解提供能量。

在转录过程中，RNA 合成酶是严格以 DNA 为模板进行作用的。并且在转录过程中有各种因子参与作用，以保证其准确性。保证翻译准确性的关键有两方面因素：一是氨基酸与 tRNA 的特异结合，依靠氨酰基-tRNA 合成酶的特异识别作用实现；二是密码子与反密码子的特异结合，依靠互补配对结合实现，也有赖于核糖体的正确构象；真核生物 5′帽子以及原核生物中的 SD 序列对保证翻译准确也有一定的作用。

3. 【答】真核生物：（1）翻译与转录不偶联，mRNA 需要加工修饰；（2）mRNA 半衰期约 4～6 小时，较稳定，容易分离；（3）mRNA 为单顺反子；（4）起始阶段需要 GTP 及 ATP；（5）延长阶段 GTP 水解后 ATP 再磷酸化，两种延长因子可同时与核糖体结合；（6）只有一种终止因子；（7）合成速度慢；（8）合成反应可被环己亚胺、白喉毒素等抑制。

原核生物：（1）翻译与转录偶联，mRNA 无"帽子"以及"尾巴"结构；（2）mRNA 半衰期约为 1～3 分钟，不稳定，不容易分离；（3）mRNA 为多顺反子；（4）起始阶段需要 GTP；（5）GTP 水解后 EF-Tu 即从核糖体上脱落；（6）有三种终止因子；（7）合成速度快；（8）反应可被氯霉素、链霉素、四环素等抑制。

第16章

─» 基因表达的调节

 目的要求

1. 掌握基因及其表达调节过程中所涉及的概念。
2. 掌握原核生物乳糖操纵子和色氨酸操纵子的调节机制。
3. 了解真核生物基因表达调节的特点及分子基础。

内容提要

基因（gene）是遗传的基本单位，是指具有特定生物遗传信息的 DNA 序列，在一定条件下能够表达这种遗传信息，产生特定的生理功能。有些生物的基因为 RNA。基因按其功能可分为结构基因和调节基因。基因的大小主要取决于它所包含的内含子（intron）的长度和数量，与外显子（exon）的大小和数量关系不大。

基因组（genome）是细胞或生物体的全套遗传物质。原核生物基因组结构简单，存在重叠基因（overlapping gene），即两个邻近的基因可发生重叠，并以不同的可读框被阅读，表达不同的蛋白质。

真核生物基因组结构复杂，为不连续排列的断裂基因（split gene），即基因的编码序列在 DNA 分子上不连续排列，被不编码的序列所隔开。真核生物基因组通常有一些重复序列，根据其重复次数可分为 3 类：高度重复序列、中度重复序列和低重复序列。真核生物的结构基因包括前导区、编码区和调节区 3 个区域。

原核生物基因主要在转录水平进行调节，以操纵子模型为调节单位。操纵子（operon）是指原核生物基因表达的调节序列或功能单位，有共同的控制区（control region）和调节系统（regulation system）。操纵子包括在功能上彼此相关的结构基因及在结构基因前面的控制部位，控制部位由调节基因（regulatory gene）、启动子（promoter，P）和操纵基因（operator，O）组成。目前已清楚的原核生物基因的表达调控方式有 2 种：乳糖操纵子和色氨酸操纵子两种方式进行调节，并在翻译水平受反义 RNA 的调节。

大肠杆菌乳糖操纵子（lac operon）是由依次排列的调节基因、启动子、操纵基因和 3 个相连的编码利用乳糖的酶的结构基因组成。乳糖操纵子有负调节和正调节两种方式。乳糖是乳糖操纵子的诱导物。

乳糖操纵子的负调节（negative control）是指开放的乳糖操纵子可被调节基因的编码产物阻抑蛋白所关闭。乳糖操纵子的正调节（positive control）是指关闭的或处于基础转录水平的乳糖操纵子被正调节因子所开放。乳糖操纵子的正调节因子是由 cAMP 与 cAMP 受体蛋白（cAMP receptor protein，CRP）组成的复合物。乳糖操纵子的正负两种调节作用使大肠杆菌能够灵敏地应答环境中营养的变化，有效地利用能量以利于生长。

色氨酸操纵子（trp operon）由调节基因（trp R）、启动子、操纵基因和 5 个相连的编码合成色氨酸所需酶的结构基因组成，在操纵基因与结构基因之间有一段

由 162 个核苷酸组成的前导序列 (trp L)，前导序列内有一段弱化子 (attenuator, a) 序列。色氨酸操纵子具有由阻抑蛋白产生的负调节和由弱化子产生的弱化作用 (attenuation) 两种调节机制。色氨酸是色氨酸操纵子的辅阻抑物 (corepressor)。

色氨酸操纵子的负调节是指当细胞内色氨酸的浓度高时，色氨酸与阻抑蛋白结合，使阻抑蛋白能与操纵基因结合，trp 操纵子被抑制。当细胞内色氨酸浓度低时，色氨酸与阻抑蛋白分离，阻抑蛋白与操纵基因解离，trp 操纵子解除抑制。弱化调节作用是在色氨酸相对较多时减弱操纵子的转录，弱化子通过引起转录的提前终止而发挥调节作用。转录的提前终止是由于在弱化子序列内含有一个转录终止信号——终止子。色氨酸操纵子的负调节和弱化作用调节在细胞内不同色氨酸水平上发挥不同的作用，色氨酸浓度低时，以阻抑蛋白作用的负调节为主，而在色氨酸浓度高时，以弱化子的弱化作用调节为主。

真核生物基因结构复杂，功能分化，调节精确，一般不组成操纵子。真核生物基因的表达可随细胞内外环境的改变和时序的变化在不同水平上进行精确调节，不同水平上的调节主要包括基因转录前、转录过程、转录后及翻译水平的调节，其中主要表现在对转录活性的调节。

真核生物的基因组 DNA 在细胞核内与组蛋白构成核小体成为染色质的基本结构单位，基因转录前染色质结构发生的一系列重要变化，由压缩的染色质纤维开启为可转录的伸展状态的活性染色质，转录前的调节主要包括染色质由非活化的基态转变为去阻遏状态和染色质由去阻遏状态转变为活化状态。DNA 的甲基化也是转录前基因表达调节的控制环节。

真核生物基因转录活性的调节主要是通过顺式作用元件与反式作用因子的相互作用而实现的。顺式作用元件 (cis-acting element) 是指对基因表达有调节活性的 DNA 序列，其活性只影响与其自身处在同一个 DNA 分子上的基因，按照功能可分为启动子、增强子 (enhancer)、沉默子 (silencer) 和转座因子 (transposable element)。反式作用因子 (trans acting factor) 是指能与顺式作用元件结合，调节基因转录效率的一组蛋白质，其编码基因与作用的靶 DNA 序列不在同一 DNA 分子上。调节基因转录活性的反式作用因子有三类：通用或基本转录因子 (basal transcription factor)、上游因子 (upstream factor) 和可诱导因子 (inducible factor)。所有与 DNA 结合的反式作用因子都有结合 DNA 的结构域，并有螺旋-转折-螺旋 (helix-turn-helix)、锌指结构 (zinc finger)、亮氨酸拉链 (leucine zipper) 和螺旋-环-螺旋 (helix-loop-helix) 一些共同的结构特征。

真核生物基因转录后水平的调节是指对 mRNA 前体的加工，包括在 5′ 端加上帽子结构、3′ 端加上一段多聚腺苷酸 (poly A) 尾巴及切除内含子部分。mRNA 前体通过不同方式的剪接及不同的编辑，得到不同加工的 mRNA，翻译成不同的蛋白质。越是高等的真核生物，其基因表达调控机制越复杂，每个基因能够产生更多的蛋白质。

翻译水平的调节是对 mRNA 的稳定性和参与蛋白质翻译的各种因子活力的调节。

重点难点

1. 基因及基因组的概念和结构。

2. 原核生物乳糖操纵子和色氨酸操纵子的结构及其调节机制。

3. 真核生物基因转录前、转录活性、转录后及翻译水平调节的特点。

4. 顺式作用元件的概念及反式作用因子的结构特点。

例题解析

例 1. 有关操纵子学说的论述，下列哪项是正确的？（　　　）

A. 操纵子调控系统是真核生物基因调控的主要方式

B. 操纵子调控系统是原核生物基因调控的主要方式

C. 操纵子调控系统由结构基因、启动子和操纵基因组成

D. 诱导物与操纵基因结合启动转录

E. 诱导物与启动子结合而启动转录

解析：答案为 B。本题考点：原核生物基因表达的调节方式。

例 2. 真核生物的结构基因包括 3 个区域：_____、_____、_____。

解析：分别为编码区、前导区、调节区。本题考点：真核生物基因的组成。

例 3. 基因表达的最终产物都是蛋白质。（　　　）

解析：错。本题考点：基因的表达产物。基因中除编码蛋白质的基因外，还有终产物是 RNA 的基因，如编码 tRNA 和 rRNA 的基因，所以基因表达的最终产物并非全部是蛋白质。

例 4. 简述操纵子学说及乳糖和色氨酸操纵子的结构。

解析：本题考点：原核生物基因表达调控方式及主要操纵子的结构。

所谓操纵子是指原核生物基因表达的调节序列和功能单位，有共同的控制区和调节系统。

乳糖操纵子结构：由依次排列的调节基因、CRP 位点、启动子、操纵基因和三个相连的编码利用乳糖的酶的结构基因（lacZ、lacY、lacA）组成。

色氨酸操纵子结构：由调节基因（trpR）、启动子、操纵基因和五个相连的结构基因组成。

例 5. 简述亮氨酸拉链。

解析：本题考点：真核生物反式作用因子与 DNA 结合的亮氨酸拉链结构域的特点。

有些肽链 C 末端有一段由约 30 个氨基酸残基组成的 α-螺旋，每间隔 6 个氨基酸出现一个亮氨酸残基，能形成两性 α-螺旋，即带正电荷有亲水性的氨基酸残基位于一侧，具有疏水性的亮氨酸残基位于另一侧。两个具有这种结构的因子接触后

可借助侧链疏水性交错对插，像拉链一样将两个反式作用因子连在一起，称为亮氨酸拉链。

 练习题

一、名词解释

1. 基因（gene） 2. 结构基因（structural gene）

3. 调节基因（regulatory gene） 4. 基因组（genome）；

5. 顺式作用元件（cis-acting element） 6. 操纵子（operon）

7. 增强子（enhancer）； 8. 反式作用因子（trans-acting element）

9. 沉默子（silencer） 10. 转座因子（transposon）

11. 操纵基因（operator gene）

12. 基因表达调控（regulation of gene expression）

13. 阻遏蛋白（repressor protein）

二、填空题

1. 真核生物的结构基因包括 3 个区域：_____、_____、_____。

2. 真核生物的断裂基因是指基因的编码序列在 DNA 分子上不连续排列，被不编码的序列所隔开。构成断裂基因的 DNA 序列分为两类，编码序列称为_____，不编码的间隔序列称为_____。

3. 基因的大小主要取决于其所含_____的大小和数量。

4. 已知真核基因顺式作用元件有启动子、_____、_____、_____等。

5. 大肠杆菌色氨酸操纵子的转录受_____和_____两种机制的控制，前者通过_____控制转录的起始，后者通过_____控制转录起始后是否进行下去。

6. 操纵子包括在功能上彼此相关的_____以及在其前面的控制部位。控制部位由_____、_____和_____组成。

7. 第一个被发现的操纵子是_____，它由依次排列的_____、cAMP受体蛋白 CRP 位点、_____、_____和 3 个相连的编码利用乳糖的酶的结构基因组成。结构基因 lacZ 编码分解乳糖的_____，lacY 编码吸收乳糖的_____，lacA 编码_____。3 个结构基因组成的转录单位转录出_____条 mRNA，指导 3 种酶的合成。

8. 真核生物基因转录前的调节主要包括两个环节：_____、_____。

9. 真核生物基因转录活性的调节主要是通过_____和_____的相互作用而实现的。

10. 调节基因转录活性的反式作用因子有 3 类：_____、_____、_____。

11. 反式作用因子可分为_____和_____两种类型，反式作用因子至少具有_____和_____两种功能结构域。

12. 真核生物 DNA 水平的调控包括_____、_____、_____和_____。

13. 真核细胞基因表达的调控是多级的，有_____、_____、_____和_____。

14. 正调控和负调控是基因表达的两种最基本的调节形式，其中原核细胞常用_____调控而真核细胞常用_____调控模式。

15. Pribnow 盒是_____，真核生物中的对应物为_____。

16. 反式作用因子通常通过_____、_____和_____与相应的顺式作用因子结合。

17. 依赖 DNA 的转录调节因子通常含_____结构域和_____结构域。

三、单项选择题

1. 有关操纵子学说的论述，正确的是（　　）
A. 操纵子调控系统是真核生物基因调控的主要方式
B. 诱导物与启动子结合而启动转录
C. 操纵子调控系统由调节基因、启动子、操纵基因和结构基因组成
D. 诱导物与操纵基因结合启动转录

2. 下列有关乳糖操纵子调控系统的论述，错误的是（　　）
A. 乳糖操纵子是第一个被发现的操纵子
B. 乳糖操纵子由三个结构基因及其上游的启动子和操纵基因组成
C. 乳糖操纵子的调控因子有阻遏蛋白、cAMP 和诱导物等
D. 乳糖操纵子调控系统的诱导物只能是乳糖

3. 操纵子模型可以解释基因转录的调控机制，照此假说，对基因活性起调节作用的是（　　）
A. 诱导酶   B. 阻遏蛋白
C. RNA 聚合酶   D. DNA 聚合酶

4. DNA 分子上能被依赖于 DNA 的 RNA 聚合酶特异识别的部位叫（　　）
A. 弱化子   B. 操纵子   C. 启动子   D. 终止子

5. 在含葡萄糖的细菌培养物中加入半乳糖和阿拉伯糖，结果（　　）
A. 诱导半乳糖操纵子表达，半乳糖被水解
B. 诱导阿拉伯糖操纵子表达，阿拉伯糖被水解
C. 细菌无动于衷
D. A 和 B 同时发生

6. 操纵子调控系统属于哪一种水平的调控？（   ）

A. 复制水平的调控 　　　　　　　　B. 转录水平的调控

C. 翻译水平的调控 　　　　　　　　D. 转录后加工的调控

7. 乳糖操纵子调节基因的表达产物是（   ）

A. 活性阻遏蛋白 　　　　　　　　　B. 无活性阻遏蛋白

C. cAMP 　　　　　　　　　　　　D. CAP

8. 色氨酸操纵子调节基因的表达产物是（   ）

A. 活性阻遏蛋白 　　　　　　　　　B. 无活性阻遏蛋白

C. cAMP 　　　　　　　　　　　　D. CAP

9. 色氨酸操纵子的调控作用是受两个相互独立的系统控制的，其中一个需要前导肽的翻译，下面哪一种调控这个系统？（   ）

A. 色氨酸 　　　　　　　　　　　　B. 色氨酰-tRNA^{Trp}

C. 色氨酰-tRNA 　　　　　　　　　D. cAMP

E. 以上都不是

10. 基因组是（   ）

A. 一个生物体内所有基因的分子总量　　B. 一个二倍体细胞中的染色体数

C. 遗传单位 　　　　　　D. 生物体的一个特定细胞内所有基因的分子总量

11. 能编码阻遏蛋白合成的是（   ）

A. 操纵基因 　　　　B. 调节基因 　　　　C. 启动子 　　　　D. 增强子

12. 在乳糖操纵子中，阻遏蛋白结合在下列哪个序列上（   ）

A. 结构基因 A 　　　　B. 调节基因 I 　　　　C. 操纵序列 O

D. 启动序列 P 　　　　E. 结构基因 Z

13. 原核生物转录起始前-10区的核苷酸序列称为（   ）

A. TATA 盒 　　　　B. CAAT 盒 　　　　C. 增强子

D. 起始位点 　　　　E. TTGACA 序列

14. 关于操纵子的说法正确的是（   ）

A. 几个串联的结构基因由一个启动子控制

B. 几个串联的结构基因分别由不同的启动子控制

C. 一个结构基因由不同的启动子控制

D. 转录生成单顺反子 RNA

E. 以正性调控为主

15. 顺式作用元件是（   ）

A. 非编码序列 　　　　B. TATA 盒 　　　　C. GC 盒

D. 具有调节作用的蛋白质 　　　　E. 具有转录调节功能的 DNA 序列

16. 下列具有亮氨酸拉链结构特征的是（   ）

A. 生长因子 　　　　　　　　　　　B. 酪氨酸蛋白激酶受体

C. G 蛋白 　　　　　　　　　　　　D. 转录因子

E. 丝/苏氨酸蛋白激酶

17. 可能存在锌指结构的是（　　）

A. 阻遏蛋白　　　　B. RNA 聚合酶　　C. 转录因子　　　　D. 端粒酶

18. 阻遏蛋白结合位点是（　　）

A. 调节基因　　　　　B. 启动因子　　　　C. 操纵基因　　　　D. 结构基因

19. 操纵子调节系统属于哪一种水平的调节（　　）

A. 复制水平的调控　　　　　　　　B. 转录水平的调控

C. 转录后水平的调控　　　　　　　D. 翻译水平的调控

四、多项选择题

1. 真核基因经常被断开（　　）

A. 反映了真核生物的 mRNA 是多顺反子

B. 因为编码序列"外显子"被非编码序列"内含子"所分隔

C. 因为真核生物的 DNA 为线性而且被分开在各个染色体上，所以同一个基因的不同部分可能分布于不同的染色体上

D. 表明初始转录产物必须被加工后才可被翻译

E. 表明真核基因可能有多种表达产物，因为它有可能在 mRNA 加工的过程中采用不同的外显子重组方式

2. 选出下列所有正确的叙述（　　）

A. 外显子以相同顺序存在于基因组和 cDNA 中

B. 内含子经常可以被翻译

C. 人体内所有的细胞具有相同的一套基因

D. 人体内所有的细胞表达相同的一套基因

E. 人体内所有的细胞以相同的方式剪接每个基因的 mRNA

3. 下列关于酵母和哺乳动物的陈述哪些是正确的？（　　）

A. 大多数酵母基因没有内含子，而大多数哺乳动物基因有许多内含子

B. 酵母基因组的大部分基因比哺乳动物基因组的大部分基因小

C. 大多数酵母蛋白比哺乳动物相应的蛋白小

D. 尽管酵母基因比哺乳动物基因小，但大多数酵母蛋白与哺乳动物相应的蛋白大小大致相同

4. 下列关于操纵基因的论述哪些是错误的？（　　）

A. 能专一地与阻遏蛋白结合

B. 是诱导物或辅阻遏物的结合部位

C. 与结构基因一起被转录和翻译

D. 是 RNA 聚合酶识别和结合的部位

E. 能翻译产生调节蛋白

五、判断题（在题后括号内标明对或错）

1. 基因表达的最终产物都是蛋白质。（　　）

2. 机体能在基因表达过程的任何阶段进行调节。（　　）

3. 增强子可以远距离和无方向性地增强基因的表达。（　　）

4. 真核生物的基因不组成操纵子，不生成多顺反子 mRNA。（　　）

5. 所有转录产物中，除编码序列外的核苷酸在后加工时都必须被切除，才能得到有翻译功能的 mRNA。（　　）

6. 一个操纵子的全部基因都排列在一起，其中调节基因可远离结构基因，控制部位可接受调节基因产物的调节。（　　）

7. 凡有锌指结构的蛋白质均有与 DNA 结合的功能。（　　）

8. 起转录调控作用的 DNA 元件都能结合蛋白质因子。（　　）

9. 阻遏蛋白是能与操纵基因结合从而阻碍转录的蛋白质。（　　）

10. 大肠杆菌在葡萄糖和乳糖均丰富的培养基中优先利用葡萄糖而不利用乳糖，是因为此时阻遏蛋白与操纵基因结合而阻碍乳糖操纵子的开放。（　　）

11. 色氨酸的合成受基因表达、阻遏、弱化作用和反馈抑制的控制。（　　）

12. 在色氨酸浓度的控制下，核糖体停泊在 Trp 引导区一串色氨酸密码子上，但并不与之脱离。（　　）

13. 许多长基因并非其编码序列较长，而是其含有较长的内含子。（　　）

14. 在某些情况下，同一段 DNA 序列可编码多种不同的蛋白质。（　　）

15. *lacA* 的突变体是半乳糖苷透性酶的缺陷。（　　）

16. 原核细胞与真核细胞的基因表达调节的主要发生在转录水平上。（　　）

17. 操纵子结构是原核细胞特有的。（　　）

18. 真核细胞的基因转录也具有抗终止作用。（　　）

19. 真核细胞核的三类基因的转录都受到增强子的调节。（　　）

20. 某一个基因的转录活性越强，则该基因所处的 DNA 序列对 DNase I 就越敏感。（　　）

21. 由于增强子的作用与距离无关，因此某一个增强子可同时提高与它同在一条染色体 DNA 上所有的基因的转录效率。（　　）

22. 大肠杆菌 lac 操纵子阻遏蛋白是以相同亚基组成二聚体形式起作用的。（　　）

23. 利用操纵子控制酶的合成属于翻译水平的调节。（　　）

六、简答题

1. 原核生物和真核生物基因的差异。

2. 乳糖操纵子的调节机制。

3. 色氨酸操纵子的调节机制。

4. 真核生物基因表达不同水平的调节特点。

5. 简述乳糖操纵子的结构及功能。

6. 简述基因表达调控的意义。

7. 比较增强子和启动子的异同。

参考答案

一、名词解释

1. 基因是遗传的基本单位，是指具有特定生物遗传信息的 DNA 序列，在一定条件下能够表达这种遗传信息，产生特定的生理功能。有些生物的基因为 RNA。

2. 结构基因是指编码 RNA 或蛋白质的基因（DNA 序列）。

3. 调节基因是指某些可调节控制结构基因表达的 DNA 序列。

4. 基因组是指细胞或生物体的全套遗传物质。

5. 顺式作用元件是指对基因表达有调节活性的 DNA 序列，其活性只影响与其自身处在同一个 DNA 分子上的基因，按照功能可分为启动子、增强子、沉默子和转座因子。

6. 操纵子是指原核生物基因表达的调节序列或功能单位，有共同的控制区和调节系统。它包括在功能上彼此相关的结构基因及在结构基因前面的控制部位。

7. 增强子是真核细胞中通过启动子来增强转录的一种远端遗传性控制元件。

8. 反式作用因子是指能与顺式作用元件结合，调节基因转录效率的一组蛋白质，其编码基因与作用的靶 DNA 序列不在同一 DNA 分子上。

9. 沉默子是一种基因表达的负调节元件，可不受距离和方向的限制，调节异源基因的表达，在真核细胞中对成簇基因的选择性表达起重要作用。

10. 转座因子是在染色体上可以移动的 DNA 片段。

11. 操纵基因是位于启动子和结构基因之间的特异性 DNA 序列，是活性型阻遏蛋白的结合位点，由它来开启和关闭相应结构基因的转录。

12. 基因表达的调控是指在基因表达的不同阶段控制基因表达速率和产量的过程。

13. 阻遏蛋白指与一个基因的调控序列或操纵基因结合以阻止该基因转录的一类蛋白质。

二、填空题

1. 编码区，前导区，调节区

2. 外显子，内含子

3. 内含子

4. 增强子，沉默子，终止子

5. 阻遏，弱化，阻遏蛋白和操纵子/操纵基因的作用，mRNA 前导序列形成特殊的空间结构

6. 结构基因，调节基因，启动子，操纵基因

7. 大肠杆菌乳糖操纵子，调节基因，启动子，操纵基因，β-半乳糖苷酶，β-半乳糖透性酶，β-半乳糖苷乙酰基转移酶，1 条

8. 解除阻抑，转录活化

9. 反式作用因子，顺式作用元件

10. 通用或基本转录因子，上游因子，可诱导因子

11. 通用转录因子，特异性转录因子，DNA 结合域，转录活性域

12. 基因丢失，基因扩增，基因重排，基因修饰，染色体结构变化

13. 转录前，转录水平，转录后，翻译水平，翻译后

14. 负，正

15. 原核生物启动子，TATA 盒

16. 氢键，离子键，疏水键

17. DNA 结合，活化

三、单项选择题

1. C　2. D　3. B　4. C　5. C　6. B　7. A　8. B　9. B　10. D　11. B
12. C　13. A　14. A　15. E　16. D　17. C　18. C　19. B

四、多项选择题

1. BDE　2. AC　3. ABD　4. BCDE

五、判断题

1. 错。基因表达的最终产物是蛋白质或 RNA。

2. 对。

3. 对。

4. 对。

5. 错。终止密码子也是不编码氨基酸的核苷酸序列。

6. 对。

7. 错。不是所有具有锌指结构的蛋白质均有与 DNA 结合的功能。

8. 对。

9. 对。

10. 对。

11. 对。

12. 对。

13. 对。

14. 对。

15. 错。lacA 的突变体是 β-半乳糖苷乙酰转移酶的缺陷。

16. 对。

17. 错。某些低等真核生物也有操纵子结构。

18. 对。

19. 错。

20. 对。

21. 错。由于增强子的作用与距离无关，但某一个增强子不能同时提高与它同在一条染色体 DNA 上所有的基因的转录效率。

22. 错。大肠杆菌 lac 操纵子阻遏蛋白是以 4 个相同亚基组成四聚体形式起作用的。

23. 错。利用操纵子控制酶的合成属于转录水平的调节。

六、简答题

1. 【答】真核生物基因无论在结构还是在功能上都比原核生物复杂得多。

原核生物基因特点：（1）基因组小；（2）核酸物质几乎不与蛋白质结合；（3）基因呈现操纵子结构；（4）有单拷贝和多拷贝两种形式；（5）有重叠基因；（6）多顺反子。

真核生物基因特点：（1）基因组大；（2）核酸与蛋白质结合，且形成染色体；（3）有重复序列；（4）以单拷贝和多拷贝两种形式存在；（5）基因不连续；（6）基因家族化；（7）DNA 片段可以重排；（8）单顺反子。

2. 【答】当有葡萄糖存在的情况下，阻抑蛋白与 DNA 结合，结合以后封阻了结构基因的转录，因此大肠杆菌不能代谢乳糖。当培养基中只有乳糖时，由于乳糖是 lac 操纵子的诱导物，它可以结合在阻遏蛋白的变构位点上，使构象发生改变，破坏了阻遏蛋白与操纵基因的亲和力，不能与操纵基因结合，于是 RNA 聚合酶结合于启动子，并顺利通过操纵基因，进行结构基因的转录。

3. 【答】游离形式的阻遏物，不能结合操纵基因，使得结构基因得以转录和表达，生成色氨酸。过量的色氨酸与阻遏物形成复合物，此复合物与操纵基因结合，阻止结构基因转录的活性。

色氨酸操纵子还存在另外一种调控结构称为衰减子，当色氨酸充足时，完整的前导肽可被合成，这时核糖体促使前导序列形成终止信号，RNA 聚合酶不能通过，减少结构基因的表达。当色氨酸不足时，由于色氨酸-tRNA 不能形成，前导肽翻译至色氨酸密码子处即停止，核糖体促使前导序列不能形成终止信号，RNA 聚合酶可以超越衰减子而继续转录，结构基因得到表达。

4. 【答】真核生物基因表达主要在五个水平上进行调节：

（1）转录前水平的调节　主要是在 DNA 和染色质水平上所发生的一些永久性

变化，例如，染色体 DNA 的断裂，某些序列的删除、扩增、重排、修饰以及异染色质化等。

（2）转录活性的调节　真核生物的基因调节主要表现在对基因活性的控制上。

（3）转录后水平的调节　此水平的调节是对 mRNA 前体进行加工，主要包括三个步骤，即 5′"加帽"、3′"加尾"和剪接。

（4）翻译水平的调节　真核生物在此水平上的调节，主要是控制 mRNA 的稳定性和有选择地进行翻译。

（5）翻译后水平的调节　此水平的调节主要对多肽链进行加工和折叠，其加工过程包括：①除去起始的甲硫氨酸残基或随后几个残基；②切除分泌蛋白或膜蛋白 N-末端的信号序列；③形成分子内的二硫键，以固定折叠构象；④肽链断裂或切除部分肽段；⑤末端或内部某些氨基酸的修饰；⑥糖基化修饰。

5.【答】乳糖操纵子的结构及功能：

大肠杆菌乳糖操纵子的基本结构为 3 个结构基因、1 个启动子（P）、1 个操纵序列（O）和 1 个调节基因 I。3 个结构基因 lacZ、lacY 和 lacA 分别编码 β 半乳糖苷酶、透酶和转乙酰基酶。启动子（P）为 RNA 聚合酶辨认和结合的位点。调节基因 I 编码阻遏蛋白，后者可结合到操纵序列（O）上使 RNA 聚合酶不能从启动子（P）处进入到结构基因上，结构基因的表达被关闭。在 P 的上游还有分解代谢物基因激活蛋白（CAP）结合的位点。

6.【答】基因表达调控的意义：

（1）调节基因表达以适应内外环境的变化、维持生长及增殖。生物体处在不断变化的内外环境中，为了适应各种环境变化，生物体必须通过调整自身状态从而对内外环境的变化做出适当的反应，这种适应性是通过调节生物体内基因表达的速率和产量实现的。（2）维持细胞分化与个体发育。多细胞生物在生长和发育的不同阶段对蛋白质种类和含量的要求不同，为了适应这种需求，生物体就需要对基因表达谱及表达量做出调整，这也是通过基因表达调控实现。

7.【答】比较增强子和启动子的异同：

（1）启动子一般位于转录起始位点的上游，只能近距离起作用。（2）增强子本身没有转录活性，增强子只能增强启动子的转录活性；其位置不固定，无方向性，增强效应具有细胞或组织特异性，但无基因特异性。增强子是一段 DNA 序列，只有在合适的细胞或组织中才能发挥增强子的作用，但增强子对基因没有偏好和选择性。

第**17**章

—» 核酸技术

 **目的要求**

1. 熟悉 DNA 重组技术的基本过程。
2. 了解 DNA 重组技术所用的工具酶及载体和宿主系统。
3. 掌握核酸分子杂交、PCR 技术的基本原理。
4. 了解基因操作的其他技术。

内容提要

以 DNA 和 RNA 的体外操作为核心的核酸技术包括 DNA 和 RNA 的分离制备、基因分离、核苷酸序列分析、分子杂交、DNA 重组、转基因技术、DNA 指纹技术等，已渗透到生命科学的各个领域，在医学和农业中发挥着重要作用。

DNA 重组技术是利用多种限制性内切酶和 DNA 连接酶等工具酶，以 DNA 为操作对象，在细胞外将一种外源 DNA 和载体 DNA 重新组合连接，形成重组 DNA，然后将重组 DNA 转入宿主细胞，使外源基因 DNA 在宿主细胞中随宿主细胞的繁殖而增殖，并在宿主细胞中得到表达，最终获得基因表达产物或改变生物原有的遗传性状的技术，是目前应用最广泛的核酸技术。DNA 重组过程中所使用的酶类统称为工具酶，如限制性内切核酸酶、DNA 连接酶、DNA 聚合酶 I、碱性磷酸酶、S1 核酸酶、逆转录酶、末端转移酶等。载体（vector）是携带外源 DNA 片段进入宿主细胞进行扩增和表达的工具，其本身是 DNA。常用的载体有质粒、噬菌体和病毒等。DNA 重组的基本过程包括目的基因的制备、DNA 重组、DNA 重组体的转化、重组体的筛选和鉴定、外源基因的表达等步骤。

核酸分子杂交技术是根据带有互补的特定核苷酸序列的单链 DNA 或 RNA，当它们混合在一起时，其相应的同源区段将会退火形成双链结构，不同来源的 DNA 或 RNA 形成杂交体这一基本原理建立起来的，可用来揭示核酸片段中某一特定基因的位置。该技术包括 Southern-blot、Northern-blot、dot-blot 和菌落（或噬菌斑）杂交，可从不同组织、不同水平快速检测特异的核酸（DNA 和 RNA）分子。

DNA 核苷酸序列分析技术可从分子水平上研究基因的结构与功能的关系以及对克隆 DNA 片段进行基因操作等，目前常用 Sanger 双脱氧链终止法分析 DNA 核苷酸序列，在此基础上发展起来的 DNA 大规模测序已实现自动化。

基因定点诱变（site-directed mutagenesis）技术主要用于研究基因的结构与功能的关系及获得突变体蛋白质，已成为基因操作的一种基本技术，并在此技术的基础上发展了蛋白质工程技术。

聚合酶链式反应（polymerase chain reaction，PCR）是一种在体外快速扩增特定基因或 DNA 序列的方法，又称为基因的体外扩增。PCR 技术不仅可用来扩增与分离目的基因，而且在临床医疗诊断、胎儿性别鉴定、癌症治疗的监控、基因突变与检测、分子进化研究，以及法医学等诸多领域都有着重要的用途。

转基因技术是借助于物理、化学或生物学的方法将预先构建好的外源基因表达载体导入细菌、动植物细胞或动物受精卵中，使其与宿主染色体发生整合并遗传的过程。利用转基因技术所建立的携带外源基因并能遗传的动物，即转基因动物。该技术在动物品种的改良及动物生成反应器的建立等许多重要研究领域有良好的应用前景。

DNA 指纹（DNA fingerprint）技术是根据遗传标记来研究动植物遗传育种、生物进化与分类的技术。该技术主要包括限制性片段长度多态性、DNA 指纹图谱和随机扩增多态性 DNA，可使人们根据分子遗传标记培育具有特定性状的动物新品种。

以 DNA 重组技术为核心的核酸技术已广泛应用于生命科学研究、动物疾病诊断、动物遗传育种、生物制药和农业生产中。

 重点难点

1. DNA 重组技术的基本过程。
2. 基因操作主要技术的原理及应用。

 例题解析

例 1. 以质粒为载体，将外源基因导入受体菌的过程称（　　）

A. 转化　　　　　B. 转染　　　　　C. 感染

D. 转导　　　　　E. 转位

解析：答案 A。本题考点：DNA 重组体导入宿主细胞的类型。

在 DNA 重组过程中，将质粒或重组质粒导入宿主细胞的过程称转化；将噬菌体、病毒为载体构建的重组体导入宿主细胞的过程称转染；以噬菌体为媒介将外源 DNA 导入细菌的过程称转导；转位是肽链形成过程中的一个反应，是指多肽链从 P 位点的肽酰-tRNA 上转移到 A 位点的氨酰基-tRNA 上的过程。

例 2. PCR 反应体系不包括（　　）

A. 模板 DNA　　　　　　　　　B. Taq　DNA 聚合酶

C. DNA 引物　　　　　　　　　D. RNA 引物

E. Mg^{2+}

解析：答案 D。本题考点：PCR 和细胞内 DNA 复制所用引物的区别。

PCR 反应体系主要成分：模板 DNA、Taq DNA 聚合酶、引物、Mg^{2+} 等，其中的引物是 DNA，而细胞内 DNA 复制使用的是 RNA 引物。

例 3. 制备目的基因的方法主要有 ＿＿＿＿＿＿、＿＿＿＿＿＿、＿＿＿＿＿＿、

＿＿＿＿＿＿、＿＿＿＿＿。

解析：直接从染色体中分离、人工合成、逆转录合成 cDNA、构建基因文库和

聚合酶链式反应。

本题考点：目的基因的制备方法。

例4. T_4 DNA 连接酶和 *E. coli* 连接酶都能催化平末端和黏性末端的连接。（　　）

解析： 错。本题考点：DNA 连接酶的类型和功能。

目前使用的 DNA 连接酶有两种，一种是 T_4 DNA 连接酶，另一种是大肠杆菌 DNA 连接酶。前者既能实现黏端连接，又能实现平端连接，后者仅能实现黏端连接。

例5. 简述 DNA 重组技术的基本过程。

解析： DNA 重组技术的基本过程包括六个步骤：一、目的基因的获取；二、克隆载体的选择；三、外源基因与载体的连接；四、重组 DNA 导入受体菌；五、重组体的筛选；六、克隆基因的表达。

本题考点：DNA 重组技术。

例6. 简述蓝白斑筛选的原理。

解析： 一些载体（如 PUC 质粒）带有 β-半乳糖苷酶 N 端 α 片段的编码区，该编码区中含有多克隆位点；而对应的宿主细胞仅含有编码 β-半乳糖苷酶 C 端 ω 片段。宿主和质粒编码的片段同时存在时，α 片段与 ω 片段可通过 α-互补形成具有酶活性的 β-半乳糖苷酶，在生色底物 X-Gal 存在时产生蓝色菌落。而当外源 DNA 插入到质粒的多克隆位点后，破坏 α 片段的编码，使得带有重组质粒的 LacZ-细菌形成白色菌落。这种筛选方法称为蓝白斑筛选。

本题考点：蓝白斑筛选的原理。

 练习题

一、名词解释

1. DNA 重组（DNA recombination）

2. 核酸分子杂交（nucleic acid hybridization）

3. 质粒（plasmid）

4. 基因文库（gene library）

5. PCR（polymerase chain reaction）

6. 转化（transformation）

7. 载体（vector）

8. 转导（transduction）

9. 定点诱变（site directed mutagenesis）

10. 限制性内切酶（restriction endonuclease）

11. 转染（transfection）

12. 回文序列（Palindromic sequence）

13. cDNA 文库（cDNA library）

二、填空题

1. 用 PCR 方法扩增 DNA 片段，在反应中除了用该 DNA 片段作为模板外，尚需加入_____、_____、_____和_____。

2. 用于基因克隆载体的质粒都具有_____、_____、_____和_____等特点。

3. 目前使用的 DNA 连接酶有两种，一种是大肠杆菌 DNA 连接酶，另一种是 T_4 DNA 连接酶。前者以_____为辅助因子，能实现黏结，后者以_____为辅助因子，既能实现黏结又能实现平接。

4. 在 DNA 重组中，碱性磷酸酶用于切除载体_____，减少载体的_____，提高重组 DNA 菌落在总转化菌落中的比例。

5. 限制性内切酶是按属名和种名相结合的原则命名的，第一个大写字母取自_____，第二、三个大写字母取自_____，第四个字母则用_____表示。

6. 个体之间 DNA 限制性片段长度的差异叫_____。

7. 从转化的细胞中筛选出含重组体的细胞并鉴定重组体的正确性是 DNA 重组的最后一步。不同载体和宿主系统其重组体的筛选鉴定方法不尽相同，主要有_____、_____、_____和_____等。

8. 制备目的基因的方法主要有_____、_____、_____、_____、_____。

9. 载体的宿主细胞应满足以下要求：_____、_____、_____、_____、_____。

10. Klenow 聚合酶具有_____和_____活性。

11. PCR 每一个循环是由_____、_____和_____等三个步骤组成。

三、单项选择题

1. *E. coli* DNA 连接酶催化的连接反应需要能量，其能量来源于（　　）

A. NAD^+　　　　　B. ATP　　　　　C. GTP

D. 乙酰 CoA　　　　E. FAD

2. 在重组 DNA 技术中，不常用到的酶是（　　）

A. 限制性核酸内切酶　　　　　　　B. DNA 聚合酶

C. DNA 连接酶　　　　　　　　　　D. 逆转录酶

E. RNA 聚合酶

3. 就分子结构而论，质粒是（　　）

A. 环状双链 DNA 分子　　　　　　B. 环状单链 DNA 分子

C. 环状单链 RNA 分子　　　　　　D. 线状双链 DNA 分子

E. 线状单链 DNA 分子

4. 聚合酶链式反应可表示为（　　）

A. PEC　　　　　　B. PER　　　　　C. PDR

D. BCR　　　　　　E. PCR

5. 在已知序列信息的情况下，获取目的基因的最方便方法是（　　）

A. 化学合成法　　　　　　　　　B. 基因组文库法

C. cDNA 文库法　　　　　　　　D. 聚合酶链反应

E. 差异显示法

6. 下列 DNA 序列属于回文结构的是（　　）

A. ATGCCG TACGGC　　　　　　B. GGCCGG CCGGCC

C. CTAGGG GATCCC　　　　　　D. GAATTC CTTAAG

E. TCTGAC AGACTG

7. 重组 DNA 技术中实现目的基因与载体 DNA 拼接的酶是（　　）

A. DNA 聚合酶　　B. RNA 聚合酶　　C. DNA 连接酶

D. RNA 连接酶　　E. 限制性核酸内切酶

8. 以质粒为载体，将外源基因导入受体菌的过程称（　　）

A. 转化　　　　　　B. 转染　　　　　C. 感染

D. 转导　　　　　　E. 转位

9. 建 cDNA 文库时，首先需分离细胞的（　　）

A. 染色体 DNA　　B. 线粒体 DNA　　C. 总 mRNA

D. tRNA　　　　　　E. rRNA

10. PCR 实验的特异性主要取决于（　　）

A. DNA 聚合酶的种类　　　　　B. 反应体系中模板 DNA 的量

C. 引物序列　　　　　　　　　　D. 四种 dNTP 浓度

E. 循环周期的次数

11. 将 RNA 转移到硝酸纤维素膜上而杂交的技术叫（　　）

A. Southern-blotting　　　　　　B. Northern-blotting

C. Western-blotting　　　　　　D. Eastern-blotting

12. 分子杂交试验不能用于（　　）

A. 单链 DNA 分子之间的杂交

B. 单链 DNA 与 RNA 分子之间的杂交

C. 抗原与抗体分子之间的结合

D. 双链 DNA 与 RNA 分子之间的杂交

E. RNA 与 RNA 之间的杂交

13. 从噬菌体中分离的连接酶（　　）

A. 需要 ATP 作辅助因子　　　　B. 需要 NAD^+ 作辅助因子

C. 可以进行平末端和黏性末端的连接　　D. 作用时不需要模板

14. cDNA 是指（　　）

A. 在体外经反转录合成的与 mRNA 互补的 DNA

B. 在体外经反转录合成的与 mRNA 互补的 RNA

C. 在体外经反转录合成的与 mDNA 互补的 DNA

D. 在体内经反转录合成的与 mRNA 互补的 DNA

E. 在体内经反转录合成的与 mRNA 互补的 RNA

15. 将 DNA 转移到硝基纤维素膜上而杂交的技术叫（　　）

A. Southern-blotting　　　　　　　B. Northern-blotting

C. Western-blotting　　　　　　　D. Eastern-blotting

16. 克隆的基因组 DNA 可在多种系统表达，例外的是（　　）

A. 酵母表达体系　　　　　　　　B. E.coli 表达体系

C. 昆虫表达体系　　　　　　　　D. COS 细胞表达体系

E. CHO 细胞表达体系

17. 表达人类蛋白质的最理想的细胞体系是（　　）

A. 原核表达体系　　　　　　　　B. 酵母表达体系

C. E.coli 表达体系　　　　　　　D. 昆虫表达体系

E. 哺乳类细胞表达体系

18. 下列哪种方法不能将表达载体导入真核细胞（　　）

A. 电穿孔　　　　B. 脂质体转染　　　C. 氯化钙转染

D. 显微注射　　　E. 磷酸钙转染

19. 有关 DNA 链末端终止法的不正确说法是（　　）

A. 需要 ddNMP　　　　　　　　B. 需要 dNTP

C. dNTP：ddNTP 的要合适　　　D. 需要放射性同位素或荧光染料

E. 需要 ddNTP

20. 限制性核酸内切酶识别的顺序通常是（　　）

A. 操纵子　　　　B. 启动子　　　　C. SD 序列

D. 回文结构　　　E. 长末端重复序列

四、判断题（在题后括号内标明对或错）

1. T₄ DNA 连接酶和 E.coli 连接酶都能催化平末端和黏性末端的连接。（　　）

2. T₄ DNA 连接酶和 E.coli 连接酶都能催化双链 DNA 和单链 DNA 的连接。（　　）

3. T₄ DNA 连接酶和 E.coli 连接酶作用时都需要 NAD⁺ 和 ATP 作为辅助因子。（　　）

4. Southern 印迹法、Northern 印迹法和 Western 印迹法是分别用于研究 DNA、RNA 和蛋白质转移的有关技术。（　　）

5. 根据限制酶的结构、所需辅助因子及裂解 DNA 方式不同将其分为 3 类，3 类限制酶都能切割双链 DNA。（   ）

6. 迄今所发现的限制性内切核酸酶既能作用于双链 DNA，又能作用于单链 DNA。（   ）

7. DNA 多态性就是限制性片段长度多态性。（   ）

8. 能够在不同的宿主细胞中复制的质粒叫穿梭质粒。（   ）

9. pBR322 可以用于平性末端、黏性末端连接和同聚物接尾法连接，无论用哪种方法连接，都可以用同一种酶回收外源片段。（   ）

10. 所谓引物就是同 DNA 互补的一小段 RNA 分子。（   ）

11. 如果 PCR 的每一次循环都把上一次循环中合成的 DNA 加了一倍，那么，10 个循环就扩增了 1000 倍，20 个循环就扩增了 100 万倍，30 个循环就扩增了 10 亿倍。（   ）

12. PCR 既能用于扩增任何天然存在的核苷酸序列，又能重新设计任何天然核苷酸序列的两个末端。因此，任意两个天然存在的 DNA 序列都能快速有效地扩增，并拼接在一起。（   ）

五、简答题

1. 如果想让人的胰岛素基因在细菌中表达生产人胰岛素，你认为至少应当满足哪些条件？

2. 如果你有翻译活性很高的人胰岛素 mRNA，试设计两个实验对一个克隆基因片段进行鉴定，以确定它是否是胰岛素基因。

3. 简述核酸分子杂交技术的基本原理和目前最广泛使用的技术。

4. 简述 PCR 技术的基本原理并举例说明其应用。

5. 简述 Southern-blot 主要流程。

6. 简述 Sanger 双脱氧链终止法的原理。

 参考答案

一、名词解释

1. DNA 重组技术是利用多种限制性内切酶和 DNA 连接酶等工具酶，以 DNA 为操作对象，在细胞外将一种外源 DNA 和载体 DNA 重新组合连接，形成重组 DNA，然后将重组 DNA 转入宿主细胞，使外源基因 DNA 在宿主细胞中随宿主细胞的繁殖而增殖，并在宿主细胞中得到表达，最终获得基因表达产物或改变生物原有的遗传性状的技术，它是目前应用最广泛的核酸技术。

2. 核酸分子杂交是指带有互补的特定核苷酸序列的单链 DNA 或 RNA，当它们混合在一起时，其相应的同源区段将会退火形成双链结构。根据核苷酸的种类来

源可形成 DNA/DNA、DNA/RNA 和 RNA/RNA 三种杂交类型。

3. 质粒指的是细菌染色体外能自主复制的双链闭环 DNA 分子。

4. 基因文库是指含有某种生物体全部基因的随机片段的重组 DNA 克隆群体。

5. 中文名称聚合酶链式反应，是 DNA 体外快速扩增的一种生物学技术，又称无细胞分子克隆。其基本原理是：DNA 在 DNA 聚合酶的作用下，经过高温变性、低温退火、中温延伸三个基本过程，实现 DNA 片段的体外扩增。

6. 在 DNA 重组过程中，将质粒或重组质粒导入宿主细胞的过程称转化。

7. 载体是携带外源 DNA 片段进入宿主细胞进行扩增和表达的 DNA 分子。

8. 以噬菌体为媒介将外源 DNA 导入细菌的过程称转导。

9. 定点诱变指在理化因素的作用下，对已知 DNA 序列进行增删和转换核苷酸，使其产生突变。

10. 限制性内切酶是一类能识别双链 DNA 分子中某种特定核苷酸序列，并由此切割 DNA 双链结构的核酸内切酶。

11. 将噬菌体、病毒为载体构建的重组体导入宿主细胞的过程称转染。

12. 限制酶的识别序列大部分具有纵轴对称结构的反向重复序列，称为回文序列。

13. cDNA 文库是由 mRNA 逆转录合成 cDNA，再与载体重组扩增后形成的克隆群体。

二、填空题

1. 四种脱氧核苷三磷酸，引物，高温 DNA 聚合酶，Mg^{2+}

2. 自我复制，克隆位点，筛选标记，分子量小，拷贝数多

3. NAD^+，ATP

4. $5'$端的磷酸基，自身环化

5. 属名的第一个字母，种名的前两个字母，株名

6. 限制性片段长度多态性

7. 遗传检测法，物理检测法，免疫化学检测法，核酸杂交法

8. 直接从染色体中分离，人工合成，逆转录合成 cDNA，构建基因文库，聚合酶链式反应

9. 易于接受外源 DNA，必须无限制酶，易于生长和筛选，符合安全标准，在自然界不能独立生存

10. $5'\rightarrow3'$的 DNA 聚合酶活性，$3'\rightarrow5'$的外切酶活性

11. 变性，退火，延伸

三、单项选择题

1. A 2. E 3. A 4. E 5. D 6. B 7. C 8. A 9. C 10. C 11. B 12. D 13. B 14. A 15. A 16. B 17. E 18. C 19. A 20. D

四、判断题

1. 错。T₄ DNA 连接酶都能催化平末端和黏性末端的连接，而 *E. coli* 连接酶只能连接黏端。

2. 错。T₄ DNA 连接酶和 *E. coli* 连接酶都能催化单链 DNA 的连接。

3. 错。T₄ DNA 连接酶需要 ATP 作为辅助因子，*E. coli* 连接酶需要 NAD^+ 作为辅助因子。

4. 对。

5. 对。

6. 错。迄今所发现的限制性内切核酸酶只能作用于双链 DNA。

7. 错。DNA 多态性是指染色体 DNA 等位基因中核苷酸排列的差异性；DNA 限制性片段长度多态性是利用限制性内切酶能识别 DNA 分子的特异序列，并在特定序列处切开 DNA 分子，即产生限制性片段的特性。对于不同种群的生物个体而言，它们的 DNA 序列存在差别。如果这种差别刚好发生在内切酶的酶切位点，并使内切酶识别序列变成了不能识别序列或这种差别使本来不是内切酶识别位点的 DNA 序列变成了内切酶识别位点，这样就导致了用限制性内切酶酶切该 DNA 序列时，就会少一个或多一个酶切位点，结果产生少一个或多一个的酶切片段。这样就形成了用同一种限制性内切酶切割不同物种 DNA 序列时，产生不同长度大小、不同数量的限制性酶切片段。再将这些片段电泳、转膜、变性，与标记过的探针进行杂交、洗膜，即可分析其多态性结果。

8. 对。

9. 对。

10. 错。引物可以是单链 DNA 也可以是单链 RNA。

11. 对。

12. 对。

五、简答题

1.【答】（1）要有原核启动子控制。

（2）翻译起始密码子与 SD 序列之间距离适当。

（3）胰岛素基因内不能含有内含子（需用 cDNA）。

2.【答】（1）以胰岛素 mRNA 为模板合成的 ^{32}P 标记的 cDNA 探针，对克隆片段进行 Southern 杂交。

（2）克隆片段与胰岛素 mRNA 杂交，mRNA 翻译活性丧失，该克隆片段为胰岛素基因。

3.【答】核酸分子杂交技术是根据带有互补的特定核苷酸序列的单链 DNA 或 RNA，当它们混合在一起时，其相应的同源区段将会退火形成双链结构，不同来源的 DNA 或 RNA 形成杂交体这一基本原理建立起来的。

常用技术包括 Southern-blot、Northern-blot、dot-blot 和菌落（或噬菌斑）杂交，可从不同组织、不同水平快速检测特异的核酸（DNA 和 RNA）分子。

4.【答】基本原理是：DNA 在 DNA 聚合酶的作用下，经过高温变性、低温退火、中温延伸三个基本过程，实现 DNA 片段的体外扩增。PCR 技术不仅可用来扩增与分离目的基因，而且在临床医疗诊断、胎儿性别鉴定、癌症治疗的监控、基因突变与检测、分子进化研究，以及法医学等诸多领域都有着重要的用途。

5.【答】先将 DNA 电泳分离，经碱变性处理后转移到硝酸纤维素滤膜，在 80℃下烘烤进行固定，然后与探针孵育杂交，漂洗后进行信号检测。

6.【答】利用了 DNA 聚合酶所具有的两种催化反应特性：第一，DNA 聚合酶能以单链 DNA 为模板，准确合成出 DNA 的互补链；第二，DNA 聚合酶能以 $2',3'$-双脱氧核苷三磷酸为底物，使之参入到寡核苷酸链的 $3'$-末端，从而终止 DNA 链的延长。当 $2',3'$-双脱氧胸腺嘧啶核苷三磷酸（ddTTP）参入到延长的寡核苷酸链末端，取代了脱氧胸腺嘧啶（dTTP）之后，由于 ddTTP 没有了 $3'$-OH 基团，所以寡核苷酸链不能继续延长（终止了链的合成），于是在本该由 dTTP 参入的位置上，发生了特异的链终止效应。如果在同一个反应试管中，同时加入一种 DNA 合成的引物和模板、DNA 聚合酶Ⅰ、ddTTP、dTTP 以及其他 3 种脱氧核苷三磷酸（dATP、dGTP、dCTP），而其中有一种是带 ^{32}P 放射性标记的，那么经过适当的温育之后，便会产生不同长度的 DNA 片段混合物。它们都具有同样的 $5'$-末端，并在 $3'$-末端的 ddTTP 处终止。将这种混合物加到变性凝胶上进行电泳分离，就可以获得一系列全部以 $3'$-末端 ddTTP 为终止残基的 DNA 片段的电泳谱带模式。使用相应于其他核苷酸的抑制物，如 ddATP、ddGTP 和 ddCTP，并分别在不同反应试管中温育，然后连同第一个 ddTTP 反应，平行加到同一变性凝胶上进行电泳分离。最后再通过放射自显影，检测单链 DNA 片段的放射性谱带，便可从放射性 X 光底片上直接读出 DNA 的核苷酸顺序。

第**18**章

→》 水、无机盐代谢及
酸碱平衡

本章概括了水的许多特殊生理功能和 Na^+、K^+、Cl^- 等在维持体液渗透压平衡和酸碱平衡等过程中的重要作用。具体要求：

1. 掌握体液的缓冲体系及肺和肾对体液的酸碱平衡作用。
2. 掌握体液的平衡及调节。
3. 熟悉水和无机盐的生理功能、分布与组成特点。
4. 了解体液中钙、磷等微量元素的重要调节作用。

水和无机盐在动物生命活动中起着非常重要的作用，它参与机体物质的摄取、转运、排泄及代谢反应等过程，同时维持着体内体液的平衡。

体液是指存在于动物体内的水和溶解于水中的各种物质（如无机盐、葡萄糖、氨基酸、蛋白质等）所组成的一种液体。它包括两部分，即细胞外液和细胞内液，两者的化学成分存在着很大的差异。细胞外液中含量最多的阳离子是 Na^+，阴离子则以 Cl^- 和 HCO_3^- 为主要成分。细胞内液以蛋白质为主要阴离子，主要阳离子是 K^+，其次是 Mg^{2+}，而 Na^+ 则很少。由此可见，细胞外液和细胞内液之间在阳离子方面的突出差异是 Na^+、K^+ 浓度的悬殊，已知这种差异是许多生理现象所必需的。

水是机体含量最多的成分，动物生命活动过程中许多特殊生理功能都依赖于水的存在。Na^+、K^+、Cl^- 是体液内主要的电解质，机体通过对它们的摄入与排泄，使其与外界环境达到平衡。

Na^+、K^+、Cl^- 等在维持体液渗透平衡和酸碱平衡等过程中都起着非常重要的作用。体液的酸碱平衡是指体液能经常保持 pH 的相对恒定。这种平衡是通过体液的缓冲体系，由肺呼出二氧化碳和由肾排出酸性或碱性物质来调节的。

体内无机盐以钙、磷含量最多，约占机体总灰分的 70% 以上。它们主要以羟磷灰石的形式构成骨盐，分布在骨骼和牙齿中。体液中钙、磷的含量虽只占其总量的极少部分，但参与机体多方面的生理活动和生物化学过程，同样起着非常重要的调节作用。

现已发现，动物体内的微量元素多达 50 余种，其中有 14 种已肯定为必需的微量元素。微量元素在畜禽体内的存在方式是多种多样的。有的以离子形式存在，有的与蛋白质紧密结合，有的则形成有机化合物等。这种存在方式往往与它们的生理功能、运输或贮存有关。已知大多微量元素的生理功能是维持酶的活性和构成某些生物活性物质的成分。

重点难点

1. 水和无机盐在体内的重要生理功能。

2. 体液的概念：（1）体液的组成；（2）体液的交流；（3）水、钠、钾代谢。

3. 体液的酸碱平衡及调节。

（1）血液缓冲体系调节；（2）肺呼吸作用调节；（3）肾脏调节；（4）酸碱平衡紊乱。

4. 钙和无机磷代谢；

5. 其他无机盐代谢。

 例题解析

例 1. 下面关于 $1,25-(OH)_2-D_3$ 的叙述，哪项是错误的？（　　）

A. 调节钙磷代谢，使血钙升高

B. 可以认为是一种激素

C. 是由维生素 D_3 经肝脏直接转化而成

D. 是维生素 D_3 的活性形式

解析： 答案为 C。本题考点：$1,25-(OH)_2-D_3$ 的生物合成及生理作用。

$1,25-(OH)_2-D_3$ 是由维生素 D_3 经过肝脏、肾一系列酶促反应合成的。它是一种甾体类激素，通过作用于小肠和骨发挥调节钙磷代谢的作用。

例 2. 下面对 Ca^{2+} 的生理功能的叙述，正确的是（　　）

A. 增加神经肌肉兴奋性，增加心肌兴奋性

B. 增加神经肌肉兴奋性，降低心肌兴奋性

C. 降低神经肌肉兴奋性，增加心肌兴奋性

D. 降低神经肌肉兴奋性，降低心肌兴奋性

解析： 答案为 C。本题考点：钙的生理功能。

钙在体内的生理作用包括：骨化作用，第二信使作用，启动骨骼肌和心肌细胞收缩，降低神经肌肉兴奋性，参与突触传递，参与血液凝固，影响细胞膜离子通透性，影响细胞黏附等。

 练习题

一、名词解释

1. 体液（body fluid）

2. 钠泵（sodium pump）

3. 抗利尿激素（antidiuretic hormone）

4. 醛固酮（aldosterone）

5. 脱水（dehydration）

6. 低血钾（hypokalemia）

7. 碱储（alkali reserve）

8. 酸碱平衡（acid-base balance）

9. 缓冲体系（buffer system）

10. 代谢性酸中毒（metabolic acidosis）

11. 成骨作用（bone formation）

12. 必需微量元素（essential trace element）

二、填空题

1. 细胞内液体的总和称为_____，细胞外液包括_____和_____两个主要部分。

2. 细胞外液的主要阳离子是_____，主要阴离子是_____和_____。

3. 细胞内液的主要阳离子是_____，主要阴离子是_____和_____。

4. 组织间液与血浆的交换在_____进行，影响交换的因素有_____、_____、_____和_____。

5. 调节水、电解质平衡的两个主要激素为_____和_____。

6. 细胞内液与细胞间液的渗透平衡主要靠_____出入细胞膜维持。

7. 血液中缓冲碳酸的缓冲体系主要是_____缓冲体系。

8. 体内生物氧化生成的水称为_____。

9. 血浆中的 $NaHCO_3$ 称为_____，原发性 $NaHCO_3$ 减少称为_____。

10. 原发性低血钾往往伴有_____中毒和_____性尿。

11. 临床上同时注射葡萄糖和胰岛素，血钾含量_____。

三、单项选择题

1. 正常成年人体液约占体重的（　　）

A. 15%　　　　　　B. 20%　　　　　　C. 40%　　　　　　D. 60%

2. 人体内下列哪种酸产量最多？（　　）

A. 乳酸　　　　　　B. 碳酸　　　　　　C. 硫酸　　　　　　D. 尿酸

3. 人血浆渗透压的正常范围是（　　）

A. 190～220mOsm　　　　　　　　B. 220～250mOsm

C. 250～280mOsm　　　　　　　　D. 310～340mOsm

4. 维持血浆渗透压的主要物质为（　　）

A. 蛋白质　　　　B. HPO_4^{2-}　　　　C. 尿素　　　　D. Na^+ 和 Cl^-

5. 血浆中碳酸的 pK_a' 是 6.1，一血浆样品的 pH 是 7.1，HCO_3^- 对 H_2CO_3 的比值是（　　）。

A. 100∶1　　　　B. 50∶1　　　　C. 20∶1　　　　D. 10∶1

6. 成人每日最低需水量为（　　）。

A. 500ml　　　　B. 1000ml　　　　C. 1500ml　　　　D. 2000ml

7. 下列哪种食物为产碱食物？（　　）

A. 肉类　　　　　　　B. 鱼类　　　　　　　C. 蛋类　　　　　　　D. 蔬菜和水果

8. 大量饮水后（　　）。

A. 细胞外液渗透压降低，细胞内液渗透压不变

B. 细胞外液渗透压不变，细胞内液渗透压降低

C. 细胞内液渗透压升高，细胞外液渗透压降低

D. 细胞外液渗透压降低，细胞内液渗透压降低

9. 一酮症患者尿样品 pH 为 4.8，含乙酰乙酸和乙酰乙酸盐共 30mmol，已知乙酰乙酸的 $pK_a' = 4.8$，有多少毫摩尔的 Na^+ 随酮酸排泄？（　　）

A. 5　　　　　　　　B. 10　　　　　　　　C. 15　　　　　　　　D. 20

10. 刺激肾上腺皮质分泌醛固酮的直接因子为（　　）

A. 促肾上腺皮质激素　B. 肾素　　　　　　　C. 血管紧张素Ⅱ　　　D. 血管紧张素原

11. 肾脏调节酸碱平衡作用不包括下列哪一项？（　　）

A. 肾脏能重吸收原尿中的 HCO_3^-

B. 肾脏能将原尿中部分 Na_2HPO_4 以 NaH_2PO_4 形式排出

C. 肾脏能排出乳酸等有机酸

D. 肾脏能排出少量 HCl

12. 脱水时（　　）

A. 血浆 Na^+ 浓度增高　　　　　　　　　B. 血浆 Na^+ 浓度降低

C. 血浆 Na^+ 浓度不变　　　　　　　　　D. 根据实际情况判断 Na^+ 浓度

四、多项选择题

1. 下列哪种液体属于细胞外液？（　　）

A. 消化液　　　　　　B. 脑脊液　　　　　　C. 泪液　　　　　　　D. 淋巴液

2. 血浆缓冲液体系包括（　　）

A. $NaHCO_3 : H_2CO_3$　　　　　　　　　B. $Na_2HPO_3 : NaH_2PO_4$

C. Na-蛋白质：H-蛋白质　　　　　　　D. $K_2HPO_4 : KH_2PO_4$

3. 下列哪种因素可以引起低血钾？（　　）

A. 禁食　　　　　　　B. 呕吐　　　　　　　C. 腹泻　　　　　　　D. 严重烧伤

4. 缓冲液的 pH 值决定于（　　）

A. 弱酸的浓度　　　　　　　　　　　　B. 弱酸的 pK_a'

C. 结合碱的浓度　　　　　　　　　　　D. 结合碱与弱酸浓度的比值

5. 下列哪种溶液为等渗溶液？（　　）

A. 5% 葡萄糖液　　　　　　　　　　　B. 10% 葡萄糖液

C. 0.9% 氯化钠液　　　　　　　　　　D. 5% 葡萄糖盐水

6. 肾脏对酸碱平衡的作用是（　　）

A. 正常时有排酸保碱作用　　　　　　　B. 酸中毒时排酸保碱作用增强

C. 碱中毒时排酸保碱作用减弱　　　　　D. 排出 H^+、重吸收 HCO_3^-

7. 参与缓冲作用或其调节作用的组织有（　　　）

A. 肺　　　　　　　　B. 体细胞　　　　　C. 肾　　　　　　　D. 骨

8. 判定代谢性酸碱平衡紊乱的指标是（　　　）

A. pH　　　　　　　　B. 碱剩余　　　　　C. p_{CO_2}　　　　D. CO_2 结合力

9. 肺对酸碱平衡的调节作用为（　　　）

A. 当血浆 pH 升高时，呼吸变浅变慢

B. 当血浆 CO_2 浓度增加时，呼吸加深加快

C. 当血浆 p_{CO_2} 增加时，呼吸加深加快

D. 当血浆〔H^+〕降低时，呼吸加深加快

10. 能降低神经肌肉应激性的无机盐离子有（　　　）

A. K^+　　　　　　　B. Ca^{2+}　　　　　C. Na^+　　　　　　D. Mg^{2+}

五、简答题

1. 水的生理作用有哪些？

2. 体液的酸碱平衡是怎样调节的？

3. 甲状旁腺素有哪些主要作用？

4. 为什么肝肾疾患也可以引起佝偻病和软骨病？

 参考答案

一、名词解释

1. 体液是指存在于动物体内的水和溶解于水中的各种物质（如无机盐、葡萄糖、氨基酸、蛋白质等）所组成的一种液体。

2. 钠泵即细胞膜上存在的 Na^+-K^+ ATP 酶。

3. 抗利尿激素又名加压素（vasopressin），是下丘脑视上核与室旁核分泌的一种肽类激素，此激素被分泌后即沿下丘脑-神经束进入神经垂体贮存。ADH 由神经垂体释放入血液，随血液循环至靶器官——肾起调节作用。

4. 醛固酮是一种类固醇类激素（盐皮质激素家族），主要作用于肾脏，进行钠离子及水分的再吸收。

5. 当机体丢失的水量超过其摄入量而引起体内水量缺乏时，称为脱水。

6. 血清钾的浓度低于正常时称为低血钾症。

7. 我们把血浆中所含 HCO_3^- 的量称为碱储，意即中和酸的碱储备。

8. 酸碱平衡就是指液（特别是血液）能经常保持 pH 值的相对恒定。

9. 缓冲体系指在机体血液具有完备而有效的调节体液酸碱平衡的机制，它们通过一系列的调节作用，最后排出多余的酸性和碱性物质，使体液的 pH 值维持在

一个很窄的范围内。

10. 代谢性酸中毒是临床上最常见和最重要的一种酸碱平衡紊乱。产生的原因主要是体内产酸过多或丢碱过多，两种情况都可引起血浆中 $NaHCO_3$ 减少，$[NaHCO_3]/[H_2CO_3]$ 值下降，使血液 pH 下降。

11. 成骨细胞能分泌骨基质并随着钙盐的沉积而形成骨的作用，称为成骨作用。

12. 必需微量元素指微量元素都各自具有特殊的生理功能，而且当畜禽体内缺乏它们时，会患有特殊的疾病的微量元素。

二、填空题

1. 细胞内液，组织间液，血浆

2. Na^+，Cl^-，HCO_3^-

3. K^+，PO_4^{3-}，蛋白质

4. 毛细血管，毛细血管血压，血浆胶体渗透压，组织液胶体渗透压，组织液静水压

5. 抗利尿激素，醛固酮

6. 水

7. 血红蛋白

8. 代谢水

9. 碱储备，代谢性酸中毒

10. 碱，酸

11. 降低

三、单项选择题

1. D 2. B 3. D 4. D 5. D 6. C 7. D 8. D 9. C 10. C 11. D 12. D

四、多项选择题

1. ABCD 2. ABC 3. ABC 4. BD 5. AC 6. ABCD 7. ABCD 8. BD 9. AC 10. BD

五、简答题

1. 【答】水是机体中含量最多的成分，也是维持机体正常生理活动的必需物质，动物生命活动过程中许多特殊生理功能都有赖于水的存在。

水是机体代谢反应的介质，机体要求水的含量适当，才能促进和加速化学反应的进行，水本身也参与许多代谢反应，如水解和加水（水合）等反应过程；营养物质进入细胞以及细胞代谢产物运至其他组织或排出体外，都需要有足够的水才能进

行；水的比热值大，流动性也大，所以水能起到调节体温的作用；此外，水还具有润滑作用。

2.【答】机体通过体液的缓冲体系，由肺呼出二氧化碳和由肾排出酸性或碱性物质来调节体液的酸碱平衡。

（1）血液的缓冲体系　动物体液中的缓冲体系是由一种弱酸和其盐构成的。血液中主要的缓冲体系有以下几种。

碳酸氢盐缓冲体系：它是由碳酸（弱酸）和碳酸氢盐（钠盐或钾盐）组成的。

磷酸盐缓冲体系：在血浆中它是由磷酸二氢钠（NaH_2PO_4）和磷酸氢二钠（Na_2HPO_4）组成的，而红细胞内则主要是磷酸二氢钾（KH_2PO_4）和磷酸氢二钾（K_2HPO_4）。

血浆蛋白体系及血红蛋白体系：

① 血浆蛋白体系。血浆中含有数种弱酸性蛋白质，它也可以生成相应的盐，从而构成 Na-蛋白质/H-蛋白质缓冲体系。血浆蛋白缓冲体系的缓冲能力较小，只有碳酸氢盐缓冲体系的 1/10 左右。

② 血红蛋白体系。此体系仅存在于红细胞中。血红蛋白也是一种弱酸，血红蛋白与氧结合后生成的氧合血红蛋白也是一种弱酸，在红细胞内均可以钾盐形式存在，分别构成血红蛋白缓冲体系 KHb/HHb 和氧合血红蛋白缓冲体系 $KHbO_2$/$HHbO_2$。

当酸或碱进入血液时会使血浆中 H_2CO_3 和 HCO_3^- 的浓度改变，这种趋向单靠缓冲作用是不能解决的，必须靠肺和肾的调节机能来调整。

（2）肺呼吸对血浆中碳酸浓度的调节　通过加强或减弱二氧化碳的呼出，从而调节血浆和体液中 H_2CO_3 的浓度，使血浆中 $[HCO_3^-]/[H_2CO_3]$ 的值趋于正常，从而使血浆的 pH 趋于正常。

（3）肾脏的调节作用　肾脏通过肾小管的重吸收作用和分泌作用排出酸性或碱性物质，以维持血浆的碱储和 pH 的恒定。

3.【答】甲状旁腺素（PTH）是甲状旁腺主细胞分泌的一种蛋白质激素，它的主要作用有：①直接作用于骨组织，促使间质细胞转变为破骨细胞，抑制破骨细胞转变为成骨细胞，使破骨细胞的活性增强并使柠檬酸含量增多，从而发生溶骨作用而升高血钙。②能促进肾小管对钙的重吸收和对磷酸盐的排泄，血磷的降低有利于血钙的升高。③促进肾脏对维生素 D 的活化，使 25-(OH)-D_3 转为 $1,25\text{-(OH)}_2\text{-D}_3$，后者有促进钙在肠中的吸收的作用，间接促进血钙的升高。

4.【答】维生素 D 缺乏时，钙、磷代谢障碍儿童易发生佝偻病，成人可发生骨质软化症。此外，肝、肾功能严重障碍维生素 D 转变为 $1,25\text{-(OH)}_2\text{-D}_3$ 的能力降低时，亦可发生佝偻病和骨质软化症。此时用维生素 D 治疗无效，用 $1,25\text{-(OH)}_2\text{-D}_3$ 治疗则效果显著，故称抗维生素 D 佝偻病或肾性佝偻病。

第 **19** 章

─≫ 血液化学

目的要求

1. 掌握成熟红细胞能量代谢的特点、主要代谢途径及意义。
2. 掌握免疫球蛋白的结构及功能。
3. 熟悉血浆蛋白的种类及功能。
4. 了解血红蛋白的分解代谢、胆红素的生成过程。

内容提要

血液是机体的重要组成部分，除含有白细胞、红细胞和血小板等有形成分以外，还含有种类繁多具有重要生理功能的蛋白质以及几乎所有体内物质的代谢产物。

血液中 H_2O 的含量大约占 $81\%\sim86\%$，是这些物质的良好溶剂。血液中的蛋白质具有运输、催化、免疫和调节等多种功能。如免疫球蛋白可以与抗原特异性结合，从而保护机体不受外来蛋白的侵犯；血红蛋白具有运输 O_2 和 CO_2 的功能；纤维蛋白原转化为纤维蛋白的过程就是血液凝固的过程；血液中的许多酶都参与血液成分的代谢和转变反应。血液中的一个重要的物质代谢是胆色素的代谢。胆色素的代谢过程是胆绿素经过胆红素、胆素原等环节，最终生成粪便中或尿中的胆素而排出体外的过程。

因为血液是联系和沟通体内各个组织的媒介，所以，血液化学成分的分析对疾病的诊断具有非常重要的意义。

重点难点

1. 血液化学成分及各自的功能。
2. 血浆蛋白质、免疫球蛋白、红细胞的代谢。

例题解析

例 1. 简述血浆蛋白质的代谢途径。

解析：（1）进入消化道　各消化液中都或多或少地含有一些血浆蛋白质，它们可在这里消化降解成氨基酸，进入氨基酸代谢库。据分析，清蛋白有 70% 是进入消化道进行分解的。

（2）在肾中分解和排出　在正常情况下，分子量大于 90000 的血浆蛋白质较难通过肾小球。而能够通过肾小球进入小球滤液的蛋白质中，约有 95% 可被近曲小管重吸收。因此，尿液中来自血浆的蛋白质甚微。被肾小管重吸收的血浆蛋白质则可在小管细胞中降解成氨基酸再进入血液。

（3）在肝脏和单核巨噬细胞系统中分解　体内很多组织都可通过吞噬或胞饮作用摄取血浆蛋白质，并由溶酶体将其分解。其中，以肝脏和单核巨噬细胞系统较为重要。

（4）随排泄性分泌液排出　有很少一部分血浆蛋白质可随排泄性分泌液而排

出，如支气管和鼻黏膜分泌液、精液和阴道分泌液、乳汁、泪液和汗液等。

例2. 试分析血浆白蛋白降低的可能原因。

解析：（1）白蛋白合成速度下降　肝脏是合成白蛋白的主要器官。当肝脏在某些病理状态如磷或氯仿中毒情况下，会影响肝脏合成白蛋白的能力，使其含量下降。

（2）蛋白质的长期大量流失　某些肾脏疾病会引起肾小球通透性增加，造成蛋白质随尿液大量流失，因而导致血浆蛋白质含量下降。

（3）血浆球蛋白的增加引起白蛋白减少　在机体受细菌或病毒感染的情况下，由于机体免疫作用的结果，血浆球蛋白含量增加。机体为了保持血浆渗透压的恒定，因而使血浆白蛋白含量下降。

（4）长期营养不足　在球蛋白中，α-球蛋白在一般疾病中其含量不会降低，而在感冒和创伤等情况下会升高。β-球蛋白的改变往往与脂蛋白代谢不正常有关。γ-球蛋白在感染时会升高，特别是细菌、原虫和肠道寄生虫感染时会升高，这是由于体内抗体合成增多的结果。而白蛋白在大多数疾病状态下，其含量变化很小或无变化。此时，虽然血清中可以具有很高的抗体滴度，但血清蛋白质的各部分在重量上并没有明显变化。

例3. 在养猪生产中，常因饲喂大量保存不善的萝卜、白菜等而发生中毒事件，试解释其中毒机制。

解析：萝卜、白菜等的叶子中含有较多量的硝酸盐，如果保存或加工不善，由于微生物的作用，可将硝酸盐还原为亚硝酸盐。而亚硝酸盐可将血红蛋白氧化为高铁血红蛋白，在高铁血红蛋白中，二价铁被氧化为三价，失去了运输氧的能力，因而发生中毒现象。

例4. 简述红细胞中ATP的主要生理功能。

解析：（1）维持红细胞膜上钠泵（Na^+-K^+-ATPase）的运转。（2）维持红细胞膜上钙泵（Ca^{2+}-ATPase）的运转。（3）维持红细胞膜上脂质与血浆脂蛋白中的脂质进行交换。（4）少量用于谷胱甘肽、NAD^+的生物合成。（5）用于葡萄糖的活化，启动糖酵解过程。

例5. 简述血浆蛋白质的主要特点。

解析：（1）绝大多数血浆蛋白质在肝合成。（2）血浆蛋白质为分泌型蛋白质，其合成场所一般位于膜结合多核糖体上。（3）除白蛋白外，几乎所有血浆蛋白质均为糖蛋白。（4）许多血浆蛋白质呈现遗传多态性。（5）每种血浆蛋白质均有自己独特的半衰期。（6）急性时相蛋白在急性炎症或组织损伤时增高。

 练习题

一、名词解释

1. 血清蛋白系数（serum protein coefficient）

2. 免疫球蛋白（immunoglobulin）

3. 半抗原（hapten）

4. 抗原决定簇（antigenic determinant）

5. 攻膜复合体（attack membrane complex）

6. 黄疸（icterus）

7. 2,3-二磷酸甘油支路（2,3-bisphosphoglycerate pathway）

二、填空题

1. 血浆中数量较多的蛋白质一般分为_____、_____、_____和_____。

2. 血浆中的酶类，依来源及功能可分为_____、_____和_____。

3. 血红素合成的原料是_____、_____和_____；合成部位是由_____到_____再到_____；限速酶是_____。

4. 血红蛋白是红细胞中最主要的成分，由_____和_____组成。血红素主要在_____和_____中合成。

5. 体内生成促红细胞生成素的主要器官是_____。

6. 血小板内富含_____，它与血小板的黏着、聚集和释放反应以及血块回缩等功能有密切关系。

7. 血浆蛋白质中以_____的再生速度为最快，_____次之，_____最慢。

8. 用_____将 IgG 初步水解时，可断裂成 3 个片段，即 2 个 Fab 片段及 1 个 Fc 片段。

三、单项选择题

1. 成熟红细胞中 NADPH 主要来源于（   ）

A. 糖酵解　　　　　　B. 脂肪酸氧化　　　C. 糖醛酸途径

D. 磷酸戊糖途径　　　E. 2,3-DPG 支路

2. 血清与血浆的区别在于血清内无（   ）

A. 代谢产物　　　　　B. 维生素　　　　　C. 糖类　　　　　　D. 纤维蛋白原

3. 在血浆内含有的下列物质中，肝脏不能合成的是（   ）

A. 纤维蛋白原　　　B. 凝血酶原　　　C. 免疫球蛋白

D. 高密度脂蛋白　　E. 清蛋白

4. 成熟红细胞的能量主要来源于（   ）

A. 血浆葡萄糖　　　B. 游离氨基酸　　　C. 游离脂肪酸

D. 酮体　　　　　　E. 糖原

5. 2,3-DPG 可使（   ）

A. Hb 与 CO_2 结合　　　　　　　B. Hb 在肺中易与 O_2 结合

C. Hb 在肺中易将 O_2 放出　　　　D. Hb 在组织中易将 O_2 放出

E. Hb 在组织中易与 O_2 结合

6. 血清白蛋白（pI 4.7）和血红蛋白（pI 6.8）在以下哪种 pH 值时分离效果最好？（　　）

A. 4.70～4.80　　　B. 0～8.20　　　C. 6.90～7.00

D. 5.80～5.90　　　E. 8.70～7.10

7. 血清白蛋白没有下列哪种功能？（　　）

A. 抗体　　　B. 营养作用　　　C. 作为运输载体

D. 缓冲作用　　　E. 维持胶体渗透压

8. 血浆胶体渗透压主要取决于（　　）

A. 球蛋白　　　B. 白蛋白　　　C. 有机金属离子

D. 无机酸根离子　　　E. 葡萄糖

9. 能合成血红素的细胞是（　　）

A. 红细胞　　　B. 白细胞　　　C. 网织红细胞

D. 血小板　　　E. 以上都不能合成

10. 有关成熟红细胞的代谢特点的叙述，哪项是错误的？（　　）

A. 人红细胞内有很多的谷胱甘肽，它是主要的抗氧化剂

B. 红细胞内的糖酵解主要通过 2,3-DPG 支路生成乳酸

C. 红细胞内经糖酵解产生的 ATP，主要用来维持红细胞膜的"钠泵"功能

D. 红细胞内经常有少量 MHb 产生，但可以在脱氢酶催化下使其还原

E. 成熟红细胞内无线粒体氧化途径，因此进入红细胞的葡萄糖靠糖酵解供能

11. 哺乳动物成熟的红细胞获得能量的主要方式是（　　）

A. 糖酵解　　　B. 脂肪酸氧化　　　C. 糖醛酸途径

D. 磷酸戊糖途径　　　E. 2,3-DPG 支路

四、多项选择题

1. 以下属于血液基本功能的有（　　）

A. 运输营养物质　　　B. 调节酸碱平衡

C. 防止大出血　　　D. 防止血管阻塞

2. 具有运输作用的血浆蛋白质有（　　）

A. 白蛋白　　　B. 载脂蛋白　　　C. 转铁蛋白　　　D. 血浆铜蓝蛋白

3. 合成血红素的主要原料有（　　）

A. 乙酰 CoA　　　B. 甘氨酸　　　C. 琥珀酰 CoA　　　D. Fe^{2+}

4. 关于血红素合成的叙述正确的有（　　）。

A. 多种细胞能合成血红素

B. 合成的起始和最末阶段均在线粒体中进行

C. ALA 脱水酶是血红素合成的调节酶

D. ALA 在细胞质内合成

5. 哺乳动物成熟的红细胞内糖代谢的途径有（　　　　）

A. 糖酵解　　　　　　B. 有氧氧化　　　　C. 糖醛酸途径

D. 磷酸戊糖途径　　　　E. 2,3-DPG 支路

五、简答题

1. 说明血浆蛋白的生理功能。

2. 叙述成熟红细胞中糖酵解的特点和意义。

3. 简述胆色素的分解代谢过程。

4. 简述免疫球蛋白的结构和功能。

5. 血液包括哪些主要成分？血液有哪些基本功能？

6. 动物亚硝酸盐中毒时，往往会用到甲烯蓝，但是不能大剂量应用，为什么？

一、名词解释

1. 血清中白蛋白与球蛋白的比值是一定的，这个比值（白蛋白/球蛋白或 A/G）称为血清蛋白系数。

2. 免疫球蛋白是人类及高等动物受抗原刺激后体内产生的能与抗原特异性结合的一类球蛋白，又称为抗体。

3. 有些物质如某些多糖、类脂等非蛋白质类物质，单独注入动物体内不能引起机体产生抗体，须与某些蛋白质载体结合后，注入体内才能产生抗体，但它能与由此而产生的特异性抗体发生反应，这些物质称为半抗原。

4. 抗原刺激机体产生抗体或与抗体相结合时，只是分子中某一部分基团直接决定了动物产生抗体的性质，并在该部位与抗体特异性地结合，这个部位称为抗原决定簇。

5. 当抗体与具有抗原性的细胞结合后，通过 Fc 部分激活补体酶系，使酶系按一定顺序依次活化，最后形成 10 个补体分子组成的十聚体，称为攻膜复合体。

6. 黄疸是常见症状与体征，其发生是由于胆红素代谢障碍而引起血清内胆红素浓度升高所致。临床上表现为巩膜、黏膜、皮肤及其他组织被染成黄色。

7. 在糖酵解通路中，1,3-二磷酸甘油酸（1,3-BPG）在 3-磷酸甘油酸激酶催化下生成 3-磷酸甘油酸，并使 ADP 磷酸化生成 ATP。在红细胞内 1,3-BPG 也可以转变成 2,3-BPG（由二磷酸甘油酸变位酶催化），2,3-BPG 再水解生成 3-磷酸甘油酸（由二磷酸甘油酸磷酸化酶催化），这样又回到了酵解通路，构成了红细胞中特有的 2,3-BPG 支路。

二、填空题

1. 清蛋白，球蛋白，纤维蛋白原，酶类

2. 功能性酶，外分泌酶，细胞酶

3. 甘氨酸，琥珀酰 CoA，Fe^{2+}，线粒体，胞浆，线粒体，δ-氨基-γ-酮戊酸（ALA）合酶

4. 珠蛋白，血红素，骨髓的幼红细胞，网织红细胞

5. 肾脏

6. 具有收缩性能的蛋白质

7. 纤维蛋白原，球蛋白，白蛋白

8. 木瓜蛋白酶

三、单项选择题

1. D　2. D　3. C　4. A　5. D　6. D　7. A　8. B　9. C　10. B　11. A

四、多项选择题

1. ABCD　2. ABCD　3. BCD　4. AB　5. ACDE

五、简答题

1.【答】血浆蛋白具有以下生理功能。

（1）维持血浆的胶体渗透压和正常的 pH；（2）运输功能；（3）免疫功能；（4）催化功能；（5）营养功能；（6）凝血、抗凝血和纤溶功能。

2.【答】糖酵解过程在成熟红细胞与其他细胞中的显著不同是生成大量的 2,3-二磷酸甘油酸，即存在有 2,3-DPG 旁路。这是因为红细胞中有二磷酸甘油酸变位酶和二磷酸甘油酸磷酸酶，前者可催化 1,3-二磷酸甘油酸生成 2,3-二磷酸甘油酸，后者则催化 2,3-二磷酸甘油酸转变成 3-磷酸甘油酸。由于二磷酸甘油酸变位酶的活性高于二磷酸甘油酸磷酸酶，从而使 2,3-二磷酸甘油酸的生成大于分解，因此，红细胞中 2,3-二磷酸甘油酸的含量很高。2,3-二磷酸甘油酸的生成具有重要的生理意义：（1）2,3-二磷酸甘油酸能降低血红蛋白与 O_2 的亲和力，促进氧合血红蛋白在组织中释放 O_2；（2）2,3-二磷酸甘油酸是红细胞中能源的储存形式，它可以沿糖酵解途径代谢产生 ATP。

3.【答】红细胞破裂后，血红蛋白的辅基血红素被氧化分解为铁及胆绿素。脱下的铁几乎都变为铁蛋白而储存，可重新利用。胆绿素则被还原成胆红素。胆红素在水中溶解度很小，进入血液后，即与血浆白蛋白或 α1 球蛋白结合成溶解度较大的复合体而运输。这种与蛋白质结合的胆红素在临床上称间接胆红素（也称游离胆红素）。由于蛋白质分子大，所以间接胆红素不能通过肾脏从尿中排出。胆红素有毒性，特别是对神经系统的毒性较大。其与蛋白质结合后，可被限制自由地通过各种生物膜，从而减少了游离胆红素进入组织细胞产生毒性作用。

间接胆红素随血液运到肝脏时，胆红素即与白蛋白分离而进入肝细胞，主要与 UDP-葡萄糖醛酸反应生成葡萄糖醛酸胆红素［在临床上称直接胆红素（也称结合

胆红素）]，它的溶解度较大。这一过程是肝脏解毒作用的一种方式。

随胆汁进入小肠的葡萄糖醛酸胆红素在回肠末端及大肠内经肠道细菌的作用，先脱去葡萄糖醛酸，再经过逐步的还原过程转变为无色的尿胆素原及粪胆素原，它们结构相似又常同时存在，习惯上任提一种名称或总称为胆素原。它们在大肠下部及排出体外时，均可被氧化成胆素，包括尿胆素及粪胆素，此即粪便颜色的一种重要来源。

在肠内，一部分胆素原可被吸收进入血液，经门静脉而进入肝脏。这种被吸收的胆素原大部分可被肝细胞吸收，再随胆汁排入小肠，此即胆素原的肠肝循环。从门静脉进入肝脏的胆素原还有一小部分未被肝细胞吸收而从肝静脉流出，随血液循环至肾脏而排出，此即尿中含有的少量胆素原的来源。

4.【答】免疫球蛋白的结构如下图所示：

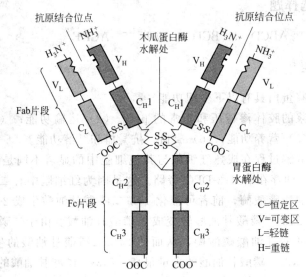

其主要功能有：

（1）结合抗原　与抗原结合是 Ig 免疫功能的基础。每一四链单位有两个抗原结合中心，它是由每个 Fab 片段中重链和轻链的超变区组成。在体内，抗原被抗体结合后，它并不直接被抗体消灭。抗体只是给它作上标记，最后消灭抗原还需通过补体及吞噬细胞的作用。

（2）激活补体　补体是血浆中一组参与免疫反应的对抗原非特异性的蛋白酶系。当 Ig 与具有抗原性的细胞结合后，就能通过 Fc 部分激活补体酶系，使酶系按一定顺序依次活化，最后形成 10 个补体分子组成的十聚体，称为"攻膜复合体"，使具有抗原性的细胞的胞膜破裂而被杀死。

（3）调理作用　调理作用是指促进颗粒抗原（如细菌）被吞噬细胞吞噬的作用。Ig 与颗粒抗原结合后有调理作用，其机制可能是 Ig 与颗粒抗原结合后，可改变抗原表面的电荷，从而减少抗原与吞噬细胞间的静电排斥力。另外，Ig 的 Fc 部分可与吞噬细胞膜上的 Fc 受体结合，即在吞噬细胞与颗粒抗原之间"搭桥"，从而有利于吞噬细胞对颗粒抗原的吞噬作用。

5.【答】血液的主要成分：正常人体血液的含水量为 81%～86%，其余为可溶性固体和少量 O_2、CO_2 等气体。血液中的固体成分可分为无机物和有机物两大类。无机物以电解质为主。有机物包括蛋白质、非蛋白含氮化合物、糖类和脂类等。血液的主要功能如下。（1）运输功能：运输 O_2、CO_2、营养物质、代谢产物及代谢调节物等。（2）平衡功能：血液参与血液 pH、血浆渗透压及体温调节等。（3）免疫功能：血液是机体免疫系统的重要组成部分，有防御异物、预防感染的作用。（4）凝血与抗凝血功能：血液中的各种凝血因子参与血液凝固，防止大出血；抗凝血因子可以防止血管阻塞，保证血流通畅。

6.【答】动物亚硝酸盐中毒时，可引起高铁血红蛋白血症。甲烯蓝又名亚甲蓝、美蓝，为一氧化还原剂，对血红蛋白随浓度的不同有相反的两种作用。低浓度（小剂量）时，因体内葡萄糖被氧化的同时形成还原型脱氢辅酶 $NADPH+H^+$，后者能使甲烯蓝（氧化型）还原成为无色的还原型甲烯白（美白），甲烯白又将高铁血红蛋白还原成血红蛋白，而其本身又被氧化成为蓝色的氧化型甲烯蓝。如此反复不已，故用来治疗亚硝酸盐中毒等引起的高铁血红蛋白血症，可恢复血红蛋白的携氧功能。高浓度（大剂量）时，还原型脱氢辅酶 $NADPH+H^+$ 不能迅速地将甲烯蓝全部还原为还原型甲烯白，此时甲烯蓝将起氧化作用，把血红蛋白氧化为高铁血红蛋白，引起高铁血红蛋白血症。

第20章

→》 **一些器官和组织的生物化学**

目的要求

1. 掌握肝脏在物质代谢、胆色素代谢中的作用。
2. 掌握肌肉收缩的机制。
3. 掌握大脑、神经组织化学的组成和代谢特点，结缔组织的组成等。
4. 熟悉胆汁酸代谢、肝脏的生物转化作用和黄疸。
5. 熟悉神经递质的结构、生理功能和代谢。

内容提要

本章主要介绍动物体内肝脏、肌肉、神经及结缔组织在代谢中的作用。

在动物体内，肝脏是有多种多样代谢功能的重要器官，它几乎参加了体内所有的代谢过程，有"机体的化工厂"之称。这与肝脏特殊的结构特点是分不开的，它在糖、脂类、蛋白质、核酸、无机质、维生素和激素等代谢中对动物体产生重要的影响。体内许多非营养物质在肝脏中进行结合、氧化、还原、水解等方式的生物转化作用，其中以结合和氧化方式最为重要。肝脏中的代谢产物除了进入血液外，其他产物随胆汁的分泌进入肠道，排出体外。

肌肉是动物体内占体重百分比最大的组织，也是一种效率非常高的能量转换器。肌肉收缩是以骨骼肌为基础来阐明的。骨骼肌中的每个肌原纤维是由一系列的基本重复单位——肌小节所组成，当每个肌小节中的许多粗丝和细丝之间重叠部分增多时，肌小节则会缩短，引起肌肉收缩。

大脑和神经系统是动物体内功能最高级的系统，支配着动物机体全部的生理活动。大脑组织代谢率很高，耗能量极大，正常时，能量几乎完全来自血糖的氧化分解；饥饿时主要利用血酮体供能。神经递质是一些可扩散的小分子化学物质，如乙酰胆碱（由乙酰辅酶A将乙酰基转给胆碱而合成，可用于说明许多药物和毒物的作用原理）、儿茶酚胺类（去甲肾上腺素和多巴胺的总称，由酪氨酸转变而成）、γ-氨基丁酸（由谷氨酸生成，是一种重要的抑制性氨基酸类递质）。

结缔组织则广泛散布于细胞之间，形成器官及组织的间隔，起着机械支持和保护器官的作用。结缔组织的基本成分是细胞、纤维、无定形基质。纤维分胶原纤维、弹性纤维、网状纤维三种，组成纤维的蛋白质主要有胶原蛋白和弹性蛋白。无定形基质中的糖胺聚糖是一种高分子化合物，有较大的黏滞性，对维持组织形态，阻止病菌、病毒侵入细胞有一定作用，对关节有润滑和保护作用。

重点难点

1. 肝脏生化
(1) 肝脏在物质代谢中的作用。
(2) 肝脏的生物转化作用、概念，生物转化反应的主要类型、特点，影响生物转化的因素。

（3）肝脏排泄功能。

2．肌肉生化：肌肉的化学结构与收缩的生化机制。

3．神经组织生化

（1）大脑的一般代谢及中枢神经组织的代谢特点。

（2）神经递质的结构、功能和代谢。

4．结缔组织的结构组成与功能。

 例题解析

例 1. 简述牛、羊裂皮病发病机理。

解析： 牛、羊裂皮病是胶原合成不正常导致的一种疾病。这类病畜的氨基端内切肽酶的活性只有正常者的 $10\%\sim20\%$，由于不能从前胶原上切去 N-末端的附加肽段，所以不能正常地聚合成胶原微纤维。而且由于切下的 N-末端附加肽段对前胶原的合成有反馈抑制作用，而病畜切下的游离 N-末端附加肽段少，因而失去了反馈抑制，使前胶原大量合成并分泌到细胞外，因保留有 N-端附加肽段而妨碍它聚合成稳固的胶原微纤维，结果更使胶原微纤维的结构变得不稳固。上述原因造成了牛、羊病畜的皮肤弹力降低、发脆、易撕裂。

例 2. 说明肌肉收缩的生化机制。

解析： 肌肉是由圆柱状的肌纤维组成的，而肌纤维中包含有许多纵向排列的肌原纤维，它是肌肉收缩的装置。肌原纤维由一系列的重复单位——肌小节所组成。在每个肌小节中，由肌球蛋白组成的粗丝和由肌动蛋白组成的细丝——F-肌动蛋白相互穿插排列，并且依靠粗丝头端的横桥使二者紧密接触在一起。肌肉的收缩是粗丝和细丝发生相对运动的结果，这个过程受 Ca^{2+} 的调控，并需要水解 ATP 来提供能量。

在没有 Ca^{2+} 时，肌球蛋白和肌动蛋白的相互作用被肌钙蛋白和原肌球蛋白所抑制，这是由于原肌球蛋白阻碍了肌球蛋白的头部与肌动蛋白接触之故。神经兴奋触发肌浆网释放 Ca^{2+}。释放的 Ca^{2+} 与肌钙蛋白的 TnC 成分结合，并引起肌钙蛋白的构象发生改变，从而使原肌球蛋白移入细丝的螺旋形槽中。因而肌球蛋白的头部得以和细丝的肌动蛋白接触，于是发生 ATP 的水解和肌肉收缩。当 Ca^{2+} 移去后，则原肌球蛋白又封阻了肌球蛋白的头部与细丝接触，于是肌肉停止收缩。

神经兴奋是引起肌肉收缩的原动力。当肌肉休止时，肌浆网上的钙泵把肌浆中的 Ca^{2+} 泵入肌浆网内，使肌浆中 Ca^{2+} 的浓度低于 $10^{-6}\,mol/L$，此浓度不能引起肌肉收缩。而肌浆网内 Ca^{2+} 的浓度则超过 $10^{-3}\,mol/L$。当神经冲动到达终板时，引起肌纤维膜的去极化，此去极化再由 T-系统传至肌纤维内部，引起肌浆网对 Ca^{2+} 的通透性增高，Ca^{2+} 顺浓度梯度由肌浆网冲入肌浆，因而引起肌肉收缩。神经冲动后，肌浆网膜对 Ca^{2+} 的通透性又降至肌肉休止时的水平。而钙泵又将肌浆中的 Ca^{2+} 泵入肌浆网内，因而肌肉停止收缩。

位于粗丝两端的肌球蛋白头部具有 ATP 酶活性，作为细丝的 F-肌动蛋白可增强肌球蛋白的 ATP 酶活性。肌球蛋白自身水解 ATP 的速度虽然很快，但释放其产物 ADP 和 P_i 的速度很慢。当 F-肌动蛋白与肌球蛋白-ADP-P_i 复合体结合时，加快 ADP 和 P_i 的释放。然后肌动球蛋白再与 ATP 结合，此结合使之解离为肌动蛋白和肌球蛋白-ATP，后者又转变成肌球蛋白-ADP-P_i 复合体。这是肌动蛋白增高肌球蛋白 ATP 酶活性的原因，这些反应需要 Mg^{2+}。上述肌动球蛋白水解 ATP 的循环，正是粗丝和细丝间发生一次位移的循环，亦即肌肉收缩的基本过程。

例 3. 简述结缔组织的功能。

解析： 结缔组织分布广泛，组成各器官包膜及组织间隔，散布于细胞之间，它既有联结和营养的功能，又有支持和保护器官的作用，能使细胞吸收养分和排出废物顺利地进行，还有防御某些疾病传染的功能。

例 4. 简述肝脏在物质代谢中的作用。

解析： 在糖代谢中，肝脏不仅有非常活跃的糖的有氧及无氧的分解代谢活动，而且也是糖异生、维持血糖稳定的主要器官。

肝脏在脂类代谢中的作用同样非常重要。肝脏是脂肪酸 β-氧化的主要场所。不完全 β-氧化产生的酮体，可以为肝外组织提供容易氧化供能的原料。对于禽类，肝脏是合成脂肪的主要场所。虽然家畜主要在脂肪组织内合成脂肪，但肝内也能合成一定数量，并且肝脏在体内脂类的转运中起重要的作用。如果脂肪的运入过多或运出障碍，则可能发生脂肪肝。肝脏也是改造脂肪的主要器官，能调整外源性脂肪酸的碳链长短及饱和度。血浆中的磷脂主要是由肝脏合成的，并且也主要回到肝脏进行进一步的代谢变化。肝脏是胆固醇代谢转变的重要场所，例如肝内胆固醇大部分转变为胆汁酸盐，有助于促进脂类的消化吸收，一部分胆固醇随胆汁排出。

肝脏是蛋白质代谢最活跃的器官之一，其蛋白质的更新速度也最快。它不但合成本身的蛋白质，还合成大量血浆蛋白质，血浆中的全部清蛋白、纤维蛋白原、部分的球蛋白、凝血酶原以及凝血因子 Ⅸ、Ⅴ、Ⅶ、Ⅹ 也都在肝脏中合成。所以肝脏功能不正常时，血浆清蛋白下降会使清/球蛋白的值下降；纤维蛋白原及各种凝血因子合成减少，就会使血液凝固时间延长。蛋白质代谢的许多重要反应在肝中进行得非常活跃。例如氨基酸的合成与分解在肝脏大量地进行。尿素的合成几乎都在肝脏进行。

肝脏是多种维生素（维生素 A、维生素 D、维生素 E、维生素 K、维生素 B_{12}）的储存场所。胡萝卜素可在肝内（部分在肠上皮细胞）转变为维生素 A。维生素 D_3 在肝脏经羟化反应转变为 25-羟胆钙化醇。有多种维生素在肝脏合成辅酶，例如维生素 PP 合成 NAD^+ 及 $NADP^+$，泛酸合成辅酶 A，硫胺素合成焦磷酸硫胺素等。某些激素（如儿茶酚胺类、胰岛素、氢化可的松、醛固酮、抗利尿激素、雌激素、雄激素等）在肝脏不断被灭活，使这些激素在血中维持在一定的浓度范围中。

例 5. 简述大脑中物质代谢的特点。

大脑的糖代谢非常活跃，而且所消耗的葡萄糖 90% 以上通过有氧氧化途径分解，不足 10％的葡萄糖进行酵解。

脑中的脂类代谢不活泼，但是能够利用酮体；在长期饥饿时，大脑总耗能的 60％可由酮体提供。

脑中氨基酸经嘌呤核苷酸循环脱去氨基，此外，还可通过 γ-氨基丁酸（GABA）的生成和分解产生氨。

练习题

一、名词解释

1. 生物转化作用（biotransformation）
2. 突触（synapse）
3. 神经递质（neurotransmitter）
4. 基质（stroma）
5. 粗丝（thick filament）
6. 肌小节（sarcomere）
7. 初级胆汁酸（primary bile acid）
8. 直接胆红素（direct bilirubin）
9. 肝脏的结合反应（binding reaction）
10. 乳酸循环（lactic acid cycle）
11. 胆汁酸的肠肝循环（enterohepatic circulation of bile acid）
12. 丙氨酸-葡萄糖循环（alanine-glucose cycle）
13. 酮体（ketone body）

二、填空题

1. 周围神经末梢与效应器细胞发生机能联系的部位称为_____。在神经末梢与其效应器细胞之间有一定的间隙称为_____。

2. 结缔组织由_____、_____和_____等三种基本成分组成。

3. 纤维按其性质可分为三类：_____、_____和_____。

4. 肝脏中合成最多的蛋白质是_____，酮体只能在_____中合成。

5. 肝中的生物转化方式有_____、_____、_____和_____等方式。

6. 肌球蛋白有三个重要的性质：_____、_____和_____。

7. 肝脏中所含的酶种类很多，_____、_____和_____等是肝脏所特有的。

8. 粗丝的主要成分是_____，细丝的主要成分是_____。

9. 在肝脏内，葡萄糖分子的羟甲基经酶催化氧化成羧基，生成葡萄糖醛酸，

后者参与_____，具有_____作用。

10. 人血液中含量最丰富的糖是_____，肝脏中含量最丰富的糖是_____，肌肉中含量最丰富的糖是_____。

11. 脑细胞中氨的主要代谢去向是_____。

12. 糖异生作用主要在_____中进行，这是因为_____的存在。

13. 在肝脏合成的脂肪主要是以_____的形式运出肝脏的，并供其他组织摄取。

14. 糖原在人体内主要存在于_____、_____两大组织中。

15. 具有生物活性的氨基酸有_____、_____、_____，它们都在神经活动中起重要作用。

16. 谷氨酸脱羧后生成_____，它是脑组织中具有_____作用的神经递质。

17. 结缔组织中的主要蛋白质是_____，其氨基酸组成上的特点是含羟脯氨酸较多。

18. 肝脏通过_____、_____和_____来维持血糖浓度的恒定。

19. 肝脏通过_____合成_____来清除血氨。

20. 神经系统对代谢的调节可分为_____和_____两种方式。

21. 代谢调控的基本方式有_____、_____和_____调节3种。

22. 肝糖原合成的关键酶是_____，糖原分解的关键酶是_____。

23. 糖异生主要在____中进行。饥饿或酸中毒等病理条件下____也可以进行糖异生。

24. 肝细胞合成酮体的原料是_____，合成酮体的限速酶是_____，合成酮体的酶系分布于_____。

三、单项选择题

1. 下列哪种物质是肝细胞特异合成的？（　　）

A. ATP　　　　　B. 尿素　　　　C. 脂肪

D. 蛋白质　　　E. 糖原

2. 能由脂肪酸合成酮体的部位是（　　）

A. 肝　　　　　B. 肾　　　　　C. 大脑

D. 骨骼肌　　　E. 红细胞

3. 脑中氨的最后去路是（　　）

A. 扩散入血　　B. 合成尿素　　C. 合成嘌呤

D. 合成嘧啶　　E. 合成谷胺酰胺

4. 生物转化中参与氧化反应最重要的酶是（　　）

A. 水解酶　　　　　　B. 加双氧酶　　　　C. 加单氧酶

D. 醇脱氢酶　　　　　E. 胺氧化酶

5. 运动神经纤维末梢释放乙酰胆碱属于（　　）

A. 入胞作用　　　　　B. 出胞作用　　　　C. 主动转运

D. 单纯扩散　　　　　E. 易化扩散

6. 骨骼肌中的调节蛋白质指的是（　　）

A. 肌钙蛋白　　　　　B. 肌球蛋白　　　　C. 肌动蛋白

D. 原肌球蛋白　　　　E. 原肌球蛋白和肌钙蛋白

7. 下面关于体内生物转化作用的叙述哪一项是错误的？（　　）

A. 结合反应主要在肾脏进行　　　　　B. 可使非营养物溶解度增加

C. 对体内非营养物质的改造　　　　　D. 使非营养物生物活性降低或消失

E. 使非营养物从胆汁或尿液中排出体外

8. 骨骼肌兴奋-收缩偶联的结构基础是（　　）

A. 肌小节　　　　　　B. 粗细肌丝　　　　C. 三联管

D. 终板膜　　　　　　E. 肌细胞膜

9. 动物体生物转化最重要的器官是（　　）

A. 肝脏　　　　　　　B. 大脑　　　　　　C. 肾脏

D. 肌肉　　　　　　　E. 肾上腺

10. 氨在肝脏中的主要代谢方式是（　　）

A. 合成碱基　　　　　B. 合成蛋白质　　　C. 合成氨基酸

D. 合成尿素　　　　　E. 合成谷氨酰胺

11. 肌糖原不能直接补充血糖的原因是（　　）

A. 缺乏葡萄糖-6-磷酸酶　　　　　B. 缺乏磷酸化酶

C. 缺乏脱枝酶　　　　　　　　　　D. 缺乏己糖激酶

E. 肌糖原含量高肝糖原含量低

12. 肝糖原可以补充血糖，是因为肝脏有（　　）

A. 葡萄糖激酶　　　　　　　　　　B. 磷酸葡萄糖变位酶

C. 磷酸葡萄糖异构酶　　　　　　　D. 葡萄糖-6磷酸脱氢酶

E. 葡萄糖-6-磷酸酶

13. 在动物肝脏中哪种物质不能进行糖异生？（　　）

A. 丙氨酸　　　　　　B. 谷氨酸　　　　　C. 棕榈酸

D. 丙酮酸　　　　　　E. α-酮戊二酸

14. 酮体在肝脏中产生，转移到肝外组织的主要形式是（　　）

A. 乙酰乙酰辅酶A　　B. 丙酮　　　　　　C. β-羟基丁酸

D. β-羟基丁酰辅酶A　　　　　　　　E. 乳酸

15. 以下关于哺乳动物肝脏的代谢，错误的是（　　）

A. 大部分的血浆脂蛋白在肝脏中合成

B. 肝脏中酶的变化随饲料成分的改变而改变

C. 大部分的尿素都是在肝脏中合成的

D. 葡萄糖-6-磷酸酶使得肝脏成为向血液中输出葡萄糖的唯一器官

E. 一定条件下，肝脏的大部分功能都可以被其他器官替代

16. 血液中胰岛素水平很高（　　）

A. 抑制肝脏对葡萄糖的摄取　　　　　　　B. 抑制肝脏和肌肉中糖原的合成

C. 导致血糖浓度低于正常水平　　　　　　D. 加速肝脏中糖原的降解

E. 加速肝脏中脂肪酸和甘油三酯的合成

17. 肌肉中磷酸肌酸的作用是（　　）

A. 线粒体的 P_i 存储器　　　　　　　　　B. 补充 ATP 的高能磷酸存储器

C. 蛋白质合成所需的氨基酸存储器　　　　D. 无氧条件下的电子受体

E. 以上均错

18. 肝脏储存最多的两种维生素是（　　）

A. 维生素 D 和维生素 C　　　　　　　　　B. 维生素 A 和维生素 D

C. 维生素 C 和维生素 B　　　　　　　　　D. 维生素 B 和维生素 K

19. 氨中毒的根本原因是（　　）

A. 氨基酸分解代谢增强　　　　　　　　　B. 肠道吸收氨过多

C. 肝损伤不能合成尿素　　　　　　　　　D. 合成谷氨酰胺减少

E. 肾衰竭导致氨排除障碍

20. 只能进行核苷酸补救合成的是（　　）

A. 肝脏　　　　　　B. 大脑　　　　　　C. 脾脏

D. 肾脏　　　　　　E. 小肠

21. 肝脏的化学组成特点是（　　）

A. 糖原含量高　　　B. 脂肪含量高　　　C. 氨基酸含量高

D. 蛋白质含量高　　E. 氨基酸含量高

22. 生物转化后的生成物普遍具有的性质是（　　）

A. 极性增加　　　　B. 极性减弱　　　　C. 极性不变

D. 毒性增加　　　　E. 毒性降低

23. 动物不能利用酮体的器官是（　　）

A. 心肌　　　　　　B. 骨骼肌　　　　　C. 肝脏

D. 脑组织　　　　　E. 肺脏

24. 肝脏不能氧化利用酮体是由于缺乏（　　）

A. HMG-CoA 合成酶　　　　　　　　　　　B. HMG-CoA 裂解酶

C. HMG-CoA 还原酶　　　　　　　　　　　D. 琥珀酰 CoA 转硫酶

E. 乙酰乙酰 CoA 硫解酶

25. 肝细胞内合成尿素的部位是（　　）

A. 细胞质 　　　　　B. 线粒体 　　　　　C. 内质网

D. 细胞质和线粒体 　　E. 过氧化物酶体

26. 肝细胞内的脂肪合成后的去向是（　　）

A. 在肝细胞内水解 　　　　　　　　B. 在肝细胞内储存

C. 在肝细胞内氧化功能

D. 在肝细胞内与载脂蛋白组装成 VLDL 分泌

E. 以上都对

27. 动物体谷丙转氨酶（又称丙氨酸转氨酶，GPT）活性最高的组织是（　　）

A. 肝脏 　　　　　　B. 肾脏 　　　　　　C. 心肌

D. 骨骼肌 　　　　　E. 脑

28. 以下说法正确的是（　　）

A. 大脑偏爱利用葡萄糖作为能源，但能利用酮体

B. 肌肉不能利用脂肪酸作为能源

C. 对于营养状况良好的人来说，糖原和甘油三酯存储的能量一样多

D. 人类不能利用脂肪酸作为能源，因为人类缺乏乙醛酸循环的酶类

E. 氨基酸比脂肪酸更易作为能源物质

29. 在肌肉细胞中，有氧时比无氧时产生的乳酸少是因为（　　）

A. 有氧时糖酵解进行得不彻底

B. 肌肉在有氧时比无氧时更不活泼

C. 有氧时产生的乳酸被快速用于脂肪的合成

D. 无氧状态下，磷酸戊糖途径是主要的产能的途径，此过程不会产生乳酸

E. 有氧状态下，产生的丙酮酸被氧化进入三羧酸循环而不产生乳酸

30. 静息状态时，体内耗糖量最多的是（　　）

A. 肝脏 　　　　　B. 大脑 　　　　　C. 心脏 　　　　　D. 骨骼肌

31. 脂肪大量动员时，肝内生成的乙酰 CoA 主要转变为（　　）

A. 葡萄糖 　　　　　B. 酮体 　　　　　C. 胆固醇 　　　　　D. 草酰乙酸

32. 肌细胞中，糖酵解途径的关键酶是（　　）

A. 磷酸果糖激酶 I 　　B. 柠檬酸合成酶 　　C. 丙酮酸羟化酶 　　D. 葡萄糖激酶

33. 骨骼肌细胞通过下列哪种转运体系将 NADH 从细胞质运进线粒体？
（　　）

A. 磷酸甘油穿梭系统 　　　　　　　　B. 肉碱转移系统

C. 柠檬酸穿梭系统 　　　　　　　　　D. 苹果酸-天冬氨酸穿梭系统

34. 肝细胞通过下列哪种转运系统将 NADH 从细胞质运至线粒体基质？（　　）

A. 磷酸甘油穿梭系统 　　　　　　　　B. 苹果酸-天冬氨酸穿梭系统

C. 酰基肉碱转运系统 　　　　　　　　D. 柠檬酸穿梭系统

35. 动物机体合成胆固醇最快和合成量最多的器官是（　　）

A. 肝脏 　　　　　B. 脾脏 　　　　　C. 肾脏 　　　　　D. 心脏

36. 神经水平的调节是哪种生物所特有的调控方式？（　　）

A. 大肠杆菌　　　　B. 病毒　　　　C. 植物　　　　D. 高等动物

37. 动物肌肉中的主要贮能物质是（　　）

A. ATP　　　　B. 甘油三酯　　　　C. 磷酸肌酸　　　　D. 丙酮酸

38. 动物的肌肉及脑组织能利用酮体氧化供能是因为含有（　　）

A. 琥珀酰 CoA 转硫酶　　　　　　　B. 乙酰乙酸硫酯酶

C. β-羟丁酸脱氢酶　　　　　　　　D. 乙酰乙酸硫解酶

E. A＋D

四、问答题

1. 肝脏是三大物质代谢的枢纽，简述其特有的几条代谢途径。

2. 简述肝脏在脂类代谢中的作用。

3. 简述肝脏生物转化的生理意义。

4. 简述肝在调节体内胆固醇代谢中所发挥的重要作用。

5. 简述大脑中 γ-氨基丁酸循环。

6. 简述肝糖原与肌糖原合成、分解过程的异同。

7. 简述为什么糖异生作用主要发生在肝脏而不是骨骼肌？剧烈运动后，骨骼肌中积累的乳酸是如何进入糖异生途径的？

 参考答案

一、名词解释

1. 动物体从外界摄取的非营养物质或代谢中产生的各种代谢终产物，在肝脏中需要经过一定的代谢转变，以增强它们极性或水溶性，使它们的毒性降低，然后再随尿或胆汁排出。而某些非营养物质经加工后毒性反而增加，这种解毒和致毒的双重性，称为肝脏的生物转化作用。

2. 动物体内周围神经末梢与其效应器细胞发生机能联系的部位称突触。

3. 神经纤维把神经冲动传递给效应器细胞是通过神经末梢释放某种化学物质，这些物质经过突触间隙作用于效应器细胞而实现的，这种物质称为神经递质。

4. 基质是无定形的胶态物质，充满在结缔组织的细胞和纤维之间，其化学成分有水、非胶原蛋白、糖胺聚糖（黏多糖）及无机盐等。

5. 粗丝是由肌球蛋白组成的长丝状结构，与细丝相互穿插排列，共同组成了肌小节。肌小节是肌肉收缩的结构基础。

6. 肌小节是在肌原纤维中的重复单位。肌小节与肌小节之间由 Z 线结构分开。每个肌小节由许多粗丝和细丝重叠排列组成。粗丝位于肌小节中段，与肌原纤维的纵轴平行排列，形成所谓 A 带。许多粗丝整齐排列成六角形，粗丝的中央由称为

M 桥的纤维把它们固定起来。细丝的排列方式与粗丝相同，但细丝联于 Z 线，从肌小节的两端伸向中央，并插入粗丝中与之部分重叠。但从肌小节两端伸向中央的细丝彼此不相联结。A 带两端与 Z 线之间的部位称为 I 带。在粗丝和细丝的重叠区域，粗丝的横桥伸向细丝。这一结构就是肌小节。

7. 初级胆汁酸是指在肝细胞内，由胆固醇羟化生成的胆酸和鹅脱氧胆酸，以及它们分别与甘氨酸或牛磺酸结合的产物，如甘氨胆酸、牛黄胆酸、甘氨鹅脱氧胆酸及牛磺鹅脱氧胆酸。

8. 直接胆红素是与葡糖醛酸结合的胆红素，因与重氮试剂反应较快而被称为直接胆红素。

9. 肝脏结合反应是肝内最重要的解毒方式，凡含有羟基、羧基或氨基的药物、毒物、激素等都可以通过与多种物质，如葡萄糖醛酸、硫酸、甘氨酸、乙酰 CoA 等的结合而解毒。

10. 在肌肉中葡萄糖经糖酵解生成乳酸，乳酸经血液运至肝脏，肝脏将乳酸异生成葡萄糖，葡萄糖释放至血液又被肌肉摄取，这种循环进行的代谢途径叫做乳酸循环，也称 Cori 循环。

11. 胆汁酸的肠肝循环指肝分泌的胆汁酸到达肠道，95％被肠壁重吸收回到肝，并与新合成的结合型胆汁酸一同再排入肠道的过程。

12. 丙氨酸-葡萄糖循环是肌肉和肝脏之间进行氨的转运的一种方式。肌肉中的氨基酸经转氨作用将氨基转给丙酮酸生成丙氨酸，后者经血液循环运输至肝脏；肝脏中的丙氨酸经联合脱氨基作用释放出氨合成尿素，同时生成的丙酮酸经糖异生转变为葡萄糖，葡萄糖再经血液循环转运至肌肉重新分解产生丙酮酸。

13. 酮体是脂肪酸在肝脏中经不完全氧化分解产生的一类中间产物，包括乙酰乙酸、β-羟基丁酸和丙酮。酮体经血液运输至肝外组织氧化利用，是肝脏向肝外输出能量的一种方式。

二、填空题

1. 突触，突触间隙

2. 细胞，纤维，基质

3. 胶原纤维，弹性纤维，网状纤维

4. 清蛋白（白蛋白），肝细胞

5. 结合，氧化，还原，水解

6. 能自动聚合形成丝，有 ATP 酶活性，能与细丝联结

7. 氨甲酰基转移酶，半乳糖激酶，L-谷氨酸脱氢酶（答案不唯一）

8. 肌球蛋白，肌动蛋白

9. 生物转化，保肝解毒

10. 葡萄糖，糖原，糖原

11. 合成谷氨酰胺

12. 肝脏，葡萄糖-6-磷酸酶

13. 极低密度脂蛋白

14. 肝脏，肌肉

15. Glu，Asp，Gly

16. γ-氨基丁酸（GABA），抑制

17. 胶原蛋白

18. 糖原合成，糖原分解，糖异生作用

19. 鸟氨酸循环，尿素

20. 直接调节，间接调节

21. 细胞水平调节，激素水平调节，整体（神经）水平调节

22. 糖原合酶，磷酸化酶

23. 肝脏，肾脏

24. 乙酰 CoA，HMG-CoA 合酶，线粒体内

三、选择题

1. B 2. A 3. B 4. C 5. B 6. E 7. A 8. C 9. A 10. D 11. A 12. E
13. C 14. C 15. E 16. E 17. B 18. B 19. C 20. B 21. D 22. A 23. C
24. D 25. D 26. D 27. A 28. A 29. E 30. B 31. B 32. A 33. A 34. B
35. A 36. D 37. C 38. E

四、简答题

1.【答】肝脏特有的几条代谢途径为：

（1）糖原合成　肌肉也可合成糖原，但其量无法与肝糖原相比。

（2）糖原分解　肝有葡萄糖-6-磷酸酶，可将糖原分解为葡萄糖，维持血糖恒定，肌肉无此酶，故肌糖原不能补充血糖。

（3）糖异生　饥饿时，肝脏可异生糖以维持血糖浓度。

（4）合成尿素　肝是含氮废物解毒的主要器官。

（5）合成酮体　可以看作是肝的独有功能（肾只能合成极少量的酮体）。

2.【答】肝脏在脂类代谢中的作用有以下几点：

（1）制造胆汁酸盐，促进脂类的消化吸收；（2）肝脏是脂肪酸 β-氧化的主要场所；（3）肝脏是禽类合成脂肪的主要场所；（4）肝脏是改造脂肪的主要场所；（5）肝脏在体内脂类的转化中起重要作用；（6）肝脏是合成磷脂的主要场所；（7）肝脏是胆固醇代谢的重要场所；

3.【答】生物转化的生理意义有：

（1）消除外来异物　有机体摄入的外来异物，经血液运输至肝脏、肾、肠、皮肤等进行生物转化排出体外。

（2）改变药物的活性或毒性　大多数药物经过生物转化后活性、毒性降低或消

除，即代谢灭活。有些药物必须经过生物转化才能转变为活性形式。也有些药物经过生物转化反而毒性增强，称为代谢激活作用。

（3）灭活体内活性物质　机体自身合成的活性物质如激素类等，代谢产生的生理活性胺类，多经生物转化而灭活。

4.【答】肝在调节体内胆固醇代谢中所发挥的重要作用有：

（1）肝是合成内源性胆固醇的主要器官；

（2）体内胆固醇的主要去路是在肝合成胆汁酸，以及随胆汁排出体外。

5.【答】在大脑中，三羧酸循环中的 α-酮戊二酸经转氨基反应生成谷氨酸，谷氨酸脱羧生成了 γ-氨基丁酸。γ-氨基丁酸脱氢生成琥珀酸半醛，后者再被氧化成琥珀酸，琥珀酸脱氢生成草酰乙酸，草酰乙酸与乙酰 CoA 生成柠檬酸，由柠檬酸再生成 α-酮戊二酸，形成了循环。

6.【答】肝糖原合成途径两条：

（1）直接途径　葡萄糖磷酸化为 G-6-P 后转变为 G-1-P，然后与 UTP 反应活化为 UDPG，再在糖原合酶作用下合成糖原。

（2）间接途径　饥饿后补充及恢复肝糖原储备时，葡萄糖先分解成乳酸、丙酮酸等三碳化合物，再进入肝脏异生成糖原。肝糖原分解是在糖原磷酸化酶作用下，生成 G-1-P，再转变为 G-6-P，在肝脏葡萄糖-6-磷酸酶作用下分解为游离葡萄糖。

肌糖原合成只有直接途径。肌糖原分解不能直接生成游离葡萄糖，因肌肉缺乏葡萄糖-6-磷酸酶，可生成 G-6-P 后进入糖酵解途径，或氧化分解，或生成乳酸后经乳酸循环再利用。

7.【答】因为葡萄糖-6-磷酸酶只存在于肝脏而不存在于骨骼肌。剧烈运动后，骨骼肌中积累的乳酸进入血液，通过血液的运输到达肝脏，在肝脏异生为葡萄糖后再回到肌肉中被利用。

第 **21** 章

**→》 乳、蛋的化学组成
和形成**

 **目的要求**

1. 熟悉乳的组成、合成与分泌。
2. 熟悉蛋的结构、成分与形成。

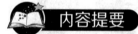 **内容提要**

乳是乳腺上皮细胞的分泌产物。除了水分以外，乳中含有脂类、蛋白质、乳糖、无机盐和维生素等。乳脂呈脂肪球形式存在，其主要成分是脂肪。乳蛋白的种类很多，主要有酪蛋白、β-乳球蛋白、α-乳清蛋白、清蛋白、免疫球蛋白等和多种酶类。乳糖是乳中主要的糖类，有维持乳的渗透压的作用。乳腺有从头合成脂肪和蛋白质的能力，但是反刍动物与非反刍动物在利用碳源上有所不同。有的乳蛋白由乳腺合成，有的如初乳中的免疫球蛋白则来自血液。乳糖通过渗透调节影响动物的泌乳量，它以葡萄糖为原料，由乳糖合成酶催化在高尔基体中合成，并与乳蛋白有共同的分泌途径。

禽蛋由蛋壳、蛋清和蛋黄三部分组成。蛋壳又包括了角质层、蛋壳和蛋壳膜。蛋壳的主要成分是碳酸钙，在壳腺分泌形成。蛋壳膜之内是蛋清，蛋清中至少有40种功能各异的蛋白质，主要在漏斗部和膨大部合成分泌。被蛋清包围的球状体称为蛋黄。蛋黄包括蛋黄膜、蛋黄内容物和胚胎三部分。蛋黄的生化成分复杂，一半是蛋白质与脂类，脂类主要以脂蛋白的形式存在，蛋黄中的蛋白质在肝脏合成后转运到发育的卵中。

重点难点

1. 乳的组成、合成及其生理功能。
2. 蛋的结构、形成及其生理功能。

例题解析

例 1. 衡量禽蛋新鲜度的重要标志是（　　　）的含量。

解析： 浓厚蛋白。蛋白由外向内可分为四层，依次为外层稀薄蛋白、中层浓厚蛋白、内层稀薄蛋白和系带膜状层（也是浓厚蛋白）。新鲜禽蛋中的浓厚蛋白含量高，因此蛋清黏稠。随着贮存时间的延长，由于蛋白酶的分解作用，蛋清中溶菌酶活性下降和细菌的逐渐入侵，浓厚蛋白含量也随之减少。因此，浓厚蛋白的含量是衡量禽蛋新鲜度的重要标志。

例 2. 为什么在对母鸡肝脏进行同位素标记之后会在蛋黄中发现相应的同位素？

解析： 本题主要考查鸡蛋中蛋黄的合成过程。一般认为，在雌激素作用下，蛋黄的主要成分是蛋白质，它的合成是在肝脏中进行的，然后将合成的卵黄蛋白质经血液转运到卵巢，再转运到发育的卵中。用产蛋鸡和雌激素化的公鸡进行的研究证明，卵黄高磷蛋白的合成场所是肝脏，而且从产蛋鸡的血浆中分离出在氨基酸组成上近似于蛋黄中的卵黄高磷蛋白。另外，当产蛋鸡接近性成熟时，肝脏重量及其脂肪含量以及血脂含量都增加。由此可见，在肝脏中的同位素会转移到蛋黄当中，目前部分生物反应器即是利用此原理。

 练习题

一、名词解释

1. 乳清（milk whey）　　　2. 生物反应器（bioreactor）

3. 抗生物素蛋白（avidin）

二、填空题

1. 乳中的脂类为乳脂，其主要成分是_____。

2. 乳中的蛋白质统称为乳蛋白（milk protein），可以分为_____和_____两大部分。

3. 乳铁蛋白、铁转运蛋白、黄嘌呤氧化酶等是_____的主要载体。_____主要结合在乳脂肪球膜上，而_____则结合在酪蛋白上。

4. 蛋的形成过程中，蛋壳是在_____中形成的，蛋壳形成中，钙的来源十分重要，主要来源于_____和_____。

5. 蛋壳的颜色与蛋壳中所含的_____含量有关系。

6. _____是蛋清中在免疫学上唯一具有广谱交叉反应的成分，它具有强的免疫原性。

7. 卵黄高磷蛋白的合成场所是_____。

8. 乳脂表面包裹着由_____和_____构成的膜，它与乳腺上皮细胞的质膜成分相同，起着使乳脂肪球稳定悬浮在乳中和防止其被乳脂肪酶水解的作用。

9. 乳中的甘油三酯主要是通过_____途径合成的。

10. 乳糖的合成以_____为前体，发生在乳腺上皮细胞的_____中，_____是乳糖合成与分泌过程的主要限速酶。

三、单项选择题

1. 酪蛋白中唯一含糖的成分是（　　）

A. α_s-酪蛋白　　B. β-酪蛋白　　C. γ-酪蛋白　　D. κ-酪蛋白

2. 存在于所有动物的乳中的蛋白是（　　）

A. α-乳清蛋白　　B. β-乳球蛋白　　C. 血浆清蛋白　　D. 免疫球蛋白

3. 来源于血液的乳中的蛋白质是（　　）

A. 酪蛋白　　　　　B. α-乳清蛋白　　　C. β-乳球蛋白　　　D. 免疫球蛋白

4. 大多数哺乳动物乳中的主要糖类是（　　　），溶解在乳清中。

A. 乳糖　　　　　　B. 葡萄糖　　　　　C. 蔗糖　　　　　　D. 半乳糖

5. 下列哪种蛋白不是蛋清中的主要蛋白？（　　　）

A. 卵清蛋白　　　　B. 伴清蛋白　　　　C. 卵类黏蛋白　　　D. 酪蛋白

6. 存在于许多动物的乳中，人乳中却完全缺乏的蛋白是（　　　）

A. α-乳清蛋白　　　B. β-乳球蛋白　　　C. 血浆清蛋白　　　D. 免疫球蛋白

四、简答题

1. 乳中的蛋白质的来源主要是哪些？

2. 简述经常食用生蛋清的危害。

3. 简述哺乳动物主要糖类的组成、特点及其作用。

 参考答案

一、名词解释

1. 乳经离心除去上层的乳脂，得到脱脂乳。脱脂乳经酸化或凝乳酶凝聚，还可以经过超速离心得到酪蛋白沉淀，其上清液部分即为乳清，其中含有乳清蛋白。

2. 生物反应器就是利用酶或微生物等的生物功能进行化学反应的系统。

3. 抗生物素蛋白指蛋清中含量较少的部分，可结合生物素，成为稳定复合体，抑制细菌对生物素的摄取，从而起到抗菌剂作用的蛋白。

二、填空题

1. 甘油三酯

2. 酪蛋白，乳清蛋白

3. 铁，镁，锌

4. 壳腺，饲料，骨骼

5. 原卟啉

6. 卵巨球蛋白

7. 肝脏

8. 磷脂，蛋白质

9. 3-磷酸甘油

10. 葡萄糖，高尔基体腔，乳糖合成酶

三、单项选择题

1. D　2. A　3. D　4. A　5. D　6. B

四、简答题

1.【答】乳中的蛋白质有两个来源：一是由乳腺从头合成的，如酪蛋白、α-乳清蛋白和β-乳球蛋白等，它们是乳腺所特有的；二是来自血液中的蛋白质，主要有免疫球蛋白和血浆清蛋白等。

（1）90％以上的乳蛋白是在乳腺中由氨基酸从头合成的。

（2）乳中还有5％～10％的蛋白质不是乳腺自身合成的，而是来源于血液。

（3）乳中还有一些其他的蛋白质与激素，尚难以明确界定它们到底是由乳腺自身合成的还是血液来源的，很可能两种情况兼而有之。

2. 蛋清中含有抗生物素蛋白，能与生物素结合而使生物素成为不易被吸收的物质，若较长时间吃生蛋清，会导致生物素缺乏。在体内，生物素构成羧化酶的辅酶，参与二氧化碳的固定反应。动物缺乏生物素，变得消瘦，导致皮炎、脱毛、神经过敏等症状。

3. 大多数哺乳动物乳中的主要糖类是乳糖，它溶解在乳清中。

（1）乳糖是由一分子半乳糖和一分子葡萄糖脱水缩合形成的二糖。

（2）乳糖是乳腺特有的产物，在动物的其他器官中没有游离的乳糖。

（3）乳糖在所有动物乳中的含量都很高。

（4）乳糖也是维持乳的渗透压的重要成分。

第22章

一≫ 综合练习题

综合练习题一

一、名词解释（20分）

1. 顺式作用元件　　　　　　　2. 同工酶
3. 氧化磷酸化　　　　　　　　4. 酶原的激活
5. 核小体　　　　　　　　　　6. 拓扑异构酶
7. 质粒的不相容性　　　　　　8. 锌指结构
9. 诱导契合学说　　　　　　　10. 生物转化作用

二、填空题（30分）

1. 血红蛋白（Hb）与氧结合的过程呈现＿＿＿＿＿＿效应，是通过 Hb 的＿＿＿＿＿＿现象实现的。它的辅基是＿＿＿＿＿＿，由组织产生的 CO_2 扩散至红细胞，从而影响 Hb 和 O_2 的亲和力，这称为＿＿＿＿＿＿氏效应。

2. 维持蛋白质构象的次级键主要有＿＿＿＿＿＿、＿＿＿＿＿＿和＿＿＿＿＿＿。

3. 蛋白激酶对糖代谢的调节在于调节＿＿＿＿＿＿酶和＿＿＿＿＿＿酶。

4. 蛋白磷酸化是可逆的，蛋白磷酸化时，需要＿＿＿＿＿＿酶，而蛋白去磷酸化时，需要＿＿＿＿＿＿酶。

5. 大肠杆菌 DNA 聚合酶Ⅰ是一个多功能酶，除了聚合酶活化外，还兼有下列两种活性：＿＿＿＿＿＿和＿＿＿＿＿＿。用枯草杆菌蛋白酶对大肠杆菌 DNA 聚合酶Ⅰ限制性水解，得到的大片段失去＿＿＿＿＿＿活性，小片段则保留＿＿＿＿＿＿活性。

6. mRNA 前体加工成 mRNA，经过多个步骤，其中有＿＿＿＿＿＿、＿＿＿＿＿＿和＿＿＿＿＿＿等。

7. 低密度脂蛋白的主要生理功能是＿＿＿＿＿＿。

8. 呼吸链中细胞色素的排列顺序（从底物到氧）为＿＿＿＿＿＿。

9. 维生素 D_3 在动物体内的活性形式是＿＿＿＿＿＿。

10. 酮体是指＿＿＿＿＿＿、＿＿＿＿＿＿和＿＿＿＿＿＿。

11. 反式作用因子结合 DNA 的结构域主要有＿＿＿＿＿＿、＿＿＿＿＿＿和＿＿＿＿＿＿等。

12. 葡萄糖无氧分解的总反应方程式是＿＿＿＿＿＿。

三、单项选择题（15分）

1. 生物体彻底氧化软脂酸（棕榈酸；C16 烷酸）时，可以净产生多少个 ATP 分子？（　　）

A. 96　　　　　　　B. 128　　　　　　　C. 120　　　　　　　D. 106

2. 生物体的呼吸链中若缺乏辅酶 Q，可代替辅酶 Q 作为中间体的是（　　　）

A. 磷脂　　　　　　　　　　　　　　　B. 胆固醇

C. 维生素 A 类似物　　　　　　　　　　D. 维生素 K 类似物

3. 在动物体内低浓度的激素就能引起显著的生理作用，是由于（　　　）

A. 提高了酶的活力　　　　　　　　　　B. 靶组织中受体含量多

C. 级联放大效应　　　　　　　　　　　D. 激素和受体高亲和力结合作用

4. 蛋白质生物合成时，提供链的延伸所必需能量的是（　　　）

A. ATP　　　　　　B. GTP　　　　　　C. $NADH + H^+$　　　D. 磷酸肌酸

5. 三羧酸循环中主要的限速酶是（　　　）

A. 苹果酸脱氢酶　　　　　　　　　　　B. 琥珀酸脱氢酶

C. 异柠檬酸脱氢酶　　　　　　　　　　D. α 酮戊二酸脱氢酶

6. 测定蛋白质肽链的 C-端，主要方法有（　　　）

A. FDNB 法　　　　B. DNS 法　　　　C. PITC 法　　　　D. 肼解法

7. 根据 Watson-Crick 模型，求得每 1μm DNA 双螺旋核苷酸对的平均数为（　　　）

A. 25400　　　　　　B. 2540　　　　　　C. 29411　　　　　　D. 2941

8. RNA 和 DNA 彻底水解后的产物是（　　　）

A. 戊糖不同，碱基相同　　　　　　　　B. 戊糖不同，碱基不同

C. 戊糖相同，碱基不同　　　　　　　　D. 戊糖相同，碱基相同

9. 转氨酶的辅酶是（　　　）

A. 硫辛酸　　　　　　B. 磷酸吡哆醛　　　C. NAD^+　　　　　D. 焦磷酸硫胺素

10. 苯丙氨酸在水解代谢中先转变为（　　　）

A. 酪氨酸　　　　　　B. 组氨酸　　　　　C. 色氨酸　　　　　　D. 丙氨酸

11. 识别大肠杆菌 DNA 复制起始区的蛋白质是（　　　）

A. DnaA 蛋白　　　　B. DnaB 蛋白　　　C. DnaC 蛋白　　　　D. DnaE 蛋白

12. 预测下面哪一种基因组在紫外线照射下最容易发生突变？（　　　）

A. 双链 DNA 病毒　　　　　　　　　　B. 单链 DNA 病毒

C. 线粒体基因组　　　　　　　　　　　D. 叶绿体基因组

13. 关于某一个基因的增强子的说法哪一种是错误的？（　　　）

A. 增强子的缺失可导致该基因转录效率的降低

B. 增强子序列与 DNA 结合蛋白相互作用

C. 增强子能够提高该基因 mRNA 的翻译效率

D. 增强子的作用与方向无关

14. 使用（UGA）$_n$ 作为模板在无细胞翻译系统中进行翻译，可得到几种均多肽？（　　　）

A. 1 种　　　　　　B. 2 种　　　　　　C. 3 种　　　　　　D. 4 种

15. 色氨酸操纵子中的衰减作用导致（　　　）

A. DNA 复制的提前终止

B. 在 RNA 中形成一个抗终止的发卡环

C. 在 RNA 中形成一个翻译终止的发卡环

D. RNA 聚合酶从色氨酸操纵子的 DNA 序列上解离

四、判断题（在题后括号内标明对或错）（10 分）

1. 三羧酸循环酶系全都位于线粒体基质。（　　　）

2. 受体就是细胞膜上与某一蛋白质专一而可逆结合的一种特定的蛋白质。（　　　）

3. 细胞色素是指含有 FAD 辅基的电子传递蛋白。（　　　）

4. 根据凝胶过滤层析的原理，分子量越小的物质，越先被洗脱出来。（　　　）

5. 核小体中的核心组蛋白在细胞活动过程中都不会被化学修饰。（　　　）

6. DNA 只存在于细胞核中，核外没有。（　　　）

7. 遗传密码在各种生物和各种细胞器中都是通用的。（　　　）

8. RNA 是基因表达的第一产物。（　　　）

9. 糖蛋白中的糖肽连接键是一种共价键，简称为糖肽键。（　　　）

10. 生物膜中的糖都与脂或蛋白质共价连接。（　　　）

五、问答题（25 分）

1. DNA 和 RNA 各有几种合成方式，各由什么酶催化新链的合成？

2. 简述丁酰辅酶 A 和琥珀酰辅酶 A 在动物肝脏中彻底氧化分解产生能量的不同。

3. 简述蛋白质一级结构与生物功能的关系。

4. 试举一例说明可诱导操纵子。

参 考 答 案

一、名词解释

1. 顺式作用元件是指对基因表达有调节活性的 DNA 序列，其活性只影响与其自身处在同一个 DNA 分子上的基因，多位于基因旁侧或内含子中，通常不编码蛋白质。真核基因转录的顺式调节元件按照功能可分为启动子、增强子和沉默子。真核细胞内存在一些特异的蛋白质可与顺式调节元件作用，从而影响转录，这种影响可以远距离和无方向性地传递给相对最近的启动子，促使启动子易于与 RNA 聚合酶或转录因子复合物结合。

2. 同工酶是指催化相同的化学反应，但酶蛋白的分子结构、理化性质和免疫学性质不同的一组酶。

3. 代谢物氧化脱氢经呼吸链传递给氧生成水的同时，释放能量以使 ADP 酸化成为 ATP，由于是代谢物的氧化反应与 ADP 的磷酸化反应偶联为主，故称为氧化磷酸化。

4. 有些酶在细胞内合成和初分泌时，并不表现有催化活性，这种无活性状态的酶的前身物称为酶原。酶原在一定条件下，受某种因素的作用，酶原分子的部分肽键被水解，使分子结构发生改变，形成酶的活性中心，无活性的酶原转化成有活性的酶称为酶原的激活。

5. 核小体是真核细胞染色体的基本结构单位，是由核心颗粒和连接区构成。组蛋白 H2A、H2B、H3 和 H4 各两分子组成八聚体，外绕 1.75 圈 DNA（140bp）构成核心颗粒；组蛋白 H1 和 60～100bpDNA 形成连接区。

6. 拓扑异构酶是一类可改变 DNA 拓扑性质的酶，主要有拓扑异构酶Ⅰ和拓扑异构酶Ⅱ两种类型：拓扑异构酶Ⅰ能使双键超螺旋结构 DNA 转变成松弛 DNA；拓扑异构酶Ⅱ的功能相反，可使松弛 DNA 转变成超螺旋。

7. 是指在没有选择压力的情况下，两种亲缘关系密切的不同质粒，不能够在同一个宿主细胞系中稳定共存的现象。

8. 锌指结构是许多转录因子所共有的 DNA 结合结构域，具有很强的保守性。它是由四个氨基酸（四个半胱氨酸残基，或两个半胱氨酸残基与两个组氨酸残基）和一个锌原子组成指状的三级结构。

9. 该学说由 Koshland 提出，当酶分子与底物分子接近时，酶蛋白受底物分子的诱导，其构象发生有利于与底物结合的变化，酶与底物在此基础上互补契合进行反应。

10. 动物体从外界摄取的非营养物质或代谢中产生的各种代谢终产物，这些物质大部分既不能被转化为构成组织细胞的原料，也不能被彻底氧化以供给能量，而必须由机体把它们排出体外。在排出以前，这些物质需要经过一定的代谢转变，使它们增强极性或水溶性，转变成比较容易排出的形式，然后再随尿或胆汁排出。但某些物质在肝脏中经过加工后的毒性反而增大，这些物质排出前在体内所经历的这种代谢转变过程，叫做生物转化作用。

二、填空题

1. 协同，变构，血红素，波尔

2. 氢键，离子键，疏水作用

3. 糖原磷酸化，糖原合成

4. 蛋白激酶，蛋白磷酸酯酶

5. $3'→5'$核酸外切酶，$5'→3'$核酸外切酶，$5'→3'$核酸外切酶，$5'→3'$核酸外切酶

6. $5'$端加帽子结构，$3'$端加 ployA，剪接切除内含子

7. 转运内源胆固醇酯

8. b→c→a

9. $1,25\text{-}(OH)_2\text{-}D_3$

10. 丙酮，乙酰乙酸，β-羟丁酸

11. 螺旋-转角-螺旋，螺旋-环-螺旋，锌指结构，亮氨酸拉链

12. $C_6H_{12}O_6+2Pi+2ADP \longrightarrow 2CH_3CH(OH)COO^-+2ATP+2H_2O+2H^+$

三、单项选择题

1. D 2. D 3. C 4. B 5. C 6. D 7. D 8. B 9. B 10. A 11. A 12. B 13. C 14. B 15. D

四、判断题

1. 对 2. 错 3. 错 3. 错 4. 错 5. 错 6. 错 7. 错 8. 对 9. 对 10. 对

五、问答题

1.【答】DNA 合成包括：

(1) DNA→DNA，DNA 指导下的 DNA 合成—复制。

① DNA 半不连续复制：DNA 聚合酶Ⅲ、DNA 聚合酶Ⅰ、DNA 连接酶

② DNA 修复合成：DNA 聚合酶Ⅰ、DNA 连接酶

(2) RNA→DNA，RNA 指导下反向转录合成 DNA：逆转录酶

RNA 合成包括：

(1) DNA→RNA，以 DNA 为模板转录合成 RNA：RNA 聚合酶。

(2) RNA→RNA，以 RNA 为模板合成 RNA：复制酶。

(3) RNA→DNA→RNA：RNA 转录酶。

2.【答】丁酰辅酶 A 在肝脏线粒体中经过 2 次 β-氧化并彻底氧化分解共产生 22 分子 ATP。琥珀酰辅酶 A 先经过三羧酸循环生成苹果酸，苹果酸再穿出线粒体，在胞液中脱氢生成草酰乙酸，然后由草酰乙酸转变成磷酸烯醇式丙酮酸，后者再生成丙酮酸，丙酮酸进入线粒体，生成乙酰辅酶 A，再进入三羧酸循环途径，产生的总能量为 1（底物磷酸化）+1.5（FADH₂）+2.5（NADH＋H⁺）+2.5（NADH＋H⁺）+10（TCA 循环）=17.5 分子的 ATP。

3.【答】蛋白质的功能是由其空间结构决定的，因此蛋白质的功能取决于以一级结构为基础的空间构象。一级结构与功能的关系表现在以下几个方面：

(1) 一级结构的变异与分子病　蛋白质中氨基酸的序列与生物功能有密切关系，如果一级结构发生变化，往往导致生物功能改变。如镰刀状细胞贫血就是由于血红蛋白一级结构变化引起的一种遗传疾病，这是一种分子病。病人的血红蛋白分子与正常人相比，在 574 个氨基酸中只有两个氨基酸是不同的。由于这点细微的差

别，就使患者的血红蛋白分子容易发生凝聚，从而导致红细胞变成镰刀状，并且容易破裂，引起贫血。

（2）一级结构与生物进化　蛋白质的一级结构与生物进化有着密切的关系。例如比较各种不同生物的细胞色素 c 的一级结构，发现凡是与人类亲缘关系愈远者，其结构差别愈大，根据这些差异可以为进化提供有力的证据。

4.【答】操纵子是指原核生物在转录水平上控制基因表达的协调单位，它包括启动基因、操作基因以及在功能上彼此相关的几个结构基因。

例如乳糖操纵子，它是一个诱导操纵子。乳糖操纵子的结构基因包括三个，分别编码 β-半乳糖苷酶（分解乳糖为葡萄糖和半乳糖）、β-半乳糖苷透性酶（使乳糖进入细胞）、硫代半乳糖苷转乙酰酶。三个基因受同一个控制成分调控。在无乳糖存在时，调节基因转录和翻译，产生具有活性的阻抑蛋白，并与操纵基因结合，阻止启动基因上的 RNA 聚合酶进行转录。在有诱导物（乳糖）存在时，因乳糖是乳糖操纵子的效应物，它可与阻抑蛋白的变构位点结合。使之变构而失去活性，因而不能与操纵基因结合，于是 RNA 聚合酶能够进行转录，产生三种酶，使大肠杆菌能利用乳糖。

综合练习题二

一、名词解释（20分）

1. 酶辅助因子   2. 滚环复制

3. 血清蛋白系数   4. 底物磷酸化

5. T_m 值   6. 酮体

7. 基因文库   8. 分子杂交

9. 生理需水量   10. 碱储

二、填空题（20分）

1. 测定多肽链 N-末端的常用方法有 ＿＿＿＿＿＿＿＿＿、＿＿＿＿＿＿＿＿＿ 和＿＿＿＿＿＿＿等。

2. 蛋白质二级结构的类型有＿＿＿＿＿＿＿＿、＿＿＿＿＿＿＿＿和＿＿＿＿＿＿＿＿。

3. 免疫球蛋白 G 在用＿＿＿＿＿处理时，产生 Fab 片段；而用＿＿＿＿＿＿＿处理时，产生 F（ ）ab′（ ）2 片段。

4. DNA 双螺旋的直径为 ＿＿＿＿＿＿＿＿＿，螺距为 ＿＿＿＿＿＿＿＿。

5. 目前普遍接受的生物膜结构模型是＿＿＿＿＿＿＿＿＿＿＿＿＿＿。

6. 在糖酵解过程中，＿＿＿＿＿＿＿＿＿是最重要的控制酶，另外＿＿＿＿＿＿＿和＿＿＿＿＿＿＿也参与糖酵解速度的调节。

7. 鱼藤酮能专一地阻断呼吸链上电子由＿＿＿＿＿＿＿流向＿＿＿＿＿＿＿。

8. 线粒体的穿梭系统有＿＿＿＿＿＿＿＿＿＿和＿＿＿＿＿＿＿＿两种类型。

9. 原核生物蛋白质合成中，蛋白因子 IF-2 与＿＿＿＿＿＿结合并协助其进入核糖体的＿＿＿＿＿位。

10. 大肠杆菌 RNA 聚合酶全酶由＿＿＿＿＿＿＿＿组成。

三、单项选择题（15分）

1. 生物体内氨的转运主要通过（   ）

A. 尿素循环   B. 谷氨酰胺   C. 尿酸   D. 谷氨酸

2. 识别信号肽的信号识别颗粒属于（   ）

A. 糖蛋白   B. 信号肽酶   C. 脂蛋白   D. 核蛋白

3. 肌糖原不能直接分解补充血糖，因为肌肉缺乏（   ）。

A. 磷酸化酶   B. 葡萄糖磷酸变位酶

C. 葡萄糖激酶   D. 葡萄糖-6-磷酸酶

4. 琥珀酸脱氢酶所需的辅酶（基）是（   ）

A. HS-CoA   B. FAD   C. NAD^+ D. $NADP^+$

5. 一个酶有多种底物，判断其底物专一性强弱应依据参数（　　　）

A. K_{cat}　　　　　　　B. K_m　　　　　　　C. K_{cat}/K_m　　　　　　D. 底物浓度

6. NO 的生成主要来自（　　　）

A. 组氨酸　　　　　　　B. 赖氨酸　　　　　　　C. 精氨酸　　　　　　　D. 谷氨酸胺

7. 哺乳动物细胞质膜的标志酶是（　　　）

A. 钠钾 ATP 酶　　　　B. 细胞色素氧化酶　　C. H^+-ATP 酶　　　D. 谷氨酸胺

8. 典型哺乳动物细胞内外的 Na^+、K^+ 离子浓度（　　　）

A. 细胞内 Na^+、K^+ 均比细胞外高

B. 细胞内 Na^+、K^+ 均比细胞外低

C. 细胞内 K^+ 比细胞外高，Na^+ 比细胞外低

D. 细胞内 Na^+ 比细胞外高，K^+ 比细胞外低

9. 端粒酶是一种蛋白质-RNA 复合物，其中 RNA 起（　　　）

A. 催化作用　　　　　　B. 延伸作用　　　　　　C. 引物作用　　　　　　D. 模板作用

10. 真核生物 mRNA 帽子结构中，m^7G 与多核苷酸链通过三个磷酸基连接的方式是（　　　）

A. $2'—5'$　　　　　　B. $3'—5'$　　　　　　C. $5'—5'$　　　　　　D. $3'—3'$

11. 嘌呤霉素的作用是（　　　）

A. 抑制 DNA 合成　　　　　　　　　B. 抑制蛋白质合成的终止

C. 抑制蛋白质合成的延伸　　　　　D. 抑制 RNA 合成

12. 判断一个纯化酶工作的重要指标是（　　　）

A. 酶的纯度　　　　　　B. 活性回收率　　　　　C. 重复性　　　　　D. 综合以上三点

13. 组蛋白的修饰可引起核小体的解离，这种修饰是（　　　）

A. 甲基化　　　　　　　B. 腺苷化　　　　　　　C. 磷酸化　　　　　　　D. 糖基化

14. 真核生物 RNA 聚合酶的抑制剂是（　　　）

A. α-鹅膏蕈碱　　　　　B. 放线菌素　　　　　　C. 链霉素　　　　　　　D. 利福霉素

15. 甾体激素对基因表达的调节是通过（　　　）

A. 甾体自身直接作用在基因调控序列上

B. 激活膜上酪氨酸蛋白激酶

C. 激活膜上偶联的 G 蛋白

D. 与受体结合进入细胞核作用在调节元件上

四、判断题（在题后括号内标明对或错）（20 分）

1. 在 pH7 时，谷氨酸带负电荷。（　　　）

2. 生物膜上的脂质主要是磷脂。（　　　）

3. 酶蛋白和蛋白酶两个概念完全不相同。（　　　）

4. "锁钥学说"是用于解释酶的高效率的一种学说。（　　　）

5. 别构酶的 K_m 的单位和底物浓度单位一致。（　　　）

6. 天然蛋白质都具有四级结构。（　　　）

7. 结晶了的酶为纯酶。（　　　）

8. 层析和透析用于蛋白质溶液除盐时，后者效果好一些。（　　　）

9. RNA 属于多聚核糖核苷酸。（　　　）

10. 氨基酸都是 L-构型。（　　　）

11. 生物膜中脂质是生物膜功能的主要体现者。（　　　）

12. 所有三羧酸循环的酶类都存在于线粒体的内膜上。（　　　）

13. 植物油在常温下一般多为液态，是因为它们含有大量不饱和脂肪酸的缘故。（　　　）

14. 等电点是蛋白质的特征参数。（　　　）

15. 在所有病毒中，迄今为止还没有发现既含 DNA 又含 RNA 的病毒。（　　　）

16. 气体分子 NO 是可以作为信号分子在生物体内行使功能的。（　　　）

17. 所有信号肽的位置均在新生肽的 N 端。（　　　）

18. 在酶的催化反应中，His 残基的咪唑基既可以起碱催化作用，也可以起酸催化作用。（　　　）

19. 蛋白激酶对蛋白质磷酸化的部位要有—OH 基团。（　　　）

20. 维生素 B_1 的化学名称为硫胺素，它的磷酸酯为脱羧辅酶。（　　　）

五、问答题（共 25 分）

1. 酶的抑制剂有哪些类型？简述各类型的作用特点。

2. 举出两种蛋白质序列与其基因序列存在的不对应关系及其可能原因。

3. 写出尿素循环，并注明每步反应是在细胞哪个部位进行的。

4. 简述 pH 对酶反应的影响及原因。

5. 简述当体内进入了过多的酸性物质，动物机体如何调节，使 pH 值恒定。

参 考 答 案

一、名词解释

1. 结合酶中含有的对热稳定的非蛋白质的有机小分子和金属离子。

2. 一种用来解释噬菌体 ΦX174 DNA 的复制过程的复制模型。ΦX174 的 DNA 是环状单链分子，复制时首先合成环状双链复制型 DNA 分子。然后双链中的正链首先形成一个缺口，以环状闭合的负链 DNA 为模板，以正链的 $3'$-羟基末端为引物，在正链切口 $3'$-羟基末端合成正链。

3. 血清中白蛋白与球蛋白的比值是一定的，这个比值（白蛋白/球蛋白或 A/G）称为血清蛋白系数。

4. 当营养物质在代谢过程中经过脱氢、脱羧、分子重排和烯醇化反应，产生高能磷酸基团或高能键，随后直接将高能磷酸基团转移给 ADP 生成 ATP，或水解产生的高能键，将释放的能量用于 ADP 与无机磷酸反应，生成 ATP。以这样的方式生成 ATP 称为底物磷酸化。

5. T_m 值即解链温度或熔点温度，即双链 DNA 熔解彻底变成单链 DNA 的温度范围的中点温度。

6. 脂肪酸氧化的中间产物乙酰乙酸、β-羟丁酸和丙酮统称为酮体。

7. 含有某种生物体全部基因随机片段的重组 DNA 克隆群体。

8. 不同的 DNA 片段之间、DNA 片段与 RNA 片段之间，如果彼此间的核苷酸排列顺序互补也可以复性，形成新的双螺旋结构。这种按照互补碱基配对而使两条多核苷酸链相互结合的过程称为分子杂交。

9. 生理需水量包括体表蒸发和通过呼吸排出的不感觉失水＋最低排尿量＋粪中水。

10. 血浆中所含 HCO_3^- 的量。

二、填空题

1. 二硝基氟苯法，丹磺酰氯法，苯异硫氰酸法

2. α-螺旋，β-折叠，β-转角

3. 木瓜蛋白酶，胃蛋白酶

4. 2nm，3.4nm

5. 流动镶嵌模型

6. 磷酸果糖激酶，己糖激酶，丙酮酸激酶

7. NADH，辅酶 Q

8. 3-磷酸甘油穿梭，苹果酸-天冬氨酸穿梭

9. fMet-tRNAi^{fMet}，P

10. $\alpha_2\beta\beta'\sigma$

三、单项选择题

1. B 2. D 3. D 4. B 5. B 6. C 7. A 8. C 9. D 10. C 11. B 12. D 13. D 14. A 15. D

四、判断题

1. 对 2. 对 3. 错 4. 错 5. 对 6. 错 7. 错 8. 错 9. 对 10. 错 11. 错 12. 错 13. 对 14. 错 15. 对 16. 对 17. 错 18. 对 19. 对 20. 对

五、问答题

1.【答】抑制剂是指凡能使酶的活性下降而不引起酶蛋白变性的物质。抑制剂

通常对酶有一定的选择性。根据抑制剂与酶分子之间作用特点的不同，通常将抑制作用分为可逆性抑制和不可逆性抑制两类。

（1）不可逆抑制作用　该抑制剂通常以共价键方式与酶的必需基团进行结合，一经结合就很难自发解离，不能用透析或超滤等物理方法解除抑制。其实际效应是降低反应体系中有效酶浓度。抑制强度取决于抑制剂浓度及酶与抑制剂之间的接触时间。按其作用特点，不可逆抑制又有专一性及非专一性之分。

① 专一性不可逆抑制：此类抑制剂专一地与酶的活性中心或其必需基团共价结合，从而抑制酶的活性。

② 非专一性不可逆抑制：此类抑制剂可与酶分子结构中一类或几类基团共价结合而导致酶失活。它们主要是一些修饰氨基酸残基的化学试剂，可与氨基、羟基、胍基、巯基等反应。

（2）可逆性抑制作用　此类抑制剂与酶的结合以解离平衡为基础，属非共价结合，用超滤、透析等物理方法除去抑制剂后，酶的活性能恢复，即抑制剂与酶的结合是可逆的。这类抑制大致可分为竞争性抑制、非竞争性抑制和反竞争性抑制等。

① 竞争性抑制作用：抑制剂一般与酶的天然底物结构相似，可与底物竞争酶的活性中心，从而降低酶与底物的结合效率，抑制酶的活性。

② 非竞争性抑制作用：抑制剂可与酶活性中心以外的必需基团结合，但不影响酶与底物的结合，酶与底物的结合也不影响酶与抑制剂的结合，但形成的酶-底物-抑制剂复合物不能进一步释放出产物，致使酶活性丧失。

③ 反竞争性抑制作用：酶只有在与底物结合后，才能与抑制剂结合。

这三种可逆抑制作用在酶促反应中的作用是：竞争性抑制作用，V_{max} 不变，K_m 增加；非竞争性抑制作用，V_{max} 减小，K_m 不变；反竞争性抑制作用，V_{max} 减小，K_m 减小。

2.【答】该题主要考查蛋白质序列与其基因序列存在的不对应关系。

蛋白质序列与其基因序列存在的不对应关系，在如下一些情况中有所体现：

（1）基因序列内的内含子、调节序列等均不编码蛋白序列，不能实现基因序列到蛋白质序列的转化。因而就无序列对等可言。

（2）三联体密码本身的简并性、摇摆性等因素使得基因序列到蛋白质序列的转化不如复制或转录那么精确，序列自然就出现不对等。

（3）无义密码子的存在，为引进稀有氨基酸提供了机会，出现了序列不对等。

（4）三联体密码本身不是绝对通用的，所以基因序列到蛋白质序列的转化会出现序列不对等。

（5）在翻译过程中，tRNA 的反密码子与密码子配对时的不严格的 3-3 配对，使得序列出现不对等的情况。

3.【答】尿素循环：鸟氨酸＋NH_3＋CO_2 ⟶ 瓜氨酸　　　　　　　　（1）

瓜氨酸＋天冬氨酸⟶ 精氨琥珀酸⟶ 延胡索酸＋精氨酸　　　（2）

精氨酸＋H_2O ⟶ 尿素＋鸟氨酸　　　　　　　　　　　（3）

反应（1）在线粒体中进行，反应（2）和（3）在胞液中进行。因线粒体膜上有特定的鸟氨酸输送系统，所以鸟氨酸和瓜氨酸可以穿过线粒体膜。

4.【答】大部分酶的活力受其环境 pH 的影响。在一定 pH 下，酶反应有最大速度，高于或低于这个 pH，反应速度下降。通常称此 pH 为酶反应的最适 pH。它因底物种类、浓度、缓冲液的成分不同而不同。具体地讲，pH 酶活力的影响主要在以下几个方面：

① 过酸、过碱会影响酶蛋白的构象，甚至使酶失活。

② pH 改变不剧烈时，酶虽然不变性，但活力受影响。原因是 pH 影响底物分子、酶分子的解离状态及它们的结合状态。

③ pH 影响分子中另一些基团的解离，它们的离子化状态与酶的专一性及酶分子的活性中心的构象有关。

5.【答】血液缓冲系统、肺呼吸作用、肾脏的分泌作用联合发挥作用。首先是血液的缓冲系统发挥中和作用；然后是肺的呼吸作用，呼吸加强，呼出 CO_2 增加；肾脏的泌 H^+ 作用加强，HCO_3^- 的重吸收作用增强，同时远曲小管的泌氨作用增强，排出更多 H^+。

综合练习题三

一、名词解释（20分）

1. 构象　　　　　　　　　　　2. 酶
3. 辅基　　　　　　　　　　　4. 糖苷
5. 必需脂肪酸　　　　　　　　6. cAMP
7. 基因　　　　　　　　　　　8. 氧化磷酸化
9. 半保留复制　　　　　　　　10. 遗传密码

二、填空题（20分）

1. tRNA 分子的 $3'$ 末端为_____，是_____的部位。

2. 真核细胞 mRNA $5'$-末端有_____结构。

3. 蛋白质在_____nm 有吸收峰，而核酸在_____nm 有吸收峰。

4. 用诱导契合假设可以比较好地解释_____。

5. 碱性氨基酸有_____、_____、_____。（用单字母或三字母表示）

6. 常用于蛋白质沉淀的方法有_____、_____、_____。

7. 线粒体内膜上的电子传递链，各电子载体是按_____，由_____的顺序排列的。

8. 密码子共_____个，其中_____个为终止密码子、_____个为编码氨基酸的密码子。

9. 糖酵解是在_____中进行。三羧酸循环在_____进行，氧化磷酸化在_____进行。

10. 在成熟 mRNA 中出现并代表编码蛋白质的 DNA 序列叫做_____，那些从成熟 mRNA 中消失的 DNA 序列为_____。

三、单项选择题（15分）

1. 生物膜含最多的脂类是（　　）
A. 甘油三酯　　　　B. 糖脂　　　　C. 磷脂　　　　D. 胆固醇

2. 下列关于维生素的说法，哪一种是错误的？（　　）
A. 维持正常生命所必须　　　　　　B. 是体内能量的来源
C. 是小分子化合物　　　　　　　　D. 体内需量少，但必须由食物供给

3. 非竞争性抑制剂对酶反应的影响具有的特征为（　　）
A. K_m 减小，V_m 减小　　　　　　B. K_m 不变，V_m 增大
C. K_m 不变，V_m 减小　　　　　　D. K_m 增大，V_m 减小

4. 脂肪大量动员时，肝内的己酰 CoA 主要转化为（　　）

A. 葡萄糖　　　　　　B. 草酰乙酸　　　　C. 脂肪酸　　　　D. 酮体

5. 嘌呤核苷酸从头合成中，首先合成的是（　　）

A. IMP　　　　　　　B. AMP　　　　　　C. GMP　　　　　D. XMP

6. 体内氨基酸脱氨基最主要的方式是（　　）

A. 氧化脱氨基作用　　　　　　　　B. 非氧化脱氨基作用

C. 联合脱氨基作用　　　　　　　　D. 脱水脱氨基作用

7. 下列哪种酶是酵解过程中的限速酶？（　　）

A. 醛缩酶　　　　　　B. 烯醇化酶　　　　C. 乳酸脱氢酶　　　D. 磷酸果糖激酶

8. 转录真核细胞 rRNA 的酶是（　　）

A. RNA 聚合酶Ⅰ　　　　　　　　B. RNA 聚合酶Ⅱ

C. RNA 聚合酶Ⅲ　　　　　　　　D. RNA 聚合酶Ⅰ和Ⅲ

9. 大肠杆菌 RNA 聚合酶全酶分子中负责识别启动子的亚基是（　　）

A. α 亚基　　　　　　B. β 亚基　　　　　C. β′ 亚基　　　　D. σ 亚基

10. 某一种 tRNA 的反密码子为 5′ IUC 3′，它识别的密码子是（　　）

A. AAG　　　　　　　B. CAG　　　　　　C. GAA　　　　　D. GAG

11. 既能抑制原核又能抑制真核细胞及其细胞器蛋白质合成的抑制剂是
（　　）

A. 氯霉素　　　　　　B. 红霉素　　　　　C. 放线菌素　　　　D. 嘌呤霉素

12. 人最能耐受下列哪种营养物的缺乏？（　　）

A. 蛋白质　　　　　　B. 糖类　　　　　　C. 脂类　　　　　D. 维生素

13. 下列与能量代谢有关的过程除哪个过程外都发生在线粒体中？（　　）

A. 糖酵解　　　　　　　　　　　　B. 三羧酸循环

C. 氧化磷酸化　　　　　　　　　　D. 呼吸链电子传递

14. 在什么情况下，乳糖操纵子的转录活性最高？（　　）

A. 高乳糖，低葡萄糖　　　　　　　B. 高乳糖，高葡萄糖

C. 低乳糖，低葡萄糖　　　　　　　D. 低乳糖，高葡萄糖

15. 下列哪一种物质最不可能通过线粒体内膜？（　　）

A. P_i　　　　　　　B. NADH　　　　　C. 柠檬酸　　　　D. 丙酮酸

四、判断题（在题后括号内标明对或错）（15分）

1. DNA 和 RNA 中核苷酸之间的连键性质是相同的。（　　）

2. 常用酶活力单位数表示酶量。（　　）

3. 氨肽酶可以水解蛋白质的肽键。（　　）

4. 蛋白质多肽链是有方向性的。（　　）

5. 碱性氨基酸在中性 pH 时，带正电荷。（　　）

6. 等电点时，蛋白质的溶解度最小。（　　）

7. 用 SDS-PAGE 法可以测定血红蛋白四聚体的分子量。（　　）

8. 细胞色素 b 和 c 因处于呼吸链的中间，因此它们的血红素辅基不可能与 CN^- 配位结合。（　　）

9. NADH 和 NADPH 都可以进入呼吸链。（　　）

10. 细胞色素 c 氧化酶又叫末端氧化酶，是以还原型细胞色素 c 为辅酶的。（　　）

11. 丙酮酸激酶催化的反应是糖酵解中第二个不可逆反应。（　　）

12. 糖原合成时的引物为 3 个以上 α-D-葡萄糖以 1,4-糖苷键相连的麦芽糖。（　　）

13. 脂肪酸的氧化降解是从分子的甲基端开始的。（　　）

14. 所有转氨酶的辅基都是磷酸吡哆醛。（　　）

15. Leu 是纯粹生酮氨基酸。（　　）

五、问答题（30 分）

1. 简述 DNA 双螺旋结构模型。

2. 测定酶活力时，通过增加反应时间能否提高酶活力？为什么？

3. 线粒体的穿梭系统有哪两种类型？其电子供体是什么？有何生物学意义？

4. 什么是半保留复制？

5. 简述蛋白质合成过程中氨基酸的活化。

参 考 答 案

一、名词解释

1. 指一个分子中，不改变共价键结构，仅单键周围的原子旋转所产生的原子的空间排布。一种构象改变为另一种构象时，不要求共价键的断裂和重新形成。构象改变不会改变分子的光学活性。

2. 生物催化剂，除少数 RNA 具有酶的性质之外，几乎所有的酶都是蛋白质。酶不改变反应的平衡，只是通过降低活化能加快反应的速度。

3. 是与酶蛋白共价结合的金属离子或一类有机化合物，用透析法不能除去。辅基在整个酶促反应过程中始终与酶的特定部位结合。

4. 单糖半缩醛羟基与另一个分子（例如醇、糖、嘌呤或嘧啶）的羟基、胺基或巯基缩合形成的含糖衍生物。

5. 维持人或动物正常生长所需的，而自身又不能合成的脂肪酸，例如亚油酸和亚麻酸。

6. 3′,5′-环腺苷酸，细胞内的第二信使，是由于某些激素或其他分子信号激活腺苷酸环化酶催化 ATP 环化形成的。

7. 也称之为顺反子，指负责编码一个功能蛋白或 RNA 分子的 DNA 片段。在某些情况下，基因泛指被转录的一个 DNA 片段。

8. 氧化磷酸化是产生 ATP 的主要方式。底物脱下的氢经过呼吸链的依次传递，最终与氧结合生成 H_2O，这个过程所释放的能量用于 ADP 的磷酸化反应（$ADP+P_i$）生成 ATP，这样，底物的氧化作用与 ADP 的磷酸化作用通过能量相偶联。ATP 的这种生成方式称为氧化磷酸化。

9. DNA 复制的一种方式。每条链都可用作合成互补链的模板，合成出两分子的双链 DNA，每个分子都是由一条亲代链和一条新合成的链组成。

10. 核酸中的核苷酸残基序列与蛋白质中的氨基酸残基序列之间的对应关系。连续 3 个核苷酸残基序列为一个密码，特指一个氨基酸。标准的遗传密码是由 64 个密码组成的，几乎为所有生物通用。

二、填空题

1. —CCA—OH 结构，氨基酸结合部位

2. 帽子

3. 280，260

4. 酶与底物的关系

5. His(H)，Lys(K)，Arg(R)

6. 盐析，有机溶剂沉淀，重金属盐沉淀

7. 氧化还原电位，低向高

8. 64，3，61

9. 细胞液，线粒体，线粒体

10. 外显子，内含子

三、单项选择题

1. C 2. B 3. C 4. D 5. A 6. C 7. D 8. D 9. D 10. C 11. D 12. B 13. A 14. A 15. B

四、判断题

1. 错 2. 错 3. 对 4. 对 5. 对 6. 对 7. 对 8. 错 9. 错 10. 错 11. 对 12. 错 13. 错 14. 对 15. 对

五、简答题

1.【答】（1）两条反向平行的多核苷酸链围绕同一中心轴相互缠绕，两条链都为右手螺旋。

（2）碱基位于双螺旋的内侧，磷酸与核糖在外侧，彼此通过 3',5'-磷酸二酯键

相连接，形成 DNA 分子的骨架，碱基平面与纵轴垂直，糖环平面与纵轴平行。

（3）双螺旋的平均直径为 2nm，相邻两对碱基间垂直距离为 0.34nm，旋转角为 36°，每 10 对碱基旋转一周，为 360°，每周螺距高度为 3.4nm。

（4）在双螺旋的表面有大沟和小沟。

（5）两条链借碱基之间的氢键和碱基堆积力牢固地结合起来，维持 DNA 结构的稳定性。

2.【答】酶活力是指酶催化化学反应的能力。酶活力的大小可用在一定的条件下酶催化某一化学反应的反应速度来表示。对于特定的酶来说，它的活力也是一定的，所以，通过提高反应时间并不能提高酶活力。

3.【答】线粒体的两种穿梭系统分别是：（1）3-磷酸甘油穿梭系统 依靠胞液中的 3-磷酸甘油脱氢酶的催化，使 3-磷酸甘油醛上的氢通过 NADH 转移到磷酸二羟丙酮上生成 3-磷酸甘油，并以这种形式穿过线粒体内膜进入线粒体内。在线粒体内又以相反的过程将 3-磷酸甘油上的氢转移到其辅酶 FAD 上，生成 $FADH_2$，并以这种形式进入呼吸链。胞液和线粒体中的 3-磷酸甘油脱氢酶的辅酶不同，前者为 NAD^+，而后者是 FAD。因此经过这样的穿梭机制，进入线粒体后是 $FADH_2$，而不是 NADH。（2）苹果酸穿梭 依靠位于胞液和线粒体中的苹果酸脱氢酶来实现转移 NADH 进入线粒体。此机制是将底物上的氢通过脱氢酶转移到草酰乙酸上，生成苹果酸，并以苹果酸的形式穿过线粒体内膜进入线粒体。胞液与线粒体中的苹果酸脱氢酶都有相同的辅酶，即 NAD^+。

4.【答】DNA 的复制，是以 DNA 分子本身为模板进行 DNA 生物合成的过程。复制保证了遗传信息准确无误地传递给后代。

复制时，亲代 DNA 分子双螺旋先行解开，然后以每一条链为模板，按照碱基互补配对的原则，在两条亲代链上各自合成一条互补的新链（子链）。这样，原来的双螺旋 DNA 中都有一条链是老的，它来自亲代，另一条链则是新合成的，这种 DNA 复制方式，称之为半保留复制。用同位素实验证明，动物、植物、微生物以及病毒中的 DNA 复制都是以半保留方式进行的。

5.【答】氨基酸必须活化以后才能彼此间形成肽键而连接起来。活化的过程是使氨基酸的羧基与 tRNA 3′-末端核糖上的 2′或 3′-OH 形成酯键，从而生成氨酰基-tRNA。氨基酸本身并不能辨认其所对应的密码子，它们必须与各自特异的 tRNA 结合后才能被带到核糖体中，并通过 tRNA 来辨认密码子。

催化氨基酸活化反应的酶称为氨酰基-tRNA 合成酶。不同的氨基酸由不同的酶所催化。反应过程分为两步：第一步是氨基酸与 ATP 反应生成氨酰基腺苷酸（AA-AMP），其中氨基酸的羧基是以高能键连接于腺苷酸上，同时放出焦磷酸；第二步是氨酰基腺苷酸将氨酰基转给 tRNA 形成氨酰基-tRNA。两步反应由同一个氨酰基-tRNA 合成酶催化。

$$AA + ATP \xrightarrow{\text{氨酰基-tRNA 合成酶}} AA\text{-}AMP + PPi \tag{1}$$

$$\text{AA-AMP} + \text{tRNA} + \text{ATP} \xrightarrow{\text{氨酰基-tRNA 合成酶}} \text{AA-tRNA} + \text{AMP} \qquad (2)$$

总反应为：

$$\text{AA} + \text{tRNA} + \text{ATP} \xrightarrow{\text{氨酰基-tRNA 合成酶}} \text{AA-tRNA} + \text{AMP} + \text{PPi}$$

综合练习题四

一、名词解释（20分）

1. 剪接
2. 呼吸链
3. 转录
4. 半抗原
5. 抗原决定簇
6. 饲料蛋白质的互补作用
7. 一碳单位
8. DNA 的变性
9. 同义密码子
10. DNA 指纹图谱

二、填空题（36分）

1. 两类核酸在细胞中的分布不同，DNA 主要位于_____中，RNA 主要位于_____中。

2. 因为核酸分子具有_____、_____，所以在_____ nm 处有吸收峰，可用紫外分光光度计测定。

3. 蛋白质多肽链中的肽键是通过一个氨基酸的_____基和另一氨基酸的_____基连接而形成的。

4. 维持蛋白质的一级结构的化学键有_____和_____；维持二级结构靠_____键；维持三级结构和四级结构靠_____键，其中包括_____、_____、_____和_____。

5. 蛋白质合成中，氨基酸活化的酶是_____，它的特点是_____。每活化一个氨基酸消耗_____个高能磷酸键。肽链的延长包括_____、____和_____三步。

6. 酶的活性中心包括_____和_____两个功能部位，其中_____直接与底物结合，决定酶的专一性，_____是发生化学变化的部位，决定催化反应的性质。

7. 调节三羧酸循环最主要的酶是_____、_____、_____。

8. 非反刍哺乳动物糖异生的主要原料为_____、_____和_____。

9. 对某些碱基顺序有专一性的核酸内切酶称为_____。

10. 一个转录单位一般应包括_____序列、_____序列和_____顺序。

11. 分子伴侣通常具_____酶的活性。

三、单项选择题（12分）

1. 构成多核苷酸链骨架的关键是（　　）
A. 2′,3′-磷酸二酯键
B. 2′,4′-磷酸二酯键
C. 2′,5′-磷酸二酯键
D. 3′,4′-磷酸二酯键

E. 3′,5′-磷酸二酯键

2. 真核生物 DNA 缠绕在组蛋白上构成核小体，核小体含有的蛋白质是（　　）

A. H₁、H₂、H₃、H₄ 各两分子

B. H₁A、H₁B、H₂B、H₂A 各两分子

C. H₂A、H₂B、H₃A、H₃B 各两分子

D. H₂A、H₂B、H₃、H₄ 各两分子

E. H₂A、H₂B、H₄A、H₄B 各两分子

3. 下列哪一项不是蛋白质的性质之一？（　　）

A. 处于等电状态时溶解度最小　　　　B. 加入少量中性盐溶解度增加

C. 变性蛋白质的溶解度增加　　　　　D. 有紫外吸收特性

4. 下列哪个性质是氨基酸和蛋白质所共有的？（　　）

A. 胶体性质　　　　　　　　　　　B. 两性性质

C. 沉淀反应　　　　　　　　　　　D. 变性性质

E. 双缩脲反应

5. 竞争性可逆抑制剂抑制程度与下列哪种因素无关？（　　）

A. 作用时间　　　B. 抑制剂浓度　　　C. 底物浓度

D. 酶与抑制剂的亲和力的大小　　　E. 酶与底物的亲和力的大小

6. 由己糖激酶催化的反应的逆反应所需的酶是（　　）

A. 果糖二磷酸酶　　　　　　　　B. 葡萄糖-6-磷酸酶

C. 磷酸果糖激酶　　　　　　　　D. 磷酸化酶

7. 动物饥饿后摄食，其肝细胞主要糖代谢途径是（　　）

A. 糖异生　　　　B. 糖有氧氧化　　　C. 糖酵解

D. 糖原分解　　　E. 磷酸戊糖途径

8. 下列哪些辅因子参与脂肪酸的 β 氧化？（　　）

A. ACP　　　　B. FMN　　　　C. 生物素　　　D. NAD⁺

9. 为体内物质合成提供甲基的物质是（　　）

A. 半胱氨酸　　　B. 甘氨酸　　　C. 甲硫氨酸　　　D. 谷氨酸

10. 下列关于 σ 因子的叙述哪一项是正确的？（　　）

A. 是 RNA 聚合酶的亚基，起辨认转录起始点的作用

B. 是 DNA 聚合酶的亚基，容许按 5′→3′ 和 3′→5′ 双向合成

C. 是 50S 核糖体亚基，催化肽链生成

D. 是 30S 核糖体亚基，促进 mRNA 与之结合

E. 在 30S 亚基和 50S 亚基之间起搭桥作用，构成 70S 核蛋白体

11. 下列关于真核细胞 DNA 聚合酶活性的叙述哪一项是正确的？（　　）

A. 它仅有一种　　　　　　　　B. 它不具有核酸酶活性

C. 它的底物是二磷酸脱氧核苷　　D. 它不需要引物

388

E. 它按 $3'→5'$ 方向合成新生链

12. 以下有关核糖体的论述哪项是不正确的？（　　）

A. 核糖体是蛋白质合成的场所

B. 核糖体小亚基参与翻译起始复合物的形成，确定 mRNA 的解读框架

C. 核糖体大亚基含有肽基转移酶活性

D. 核糖体是储藏核糖核酸的细胞器

四、判断题（在题后括号内标明对或错）（12分）

1. 原核生物和真核生物的染色体均为 DNA 与组蛋白的复合体。（　　）

2. 两个核酸样品 A 和 B，如果 A 的 OD_{260}/OD_{280} 大于 B 的 OD_{260}/OD_{280}，那么 A 的纯度大于 B 的纯度。（　　）

3. 所有的蛋白质都有酶活性。（　　）

4. 用 FDNB 法和 Edman 降解法测定蛋白质多肽链 N-端氨基酸的原理是相同的。（　　）

5. 当底物处于饱和水平时，酶促反应的速度与酶浓度成正比。（　　）

6. 酶只能改变化学反应的活化能而不能改变化学反应的平衡常数。（　　）

7. 动物体内的乙酰 CoA 不能作为糖异生的物质。（　　）

8. 脂肪酸的从头合成需要柠檬酸裂解提供乙酰 CoA。（　　）

9. 脱氧核糖核苷酸的合成是在核糖核苷三磷酸水平上完成的。（　　）

10. 原核细胞和真核细胞中许多 mRNA 都是多顺反子转录产物。（　　）

11. 由于遗传密码的通用性，真核细胞的 mRNA 可在原核翻译系统中得到正常的翻译。（　　）

12. 密码子与反密码子都是由 AGCU 4 种碱基构成的。（　　）

五、问答题（20分）

1. 举例说明蛋白质变性的影响因素、变性的本质、变性原理的应用？

2. 说明影响酶促反应速度的主要因素。

3. 绘图表示电子传递链的过程？

4. 简要说明脂肪酸 β-氧化的过程？

参 考 答 案

一、名词解释

1. 在真核细胞中，绝大部分基因被不同大小的内含子相互间隔开，内含子在 RNA 的转录后加工中要除去，然后把外显子连接起来，才能形成成熟的 RNA 分子，这一过程称为 RNA 的剪接。

2. 呼吸链是指排列在线粒体内膜上的一个有多种脱氢酶以及氢和电子传递体组成的氧化还原系统。在生物氧化过程中，底物脱下的氢通过一系列递氢体和电子传递体的顺次传递，最终与氧结合生成水，并释放能量。在这个过程消耗了氧，所以称之为呼吸链。

3. 以 DNA 为模板，在 RNA 聚合酶的作用下，将遗传信息从 DNA 分子上转移到 mRNA 分子上，这一过程称为转录。广义上，细胞内所有 RNA 的合成过程均称为转录。

4. 氧化磷酸化有些物质如某些多糖、类脂等非蛋白质类物质，单独注入动物体内不能引起机体产生抗体，须与某些蛋白质载体结合后，注入体内才能产生抗体，但它能与由此而产生的特异性抗体发生反应，这些物质称为半抗原。

5. 抗原刺激机体产生抗体或与抗体相结合时，只是分子中某一部分基团直接决定了动物产生抗体的性质，并在该部位与抗体特异性地结合，这个部位称为抗原决定簇。

6. 饲料蛋白质的互补作用：在畜禽饲养中，为了提高饲料蛋白的生理价值，常把原来生理价值较低的蛋白质饲料混合使用，使其必需氨基酸互相补充，称为饲料蛋白质互补作用。

7. 一碳单位又称一碳基团，即氨基酸在分解代谢过程中形成的具有一个碳原子的基团，如甲基、甲酰基等。

8. 是指氢键的断裂、DNA 的双螺旋结构分开，成为两条单链 DNA 分子，即改变了 DNA 的二级结构，但并不破坏一级结构。

9. 代表同一种氨基酸的不同密码子，称为同义密码子，均属简并密码。

10. 用某一小卫星做探针，可以同时与同一物种或不同物种的众多酶切基因组 DNA 片段杂交，获得具有高度个体特异性的杂交图谱，其特异性像人的指纹一样因人而异，故称为 DNA 指纹图谱。

二、填空题

1. 细胞核，细胞质

2. 嘌呤，嘧啶，260

3. 氨，羧基

4. 肽键，二硫键，氢键，次级键，氢键，离子键，疏水键，范德华力

5. 氨酰基-tRNA 合成酶，高度专一性，2，进位，成肽，移位

6. 结合部位，催化部位，结合部位，催化部位

7. 柠檬酸合成酶，异柠檬酸脱氢酶，α-酮戊二酸脱氢酶

8. 乳酸，甘油，氨基酸

9. 限制性核酸内切酶

10. 启动子，编码，终止子

11. ATPase

三、单项选择题

1. E 2. D 3. C 4. B 5. A 6. B 7. A 8. D 9. C 10. A 11. B 12. D

四、判断题

1. 错 2. 错 3. 错 4. 错 5. 对 6. 对 7. 对 8. 对 9. 错 10. 错 11. 错 12. 错

五、简答题

1.【答】天然蛋白质在变性因素作用之下，其一级结构保持不变，但其高级结构发生了异常的变化，即由天然态（折叠态）变成了变性态（伸展态），从而引起了生物功能的丧失，以及物理、化学性质的改变。这种现象被称为变性。

变性因素很多，其中物理因素包括热（60～100℃）、紫外线、X射线、超声波、高压、表面张力，以及剧烈的振荡、研磨、搅拌等；化学因素又称为变性剂，包括酸、碱、有机溶剂（如乙醇、丙酮等）、尿素、盐酸胍、重金属盐、三氯醋酸、苦味酸、磷钨酸以及去污剂等。不同的蛋白质对上述各种变性因素的敏感程度是不同的。

2.【答】影响因素有温度、pH、底物浓度、酶浓度、激活剂、抑制剂等。如温度：高温变性、低温抑制、最适温度活性最高；最适pH，过酸过碱使酶变性失活；底物浓度与酶促反应速度呈米氏方程关系；酶浓度与酶促反应速度成正比；抑制剂可抑制酶促反应速度，分为不可逆抑制和可逆抑制；激活剂可激活酶活性等。

3.【答】有机物在生物体内氧化过程中所脱下的氢原子，经过一系列有严格排列顺序的传递体组成的传递体系进行传递，最终与氧结合成水，这样的电子与氢原子的传递体系称为呼吸链或电子传递链。电子在逐步的传递过程中所释放的能量被机体用于合成ATP，以作为生物体的能量来源（详细过程略）。

4.【答】在线粒体内脂酰CoA经过脱氢、加水、脱氢、硫解四步反应，生成比原来少2个碳原子的脂酰CoA和1分子的乙酰CoA的过程，称为一次β-氧化过程（详细过程略）。

综合练习题五

一、名词解释（20分）

1. 米氏常数
2. 酶原
3. 脂溶性维生素
4. 糖苷键
5. 生物膜
6. 主动转运
7. 核苷
8. Klenow 片段
9. 反转录酶
10. 启动子

二、填空题（20分）

1. 英国化学家桑格尔用_____法，首次测定了_____的一级结构，获诺贝尔化学奖。

2. 最早提出蛋白质变性理论的是我国科学家_____。

3. 镰刀型红细胞贫血症是一种先天遗传分子病，其病因是由于正常血红蛋白分子中的一个_____被_____所置换。

4. 在某一特定 pH 之下，蛋白质带等量的正电荷与负电荷，该 pH 值是该蛋白的_____。

5. 谷胱甘肽由三种氨基酸通过肽键联接而成，这三种氨基酸分别是_____、_____和_____。

6. 糖肽连接键的主要类型有_____、_____。

7. 生物体内的代谢调节在三种不同的水平上进行，即_____、_____、_____。

8. 蛋白质的生物合成是以_____作为模板，_____作为运输氨基酸的工具，_____作为合成的场所。

9. 原核生物蛋白质合成中第一个被掺入的氨基酸是_____。

10. 脂肪酸的 β-氧化包括_____、_____、_____、_____四个步骤。

11. 细胞内的呼吸链有_____、_____和_____三种，其中_____不产生 ATP。

12. 细胞调节酶活性的方式包括_____、_____、_____和_____。

三、单项选择题（15分）

1. 脂膜的标志酶是（　　）

A. 琥珀酸脱氢酶
B. 葡萄糖-6-磷酸酶
C. 5′-核苷酸酶
D. 酸性磷酸酶

2. 下列氨基酸除了哪个外都能使偏振光发生旋转？（　　）

A. 丙氨酸　　　　　B. 甘氨酸　　　　　C. 亮氨酸　　　　D. 丝氨酸

3. 蛋白质的糖基化是翻译后的调控之一，葡萄糖基往往与肽链中哪一个氨基酸的侧链结合？（　　　）

A. 谷氨酸　　　　　B. 赖氨酸　　　　　C. 酪氨酸　　　　D. 丝氨酸

4. 双链 DNA 热变性后，具有下列哪种特征？（　　　）

A. 黏度下降　　　　B. 沉降系数下降　　C. 浮力密度下降　D. 紫外吸收下降

5. 吖啶染料可以引起下列哪种突变？（　　　）

A. 转换　　　　　　B. 颠换　　　　　　C. 移码突变　　　D. 嘧啶二聚体

6. 奇数碳原子脂肪酸 β-氧化分解时，不可能出现的产物是（　　　）

A. 丙酸　　　　　　B. 丙酰 CoA　　　　C. 脂酰 CoA　　　D. 乙酰 CoA

7. 丙二酸对琥珀酸脱氢酶的影响属于（　　　）

A. 反馈抑制　　　　　　　　　　　　　B. 底物抑制

C. 竞争性可逆抑制　　　　　　　　　　D. 非竞争性可逆抑制

8. 下列辅酶中哪个不是来自于维生素？（　　　）

A. HS-CoA　　　　B. CoQ　　　　　　C. PLP　　　　　D. FH_2

9. 下列蛋白质可能具有四级结构的是（　　　）

A. 牛胰岛素　　　　　　　　　　　　　B. 原核生物的 SSB 蛋白

C. 人生长激素　　　　　　　　　　　　D. 胃蛋白酶原

10. 糖原中一个糖基转变为 2 分子乳酸，可净得几分子 ATP（　　　）

A. 1　　　　　　　B. 2　　　　　　　C. 3　　　　　　D. 4

11. 丙酮酸脱氢酶系是个复杂的结构，包括多种酶和辅助因子。下列化合物中哪个不是丙酮酸脱氢酶组分？（　　　）

A. TPP　　　　　　B. 硫辛酸　　　　　C. FMN　　　　　D. Mg^{2+}

12. 用于糖原合成的葡萄糖-1-磷酸首先要经过什么化合物的活化？（　　　）

A. ATP　　　　　　B. CTP　　　　　　C. GTP　　　　　D. UTP

13. 脂肪酸 β-氧化的逆反应可见于（　　　）

A. 胞浆中脂肪酸的合成　　　　　　　　B. 胞浆中胆固醇的合成

C. 线粒体中脂肪酸的延长　　　　　　　D. 内质网中脂肪酸的延长

14. 合成胆固醇的原料不需要（　　　）

A. 己酰 CoA　　　　B. NADPH　　　　C. O_2　　　　　D. CO_2

15. 在体内 Gly 可以从哪种氨基酸转变而来？（　　　）

A. Asp　　　　　　B. Ser　　　　　　C. Thr　　　　　D. His

四、判断题（在题后括号内标明对或错）（15分）

1. 处于质膜上的不同糖蛋白的糖基通常分布在膜的两侧。（　　　）

2. 自然界中的蛋白质和多肽类物质都是由 L-型氨基酸组成的。（　　　）

3. 所有的蛋白质都具有四级结构。（　　　）

4. 前列腺素的化学本质是脂肪酸的衍生物。（　　）

5. 核酸变性或者降解时，出现减色反应。（　　）

6. 大肠杆菌在葡萄糖和乳糖均丰富的培养基中优先利用葡萄糖而不利用乳糖，是因为此时阻遏蛋白与操纵基因结合而阻碍乳糖操纵子的开放。（　　）

7. 酶可以促进化学反应向正反应方向转移。（　　）

8. 氨甲蝶呤结构与二氢叶酸相似，能竞争抑制二氢叶酸还原酶，使二氢叶酸不能转变为四氢叶酸，从而抑制一碳单位转移，阻断 dUMP 转变为 dTMP，从而使 dTTP 生成量减少，DNA 合成受到抑制。（　　）

9. 磷酸吡哆醛只作为转氨酶的辅酶。（　　）

10. 滚环复制不需要 RNA 作为引物。（　　）

11. 酰基载体蛋白是脂肪酸合成酶系的核心，六种酶蛋白按在脂肪酸合成中参加反应的顺序排列在四周。（　　）

12. 基因的内含子没有任何功能。（　　）

13. 酵解途径是人体内糖、脂肪和氨基酸代谢联系的途径。（　　）

14. 同工酶指功能、结构相同的一类酶，能催化同一类化学反应。（　　）

15. 不同来源 DNA 单链，在一定条件下能进行分子杂交是由于它们有共同的碱基组成。（　　）

五、问答题（30分）

1. 简要说明原核细胞中 DNA 复制与 RNA 转录有什么不同。

2. 简述 ATP、ADP、AMP 和柠檬酸在糖酵解和三羧酸循环中代谢调节控制中的作用。

3. 说明 PCR 反应的基本原理及其在分子生物学研究中的意义。

4. DNA 复制的准确性是怎样实现的？

5. 什么是色氨酸操纵子？简述衰减子的调节作用。

6. 论述真核生物蛋白质合成与原核生物蛋白质合成有什么不同？

参 考 答 案

一、名词解释

1. 对于一个给定反应，导致酶促反应速度的起始速度（V_0）达到最大反应速度（V_{max}）一半时的底物浓度。

2. 通过有限蛋白水解能够由无活性变成具有催化活性的酶前体。

3. 由长的碳氢链或稠环组成的聚戊二烯化合物。脂溶性维生素包括维生素 A、维生素 D、维生素 E 和维生素 K，这类维生素能被动物贮存。

4. 一个糖半缩醛羟基与另一个分子（例如醇、糖、嘌呤或嘧啶）的羟基、胺基或巯基之间缩合形成的缩醛或缩酮键，常见的糖苷键有 O-糖苷键和 N-糖苷键。

5. 镶嵌有蛋白质的脂双层，起着划分和分隔细胞和细胞器的作用。生物膜也是许多与能量转化和细胞内通讯有关的重要部位。

6. 一种转运方式，通过该方式溶质特异结合于一个转运蛋白，然后被转运过膜，但与被动转运方式相反，转运是逆着浓度梯度方向进行的，所以主动转运需要能量来驱动。

7. 是由嘌呤或嘧啶碱基通过共价键与戊糖连接组成的化合物。核糖与碱基一般都是由糖的异头碳与嘧啶的 N-1 或嘌呤的 N-9 之间形成的 β-N-糖苷键连接的。

8. *E. coli* DNA 聚合酶Ⅰ经部分水解生成的 C 末端 605 个氨基酸残基片段。该片段保留了 DNA 聚合酶Ⅰ的 $5'\rightarrow3'$ 聚合酶和 $3'\rightarrow5'$ 外切酶活性，但缺少完整酶的 $5'\rightarrow3'$ 外切酶活性。

9. 一种催化以 RNA 为模板合成 DNA 的 DNA 聚合酶，具有 RNA 指导的 DNA 合成、水解 RNA 和 DNA 指导的 DNA 合成的酶活性。

10. 能够被 RNA 聚合酶识别并与之结合，从而调控基因的转录与否及转录强度的一段大小为 20～200bp 的 DNA 序列，称之为启动子。

二、填空题

1. Edman 降解法，牛胰岛素
2. 吴宪
3. 谷氨酸，缬氨酸
4. 等电点
5. 谷氨酸，半胱氨酸，甘氨酸
6. O-糖苷键，N-糖苷键
7. 分子水平，细胞水平，整体水平
8. mRNA，tRNA，核糖体
9. 甲酰甲硫氨酸
10. 脱氢，水化，脱氢，硫解
11. NADH，$FADH_2$，细胞色素 P450，细胞色素 P450
12. 酶的特异激活与抑制，共价修饰，别构调节，酶原激活

三、单项选择题

1. C 2. B 3. D 4. A 5. C 6. A 7. C 8. B 9. B 10. C 11. C 12. D 13. C 14. C 15. B

四、判断题

1. 错 2. 错 3. 错 4. 对 5. 错 6. 错 7. 错 8. 对 9. 错 10. 错 11. 对 12. 错 13. 对 14. 错 15. 错

五、简答题

1.【答】RNA 的合成和 DNA 的复制，其化学反应十分相似，但也有一些重要差别：

（1）转录时只有一条 DNA 链为模板，而复制时两条链都可以作为模板；

（2）转录时 DNA-RNA 杂合双链分子是不稳定的，RNA 链很快被游离的 DNA 取代，DNA 又恢复双链状态，RNA 合成后会释放出来，而 DNA 复制又形成后一直打开，不断向两侧延伸，新合成的链和亲本形成子链；

（3）RNA 合成不需要引物，而 DNA 复制一定要有引物存在；

（4）转录的底物是 rNTP，复制的底物是 dNTP；

（5）聚合酶系不同。

2.【答】ATP 在糖酵解过程中激活己糖激酶，但是抑制磷酸果糖激酶和丙酮酸脱氢酶，在三羧酸循环中抑制丙酮酸脱氢酶、柠檬酸合成酶和异柠檬酸脱氢酶。ADP 在糖酵解过程中抑制己糖激酶。AMP 在糖酵解中所起作用跟 ATP 相反，可激活果糖磷酸激酶和丙酮酸激酶。柠檬酸在糖酵解时抑制果糖激酶。

3.【答】PCR 称为聚合酶链式反应，是指在模板 DNA、引物和四种脱氧核苷酸存在下依赖于 DNA 聚合酶的酶促合成反应，反应分为三步：①变性；②退火；③延伸。

PCR 在分子生物学领域中产生了巨大影响，广泛应用于克隆、测序、产生特异突变、医学诊断和法医学等。

4.【答】答案同第 307 页"七、论述题"第 2 题。

5.【答】色氨酸操纵子是在转录水平上调控合成色氨酸的几种酶的基因表达的协调单位。它由操纵子基因、启动基因、衰减基因和结构基因组成。结构基因包括合成色氨酸的 5 个酶（E、D、C、B 和 A）的基因。

色氨酸操纵子的阻抑物是由距操纵子较远的调节基因 R 产生，阻抑物产生后，本身是无活性的，不能与操纵基因结合，此时，结构基因（E、D、C、B 和 A）可转录并随后翻译成由分枝酸开始合成色氨酸的 5 种酶。当有过量的色氨酸存在时，色氨酸作为辅阻抑物与阻抑物结合，形成有活性的阻抑物。有活性的阻抑物可与操纵子基因结合，阻抑了结构基因的表达，色氨酸合成受到抑制。

色氨酸的合成除了阻抑蛋白的调节外，还有存在于色氨酸操纵子中的衰减子调节，衰减子调节可使基因转录终止或减弱，是比阻抑调节更为精细的调节作用。

6.【答】真核细胞蛋白质合成的机理与原核细胞十分相似，但是步骤更加复杂，涉及的蛋白因子也更多。主要的不同之处是：

（1）核糖体更大　真核细胞核糖体为 80S，由 60S 大亚基与 40S 小亚基组成。

（2）起始密码子　原核生物有两种起始密码子（AUG、GUG），而真核生物只有 AUG 一种起始密码子，它的上游也没有富含嘌呤的顺序，但 mRNA 的 5′端有帽子结构，40S 核糖体与 5′端帽子结合后向 3′端方向移动，以便寻找起始密码子，这过程要消耗 ATP。真核生物 mRNA 通常为单顺反子，只有一个起始密码子。

（3）起始 tRNA·　真核细胞合成蛋白质的起始氨基酸为甲硫氨酸，而不是 N-甲酰甲硫氨酸。其始 tRNA 分子不含 TΨC 序列，这在 tRNA 家族中是非常特殊的。起始氨酰 tRNA 为 Met-tRNA。

（4）80S 起始复合物　真核生物形成 80S 起始复合物的顺序与原核生物形成 70S 起始复合物不同，所需的起始因子也更多。

（5）辅助因子　真核生物起始因子有十多种，延长因子只有两种，释放因子只有一种。

（6）肽链的延伸　真核生物的延伸因子能直接与 GTP 及氨酰基-tRNA 形成三联体。

（7）肽链的终止和释放　与原核生物不同的是，真核生物蛋白质合成的终止和释放只需要一种终止因子，并且它的作用需要 GTP 供能。

综合练习题六

一、名词解释（20分）

1. 生物氧化   2. 磷酸戊糖途径

3. 盐析   4. 光复活

5. 必需氨基酸   6. 蛋白质的四级结构

7. 增色效应   8. 核酸酶

9. 内吞作用   10. 亮氨酸拉链

二、填空题（30分）

1. B型DNA双螺旋的螺距为_____，每匝螺旋有_____对碱基，每对碱基的转角是_____。

2. mRNA在细胞内的种类_____，但只占RNA总量的_____，它是以_____为模板合成的，又是_____合成的模板。

3. 蛋白质的二级结构最基本的有两种类型，它们是_____和_____。

4. 鉴定蛋白质多肽链氨基末端常用的方法有_____和_____。

5. 酶活力是指_____，一般用_____表示。

6. 磷酸戊糖途径可分为_____阶段，分别称为_____和_____，其中两种脱氢酶是_____和_____，它们的辅酶是_____。

7. 生物体内的蛋白质可被_____和_____共同作用降解成氨基酸。

8. 前导链的合成是_____的，其合成方向与复制叉移动方向_____；随后链的合成是_____的，其合成方向与复制叉移动方向_____。

9. 细胞内多肽链合成的方向是从_____端到_____端，而阅读mRNA的方向是从_____端到_____端。

10. 真核生物肽链合成启始复合体由mRNA、_____和_____组成。

三、单项选择题（12分）

1. DNA变性后理化性质有下述改变（   ）

A. 对260nm紫外吸收减少   B. 溶液黏度下降

C. 磷酸二酯键断裂   D. 核苷酸断裂

2. 下列氨基酸中哪一种是非必需氨基酸？（   ）

A. 亮氨酸   B. 酪氨酸   C. 赖氨酸

D. 蛋氨酸   E. 苏氨酸

3. 下列关于蛋白质结构的叙述，哪一项是错误的？（   ）

A. 氨基酸的疏水侧链很少埋在分子的中心部位

B. 电荷的氨基酸侧链常在分子的外侧，面向水相

C. 蛋白质的一级结构在决定高级结构方面是重要因素之一

D. 蛋白质的空间结构主要靠次级键维持

4. 酶的竞争性可逆抑制剂可以使（　　　）

A. V_{max} 减小，K_m 减小　　　　　　B. V_{max} 增加，K_m 增加

C. V_{max} 不变，K_m 增加　　　　　　D. V_{max} 不变，K_m 减小

E. V_{max} 减小，K_m 增加

5. 下列叙述中哪一种是正确的？（　　　）

A. 所有的辅酶都包含维生素组分

B. 所有的维生素都可以作为辅酶或辅酶的组分

C. 所有的 B 族维生素都可以作为辅酶或辅酶的组分

D. 只有 B 族维生素可以作为辅酶或辅酶的组分

6. 丙酮酸激酶是何途径的关键酶？（　　　）

A. 磷酸戊糖途径　　　　B. 糖异生

C. 糖的有氧氧化　　　　D. 糖原合成与分解　　　　E. 糖酵解

7. 三羧酸循环的限速酶是？（　　　）

A. 丙酮酸脱氢酶　　　　B. 顺乌头酸酶　　　　C. 琥珀酸脱氢酶

D. 延胡索酸酶　　　　E. 异柠檬酸脱氢酶

8. 参与尿素循环的氨基酸是（　　　）

A. 组氨酸　　　　　　B. 鸟氨酸　　　　　　C. 蛋氨酸　　　　　　D. 赖氨酸

9. 下列关于大肠杆菌 DNA 连接酶的叙述哪些是正确的？（　　　）

A. 催化 DNA 双螺旋结构之断开的 DNA 链间形成磷酸二酯键

B. 催化两条游离的单链 DNA 分子间形成磷酸二酯键

C. 产物中不含 AMP

D. 需要 ATP 作能源

10. 紫外线照射引起 DNA 最常见的损伤形式是生成胸腺嘧啶二聚体。在下列关于 DNA 分子结构这种变化的叙述中，哪项是正确的（　　　）

A. 不会终止 DNA 复制

B. 可由包括连接酶在内的有关酶系统进行修复

C. 可看作是一种移码突变

D. 是由胸腺嘧啶二聚体酶催化生成的

E. 引起相对的核苷酸链上胸腺嘧啶间的共价联结

11. 下列对原核细胞 mRNA 的论述哪些是正确的？（　　　）

A. 原核细胞的 mRNA 多数是单顺反子的产物

B. 多顺反子 mRNA 在转录后加工中切割成单顺反子 mRNA

C. 多顺反子 mRNA 翻译成一个大的蛋白质前体，在翻译后加工中裂解成若干成熟的蛋白质

D. 多顺反子 mRNA 上每个顺反子都有自己的起始和终止密码子；分别翻译成各自的产物

12. 下列属于反式作用因子的是（　　　　）

A. 启动子　　　　　　B. 增强子　　　　　　C. 终止子　　　　　　D. 转录因子

四、判断题（在题后括号内打√或×）（10 分）

1. 生物体的不同组织中的 DNA，其碱基组成也不同。（　　　）

2. 氨基酸与茚三酮反应都产生蓝紫色化合物。（　　　）

3. 蛋白质的变性是蛋白质立体结构的破坏，因此涉及肽键的断裂。（　　　）

4. 具有四级结构的蛋白质，它的每个亚基单独存在时仍能保存蛋白质原有的生物活性。（　　　）

5. 对于可逆反应而言，酶既可以改变正反应速度，也可以改变逆反应速度。（　　　）

6. K_m 是酶的特征常数，只与酶的性质有关，与酶浓度无关。（　　　）

7. 糖酵解过程在有氧无氧条件下都能进行。（　　　）

8. 嘧啶核苷酸的合成伴随着脱氢和脱羧反应。（　　　）

9. 中心法则概括了 DNA 在信息代谢中的主导作用。（　　　）

10. 重组修复可把 DNA 损伤部位彻底修复。（　　　）

五、问答题（30 分）

1. 简述磷酸戊糖途径的生理意义

2. 写出下列酶催化的反应式，并指出它所在的代谢途径。.

3. 简述氨的来源和去路。

4. 简述 tRNA 的二级结构与其功能的关系。

5. 简述 DNA 重组技术的过程。

参 考 答 案

一、名词解释

1. 把营养物质，例如糖、脂肪和蛋白质在体内分解，消耗氧气，生成 CO_2 和 H_2O 的同时产生能量的过程称为生物氧化。

2. 磷酸戊糖途径指机体某些组织（如肝、脂肪组织等）以葡萄糖-6-磷酸为起始物在葡萄糖-6-磷酸脱氢酶催化下形成 6-磷酸葡萄糖酸进而代谢生成磷酸戊糖为中间代谢物的过程。

3. 在高浓度的盐溶液中，无机盐离子从蛋白质分子的水膜中夺取水分子，破坏水膜，使蛋白质分子相互结合而发生沉淀。这种现象称为盐析。

4. 将受紫外线照射而引起损伤的细菌用可见光照射，大部分损伤细胞可以恢复，这种可见光引起的修复过程称为光复活作用。

5. 指动物机体必需，但自身不能合成或不能完全合成，需要从饮食中获得的氨基酸。

6. 指多亚基蛋白质分子中各个具有三级结构的多肽链以适当方式聚合所形成的三维结构。

7. 当 DNA 从双螺旋结构变为单链的无规则卷曲状态时，它在 260nm 处的吸收值便增加，这叫"增色效应"。

8. 核酸酶是作用于核酸分子中磷酸二酯键的酶，分解产物为寡核苷酸或单核苷酸，根据作用位置不同可分为核酸外切酶和核酸内切酶。

9. 细胞从外界摄入的大分子或颗粒，逐渐被质膜的一小部分包围，内陷，然后从质膜上脱落下来，形成细胞内的囊泡的过程。

10. 亮氨酸拉链是蛋白质 α-螺旋中一段有规律出现的富含亮氨酸残基的片段，由约 35 个氨基酸残基形成两性 α-螺旋，即螺旋的一侧是以带正电荷的氨基酸残基为主，具有亲水性；另一侧是排列成行的亮氨酸，具有疏水性。含有亮氨酸拉链的蛋白质都以二聚体形式与 DNA 结合，每个拉链中与重复的亮氨酸相连的碱性区含一个 DNA 结合位点，与 DNA 结合。

二、填空题

1. 3.4nm，10，36°

2. 多，5%，DNA，蛋白质

3. α-螺旋结构，β-折叠结构

4. FDNB 法（2,4-二硝基氟苯法），Edman 降解法（苯异硫氢酸酯法）

5. 酶催化化学反应的能力，特定条件下酶催化某一化学反应的反应速度

6. 两个，氧化阶段，非氧化阶段，6-磷酸葡萄糖脱氢酶，6-磷酸葡萄糖酸脱氢酶，$NADP^+$

7. 蛋白酶，肽酶

8. 连续，相同，不连续，相反

9. N，C，5′，3′

10. 80S 核糖体，Met-tRNA$_i^{Met}$

三、单项选择题

1. B 2. B 3. A 4. C 5. C 6. E 7. E 8. B 9. B 10. B 11. D 12. D

四、判断题

1. 错 2. 错 3. 错 4. 错 5. 对 6. 对 7. 对 8. 对 9. 对 10. 错

五、问答题

1.【答】（1）磷酸戊糖途径中产生的 NADPH＋H⁺ 是生物合成反应的供氢体。例如合成脂肪、胆固醇、类固醇激素都需要大量的 NADPH＋H⁺ 提供氢，所以在脂类合成旺盛的脂肪组织、哺乳期乳腺、肾上腺皮质、睾丸等组织中磷酸戊糖途径比较活跃。NADPH＋H⁺ 是谷胱甘肽还原酶的辅酶，对维持还原型谷胱甘肽（GSH）的正常含量具有重要作用，它使氧化型谷胱甘肽（G-S-S-G）变为还原型，而后者能保护巯基酶活性，并对维持红细胞的完整性很重要。

（2）葡萄糖在体内可由此途径生成核糖-5-磷酸。核糖-5-磷酸是合成核酸和核苷酸的原料，又由于核酸参与蛋白质的生物合成，所以在损伤后修补、再生的组织中，此途径进行得比较活跃。

（3）磷酸戊糖途径与糖有氧分解及糖无氧分解相互联系。在此途径中最后生成的果糖-6-磷酸与甘油醛-3-磷酸都是糖有氧分解（或糖无氧分解）的中间产物，它们可进入糖的有氧分解（或糖无氧分解）途径进一步进行代谢。

2.【答】（1）丙酮酸脱氢酶系

$$丙酮酸＋HS\text{-}CoA＋NAD^+ \longrightarrow 乙酰辅酶 A＋CO_2＋NADH$$

所在的代谢途径是糖的有氧氧化第二阶段

（2）乙酰辅酶 A 羧化酶

$$乙酰辅酶 A＋CO_2＋ATP \longrightarrow 丙二酸单酰辅酶 A＋ADP＋P_i$$

所在的代谢途径是脂肪酸合成

3.【答】氨的来源：（1）氨基酸及胺的脱氨基作用；（2）嘌呤、嘧啶等含氮物的分解；（3）可由消化道吸收一些氨，即肠内氨基酸在肠道细菌作用下产生的氨和肠道尿素经肠道细菌尿素酶水解产生的氨；（4）肾小管上皮细胞分泌的氨，主要是谷氨酰胺水解产生。

氨的去路：（1）合成某些非必需氨基酸，并参与嘌呤、嘧啶等重要含氮化合物的合成；（2）可以在动物体内形成无毒的谷氨酰胺；（3）形成血氨；（4）通过转变成尿素排出体外。

4.【答】tRNA 的二级结构是三叶草形结构，其功能是在蛋白质合成中运输氨基酸。在三叶草形结构中的氨基酸臂和反密码环与其功能有关。氨基酸臂可连接并运输氨基酸，反密码环的反密码子可以识别 mRNA 上的密码子，以确定被运输的氨基酸。

5.【答】DNA 重组技术的过程包括：（1）选择人们所期望的外源基因（称为目的基因）；（2）将目的基因与适合的载体 DNA（如质粒）在体外进行重组、获得重组体（杂交 DNA）；（3）将重组体转入合适的生物活细胞，使目的基因复制扩增或转录、翻译表达出目的基因编码的蛋白质；（4）从细胞中分离出基因表达产物或获得一个具有新遗传性状的个体。

综合练习题七

一、名词解释（20分）

1. 糖异生作用
2. 蛋白质组学
3. 端粒
4. G蛋白
5. 结构域
6. 信号肽
7. 反式作用因子
8. 变构效应
9. 操纵子
10. 反义RNA

二、填空题（30分）

1. 真核基因转录的顺式调节元件按照功能可分为_____、_____和_____。

2. DNA超螺旋（T）与拓扑连环数（α）和双螺旋数（β）之间的关系为_____。

3. 肌球蛋白分子具有_____酶的活力。

4. 柠檬酸可以增强ATP对_____的抑制作用。

5. 透明质酸是由_____和_____组成的糖胺聚糖。

6. 三羧酸循环在细胞的_____内进行，_____、_____和_____三种酶所催化的反应是限速反应。

7. 测定蛋白质紫外吸收的波长，一般在_____，主要由于蛋白质中存在着_____、_____及_____残基侧链基团。

8. 在聚合酶链反应时，除了需要模板DNA外，还必须加入_____、_____、_____和_____。

9. DNA主要的修复方式有_____、_____、_____和_____等。

10. 国际酶学委员会根据酶催化的反应类型，将酶分为六大类：_____、_____、_____、_____、_____和_____。

三、单项选择题（15分）

1. 各种糖代谢途径的交叉点是（　　）
A. 6-磷酸葡萄糖
B. 1-磷酸葡萄糖
C. 6-磷酸果糖
D. 1,6-二磷酸果糖

2. 由于血红蛋白两条β-链中的下列哪个氨基酸的改变，使正常的红细胞变成了镰刀状细胞？（　　）
A. Glu
B. Lys
C. Val
D. Thr

3. 体内转运一碳单位的载体是（　　）

A. 叶酸　　　　　　　　B. 四氢叶酸　　　　　C. 辅酶 A　　　　　D. 生物素

4. 生物膜的基本结构是（　　）

A. 磷脂双层两侧各附着不同蛋白质

B. 磷脂形成片层结构，蛋白质位于各个片层之间

C. 蛋白质为骨架，两层磷脂分别附着于蛋白质的两侧

D. 磷脂双层为骨架，蛋白质附着于表面或插入磷脂双层中

5. 下列氨基酸中与尿素生成无关的是（　　）

A. 精氨酸　　　　　　　B. 鸟氨酸　　　　　　C. 赖氨酸　　　　　D. 天冬氨酸

6. 端粒酶是属于（　　）

A. 限制性内切酶　　　　B. DNA 聚合酶　　　C. RNA 聚合酶　　D. 肽酰转移酶

7. 双缩脲反应是（　　）的特有反应

A. DNA　　　　　　　　B. RNA　　　　　　　C. 磷酸二酯键　　　D. 肽和蛋白质

8. 原核生物蛋白质合成中，防止大小亚基过早结合的起始因子为（　　）

A. IF_1 因子　　　　　B. IF_2 因子　　　C. IF_3 因子　　　D. IF_4 因子

9. 如果要求酶促反应 $V = 90\% V_{max}$，则〔S〕应为 K_m 的倍数是（　　）

A. 4.5　　　　　　　　B. 5　　　　　　　　C. 8　　　　　　　D. 9

10. DNA 复制过程中双链的解开，主要靠（　　）作用

A. 引物合成酶　　　　　B. Dnase Ⅰ　　　　C. 限制性内切酶　　D. 拓扑异构酶

11. 肌肉组织中肌肉收缩所需要的大部分能量以哪种形式贮存？（　　）

A. ADP　　　　　　　　　　　　　　B. ATP

C. 磷酸肌酸　　　　　　　　　　　　D. 磷酸烯醇式丙酮酸

12. 肠道细菌可以合成下列哪种维生素？（　　）

A. 维生素 A　　　　　　B. 维生素 C　　　　C. 维生素 D　　　　D. 维生素 K

13. 亚硝酸引起基因突变的机制是（　　）

A. 还原作用　　　　　　B. 氧化作用　　　　C. 氧化脱氨作用　　D. 解链作用

14. 下列氨基酸中，哪个含有吲哚环？（　　）

A. 甲硫氨酸　　　　　　B. 苏氨酸　　　　　C. 色氨酸　　　　　D. 组氨酸

15. 神经节苷脂是一种（　　）

A. 脂蛋白　　　　　　　B. 糖蛋白　　　　　C. 糖脂　　　　　　D. 脂多糖

四、判断题（在题后括号内标明对或错）（15 分）

1. 辅酶 Q 是细胞色素 b 的辅酶。（　　）

2. 基因表达的最终产物都是蛋白质。（　　）

3. 抗体酶是指有催化作用的抗体。（　　）

4. 二硫键既可用氧化剂进行断裂，也可用还原剂进行断裂。（　　）

5. 端粒酶是一种反转录酶。（　　）

6. 真核生物的启动子有些无 TATA 框，这将使转录有不同的起始点。（   ）

7. 到目前为止，发现的所有 G 蛋白偶联受体都具有七次跨膜的结构特征。（   ）

8. 甲状旁腺素的生理效应是调节钙磷的正常代谢，降低血钙。（   ）

9. 生物素的主要功能是促进成骨作用。（   ）

10. 生物体内，cAMP 只是一种第二信使分子。（   ）

11. *E. coli* 中使 DNA 链延长的主要聚合酶是 DNA 聚合酶Ⅰ。（   ）

12. 嘌呤核苷酸的从头合成是先闭环，再形成 N-糖苷键。（   ）

13. 高剂量的紫外辐射可使胸腺嘧啶形成二聚体。（   ）

14. 原核生物蛋白质合成时，起始氨基酸为 Met。（   ）

15. 代谢中的反馈调节也叫反馈抑制。（   ）

五、问答题（20分）

1. 图示三羧酸循环的全过程。

2. 设计一试验证明 DNA 的复制是半保留复制。

3. 叙述大肠杆菌乳糖操纵子基因表达的调节作用。

参 考 答 案

一、名词解释

1. 由非糖物质转变为葡萄糖和糖原的过程称为糖异生作用。糖异生的原料主要有氨基酸、乳酸、丙酸、丙酮酸以及三羧酸循环中各种羧酸以及甘油等。肝是糖异生的最主要器官，肾（皮质）也具有糖异生的能力。

2. 对细胞在某一生理时期全部的蛋白质进行分析、鉴定，并进行结构与功能研究的学科称为蛋白质组学。

3. 端粒是真核生物线性染色体末端的特殊结构，它由成百个 6 个核苷酸的重复序列所组成。端粒的功能为稳定染色体的末端结构，防止染色体间末端连接，并可补偿滞后链 5′-末端在消除 RNA 引物后造成的空缺。

4. G 蛋白的全称为 GTP 结合调节蛋白，所有的 G 蛋白都是膜蛋白，都是由 α、β 和 γ 三种亚基组成的三聚体，广泛存在于各种组织的细胞膜上。它在细胞膜上的受体与细胞内的效应酶或效应蛋白之间起中介作用，参与细胞信号的传导过程。

5. 蛋白分子的一条多肽链中常常存在一些紧密的、相对独立的区域，称结构域，是在超二级结构的基础上形成的具有一定功能的结构单位。

6. 信号肽位于由膜结合核糖体合成的分泌型蛋白质前体的 N 端，含 13～36 个氨基酸残基，在靠近其 N 端有一至多个带正电荷的氨基酸，中部为由 10～15 个氨基酸组成的疏水核，C 端靠近断裂位点处有一段序列，含侧链较短的和较具极性的氨基酸（如丙氨酸）。疏水核有助于新合成的肽链附着于内质网的膜上。

7. 反式作用因子是指能与顺式作用元件结合、调节基因转录效率的一组蛋白质，其编码基因与作用的靶 DNA 序列不在同一 DNA 分子上。

8. 变构效应是指在寡聚蛋白分子中，一个亚基由于与其他分子结合而发生构象变化，并引起相邻其他亚基的构象和功能的改变。变构效应也存在于其他寡聚蛋白（如变构酶）分子中，是机体调节蛋白质或酶生物活性的一种方式。

9. 操纵子是指原核生物基因表达的调节序列或功能单位，有共同的控制区和调节系统。操纵子包括在功能上彼此相关的结构基因及在结构基因前面的控制部位，控制部位由调节基因、启动子和操纵基因组成。一个操纵子的全部基因都排列在一起，其中调节基因可远离结构基因，控制部位可接受调节基因产物的调节。

10. 反义 RNA 是指能与 mRNA 互补结合从而阻断 mRNA 翻译的 RNA 分子，它是反义基因和/或基因的反义链转录的产物，它对基因表达的调节是一种翻译水平的调节。

二、填空题

1. 启动子，增强子，沉默子

2. $\alpha = \beta + T$

3. ATP

4. 磷酸果糖激酶

5. β-D-葡萄糖醛酸，β-D-N-乙酰葡萄糖胺

6. 线粒体，柠檬酸合成酶，异柠檬酸脱氢酶，α-酮戊二酸脱氢酶

7. 280nm，酪氨酸，色氨酸，苯丙氨酸

8. DNA 聚合酶，引物，dNTP，Mg^{2+}

9. 光复活，切除修复，重组修复，SOS 修复

10. 氧化还原酶类，转移酶类，水解酶类，裂解酶类，异构酶类，合成酶类

三、单项选择题

1. A 2. C 3. B 4. D 5. C 6. B 7. D 8. C 9. D 10. D 11. C 12. D 13. C 14. C 15. C

四、判断题

1. 错 2. 错 3. 对 4. 对 5. 对 6. 对 7. 对 8. 错 9. 错 10. 错 11. 错 12. 错 13. 对 14. 错 15. 错

五、问答题

1.【答】图示三羧酸循环的全过程

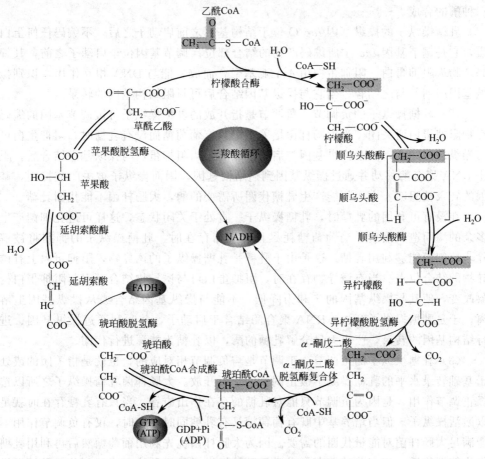

2.【答】设计一实验证明 DNA 的复制是半保留复制。

在以 $^{15}NH_4Cl$ 为唯一氮源的培养基中培养大肠杆菌，至少 15 代以上，从而使所有 DNA 分子标记上 ^{15}N，^{15}N-DNA 的密度比普通 ^{14}N-DNA 的密度大，在氯化铯密度梯度离心时，这两种 DNA 形成位置不同的区带。如果将 ^{15}N 标记的大肠杆菌转移到普通培养基（含 ^{14}N 的氮源）中培养，经过一代后，所有 DNA 的密度都介于 ^{15}N-DNA 和 ^{14}N-DNA 之间，即形成了一半含 ^{15}N、另一半含 ^{14}N 的杂合 DNA 分子（^{14}N-^{15}N-DNA）。第二代时，^{14}N-DNA 分子和 ^{14}N-^{15}N-DNA 杂合分子等量出现。若再继续培养，可以看到 ^{14}N-DNA 分子增多。当把 ^{14}N-^{15}N-DNA 杂合分子加热时，它们分开成 ^{14}N 链和 ^{15}N 链。这充分证明了 DNA 复制时原来的 DNA 分子被拆分成两个亚单位，分别构成子代分子的一半。

3.【答】叙述大肠杆菌乳糖操纵子基因表达的调节作用。

(1) 乳糖操纵子的结构 大肠杆菌乳糖操纵子依次排列的调节基因、启动子、操纵基因和 3 个相连的编码利用乳糖的酶的结构基因组成。结构基因 *lac* Z 编码分解乳糖的 β-半乳糖苷酶，*lac* Y 编码吸收乳糖的 β-半乳糖苷透性酶，*lac* A 编码 β-半乳糖苷乙酰基转移酶。三个结构基因组成的转录单位转录出一条 mRNA，指导三种酶的合成。

乳糖操纵子的操纵基因 *lac* O 位于结构基因之前启动子之后，不编码任何蛋白质，它是调节基因 *lac* I 所编码产物的结合部位。调节基因位于启动子之前，其编码产物为阻抑蛋白。阻抑蛋白由 4 个亚基聚合而成，能与 DNA 相互作用，识别操纵基因序列并与之结合。当它与操纵基因结合后可封阻结构基因的转录。

（2）乳糖操纵子的负调节　负调节是指开放的乳糖操纵子可被调节基因的编码产物阻抑蛋白所关闭。当大肠杆菌培养基中只有葡萄糖而没有乳糖时，阻抑蛋白可与操纵基因结合，由于操纵基因与启动子相邻，当阻抑蛋白与操纵基因结合后，阻止 RNA 聚合酶移动并通过操纵基因到达结构基因，因而操纵子被关闭或抑制，基因的转录被阻断。由于不能产生乳糖代谢所需要的酶，大肠杆菌不能代谢乳糖。

在没有可利用的乳糖时，乳糖操纵子一直处于关闭状态，这样可避免细菌产生多余的酶而造成浪费。当葡萄糖耗尽且有乳糖存在时，乳糖操纵子的抑制将被解除，使细菌能够利用乳糖。这是由于乳糖是乳糖操纵子的诱导物，阻抑蛋白上有诱导物的结合位点。当有诱导物存在时，阻抑蛋白可与诱导物结合，引起阻抑蛋白构象改变，使其与操纵基因的亲和力降低，不能与操纵基因结合或从操纵基因上解离，于是乳糖操纵子开放，RNA 聚合酶结合于启动子，并顺利通过操纵基因、进行结构基因的转录，产生大量分解乳糖的酶，以乳糖为能源进行代谢。

（3）乳糖操纵子的正调节　正调节是与负调节相对应的，也就是指关闭的或处于基础转录水平的乳糖操纵子被正调节因子所开放。大肠杆菌乳糖操纵子之所以选择正调节作用，是因为负调节只能对乳糖的存在作出应答，当只有乳糖存在时就足以激活操纵子。但当培养基中既有葡萄糖又有乳糖同时存在时，仅有负调节作用不能满足大肠杆菌对能量代谢的需要。因为大肠杆菌优先利用葡萄糖然后再利用乳糖作为能源物质，当有葡萄糖存在时激活乳糖操纵子是一种浪费，因而此时乳糖操纵子处于非活化状态，有利于葡萄糖的代谢。当大肠杆菌利用完葡萄糖后再激活乳糖操纵子，从而利用乳糖继续生长。这种现象称葡萄糖阻抑或分解代谢产物阻抑。

理想的乳糖操纵子正调节因子是能够感受葡萄糖的缺乏并对激活乳糖操纵子启动子作出应答的物质，从而使 RNA 聚合酶能够结合启动子并转录结构基因。能够对培养基中葡萄糖的浓度作出应答的一种物质是 cAMP，当葡萄糖浓度下降时，cAMP 的浓度升高。cAMP 能够恢复乳糖操纵子的分解代谢产物阻抑作用，但 cAMP 并非乳糖操纵子的正调节因子，乳糖操纵子的正调节因子是由 cAMP 与一种蛋白因子组成的复合物，称为 cAMP 受体蛋白（CRP）。CRP 能与乳糖操纵子的启动子特异结合，促进 RNA 聚合酶与启动子的结合，从而促进转录。但游离的 CRP 不能与启动子结合，必须与 cAMP 结合形成复合物才能与启动子结合。

cAMP 水平受大肠杆菌葡萄糖代谢状况的影响，当葡萄糖水平低时，cAMP 浓度升高，cAMP 与 CRP 结合，使 CRP 构象改变，增大了其与启动子结合的亲和力，从而激活乳糖操纵子，促进结构基因的转录，使大肠杆菌能够利用乳糖。向含有乳糖的培养基中加入葡萄糖，由于葡萄糖浓度升高，cAMP 水平降低，CRP 与

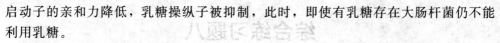

启动子的亲和力降低，乳糖操纵子被抑制，此时，即使有乳糖存在大肠杆菌仍不能利用乳糖。

因此，大肠杆菌乳糖操纵子受到两方面的调节，一是对操纵基因的负调节，二是对 RNA 聚合酶结合到启动子上的正调节，两种调节作用使大肠杆菌能够灵敏地应答环境中营养的变化，有效地利用能量以利于生长。

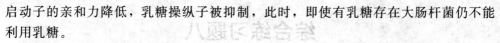

综合练习题八

一、名词解释（20分）

1. 复制子
2. SD 序列
3. 蛋白质变性
4. 聚合酶链式反应
5. 遗传密码的简并性
6. P/O 比
7. 必需氨基酸
8. 冈崎片段
9. 构象
10. 维生素

二、填空题（20分）

1. 蛋白质的一级结构中连接氨基酸的化学键是＿＿＿＿＿＿＿，核酸的一级结构中连接核苷酸的化学键是＿＿＿＿＿＿。

2. 氨基酸氨基中的一个 H 原子可被烃基取代，称为烃基化反应，反应生成＿＿＿＿＿，此反应可被用来鉴定多肽或蛋白质的＿＿＿＿＿＿末端氨基酸。

3. 与 AAGTACGC 的互补 RNA 序列是＿＿＿＿＿＿＿＿＿＿＿。

4. 维生素 D 原和胆固醇的化学结构中都具有＿＿＿＿＿＿的结构。

5. 磷酸化酶激酶是一种依赖＿＿＿＿＿＿的蛋白激酶。

6. 在反密码子与密码子的相互作用中，反密码子 IGA 可识别的密码子有＿＿＿＿＿、＿＿＿＿＿和＿＿＿＿＿。

7. 转录调控因子的结合 DNA 功能域的结构有 ＿＿＿＿＿＿、＿＿＿＿＿＿、＿＿＿＿＿＿、＿＿＿＿＿等。

8. 组成蛋白质的氨基酸在远紫外区均有吸收，但在近紫外区只有＿＿＿＿＿＿、＿＿＿和＿＿＿有吸收光的能力。

9. 糖酵解中最关键的调节酶是＿＿＿＿＿＿＿＿。

10. 当DNA复制时，一条链是连续的，另一条链是不连续的，称为＿＿＿＿＿＿复制；复制得到的子代分子，一条连来自亲代 DNA，另一条链是新合成的，这种方式叫＿＿＿＿＿＿复制。

三、单项选择题（15分）

1. 大肠杆菌 mRNA 上起始密码子上游的 SD 序列可与某种 RNA 的 3′端配对，然后启动多肽链生成，这种 RNA 是（　　　）
A. tRNA　　　　　B. SnRNA　　　　C. 16s rRNA　　　D. 23s rRNA

2. 泛素（ubiquitin）广泛分布于各类细胞，它与蛋白质结合后，造成（　　　）
A. 蛋白质更加稳定　　　　　　　　B. 蛋白质有效转运
C. 蛋白质迅速降解　　　　　　　　D. 蛋白质固定在细胞膜上

3. DNA 损伤的光修复作用是一种高度专一的修复方式，它只作用于紫外线引起的（　　　）

    A. 嘧啶二聚体　　　　　　　　　　B. 嘌呤二聚体

    C. 嘧啶-嘌呤二聚体　　　　　　　　D. 嘧啶多聚物

4. 在长期饥饿的情况下，可供大脑能量的主要物质是（　　　）

    A. 乳酸　　　　　　B. 乙酰乙酸　　　　C. 谷氨酸　　　　　D. γ-氨基丁酸

5. 环状的线粒体 DNA 进行复制的方法采用（　　　）

    A. 多起点双向　　　B. 滚环复制　　　　C. D-环　　　　　　D. 单起点双向

6. 除了化学合成多肽外，还可以用酶催化进行酶促合成，所用酶类是（　　　）

    A. 蛋白水解酶　　　B. 蛋白激酶　　　　C. 氨基转移酶　　　D. 连接酶

7. 双缩脲反应主要用来测定（　　　）

    A. DNA　　　　　　B. RNA　　　　　　C. 糖　　　　　　　D. 肽

8. 维持蛋白质分子中的 α 螺旋主要靠（　　　）

    A. 氢键　　　　　　B. 盐键　　　　　　C. 共价键　　　　　D. 范德华键

9. 羧肽酶含有的金属离子是（　　　）

    A. 镁　　　　　　　B. 锌　　　　　　　C. 铜　　　　　　　D. 铁

10. 反转录酶除了有以 RNA 为模板生成 RNA-DNA 杂交分子的功能外，还有下列哪项活性？（　　　）

    A. DNA 聚合酶和 RNase A　　　　　B. DNA 聚合酶和 S1 核酸酶

    C. DNA 聚合酶和 RNase H　　　　　D. S1 核酸酶和 RNase H

11. 胸腺嘧啶除了是 DNA 的主要组分外，它经常出现在有的 RNA 分子中，它是（　　　）

    A. mRNA　　　　　B. tRNA　　　　　C. 16sRNA　　　　D. 5S rRNA

12. DNA 分子上被依赖于 DNA 的 RNA 聚合酶特异识别的顺式元件是（　　　）

    A. 弱化子　　　　　B. 操纵子　　　　　C. 启动子　　　　　D. 终止子

13. 核内 DNA 生物合成（复制）主要是在细胞周期的（　　　）

    A. G1 期　　　　　B. G2 期　　　　　C. S 期　　　　　　D. M 期

14. T_4DNA 连接酶催化的连接反应需要能量，在真核生物中其能量来源是（　　　）

    A. NAD^+　　　　　B. ATP　　　　　　C. GTP　　　　　　D. 乙酰 CoA

15. 氨基酸掺入肽链前必须活化，其活化部位是（　　　）

    A. 内质网的核糖体　B. 线粒体　　　　　C. 高尔基体　　　　D. 可溶的细胞质

四、判断题（在题后括号内标明对或错）（20分）

1. RNA 不携带遗传信息。（　　　）

2. 氧化磷酸化是动物机体产生 ATP 的主要方式。（　　　）

3. 饱和脂肪酸从头合成时需要 NADPH 作还原剂。（　　　）

4. 蛋白质生物合成之后的共价修饰都属于不可逆的化学修饰。（　　　）

5. DNA 复制时，冈崎片段的合成需要 RNA 引物。（　　）

6. 赖氨酸与尿素循环没有直接关系。（　　）

7. 无论 DNA 还是 RNA，分子中的 G 和 C 含量越高，其熔点值越大。（　　）

8. 大肠杆菌中使 DNA 链延长的主要聚合酶是 DNA 聚合酶Ⅰ。（　　）

9. 复制终止后，由 DNA 聚合酶Ⅰ切除引物。（　　）

10. DNA 分子中的两条链在体内都可能被转录成 RNA。（　　）

11. mRNA 上可以翻译成多肽的 DNA 序列叫内含子。（　　）

12. 所有 mRNA 的起始密码子都是 AUG。（　　）

13. 原核生物 RNA 聚合酶Ⅰ主要负责合成 rRNA 前体。（　　）

14. 氨基酸的碳骨架进行氧化分解时，先要形成能够进入三羧酸循环的化合物。（　　）

15. 因甘氨酸在酸性或碱性水溶液中都能解离，所以可作中性 pH 缓冲液介质。（　　）

16. 端粒酶是一种反转录酶。（　　）

17. 转录不需要引物，而反转录必需有引物。（　　）

18. 真核生物细胞核内的不均一 RNA（hnRNA）分子量虽然不均一，但其半衰期长，比胞质成熟 mRNA 更为稳定。（　　）

19. DNA 复制是在起始阶段进行控制的，一旦复制开始，它即进行下去，直到整个复制子完成复制。（　　）

20. 基因表达的最终产物都是蛋白质。（　　）

五、简答题（25 分）

1. 一个蛋白质的氨基酸序列显示，其内部不同序列位置存在两个甲硫氨酸残基，试问：（1）用什么试剂，可把此蛋白质裂解成片段？

（2）如果裂解的片段分子量均在 10000 以上，且差距较大，可用何种方法分离？

（3）用什么简单方法，可以测定这些片段的分子量？

（4）如何证明它们都是从一个蛋白质分子裂解下来的片段？

（5）如何证明它们在该蛋白质内的排列次序？

2. 试述物质跨膜的被动运送，促使扩散和主动运送的基本特点。

3. 简述蛋白质在翻译后，多肽链形成具有生物活性的构象所需的几种加工过程。

4. 在呼吸链（电子传递链）上，有几个磷酸化部位，它们分别位于什么地方？

5. 真核细胞中有几种 RNA 聚合酶？它们的主要功能是什么？

参 考 答 案

一、名词解释

1. 细胞中基因组 DNA 具有复制原点并能够独立进行复制的单位称为复制子。

2. 原核生物 mRNA 的起始密码子上游用于结合核糖体的序列。

3. 生物大分子的天然构象遭到破坏导致其生物活性丧失的现象。蛋白质在受到光照、热、有机溶剂以及一些变性剂的作用时，次级键受到破坏，导致天然构象的破坏，使蛋白质的理化性质改变，生物活性丧失。

4. 是 DNA 体外快速扩增的一种分子生物学技术，又称无细胞分子克隆。其基本原理是：DNA 在 DNA 聚合酶的作用下，经过高温变性，低温退火，中温延伸三个基本过程，实现 DNA 片段的体外扩增。

5. 多种密码子编码一种氨基酸的现象。

6. 在氧化磷酸化中，每 $1/2O_2$ 被还原时形成的 ATP 的摩尔数。电子从 NADH 传递给 O_2 时，P/O 比为 2.5，而电子从 $FADH_2$ 传递给 O_2 时，P/O 比为 1.5。

7. 指人（或其他脊椎动物）自己不能合成，需要从饮食中获得的氨基酸，例如赖氨酸、苏氨酸等氨基酸。

8. 相对比较短的 DNA 链（大约 1000 核苷酸残基），是在 DNA 的滞后链的不连续合成期间生成的片段，这是 Reiji Okazaki 在 DNA 合成实验中添加放射性的脱氧核苷酸前体观察到的。

9. 指一个分子中，不改变共价键结构，仅单键周围的原子旋转所产生的原子的空间排布。一种构象改变为另一种构象时，不要求共价键的断裂和重新形成。构象改变不会改变分子的光学活性。

10. 一类在天然食物中含量较低，但极其微量就能够影响生长和健康的有机化合物。

二、填空题

1. 肽键，3′,5′-磷酸二酯键
2. 二硝基苯基氨基酸，N
3. GCGUACUU
4. 环戊烷多氢菲
5. 钙离子
6. UCA，UCU，UCC
7. 锌指，螺旋-转角-螺旋，螺旋-环-螺旋，亮氨酸拉链
8. 酪氨酸，苯丙氨酸，色氨酸
9. 磷酸果糖激酶
10. 半不连续复制，半保留复制

三、单项选择题

1. C 2. C 3. A 4. B 5. C 6. A 7. D 8. A 9. B 10. C 11. B 12. C 13. C 14. B 15. D

四、判断题

1. 错　2. 对　3. 对　4. 错　5. 对　6. 对　7. 对　8. 错　9. 对　10. 对
11. 错　12. 错　13. 对　14. 对　15. 错　16. 对　17. 对　18. 错　19. 对
20. 错

五、简答题

1.【答】（1）溴化氰。它只断裂 Met 残基的羧端肽键。也可以选用糜蛋白酶或嗜热菌蛋白酶，但其专一性不如溴化氰。

（2）可以用沉降速度法、凝胶过滤法、SDS-PAGE 等将它们分开。

（3）用沉降速度法、凝胶过滤法加一个分子量标准，就可以判断片段的分子量。

（4）将酶切蛋白肽段与蛋白一起作凝胶电泳，计算肽段的分子量之和。与蛋白的分子量相等，就可以说明这些肽段就来自于该蛋白质。

（5）分别测定肽段、蛋白质的末端残基，经过比较，就可以依次确定肽段的排列顺序。

2.【答】三种物质的跨膜运输的特点有：

（1）被动运输　物质从高浓度的一侧到低浓度的一侧。物质的运输速度既依赖于膜两侧运输物质的浓度差，又与被运输物质的分子量大小、电荷、在脂双层中的溶解度等有关。

（2）促进扩散　顺浓度梯度扩散，有专一蛋白的结合。有饱和效应，对浓度差、在脂双层中的溶解度等的依赖均不如被动运输那么强烈。

（3）主动运输　逆浓度梯度，由膜蛋白参与的耗能过程。特点有：有运输物质的专一性；运输的速度有最大值；运输过程有严格的方向性；被选择性的抑制剂（如乌本苷）专一抑制；整个运输过程需要提供大量的能量。

3.【答】按照蛋白合成后修饰的过程，可以分为信号肽及其切除、内质网修饰、高尔基体修饰等几个阶段。

（1）信号肽及其切除　信号肽长为 13～26 氨基酸，N-末端至少有一个带正电荷的氨基酸残基，中部一段有 10～15 个残基由高度疏水性的氨基酸组成，如丙氨酸、亮氨酸、缬氨酸。信号肽不一定都位于新生肽的 N-末端。与内质网膜结合的核糖体上，新生肽合成不久，受 N-端信号肽引导，进入内质网进一步合成蛋白质，使得原来表面光滑的内质网（ER）变成有局部突起的粗糙内质网。与内质网相结合的核糖体可合成三类蛋白质：溶酶体蛋白、分泌到胞外的蛋白、构成膜骨架的蛋白。

（2）内质网修饰　多肽移位后，在内质网的小腔中被修饰，它包括 N-末端信号肽的切除、二硫键的形成使多肽呈现一定的空间结构、糖基化作用。

糖基化作用使许多肽键变成糖蛋白（膜本体蛋白、抗原蛋白）。糖苷键有：与

Asn 侧链氨基相连的 N-糖苷键，与 Ser、Thr 侧链-OH 相连的 O-糖苷键。通常是五聚糖（3-甘露糖、2-N-乙酰氨基葡萄糖）。

（3）高尔基体修饰及多肽分选　高尔基体对糖蛋白上的寡聚糖核作进一步的修饰调整，也借助于 M6P 等信息将多肽链分类，送往溶酶体、分泌粒及质膜等进行归位。

通过上述三个阶段的修饰，即形成了有生物活性的构象，分别参与相应的过程中去。

4. 【答】该题主要考查呼吸链与氧化磷酸化。

NADH —→ NADH 脱氢酶 —→ 辅酶 Q —→ 细胞色素氧化酶 b —→ 细胞色素 c1 —→ 细胞色素 c —→ 细胞色素氧化酶 —→ 氧气。

氧化磷酸化有 3 个偶联部位，它们分别为 NADH —→ 辅酶 Q、还原辅酶 Q —→ 细胞色素氧化酶 b、细胞色素 c —→ 氧气。

抑制剂分别为：鱼藤酮、抗霉素 A、氰化物。

5. 【答】真核生物的 RNA 聚合酶，按照对 α-鹅膏蕈碱的敏感性不同进行分类：RNA 聚合酶Ⅰ基本不受 α-鹅膏蕈碱的抑制，在大于 10^{-3} mol/L 时才有轻微的抑制。RNA 聚合酶Ⅱ对 α-鹅膏蕈碱最为敏感，在 10^{-8} mol/L 以下就会被抑制。RNA 聚合酶Ⅲ对 α-鹅膏蕈碱的敏感性介于聚合酶Ⅰ和聚合酶Ⅱ之间，在 10^{-5} mol/L 到 10^{-4} mol/L 才会有抑制现象。

RNA 聚合酶Ⅰ存在于核仁中，其功能是合成 5.8S rRNA、18S rRNA 和 28S rRNA。

RNA 聚合酶Ⅱ存在于核质中，其功能是合成 mRNA、snRNA。

RNA 聚合酶Ⅲ也存在于核质中，其功能是合成 tRNA 和 5S rRNA 及转录 Alu 序列。

综合练习题九

一、名词解释（20分）

1. 翻译后加工
2. 酮体
3. 诱导契合学说
4. 端粒酶
5. 分子伴侣
6. 乳酸循环
7. 熔解温度
8. 酶比活
9. 必需脂肪酸
10. 解偶联作用

二、填空题（25分）

1. 生物氧化是_____在细胞中_____，同时产生_____的过程。
2. 人们常见的解偶联剂是_____，其作用机理是_____。
3. 核糖核酸的合成途径有_____和_____。
4. 在DNA复制中，_____可防止单链模板重新缔合和核酸酶的攻击。
5. DNA切除修复需要的酶有_____、_____、_____和_____。
6. 1分子葡萄糖转化为2分子乳酸净生成_____分子。
7. 次黄嘌呤具有广泛的配对能力，它可与_____、_____、_____三个碱基配对，因此当它出现在反密码子中时，会使反密码子具有最大限度的阅读能力。
8. 蛋白质合成后加工常见的方式有_____、_____、_____、_____。
9. 细胞内酶的数量取决于_____和_____。
10. 真核细胞中酶的共价修饰是_____，原核细胞中酶的共价修饰主要形式是_____。
11. 分泌性蛋白质多肽链合成后的加工包括_____、剪切和天然构象的形成。

三、单项选择题（15分）

1. 维持DNA分子中双螺旋结构的主要作用力是（　　）
A. 范德华力和离子键
B. 磷酸二酯键
C. 疏水键和静电引力
D. 氢键和碱基堆积力
2. 在20种氨基酸中，对紫外线具有吸收作用的氨基酸是（　　）
A. 苯丙氨酸、酪氨酸、色氨酸
B. 苯丙氨酸、酪氨酸、组氨酸
C. 蛋氨酸、酪氨酸、色氨酸
D. 苯丙氨酸、苏氨酸、丝氨酸

3. 下列哪一个酶与丙酮酸生成糖无关？（　　）

　A. 果糖二磷酸酶　　B. 丙酮酸激酶　　C. 丙酮酸羧化酶　　D. 醛缩酶

4. 位于糖酵解、糖异生、磷酸戊糖途径、糖原合成和糖原分解各条代谢途径交汇点上的化合物是（　　）

　A. 1-磷酸葡萄糖　　　　　　　　B. 6-磷酸葡萄糖

　C. 1,6-二磷酸果糖　　　　　　　D. 3-磷酸甘油酸

5. 米氏常数 K_m 是一个用来度量（　　）

　A. 酶和底物亲和力大小的常数　　　B. 酶促反应速度大小的常数

　C. 酶的活性与 K_m 的大小成正比　　D. K_m 不是酶的特征常数

6. 关于电子传递链的下列叙述中哪个是不正确的？（　　）

　A. 线粒体内主要有 $NADH+H^+$ 呼吸链和 $FADH_2$ 呼吸链

　B. 电子从 NADH 传递到氧的过程中有 2.5 个 ATP 生成

　C. 呼吸链上的递氢体和递电子体完全按其标准氧化还原电位从低到高排列

　D. 线粒体呼吸链是生物体唯一的电子传递体系

7. 一分子葡萄糖进行无氧氧化，能产生（　　）的能量。

　A. 12 个 ATP　　　　　　　　　B. 32（或 30）个 ATP

　C. 3 个 ATP　　　　　　　　　　D. 2 个 ATP

8. 下列哪项叙述符合脂肪酸的 β 氧化？（　　）

　A. 在线粒体中进行

　B. 产生的 NADPH 用于合成脂肪酸

　C. 被胞浆酶催化

　D. 产生的 NADPH 用于葡萄糖转变成丙酮酸

9. 转氨基作用（　　）

　A. 是体内主要的脱氨方式　　　　B. 可以合成非必需氨基酸

　C. 可使体内氨基酸总量增加　　　D. 不需要辅助因子参加

10. 真核生物 RNA 聚合酶Ⅲ的抑制剂是（　　）

　A. 顺式作用因子　　　　　　　　B. 反式作用因子

　C. 反式作用 DNA　　　　　　　　D. 顺式作用元件

11. 转氨酶的辅酶是（　　）

　A. NAD^+　　　　B. $NADP^+$　　　　C. FAD　　　　D. 磷酸吡哆醛

12. 脂酰辅酶 A 进入线粒体所需的载体是（　　）

　A. 柠檬酸　　　　B. 肉碱　　　　C. 酰基载体蛋白　　D. 苹果酸

13. 以干重计，脂肪比糖完全氧化产生更多的能量。下面最接近糖对脂肪的产能比例是（　　）

　A. 1∶2　　　　B. 1∶3　　　　C. 1∶4　　　　D. 2∶3

14. 由 3-磷酸甘油和酰基 CoA 合成甘油三酯的过程中，生成的第一个中间产物为（　　）

A. 2-甘油单酯　　　B. 1,2-甘油二酯　C. 溶血磷脂酸　　D. 磷脂酸

15. 变构剂调节的机理是酶（　　　）

A. 与活性中心结合　　　　　　　B. 与辅助因子结合

C. 与必需基团结合　　　　　　　D. 与调节亚基或调节部位结合

四、判断题（在题后括号内标明对或错）（15分）

1. 酶促反应的初速度与底物浓度无关。（　　　）

2. 维生素是维持机体正常生命活动不可缺少的一类高分子有机物。（　　　）

3. 呼吸链中的递氢体本质上都是递电子体。（　　　）

4. 胞液中的 NADH 通过苹果酸穿梭作用进入线粒体，其 P/O 值约为 1.5。（　　　）

5. 物质在空气中燃烧和在体内的生物氧化的化学本质是完全相同的，但所经历的路途不同。（　　　）

6. ATP 在高能化合物中占有特殊的地位，它起着共同的中间体的作用。（　　　）

7. 只有偶数碳原子的脂肪才能经 β-氧化降解成乙酰 CoA。（　　　）

8. 天然蛋白质的基本组成单位主要是 L-α-氨基酸。（　　　）

9. 动物体中的高级脂肪酸大多都是含偶数碳原子的高级脂肪酸。（　　　）

10. tRNA 转运氨基酸的特异性不是很强，故一种氨基酸可由几种 tRNA 携带转运。（　　　）

11. 将遗传信息能一代一代传下去，主要是依靠 RNA 的合成。（　　　）

12. 引物是指 DNA 复制时所需要的一小段 RNA，催化引物合成的引发酶是一种特殊的 DNA 聚合酶。（　　　）

13. 丙酮酸脱氢酶系催化底物脱下的氢，最终是交给 FAD 生成 $FADH_2$ 的。（　　　）

14. 泛素是一种热应激蛋白。（　　　）

15. 诱导酶是指当特定诱导物存在时产生的酶，这种诱导物往往是该酶的产物。（　　　）

五、简答题（25分）

1. 磷酸戊糖途径有何生理意义？（7分）

2. 写出 SDS-PAGE 的中英文全称，简述它的作用原理？（8分）

3. 三聚氰胺是一种化工原料，其结构式为 ，分子式 $C_3N_6H_6$，分子量126.12，现有不法商人将其添加入奶粉或饲料中，请用生物化学的原理回答他们这么做的原因。（10分）

参 考 答 案

一、名词解释

1. 肽链从核蛋白体释放后，经过细胞内各种修饰处理，成为有活性的成熟蛋白质的过程。

2. 在肝脏中由乙酰 CoA 合成的燃料分子（β 羟基丁酸、乙酰乙酸和丙酮）。在饥饿期间酮体是包括脑在内的许多组织的燃料，酮体过多会导致中毒。

3. 酶并不是事先就以一种与底物互补的形状存在，而是在受到诱导之后才形成互补的形状。底物一旦结合上去，就能诱导酶蛋白的构象发生相应的变化，从而使酶和底物契合而形成酶-底物络合物，并引起底物发生反应。反应结束当产物从酶上脱落下来后，酶的活性中心又恢复了原来的构象。

4. 端粒酶是一种 RNA-蛋白质复合物，其 RNA 序列常可与端粒区的重复序列互补，蛋白质部分具有逆转录酶活性，因此能以其自身携带的 RNA 为模板逆转录合成端粒 DNA。

5. 细胞中的某些蛋白质分子可以识别正在合成的多肽或部分折叠的多肽并与多肽的某些部位相结合，从而帮助这些多肽转运、折叠或组装，这一类分子本身并不参与最终产物的形成，因此称为分子"伴侣"

6. 肌肉收缩通过糖酵解生成乳酸。在肌肉内无葡萄糖-6-磷酸酶，所以无法催化葡萄糖-6-磷酸生成葡萄糖。乳酸通过细胞膜弥散进入血液后，再入肝，在肝脏内在乳酸脱氢酶作用下变成丙酮酸，接着通过糖异生生成为葡萄糖。葡萄糖进入血液形成血糖，后又被肌肉摄取，这就构成了一个循环（肌肉-肝脏-肌肉），此循环称为乳酸循环。

7. 双链 DNA 熔解彻底变成单链 DNA 的温度范围的中点温度。

8. 用于测量酶纯度时，可以是指每毫克酶蛋白所具有的酶活力，一般用单位/毫克蛋白来表示。

9. 必需脂肪酸是指人体维持机体正常代谢不可缺少而自身又不能合成，或合成速度慢无法满足机体需要，必须通过食物供给的脂肪酸。

10. 在氧化磷酸化反应中，有些物质能使电子传递和 ATP 的生成两个过程分离，它只抑制 ATP 的形成，而不抑制电子传递，这一作用称为解偶联作用。

二、填空题

1. 有机分子，氧化分解，可利用的能量

2. 2,4-二硝基苯酚，破坏 H^+ 电化学梯度

3. 从头合成途径，补救途径

4. 单链 DNA 结合蛋白

5. 专一的核酸内切酶，解链酶，DNA 聚合酶 I，DNA 连接酶

6. 2 个 ATP

7. U，C，A

8. 磷酸化，糖基化，乙酰化，信号肽切除

9. 酶的合成速率，降解速率

10. 磷酸化/脱磷酸化，腺苷酸化/脱腺甘酸化

11. 信号肽的水解切除

三、单项选择题

1. D　2. A　3. B　4. B　5. A　6. D　7. D　8. A　9. B　10. B　11. D　12. B　13. A　14. D　15. D

四、判断题

1. 错　2. 错　3. 对　4. 错　5. 对　6. 对　7. 错　8. 对　9. 对　10. 错　11. 错　12. 错　13. 错　14. 对　15. 错

五、问答题

1.【答】磷酸戊糖途径主要存在于生物合成反应比较旺盛的组织中。产物磷酸核糖可用于核酸合成，进而影响蛋白质合成；产物 NADPH 可用于生物合成反应提供还原性氢，可保持 GSH 含量的稳定，有利于维持红细胞膜的完整性。

2.【答】聚丙烯酰胺凝胶电泳（polyacrylamide gelelectrophoresis，简称 PAGE）作用：用于分离蛋白质和寡核苷酸。

原理：聚丙烯酰胺凝胶是由丙烯酰胺（简称 Acr）和交联剂 N,N'-亚甲基双丙烯酰胺（简称 Bis）在催化剂过硫酸铵（APS）、N,N,N',N'-四甲基乙二胺（TEMED）作用下，聚合交联形成具有网状立体结构的凝胶，并以此为支持物进行电泳。

3.【答】由于蛋白质中的含氮量约为 16%，所以测出的含氮量×6.25，就是蛋白质的大概含量。三聚氰胺的含氮量高（达 66.7%），利用凯氏定氮法可以测出含氮量，如按上述公式计算，可得到蛋白质的含量会较高，但实际不是蛋白质的含量高，而只是非蛋白氮的含量高。

凯氏定氮法的原理是蛋白质与硫酸和催化剂一同加热消化，使蛋白质分解，分解的氨与硫酸结合生成硫酸铵。然后碱化蒸馏使氨游离，用硼酸吸收后再以硫酸或盐酸标准溶液滴定，根据酸的消耗量乘以换算系数，即为蛋白质含量。或者将生成的硫酸铵与萘氏试剂反应生成碘化氨汞，由于其颜色与硫酸铵的量成正比，故可用分光光度法求出。

综合练习题十

一、名词解释（20分）

1. 氧化磷酸化作用
2. 脂肪酸的 β-氧化
3. 遗传密码
4. 底物循环
5. 细胞呼吸
6. 寡聚酶
7. DNA 双螺旋结构的多态性
8. 核糖体循环
9. 干扰素
10. 巴斯德效应

二、填空题（25分）

1. 双链 DNA 热变性后，或在 pH2 以下，或在 pH12 以上时，其 OD_{260} _____；同样条件下，单链 DNA 的 OD_{260} _____。

2. 组成蛋白质的 20 种氨基酸中，含有咪唑环的氨基酸是 ____，含硫的氨基酸有 ____ 和 _____。

3. 用电泳方法分离蛋白质的原理，是在一定的 pH 条件下，不同蛋白质的 ____、____ 和 _____ 不同，因而在电场中移动的 _____ 和 _____ 不同，从而使蛋白质得到分离。

4. 与酶催化的高效率有关的因素有 _____、_____、_____、_____、_____ 等。

5. 维生素 B_1 由 _____ 环与 _____ 环通过 _____ 相连，主要功能是以 _____ 形式，作为 ____ 和 _____ 的辅酶转移二碳单位。

6. 在无氧条件下，呼吸链各传递体都处于 _____ 状态。

7. 典型的呼吸链包括 _____ 和 _____ 两种，这是根据接受代谢物脱下的氢的 _____ 不同而区别的。

三、单项选择题（15分）

1. 下列哪种氨基酸为必需氨基酸（   ）

A. 甘氨酸　　　　B. 丙氨酸　　　　C. 甲硫氨酸　　　D. 谷氨酸

2. 呼吸链中氢和电子的最终受体是（   ）

A. $Cytaa_3$　　　　B. NADH　　　　C. O_2　　　　D. H_2O

3. 关于成熟红细胞的叙述正确的是（   ）

A. 靠糖异生途径获取能量　　　　B. 靠有氧氧化途径获取能量

C. 靠磷酸戊糖途径获取能量　　　　D. 靠糖酵解途径获取能量

4. 酮体合成的直接原料是（   ）

A. 乳酸　　　　B. 乙酰辅酶 A　　　C. 3-磷酸甘油　　　D. 甘油

5. 氨基酸脱下的氨基通常以哪种化合物的形式暂存和运输？（　　）

A. 尿素　　　　　　B. 氨甲酰磷酸　　　C. 谷氨酰胺　　　　D. 天冬酰胺

6. 在尿素循环中，尿素由（　　）水解产生。

A. 鸟氨酸　　　　　B. 精氨酸　　　　　C. 瓜氨酸　　　　　D. 半胱氨酸

7. 酶促反应中决定酶专一性的部分是（　　）

A. 酶蛋白　　　　　B. 底物　　　　　　C. 辅酶或辅基　　　D. 催化基团

8. 在肌肉和大脑中，1分子的葡萄糖彻底氧化分解，经氧化磷酸化产生多少分子的ATP？（　　）

A. 31　　　　　　　B. 30　　　　　　　C. 32　　　　　　　D. 34

9. 原核生物基因转录起始的正确性取决于（　　）

A. DNA 解旋酶　　　　　　　　　　B. DNA 拓扑异构酶

C. RNA 聚合酶核心酶　　　　　　　D. RNA 聚合酶 σ 因子

10. 目前公认的氧化磷酸化理论是（　　）

A. 化学偶联假说　　　　　　　　　B. 构象偶联假说

C. 化学渗透假说　　　　　　　　　D. 中间产物学说

11. 嘌呤环上的第 3 位、第 9 位的 N 原子来自（　　）

A. 甘氨酸　　　　　B. 天冬氨酸　　　　C. 一碳单位　　　　D. 谷氨酰胺

12. 哪一种情况可用增加 [S] 的方法减轻抑制程度（　　）

A. 不可逆抑制作用　　　　　　　　B. 竞争性可逆抑制作用

C. 非竞争性可逆抑制作用　　　　　D. 反竞争性可逆抑制作用

13. 需要维生素 B_6 作为辅酶的氨基酸反应有（　　）

A. 成盐、成酯和转氨　　　　　　　B. 成酰氯反应

C. 成酯、转氨和脱羧　　　　　　　D. 转氨、脱羧和消旋

14. 多食糖类需补充（　　）

A. 维生素 B_1　　　B. 维生素 B_2　　　C. 维生素 B_5　　　D. 维生素 B_6

15. 下列化合物中，除了哪一种以外都含有高能磷酸键？（　　）

A. NAD^+　　　　　B. ADP　　　　　　C. NADPH　　　　　D. FMN

四、判断题（在题后括号内标明对或错）（15分）

1. K_m 是酶的特征常数，只与酶的性质有关，与酶浓度无关。（　　）

2. 酮体的生成是在肝脏，利用也是在肝脏中。（　　）

3. 人体内的ATP都是通过底物水平磷酸化产生的。（　　）

4. 生物氧化进行的条件温和，酶促反应释放的能量主要用来维持体温。（　　）

5. 变性后，蛋白质的溶解度增加，这是因为电荷被中和以及水化膜破坏所引起的。（　　）

6. 磷酸肌酸是高能磷酸化合物的贮存形式，可随时转化为 ATP 供机体利用。（　　）

7. 当细胞外液 Na^+ 浓度上升，血浆渗透压升高，分泌抗利尿激素。（　　）

8. 合成 dTMP 的直接前体是 UMP。（　　）

9. ATP 虽然含有大量的自由能，但它并不是能量的贮存形式。（　　）

10. 脂肪酸从头合成中，将糖代谢生成的乙酰 CoA 从线粒体内转移到胞液中的化合物是苹果酸。（　　）

11. 甘油在甘油激酶的催化下，生成 3-磷酸甘油，反应消耗 ATP，为可逆反应。（　　）

12. 氨甲酰磷酸可以合成尿素和嘌呤。（　　）

13. 脱氧核糖核苷酸的合成是在核糖核苷三磷酸水平上完成的。（　　）

14. 真核细胞中许多 mRNA 都是多顺反子转录产物。（　　）

15. 从 DNA 分子的三联体密码可以毫不怀疑地推断出某一多肽的氨基酸序列，但从氨基酸序列并不能准确地推导出相应基因的核苷酸序列。（　　）

五、简答题（25分）

1. 什么是核酸的变性？核酸的变性与降解有什么不同？（6分）

2. 鸡蛋清中有一种对生物素亲和力极强的抗生素蛋白，它是含生物素酶的高度专一的抑制剂，请考虑它对下列反应有无影响？（7分）

（1）葡萄糖生成丙酮酸

（2）丙酮酸生成葡萄糖

（3）核糖-5-磷酸生成葡萄糖

（4）丙酮酸生成草酰乙酸

3. 糖酵解（EMP）途径是什么？简述其生理意义？（12分）

参 考 答 案

一、名词解释

1. 氧化磷酸化作用（oxidative phosphorylation）是指在生物氧化中伴随着 ATP 生成的作用。

2. 饱和脂肪酸在一系列酶的作用下，羧基端的 β 位 C 原子发生氧化，C 链在 α 位 C 原子与 β 位 C 原子间发生断裂，每次生成一个乙酰 CoA 和较原来少两个 C 单位的脂肪酸，这个不断重复进行的脂肪酸氧化过程称为脂肪酸的 β 氧化。

3. RNA（mRNA）分子上从 5′端到 3′端方向，由起始密码子 AUG 开始，每三个核苷酸组成三联体，它决定肽链上某一个氨基酸或蛋白质合成的起始、终止信号，又称为三联体密码，也叫遗传密码。

4. 底物循环即一对催化两个途径的中间代谢物之间循环的方向相反、代谢上不可逆的反应。

5. 细胞呼吸是指有机物在细胞内经过一系列的氧化分解，生成二氧化碳或其他产物，释放出能量并生成 ATP 的过程。

6. 寡聚酶是由 2 个或多个相同或不相同亚基以非共价键连接的酶。

7. DNA 的双螺旋结构存在着多种构象形式，除了最常见的 B-型 DNA，还有 A-型 DNA 和 Z-型 DNA，这种现象被称为 DNA 双螺旋结构多态性。

8. 当第一个核糖体翻译完成后就解聚，其大、小亚基又去结合这条 mRNA 的起始密码子，进行第二轮同种多肽链的翻译。依此类推，这种多个核糖体同时在一条 mRNA 上进行多条同种多肽链循环合成的过程叫做核糖体循环。

9. 干扰素是真核细胞感染病毒后产生的一类蛋白质，可抑制病毒蛋白质的合成及病毒繁殖，能够保护宿主。

10. 有氧条件下，机体内糖有氧氧化过程进行而抑制酵解过程。

二、填空题

1. 增加，不变

2. 组氨酸，半胱氨酸，蛋氨酸

3. 带电荷量，分子大小，分子形状，方向，速率

4. 邻近效应，定向效应，诱导效应，共价催化，活性中心酸碱催化

5. 嘧啶，噻唑，亚甲基，TPP，脱羧酶，转酮酶

6. 还原

7. $NADH+H^+$，$FADH_2$，辅酶

三、单项选择题

1. C 2. C 3. D 4. B 5. C 6. B 7. A 8. B 9. D 10. C 11. D 12. B 13. D 14. A 15. D

四、判断题

1. 对 2. 错 3. 错 4. 错 5. 错 6. 对 7. 对 8. 错 9. 对 10. 错 11. 错 12. 错 13. 错 14. 错 15. 错

五、问答题

1.【答】核酸的变性：在物理和化学因素的作用下，维系核酸二级结构的氢键和碱基堆积力受到破坏，DNA 由双链解旋为单链的过程

核酸的降解：核酸由各种水解酶催化逐步水解，生成核苷酸、核苷、戊糖和碱基等。

2.【答】（1）葡萄糖生成丙酮酸

（2）丙酮酸生成葡萄糖

（3）核糖-5-磷酸生成葡萄糖

（4）丙酮酸生成草酰乙酸

生物素是丙酮酸羧化酶的辅基，该酶可以羧化丙酮酸生成草酰乙酸并进而逐步生成葡萄糖。因此，鸡蛋清中对生物素亲和力极高的抗生物素蛋白对反应（1）和（3）无影响，对方应（2）和（4）有影响。

3.【答】糖酵解：葡萄糖生成丙酮酸（pyruvate）的过程，此过程中伴有少量ATP 的生成。在缺氧条件下丙酮酸被还原为乳酸（lactate）称为糖酵解。有氧条件下丙酮酸可进一步氧化分解生成乙酰 CoA 进入三羧酸循环，生成 CO_2 和 H_2O。

生理意义：

（1）糖酵解是存在于一切生物体内糖分解代谢的普遍途径。

（2）通过糖酵解使葡萄糖降解生成 ATP，为生命活动提供部分能量，尤其对厌氧生物是获得能量的主要方式。

（3）糖酵解途径为其他代谢途径提供中间产物（提供碳骨架），如 6-磷酸葡萄糖是磷酸戊糖途径的底物；磷酸二羟丙酮、3-磷酸甘油是脂肪合成的底物。

（4）是糖有氧分解的准备阶段。

（5）由非糖物质转变为糖的异生途径的逆过程。

第23章

—» **全国统考动物生物化学考研真题与中国农业大学部分考研真题**

第一部分　2008—2018 全国硕士研究生招生考试农学门类联考生物化学真题与答案

2008 年生物化学部分

五、单项选择题：22～36 小题。每小题 1 分，共 15 分。下列每题给出的四个选项中，只有一个选项是符合题目要求的。

22. 阐明三羧酸循环的科学家是（　　）

A. J. D. Watson　　B. H. A. Krebs　　C. L. C. Pauling　　D. J. B. Sumner

23. DNA 单链中连接脱氧核苷酸的化学键是（　　）

A. 氢键　　　　　　　　　　　　　　B. 离子键

C. 3′,5′-磷酸二酯键　　　　　　　　　D. 2′,5′-磷酸二酯键

24. 由 360 个氨基酸残基形成的典型 α 螺旋，其螺旋长度是（　　）

A. 54nm　　　　　B. 36nm　　　　　C. 34nm　　　　　D. 15nm

25. 5′-末端通常具有帽子结构的 RNA 分子是（　　）

A. 原核生物 mRNA　　　　　　　　　B. 原核生物 rRNA

C. 真核生物 mRNA　　　　　　　　　D. 真核生物 rRNA

26. 由磷脂类化合物降解产生的信号转导分子是（　　）

A. cAMP　　　　　B. cGMP　　　　　C. IMP　　　　　D. IP_3

27. 氨甲酰磷酸可以用来合成（　　）

A. 尿酸　　　　B. 嘧啶核苷酸　　　C. 嘌呤核苷酸　　　D. 胆固醇

28. 一碳单位转移酶的辅酶是（　　）

A. 四氢叶酸　　　B. 泛酸　　　　C. 核黄素　　　　D. 抗坏血酸

29. 大肠杆菌中催化 DNA 新链延长的主要酶是（　　）

A. DNA 连接酶　　　　　　　　　　B. DNA 聚合酶 I

C. DNA 聚合酶 II　　　　　　　　　D. DNA 聚合酶 III

30. 大肠杆菌 DNA 分子经过连续两代的半保留复制，第 2 代中来自亲代的 DNA 含量与总 DNA 含量的比值是（　　）

A. 1∶2　　　　　B. 1∶4　　　　　C. 1∶8　　　　　D. 1∶16

31. 原核生物 DNA 转录时，识别启动子的因子是（　　）

A. IF-1　　　　　B. RF-1　　　　　C. σ 因子　　　　D. ρ 因子

32. 糖酵解途径中，催化己糖裂解产生 3-磷酸甘油醛的酶是（　　）

A. 磷酸果糖激酶　　　　　　　　　　B. 3-磷酸甘油醛脱氢酶

C. 醛缩酶   D. 烯醇化酶

33. 下列参与三羧酸循环的酶中，属于调节酶的是（   ）

A. 延胡索酸酶   B. 琥珀酰 CoA 合成酶

C. 苹果酸脱氢酶   D. 柠檬酸合酶

34. 真核细胞核糖体的沉降系数是（   ）

A. 50S   B. 60S   C. 70S   D. 80S

35. 下列酶中，参与联合脱氨基作用的是（   ）

A. L-谷氨酸脱氢酶   B. L-氨基酸氧化酶

C. 谷氨酰胺酶   D. D-氨基酸氧化酶

36. 呼吸链中可阻断电子由 Cytb 传递到 Cytc1 的抑制剂是（   ）

A. 抗霉素 A   B. 安密妥   C. 一氧化碳   D. 氰化物

六、简答题：37～39 小题，每小题 8 分，共 24 分。

37. 简述 ATP 在生物体内的主要作用。

38. 简述蛋白质的一级结构及其与生物进化的关系。

39. 以丙二酸抑制琥珀酸脱氢酶为例，说明酶竞争性抑制作用的特点。

七、实验题：40 小题，10 分。

40. 从动植物细胞匀浆中提取基因组 DNA 时，常用 EDTA. 氯仿-异戊醇混合液和 95％乙醇试剂。请根据蛋白质和核酸的理化性质回答：

（1）该实验中这些试剂各起什么作用？

（2）举出一种可以鉴定所提取基因组的 DNA 中是否残留有 RNA 的方法。

八、分析论述题：41～42 小题，每小题 13 分，共 26 分。

41. 磷酸二羟丙酮是如何联系糖代谢与脂肪代谢途径的？

42. 试从遗传密码、tRNA 结构和氨酰 tRNA 合成酶功能三个方面，阐述在蛋白质生物合成中，mRNA 的遗传密码是如何准确翻译成多肽链中氨基酸排列顺序的。

参 考 答 案

五、单项选择题

22. B   23. C   24. A   25. C   26. D   27. B   28. A   29. D   30. B   31. C
32. C   33. D   34. D   35. A   36. A

六、简答题

37.【答案要点】

（1）是生物系统的能量交换中心。

(2) 参与代谢调节。

(3) 是合成 RNA 等物质的原料。

(4) 是细胞内磷酸基团转移的中间载体。

38.【答案要点】

(1) 蛋白质一级结构是指蛋白质多肽链中氨基酸残基的排列顺序。

(2) 不同物种同源蛋白质一级结构存在差异，亲缘关系越远，其一级结构中氨基酸序列的差异越大；亲缘关系越近，其一级结构中氨基酸序列的差异越小。

(3) 与功能密切相关的氨基酸残基是不变的，与生物进化相关的氨基酸残基是可变的。

39.【答案要点】

(1) 竞争性抑制剂丙二酸的结构与底物琥珀酸结构相似。

(2) 丙二酸与底物琥珀酸竞争结合琥珀酸脱氢酶的活性中心。

(3) 丙二酸的抑制作用可以通过增加底物琥珀酸的浓度解除。

(4) 加入丙二酸后琥珀酸脱氢酶 K_m 值增大，而 V_{max} 不变。

七、实验题

40.【答案要点】

(1) 试剂的作用

① EDTA 可螯合金属离子，抑制 DNA 酶的活性。

② 氯仿-异戊醇混合液使蛋白质变性沉淀，并能去除脂类物质。

③ 95％乙醇可使 DNA 沉淀。

(2) 鉴别方法

① 采用地衣酚试剂检测 RNA 分子中的核糖。如果反应液呈绿色，说明残留有 RNA。

② 采用紫外吸收法检测 A_{260}/A_{280} 的值。如果值大于 1.8，说明残留有 RNA。

③ 采用琼脂糖凝胶电泳法检测是否有小分子量 RNA 条带存在。

八、分析论述题

41.【答案要点】

(1) 磷酸二羟丙酮是糖代谢的中间产物，3-磷酸甘油是脂肪代谢的中间产物；因此，磷酸二羟丙酮与 3-磷酸甘油之间的转化是联系糖代谢与脂代谢的关键反应。

(2) 磷酸二羟丙酮有氧氧化产生的乙酰 CoA 可作为脂肪酸从头合成的原料，同时磷酸二羟丙酮可转化形成 3-磷酸甘油，脂肪酸和 3-磷酸甘油是合成脂肪的原料。

(3) 磷酸二羟丙酮经糖异生途径转化为 6-磷酸葡萄糖，再经磷酸戊糖途径产生 NADPH，该物质是从头合成脂肪酸的还原剂。

(4) 脂肪分解产生的甘油可转化为磷酸二羟丙酮，可进入糖异生途径产生葡萄糖，也可以进入三羧酸循环彻底氧化分解。

42.【答案要点】

（1）mRNA 上三个相邻的核苷酸组成密码子编码一种氨基酸。遗传密码具有简并性。

（2）tRNA 反密码子环上具有的反密码子，可以按照碱基配对原则反向识别 mRNA 上的密码子。但这种识别具有"摆动性"。tRNA 的结构影响其结合氨基酸的特异性。

（3）氨酰 tRNA 合成酶具有专一性识别氨基酸和能携带该氨基酸 tRNA 的功能。氨酰 tRNA 合成酶还具有二次校对功能。

2009 年生物化学部分

五、单项选择题：22～36 小题。每小题 1 分，共 15 分。下列每题给出的四个选项中，只有一个选项是符合题目要求的。

22. 世界上首次人工合成具有生物活性酵母 tRNA^Ala 的国家是（　　　）

A. 美国　　　　　　B. 中国　　　　　　C. 英国　　　　　　D. 法国

23. 真核生物 mRNA 中 5'-末端的 m^7G 与第二核苷酸之间的连接方式是（　　　）

A. $5' \rightarrow 2'$　　　　B. $5' \rightarrow 3'$　　　　C. $3' \rightarrow 5'$　　　　D. $5' \rightarrow 5'$

24. 下列 DNA 模型中，属于左手螺旋的是（　　　）

A. Z-DNA　　　　　B. C-DNA　　　　　C. B-DNA　　　　　D. A-DNA

25. 下列氨基酸中 $[\alpha]_D^T = 0$ 的是（　　　）

A. Gln　　　　　　B. Glu　　　　　　C. Gly　　　　　　D. Ile

26. 1961 年国际酶学委员会规定：特定条件下 1 分钟内转化 1μmol 底物的酶量是（　　　）

A. 1U　　　　　　B. 1U/mg　　　　　C. 1Kat　　　　　D. 1IU

27. 可使米氏酶 K_m 增大的抑制剂是（　　　）

A. 竞争性抑制剂　　　　　　　　　B. 非竞争性抑制剂

C. 反竞争性抑制剂　　　　　　　　D. 不可逆抑制剂

28. 下列化合物中，属于氧化磷酸化解偶联剂的是（　　　）

A. 鱼藤酮　　　　　　　　　　　　B. 抗霉素

C. 氰化物　　　　　　　　　　　　D. 2,4-二硝基苯酚

29 脂肪酸合成酶的最终产物是（　　　）

A. 丙二酸单酰 CoA　B. 琥珀酰 CoA　　C. 硬脂酰 CoA　　D. 软脂酰 CoA

30. 肉碱脂酰转移酶存在的部位是（　　　）

A. 核膜　　　　　　B. 细胞膜　　　　　C. 线粒体内膜　　D. 线粒体外膜

31. 下列参与联合脱氨基作用的酶是（　　　）

A. 解氨酶，L-谷氨酸脱氢酶　　　　　B. 转氨酶，L-谷氨酸脱氢酶

C. 解氨酶，L-氨基酸氨化酶　　　　　D. 转氨酸，L-氨基酸氧化酶

32. 氨基酸脱羧基作用的产物是（　　　）

A. 有机酸和 NH_3　B. 有机酸和 CO_2　C. 胺和 CO_2　　D. 胺和 NH_3

33. 嘌呤核苷酸从头合成途中产生的第一个核苷酸是（　　　）

A. XMP　　　　　　B. IMP　　　　　　C. GMP　　　　　D. AMP

34. 劳氏肉瘤病毒逆转录的产物是（　　　）

A. DNA　　　　　　B. cDNA　　　　　C. ccDNA　　　　D. Ts-DNA

35. 下列含有与 SD 序列互补序列的 rRNA 是（　　　）

A. 16SrRNA   B. 18SrRNA   C. 23SrRNA   D. 28SrRNA

36. 大肠杆菌 RNA 聚合酶核心酶的亚基组成是（   ）

A. $\alpha_2\beta'\delta$ B. $\alpha\beta_2\beta'$ C. $\alpha_2\beta\beta'$ D. $\alpha\beta\beta'\delta$

六、简答题：37～39 小题，每小题 8 分，共 24 分。

37. 请用中文或符号写出糖原或淀粉、脂肪酸和蛋白质多肽链生物合成中单体活化反应式。

38. 在体外蛋白质合成体系中，一条含有 CAU 重复序列的多聚核苷酸链，经翻译后发现其产物有三种，即异亮氨酸的密码子是 AUC，那么丝氨酸的密码子是什么？为什么？

39. 简述三羧酸循环的特点。

七、实验题：40 小题，10 分。

40. 酶纯化试验中，通常先用 $(NH_4)_2SO_4$ 作为分级沉淀剂，再用 Sephadex G-25 凝胶柱层析法从沉淀酶液中除去 $(NH_4)_2SO_4$。请问：（1）与其他中性盐沉淀剂相比，用 $(NH_4)_2SO_4$ 做沉淀剂有何优点？（2）如发现柱层析后酶的总活性较纯化前明显提高，可能的原因是什么？（3）柱层析时，湿法装柱的注意事项主要有哪些？

八、分析论述题：41～42 小题，每小题 13 分，共 26 分。

41. 论述生物氧化的特点。

42. 论述酶活性别构调节的特点和生物学意义。

参 考 答 案

五、单项选择题

22. B 23. D 24. A 25. C 26. D 27. A 28. D 29. D 30. C 31. B
32. C 33. B 34. B 35. A 36. C

六、简答题

37. 【答案要点】

（1）G-1-P＋UTP＋H_2O ——→UDPG＋PPi（UDPG 焦磷酸化酶）

   或 G-1-P＋ATP＋H_2O ——→ADPG＋PPi（ADPG 焦磷酸化酶）

（2）乙酰 CoA＋HCO_3^-＋H^+＋ATP ——→丙二酸单酰辅酶 A＋ATP＋Pi（乙酰辅酶 A 羧化酶）

（3）氨基酸＋tRNA＋ATP ——→氨酰-tRNA＋AMP＋PPi（氨酰-tRNA 合成酶）

38.【答案要点】

(1) 丝氨酸的密码子是 UCA。

(2) CAU 重复序列的多聚核苷酸链的阅读起点可以有 3 个，从而阅读密码子可能有 3 种，即 CAU、AUC 和 UCA。

39.【答案要点】

(1) 三羧酸循环是在线粒体中进行；循环从乙酰 CoA 与草酰乙酸缩合成柠檬酸开始。

(2) 三羧酸循环为单向循环，催化 3 步不可逆反应的酶是调控酶。

(3) 循环一周消耗 2 分子 H_2O，可释放 2 分子 CO_2，并使 3 分子 NAD^+ 和 1 分子 FAD 还原为 3 分子 NADH 和 1 分子 $FADH_2$。

(4) 循环中有一步底物磷酸化反应。

七、实验题

40.【答案要点】

(1) 硫酸铵具有溶解度大、温度系数小、对酶活力影响小和利于分离等优点。

(2) 纯化前酶液中可能含有酶抑制剂。

(3) 注意事项：

① 层析柱应与水平面垂直。

② 柱床体积至少是上样体积的 3 倍以上。

③ 层析介质中不能出现气泡和断层。

④ 柱床表面要平整，并保有一定的水位。

八、分析论述题

41.【答案要点】

(1) 生物氧化包括线粒体氧化体系和非线粒体氧化体系，真核细胞生物氧化主要是线粒体氧化体系，原核细胞生物氧化主要在细胞膜上进行。

(2) 生物氧化是在活细胞的温和条件下进行。

(3) 是一系列酶、辅酶和中间传递体参与的多步骤反应。

(4) 能量逐步释放，ATP 是能量转换的载体。

(5) 真核细胞在有氧条件下，CO_2 由酶催化脱羧产生，H_2O 是由代谢物脱下的氢经呼吸链传给氧形成。

42.【答案要点】

(1) 别构调节的特点

① 别构酶的结构特点：别构酶一般都是寡聚酶。酶蛋白上有两类功能部位，及活性中心和别构中心。别构中心与效应物通过可逆非共价结合，导致酶活性中心的构象发生变化。

② 别构酶的动力学特点：不符合典型米氏酶的双曲线，正协同效应的别构酶

呈现"S"形曲线。

③ 别构剂（效应物）：效应物分为正效应物和负效应物，其中前者起激活效应，后者起抑制效应；同促效应物为底物，异促效应物为非底物化合物。

（2）生物学意义　底物浓度发生较小变化时，别构酶可以灵敏、有效地调节酶促反应速度，保证重要代谢途径正常进行。

动物生物化学考研考点解析及模拟测试（附真题）

2010 年生物化学部分

五、单项选择题：22～36 小题。每小题 1 分，共 15 分。下列每题给出的四个选项中，只有一个选项是符合题目要求的。

22. 1961 年 Jacob 和 Mondond 提出了_____学说。

A. 中心法则　　　　B. 中间产物学说　　C. 操纵子学说　　D. 诱导契合学说

23. 氨基酸有 D 型和 L 型两种，其中 D-型氨基酸存在于（　　）

A. 胰岛素　　　　　B. 抗菌肽　　　　　C. 细胞色素 C　　D. 血红蛋白

24. 谷氨酸有 3 个可解离基团，$pK_1 = 2.19$，$pK_2 = 9.69$，$pK_3 = 4.25$，其等电点为（　　）

A. 3.22　　　　　　B. 5.93　　　　　　C. 6.43　　　　　D. 6.96

25. 某双链 DNA 共 1000bp，G+C=58%，则 T 的含量为（　　）

A. 58%　　　　　　B. 42%　　　　　　C. 29%　　　　　D. 21%

26. 假尿苷中，核糖与尿嘧啶的连接方式是（　　）

A. $C_1' - N_1$　　　　B. $C_1' - N_9$　　　　C. $C_1' - C_2$　　　　D. $C_1' - C_5$

27. 柠檬酸合酶属于哪类酶？（　　）

A. 水解酶　　　　　B. 转移酶　　　　　C. 裂合酶　　　　D. 合成酶

28. 丙酮酸脱氢酶的辅酶为（　　）

A. NAD^+　　　　　B. $NADP^+$　　　　C. ACP　　　　　D. AMP

29. $NADH + H^+$ 呼吸链的递氢递电子途径为（　　）

A. 复合物Ⅱ—复合物Ⅲ—Cytc—复合物Ⅳ—O_2

B. 复合物Ⅰ—CoQ—复合物Ⅲ—Cytc—复合物Ⅳ—O_2

C. 复合物Ⅰ—CoQ—复合物Ⅱ—Cytc—复合物Ⅳ—O_2

D. 复合物Ⅰ—复合物Ⅱ—复合物Ⅲ—复合物Ⅳ—O_2

30. 以下含有糖基的有（　　）

A. GSH　　　　　　B. Gly　　　　　　C. THF　　　　　D. ATP

31. 下列可与 F_0F_1-ATP 合酶结合，抑制氧化磷酸化的是（　　）

A. 寡霉素　　　　　　　　　　　　B. 2,4-二硝基苯酚

C. 抗霉素 A　　　　　　　　　　　D. CO

32. 嘧啶从头合成时，嘧啶中的氮元素来于（　　）

A. Gly 和 Asp　　　　B. Gln 和 Asp　　　C. Gly 和 Gln　　D. Glu 和 Asp

33. 三羧酸循环中的产物，可以经两步转氨基作用得到的是（　　）

A. Ala　　　　　　　B. Asp　　　　　　C. Gln　　　　　D. Ser

34. 脱羧酶的辅酶是（　　）

A. TPP　　　　　　　B. CoA　　　　　　C. ACP　　　　　D. NAD^+

35. 一段 DNA 作为非模板链序列为 5′-ACTGTCAG-3′，则对应的 mRNA 的序列为（ ）

A. 5′-CUGACAGU-3′

B. 5′-UGACAGUC-3′

C. 5′-ACUGUCAG-3′

D. 5′-CACUUUTA-3′

36. 大肠杆菌 DNA 复制过程中，冈崎片段存在于（ ）

A. 前导链   B. 模板链   C. 滞后链   D. 编码链

六、简答题：37～39 小题，每小题 8 分，共 24 分。

37. 还原性谷胱甘肽分子中的肽键有何特点？还原性与氧化性谷胱甘肽的结构有何不同？

38. 什么是酶原激活？它有何生物意义？

39. 分别写出在己碳 CoA β-氧化与三羧酸循环中，以 FAD 和 NAD$^+$ 为辅酶的脱氢酶的名称。

七、实验题：40 小题，10 分。

40. 分离生化蛋白酶的主要步骤和结果如下表：

分离步骤	分离液体积/ML	总蛋白含量/mg	总活力单位/IN
①离分总量	1400	10000	100000
②硫酸铵盐析和透析	280	3000	96000
③离子交换层析	90	400	80000
④亲和层析	6	3	45000

问题：

(1) 根据上述结果，计算步骤②～④中每步骤的比活力和强化倍数？

(2) 亲和层析的原理是什么？

八、分析论述题：41～42 小题，每小题 13 分，共 26 分。

41. 请论述柠檬酸调控软脂酸生物合成的机理。

42. 在研究蛋白质多肽链生物合成时发现，当编码某氨基酸的一个密码子变成终止密码子或变成编码另一种氨基酸的密码子时，所合成的蛋白质有的生物活性不变，有的生物活性会发生改变。请分析产生上述现象的生化机制。

参 考 答 案

五、单项选择题

22. C 23. B 24. A 25. D 26. D 27. C 28. A 29. B 30. D 31. A 32. B 33. B 34. A 35. C 36. C

六、简答题

37.【答案要点】

（1）还原型谷胱甘肽由谷氨酸、半胱氨酸和甘氨酸 3 种氨基酸残基构成，其中一个肽键是由谷氨酸的 γ 羧基与半胱氨酸的 α 氨基之间脱水形成，而另一个肽键是由半胱氨酸的 α 羧基与甘氨酸的 α 氨基之间脱水形成。

（2）还原型谷胱甘肽含有 3 个氨基酸残基和一个游离的疏基，氧化型谷胱甘肽含有 6 个氨基酸残基和一个二硫键。

38.【答案要点】

（1）酶原激活是指无活性酶的前体转变成有活性的酶的过程。

（2）酶原激活是生物体的一种调控机制，在细胞中某些酶以酶原的形式合成和储存，这种方式一方面可以保护合成这些酶的细胞免受损伤；另一方面在机体需要这些酶时，酶原可被迅速分泌并激活，参与消化、血液凝固和生长发育等生理过程。

39.【答案要点】

（1）己酰 CoA 的 β-氧化中以 FAD 为辅酶的脱氢酶有己酰 CoA 脱氢酶、丁酰 CoA 脱氢酶；以 NAD^+ 为辅酶的脱氢酶有 β-羟己酰 CoA 脱氢酶、β-羟丁酰 CoA 脱氢酶。

（2）三羧酸循环中以 NAD^+ 为辅酶的脱氢酶有异柠檬酸脱氢酶、α-酮戊二酸脱氢酶复合体、苹果酸脱氢酶；以 FAD 为辅酶的脱氢酶有琥珀酸脱氢酶。

七、实验题

40.【答案要点】

（1）步骤②～④中每步骤的比活力和纯化倍数见下表

分离步骤	比活力/(IU/mg 蛋白)	纯化倍数
硫酸铵盐析和透析	32	32
离子交换层析	200	20
亲和层析	15000	1500

（2）亲和层析是一种基于蛋白质能与特定的配基专一性地结合，从而分离、纯化蛋白质的方法。当含有待提纯的蛋白质混合样品通过亲和层析柱时，目的蛋白会与层析柱上的配基相结合，而其他蛋白将被缓冲液洗脱流出，然后通过改变洗脱条件，使目的蛋白从层析柱上释放，从而达到分离纯化的目的。

八、分析论述题

41.【答案要点】

柠檬酸是乙酰 CoA 羧化酶别构激活剂，柠檬酸浓度升高可使无活性的乙酰

CoA 羧化酶聚合成有活性的多聚体，促进软脂酸的合成。

乙酰 CoA 是软脂酸合成的原料，它主要在线粒体内形成，而软脂酸的合成在细胞质中进行，乙酰 CoA 需要由柠檬酸穿梭转运至细胞液。因此，柠檬酸浓度提高，可以加快乙酰 CoA 的转运速率，促进软脂酸的生物合成。

柠檬酸转运过程中还可提供软脂酸合成需要的 $NADPH+H^+$。

高浓度的柠檬酸有可能提高 ATP 的浓度，而软脂酸的生物合成需要消耗 ATP。

42.【答案要点】

（1）某氨基酸的一个密码子变成终止密码子时，若改变不引起蛋白质表现活性所必需的氨基酸发生变化，且不影响蛋白质的空间构象，则合成的蛋白质活性不变；若改变引起蛋白质分子表现活性所必需的氨基酸发生变化，且导致蛋白质空间构象改变，则合成蛋白质的活性将改变。

（2）某氨基酸的一个密码子变成编码另一种氨基酸的密码子时，如果氨基酸的改变不影响蛋白质表现活性所必需的结构，则蛋白质活性不变，如细胞色素 c；如果氨基酸的改变影响蛋白质维持活性所必需的结构，则蛋白质活性会发生改变，如镰刀型贫血症。

2011 年生物化学部分

五、单项选择题：22～36 小题，每小题 1 分，共 15 分。 下列每题给出的四个选项中，只有一个选项是符合题目要求的。

22. 在蛋白质和核酸分子测序方面做出突出贡献且获得诺贝尔奖的科学家是（   ）

A. J. Watson　　　　B. F. Sanger　　　　C. L. Pauling　　　　D. J. Sumner

23. 下列氨基酸中侧链含有羟基的是（   ）

A. Gly　　　　　　B. Glu　　　　　　C. Lys　　　　　　D. Thr

24. 下列含有 DNA 的细胞器是（   ）

A. 线粒体　　　　B. 内质网　　　　C. 高尔基体　　　　D. 核糖体

25. 丙酮酸羧化酶属于（   ）

A. 氧化还原酶类　　B. 转移酶类　　　C. 水解酶类　　　D. 合成酶类

26. 当 3 分子葡萄糖进入糖酵解途径生成乳酸时，可净生成的 ATP 分子数是（   ）

A. 3　　　　　　　B. 6　　　　　　　C. 9　　　　　　　D. 12

27. 下列化合物中，属于高能磷酸化合物的是（   ）

A. 6-磷酸果糖　　　　　　　　　　B. 6-磷酸葡萄糖

C. 磷酸烯醇式丙酮酸　　　　　　　D. 3-磷酸甘油

28. 真核生物呼吸链中的细胞色素氧化酶存在于（   ）

A. 线粒体内膜　　B. 线粒体外膜　　C. 线粒体基质　　D. 细胞质膜

29. 下列三羧酸循环的反应步骤中，伴随有底物水平磷酸化的是（   ）

A. 柠檬酸→异柠檬酸　　　　　　　B. α-酮戊二酸→琥珀酸

C. 琥珀酸→延胡索酸　　　　　　　D. 延胡索酸→苹果酸

30. 线粒体内琥珀酸进入呼吸链脱氢，将电子传递给 O_2 生成水所需要的组分是（   ）

A. 复合物 Ⅰ、CoQ、复合物 Ⅲ 和复合物 Ⅳ

B. 复合物 Ⅰ、复合物 Ⅱ、CoQ、复合物 Ⅲ 和复合物 Ⅳ

C. 复合物 Ⅱ、CoQ、复合物 Ⅲ、细胞色素 c 和复合物 Ⅳ

D. 复合物 Ⅱ、CoQ、复合物 Ⅲ 和细胞色素 c

31. 由 8 分子乙酰辅酶 A 合成 1 分子软脂酸共需要消耗 $NADPH+H^+$ 的分子数是（   ）

A. 8　　　　　　　B. 10　　　　　　C. 12　　　　　　D. 14

32. 在脂肪酸 β 氧化中作为受氢体的是（   ）

A. FAD　　　　　　B. ACP　　　　　C. NADPH　　　　D. TPP

33. 脂肪酸从头合成过程中，脂酰基的主要载体是（　　）

A. 肉毒碱　　　　　B. 硫辛酸　　　　　C. TPP　　　　　D. ACP

34. 下列 DNA 损伤修复系统中，属于易错修复的是（　　）

A. SOS 修复　　　　B. 光修复　　　　　C. 切除修复　　　　D. 重组修复

35. 下列氨基酸中，在遗传密码表中只有一个密码子的是（　　）

A. Thr　　　　　　B. Trp　　　　　　C. Tyr　　　　　　D. Phe

36. 下列化合物中，在大肠杆菌多肽链生物合成的延长阶段提供能量的是（　　）

A. UTP　　　　　　B. CTP　　　　　　C. GTP　　　　　　D. TTP

六、简答题：37～39 小题，每小题 8 分，共 24 分。

37. 简述 mRNA、rRNA 和 tRNA 在大肠杆菌蛋白质合成中的作用。

38. 竞争性与非竞争性抑制剂对米氏酶 K_m 和 V_{max} 有何影响？

39. 简述大肠杆菌 DNA 半保留复制过程中引物酶和 SSB 蛋白的作用。

七、实验题：40 小题，10 分。

40. 现有纯化的小牛胸腺 DNA 和牛血清白蛋白溶液各一瓶。请简要写出根据核酸与蛋白质紫外吸收的特性区分上述两种物质的实验原理。

八、分析论述题：41～42 小题，每小题 13 分，共 26 分。

41. 论述大肠杆菌丙酮酸脱氢酶复合体的组成、功能及多酶复合体存在的意义。

42. 论述大肠杆菌甲酰甲硫氨酰 tRNA 合成中甲硫氨酸活化和甲酰化的意义。

参 考 答 案

五、单项选择题

22. B　23. D　24. A　25. D　26. B　27. C　28. A　29. B　30. C　31. D　32. A　33. D　34. A　35. B　36. C

六、简答题

37.【答案要点】

（1）mRNA 作为指导蛋白质多肽链生物合成的模板，决定多肽链中氨基酸的排列顺序。（2 分）

（2）tRNA 在氨酰-tRNA 合成酶催化下与相应的氨基酸结合生成氨酰-tRNA，并通过反密码子与 mRNA 上的密码子互补配对，从而将氨基酸带入核糖体参与多肽链的生物合成。（3 分）

（3）rRNA 与蛋白质结合形成核糖体，为蛋白质合成提供场所，其中 23S rRNA 可参与催化肽键的形成。（3分）

38.【答案要点】

（1）竞争性抑制剂将使 K_m 增加，V_{max} 不变；（4分）

（2）非竞争性抑制剂将使 K_m 不变，V_{max} 减小。（4分）

39.【答案要点】

（1）引物酶 催化合成 RNA 引物，RNA 引物提供 3′-OH 末端。（4分）

（2）SSB 蛋白（单链结合蛋白） 与 DNA 解开的单链结合，阻止单链恢复形成双链。（4分）

【评分说明】其他合理答案也可给分。

七、实验题

40.【答案要点】

蛋白质分子中存在色氨酸、酪氨酸与苯丙氨酸等芳香族氨基酸残基，芳香族氨基酸残基中含有共轭双键，其最大吸收峰在280nm 附近，而在此波长处 DNA 分子没有吸收峰。因此，根据蛋白质和 DNA 分子紫外吸收存在的差异，可将小牛胸腺 DNA 和牛血清白蛋白区分开来。（或答：DNA 分子中含有嘌呤环和嘧啶环，它们的共轭双键系统在 260nm 波长处有最大吸收峰，而在此波长处蛋白质分子没有吸收峰。因此，根据蛋白质和 DNA 分子紫外吸收存在的差异，可将小牛胸腺 DNA 和牛血清白蛋白区分开来）（10分）

【评分说明】其他合理答案也可给分。

八、分析论述题

41.【答案要点】

（1）丙酮酸脱氢酶复合体是由丙酮酸脱氢酶、二氢硫辛酸转乙酰基酶、二氢硫辛酸脱氢酶 3 种酶，以及焦磷酸硫胺素、硫辛酸、FAD、NAD^+、辅酶 A 和 Mg^{2+} 六种辅助因子组成。（6分）

（2）该多酶复合体通过催化一系列反应将丙酮酸转化为乙酰辅酶 A。（4分）

（3）多酶复合体可以缩短组成酶之间的距离，使反应高效有序进行。（3分）

【评分说明】其他合理答案可酌情给分。

42.【答案要点】

（1）甲硫氨酸活化的意义

① 两个氨基酸之间不能直接形成肽键，故甲硫氨酸需要活化形成甲硫氨酰 tRNA，获得能量，才能与另一个氨酰 tRNA 形成肽键；（4分）

② 甲硫氨酸活化可以保证肽链合成的忠实性，因为氨基酸不能识别 mRNA 的密码子，必须通过与特定的 tRNA 结合活化后，才能通过反密码子识别密码子。（4分）

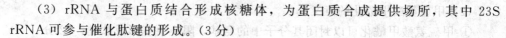

（2）甲硫氨酸甲酰化的意义

① 甲硫氨酸甲酰化可以封闭其分子中的氨基，阻止氨基形成肽键；（2分）

② 甲酰甲硫氨酰 tRNA 可与翻译的起始密码子结合，而甲硫氨酰 tRNA 不能与翻译的起始密码子结合。（3分）

2012年生物化学部分

五、单项选择题：22～36 小题，每小题 1 分，共 15 分。 下列每题给出的四个选项中，只有一个选项是符合题目要求的。

22. T. Cech 和 S. Altman 荣获 1989 年诺贝尔化学奖是因为发现（　　）

A. Enzyme　　　　B. Ribozyme　　　　C. Abzyme　　　　D. Deoxyzyme

23. 下列氨基酸中含有两个羧基的是（　　）

A. Arg　　　　B. Lys　　　　C. Glu　　　　D. Tyr

24. 下列核苷中，在真核生物中 tRNA 和 mRNA 中都存在的是（　　）

A. 胸腺嘧啶核苷　　　　　　　　　　B. 腺嘌呤核苷

C. 二氢尿嘧啶核苷　　　　　　　　　D. 假尿嘧啶核苷

25. 真核生物中，磷酸戊糖途径进行的部位是（　　）

A. 细胞核　　　　B. 线粒体　　　　C. 细胞质　　　　D. 微粒体

26. 胆固醇生物合成的限速酶是（　　）

A. HMG-CoA 合成酶　　　　　　　　B. HMG-CoA 裂解酶

C. HMG-CoA 还原酶　　　　　　　　D. 硫激酶

27. 下列脂类化合物中含有胆碱基的是（　　）

A. 磷脂酸　　　　B. 卵磷脂　　　　C. 丝氨酸磷脂　　　D. 脑磷脂

28. 下列氨基酸中，属于尿素合成中间产物的是（　　）

A. 甘氨酸　　　　B. 色氨酸　　　　C. 赖氨酸　　　　D. 瓜氨酸

29. 真核生物蛋白质生物合成的起始氨酰-tRNA 是（　　）

A. fmet-tRNA$_f^{met}$　　　　　　　　B. fmet-tRNA$_m^{Met}$

C. Met-tRNA$_i$　　　　　　　　　　D. Met-tRNA$_m$

30. 真核生物 RNA 聚合酶Ⅱ催化合成的 RNA 是（　　）

A. 18srRNA　　　　B. hnRNA　　　　C. tRNA　　　　D. 5srRNA

31. 细菌 DNA 复制时，能与 DNA 单链结合并阻止其重新形成 DNA 双链的蛋白质是（　　）

A. DNA 聚合酶　　B. 引发酶　　C. SSB　　　　D. DNA 解链酶

32. 在 DNP 存在的情况下，$NADH+H^+$ 呼吸链的 P/O 值是（　　）

A. 0　　　　B. 1.5　　　　C. 2.5　　　　D. 3

33. 下列酶中，催化不可逆反应的是（　　）

A. 磷酸己糖激酶　　　　　　　　　　B. 磷酸丙糖异构酶

C. 醛缩酶　　　　　　　　　　　　　D. 磷酸甘油酸变位酶

34. 可识别 DNA 特异序列，并在识别位点切割双链 DNA 的酶称为（　　）

A. 限制性核酸外切酶　　　　　　　　B. 限制性核酸内切酶

C. 非限制性核酸外切酶　　　　　　　　D. 非限制性核酸内切酶

35. 合成 dTMP 的直接前体是（　　）

A. CMP　　　　　　B. dCMP　　　　　　C. UMP　　　　　　D. dUMP

36. 与氨基酸结合的 tRNA 部位是（　　）

A. 3′末端　　　　　B. 5′末端　　　　　C. N-末端　　　　　D. C-末端

六、简答题：37～39 小题，每小题 8 分，共 24 分。

37. NAD⁺ 和 FAD 分子都具有的核苷酸是什么？呼吸链中有含 FMN 的复合物和含 FAD 的复合物，它们的名称分别是什么？

38. 简述中心法则。

39. 简述真核生物 mRNA 前体的加工方式。

七、实验题：40 小题，10 分。

40. 用葡聚糖凝胶 G-25 分子筛层析去除蛋白质溶液中硫酸铵的实验原理是什么？还可以用哪一种实验方法达到同样的实验目的（写出方法的名称即可）。

八、分析论述题：41～42 小题，每小题 13 分，共 26 分。

41. 已知某米氏酶只能催化底物 S_1 或 S_2 转变为产物，且 S_1 的 $K_m=2.0\times10^{-4}\,mol/L$，$S_2$ 的 $K_m=3.0\times10^{-2}\,mol/L$。

（1）试分析哪一种底物是该酶的最适底物。

（2）若两种底物的浓度都为 $0.2\times10^{-3}\,mol/L$，试计算两个酶促反应的速度与最大反应速度之比。

42. 请论述哺乳动物肌肉细胞在无氧和有氧条件下葡萄糖氧化分解的主要途径。

参 考 答 案

五、单项选择题

22. B　23. C　24. B　25. C　26. C　27. B　28. D　29. C　30. B　31. C　32. A　33. A　34. B　35. D　36. A

六、简答题

37.【答案要点】

（1）腺苷酸

（2）NADH-CoQ 还原酶（NADH 脱氢酶）和琥珀酸-CoQ 还原酶（琥珀酸脱氢酶）

38.【答案要点】

中心法则是描述遗传信息传递方向和规律的学说。其基本内容包括：

（1）DNA 的自我复制。

（2）DNA 通过转录将信息传递给 RNA。

（3）mRNA 与核糖体结合，通过翻译合成蛋白质。

（4）某些 RNA 病毒的 RNA 可自我复制并逆转录产生 DNA。

39.【答案要点】

主要的加工方式有：

（1）剪切内含子，连接外显子。

（2）5′末端加入"帽子结构"。

（3）3′末端加入"多聚腺苷酸"结构。

（4）对某些基团进行甲基化修饰。

七、实验题

40.【答案要点】

（1）基本原理：葡聚糖凝胶 G-25 分子筛层析是根据分子量不同来分离蛋白质与硫酸铵的混合物。葡聚糖凝胶 G-25 是内部具有多孔网状结构的颗粒，当蛋白质与硫酸铵混合物通过凝胶层析柱时，比凝胶孔径小的硫酸铵分子可以进入凝胶颗粒内，而比凝胶孔径大的蛋白质分子被排阻在凝胶颗粒外。因此，当用溶剂洗脱时，蛋白质先被洗脱下来，而硫酸铵后被洗脱下来。通过分步收集可将硫酸铵与蛋白质分离。

（2）还可以用透析法（或超滤法）来分离。

八、分析讨论题

41.【答案要点】

（1）根据酶的米氏常数越小、酶与底物的亲和力越大的规律可知，S_1 是该酶的最适底物。

（2）根据米氏方程 $V=(V_{max}\times[S])/(K_m+[S])$ 计算，以 S_1 为底物的酶促反应，其 $V/V_{max}=1/2$；以 S_2 为底物的酶促反应，其 $V/V_{max}=1/151$。

42.【答案要点】

（1）无氧条件下，动物肌肉细胞中的葡萄糖经糖酵解途径产生丙酮酸后，在乳酸脱氢酶催化下产生乳酸和 NAD^+，NAD^+ 可在糖酵解中的 3-磷酸甘油醛脱氢酶催化下重新被还原。该过程也产生 ATP。

（2）有氧条件下，动物肌肉细胞中的葡萄糖经糖酵解途径产生的丙酮酸转移到线粒体，由线粒体中的丙酮酸脱氢酶系催化其脱羧转变为乙酰 CoA 和 NADH，乙酰 CoA 进入三羧酸循环继续氧化为 CO_2，所产生的 NADH 经呼吸链氧化将质子和电子传递给氧形成水。该过程产生大量 ATP。

2013 年生物化学部分

五、单项选择题：22～36 小题，每小题 1 分，共 15 分。 下列每题给出的四个选项中，只有一个选项是符合题目要求的。

22. 中国加入人类基因组计划的时间是（   ）

A. 1999 年　　　　　B. 2000 年　　　　　C. 2001 年　　　　　D. 2002 年

23. 下列属于蛋白质稀有氨基酸的是（   ）

A. 甲硫氨酸　　　　　B. 赖氨酸　　　　　C. 羟基脯氨酸　　　　　D. 甘氨酸

24. 下列氨基酸中含有巯基的是（   ）

A. Cys　　　　　B. Met　　　　　C. Tyr　　　　　D. Thr

25. 在正协同效应物存在的条件下，别构酶的动力学曲通常呈（   ）

A. S 形　　　　　B. 双曲线　　　　　C. W 形　　　　　D. V 形

26. 下列辅酶中，属于含腺嘌呤的是（   ）

A. TPP　　　　　B. CoQ　　　　　C. FMN　　　　　D. NAD^+

27. 经常服用生鸡蛋容易导致人体缺乏的维生素是（   ）

A. 维生素 C　　　　　B. 硫胺素　　　　　C. 生物素　　　　　D. 钴胺素

28. 下列酶中，催化不可逆反应的是（   ）

A. 3-磷酸甘油醛脱氢酶　　　　　　　　　B. 己糖激酶

C. 醛缩酶　　　　　　　　　　　　　　　D. 磷酸丙糖异构酶

29. 下列酶中，催化三羧酸循环回补反应的是（   ）

A. 烯醇化酶　　　　　B. PEP 羧激酶　　　　　C. 转酮酶　　　　　D. 转醛酶

30. 下列酶中，能催化底物水平磷酸化的是（   ）

A. 3-磷酸甘油醛脱氢酶　　　　　　　　　B. 丙酮酸激酶

C. 柠檬酸合酶　　　　　　　　　　　　　D. 烯醇化酶

31. 下列核苷酸中，直接参与甘油磷脂合成的是（   ）

A. IMP　　　　　B. CTP　　　　　C. GTP　　　　　D. UTP

32. 下列氨基酸中，水解后产生尿素的是（   ）

A. 赖氨酸　　　　　B. 精氨酸　　　　　C. 谷氨酸　　　　　D. 甘氨酸

33. 真核生物通过 RNA 聚合酶 I 催化生成的产物是（   ）

A. mRNA　　　　　B. hnRNA　　　　　C. rRNA 前体　　　　　D. tRNA 前体

34. 胸腺嘧啶除了在 DNA 中出现外，还出现在（   ）

A. tRNA　　　　　B. mRNA　　　　　C. 5S rRNA　　　　　D. 18S rRNA

35. 别嘌呤醇可用于治疗痛风病，因为它是（   ）

A. 鸟嘌呤脱氨酶的抑制剂，可减少尿酸的生成

B. 黄嘌呤氧化酶的抑制剂，可减少尿酸的生成

C. 腺嘌呤脱氨酶的抑制剂，可减少尿酸的生成

D. 尿酸氧化酶的激活剂，可加速尿酸的分解

36. 下列密码子中，不编码任何氨基酸的是（　　　）

A. AUG　　　　　　B. UAA　　　　　C. GUA　　　　　D. AAU

六、简答题：37～39 小题，每小题 8 分，共 24 分。

37. ATP 是磷酸果糖激酶的底物，为什么 ATP 高于一定浓度时该酶催化的反应速度会下降？

38. 天然蛋白质变性后会发生哪些变化？

39. 在有 ATP 生成的线粒体反应体系中，加入 2，4-二硝基苯酚后，该反应体系中不再有 ATP 的生成，为什么？

七、实验题：40 小题，10 分。

40. 用地衣酚法和双缩脲法可以鉴别酵母核糖核酸、胰凝乳蛋白酶和半胱氨酸这三种溶液吗？为什么？

八、分析论述题：41～42 小题，每小题 13 分，共 26 分。

41. 从核糖体亚基大小、rRNA 种类和 mRNA 起始序列三个方面，论述原核生物 70S 起始复合体与真核生物 80S 起始复合体的差异。

42. 一碳单位是如何将氨基酸代谢与核苷酸合成联系起来的？

参 考 答 案

五、单项选择题

22. A　23. C　24. A　25. A　26. D　27. C　28. B　29. B　30. B　31. B
32. B　33. C　34. A　35. B　36. B

六、简答题

37.【答案要点】

（1）磷酸果糖激酶是别构酶。

（2）ATP 既是磷酸果糖异构酶的底物，也是磷酸果糖激酶的别构抑制剂；ATP 与别构中心的亲和力要小于与活性中心的亲和力，当 ATP 高于一定浓度时，别构中心会与 ATP 结合，从而导致该酶活性受到抑制。

38.【答案要点】

蛋白质变性后结构、理化性质、生物活性都会发生改变。

（1）蛋白质变性后主要的中间结构发生改变。

（2）蛋白质变性后出现溶解度下降、光吸收值增加、易被蛋白酶水解等。

（3）蛋白质变性后生物活性往往会丧失。

39.【答案要点】

（1）线粒体内膜两侧形成的质子电化学梯度是氧化磷酸化形成 ATP 的基础。

（2）2,4-二硝基苯酚是一种小分子脂溶性化合物，它可以携带质子直接穿过线粒体内膜，从而消除线粒体内膜两侧的质子电化学梯度，起着解偶联剂的作用。

七、实验题

40.【答案要点】

（1）可以

（2）地衣酚法可以鉴别酵母核糖核酸，因为酵母核糖核酸分子降解后可与地衣酚反应呈绿色；双缩脲法可以鉴定胰凝乳蛋白酶，因为胰凝乳蛋白酶中含有肽键，可以与双缩脲试剂反应呈红色；而半胱氨酸溶液与地衣酚和双缩脲试剂都不反应。

八、分析论述题

41.【答案要点】

（1）核糖体亚基大小、rRNA 种类的差异

完整的核糖体		70S	80S
大亚基	大小	50S	60S
	rRNA	23S 5S	28S 5S 5.8S
小亚基	大小	30S	40S
	rRNA	16S	18S

（2）mRNA 起始序列的差异

70S 起始复合体 mRNA 有 SD 序列，而 80S 起始复合体的 mRNA 没有 SD 序列，但有 5′端帽子结构。

42.【答案要点】

（1）含有一个碳原子的基团称为一碳单位（不包括 CO_2），如甲基、甲酰基、甲烯基等。

（2）甘氨酸、丝氨酸、组氨酸等氨基酸是一碳单位的来源。

（3）四氢叶酸是一碳单位的载体，S-腺苷甲硫氨酸是甲基载体。

（4）在核苷酸生物合成过程中，嘌呤环中的第 2 位、第 8 位的碳原子和 dTMP 的甲基分别由一碳单位提供，从而将氨基酸代谢与核苷酸生物合成联系起来。

2014 年生物化学部分

五、单项选择题：22～36 小题，每小题 1 分，共 15 分。 下列每题给出的四个选项中，只有一个选项是符合题目要求的。

22. 下列科学家中，对揭示蛋白质 α-螺旋结构做出显著贡献的是（　　）

A. D. E. Atkinson　　　B. J. B. Sumner　　　C. H. A. Krebs　　　D. L. C. Pauling

23. 在下列构成蛋白质分子的氨基酸残基中，能够被磷酸化的是（　　）

A. 缬氨酸残基　　　　B. 丝氨酸残基　　　　C. 丙氨酸残基　　　D. 亮氨酸残基

24. 在一个米氏酶催化的单底物反应中，当 [S] 远小于 K_m 时，该反应的特点之一是（　　）

A. 反应速度最大　　　　　　　　　　B. 反应速度与底物浓度成正比

C. 反应速度达到最大反应速度的一半　　D. 反应速度与底物浓度成反比

25. 下列辅助因子中，既能转移酰基，又能转移氢的是（　　）

A. NAD$^+$　　　　　　B. NADP$^+$　　　　　C. 硫辛酸　　　　　D. 四氢叶酸

26. 下列维生素中，属于酰基载体蛋白组成成分的是（　　）

A. 核黄素　　　　　　B. 叶酸　　　　　　　C. 泛酸　　　　　　D. 钴胺素

27. tRNA 结构中，携带氨基酸的部位是（　　）

A. DHU 环　　　　　　　　　　　　B. 3′ 末端 CCA-OH

C. TΨC 环　　　　　　　　　　　　D. 反密码子环

28. 下列酶中，能催化葡萄糖转变为 6-磷酸葡萄糖的是（　　）

A. 丙酮酸激酶　　　　　　　　　　B. 果糖磷酸激酶

C. 葡萄糖磷酸脂酶　　　　　　　　D. 己糖激酶

29. 将乙酰 CoA 从线粒体转运至胞浆的途径是（　　）

A. 三羧酸循环　　　　B. 磷酸甘油穿梭　　C. 苹果酸穿梭　　　D. 柠檬酸穿梭

30. 下列反应过程中，发生氧化脱羧的是（　　）

A. 乳酸→丙酮酸　　　　　　　　　B. α-酮戊二酸→琥珀酰 CoA

C. 丙酮酸→草酰乙酸　　　　　　　D. 苹果酸→草酰乙酸

31. 下列三羧酸循环的酶中，以草酰乙酸为底物的是（　　）

A. 柠檬酸合酶　　　　　　　　　　B. 琥珀酸脱氢酶

C. 异柠檬酸脱氢酶　　　　　　　　D. 顺乌头酸酶

32. 软脂酸 β-氧化分解途径中，丁酰辅酶 A 脱氢酶存在的部位是（　　）

A. 线粒体的外膜上　　　　　　　　B. 线粒体的内膜上

C. 胞浆中　　　　　　　　　　　　D. 线粒体的基质中

33. 下列化合物中，直接参与丁酰 ACP 合成己酰 ACP 过程的是（　　）

A. 草酰乙酸　　　　　　　　　　　B. 苹果酸

C. 琥珀酰 CoA D. 丙二酸单酰 CoA

34. 鸟类嘌呤代谢的终产物是（ ）

A. 尿素 B. 尿囊素 C. 尿酸 D. 尿囊酸

35. 在逆转录过程中，逆转录酶首先是以（ ）

A. DNA 为模板合成 RNA B. DNA 为模板合成 DNA

C. RNA 为模板合成 DNA D. RNA 为模板合成 RNA

36. 真核细胞中催化线粒体 DNA 复制的酶是（ ）

A. DNA 聚合酶 α B. DNA 聚合酶 β

C. DNA 聚合酶 γ D. DNA 聚合酶 δ

六、简答题：37～39 小题，每小题 8 分，共 24 分。

37. 简述酶的反竞争性抑制剂作用特点。

38. 简述大肠杆菌 DNA 半保留复制时后随链合成的主要特点。

39. 写出乙酰 CoA 羧化酶组成成分的名称及该酶催化的总反应式。

七、实验题：40 小题，10 分。

40. 请简要说明 Folin-酚法测定蛋白质含量的原理。当用该法测定某一蛋白溶液的浓度时，发现因所用标准蛋白质种类不同，测定结果存在差异，请说明原因。

八、分析论述题：41～42 小题，每小题 13 分，共 26 分。

41. 研究表明，当细胞中软磷脂酸从头合成加快时，葡萄糖分解也加快。请分析葡萄糖分解加快的原因。

42. 试分析真核生物呼吸链氧化磷酸化与糖酵解中底物水平磷酸化有何不同。

参 考 答 案

五、单项选择题

22. D 23. B 24. B 25. C 26. C 27. B 28. D 29. D 30. B 31. A 32. D 33. D 34. C 35. C 36. C

六、简答题

37.【答案要点】

（1）反竞争性抑制剂不能与游离酶相结合，而只能与 ES 复合物相结合生成 ESI 复合物；这种 ESI 复合物不能生成产物。

（2）反竞争性抑制剂可使酶促反应的 V_{max}、K_m 都降低。

38.【答案要点】

（1）后随链的合成需要 dNTP、复制复合体和连接酶等。

（2）后随链的合成是不连续的，合成中形成冈崎片段，每个冈崎片段的合成都需要引物。

（3）冈崎片段的合成按照碱基互补配对原则进行，其合成方向是 $5'\rightarrow 3'$ 端。

39.【答案要点】

（1）组成成分　生物素羧基载体蛋白、生物素羧化酶和转羧基酶。

（2）总反应式

$$乙酰 CoA + HCO_3^- + ATP \longrightarrow 丙二酸单酰 CoA + ADP + P_i$$

此反应由乙酰 CoA 羧化酶催化。

七、实验题

40.【答案要点】

（1）原理　碱性条件下，Folin-酚试剂与蛋白质反应生成蓝色物质；在一定蛋白质浓度范围内，其光吸收值与蛋白质含量成正比。

（2）不同标准蛋白质中，与 Folin-酚试剂反应的氨基酸残基（如酪氨酸）含量不同，导致标准曲线存在差异，从而出现不同的测定结果。

八、分析论述题

41.【答案要点】

（1）软脂酸从头合成需要乙酰 CoA、NADPH+H$^+$、CO$_2$、ATP 等合成，这些物质需要葡萄糖分解途径来提供。

（2）葡萄糖通过磷酸戊糖途径产生的 NADPH+H$^+$ 是合成软脂酸的还原力，葡萄糖分解的中间产物柠檬酸是乙酰 CoA 羧化酶的别构激活剂，葡萄糖分解的中间产物乙酰 CoA 是软脂酸合成的原料，葡萄糖分解产生的 CO$_2$ 可以为乙酰 CoA 羧化酶提供底物，葡萄糖分解代谢产生的 ATP 为软脂酸从头合成提供能量。

42.【答题要点】

（1）呼吸链氧化磷酸化是指在有氧条件下，氧化还原反应产生的质子和电子沿呼吸链传递到氧并偶联形成 ATP 的过程；糖酵解中底物水平磷酸化是指底物的高能磷酸基团转移给 ADP 形成 ATP 的过程。

（2）呼吸链氧化磷酸化在线粒体内膜上进行，糖酵解中底物水平磷酸化是在细胞质基质中进行。

（3）呼吸链氧化磷酸化需要氧的参与，而糖酵解中底物水平磷酸化不需要氧的参与。

（4）底物水平磷酸化不受电子传递链和呼吸链氧化磷酸化抑制剂的影响，也不受解偶联剂的影响。

2015 年生物化学部分

五、单项选择题：22～36 小题，每小题 1 分，共 15 分。 下列每题给出的四个选项中，只有一个选项是符合题目要求的。

22. 下列维生素中，能够预防脚气病的是（　　　）

A. 维生素 B_1　　　　B. 维生素 B_2　　　　C. 维生素 A　　　　D. 维生素 D

23. 下列氨基酸中，分子量最小的是（　　　）

A. Ala　　　　B. Asp　　　　C. Glu　　　　D. Gly

24. 下列密码子中，与反密码子 5′-ICA-3′ 配对的是（　　　）

A. 5′-GGA-3′　　　　B. 5′-GGC-3′　　　　C. 5′-UGU-3′　　　　D. 5′-GGU-3′

25. 下列酶中，属于裂解酶的是（　　　）

A. 己糖激酶　　　　　　　　　　B. 顺乌头酸酶

C. 异柠檬酸脱氢酶　　　　　　　D. 谷丙转氨酶

26. 大肠杆菌完整核糖体的沉降系数是（　　　）

A. 50S　　　　B. 60S　　　　C. 70S　　　　D. 80S

27. 原核生物 RNA 聚合酶中，被称为起始因子的是（　　　）

A. α 亚基　　　　B. β 亚基　　　　C. β′ 亚基　　　　D. σ 亚基

28. 下列反应中，由激酶催化的是（　　　）

A. 葡萄糖转为 6-磷酸葡萄糖　　　　B. 丙酮酸转变为乙酰 CoA

C. 6-磷酸葡萄糖转变为葡萄糖　　　　D. 3-磷酸甘油酸转变为 2-磷酸甘油酸

29. 下列物质中，参与催化丙酮酸脱羧酶生成羟乙基化合物的是（　　　）

A. TPP　　　　B. NAD^+　　　　C. FAD　　　　D. FMN

30. 下列酶中，既催化脱氢又催化脱羧反应的是（　　　）

A. 6-磷酸葡萄糖脱氢酶　　　　　　B. 6-磷酸葡萄糖酸脱氢酶

C. 3-磷酸甘油脱氢酶　　　　　　　D. 琥珀酸脱氢酶

31. 下列关于真核生物成熟 mRNA 的描述，正确的是（　　　）

A. 转录与翻译均在细胞核中进行　　　B. 由核内不均一 RNA 加工形成

C. 3′端有帽子结构　　　　　　　　　D. 5′端有 polyA 结构

32. 哺乳动物软脂酸从头合成途径中，β-酮脂酰-ACP 合成酶存在于（　　　）

A. 线粒体　　　　B. 核糖体　　　　C. 胞浆　　　　D. 内质网

33. 下列物质中，属于糖酵解途径中间产物的是（　　　）

A. 草酰乙酸　　　　B. 柠檬酸　　　　C. 磷酸二羟丙酮　　　　D. 琥珀酸

34. Ribozyme 的化学本质是（　　　）

A. 蛋白质　　　　B. RNA　　　　C. DNA　　　　D. 糖

35. 下列物质中，被称为细胞色素氧化酶的是（　　　）

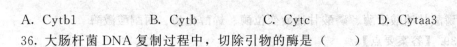

A. Cytb1   B. Cytb   C. Cytc   D. Cytaa3

36. 大肠杆菌 DNA 复制过程中，切除引物的酶是（　　）

A. 解旋酶   B. 引物酶

C. DNA 聚合酶 I   D. DNA 聚合酶 II

六、简答题：37～39 小题，每小题 8 分，共 24 分。

37. 简述蛋白质 α-螺旋中 3.6_{13} 螺旋的结构特点。

38. 写出糖酵解途径中，催化 1,3-二磷酸甘油酸转化成丙酮酸过程中的四个酶名称。

39. 写出酶活力单位中 IU 和 Katal 单位的含义。

七、实验题：40 小题，10 分。

40. 现有一种蛋白质，经分子筛层析测定其分子量为 50000。进一步采用 SDS-PAGE 进行分析，经考马斯亮蓝染色发现有两条带，其分子量分别为 30000 和 20000。请说明 SDS 试剂在本实验中的作用。上述实验结果说明该蛋白质组成有何特点？

八、分析论述题：41～42 小题，每小题 13 分，共 26 分。

41. 当哺乳动物缺乏硫胺素和生物素时，软脂肪从头合成率下降，请解释原因。

42. 从起始氨基酸、起始密码子、起始复合体、mRNA 结构和能量的角度论述真核生物多肽链合成起始阶段的主要特点。

参考答案

五、单项选择题

22. A　23. D　24. C　25. B　26. C　27. D　28. A　29. A　30. B　31. B　32. C　33. C　34. B　35. D　36. C

六、简答题

37.【答案要点】

（1）右手螺旋。

（2）每 3.6 个氨基酸残基旋转一周。

（3）每个氢键闭合环中主链的原子数为 13。

（4）有特定的螺距。

38.【答案要点】

磷酸甘油酸激酶、磷酸甘油酸变位酶、烯醇化酶、丙酮酸激酶

39.【答案要点】

1IU＝1μmol/min。IU 是指在规定的条件下，每分钟能催化 1μmol 底物转化为产物的酶量。

1 个 katal 是指在规定条件下每秒催化 1mol 底物转化为产物的酶量。

七、实验题

40.【答案要点】

（1）SDS 是一种阴离子变性剂，能与蛋白质结合，使亚基解聚；SDS 可以使电泳迁移率主要依赖于蛋白质的分子量。

（2）说明蛋白质有两种亚基，其分子量分别为 30000 和 20000。

八、分析论述题

41.【答案要点】

（1）硫胺素进入体内转变为 TPP，TPP 是丙酮酸脱氢酶的辅酶，丙酮酸脱氢酶是丙酮酸脱氢酶系的组成成分。丙酮酸脱氢酶复合体催化丙酮酸转化为乙酰 CoA，后者是软脂酸合成的原料。缺乏硫胺素时，导致软脂酸合成的原料乙酰 CoA 不足。

（2）生物素是乙酰 CoA 羧化酶的辅酶，乙酰 CoA 羧化酶催化乙酰 CoA 羧化生成丙二酸单酰 CoA。缺乏生物素时，导致软脂酸合成的原料丙二酸单酰 CoA 不足。

42.【答案要点】

（1）起始氨基酸是甲硫氨酸。

（2）通常只有一个起始密码子（AUG），通过扫描机制被识别。

（3）起始复合体是 80S。

（4）mRNA 上有 5′帽子结构，能与小亚基结合。

（5）需要 ATP 和 GTP。

2016 年生物化学部分

五、单项选择题：22～36 小题，每小题 1 分，共 15 分。 下列每题给出的四个选项中，只有一个选项是符合题目要求的。

22. 下列代谢途径中，由德国科学家 Hans Krebs 等提出的是（　　　）
A. 卡尔文循环　　　B. 糖酵解途径　　　C. 磷酸戊糖途径　　D. 尿素循环

23. 下列氨基酸中，与茚三酮反应生成黄色化合物的是（　　　）
A. Ile　　　　　　　B. Pro　　　　　　C. Trp　　　　　　　D. Tyr

24. 镰状细胞贫血病患者血红蛋白 β 亚基的第 6 位氨基酸残基是（　　　）
A. Gln 残基　　　　B. Glu 残基　　　　C. Ala 残基　　　　D. Val 残基

25. 下列化合物中，属于磷酸戊糖途径中 6-磷酸葡萄糖脱氢酶催化反应的产物是（　　　）
A. ATP　　　　　　B. GTP　　　　　　C. $NADPH+H^+$　D. $NADH+H^+$

26. 求米氏酶的 K_m 和 V_{max} 时用 Lineweaver-Burk 双倒数作图法得到一条直线，该直线在纵轴上的截距为（　　　）
A. $1/V_{max}$　　　B. $1/K_m$　　　　　C. $-1/V_{max}$　　　D. $-1/K_m$

27. 辅酶 NAD^+ 含有的维生素是（　　　）
A. 吡哆醛　　　　　B. 核黄素　　　　　C. 烟酰胺　　　　　D. 硫胺素

28. 下列化合物中，含有高能键的是（　　　）
A. 6-磷酸果糖　　　B. 3-磷酸甘油酸　　C. 琥珀酰 CoA　　　D. AMP

29. 糖原合成时，葡萄糖的活化形式是（　　　）
A. CDPG　　　　　B. UDPG　　　　　C. CMPG　　　　　D. UMPG

30. 催化 5-磷酸核糖与 ATP 生成 PRPP 的是（　　　）
A. 5-磷酸核酮糖异构酶　　　　　　　　B. 磷酸核糖焦磷酸化酶
C. 5-磷酸核酮糖差向异构酶　　　　　　D. 6-磷酸葡萄糖脱氢酶

31. 下列酶中，属于软脂酸从头合成途径限速酶的是（　　　）
A. 乙酰 CoA　羧化酶　　　　　　　　　B. β-酮脂酰-ACP 还原酶
C. β-羟脂酰-ACP 脱水酶　　　　　　　 D. 烯脂酰-ACP 还原酶

32. 下列试剂中，不与游离氨基酸反应的是（　　　）
A. DNFB　　　　　B. PITC　　　　　　C. 茚三酮　　　　　D. 双缩脲试剂

33. 大肠杆菌 DNA 复制过程中，冈崎片段合成的方向是（　　　）
A. $5'{\rightarrow}3'$　　　　B. $3'{\rightarrow}5'$　　　　C. N-C　　　　　　D. C-N

34. 真核生物多肽链合成过程中，起始密码子编码的氨基酸是（　　　）
A. 甲酰甲硫氨酸　　B. 甲硫氨酸　　　　C. 甘氨酸　　　　　D. 谷氨酸

35. 下列化合物中，能与大肠杆菌核糖体 30S 亚基结合，并引起密码错读的是

（　　）

A. 青霉素　　　　　B. 四环素　　　　　C. 链霉素　　　　　D. 寡霉素

36. 辅酶 Q 是一种（　　）

A. 醌类化合物　　　B. 糖类化合物　　　C. 肽类化合物　　　D. 核苷类化合物

六、简答题：37～39 小题，每题 8 分，共 24 分。

37. 写出葡萄糖经过糖酵解途径生成 3-磷酸甘油醛过程中所有激酶及其催化反应产物的名称。

38. 简述酶活性中心的结构特点。

39. 简述 Peter Mitchell 提出的化学渗透学说的要点。

七、实验题：40 小题，10 分。

40. 在淀粉酶底物专一性实验中，某学生取 6 支试管，加入的试剂及记录的实验现象见下表。回答下列问题：

(1) 为什么 3 号试管内产生砖红色沉淀？

(2) 请分别解释 1、2、3、4、5 和 6 号试管中溶液呈淡蓝色的原因。

试管编号	1	2	3	4	5	6
直链淀粉溶液/ml	4	0	4	0	4	0
蔗糖溶液	0	4	0	4	0	4
唾液淀粉酶液/ml	0	0	1	1	0	0
煮沸过的唾液淀粉酶液/ml	0	0	0	0	1	1
蒸馏水/ml	1	1	0	0	0	0

37℃恒温水浴 15min，加费林（Fehling）试剂后沸水浴 5min

实验现象		淡蓝色	淡蓝色	砖红色沉淀	淡蓝色	淡蓝色	淡蓝色

八、分析论述题：41～41 小题，每小题 13 分，共 26 分。

41. 论述细胞中谷氨酸通过糖异生途径生成葡萄糖的代谢过程。

42. 论述大肠杆菌 DNA 半保留复制时保证复制忠实性的主要机制。

参 考 答 案

五、单项选择题

22. D　23. B　24. D　25. C　26. A　27. C　28. C　29. B　30. B　31. A
32. D　33. A　34. B　35. C　36. A

六、简答题

37.【答案要点】

（1）己糖激酶（或葡萄糖激酶），产物是 6-磷酸葡萄糖和 ADP；

（2）磷酸果糖激酶，产物是 1,6-二磷酸果糖和 ADP。

38.【答案要点】

（1）有结合部位和催化部位；

（2）通常位于酶分子表面的凹穴中；

（3）通常由三维结构上彼此靠近的几个氨基酸残基的侧链基团组成；

（4）构象有柔韧性。

39.【答案要点】

（1）电子传递过程导致跨线粒体内膜质子浓度梯度的形成；

（2）质子通过 ATP 合酶内流导致 ATP 合成。

七、实验题

40.【答案要点】

（1）3 号管中淀粉被唾液淀粉酶水解生成还原糖，还原糖与费林试剂反应生成砖红色沉淀。

（2）原因：

① 1 号管淀粉是非还原糖，不与费林试剂反应，而呈费林试剂的淡蓝色；

② 2 号管蔗糖是非还原糖。不与费林试剂反应；

③ 4 号管蔗糖不是唾液淀粉酶的底物，不生成还原糖；

④ 5 号管有淀粉但唾液淀粉酶失活，不能催化淀粉水解产生还原糖；

⑤ 6 号管中只含有蔗糖和失活的唾液淀粉酶，无还原糖。

八、分析论述题

41.【答案要点】

（1）谷氨酸在转氨酶催化下转变成 α-酮戊二酸；

（2）α-酮戊二酸经三羧酸循环生成苹果酸；

（3）苹果酸经脱氢、脱羧等反应生成磷酸烯醇式丙酮酸；

（4）磷酸烯醇式丙酮酸进一步生成葡萄糖。

42.【答案要点】

（1）以亲代 DNA 单链为模板；

（2）遵循碱基互补配对原则；

（3）DNA 聚合酶 I 和 DNA 聚合酶 III 的选择和校对作用；

（4）RNA 引物的合成与切除。

2017 年生物化学部分

五、单项选择题：22～36 小题，每小题 1 分，共 15 分。 下列每题给出的四个选项中，只有一个选项是符合题目要求的。

22. 下列氨基酸中，不吸收紫外光（波长为 200～400nm）的是 （　　）

A. Trp　　　　　　　B. Tyr　　　　　　　C. Lys　　　　　　　D. Phe

23. 下列物质中，可用于蛋白质盐析的是 （　　）

A. 硝酸银　　　　　　B. 硫酸铵　　　　　　C. 苦味酸　　　　　　D. 三氯乙酸

24. 下列叙述中，符合别构酶特点的是 （　　）

A. 别构酶是单体蛋白　　　　　　　　　　B. 别构酶的动力学曲线是双曲线形

C. 底物不可能是别构调节物　　　　　　　D. 别构酶有调节部位和催化部位

25. 凝血维生素是指 （　　）

A. 维生素 A　　　　　B. 维生素 C　　　　　C. 维生素 E　　　　　D. 维生素 K

26. 下列化合物中含有金属离子的是 （　　）

A. TPP　　　　　　　B. 生物素　　　　　　C. 维生素 B_{12}　　　D. $NADP^+$

27. 下列酶中，属于糖酵解途径中氧化还原酶的是 （　　）

A. 醛缩酶　　　　　　　　　　　　　　　B. 己糖激酶

C. 3-磷酸甘油醛脱氢酶　　　　　　　　　D. 琥珀酸脱氢酶

28. 下列酶中，可催化生成还原型辅酶 I 和 CO_2 的是 （　　）

A. 柠檬酸合酶　　　　　　　　　　　　　B. 异柠檬酸脱氢酶

C. 顺乌头酸梅　　　　　　　　　　　　　D. 苹果酸脱氢酶

29. 磷酸戊糖途径的限速酶是 （　　）

A. 6-磷酸葡萄糖脱氢酶　　　　　　　　　B. 磷酸果糖激酶

C. 内酯酶　　　　　　　　　　　　　　　D. 磷酸戊糖异构酶

30. 下列化合物中，在磷脂酰乙醇胺生成磷脂酰胆碱反应中提供甲基的是 （　　）

A. S-腺苷甲硫氨酸　　B. 亚甲基-FH_4　　C. 腺苷钴铵素　　　D. 亚胺甲基-FH_4

31. 下列化合物中，属于磷酸果糖激酶催化反应的产物是 （　　）

A. NAD^+　　　　　　B. $NADPH^+$　　　　C. ATP　　　　　　　D. ADP

32. 原核生物 mRNA 与核糖体小亚基结合时，与 SD 序列互补的序列是 （　　）

A. 5SrRNA 3′端　　B. 16SrRNA 3′端　C. 5SrRNA 5′端　D. 23SrRNA 5′端

33. 紫外线照射下，原核生物 DNA 分子中最容易产生的碱基二聚体是 （　　）

A. GG　　　　　　　　B. CC　　　　　　　　C. TT　　　　　　　　D. AA

34. 下列酶中，参与脂肪酸 β-氧化过程的是 （　　）

A. 乙酰 CoA 羧化酶　　　　　　　　　　　B. 脂酰 CoA 脱氢酶

C. 转酮酶　　　　　　　　　　　　　　　D. 转醛酶

35. 下列核酸中，由真核生物 RNA 聚合酶Ⅲ催化合成的是（　　）

A. hnRNA　　　　　B. 28S rRNA　　　　C. 5.8SrRNA　　　　D. tRNA

36. 下列原核生物蛋白质合成的步骤中，需要 GTP 供能的是（　　）

A. 核糖体大小亚基解离　　　　　　　　　B. 氨酰-tRNA 进入核糖体 A 位
C. 肽键形成　　　　　　　　　　　　　　D. 空载 tRNA 离开核糖体 P 位

六、简答题：37～39 小题，每小题 8 分，供 24 分。

37. $FADH_2$ 呼吸链的组成有哪些？

38. 什么是 RNA 的一级结构？简述真核生物 mRNA 一级结构的特点。

39. 简述球状蛋白三级结构的主要特点。

七、实验题：40 小题，10 分。

40. 简述考马斯亮蓝 G-250 法测定蛋白质含量的实验原理，并简要写出用该方法测定某样品溶液中蛋白质含量的实验步骤。

八、分析论述题：41～42 小题，每小题 13 分，共 26 分。

41. 三羧酸循环是糖类和脂肪分解代谢最后阶段的共同途径，请论述其原因。

42. 论述原核生物转录过程的三个主要阶段。

参 考 答 案

五、单项选择题

22. C　23. B　24. D　25. D　26. C　27. C　28. B　29. A　30. A　31. D
32. B　33. C　34. B　35. D　36. B

六、简答题

37.【答题要点】
琥珀酸脱氢酶、铁硫蛋白、CoQ、Cytb、Cytc1、Cytc、Cyta 和 Cyta3

38.【答案要点】
（1）RNA 一级结构是指核苷酸的排列顺序和连接方式。
（2）5′端有帽子结构，3′端有 polyA 结构，存在少数修饰碱基。

39.【答案要点】
（1）在二级结构的基础上进一步折叠形成三级结构；
（2）通常近似球形或椭球形；
（3）非极性基团倾向分布于内部，极性基团倾向分布于表面；

（4）维持三级结构稳定的主要作用力为次级键。

七、实验题

40.【答案要点】

（1）实验原理　考马斯亮蓝 G-250 染料在游离状态下溶液呈棕红色，与蛋白质结合后变为蓝色，在 595nm 处有吸收峰。在一定蛋白质浓度范围内，蓝色深浅与蛋白质含量称正比。

（2）实验步骤

① 利用标准蛋白质溶液制作标准曲线；

② 测定样品溶液染色后的吸光值，在标准曲线上查出其对应的数值，并计算样品溶液中蛋白质含量。

八、分析论述题

41.【答案要点】

（1）三羧酸循环是乙酰 CoA 彻底氧化分解的途径；

（2）糖代谢产生的乙酰 CoA 进入三羧酸循环氧化分解；

（3）脂肪分解生成脂肪酸和甘油，脂肪酸经 β-氧化生成乙酰 CoA，进入三羧酸循环；甘油通过生成乙酰 CoA，进入三羧酸循环。

42.【答案要点】

（1）起始阶段　RNA 聚合酶在 σ 因子引导下识别、结合到启动子上，DNA 双链局部解开并起始转录；

（2）延伸阶段　核心酶沿模板的 $3'\to5'$ 方向移动，按照碱基互补配对原则催化核苷酸合成 RNA 链，合成方向为 $5'\to3'$；

（3）终止阶段　核心酶移动到终止子，终止转录，核心酶和 RNA 链从模板上脱落。

2018 年生物化学部分

五、单项选择题：22～36 小题，每小题 1 分，共 15 分。 下列每题给出的四个选项中，只有一个选项是符合题目要求的。

22. 下列技术中，由英国科学家 F.Sanger 发明的是（　　）

A. 离子交换层析　　　　　　　　　B. SDS-聚丙烯酰胺凝胶电泳

C. 多聚酶链式反应　　　　　　　　D. 用 DNFB 鉴定 N-末端氨基酸

23. 下列氨基酸中，最有可能出现在水溶性球状蛋白质分子表面的是（　　）

A. Val　　　　　　B. Thr　　　　　　C. Leu　　　　　　D. Pro

24. 假设某蛋白质氨基酸有 1 个羧基和 2 个氨基，其 $pK_1 = 2.18$、$pK_2 = 8.95$ 和 $pK_R = 10.53$，那么该氨基酸的等电点应为（　　）

A. 9.74　　　　　　B. 7.22　　　　　　C. 6.36　　　　　　D. 5.57

25. 胰岛素分子中形成二硫键的氨基酸残基是（　　）

A. Met 残基　　　　B. Ser 残基　　　　C. Glu 残基　　　　D. Cys 残基

26. 下列酶中，催化丙酮酸生成乙酰-CoA 的是（　　）

A. 丙酮酸激酶　　　　　　　　　　B. 柠檬酸合酶

C. 丙酮酸脱氢酶复合体　　　　　　D. 延胡索酸酶

27. 谷草转氨酶的辅因子是（　　）

A. 磷酸吡哆醛　　　　B. 四氢叶酸　　　　C. 硫辛酸　　　　D. 生物素

28. 关于酶的反竞争性抑制作用，下列叙述正确的是（　　）

A. 抑制剂以共价键与游离酶结合

B. 抑制剂能与酶-底物复合物结合

C. 抑制剂能与底物结合

D. 属于不可逆抑制

29. 糖酵解途径中，碘乙酸能直接抑制的酶是（　　）

A. 转酮酶　　　　　　　　　　　　B. 琥珀酸脱氢酶

C. 磷酸甘油酸变位酶　　　　　　　D. 3-磷酸甘油醛脱氢酶

30. 下列化合物中，属于磷酸戊糖途径生成的产物是（　　）

A. $NADH + H^+$　　B. HS-ACP　　C. $NADPH + H^+$　　D. $FADH_2$

31. 下列化合物中，含有高能磷酸键的是（　　）

A. ADP　　　　　　　　　　　　　B. 1,6-二磷酸果糖

C. 3-磷酸甘油醛　　　　　　　　　D. 乙酰-CoA

32. 下述物质中，能专一性阻断 ATP 合酶中质子通道的是（　　）

A. 鱼藤酮　　　　B. 抗霉素 A　　　　C. 寡霉素　　　　D. 缬氨霉素

33. 下列氨基酸中，可作为一碳单位供体的是（　　）

A. Pro   B. Ser   C. Glu   D. Ala

34. 真核生物细胞中催化 hnRNA 合成的酶是 （ ）

A. RNA 聚合酶Ⅰ B. RNA 聚合酶Ⅱ C. RNA 聚合酶Ⅲ D. 引物酶

35. 下列化合物中，需要通过肉碱从细胞质基质转入线粒体的是 （ ）

A. 乙酰-CoA   B. α-酮戊二酸 C. 丙酮酸   D. 软脂酰-CoA

36. 大肠杆菌多肽链生物合成过程中，ATP 直接参与 （ ）

A. 氨基酸活化

B. 氨酰-tRNA 进入核糖体 A 位

C. 起始复合物的形成

D. 氨酰-tRNA 与 mRNA 的识别和结合

六、简答题：37～39 小题，每小题 8 分，供 24 分。

37. 什么是酶的别构调节？写出糖酵解途径中三种别构酶的名称。

38. 简述酵母丙氨酸 tRNA 二级结构的特点。

39. 什么是限制性核酸内切酶？简述其生物学意义。

七、实验题：40 小题，10 分。

40. 设计实验测定某哺乳动物唾液淀粉酶的最适温度。要求简要写出实验设计思路，以及在确定实验条件时应遵循的原则。

八、分析论述题：41～42 小题，每小题 13 分，共 26 分。

41. 论述三羧酸循环中含有腺苷酸的辅因子的作用。

42. 从细胞中发生的部位、能量、酰基载体、原料与产物的角度，论述脂肪酸 β-氧化和从头合成途径的区别。

参 考 答 案

五、单项选择题

22. D 23. B 24. A 25. D 26. C 27. A 28. B 29. D 30. C 31. A
32. C 33. B 34. B 35. D 36. A

六、简答题

37.【答题要点】

（1）酶分子的调节部位与某些化合物可逆地非共价结合引起酶的构象改变，进而改变酶活性状态。

（2）己糖激酶、磷酸果糖激酶和丙酮酸激酶。

38. 【答案要点】

（1）tRNA 二级结构为四臂四环的三叶草形。

（2）主要由氨基酸臂、二氢尿嘧啶环、反密码子环、额外环和 TψC 环等构成。

（3）3′末端具有 CCA-OH 结构。

39. 【答案要点】

（1）定义　是一类能识别双链 DNA 分子内部的特异位点，并水解磷酸二酯键的核酸内切酶。

（2）维持原核生物的遗传稳定性。

七、实验题

40. 【答案要点】

（1）思路　唾液淀粉酶可以催化底物淀粉水解。根据最适温度时淀粉酶活性最高的原理，在不同的温度条件下，测定一定量的酶在单位时间内消耗的底物量或生成的产物量，以酶活性最高时的反应温度为该淀粉酶的最适温度。

（2）原则　根据影响酶促反应速率的因素，本实验中除温度范围根据酶的来源设计外，还应考虑其他因素，如缓冲液的 pH 设置为酶的最适 pH、底物的量足够、反应体系中添加激活剂。

八、分析论述题

41. 【答案要点】

（1）HS-CoA 是 α-酮戊二酸脱氢酶复合体和琥珀酰-CoA 合成酶的辅因子，作为酰基载体。

（2）FAD 是 α-酮戊二酸脱氢酶复合体和琥珀酸脱氢酶的辅因子，起传递氢的作用。

（3）NAD$^+$ 是异柠檬酸脱氢酶、α-酮戊二酸脱氢酶复合体和苹果酸脱氢酶的辅因子，起传递氢的作用。

42. 【答案要点】

（1）脂肪酸 β-氧化主要发生在线粒体中，从头合成途径发生在细胞质基质中。

（2）脂肪酸 β-氧化释放能量，从头合成途径消耗能量。

（3）脂肪酸 β-氧化的酰基载体是 HS-CoA，从头合成途径的酰基载体是 HS-ACP 和 HS-CoA。

（4）脂肪酸 β-氧化的原料是脂酰-CoA，从头合成途径的原料是乙酰-CoA。

（5）脂肪酸 β-氧化的产物是乙酰-CoA，从头合成途径的产物是软脂酸。

第二部分　中国农业大学生物化学考研真题与答案

2017 年中国农业大学生物化学（75分）

一、填空题（每空 1 分，共 10 分）

1. 在磷酸戊糖途径中，_____、_____和 CO_2 是该途径氧化阶段的产物，_____是该途径的关键调节酶。

2. 含有苯环的常见氨基酸有 F、____ 和 _____。（用单字母符号表示）

3. 某氨基酸 α-羧基 $pK_1 = 1.82$、α-氨基 $pK_2 = 9.00$、侧链基团 $pK_R = 12.48$，则其 pI 是 ____。

4. 别构酶的 V_0-[S] 反应动力学曲线为 _____ 形曲线。

5. 用酶法测定 DNA 序列时，_____ 的加入使 DNA 链合成终止。

6. B-型 DNA 双螺旋平均半径是 _____ nm，螺距是 _____ nm。

二、单选题（每空 1 分，共 10 分）

1. 下列方法不能够用来鉴定肽链 N-末端氨基酸残基的是 _____。

A. Sanger 反应　　　B. Edman 反应　　　C. 丹黄酰氯反应　　D. 茚三酮反应

2. 下列_____是 TCA 循环的关键调节酶。

A. 延胡索酸酶　　　B. 琥珀酸脱氢酶　　C. 苹果酸脱氢酶　　D. 柠檬酸合酶

3. 下面____是芳香族氨基酸合成的前体。

A. 4-磷酸赤藓糖和 PEP　　　　　　B. 4-磷酸赤藓糖和 PLP

C. 4-磷酸赤藓糖和 PMP　　　　　　D. 5-磷酸核糖

4. dTMP 合成的直接前体是 _____。

A. dUDP　　　　　B. dUTP　　　　　C. dUMP　　　　　D. 以上均可

5. 脂肪酸从头合成途径需要 _____ 提供还原力。

A. NADH　　　　　B. NADPH　　　　C. $FMNH_2$　　　　D. $FADH_2$

6. 下列分子中不属于高能化合物的是 _____。

A. 1,3-二磷酸甘油酸　　　　　　　B. PEP

C. 焦磷酸　　　　　　　　　　　　D. 6-磷酸葡萄糖

7. 如果 tRNA 中的反密码子是 CAU，那么它能识别 mRNA 分子中的 _____ 密码子。

A. AUG　　　　　B. GUA　　　　　C. UAC　　　　　D. AUG 和 GUA

8. 电子传递链中 NADH：辅酶 Q 氧化还原酶含有的电子传递体是 _____。

A. FMN 和铁硫蛋白

B. 细胞色素 b、细胞色素 c1 和铁硫蛋白

C. FAD 和铁硫蛋白

D. 铜原子、细胞色素 a 和细胞色素 a3

9. 如果某蛋白质样品中含氮量为 4%，则可以计算出该样品中蛋白质含量为_____。

    A. 64%   B. 25%   C. 40%   D. 不能计算

10. 关于 α-螺旋的基本特征，描述错误的是_____。

A. α-螺旋为右手螺旋，每圈螺旋含 3.6 个氨基酸残基

B. 每圈螺旋沿中心轴方向上升 0.54nm

C. α-螺旋靠氢键维持，氢键的取向几乎与中心轴平行

D. 所有肽键都是顺式的

三、判断题（在题后括号内打√或×）（每题 1 分，共 10 分）

1. 在脂肪酸 β 氧化过程中，ACP 是酰基载体。（   ）

2. 在真核生物中尿素循环受到氨甲酰磷酸合成酶 I 的调控。（   ）

3. 铁硫蛋白的铁硫簇 [2Fe-2S] 每次可以提供或接受两个电子。（   ）

4. 在原核生物中，DNA 链的延长主要由 DNA 聚合酶Ⅲ催化。（   ）

5. 稳定蛋白质二级结构的主要作用力是氢键。（   ）

6. 在原核生物中，SD 序列与核糖体 16SrRNA 结合指示了其下游第一个 AUG 即是蛋白质合成的起始密码子。（   ）

7. 加入竞争性抑制剂后，酶促反应 V_{max} 不变、K_m 升高。（   ）

8. DNA 碱基组成具有种属特异性，不同生物的碱基组成有很大差异，可用不对称比率 (A+G)/(T+C) 表示。（   ）

9. 甲基化修饰是酶的共价调节方式之一。（   ）

10. 在蛋白质平行式的 β-折叠片中，相邻两个氨基酸残基之间的距离为 0.35nm，而反平行式 β-折叠片中为 0.325nm。（   ）

四、问答题（共 45 分）

1. 请写出糖酵解途径中生成 NADH 的反应以及该途径中三步不可逆的反应，并写出催化各部反应的酶。（8 分）

2. 请叙述原核生物蛋白质合成的延伸过程。（7 分）

3. 请计算 1 分子的棕榈酸（16：0）彻底氧化分解成 CO_2 和 H_2O 净生成多少分子的 ATP，并写出计算依据。（7 分）

4. 请从生物大分子的角度说明磷元素在生命体中存在的重要意义。（6 分）

5. 某蛋白质由 α、β 两个亚基组成，α、β 亚基的分子分别为 25000 和 5000。请从理论上推测该蛋白质用 SDS-PAGE、凝胶过滤法分别测定分子量的结果，并说

明理论依据。（7分）

6. 将肽段 Gly-Ala-Trp-Arg-Asp-Ala-Lys-Glu-Phe-Gly-Gln 用下列蛋白酶处理：
（1）胰蛋白酶，（2）凝乳蛋白酶，请你预测酶切后分别会得到哪些片段？（4分）

7. 测定某米氏酶在不同底物浓度下的反应速率得到如下原始数据。请估算该米氏酶的 K_m 值和 V_{max} 并说明依据。（6分）

底物浓度/(mmol/L)	反应速率/(mmol/L/min)
1.6	434
4	650
8	866
12	976
500	1280
800	1294

参 考 答 案

一、填空题

1. 5-磷酸核酮糖/5-磷酸核糖/磷酸戊糖，NADPH，6-磷酸葡萄糖脱氢酶

2. W，Y

3. 10.74

4. S

5. ddNTP

6. 2，3.4

二、单选题

1. D 2. D 3. A 4. C 5. B 6. D 7. A 8. A 9. B 10. D

三、判断题（在题后括号内打√或×）

1. × 2. √ 3. × 4. √ 5. √ 6. √ 7. √ 8. × 9. √ 10. ×

四、问答题

1.【答题要点】（每条2分）：

① 3-磷酸甘油醛生成1,3二磷酸甘油酸（需3-磷酸甘油醛脱氢酶）；

② 葡萄糖生成6-磷酸葡萄糖（需己糖激酶/葡萄糖激酶）；

③ 6-磷酸果糖生成1,6-二磷酸果糖（需磷酸果糖激酶）；

④ PEP/磷酸烯醇式丙酮酸生成丙酮酸（需丙酮酸激酶）。

2.【答题要点】

氨基酸在氨酰 tRNA 合成酶催化下，与相应的 tRNA 生成氨酰 tRNA。

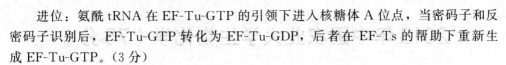

进位：氨酰 tRNA 在 EF-Tu-GTP 的引领下进入核糖体 A 位点，当密码子和反密码子识别后，EF-Tu-GTP 转化为 EF-Tu-GDP，后者在 EF-Ts 的帮助下重新生成 EF-Tu-GTP。（3分）

转肽：在核糖体大亚基 23SrRNA 的催化下肽键生成。（2分）

移位：在 EF-G 的作用下，核糖体沿着 mRNA $5'\rightarrow3'$ 方向移动一个密码子的位置。（2分）

3.【答题要点】

① 脂肪酸活化（1分）

② 每个循环产生 1 分子的 $FADH_2$ 和 1 分子的 NADH（2分）

③ 一共 7 个循环（1分）

④ 产生 8 个乙酰辅酶 A（1分）

⑤ 1 个乙酰辅酶 A 生成 10 分子 ATP（1分）

⑥ 一共生成 106 分子的 ATP（1分）

4.【答案要点】

① 核酸由核苷酸以 $3',5'$-磷酸二酯键连接而成；（2分）

② 磷脂双分子层是生物膜结构的重要组成部分；（2分）

③ 蛋白质的磷酸化修饰是酶蛋白活性的重要调节方式；（1分）

④ 磷酸化的糖是糖代谢途径中的重要中间产物。（1分）

任何新增的合理答案都只给 1 分，例如 IP_3 参与信号转导、UDPG 参与糖的合成等。

5.【答案要点】

① SDS-PAGE 出现 2 条带（25000、50000），因为 SDS 破坏蛋白质的次级键，两个亚基分开，推测整个蛋白质的分子量为 75000。（4分）

② 凝胶过滤出现 1 个峰，分子量为 75000，因为凝胶过滤中蛋白质保持天然构象，亚基之间不分离，测得的是整个蛋白质的分子量。（3分）

6.【答案要点】

① Gly-Ala-Trp-Arg，Asp-Ala-Lys，Glu-Phe-Gly-Gln（1 个酶切位点 1 分，共 2 分）

② Gly-Ala-Trp，Arg-Asp-Ala-Lys-Glu-Phe，Gly-Gln（1 个酶切位点 1 分，共 2 分）

7.【答案要点】

① V_{max} 值为 1294mmol/L/min（1分）

② 底物饱和时，反应速度不再增加时，酶促反应达到最大反应速度。（2分）

③ K_m 值：4mmol/L（1分）

④ 酶促反应达到最大反应速度一半时的底物浓度，即为 K_m 值。（2分）

2018 年中国农业大学生物化学（75 分）

一、填空题（每空 1 分，共 20 分）

1. 真核生物染色质的基本结构单位是核小体，组蛋白八聚体和它外侧盘绕的核心 DNA 组成核心颗粒，组蛋白八聚体由组蛋白 H2A、H2B 和_____、_____各 2 分子组成，组蛋白_____结合在核心颗粒外侧 DNA 双链的进出口端，将绕在八聚体外的 DNA 双链固定。

2. 蛋白质 α-螺旋每圈有_____个氨基酸残基，每圈螺旋沿中心轴上升_____nm。

3. 相同链长的双链 DNA 分子中（C＋G）百分比含量越高，则其 T_m 值越____。

4. 含有羟基的常见氨基酸有_____、_____和 Y。（单字符）

5. 大多数蛋白质氨基酸的氨基都能够在_____酶的催化下转移给 α-酮戊二酸形成谷氨酸和相应的酮酸。

6. PRPP 中文名称是_____，它不仅参与了蛋白质组氨酸的合成，而且还参与_____的生物合成。

7. 在葡萄糖异生的过程中，_____酶催化丙酮酸生成草酰乙酸，随后草酰乙酸在_____酶的催化下生成 PEP。

8. DNA 聚合酶 Ⅲ 的_____活性使其具有_____功能，极大地提高了 DNA 复制的保真度。

9. 真核生物 hnRNA 由_____催化转录而来，rRNA 基因由_____催化转化而来。

10. 乳糖操纵子的启动，不仅需要有诱导物乳糖的存在，而且培养基中不能有_____，因为它的分解代谢产物会降低细胞中_____的水平，而使_____复合物不足，该复合物是启动基因不可缺少的正调节因子。

二、单选题（每题 1 分，共 10 分）

1. 蛋白质的常见氨基酸中，在紫外区有强烈吸收峰值的基团是_____。
A. Pro 吡咯环　　B. Trp 的吲哚环　C. His 的咪唑环　D. Arg 胍基

2. SDS-PAGE 测定蛋白质的分子量是根据各种蛋白质的_____。
A. 在一定 pH 值条件下所带电荷不同　B. 分子极性不同
C. 分子大小不同　　　　　　　　　　D. 分子形状不同

3. 胸腺嘧啶除了作为 DNA 的主要组分外，还经常出现在_____中。
A. mRNA　　　　B. tRNA　　　　C. rRNA　　　　D. hnRNA

4. 某酶有 4 种底物（S），其 K_m 值如下，则该酶的最适底物是_____。

A. S_1：$K_m=1.0\times10^{-5}$ mol/L   B. S_2：$K_m=5.0\times10^{-5}$ mol/L

C. S_3：$K_m=1.0\times10^{-4}$ mol/L   D. S_4：$K_m=5.0\times10^{-4}$ mol/L

5. 脂肪酸从头合成的酰基载体是_____。

A. ACP   B. CoA   C. 生物素   D. TPP

6. 在脂肪酸生物合成中，真核细胞将乙酰基以_____化合物形式下从线粒体内转移到细胞质中。

A. 琥珀酸   B. 乙酰肉碱   C. 柠檬酸   D. 草酰乙酸

7. 参与尿素循环的氨基酸有_____。

A. 鸟氨酸和缬氨酸   B. 天冬酰胺和瓜氨酸

C. 精氨酸和天冬氨酸   D. 谷氨酰胺和谷氨酸

8. 在 DNA 复制过程中需要（1）DNA 聚合酶Ⅲ、（2）解链酶、（3）DNA 聚合酶Ⅰ、（4）引发酶、（5）DNA 连接酶。这些酶作用的正确顺序是_____。

A. (2)-(4)-(1)-(3)-(5)   B. (4)-(3)-(1)-(2)-(5)

C. (2)-(3)-(4)-(1)-(5)   D. (4)-(2)-(1)-(3)-(5)

9. 下列有关蛋白质翻译，叙述正确的是_____。

A. tRNA 与氨基酸通过反密码子相互识别

B. 氨酰基-tRNA 合成酶催化氨基酸与 mRNA 结合

C. 核糖体 A 位点接受新的氨酰基-tRNA

D. 原核生物核糖体 70S 大亚基是由 30S 小亚基和 40S 大亚基组成

10. 下列物质中能导致氧化磷酸化解偶联的是_____。

A. 鱼藤酮   B. 抗霉素 A

C. 2,4-二硝基苯酚   D. 寡霉素

三、问答题（45分）

1. 请以肌红蛋白和血红蛋白为例说明蛋白质结构和功能的关系。（6分）

2. 磺胺类药物是对氨基苯甲酸的结构类似物，能够抑制人体内细菌的生长，其抑菌机理是什么？请说明这种类型的抑制剂对酶 V_{max} 和 K_m 的影响（5分）

3. 请写出饱和脂肪酸 β-氧化的四个反应过程（包括底物、产物、还原性辅酶和催化反应的酶）。（8分）

4. 一分子的葡萄糖经过糖酵解、三羧酸循环和氧化磷酸化彻底氧化成 CO_2 和 H_2O 的代谢过程中有多步生成 NADH 的反应。请写出 NADH 生成相关的生化反应以及催化反应的酶。（10分）

5. 请简述 RNA 生物学功能的多样性。（4分）

6. 大肠杆菌的 DNA 聚合酶与 RNA 聚合酶有哪些异同点。（8分）

7. 翻译过程中，原核生物如何将起始密码子正确定位到核糖体的 P 位点？（4分）

参 考 答 案

一、填空题

1. H3，H4，H1
2. 3.6，0.54
3. 大
4. S，T
5. 转氨
6. 5′-磷酸核糖-1′-焦磷酸，嘌呤和嘧啶核苷酸
7. 丙酮酸羧化酶，磷酸烯醇式丙酮酸羧激酶
8. 3′→5′外切酶活性，校正
9. RNA 聚合酶Ⅱ，RNA 聚合酶Ⅰ
10. 葡萄糖，cAMP，cAMP-CAP

二、单选题

1. B　2. C　3. B　4. A　5. A　6. C　7. C　8. A　9. C　10. C

三、问答题

1.【答案要点】
（1）两条曲线分别为双曲线、S形曲线（1分）；
（2）肌红蛋白具有三级结构，血红蛋白具有四级结构（1分）；
（3）别构效应（2分）；
（4）肌红蛋白——肌肉中储氧供氧，血红蛋白——运输氧气（2分）。

2.【答案要点】
（1）竞争性抑制剂（1分），磺胺类药物是对氨基苯甲酸的结构类似物，能够竞争性抑制细菌的二氢叶酸合成酶的活性，进而影响到二氢叶酸的合成（2分）；
（2）V_{max}不变，K_m 值增加（2分）

3.【答案要点】（各2分）
① 脂酰 CoA→烯脂酰 CoA＋$FADH_2$（脂酰 CoA 脱氢酶催化）
② 反式烯脂酰 CoA→L-β-羟脂酰 CoA（烯脂酰 CoA 水合酶催化）
③ L-β-羟脂酰 CoA→β-酮脂酰 CoA＋NADH（L-β-羟脂酰 CoA 脱氢酶催化）
④ β-酮脂酰 CoA→β-酮脂酰 CoA（少 1 个 2 碳基团）＋乙酰 CoA（β-酮脂酰 CoA 硫解酶催化）

4.【答案要点】（各5分）
① 酵解途径：3-磷酸甘油醛→1,3 二磷酸甘油酸（3-磷酸甘油醛脱氢酶催化）
　　　　　　　　丙酮酸→乙酰 CoA＋CO_2（丙酮酸脱氢酶复合体催化）

② TCA 循环：异柠檬酸→α-酮戊二酸＋CO_2（异柠檬酸脱氢酶催化）

$\qquad\qquad\quad$ α-酮戊二酸→琥珀酰 CoA＋CO_2（α-酮戊二酸脱氢酶催化）

$\qquad\qquad\quad$ 苹果酸→草酰乙酸（苹果酸脱氢酶催化）（各 2 分）

5.【答案要点】（各 1 分）

① mRNA、rRNA、tRNA 在遗传信息传递中具有重要功能；

② 核酶具有催化功能；

③ 参与 RNA 转录后加工，如 snRNA；

④ 调节基因的表达，如 microRNA、LncRNA。

6.【答案要点】

相同点：①都是以 DNA 为模板；②根据碱基互补配对原则按 $5'→3'$ 方向合成新链；③合成都由焦磷酸水解驱动。（3 分）

不同点：①酶的组成不同；②功能不同，DNA 聚合酶是复制功能，RNA 聚合酶是转录功能；③底物不同，DNA 聚合酶的底物是 dNTP，RNA 聚合酶的底物是 NTP；④DNA 聚合酶有较强校对功能；⑤DNA 聚合酶需要引物，而 RNA 聚合酶可以从头合成。（5 分）

7.【答案要点】（4 分）

通过 SD 序列识别，mRNA 起始密码子 AUG 上游的一段富含嘌呤的序列与 16SrRNA $3'$ 端富含嘧啶的序列相互识别。